소방자격증 합격교재

소방설비(산업)기사

2차 기계분야

서울고시각

**Stand by
Strategy
Satisfaction**

새로운 출제경향에 맞춘 수험서의 완벽서

머리말

본 교재는 소방설비(산업)기사시험의 최신 트렌드에 맞추어 기초이론 및 응용력 향상에 중점을 두고 구성되었으며 단순한 문제풀이 위주의 내용이 아닌 변형된 문제가 출제되더라도 쉽게 풀 수 있도록 서술되어 있어 탄탄한 기초실력을 키워줄 것입니다.

본서는 대영소방전문학원의 수업용 교재로서의 전문성과 착실한 기초이론의 정립으로 소방설비(산업)기사 합격의 나침반이 될 것입니다.

[본서의 특징]

1. 본 교재와 더불어 동영상강의와 연계하면 기초실력향상에 도움이 됩니다.
2. 대영소방전문학원 홈페이지에서 다양한 자료 및 기출문제를 제공합니다.
3. 최근 출제문제에 대한 다각도의 접근으로 쉽게 문제를 풀 수 있는 응용력을 키워 줄 것입니다.
4. 현재 대영소방전문학원의 강의용 교재로서 교재만으로 해결이 어려운 부분은 홈페이지를 통해 쉽게 해결 받을 수 있습니다.
[www.dyedu.co.kr]

부족하지만 심혈을 기울여 쓴 본 교재가 수험생 여러분의 합격에 일조할 수 있는 수험서가 되기를 간절히 바라며, 다시 한 번 합격의 영광을 위해 불철주야 공부에 매진하고 있는 수험생 여러분께 가슴으로부터 우러나오는 격려와 애정을 표현하면서 수험생 여러분의 합격을 진심으로 기원합니다.

끝으로 본서가 나오기까지 물심양면으로 힘써주신 서울고시각 김용관 회장님, 김용성 사장님, 그리고 편집부 직원여러분께 지면으로나마 감사의 말씀을 전합니다.

편저자 씀

시험 GUIDE

- **자격명** : 소방설비기사(기계분야)
- **영문명** : Engineer Fire Protection System – Mechanical
- **관련부처** : 소방청
- **시행기관** : 한국산업인력공단
- **취득방법**
  ① 시 행 처 : 한국산업인력공단
  ② 관련학과 : 대학 및 전문대학의 소방학, 건축설비공학, 기계설비학, 가스냉동학, 공조냉동학 관련학과
  ③ 시험과목
   - 필기 : 1. 소방원론 2. 소방유체역학 3. 소방관계법규 4. 소방기계시설의 구조 및 원리
   - 실기 : 소방기계시설 설계 및 시공실무
  ④ 검정방법
   - 필기 : 객관식 4지 택일형 과목당 20문항(과목당 30분)
   - 실기 : 필답형(2시간 30분)
  ⑤ 합격기준
   - 필기 : 100점을 만점으로 하여 과목당 40점 이상, 전과목 평균 60점 이상
   - 실기 : 100점을 만점으로 하여 60점 이상

- **실기시험 출제기준**

필기과목명	주요항목	세부항목	세세항목
소방기계시설 설계 및 시공실무	1. 소방기계시설 설계	1. 작업분석하기	1. 현장 여건, 요구사항 분석을 할 수 있다. 2. 기본계획 수립, 기본설계서, 실시설계서를 작성할 수 있다. 3. 공사시방서, 공사내역서, 운영관리지침서를 작성할 수 있다.
		2. 소방기계시설 구성하기	1. 재료의 상호 연관성에 대해 설명할 수 있다. 2. 소방기계시설의 기기 및 부품을 조작할 수 있다. 3. 소방기계시설의 기능 및 특성을 설명할 수 있다.

필기과목명	주요항목	세부항목	세세항목
소방기계시설 설계 및 시공 실무	1. 소방기계시설 설계	3. 소방시설의 시스템 설계하기	1. 소방기계시설을 구성하는 재료의 규격 및 크기를 산정할 수 있다. 2. 소방기계시설의 물량을 결정하기 위한 계산을 수행할 수 있다. 3. 소방기계시설 자료의 활용을 할 수 있다. 4. 도면작성 및 판독을 할 수 있다. 5. 시방서의 작성 등을 할 수 있다.
		4. 소방시설의 배치계획 및 설계서류 작성하기	1. 계통도를 작성할 수 있다. 2. 평면도를 작성할 수 있다. 3. 상세도를 작성할 수 있다. 4. 소방기계시설의 설계 및 시공 관련 업무를 수행할 수 있다. 5. 소방기계설비의 적산 등을 할 수 있다.
	2. 소방기계시설 시공	1. 설계도서 검토하기	1. 설계도서상의 누락, 오류, 문제점을 검토하여 설계도서 검토서를 작성할 수 있다. 2. 설계도면, 시공 상세도, 계산서를 검토하여 시공상의 문제점을 파악하고 조치할 수 있다.
		2. 소방기계시설 시공하기	1. 소화기구를 설치할 수 있다. 2. 옥내·외소화전설비를 설치할 수 있다. 3. 스프링클러(간이스프링클러)설비를 설치할 수 있다. 4. 물분무소화설비를 설치할 수 있다. 5. 포소화설비를 설지할 수 있다. 6. 이산화탄소소화설비를 설치할 수 있다. 7. 할로겐화합물소화설비를 설치할 수 있다. 8. 분말소화설비를 설치할 수 있다. 9. 청정소화약제소화설비를 설치할 수 있다. 10. 피난기구 및 인명구조기구를 설치할 수 있다. 11. 소화용수설비를 설치할 수 있다.

필기과목명	주요항목	세부항목	세세항목
소방기계시설 설계 및 시공 실무	2. 소방기계시설 시공	2. 소방기계시설 시공하기	12. 거실제연 및 특별피난계단 및 비상용 승강기 승강장의 제연설비를 설치할 수 있다. 13. 연결송수관설비, 연결살수설비, 연소방지설비를 설치할 수 있다. 14. 기타 소방기계시설 관련 설비를 설치할 수 있다.
		3. 공사 서류 작성하기	1. 시공된 시설을 검사하여 설계도서와 일치여부를 판단할 수 있다. 2. 시공된 시설을 검사하여 관련 서류를 작성할 수 있다. 3. 공정관리 일정을 계획하여 공사일지를 작성 할 수 있다.
	3. 소방기계시설 유지관리	1. 소방시설의 작동 및 유지관리 하기	1. 소방시설의 기술공무 관리 및 실무작업을 할 수 있다. 2. 기계시설의 점검 및 조작을 할 수 있다. 3. 계측 및 사고요인을 파악할 수 있다. 4. 재해방지 및 안전관리 업무를 수행할 수 있다. 5. 자재관리 업무를 수행할 수 있다.
		2. 소방기계 시설의 유지보수 및 시험점검하기	1. 유지보수 관리 및 계획을 수립할 수 있다. 2. 시험 및 검사를 할 수 있다. 3. 기계기구 점검 및 보수작업을 할 수 있다. 4. 설치된 소방시설을 정상 가동하고, 작동기능 점검 사항을 기록할 수 있다. 5. 종합정밀 점검 사항을 기록할 수 있다. 6. 소방시설 운영에 관한 업무 일지를 작성할 수 있다. 7. 기록 사항을 분석하여 보수·정비를 할 수 있다. 8. 보수에 필요한 부품 및 장비를 확보하고, 점검 기록부를 작성 보존할 수 있다.

PART 01 소방수리학/펌프/시공 및 실무

Chapter 01 소방수리학 ········· 3
1. 차원과 단위 ········· 3
2. 수리학 용어 [물리량의 종류] ········· 5
3. 기체의 법칙 ········· 10
4. 압력의 구분 ········· 12
5. 마찰손실압력의 계산 ········· 14
6. 연속방정식 ········· 18
7. 유량측정 및 계산 ········· 19
8. 베르누이방정식 ········· 22
9. 레이놀즈수 ········· 24

Chapter 02 소방펌프 ········· 25
1. 펌프의 종류 ········· 25
2. 펌프의 성능 ········· 27
3. 펌프의 계산 ········· 27
4. 팬의 계산 ········· 30
5. 펌프의 상사법칙 ········· 30
6. 압축비 ········· 31
7. 비속도 ········· 31
8. 펌프의 연합운전 ········· 31
9. 흡입양정 ········· 32
10. 펌프의 이상현상 ········· 33

Chapter 03 시공 및 실무(부품관련) ········· 36
1. 배관의 종류 ········· 36
2. Sch No ········· 37
3. 밸브의 종류 ········· 37
4. 부품의 종류 ········· 40
5. 보온재 및 보온방법 ········· 43
6. 도시기호 ········· 44

✚ 예상문제 / 49

Contents

PART 02 소방기계시설의 설계 및 시공

Chapter 01 소화기구 및 자동소화장치(NFTC101) ·· 71
1. 소화기의 설치대상 ··· 71
2. 소화기의 종류 ··· 71
3. 설치기준 ·· 77
4. 가스계소화기 설치제외장소 ·· 82
5. 소화기의 감소 ··· 82

Chapter 02 옥내소화전설비(NFTC102) ··· 83
1. 옥내소화전의 설치대상 ·· 83
2. 옥내소화전(호스릴)설비의 구성 및 계통도 ··· 84
3. 수원 ·· 85
4. 가압송수장치 ·· 87
5. 배관 등 ·· 91
6. 함 및 방수구 등 ··· 94
7. 전원 ·· 96
8. 제어반 ·· 97
9. 배선 등 ·· 99
10. 방수구 설치제외 ·· 101
11. 수원 및 가압송수장치의 펌프 등의 겸용 ··· 101

Chapter 03 스프링클러설비(NFTC103) ··· 103
1. 스프링클러설비의 설치대상 ··· 103
2. 스프링클러설비의 구성 및 종류 ·· 105
3. 수원 ·· 107
4. 가압송수장치 ·· 109
5. 방호구역, 방수구역, 유수검지장치등 ·· 110
6. 배관 등 ·· 111
7. 음향장치 및 기동장치 ··· 119
8. 헤드 ·· 121
9. 송수구 ·· 127
10. 전원 ·· 128

- ⑪ 제어반 ·· 130
- ⑫ 배선 등 ·· 132
- ⑬ 헤드의 제외 ··· 132
- ⑭ 드렌처설비(수막설비) 설치기준 ·· 133

Chapter 04 간이스프링클러설비(NFTC103A) ··· 135
- ❶ 간이스프링클러설비의 설치대상 ··· 135
- ❷ 간이스프링클러설비의 구성 및 종류 ·· 136
- ❸ 가압송수장치 ··· 136
- ❹ 수원 ·· 137
- ❺ 간이스프링클러설비의 방호구역 및 유수검지장치 ·································· 138
- ❻ 제어반 ·· 139
- ❼ 배관 및 밸브 ··· 139
- ❽ 간이헤드 ·· 140
- ❾ 비상전원 ·· 141

Chapter 05 화재조기진압용스프링클러설비 (NFTC103B) ················· 142
- ❶ 설치장소의 구조 ··· 142
- ❷ 수원 ·· 143
- ❸ 가압송수장치 ··· 143
- ❹ 방호구역 및 유수검지장치 ·· 144
- ❺ 배관 ·· 144
- ❻ 음향장치 및 기동장치 ··· 145
- ❼ 헤드 ·· 146
- ❽ 저장물간격 ··· 149
- ❾ 환기구 ·· 149
- ❿ 설치제외 ·· 149
- ⑪ 기타기준 ·· 149

Chapter 06 물분무소화설비(NFTC104) ··· 150
- ❶ 설치대상 [물분무등소화설비] ·· 150
- ❷ 물분무소화설비의 구성 및 종류 ··· 151
- ❸ 수원 ·· 151
- ❹ 가압송수장치 ··· 152

Contents

⑤ 기동장치 ··· 153
⑥ 제어밸브 ··· 154
⑦ 물분무헤드 ··· 154
⑧ 차고 또는 주차장에 설치하는 배수설비 ··························· 155
⑨ 설치제외대상 ··· 155

Chapter 07 미분무소화설비(NFTC104A) ·································· 156
① 용어정의 ··· 156
② 미분무소화설비의 구성 및 종류 ·· 156
③ 설계도서의 작성 ··· 157
④ 미분무소화설비의 설치기준 ·· 159

Chapter 08 포소화설비(NFTC105) ··· 166
① 포소화설비의 종류 및 적응성 ·· 166
② 계통도 ··· 171
③ 설치장소에 따른 설비별 수원량[수용액량] 산정 ··········· 171
④ 가압송수장치 ··· 176
⑤ 배관 등 ··· 177
⑥ 저장탱크 ··· 178
⑦ 혼합장치 ··· 178
⑧ 개방밸브 ··· 180
⑨ 기동장치 ··· 180
⑩ 포헤드 및 고정포방출구 ·· 181
⑪ 전원 ··· 185
⑫ 기타 ··· 186

Chapter 09 이산화탄소소화설비(NFTC106) ····························· 187
① 계통도 및 작동순서 ··· 187
② 이산화탄소소화설비의 분류 ·· 189
③ 이산화탄소소화설비의 약제 및 저장용기등 ···················· 191
④ 기동장치 ··· 196
⑤ 제어반 및 화재표시반 ··· 197
⑥ 배관 등 ··· 197
⑦ 선택밸브 ··· 198

- ⑧ 분사헤드 ··· 199
- ⑨ 분사헤드 설치제외 장소 ··· 200
- ⑩ 자동식기동장치의 화재감지기 ·· 200
- ⑪ 음향경보장치 ·· 201
- ⑫ 자동폐쇄장치 ·· 201
- ⑬ 비상전원[자가발전설비, 축전지설비 또는 전기저장장치] ······· 201
- ⑭ 배출설비 ··· 202
- ⑮ 과압배출구 ··· 202
- ⑯ 설계프로그램 ·· 202
- ⑰ 안전시설 등 ·· 202

Chapter 10 할론소화설비(NFTC107) ·· 204
- ❶ 할론소화설비의 분류 ·· 204
- ❷ 할론소화설비의 약제 및 저장용기등 ····························· 205
- ❸ 기동장치 ··· 207
- ❹ 제어반 ··· 208
- ❺ 배관 ·· 208
- ❻ 선택밸브 ··· 208
- ❼ 분사헤드 ··· 208
- ❽ 화재감지기, 음향경보장치, 자동폐쇄장치, 비상전원, 프로그램 등 ······· 209

Chapter 11 할로겐화합물 및 불활성기체 소화설비(NFTC107A) ······· 210
- ❶ 할로겐화합물 및 불활성기체소화약제의 정의 및 종류 ········ 210
- ❷ 할로겐화합물 및 불활성기체소화설비의 약제 및 저장용기등 ···· 211
- ❸ 기동장치 ··· 214
- ❹ 제어반등 ··· 215
- ❺ 배관 ·· 215
- ❻ 분사헤드 ··· 216
- ❼ 선택밸브 ··· 217
- ❽ 기타 설치기준 ·· 217

Chapter 12 분말소화설비(NFTC108) ·· 218
- ❶ 분말소화약제의 종류 및 설비의 종류 ··························· 218
- ❷ 계통도 및 작동순서 ··· 219

Contents

　❸ 분말소화설비의 약제 및 저장용기 및 가압용기 등 ·················· 221
　❹ 기동장치 ·· 223
　❺ 제어반등 ·· 223
　❻ 배관 ·· 223
　❼ 분사헤드 ·· 224
　❽ 선택밸브 ·· 224
　❾ 기타 설치기준 ·· 225

Chapter 13 옥외소화전설비(NFTC109) ·· **226**
　❶ 설치대상 ·· 226
　❷ 수원 ·· 226
　❸ 가압송수장치 ·· 227
　❹ 배관 등 ·· 228
　❺ 소화전함 등 ·· 229
　❻ 전원, 제어반, 배선, 겸용 등 ··· 229

Chapter 14 고체에어로졸소화설비(NFTC110) ································· **230**
　❶ 용어정의 ·· 230
　❷ 일반조건 ·· 230
　❸ 설치제외 ·· 231
　❹ 고체에어로졸발생기 ·· 231
　❺ 고체에어로졸화합물의 양 ·· 232
　❻ 기동 ·· 232
　❼ 제어반등 ·· 233
　❽ 음향장치 ·· 234
　❾ 화재감지기 ·· 234
　❿ 방호구역의 자동폐쇄 ·· 235
　⓫ 비상전원 ·· 235
　⓬ 배선 등 ·· 236
　⓭ 과압배출구 ·· 236

Chapter 15 피난기구(NFTC301) ··· **237**
　❶ 설치대상 ·· 237
　❷ 종류 및 용어정의 ·· 237

❸ 피난기구의 적응성 ···241
❹ 피난기구의 설치수 선정 ··242
❺ 피난기구의 설치기준 ···242
❻ 표지 설치기준 ···244
❼ 피난기구설치의 감소 ···244
❽ 피난기구의 설치제외 ···245

Chapter 16 인명구조기구(NFTC302) ································· 247
❶ 설치대상 ···247
❷ 용어정의 ···247
❸ 설치기준 ···248

Chapter 17 상수도소화용수설비(NFTC401) ························· 249
❶ 설치대상 ···249
❷ 용어의 정의 ··249
❸ 설치기준 ···250

Chapter 18 소화수조 및 저수조설비(NFTC402) ·················· 251
❶ 설치대상 ···251
❷ 용어의 정의 ··251
❸ 소화수조 등 ··252
❹ 가압송수장치 ··253

Chapter 19 제연설비(NFTC501) ··· 254
❶ 설치대상 ···254
❷ 용어의 정의 ··254
❸ 제연설비의 제연구역 ··255
❹ 제연방식 ···256
❺ 배출량 및 배출방식 ··256
❻ 배출구의 설치위치 ··258
❼ 공기유입방식 및 유입구 ··258
❽ 배출기 및 배출풍도 ··260
❾ 유입풍도 등 ··260
❿ 제연설비의 전원 및 기동 ··261
⓫ 설치제외 ···261

Contents

Chapter 20 특별피난계단의 계단실 및 부속실·비상용 승강기 승강장 제연설비
(NFTC501A) ·· 262
- ❶ 설치대상 ·· 262
- ❷ 용어의 정의 ······································ 264
- ❸ 제연방식 ·· 265
- ❹ 제연구역의 선정 ································ 265
- ❺ 제연설비의 설치기준 ························· 265

Chapter 21 연결송수관설비(NFTC502) ·········· 276
- ❶ 설치대상 ·· 276
- ❷ 계통도 ·· 276
- ❸ 용어의 정의 ······································ 277
- ❹ 설치기준 ·· 277

Chapter 22 연결살수설비(NFTC503) ············· 281
- ❶ 설치대상 ·· 281
- ❷ 계통도 ·· 281
- ❸ 설치기준 ·· 282

Chapter 23 도로터널의 화재안전기준(NFTC603) ·········· 288
- ❶ 설치대상 ·· 288
- ❷ 용어정의 ·· 288
- ❸ 소화기 설치기준 ································ 289
- ❹ 옥내소화전 설치기준 ························· 289
- ❺ 물분무소화설비 설치기준 ··················· 290
- ❻ 비상경보설비 설치기준 ······················ 290
- ❼ 자동화재탐지설비 설치기준 ················ 291
- ❽ 비상조명등 설치기준 ························· 292
- ❾ 제연설비 설치기준 ···························· 292
- ❿ 연결송수관설비 설치기준 ··················· 293
- ⓫ 무선통신보조설비 설치기준 ················ 293
- ⓬ 비상콘센트설비 설치기준 ··················· 293

| Chapter 24 | 고층건축물의 화재안전기준(NFTC604) ·· 294 |

1. 용어정의 ···294
2. 옥내소화전 설치기준 ···294
3. 스프링클러 설치기준 ···295
4. 비상방송설비 설치기준 ··296
5. 자동화재탐지설비 설치기준 ··296
6. 특별피난계단의 계단실 및 부속실 제연설비 설치기준 ········297
7. 피난안전구역의 소방시설 설치기준 ································297
8. 연결송수관설비 설치기준 ···299

| Chapter 25 | 지하구화재안전기준(NFTC605) ·· 300 |

1. 설치대상 ···300
2. 지하구에 설치되는 소방시설 ··300
3. 용어정의 ···300
4. 소화기구 및 자동소화장치의 설치기준 ····························301
5. 자동화재탐지설비의 설치기준 ·······································302
6. 유도등의 설치기준 ··302
7. 연소방지설비 설치기준 ··302
8. 연소방지재 설치기준 ···304
9. 방화벽 설치기준 ···305
10. 무선통신보조설비 설치기준 ··305
11. 통합감시시설 설치기준 ··305
12. 기존 지하구 특례 ···305

| Chapter 26 | 건설현장의 화재안전기준(NFTC606) ·· 310 |

1. 임시소방시설의 종류 및 설치대상 ··································310
2. 소화기의 성능 및 설치기준 ··311
3. 간이소화장치의 성능 및 설치기준 ·································312
4. 비상경보장치의 성능 및 설치기준 ·································312
5. 가스누설경보기의 성능 및 설치기준 ······························313
6. 간이피난유도선의 성능 및 설치기준 ······························314
7. 비상조명등의 성능 및 설치기준 ····································314
8. 방화포의 성능 및 설치기준 ··315
9. 소방안전관리자의 업무 ··315

Contents

Chapter 27 전기저장시설의 화재안전기준(NFTC607) ·· 316
  ① 용어정의 ··316
  ② 전기저장시설에 설치해야 하는 소방시설등의 종류 ····································316
  ③ 설치장소의 구조 ··317
  ④ 방화구획 ··317
  ⑤ 소화기 설치기준 ···317
  ⑥ 스프링클러 설치기준 ···317
  ⑦ 배터리용 소화장치 설치기준 ···318
  ⑧ 자동화재탐지설비 설치기준 ··318
  ⑨ 자동화재속보설비 설치기준 ··318
  ⑩ 배출설비 설치기준 ···318
  ⑪ 설치유지기준의 특례 ···319

■ 소방설비(산업)기사[기계분야] 설비별 예상문제 및 답안 / 321
■ 소방설비(산업)기사[기계분야] 추가 예상문제 및 답안 / 433
■ 소방설비(산업)기사[기계분야] 기출단답문제 / 519

PART 01

소방수리학/펌프/시공 및 실무

CHAPTER 01 소방수리학

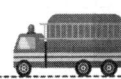

1 ▸▸ 차원과 단위

(1) 차원(Dimension, 次元)

차원은 물리량을 형성하는 기본량의 종류를 나타내는 것으로 모든 물리량은 절대단위와 중력단위로 표현할 수 있다.

절대단위에서 물리량은 **기본단위**와 **유도단위**로 구분되고 유도단위는 다음 3가지 기본단위 차원의 조합으로 이루어진다.

> 질량(Mass) : [M], 길이(Length) : [L], 시간(Time) : [T]

중력단위의 경우에도 다음의 기본단위로 표현되고, 유도단위의 차원식 또한 기본단위의 조합으로 이루어진다.

> 중량(Force) : [F], 길이(Length) : [L], 시간(Time) : [T]

예 면적=$[L^2]$, 체적=$[L^3]$, 속도=$[L/T]=[LT^{-1}]$, 가속도=$[L/T^2]=[LT^{-2}]$
힘=$[F]=[MLT^{-2}]$, 질량=$[M]=[FL^{-1}T^2]$ 등

(2) 단위(Unit, 單位)

① 절대단위계(Absolute Unit System, 絶對單位係) : 물리량을 질량, 길이, 시간으로 나타낼 수 있는 단위계
  ㉠ 기본단위 : 길이, 질량, 시간의 단위를 다음과 같이 나타낸다.
    ⓐ C.G.S계 : cm, g, sec
    ⓑ M.K.S계 : m, kg, sec
  ㉡ 유도단위 : 기본단위 두 개 이상의 조합으로 유도된 단위
    ⓐ C.G.S계 : 면적(cm^2), 체적(cm^3), 밀도(g/cm^3), 힘($g \cdot cm/sec^2$) 등
    ⓑ M.K.S계 : 면적(m^2), 체적(m^3), 밀도(kg/m^3), 힘($kg \cdot m/sec^2$) 등

② **중력단위계**(Gravitational Unit System, 重力單位係) : 물리량을 중량, 길이, 시간으로 나타낼 수 있는 단위계
    ㉠ 기본단위 : 길이, 중량, 시간의 단위를 다음과 같이 나타낸다.
        ⓐ C.G.S계 : cm, gf, sec
        ⓑ M.K.S계 : m, kgf, sec
    ㉡ 유도단위 : 기본단위 두 개 이상의 조합으로 이루어진 단위
        ⓐ C.G.S계 : 면적(cm^2), 체적(cm^3), 비중량(gf/cm^3), 힘(gf) 등
        ⓑ M.K.S계 : 면적(m^2), 체적(m^3), 비중량(kgf/m^3), 힘(kgf) 등
③ **국제단위계**(SI 단위계 : System International Unit) : 국제적으로 규정한 단위로 7개의 실용단위와 2개의 보조단위를 이용한 실용적인 단위

물리량	SI 단위의 명칭	기호
질량(Mass)	킬로그램(Kilogram)	kg
길이(Length)	미터(Meter)	m
시간(Time)	초(Second)	s
열역학온도	켈빈(Kelvin)	K
물질의 양(Amount of Substance)	몰(Mole)	mol
전류(Electric Current)	암페어(Ampere)	A
광도(Luminous Intensity)	칸델라(Candela)	cd
평면각(Plane Angle)	라디안(Radian)	rad
입체각(Solid Angle)	스테라디안(Steradian)	sr

【 단위계 접두어 】

크기	명칭	기호	크기	명칭	기호
10^1	deca	da	10^{-1}	deci	d
10^2	hecto	h	10^{-2}	centi	c
10^3	kilo	k	10^{-3}	milli	m
10^6	mega	M	10^{-6}	micro	μ
10^9	giga	G	10^{-9}	nano	n
10^{12}	tera	T	10^{-12}	pico	p
10^{15}	peta	P	10^{-15}	femto	f
10^{18}	exa	E	10^{-18}	atto	a

2 ▸▸ 수리학 용어 [물리량의 종류]

(1) 힘(Force)

① 절대단위

$$F = m \cdot g$$

F : 힘(kg·m/sec²), m : 질량(kg), g : 중력가속도(m/sec²)

1N(Newton) = 1kg · m/sec²
1dyne = 1g · cm/sec²

② 중력단위

$$F = \frac{mg}{g_c}$$

F : 힘(kgf), m : 질량(kg), g : 중력가속도(m/sec²)
g_c : 중력환산계수(9.8kg·m/kgf·sec²)

1kgf(kg중) = 9.8N = 9.8×10⁵dyne

> **! Reference**
>
> 질량은 물질이 가지고 있는 고유의 무게이고 중량은 그 물질에 중력가속도가 작용된 무게이다. 지구에서는 항상 중력가속도가 작용되므로 지구에서의 무게는 질량이 아닌 중량인 것이다. 위 식의 내용을 종합해 보면 1kg인 질량을 가진 물질이 중력가속도 9.8m/s²인 곳에 있으면 그 물질의 중량은 1kgf이다. 일반적으로 질량과 중량을 구분하지 않는 이유 중 하나는 중력가속도가 9.8m/s²이라는 가정을 하기 때문이다.

(2) 일(Work)

① 절대단위

1erg = 1dyne · cm = 1g · cm²/sec²
1Joule = 1N · m = 1kg · m²/sec² = 10⁷erg

② 중력단위

gf · cm, kgf · m

(3) 일률, 동력(Power)

동력은 단위시간당 한 일의 양으로 일률이라고도 한다.

$$\text{동력} = \frac{\text{일량}}{\text{시간}}$$

① 절대단위

$1\text{Watt} = 1\text{Joule/sec} = 1\text{kg} \cdot \text{m}^2/\text{sec}^3$

② 중력단위

$$\text{중력단위의 동력} = \frac{\text{와트}}{\text{중력환산계수}}$$

$$= \frac{\dfrac{1\text{kg} \times \text{m}^2}{\text{sec}^3}}{\dfrac{9.8\text{kg} \times \text{m}}{\text{kgf} \times \text{sec}^2}} = 0.102\text{kgf} \cdot \text{m/sec}$$

(4) 밀도(Density)

단위체적(1m^3, 1L, 1cm^3)당의 질량

$$\rho = \frac{m}{V}$$

ρ : 밀도(kg/m^3), m : 질량(kg), V : 체적(m^3)

① 기체의 밀도 : 기체의 밀도 및 압력변화에 따라 부피가 변하므로 밀도는 조건에 따라 달라진다.

㉠ 표준상태(0℃, 1기압)인 경우

$$\rho = \frac{M}{22.4}$$

ρ : 밀도(kg/m^3), M : 분자량(kg/kmol)

㉡ 표준상태가 아닌 경우

$$\rho = \frac{PM}{RT}$$

ρ : 밀도(kg/m^3), P : 압력(N/m^2), M : 분자량(kg/k-mol), T : 절대온도(K)
R : 기체상수(N·m/k-mol·K)

> **Reference**
>
> 이상기체상태방정식 $PV = \frac{W}{M}RT$ 에서 $\frac{W}{V} = \frac{PM}{RT}$ 이다.
>
> 여기서 $\frac{W(kg)}{V(m^3)}$ 는 밀도(ρ)이다.
>
> ◎ 아보가드로의 법칙
> 모든 기체 1mol(1k-mol)이 표준상태(0℃, 1기압)에서 차지하는 체적은 22.4L(22.4m³)이며 이때의 분자수는 6.023×10^{23}개이다.

② 액체의 밀도 : 액체는 온도 및 압력변화에 따른 부피변화가 없으므로 일정한 밀도값을 가진다.

$$\rho = \frac{m}{V}$$

ρ : 밀도(kg/m³), m : 질량(kg), V : 체적(m³)

(5) 비중량(Specific Weight)

단위체적(1m³, 1L, 1cm³)당의 중량

$$\gamma = \frac{W}{V}$$

γ : 비중량(kgf/m³), W : 중량(kgf), V : 체적(m³)

① 절대단위

$$\gamma = \frac{중량}{부피} = \frac{W}{V} = \frac{mg}{V} = \rho \cdot g (N/m^3)$$

② 중력단위

$$\gamma = \frac{절대단위의\ 비중량}{g_c} = \frac{g}{g_c} \times \rho (kgf/m^3)$$

(6) 비중(Specific Gravity)

동일부피에서 기준물질의 무게에 대한 어떤 측정물질의 무게의 비 또는 기준물질의 밀도에 대한 측정물질의 밀도의 비로서 무차원수이다.

① 기체의 비중 $= \dfrac{\text{어떤 기체의 밀도}}{\text{표준상태의 공기의 밀도}} = \dfrac{\rho}{\rho_{Air}}$

② 액체, 고체의 비중 $= \dfrac{\text{어떤 물질의 밀도}}{4℃ \text{ 물의 밀도}} = \dfrac{\rho}{\rho_w}$

(7) 비체적(Specific Volume)

단위질량(1kg, 1g)이 갖는 체적으로 밀도의 역수이다.

$$V_s = \dfrac{V}{m} = \dfrac{1}{\rho}$$

V_s : 비체적(m^3/kg), V : 체적(m^3), m : 질량(kg), ρ : 밀도(kg/m^3)

$$V_s = \dfrac{1}{\rho} = \dfrac{RT}{PM} \ (m^3/kg)$$

V_s : 비체적(m^3/kg), ρ : 밀도(kg/m^3), R : 기체정수(8,313.85N·m/k-mol·K)
T : 절대온도(K), P : 압력(N/m^2), M : 가스의 분자량(kg/k-mol)

(8) 잠열

온도의 변화 없이 상태변화에만 필요한 열량
(물의 기화잠열 : 539kcal/kg, 얼음의 융해잠열 : 80kcal/kg)

$$Q = m \cdot \gamma$$

Q : 잠열(kcal), m : 질량(kg), γ : 잠열(kcal/kg)

> **Reference**
>
> 물의 기화잠열이란 100℃의 물이 100℃의 수증기로 변화될 때 단위질량 당 열량(kcal/kg)을 뜻한다.
> 융해잠열이란 0℃의 얼음이 0℃의 물로 변화될 때 단위질량 당 열량(kcal/kg)을 뜻한다.

(9) 현열

상태의 변화 없이 온도변화에만 필요한 열량

- 물의 비열 1kcal/kg · ℃
- 얼음의 비열 0.5kcal/kg · ℃
- 수증기의 비열 0.44kcal/kg · ℃

$$Q = m \cdot C \cdot \Delta t$$

Q : 현열(kcal), m : 질량(kg), C : 비열(kcal/kg ℃), Δt : 온도차(℃)

(10) 온도(Temperature)

어떤 물질의 뜨겁고 차가운 정도를 나타내는 값

① 온도의 구분
  ㉠ 섭씨온도(℃) : 1기압에서 순수한 물의 어는점(빙점)을 0℃, 끓는점(비등점)을 100℃로 하여 그 사이를 100등분한 온도
  ㉡ 화씨온도(℉) : 1기압에서 순수한 물의 어는점(빙점)을 32℉, 끓는점(비등점)을 212℉로 하여 그 사이를 180등분한 온도
  ㉢ 절대온도
    ⓐ 캘빈(Kelvin)온도 : K = ℃ + 273.15
    ⓑ 랭킨(Rankine)온도 : R = ℉ + 460

② 섭씨온도와 화씨온도의 온도환산
  ㉠ 화씨온도(℉)를 섭씨온도(℃)로 바꿀 때
    $℃ = \frac{5}{9}(℉ - 32)$
  ㉡ 섭씨온도(℃)를 화씨온도(℉)로 바꿀 때
    $℉ = \frac{9}{5}℃ + 32$

3. 기체의 법칙

(1) 보일의 법칙

온도가 일정할 때 기체의 체적은 압력에 반비례한다.

$$PV = 일정, \quad P_1V_1 = P_2V_2 \,(T=\text{constant}일\ 때)$$

P_1 : 처음 절대압력, P_2 : 나중 절대압력, V_1 : 처음 체적, V_2 : 나중 체적

(2) 샤를(Charles)의 법칙

압력이 일정할 때 기체의 체적은 절대온도에 비례한다.

$$\frac{V}{T} = 일정, \quad \frac{V_1}{T_1} = \frac{V_2}{T_2} \,(P=\text{constant}일\ 때)$$

T_1 : 처음 절대온도, T_2 : 나중 절대온도, V_1 : 처음 체적, V_2 : 나중 체적

(3) 보일 – 샤를(Boyle-Charles)의 법칙

기체의 체적은 절대온도에 비례하고 압력에 반비례한다.

$$\frac{PV}{T} = 일정, \quad \frac{P_1V_1}{T_1} = \frac{P_2V_2}{T_2}$$

$P_1(P_2)$: 처음(나중)의 절대압력, $V_1(V_2)$: 처음(나중)의 체적
$T_1(T_2)$: 처음(나중)의 절대온도

(4) 이상기체 상태방정식

$$PV = nRT, \quad n = \frac{W}{M} \text{이므로}, \quad PV = \frac{W}{M}RT$$

P : 압력(N/m^2), V : 체적(m^3), n : 몰수($k-mol$)
R : 기체상수($atm \cdot m^3/k-mol \cdot K$)
T : 절대온도(K), M : 분자량(kg)
W : 질량(kg)

> **Reference**
>
> ◎ 기체상수(R)
>
> $PV = nRT$ 식에서 $R = \dfrac{PV}{nT}$ 이다.
>
> 위 식에 아보가드로의 법칙을 적용시키면
>
> ① $R = \dfrac{1\text{atm} \times 22.4\text{m}^3}{1\text{k}-\text{mol} \times 273\text{K}} = 0.082 \text{atm} \cdot \text{m}^3/\text{k}-\text{mol} \cdot \text{K}$
>
> ② $R = \dfrac{1.0332\text{kgf/cm}^2 \times 22.4\text{m}^3}{1\text{k}-\text{mol} \times 273\text{K}} = 0.08477 \text{kgf/cm}^2 \cdot \text{m}^3/\text{k}-\text{mol} \cdot \text{K}$
>
> ③ $R = \dfrac{760\text{mmHg} \times 22.4\text{m}^3}{1\text{k}-\text{mol} \cdot 273\text{K}} = 62.359 \text{mmHg} \cdot \text{m}^3/\text{k}-\text{mol} \cdot \text{K}$
>
> ④ $R = \dfrac{101{,}325\text{N/m}^2 \times 22.4\text{m}^3}{1\text{k}-\text{mol} \times 273\text{K}} = 8{,}313.85 \text{N} \cdot \text{m}/\text{k}-\text{mol} \cdot \text{K}$
>
> ⑤ $R = \dfrac{10{,}332\text{kgf/m}^2 \times 22.4\text{m}^3}{1\text{k}-\text{mol} \times 273\text{K}} = 847.8 \text{kgf} \cdot \text{m}/\text{k}-\text{mol} \cdot \text{K}$
>
> **특정이상기체 상태방정식 $PV = GRT$**
>
> P : 압력(N/m²), V : 체적(m³), G : 기체의 질량(kg)
> R : 기체정수(N·m/kg·K), T : 절대온도(K)
>
> ◎ 특정기체상수(R)
>
> $R = \dfrac{PV}{GT}$ 이다.
>
> CO_2의 경우 $R = \dfrac{101{,}325\text{N/m}^2 \times 0.5091\text{m}^3}{1\text{kg} \times 273\text{K}} = 188.95 \text{N} \cdot \text{m}/\text{kg} \cdot \text{K}$
>
> N_2의 경우 $R = \dfrac{101{,}325\text{N/m}^2 \times 0.8\text{m}^3}{1\text{kg} \times 273\text{K}} = 296.92 \text{N} \cdot \text{m}/\text{kg} \cdot \text{K}$
>
> ※ 특정 기체상수는 압력의 단위가 같더라도 기체의 종류에 따라 다른 값을 갖는다.
> 이는 기체마다 분자량이 서로 달라 단위질량당의 체적이 다르기 때문이다.

(5) 아보가드로의 법칙

표준상태(0℃, 1atm)에서 모든 기체 1k-mol(mol)이 차지하는 부피는 22.4m³(L)이며, 그 속에는 6.023×10^{23}개의 분자가 존재한다.

즉, 기체는 온도와 압력이 같다면 같은 체적 속에는 같은 수의 분자수를 갖는다.

④ 압력의 구분

압력이란 단위면적(m^2, cm^2)당 작용하는 힘(전압력)을 말한다.

$$P = \frac{F}{A}, \quad P = \gamma \cdot h$$

P : 압력(kgf/cm^2, N/m^2), F : 힘(kgf, N), A : 단면적(m^2, cm^2)
γ : 비중량(kgf/m^3), h : 유체의 깊이 또는 높이(m)

(1) 대기압

지구를 둘러싸고 있는 공기가 누르는 압력을 대기압이라 하며 다음과 같이 구분된다.

① 표준대기압(Standard Atmospheric Pressure) : 대기압력의 표준이 되는 압력으로 토리첼리의 실험에 의해 얻어진 값이다.

$1atm = 1.0332 kgf/cm^2 = 10,332 kgf/m^2 = 10.332 mH_2O = 760 mmHg$
$= 1.01325 \times 10^5 N/m^2 (Pa) = 101.325 kPa = 1,013 mbar = 1.013 bar$
$= 14.7 PSI(lbf/in^2)$

② 국소대기압(Local Atmospheric Pressure) : 대기압은 측정장소에 따라 서로 다른데 그 측정장소에서의 기압을 국소대기압이라 한다.

③ 공학기압(Technical Pressure)

$1ata = 1 kgf/cm^2 = 10,000 kgf/m^2 = 10 mH_2O = 0.968 atm = 735.6 mmHg$
$= 9.8069 \times 10^4 N/m^2 (Pa) = 980.69 mbar = 0.98 bar = 14.23 PSI(lbf/in^2)$

(2) 압력의 구분

① 절대압력(Absolute Pressure) : 절대압력은 "완전 진공을 기준으로 하여 측정한 압력"이다.

② 게이지압력(Gauge Pressure) : 게이지압력은 "국소대기압을 기준으로 한 압력"으로 압력계가 지시하는 압력이다. 즉, 대기압을 0으로 본 압력이다.

③ 진공압력(Vacuum Pressure) : 진공압력은 "대기압보다 작은 정도의 압력"으로 진공계가 지시하는 압력이다. 진공압을 백분율로 나타낸 것을 진공도라 하고 다음 식에 의해 구한다.

$$진공도(\%) = \frac{진공압}{대기압} \times 100 = \frac{대기압 - 절대압력}{대기압} \times 100$$

위 식에서 알 수 있듯이 진공도 100%는 완전진공을 의미한다.

> **Reference**

◎ 게이지별 압력의 구분
- **압력계** : 대기압보다 큰 압력을 측정하는 압력계
- **진공계** : 대기압보다 작은 압력을 측정하는 압력계
- **연성계** : 대기압보다 큰 정압과 대기압보다 작은 부압을 측정하는 압력계
  - 정압(+압력) : 대기압 이상의 압력
  - 부압(-압력) : 대기압 미만의 압력

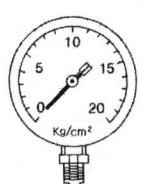  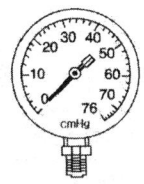

【 압력계 】   【 연성계 】   【 진공계 】

◎ 압력의 계산
- 절대압력 = 대기압력 + 계기압력
- 절대압력 = 대기압력 - 진공압력
- 계기압력 = 절대압력 - 대기압력
- 진공압력 = 대기압력 - 절대압력

- 대기압력이 1kgf/cm^{2}인 곳에서 압력계 눈금이 2kgf/cm^{2}이면 절대압력은 3kgf/cm^2
- 대기압력이 1kgf/cm^{2}인 곳에서 진공계 눈금이 0.2kgf/cm^{2}이면 절대압력은 0.8kgf/cm^2

5. 마찰손실압력의 계산

(1) 하젠-윌리암스(Hazen Williams)식

배관에 물이 흐를 때 발생되는 마찰손실압력계산에 이용되는 식

$$\Delta P_m = K \times \frac{Q^{1.85}}{C^{1.85} \times D^{4.87}}$$

ΔP_m : 배관 1m당의 마찰손실압력, Q : 배관을 흐르는 유량(L/min)
C : 조도(거칠음계수), D : 배관의 직경(mm)

ΔP_m의 단위	K값
MPa	6.055×10^4
kgf/cm²	6.174×10^5
mH₂O	6.174×10^6

【 각 배관별 조도 】

구 분		주철관	흑관	배관	동관, 합성수지배관
스프링클러설비	습식	100	120	120	150
	건식	100	100	120	150
	준비작동식	100	100	120	150
	일제살수식	100	120	120	150

예상문제

스프링클러설비 배관으로 CPVC배관을 사용하고 있으며, 직관길이 50m, 구경 65mm, 유량 2,000L/min으로 유동하고 있을 때 이 구간에서 발생되는 마찰손실압력은 몇 kgf/cm²인가? (단, 부속물에 의한 등가길이는 8m이다.)

풀이 하젠-윌리암스식 적용

$\Delta P = 6.174 \times 10^5 \times \dfrac{Q^{1.85}}{C^{1.85} \times D^{4.87}} \times L$

C=150, D=65mm, Q=2,000L/min
L=50m+8m=58m

∴ $\Delta P = 6.174 \times 10^5 \times \dfrac{2{,}000^{1.85}}{150^{1.85} \times 65^{4.87}} \times 58m = 6.4 \text{kgf/cm}^2$

답 6.4kgf/cm²

(2) 달시-와이스바하 방정식(Darcy-Weisbach Equation)

길고 곧은 직관에서 유체의 흐름이 정상류일 때 마찰손실수두를 계산하는 데 이용되는 식으로 **층류와 난류 모두**에서 적용할 수 있다.

$$h_L = f \frac{L}{D} \frac{U^2}{2g}$$

h_L : 마찰손실수두(m), f : 마찰계수
D : 배관의 직경(m), L : 직관의 길이(m)
U : 유체의 유속(m/sec)

① 마찰계수(f)
  ㉠ 유체의 흐름이 층류일 때(ReNo≦2,100) : 관 마찰계수 f는 레이놀즈 수만의 함수로 $f = \dfrac{64}{ReNo}$ 이다.
  ㉡ 유체의 흐름이 난류일 때(ReNo≧2,100) : 관 마찰계수 f는 상대조도와 무관하고 레이놀즈 수에 의해 무디선도(Moody Diagram)로부터 구한다.
  다만, ReNo≦10^5일 때는 아래의 Blasius식을 이용한다.
  $$f = 0.3164 \, Re^{-\frac{1}{4}}$$

② 수력반경(Rh) : 배관의 단면이 원형관이 아닌 경우 마찰손실 계산 시 **직경 대신 수력반경의 4배**를 적용한다.

$$수력반경 = \frac{유동단면적(m^2)}{접수길이(m)}$$

  ㉠ 원형관의 수력반경
  $$Rh = \frac{\frac{\pi d^2}{4}}{\pi d} = \frac{d}{4}$$
  $\therefore d = 4Rh$

  ㉡ 단면이 사각형 관의 수력반경
  $$Rh = \frac{가로 \times 세로}{(가로 \times 2) + (세로 \times 2)}$$

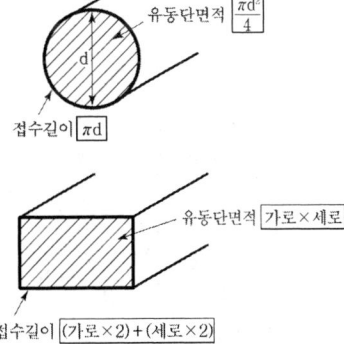

(3) 부차적 손실

부차적 손실이란 직관 이외의 단면의 변화, 곡관의 휘어짐, 엘보, 티 등과 같은 관 부속물에 의해 발생되는 마찰손실을 말하며 속도수두에 비례한다.

$$H = K \frac{U^2}{2g}$$

H : 손실수두(m), K : 손실계수, U : 유속(m/sec), g : 중력가속도(m/sec²)

① 관의 확대에 의한 손실

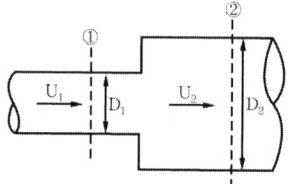

【 관의 급격한 확대 】

$$H = \frac{(U_1 - U_2)^2}{2g} = \left(1 - \frac{A_1}{A_2}\right)^2 \frac{U_1^2}{2g} = K \frac{U_1^2}{2g}$$

② 관의 축소에 의한 손실

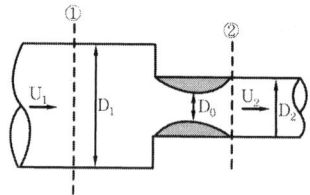

【 관의 급격한 축소 】

$$H = \frac{(U_0 - U_2)^2}{2g}, \quad A_0 U_0 = A_2 U_2 \text{이므로 } U_0 = \frac{A_2}{A_0} U_2 \text{이다.}$$

$$h_L = \left(\frac{A_2}{A_0} - 1\right)^2 \cdot \frac{U_2^2}{2g} \text{에서 } \frac{A_0}{A_2} = C_c \text{라 하면}$$

$$h_L = \left(\frac{1}{C_c} - 1\right)^2 \frac{U_2^2}{2g} = K \frac{U_2^2}{2g}$$

여기서 C_c를 축소계수, K는 손실계수라 한다.

③ 관 부속물에 의한 손실
  ㉠ 손실계수 K값이 주어진 경우
   $$H = K \frac{U^2}{2g}$$
  ㉡ 부속물의 상당길이(등가길이)가 주어진 경우 : 상당길이를 직관의 길이로 하여 달시방정식 또는 하젠-윌리암스식에 적용하여 구한다.

> **Reference**
>
> ◎ 상당길이
> 관부속물에 유체가 흐를 때 발생되는 마찰손실과 같은 크기의 마찰손실을 가지는 동일구경의 직관의 길이
>
> ◎ 상당길이의 계산
> $$h_L = f \frac{L}{D} \frac{U^2}{2g} = K \frac{U^2}{2g}$$
> $$\therefore K = f \frac{L}{D} \text{ 이므로 } L_e = \frac{KD}{f}$$
> L_e : 상당길이, K : 손실계수, D : 관의 내경, f : 관의 마찰계수

6. 연속방정식

연속방정식은 유체의 흐름에 질량보존의 법칙을 적용시킨 방정식으로 유체의 유동에서 가장 기본이 되는 지배방정식이다.

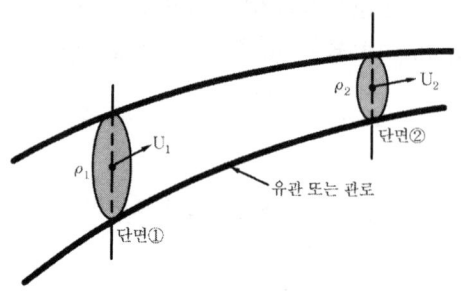

그림에서 단면 ①을 흐르는 질량유량과 단면 ②를 통과하는 질량유량은 항상 같다.
질량유량(Mass Flowrate)은 $AU\rho$ 이므로

$$A_1 U_1 \rho_1 = A_2 U_2 \rho_2$$

> **Reference**
> 질량유량(m) = $AU\rho$ 이므로 $A_1 U_1 \rho_1 = A_2 U_2 \rho_2$
> 중량유량(W) = $AU\gamma$ 이므로 $A_1 U_1 \gamma_1 = A_2 U_2 \gamma_2$

비압축성 유체의 경우 밀도(비중량)의 변화가 없으므로 $\rho_1 = \rho_2$ 가 되어 체적유량 또한 항상 같다.

$$\text{체적유량}(Q) = AU \text{ 이므로 } A_1 U_1 = A_2 U_2$$

A : 단면적(m^2), U : 유속(m/sec), ρ : 밀도(kg/m^3), γ : 비중량(kgf/m^3)

7. 유량측정 및 계산

(1) 유속을 이용한 유량측정

유동하는 유체의 전압과 정압의 차이를 이용하여 유속을 측정

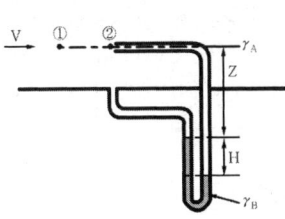

【 Pitot Tube-유량측정 】

$$Q = AU = \left(\frac{\pi D^2}{4}\right) C \sqrt{2gH\left(\frac{\gamma_B - \gamma_A}{\gamma_A}\right)}$$

Q : 유량(m^3/sec), A : 배관의 단면적(m^2), U : 유체의 유속(m/sec)
D : 배관의 내경(m), C : 미소손실계수, g : 중력가속도(m/sec^2), H : 마노미터의 높이차(m)
γ_A : A물질의 비중량, γ_B : B물질의 비중량

(2) 방사압력을 이용한 유량측정

① 노즐에서의 유량측정

$$Q = 0.6597 CD^2 \sqrt{P}$$

Q : 유량(L/min), C : 계수, D : 노즐의 구경(mm), P : 방사압력(kgf/cm^2)

> **Reference**
> 옥내(외) 소화전, 소방차 호스노즐의 경우 보통 C의 값을 0.99로 본다. 따라서 노즐에서의 유량 공식에서 $Q = 0.6597 \times 0.99 \times D^2 \sqrt{P} = 0.653 D^2 \sqrt{P}$ 를 이용한다.

② 분사헤드에서의 유량측정

$$Q = K\sqrt{P_1} = K\sqrt{10P_2}$$

Q : 유량(L/min), K : 방출계수, P_1 : 방사압력(kgf/cm^2), P_2 : 방사압력(MPa)

> **Reference**
> 1kgf/cm^2=0.098MPa이므로 kgf/cm^2와 MPa 사이에는 약 10배의 차이가 있다. 그리하여 보통의 경우 1MPa=10kgf/cm^2, 0.1MPa=1kgf/cm^2로 본다.

예상문제

구경이 25mm인 노즐에서 방사되는 물의 압력이 절대압력으로 0.36MPa일 때 방사량은 몇 L/min인가? (단, 노즐계수는 0.97, 대기압은 0.101MPa이다)

풀이 $Q = 0.6597 \cdot D^2 \cdot C\sqrt{10P}$

D : 노즐의 구경(mm), C : 계수, P : 방사압력(MPa)
방사압력은 게이지압력이므로 (0.36−0.101)MPa = 0.259MPa
∴ $Q = 0.6597 \times 25^2 \times 0.97 \times \sqrt{10 \times 0.259} = 643.65$ L/min

답 643.65L/min

(3) 유량계를 이용한 유량측정

① **오리피스(Orifice) 유량계** : 유체의 흐름에 수직으로 방해판을 설치하고 이때 발생되는 압력차이를 이용하는 차압식 유량계이다. 비교적 간단한 장치로 제작이나 설치가 쉽고 가격도 저렴하지만 압력손실이 크고 내구성이 부족한 단점이 있다.

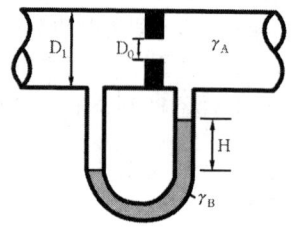

【 오리피스미터 】

$$Q = A_0 U_0, \quad U_0 = \left(\frac{C_0}{\sqrt{1-m^2}}\right)\sqrt{2gH\left(\frac{\gamma_B - \gamma_A}{\gamma_A}\right)} \text{ 이므로}$$

$$\therefore Q = \left(\frac{\pi D_0^2}{4}\right)\left(\frac{C_0}{\sqrt{1-m^2}}\right)\sqrt{2gH\left(\frac{\gamma_B - \gamma_A}{\gamma_A}\right)}$$

Q : 유량(m^3/sec), A : 오리피스의 단면적(m^2)

U_0 : 오리피스의 유속(m/sec), C_0 : 오리피스의 계수

g : 중력가속도(m/sec^2), H : 마노미터의 높이차(m)

γ_A : A물질의 비중량, γ_B : B물질의 비중량

m = 개구비, $m = \left(\frac{A_0}{A_1}\right) = \left(\frac{D_0}{D_1}\right)^2$

② 벤투리(Venturi) 유량계 : 오리피스와 같은 차압식 유량계로 구조가 복잡하고 가격은 비싸지만 압력손실이 적고 유량측정도 비교적 정확하다. 확대부의 손실을 최소화하기 위한 설치각은 5~7°이다.

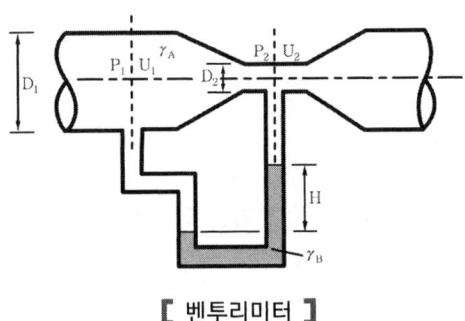

【 벤투리미터 】

$$Q = A_2 U_2, \quad U_2 = \left(\frac{C_V}{\sqrt{1-m^2}}\right)\sqrt{2gH\left(\frac{\gamma_B - \gamma_A}{\gamma_A}\right)} \text{ 이므로}$$

$$Q = \left(\frac{\pi D_2^2}{4}\right)\left(\frac{C_V}{\sqrt{1-m^2}}\right)\sqrt{2gH\left(\frac{\gamma_B - \gamma_A}{\gamma_A}\right)}$$

Q : 유량(m^3/sec), A_2 : 벤투리의 단면적(m^2), U_2 : 벤투리의 유속(m/sec)
C_V : 벤투리 계수, g : 중력가속도(m/sec^2), H : 마노미터의 높이차(m)
γ_A : A물질의 비중량(kgf/m^3), γ_B : B물질의 비중량(kgf/m^3), m＝개구비

③ 로터미터(Rotameter) : 테이퍼 관속의 플로트(Float : 부자)에 의해 유체의 흐름을 직접 볼 수 있는 직접식 유량계이다.

【 로터미터 】

④ 위어(Weir) : 개수로의 유량측정에 이용되는 유량측정장치로 판을 사용하여 액체의 흐름을 막아서 넘쳐흐르는 부분의 눈금을 읽어 유량을 측정하는 장치로 사각위어와 직각위어가 있다.

> **유량계의 분류**
> ① 직접법 : 유량을 직접 눈금으로 읽을 수 있는 유량계(로터미터, 위어)
> ② 간접법 : 유량을 계산에 의해 측정하는 유량계(오리피스미터, 벤투리미터, 노즐에 의한 방법)

8 ▶▶ 베르누이방정식

베르누이 방정식은 에너지보존의 법칙을 유체의 유동에 적용시킨 것으로 관내에 임의의 두 점에서 에너지의 총합은 항상 일정하다는 법칙이다.

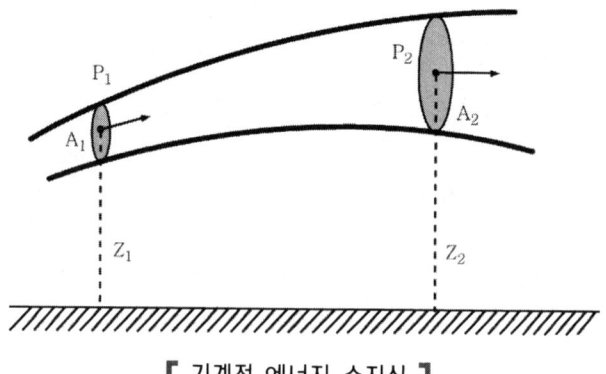

【 기계적 에너지 수지식 】

임의의 한 점에서의 전수두(H) = 압력수두 + 속도수두 + 위치수두이며,

압력수두 : $\dfrac{P}{\gamma}$, 속도수두 : $\dfrac{U^2}{2g}$, 위치수두 : Z 이므로

$$H = \dfrac{P}{\gamma} + \dfrac{U^2}{2g} + Z$$

∴ 베르누이 방정식은

$$\dfrac{P_1}{\gamma} + \dfrac{U_1^2}{2g} + Z_1 = \dfrac{P_2}{\gamma} + \dfrac{U_2^2}{2g} + Z_2$$

P : 압력(kgf/m², N/m²), γ : 비중량(kgf/m³, N/m³), U : 유속(m/sec)
g : 중력가속도(m/sec²), H : 전수두

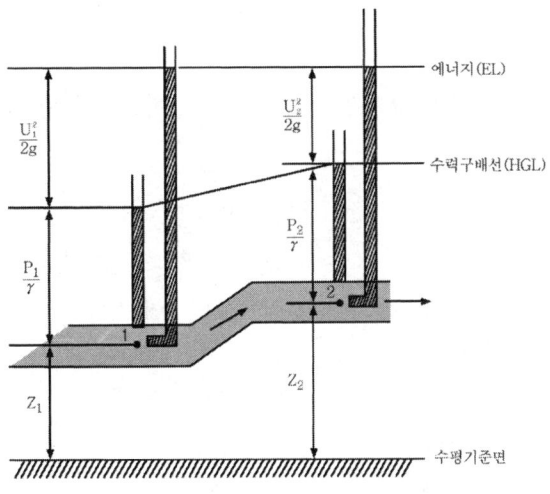

[유관에서 유체의 에너지]

$\dfrac{P}{\gamma} + \dfrac{U^2}{2g} + Z$ 을 연결한 선을 전수두선(Total Head Line) 또는 에너지선(Energy Line)이라 하고 $\dfrac{P}{\gamma} + Z$ 을 연결한 선을 수력구배선(Hydraulic Grade Line)이라 한다.

따라서 수력구배선은 항상 에너지선보다 속도수두만큼 아래에 위치한다.

> **베르누이 방정식의 가정 조건**
> - 정상상태의 흐름이다(정상유동이다).
> - 비점성 유체이다(마찰력이 없다).
> - 유체입자는 유선을 따라 움직인다(적용되는 임의의 두 점은 같은 유선상에 있다).
> - 비압축성 유체의 흐름이다.

! Reference

◎ **실제유체에 대한 베르누이 방정식의 적용**

베르누이 방정식의 가정조건과는 달리 실제유체는 점성을 가지고 있어 유동 시 마찰손실이 발생되고 배관설비에서 에너지의 공급은 주로 펌프를 사용하고 있다. 따라서 실제유체의 유동에 관한 에너지 방정식은 베르누이 방정식에 마찰손실수두와 펌프가 공급한 단위중량당 에너지(수두, 양정)를 반영하여야 한다.

$$\dfrac{P_1}{\gamma} + \dfrac{U_1^2}{2g} + Z_1 + E_P = \dfrac{P_2}{\gamma} + \dfrac{U_2^2}{2g} + Z_2 + h_L$$

h_L : 손실수두(m), E_p : 펌프양정(m)

9. 레이놀즈수

유체의 흐름상태가 층류 흐름인지 난류 흐름인지를 구분할 수 있는 정량적인 무차원수이다.

$$ReNo = \frac{D \cdot U \cdot \rho}{\mu} = \frac{DU}{v}$$

D : 배관의 직경(m, cm), U : 유체의 유속(m/sec, cm/sec)
ρ : 유체의 밀도(kg/m³, g/cm³) μ : 절대점도(kg/m·sec, g/cm·sec)
v : 동점도(m²/sec, cm²/sec)

① 층류 : ReNo < 2,100
② 난류 : ReNo > 4,000
③ 임계영역 : 2,100 < ReNo < 4,000
④ 하임계 ReNo = 2,100
⑤ 상임계 ReNo = 4,000

(1) 전이길이(Transition Length)

유체의 흐름이 불안정한 흐름에서 안정된 흐름이 될 때까지의 거리로 유체 계측기기를 설치할 때에는 전이길이 밖에 설치하여야 한다.

① 층류 흐름일 때 : Lt = 0.05 × ReNo × D
② 난류 흐름일 때 : Lt = 40D~50D

(2) 평균유속

① 층류 흐름일 때 : U = 0.5Umax
② 난류 흐름일 때 : U = 0.8Umax

CHAPTER 02 소방펌프

1 ▶▶ 펌프의 종류

(1) 원심펌프(Centrifugal Pump)

소화펌프 중 가장 널리 사용되고 있는 펌프로서 회전차(Impeller)의 원심력을 이용하여 액체를 수송하는 펌프이다.

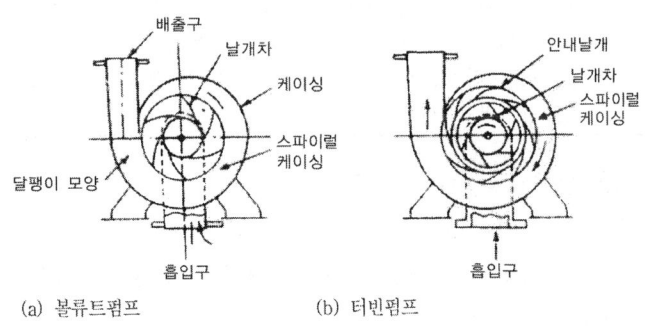

(a) 볼류트펌프   (b) 터빈펌프

① 안내 깃(Guide Vane)의 유무에 따른 분류
  ㉠ 볼류트 펌프(Volute Pump) : 케이싱 내부에 안내깃(Guide Vane)이 없는 펌프로 低양정용으로 사용
  ㉡ 터빈 펌프(Turbine Pump) : 케이싱 내부에 안내깃(Guide Vane)이 있는 펌프로 高양정용으로 사용

> **Reference**
>
> ◎ 안내깃(Guide Vane)
>   회전차 출구의 흐름을 감속하여 속도에너지를 압력에너지로 변환시켜주는 역할을 한다.

② 흡입구에 의한 분류
  ㉠ 단흡입펌프(Single Suction Pump) : 회전차의 한쪽에서만 흡입되는 펌프
  ㉡ 양흡입펌프(Double Suction Pump) : 회전차의 양쪽에서 흡입되는 펌프

③ 축의 방향에 의한 분류
　㉠ 횡축펌프(Horizontal Pump) : 펌프의 축이 수평인 펌프로 일반적으로 사용되는 펌프의 형식이다.
　㉡ 입축펌프(Vertical Pump) : 펌프의 축이 수직인 펌프로 주로 심정용으로 많이 사용된다. 설치장소가 작고 양정이 높아 공동현상이 발생될 우려가 있는 곳에 설치하면 효과적이다.

구 분	횡축펌프	입축펌프
장 점	① 보수 및 점검이 쉽다. ② 주요부분이 수면상에 있어 부식의 우려가 적다. ③ 가격이 대체로 저렴하다.	① 설치면적이 작다. ② 임펠러가 수중에 있어 캐비테이션의 발생 우려가 없다. ③ 프라이밍이 불필요하다.
단 점	① 설치면적이 크다. ② 흡입양정이 큰 경우 캐비테이션의 발생 우려가 있다. ③ 기동 시에 프라이밍이 필요하다. ④ 대구경 펌프에는 부적합하다.	① 보수, 점검이 어렵다. ② 주요부분이 수중에 있으므로 부식되기 쉽다. ③ 가격이 일반적으로 비싸다.

④ 단수에 의한 분류
　㉠ 단단펌프(Single Stage Pump) : 펌프 1대에 Impeller 1개를 단 것
　㉡ 다단펌프(Multi Stage Pump) : 여러 개의 Impeller를 직렬로 배치한 것으로 주로 고양정용으로 사용된다.

원심펌프의 특징
- 구조가 간단하고 운전성능이 우수하다.
- 가격이 저렴하다.
- 케이싱 내에 물을 채워야 하는 단점이 있다.
- 효율이 높고 맥동이 적게 발생한다.
- 설계상 펌프의 양정 및 토출량은 넓은 범위로 제작가능하다.

(2) 왕복펌프

피스톤의 왕복운동에 의해 액체를 수송하는 펌프로 점성이 큰 액체나 고양정에 이용되는 펌프이다.

(3) 회전펌프

케이싱 내의 회전자를 회전시켜 액체를 연속으로 수송하는 펌프로 점성이 큰 액체의 압송에 적합하다.

② 펌프의 성능

① 소방펌프는 소화설비별 토출압력과 토출량을 충족하면서 다음 기준에 적합하여야 한다.
  ㉠ 체절양정은 정격토출양정의 140%를 초과하지 아니할 것
  ㉡ 정격토출량의 150%로 운전 시 정격토출압력의 65% 이상일 것
② 펌프의 성능곡선

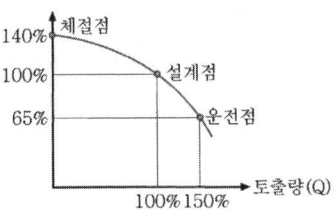

【 펌프의 성능시험곡선 】

③ 펌프의 계산

(1) 양정

소방펌프의 정격토출양정은 다음에서 얻어진 전양정 이상이어야 한다.

$$H = h_1 + h_2 + h_3 + h_4$$

H : 전양정(m), h_1 : 배관 및 관부속물의 마찰손실양정(m)
h_2 : 호스의 마찰손실양정(m), h_3 : 실양정(m), h_4 : 방사압력 환산양정(m)

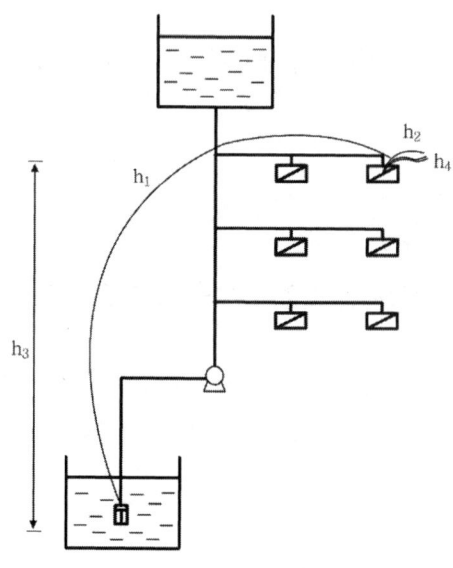

【 펌프의 전양정 】

(2) 토출량

소방펌프의 정격토출량은 다음에서 얻어진 토출량 이상일 것

$$Q = N \times 방수구의\ 최소\ 토출량(L/min)$$

Q : 펌프의 분당토출량(L/min), N : 수원 산정에 필요한 방수구의 수

(3) 동력

① 전달동력(모터동력, 엔진동력) : 펌프의 구동에 이용되는 소요동력(전달계수(K)와 효율(η)을 모두 고려한 동력)

$$P = \frac{H \times \gamma \times Q}{\eta} \times K$$

P : 동력(kgf·m/sec), H : 전양정(m), γ : 비중량(kgf/m^3), Q : 유량(m^3/sec)
η : 효율, K : 전달계수(전동기일 때 1.1, 전동기 이외일 때 1.15~1.2)

㉠ $kW = \dfrac{H \times \gamma \times Q}{102 \times \eta} \times K$

㉡ $HP = \dfrac{H \times \gamma \times Q}{76 \times \eta} \times K$

㉢ $PS = \dfrac{H \times \gamma \times Q}{75 \times \eta} \times K$

동력의 단위관계

1kW=102kgf·m/sec, 1HP=76kgf·m/sec, 1PS=75kgf·m/sec

다른 방법의 동력계산

$$P(kW) = 0.163 \frac{H \times Q}{E} \times K$$

Q : 정격 토출량(m^3/min), H : 전양정(m), E : 펌프효율, K : 동력전달계수

펌프효율의 계산

- 펌프효율(η_p) = 체적효율(η_v) × 수력효율(η_h) × 기계효율(η_m)
- 펌프효율(η_p) = $\dfrac{수동력}{축동력}$

② **축동력(펌프동력)** : 펌프의 운전에 필요한 실제동력(효율(η)만을 고려한 동력)

$$L = \frac{H \times \gamma \times Q}{\eta}$$

㉠ $kW = \dfrac{H \times \gamma \times Q}{102 \times \eta}$

㉡ $HP = \dfrac{H \times \gamma \times Q}{76 \times \eta}$

㉢ $PS = \dfrac{H \times \gamma \times Q}{75 \times \eta}$

③ **수동력** : 펌프에 의해 액체에 공급되는 동력

$$L = H \times \gamma \times Q$$

㉠ $kW = \dfrac{H \times \gamma \times Q}{102}$

㉡ $HP = \dfrac{H \times \gamma \times Q}{76}$

㉢ $PS = \dfrac{H \times \gamma \times Q}{75}$

4 ▸▸ 팬의 계산

① 전달동력(모터동력, 엔진동력)

$$L = \frac{P \times Q}{\eta} \times K$$

P : 풍압(kgf/m²), Q : 풍량(m³/sec), η : 효율
K : 전달계수(전동기일 때 1.1, 전동기 이외일 때 1.15~1.2)

㉠ $kW = \dfrac{P \times Q}{102 \times \eta} \times K$　　㉡ $HP = \dfrac{P \times Q}{76 \times \eta} \times K$　　㉢ $PS = \dfrac{P \times Q}{75 \times \eta} \times K$

② 축동력(송풍기동력)

㉠ $kW = \dfrac{P \times Q}{102 \times \eta}$　　㉡ $HP = \dfrac{P \times Q}{76 \times \eta}$　　㉢ $PS = \dfrac{P \times Q}{75 \times \eta}$

③ 공기동력

㉠ $kW = \dfrac{P \times Q}{102}$　　㉡ $HP = \dfrac{P \times Q}{76}$　　㉢ $PS = \dfrac{P \times Q}{75}$

5 ▸▸ 펌프의 상사법칙

임펠러의 회전수와 임펠로의 직경이 서로 다를 때

① 유량은 펌프 회전수에 정비례하고 임펠러 직경의 3승에 비례한다.

$$Q_2 = \left(\frac{N_2}{N_1}\right)^1 \times \left(\frac{D_2}{D_1}\right)^3 \times Q_1$$

② 양정은 펌프 회전수의 제곱에 비례하고 임펠러 직경의 2승에 비례한다.

$$H_2 = \left(\frac{N_2}{N_1}\right)^2 \times \left(\frac{D_2}{D_1}\right)^2 \times H_1$$

③ 축동력은 펌프 회전수의 3승에 비례하고 임펠러 직경의 5승에 비례한다.

$$L_2 = \left(\frac{N_2}{N_1}\right)^3 \times \left(\frac{D_2}{D_1}\right)^5 \times L_1$$

Q : 유량, D : 임펠러 직경, N : 회전수, H : 양정, L : 축동력

6. 압축비

$$K = \sqrt[n]{\frac{P_2}{P_1}}$$

K : 압축비, n : 펌프의 단수, P_1 : 펌프의 흡입절대압력, P_2 : 펌프의 토출절대압력

7. 비속도

토출량 $1m^3/min$, 양정 1m가 발생되도록 설계할 경우 임펠러의 분당 회전수를 의미한다.

$$N_s = \frac{N\sqrt{Q}}{\left(\dfrac{H}{n}\right)^{\frac{3}{4}}}$$

N_s : 비속도(rpm), N : 임펠러의 회전속도(rpm), Q : 토출량(m^3/min)
H : 펌프의 전양정(m), n : 단수

8. 펌프의 연합운전

토출량 Q, 양정 H인 펌프 2대를 직렬 또는 병렬로 연결했을 때
① 직렬연결 : 유량은 불변이지만 양정은 2배가 된다.($Q_2 = Q_1$, $H_2 = 2H_1$)
② 병렬연결 : 양정은 불변이지만 유량은 2배가 된다.($H_2 = H_1$, $Q_2 = 2Q_1$)

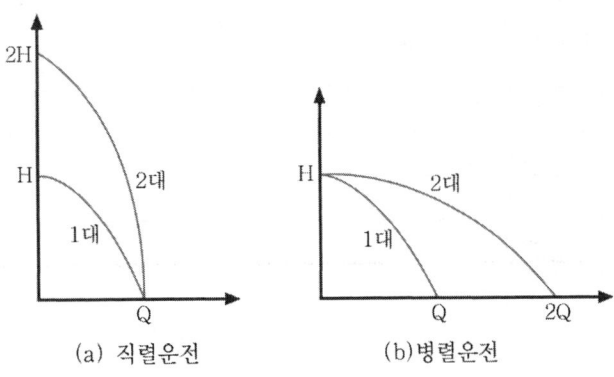

(a) 직렬운전   (b) 병렬운전

9. 흡입양정

(1) 유효흡입양정(NPSHav ; Available Net Positive Suction Head)

펌프가 설치되어 사용될 때 펌프 그 자체와는 무관하게 배관 시스템에 따라 결정되는 양정이다.

유효흡입양정은 펌프 중심으로 유입되는 액체의 절대압력을 나타낸다.

① 수조가 펌프보다 낮은 경우

$$\text{NPSH}_{av} = \frac{P}{\gamma} - \frac{P_V}{\gamma} - \frac{P_h}{\gamma} - h$$

② 수조가 펌프보다 높은 경우

$$\text{NPSH}_{av} = \frac{P}{\gamma} - \frac{P_V}{\gamma} - \frac{P_h}{\gamma} + h$$

NPSH_{av} : 유효흡입양정(m), P : 수면에 접하는 절대압력(kgf/m^2)
P_V : 포화증기압(kgf/m^2), P_h : 흡입측 배관의 마찰손실압력(kgf/m^2)
γ : 비중량(kgf/m^3), h : 흡입 실양정(m)

! Reference

○ 온도별 물의 증기압

온도(℃)	수두(mH$_2$O)	압력(kgf/cm^2)
6.6	0.1	0.01
12.7	0.15	0.015
17.1	0.2	0.02
20.7	0.25	0.025
23.7	0.3	0.03
28.6	0.4	0.04
32.5	0.5	0.05
99.1	10.0	1.0

(2) 필요흡입양정(NPSHre ; Required Net Positive Suction Head)

펌프가 캐비테이션현상을 일으키지 않고 정상 작동되기 위해서 필요로 하는 흡입양정이다. 펌프의 종류, 형식 및 양정에 따라 다른 값을 가지며 다음과 같은 식을 통해 계산 가능하다.

【 비속도에 의한 계산(1단 펌프의 경우) 】

$$N_s = \frac{N\sqrt{Q}}{H^{\frac{3}{4}}} \qquad \therefore H = \left(\frac{N\sqrt{Q}}{N_s}\right)^{\frac{4}{3}} \qquad \therefore H_{re} = \delta \cdot H$$

N_s : 비속도(rpm), N : 임펠러의 회전속도(rpm), Q : 토출량(m^3/min)
H : 펌프의 전양정(m), H_{re} : 필요흡입양정(m), δ : 토마의 캐비테이션계수(0.03)

Cavitation이 발생되지 않을 조건
- $NPSH_{av} > NPSH_{re}$

설계의 조건
- $NPSH_{av} \geq NPSH_{re} \times 1.3$
- $NPSH_{av}$: 유효흡입양정, $NPSH_{re}$: 필요흡입양정

⑩ 펌프의 이상현상

(1) 공동(Cavitation)현상

펌프 흡입측 배관에서 발생될 수 있는 현상으로 흡입되는 물의 압력이 그 온도에서의 포화증기압보다 작게 되면 물이 급격하게 증발되어 기포가 생성되는 현상이다. 기포가 흐름을 따라 이동하면서 진동, 소음을 수반하고 심한 경우 양수불능까지도 초래하게 된다.

① 발생원인
  ㉠ 펌프가 수원보다 높고 흡입수두가 클 때
  ㉡ 펌프의 임펠러 회전속도가 클 때
  ㉢ 펌프의 흡입관경이 작을 때
  ㉣ 흡입측 배관의 유속이 빠를 때
  ㉤ 흡입측 배관의 마찰손실이 클 때
  ㉥ 물의 온도가 높을 때

② 발생현상
  ㉠ 소음과 진동이 생긴다.
  ㉡ 침식이 생긴다.
  ㉢ 토출량 및 양정이 감소되고 전체적인 펌프의 효율이 감소된다.
③ 방지법
  ㉠ 펌프의 설치위치를 가급적 낮춘다.
  ㉡ 회전차를 수중에 완전히 잠기게 한다.
  ㉢ 흡입 관경을 크게 한다.
  ㉣ 펌프의 회전수를 낮춘다.
  ㉤ 2대 이상의 펌프를 사용한다.
  ㉥ 양(兩)흡입 펌프를 사용한다.

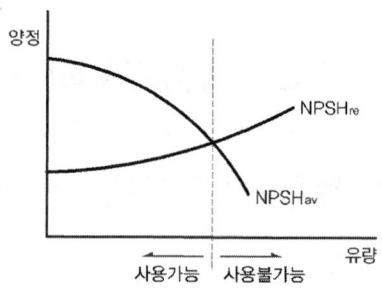

【 H-Q 곡선과 Cavitation 】

(2) 수격(Water Hammering)작용

펌프나 밸브를 갑작스럽게 조작하면 관속을 흐르는 액체의 속도가 급격히 변하면서 운동에너지가 압력에너지로 바뀌게 된다. 이때 고압이 발생되어 배관이나 관 부속물에 무리한 힘을 가하게 되는데 이러한 현상을 수격작용이라 한다.

① 발생원인
  ㉠ 펌프의 급격한 기동 또는 급격한 정지 시
  ㉡ 밸브의 급격한 폐쇄 또는 급격한 개방 시
② 방지법
  ㉠ 배관의 관경을 가능한 크게 하여 유속을 낮춘다.
  ㉡ 펌프에 플라이휠(Fly Wheel)을 설치하여 펌프의 급격한 속도변화를 방지한다.
  ㉢ 조압수조(Surge Tank)를 관선에 설치한다.
  ㉣ 토출 측에 수격방지기(Water Hammering Cushion)를 설치한다.
  ㉤ 밸브는 송출구 가까이 설치하고 적당히 제어한다.

(3) 맥동(Surging)현상

펌프의 운전 중 송출유량이 주기적으로 변하면서 압력계의 눈금이 흔들리고 토출배관에 진동과 소음을 수반하는 현상이다. 맥동현상이 계속되면 배관의 장치나 기계의 파손을 일으킨다.

① 발생원인
  ㉠ 펌프의 양정곡선이 산형곡선이고 곡선의 상승부에서 운전할 때
  ㉡ 배관 중에 물탱크나 공기탱크가 있을 때

② 방지법
  ㉠ 배관 중에 수조 또는 기체상태인 부분이 없도록 한다.
  ㉡ 펌프의 양수량을 증가시키거나 임펠러의 회전수를 변경한다.

CHAPTER 03 시공 및 실무(부품관련)

1 ▶▶ 배관의 종류

① 배관용 탄소강관(SPP, Carbon Steel Pipes for Ordinary Piping)(KS D 3507) : 1.2MPa 미만의 압력에서 사용할 수 있는 배관으로 백관과 흑관으로 구분된다. 탄소강관에 1차 방청도장만 한 것을 흑관, 흑관에 아연(Zn)도금을 한 배관을 백관이라 한다.

② 압력 배관용 탄소강관(SPPS, Carbon Steel Pipes for Pressure Service)(KS D 3562) : 1.2MPa 이상, 10MPa 미만의 범위에서 사용할 수 있는 배관으로 관 두께를 Schedule 번호로 나타내며 번호가 클수록 두꺼운 관이다.

③ 고압 배관용 탄소강관(SPPH, Carbon Steel Pipes for High Pressure Service) : 10MPa 이상의 고압의 배관에 사용할 수 있는 배관이다.

④ 수도용 아연도금 강관(SPPW, Galvanized Steel Pipes Water Services, KS D 3537) : 배관용 탄소강관에 아연도금을 한 것으로서 관경 350A 이내에 사용할 수 있는 급수용 배관이다.

⑤ 저온 배관용 탄소강관(SPLT, Steel Pipe for Low Temperature Service, KS D 3569) : 0℃ 이하의 저온 유체의 이송에 사용되는 배관이다.

⑥ 고온 배관용 탄소강관(SPHT, Carbon Steel Pipes for High Temperature Service, KS D 3570) : 사용온도 350℃ 이상의 고온에 사용되는 배관이다.

⑦ 염소화염화비닐수지 배관(CPVC, Chlorinated Poly Vinyl Chloride) : PVC(Poly Vinyl Chloride)를 염소화시킨 것으로 PVC의 단점인 내열성, 내후성, 내연성을 향상시킨 것이다. 합성수지배관 중 소방검정공사의 성능시험기술기준에 적합한 배관을 사용할 수 있다.

> **Reference**
>
> ○ 합성수지배관
> CPVC(Chlorinated Poly Vinyl Chloride)는 염소화 염화비닐수지로 열에 약한 폴리염화비닐(PVC)수지의 단점을 보완한 합성수지배관으로 조도(거칠음계수)인 C factor가 150이다.

㉠ 배관용 탄소강관

```
┌──┐  ㉿ — SPP — B — 80A — 1985 — 6
└──┘
 상표  KS  관종류  제조방법  호칭방법  제조년  길이
```

㉡ 압력배관용 탄소강관

```
┌──┐  ㉿ — SPPS — S-H — 1985 — 100A × Sch40 × 6
└──┘
 상표  KS  관종류  제조방법  제조년  호칭방법 스케줄  길이
```

② Sch No

배관의 두께를 표시하는 무차원 수로 번호가 클수록 두꺼운 관이다.

$$\text{스케줄 번호(Sch No)} = \frac{P}{S} \times 10$$

P : 사용압력(kgf/cm^2), S : 허용응력(kgf/mm^2)

$$\text{허용응력} = \frac{\text{인장강도}}{\text{안전율}}$$

스케줄 번호는 무차원수이며 10, 20, 30, 40, 80 등이 있고 번호가 클수록 두꺼운 관이다.

③ 밸브의 종류

① 게이트밸브(Gate Valve) : 유체의 흐름방향에 직각으로 움직이는 게이트에 의해 완전 열림 또는 완전 닫힘의 용도로 사용되는 밸브로 유량조절 목적으로는 사용되지 않는다. 완전히 개방되었을 때에는 배관의 지름과 같으므로 압력손실이 적다.

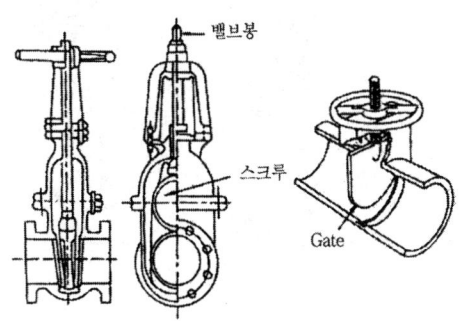

② 글로브밸브(Globe Valve) : 섬세한 유량조절이 가능한 유량조절밸브로 입구와 출구의 중심선이 일직선상에 있고 유체의 흐름이 S자 모양이다. 밸브의 개폐가 신속하지만 마찰손실이 큰 단점을 가지고 있다.

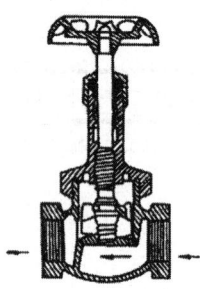

③ 앵글밸브(Angle Valve) : 유체의 흐름을 직각으로 변환시킬 때 사용되는 밸브로 옥내소화전 방수구와 스프링클러설비 유수검지장치의 테스트배수밸브에 사용되는 밸브이다.

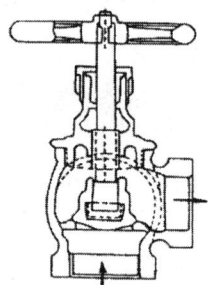

④ 버터플라이 밸브(Butterfly Valve) : 원통형의 몸체 속에 밸브봉을 축으로 하여 평판이 회전함으로써 개폐되는 밸브로 주로 저압용 배관에 사용되고 있다. 가격은 저렴하지만 누설의 우려가 있고 완전 개방 시에도 유로상에 평판이 존재하므로 마찰저항이 커서 소화펌프의 흡입측 배관에는 사용할 수 없는 밸브이다.

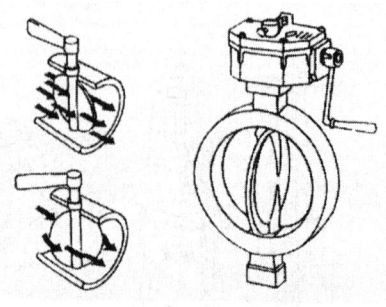

⑤ **안전밸브(Safety Valve)** : 배관 및 고압용기에 설치하여 압력이 이상 상승되면 자동으로 개방되어 유체를 대기 중으로 방출하여 압력으로부터 안전한 상태로 유지해주는 밸브이다. 종류로는 스프링식, 중추식, 가용전식, 파열판식 등이 있으며 그 중 스프링식 안전밸브가 가장 널리 사용되고 있다.

⑥ **체크밸브(Check Valve)** : 역류방지를 목적으로 사용되는 밸브로서 유체의 흐름방향이 한쪽 방향으로만 흐르도록 하는 밸브이다.

　㉠ 스윙 체크밸브(Swing Check Valve) : 핀을 축으로 회전운동을 할 수 있는 밸브로서 물의 흐름에 따라 자중에 의해 개폐되는 밸브이다. 마찰손실은 리프트형보다 작지만 클래퍼와 시트 사이에 이물질이 있을 때 신뢰성이 낮아지며, 수평배관보다 수직배관에 적합하다.

 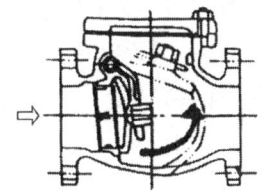

　㉡ 리프트 체크밸브(Lift Check Valve) : 일명 스모렌스키체크밸브라고도 하며, 유체의 압력에 의해 밸브가 수직운동을 하여 개폐되는 형식으로 수평, 수직배관에 모두 사용가능하다. 수격작용에 강하여 소방설비용 배관에 많이 사용되며 By Pass 밸브를 개방하면 2차측의 물을 1차측으로 역류시킬 수 있다.

 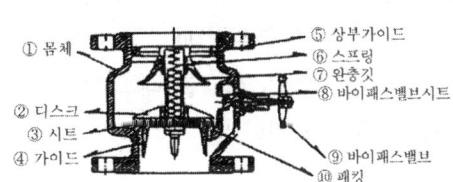

⑦ **릴리프밸브(Relief Valve)** : 설비가 비정상적으로 유지되어 설비의 정상작동에 문제가 생기는 것을 방지하기 위한 일종의 설비 정상 유지밸브이다.

4 ▶▶ 부품의 종류

(1) 강관이음의 종류

강관이음은 이음방법에 따라 나사식, 용접식, 플랜지식 이음이 있다.

① 나사식 이음 : 50A 이하의 물, 증기, 기름, 공기 등의 저압용 일반배관에 사용되는 이음방법으로 마모, 충격, 진동, 부식 및 균열 등이 생길 우려가 없는 곳에 사용되는 방법이다.

② 용접식 이음 : 50A 이상의 배관에 사용되는 이음방법으로 접속부의 모양에 따라 맞대기 용접, 삽입형 용접, 플랜지 용접 등으로 구분된다.

③ 플랜지 이음 : 65A 이상의 볼트, 너트로 플랜지를 접속시키는 이음으로 각종 기기의 접속 및 관을 자주 해체 또는 교환할 필요가 있는 곳에 적합하다.

플랜지 사이에는 개스킷(Gasket)을 넣어 유체가 새는 것을 방지한다.

플랜지 이음의 종류로는 나사이음, 삽입용접, 소켓용접, 랩조인트, 맞대기용접, 블라인드형 등이 있다.

(2) 배관접속기구의 종류

① 관의 방향을 바꿀 때 : 엘보(Elbow), 벤드(Bend)
② 2개의 관을 연결할 때 : 유니온(Union), 플랜지(Flange), 니플(Nipple), 소켓(Socket)
③ 관의 지름을 바꿀 때 : 리듀서(Reducer), 부싱(Bushing)
④ 관의 끝을 막을 때 : 플러그(Plug), 캡(Cap)
⑤ 지름이 큰 관을 연결할 때 : 플랜지(Flange), 볼트(Bolt), 너트(Nut)
⑥ 관의 수리, 교체가 필요할 때 : 유니온(Union), 플랜지(Flange)
⑦ 관을 도중에 분기할 때 : 티(Tee), 와이(Y), 크로스(Cross)

(3) 신축이음의 종류

직선거리가 긴 배관이 온도의 변화에 의해 팽창 또는 수축되면 관 접합부 및 기타 기기가 파손이 생길 우려가 있으므로 관 접합부 등에 설치하여 설비의 파손을 방지할 수 있도록 하는 이음을 말한다.

① 슬리브형(Sleeve Type) : 슬리브와 본체 사이에 석면으로 만든 패킹을 넣어 온수나 증기의 누설을 방지하며 8kgf/cm^2 이하의 공기, 가스, 기름배관에 사용된다.

> **Reference**
>
> ◎ 패킹의 종류
> - 매커니컬실(Mechanical Seal) : 패킹 설치 시 펌프케이싱과 샤프트 중앙 부분에 물이 새지 않도록 섬세한 다듬질이 필요하며 일반적으로 산업용, 공업용 펌프에 사용되는 패킹
> - 오일실(Oil Seal)
> - 플랜지 패킹(Flange Packing)
> - 글랜드 패킹(Gland Packing)
> - 나사용 패킹(Thread Packing)
> - 오링(O-ring)
>
>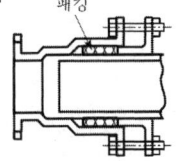
> 【 슬리브형 이음 】

② **스위블형(Swivel Type)** : 2개 이상의 엘보를 연결하여 한 쪽이 팽창하면 비틀림을 일으켜 팽창을 흡수한다. 신축량이 큰 경우 배관의 나사 이음부가 헐거워져 누설의 우려가 있다.

> **Reference**
>
> 아파트 등 고층 건축물의 도시가스배관이 스위블형이다.
>
>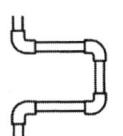

③ **벨로우즈형(Bellows Type)** : 청동 또는 스테인리스강을 주름잡아 만든 이음으로 부식의 우려가 없으며 나사이음과 플랜지이음이 있다. 설치공간을 넓게 차지하지 않으며 자체응력 및 누설이 없지만 고압배관에는 부적합하다.

> **Reference**
>
> 신축성 있는 형태의 이음
>
>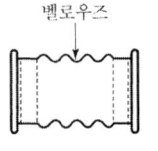
> 벨로우즈

④ **루프형(Loop Type)** : 강관 또는 동관 등을 루프모양으로 구부리고 그 구부림을 이용하여 배관의 신축을 흡수한다. 고온, 고압의 옥외배관에 많이 사용되고 설치공간을 많이 차지하지만 진동에 대한 완충효과가 크다. 굽힘 반지름은 관지름의 6배 이상으로 한다.

> **! Reference**
> 가스계설비의 동관 이음에 주로 이용된다.

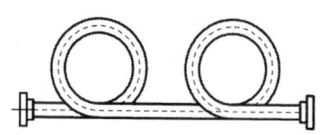

배관 이외의 교량, 도로, 철도에서의 신축이음의 종류
상온스프링형, 맹조인트, 절삭조인트, 쇼마조인트, 앵글보강조인트, 보강강재조인트, 컷오프조인트, 거플링조인트, 모노셀조인트, 러버탑조인트, 가이탑조인트, 트랜스플랙스조인트, 에이스조인트, 샌드위치조인트, 레일식신축이음장치

(4) 스트레이너(Strainer)

배관을 흐르는 유체에 섞여 있는 모래 등 이물질 등을 여과하기 위한 여과기로 모양에 따라 Y형, U형, V형 등으로 구분된다.

① Y형 스트레이너 : 45° 경사진 Y형의 본체에 원통형 금속망을 넣은 것으로 유체의 저항을 줄이기 위해서 유체가 망의 안쪽에서 바깥쪽으로 흐르게 되어 있으며 밑부분에 플러그를 달아 쌓여있는 불순물을 제거하게 되어 있다.

② U형 스트레이너 : 주철제의 본체 안에 원통형 여과망을 수직으로 넣어 유체가 망의 안쪽에서 바깥쪽으로 흐른다. 구조상 Y형 스트레이너에 비해 저항은 크지만 보수나 점검 등이 매우 편리하다.

③ V형 스트레이너 : 주철제의 본체 안에 금속여과망을 V형으로 끼운 것으로 유체가 직선으로 흐르게 되어 저항이 적어지며 여과망의 교환, 점검, 보수 등이 편리하다.

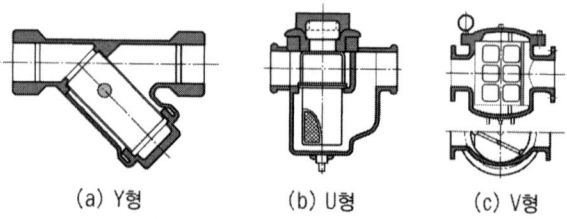

(a) Y형　　(b) U형　　(c) V형

5 ▶▶ 보온재 및 보온방법

(1) 보온재의 종류

① 암면 보온재(KS F 4701)
② 유리면 보온재(KS L 9102)
③ 발포 폴리스틸렌 보온재(KS M 3808)
④ 발포 폴리에틸렌 보온재(KS M 3862)
⑤ 규산칼슘 보온재(KS L 9101)
⑥ 발수성 펄라이트 보온재(KS L 4714)
⑦ 경질 우레탄폼 보온재(KS M 3809)

> **Reference**
>
> ◎ 보온재의 구비조건
> - 단열능력이 우수할 것
> - 시공이 용이할 것
> - 가격이 저렴할 것
> - 단열효과가 뛰어날 것
> - 가벼울 것

(2) 배관의 동파방지 방법

① 단열재로 보온조치한다.
② 배관에 전열전선을 설치한다.
③ 부동액을 혼입한다(배관부식에 영향이 없을 것).
④ 배관내 상시 물을 유동시킨다.
⑤ 지하배관을 동결심도 이상으로 매설한다. : 옥외배관의 경우 동절기에는 각 지방의 동결심도를 감안하여 공사시 배관의 상부가 [동결심도 +30cm] 깊이로 매설되도록 한다.
⑥ 수조내에 Heating Pipe를 설치한다.

6. 도시기호

[소방시설 도시기호(소방청고시 별지 제4호 서식)]

분류	명칭		도시기호	분류	명칭	도시기호
배관	일반배관		──	헤드류	스프링클러헤드 폐쇄형 상향식(평면도)	─●─
	옥내·외소화전		─H─		스프링클러헤드 폐쇄형 하향식(평면도)	
	스프링클러		─SP─		스프링클러헤드 개방형 상향식(평면도)	
	물분무		─WS─		스프링클러헤드 개방형 하향식(평면도)	
	포소화		─F─		스프링클러헤드 폐쇄형 상향식(계통도)	
	배수관		─D─		스프링클러헤드 폐쇄형 하향식(입면도)	
	전선관	입상			스프링클러헤드 폐쇄형 상·하향식(입면도)	
		입하			스프링클러헤드 상향식(입면도)	↑
		통과			스프링클러헤드 하향식(입면도)	↓
관이음쇠	플랜지		─┤├─		분말·탄산가스· 할로겐헤드	
	유니온		─┤├─		연결살수헤드	
	플러그		←─		물분무헤드(평면도)	─⊗─
	90° 엘보				물분무헤드(입면도)	
	45° 엘보				드렌처헤드(평면도)	─⊘─
	티				드렌처헤드(입면도)	
	크로스				포헤드(평면도)	
	맹플랜지		─┤		포헤드(입면도)	
	캡		─┘		감지헤드(평면도)	

분류	명칭	도시기호	분류	명칭	도시기호
헤드류	감지헤드(입면도)		밸브류	릴리프밸브 (이산화탄소용)	
	청정소화약제 방출헤드(평면도)			릴리프밸브(일반)	
	청정소화약제 방출헤드(입면도)			동체크밸브	
밸브류	체크밸브			앵글밸브	
	가스체크밸브			FOOT밸브	
	게이트밸브(상시개방)			볼밸브	
	게이트밸브(상시폐쇄)			배수밸브	
	선택밸브			자동배수밸브	
	조작밸브(일반)			여과망	
	조작밸브(전자식)			자동밸브	
	조작밸브(가스식)			감압밸브	
	경보밸브(습식)			공기조절밸브	
	경보밸브(건식)	계기류	압력계	
	프리액션밸브			연성계	
	솔로넬류시밸브			유량계	
	프래액션밸브 수동조작함	SVP	소화전	옥내소화함	
	플렉시블조이트			옥내소화전 방수용 기구병설	
	솔레노이드밸브			옥외소화전	
	모터밸브			포말소화전	

Chapter 03. 시공 및 실무(부품관련)

분류	명칭	도시기호	분류	명칭	도시기호
소화전	송수구		경보설비기기류	차동식 스포트형 감지기	
	방수구			보상식 스포트형 감지기	
스트레이너	Y형			정온식 스포트형 감지기	
	U형			연기감지기	S
저장탱크류	고가수조 (물올림장치)			감지선	
	압력챔버			공기관	
				열전대	
	포말원액탱크			열반도체	
레듀셔	편심레듀셔			차동식 분포형 감지기의 검출기	
	원심레듀셔			발신기세트 단독형	ⓟⒷⓁ
혼합장치류	프레져프로포셔너			발신기세트 옥내소화전내장형	ⓟⒷⓁ
	라인프로포셔너			경계구역 번호	△
	프레져사이드 프로포셔너			비상용 누름버튼	Ⓕ
	기타			비상전화기	㊀
펌프류	일반펌프			비상벨	Ⓑ
	펌프모터(수평)			사이렌	
	펌프모터(수직)			모터사이렌	Ⓜ
저장용기류	분말약제	P.D		전자사이렌	Ⓢ
	저장용기			조작장치	EP
				증폭기	AMP

분류	명칭	도시기호	분류	명칭	도시기호
경보설비기기류	기동누름버튼	Ⓔ	경보설비기류	보조전원	TR
	이온화식 감지기 (스포트형)	S_I		종단저항	Ω
	광전식 연기감지기 (아날로그)	S_A		수동식제어	□
	광전식 연기감지기 (스포트형)	S_P	제연설비	천장용 배풍기	
	감지기간선, HIV1.2mm×4(22C)	—F ////		벽부착용 배풍기	
	감지기간선, HIV1.2mm×8(22C)	—F //// ////	전선관	일반배풍기	
	유도등간선, HIV1.2mm×3(22C)	—EX—		관로배풍기	
	경보부저	BZ	전선관	화재댐퍼	
	제어반	⋈		연기댐퍼	
	표시반	◿		화재/연기댐퍼	
	회로시험기	⊙	스위치류	압력스위치	PS
	화재경보벨	Ⓑ		탬퍼스위치	TS
	시각경보기(스트로보)	▭	방연·방화문	연기감지기(전용)	S
	수신기	⋈		열감지기(전용)	⌒
	부수신기	⊞		자동폐쇄장치	ER
	중계기	▯		연동제어기	⊿
	표시등	◐		배연창 기동모터	Ⓜ
	피난구유도등	⊗		배연창 수동조작함	8
	통로유도등	→|	피뢰침	피뢰부(평면도)	⊙
	표지판	◿		피뢰부(입면도)	

분류	명칭	도시기호	분류	명칭	도시기호
피뢰침	피뢰도선 및 지붕위 도체	———		비상콘센트	⊙⊙
제연설비	접지	⏚		비상분전반	▶◀
	접지저항 측정용단자	⊗			
소화기류	ABC 소화기	소	기타	가스계소화설비의 수동조작함	RM
	자동확산 소화기	자		전동기 구동	M
	자동식 소화기	◀소▶		엔진 구동	E
	이산화탄소 소화기	C		배관행거	〈……〉
	할로겐화합물 소화기	△		기압계	
기타	안테나	⊥		배기구	—1—
	스피커	▽		바닥은폐배선	-------
	연기 방연벽	▨		노출배선	———
	화재 방화벽	━━━		소화가스 패키지	PAC
	화재 및 연기방벽	▨			

소방수리학/펌프/시공 및 실무

[예상문제]

예상문제

01 이산화탄소(CO_2)가 화재실에 방사되었을 때 화재실의 온도는 55℃, 압력은 115kPa이었다면 이산화탄소의 밀도는 몇 kg/m³이겠는가?

▲풀이 및 정답

$$\rho = \frac{PM}{RT} = \frac{115 \text{kPa} \times 44 \text{kg/kmol}}{8.314 \text{kpa} \cdot \text{m}^3/\text{kmol} \cdot \text{K} \times (273+55)\text{K}} = 1.855 ≒ 1.86 \text{kg/m}^3$$

02 물의 밀도가 1,000kg/m³일 때 중력 가속도가 9.6m/s²인 곳에서 비중량은 몇 kgf/m³인가?

▲풀이 및 정답

$$\text{비중량 } \gamma = \rho \times g \times \frac{1}{g_c} = 1,000 \text{kg/m}^3 \times 9.6 \text{m/s}^2 \times \frac{1}{9.8 \text{kg} \cdot \text{m/kgf} \cdot \text{s}^2} = 979.59 \text{kgf/m}^3$$

03 화재실에 20℃의 물 50kg을 분무상태로 방사하여 전체가 100℃ 수증기로 기화되었다면 방사된 분무수가 화재실에서 빼앗은 열량은 몇 kcal인가?

▲풀이 및 정답

$$Q(\text{kcal}) = m \cdot c \Delta t + mr$$
$$= 50 \text{kg} \times 1 \text{kcal/kg℃} \times (100-20)℃ + 50 \text{kg} \times 539 \text{kcal/kg} = 30,950 \text{kcal}$$

04 체적이 650m³인 통신실에 이산화탄소 135kg을 방사하였다. 통신실의 온도가 35℃, 압력이 105kPa일 때 이산화탄소의 농도는 몇 %인가? (단, CO_2의 기체상수는 188.95N·m/kg·K 이다.)

▲풀이 및 정답

$$CO_2\% = \frac{\text{방사된 } CO_2\text{의 체적}}{\text{방호구역의 체적} + \text{방사된 } CO_2\text{의 체적}} \times 100$$

$PV = \frac{W}{M}RT$에서

$$V = \frac{WRT}{PM} = \frac{135 \times 8.314 \times (273+35)}{105 \times 44} = 74.826 ≒ 74.83 \text{m}^3$$

$$\therefore CO_2\% = \frac{74.83}{650+74.83} \times 100 = 10.323 ≒ 10.32\%$$

or

$PV = GRT$에서

$$V = \frac{GRT}{P} = \frac{135 \text{kg} \times 188.95 \text{N} \cdot \text{m/kg} \cdot \text{K} \times (273+35)\text{K}}{105 \times 10^3 \text{N/m}^2}$$

$$\therefore CO_2\% = \frac{74.82}{650+74.82} \times 100 = 10.322 ≒ 10.32\%$$

05 실내온도가 25℃인 사무실에서 화재가 발생하여 720℃가 되었다. 팽창된 공기의 부피는 처음의 몇 배가 되는가? (단, 압력변화는 없다고 본다.)

▲풀이및정답
$\dfrac{V_1}{T_1} = \dfrac{V_2}{T_2}$, $V_2 = V_1 \times \dfrac{T_2}{T_1} = V_1 \times \dfrac{273+720}{273+25} = 3.33\,V_1$

06 그림과 같이 물속에 원형의 파이프가 잠겨 있다. 파이프의 중심에 있는 원판이 받는 힘(kgf)은 얼마가 되겠는가? (단, 파이프의 내경은 10cm이고, 물의 비중량은 1,000kgf/m³이며, 대기압은 무시한다.)

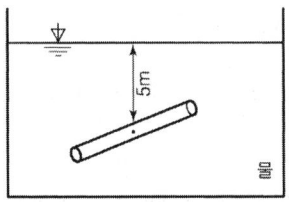

▲풀이및정답
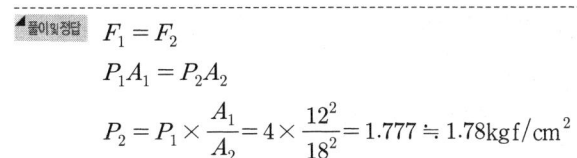
$F = \gamma \cdot H \cdot A = 1000\,\mathrm{kgf/m^3} \times (5\mathrm{m} + 0.05\mathrm{m}) \times \dfrac{\pi}{4}(0.1\mathrm{m})^2 = 39.66\,\mathrm{kgf}$

07 다음 그림의 건식 스프링클러설비 밸브에서 1차측 물의 압력이 4kgf/cm²이고, 1차측 단면직경이 12cm, 2차측 단면직경이 18cm일 때 2차측 공기압은 최소 얼마 이상이어야 밸브가 닫히는가?

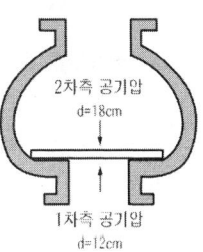

▲풀이및정답
$F_1 = F_2$
$P_1 A_1 = P_2 A_2$
$P_2 = P_1 \times \dfrac{A_1}{A_2} = 4 \times \dfrac{12^2}{18^2} = 1.777 \fallingdotseq 1.78\,\mathrm{kgf/cm^2}$

예상문제

08 배관에 설치된 압력계의 압력이 다음 그림과 같을 때 유량을 두 배로 한다면 두 지점의 압력차는 얼마가 될 것인가? (단, 배관의 마찰손실은 하젠-윌리엄스 공식을 따른다.)

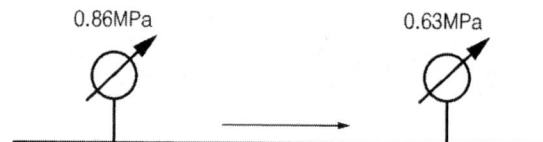

▲ 풀이및정답

$$\triangle P = 6.05 \times 10^4 \times \frac{Q^{1.85}}{C^{1.85} \times D^{4.87}} \times L$$

$\triangle P$는 $Q^{1.85}$에 비례

$\triangle P_1 : Q_1^{1.85} = \triangle P_2 : Q_2^{1.85}$

$\therefore \triangle P_2 = \triangle P_1 \times \dfrac{Q_2^{1.85}}{Q_1^{1.85}} = (0.86 - 0.63) \times \dfrac{2^{1.85}}{1^{1.85}} = 0.829 ≒ 0.83\text{MPa}$

09 소화설비 배관에 레이놀즈수 1,800으로 350L/min의 물이 흐르고 있다. 배관의 직경 100mm, 배관의 길이가 150m일 때 다음 물음에 답하시오. (단, 배관은 수평배관이며 출발점에서의 압력은 7.5kgf/cm²이다.)

1) 배관에서의 마찰손실수두는 몇 m인가?
2) 배관 끝 부분에서의 압력은 몇 kgf/cm²인가?

▲ 풀이및정답

1) $h_L = f \dfrac{L}{D} \cdot \dfrac{U^2}{2g}$

$f = \dfrac{64}{Re\ No} = \dfrac{64}{1800} = 0.036 ≒ 0.04$

$U = \dfrac{Q}{A} = \dfrac{\left(\dfrac{0.35}{60}\right)\text{m}^3/\text{s}}{\dfrac{\pi}{4}(0.1\text{m})^2} = 0.742 ≒ 0.74\,\text{m/s}$

$\therefore h_L = 0.04 \times \dfrac{150}{0.1} \times \dfrac{(0.74)^2}{2 \times 9.8} = 1.676 ≒ 1.68\text{m}$

2) 배관끝부분에서의 압력 = 7.5kgf/cm² - 0.168kgf/cm² = 7.332 ≒ 7.33kgf/cm²

10 다음 그림과 같이 내용적 3m³의 압력수조에 물을 채우고 하부에 방출계수 80인 스프링클러헤드를 설치하였다. 만약 스프링클러헤드가 개방되어 물이 1m³ 방출되는 순간에 방사되는 물의 양(L/min)은 얼마인가? (단, 헤드와 수조간의 마찰손실은 무시하고 대기압은 1kgf/cm²이다.)

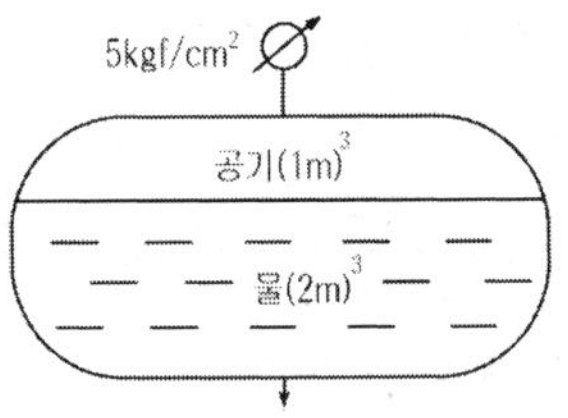

▶풀이및정답

$P_1 V_1 = P_2 V_2$

$P_2 = \dfrac{V_1}{V_2} \times P_1 = \dfrac{1\text{m}^2}{2\text{m}^2} \times (5+1)\text{kgf/cm}^2\text{abs} = 3\text{kgf/cm}^2\text{abs}$

$Q = K\sqrt{P} = 80\sqrt{(3-1)} = 113.137 ≒ 113.14\text{L/min}$

11 구경 50mm의 배관에 15m/s의 속도로 이산화탄소가 흐르고 있다. 배관의 구경이 32mm로 축소되었다면 유동속도는 몇 m/s가 되겠는가? (단, 밀도의 변화는 없다고 한다.)

▶풀이및정답

$A_1 \cdot U_1 = A_2 \cdot U_2$

$U_2 = \dfrac{A_1}{A_2} \cdot U_1 = \dfrac{50^2}{32^2} \times 15\text{m/s} = 36.62\text{m/s}$

12 구경이 25mm인 노즐에서 방사되는 물의 압력이 절대압력으로 0.36MPa일 때 방사량은 몇 L/min인가? (단, 노즐계수는 0.97이다, 대기압은 0.101MPa이다.)

▶풀이및정답

$Q = 0.6597 \cdot D^2 \cdot C\sqrt{10P}$

D : 노즐의 구경(mm), C : 계수, P : 방사압력(MPa)

방사압력은 게이지 압력이므로 $(0.36 - 0.101)\text{MPa} = 0.259\text{MPa}$

∴ $Q = 0.6597 \times 25^2 \times 0.97 \times \sqrt{10 \times 0.259} = 643.65\text{L/min}$

예상문제

13 펌프 토출 측 한 지점의 압력이 10kgf/cm², 유속 3m/s이며 이곳보다 7m 높은 곳의 압력은 8kgf/cm², 유속이 3.7m/s일 때, 이 두 지점 사이에서 발생된 마찰손실 압력은 몇 kgf/cm² 인가?

▶풀이및정답

$$\frac{P_1}{\gamma}+\frac{U_1^2}{2g}+Z_1 = \frac{P_2}{\gamma}+\frac{U_2^2}{2g}+Z_2+h_L$$

$Z_1 = 0\text{m}, \ Z_2 = 7\text{m}$

$$\frac{100,000\text{kgf}/\text{m}^2}{1,000\text{kgf}/\text{m}^3}+\frac{(3\text{m}/\text{s})^2}{2\times9.8\text{m}/\text{s}^2}+0\text{m} = \frac{80,000\text{kgf}/\text{m}^2}{1000\text{kgf}/\text{m}^3}+\frac{(3.7\text{m}/\text{s})^2}{2\times9.8\text{m}/\text{s}^2}+7\text{m}+h_L$$

$h_L = 12.76\text{m} = 1.276\text{kgf}/\text{cm}^2$

14 토출량 Q(m³/sec)는 방사압력 P(kgf/cm²)에 대하여 이론적으로 평방근에 비례하는 관계를 가짐을 증명하시오.

▶풀이및정답

$$Q = A\times U = \frac{\pi}{4}D^2\times\sqrt{2gH} = \frac{\pi}{4}D^2\times\sqrt{2g10P} \quad [P:\text{kgf}/\text{cm}^2]$$

$$= 10.995D^2\sqrt{P}$$

따라서 Q는 $\sqrt{P}$에 비례

15 직경 0.3m인 배관에 물이 3m/sec로 흐를 때 중량유량(kgf/sec)과 체적유량(m³/sec)을 계산하시오.

▶풀이및정답 중량유량 $w = A\times U\times\gamma$

$$= \frac{\pi}{4}(0.3\text{m})^2\times 3\text{m}/\text{s}\times 1,000\text{kg}_f/\text{m}^3 = 212.057 ≒ 212.06\text{kgf}/\text{s}$$

체적유량 $Q = A\times U = \frac{\pi}{4}(0.3\text{m})^2\times 3\text{m}/\text{s} = 0.212 ≒ 0.21\text{m}^3/\text{s}$

16 내경 80mm인 배관에 소화용수가 390Lpm으로 흐르고 있을 때 다음을 구하시오.

1) 평균유속(m/sec)을 구하시오.
2) 질량유량(kg/sec)을 구하시오
3) 중량유량(kgf/sec)을 구하시오.

▶풀이및정답

1) $U = \dfrac{Q}{A} = \dfrac{\left(\dfrac{0.39}{60}\right)\text{m}^3/\text{s}}{\dfrac{\pi}{4}(0.08\text{m})^2} = 1.293 \fallingdotseq 1.29\text{m}/\text{s}$

2) $m = A \times U \times \rho = \dfrac{\pi}{4}(0.08\text{m})^2 \times 1.29\text{m}/\text{s} \times 1,000\text{kg}/\text{m}^3 = 6.484 \fallingdotseq 6.48\text{kg}/\text{s}$

3) $w = A \times U \times \gamma = \dfrac{\pi}{4}(0.08\text{m})^2 \times 1.29\text{m}/\text{s} \times 1,000\text{kgf}/\text{m}^3 = 6.484 \fallingdotseq 6.48\text{kg}_f/\text{s}$

17 온도 20℃, 압력 2kgf/cm²인 공기가 내경이 200mm인 관로를 1.5kg/sec로 유동하고 있다. 이때 유동을 균일분포 유동으로 간주하여 유속을 구하시오. (단, 공기의 R은 29.97kgf · m/kg · k로 한다.)

▶풀이및정답

$m = A \cdot U \cdot \rho$

$PV = GRT$에서 $\dfrac{G}{V} = \dfrac{P}{RT}$

$\therefore \rho = \dfrac{20,000\text{kgf}/\text{m}^2}{29.97\text{kgf} \cdot \text{m}/\text{kg} \cdot \text{K} \times (273+20)\text{K}} = 2.277 \fallingdotseq 2.28\text{kg}/\text{m}^3$

$\therefore 1.5\text{kg}/\text{s} = \dfrac{\pi}{4}(0.2\text{m})^2 \times U(\text{m}/\text{s}) \times 2.28\text{kg}/\text{m}^3$

$U = \dfrac{1.5\text{kg}/\text{s}}{\dfrac{\pi}{4}(0.2\text{m})^2 \times 2.28\text{kg}/\text{m}^3} = 20.941 \fallingdotseq 20.94\text{m}/\text{s}$

18 내경 25mm인 배관에 정상류의 물이 분당 180L로 흐를 때 속도 수두(m)는 얼마인가? (단, 중력가속도는 9.8m/sec²이다.) (5점)

▶풀이및정답

속도수두 $H = \dfrac{U^2}{2g}$

$U = \dfrac{Q}{A} = \dfrac{\left(\dfrac{0.18}{60}\right)\text{m}^3/\text{s}}{\dfrac{\pi}{4}(0.025\text{m})^2} = 6.11\text{m}/\text{s}$

$\therefore H = \dfrac{6.11^2}{2 \times 9.8} = 1.904 \fallingdotseq 1.9\text{m}$

예상문제

19 어떤 공장의 배관시스템으로서 물이 유속 10m/sec, 압력 300kPa, 온도 20℃로 디퓨저에 유입하여 유속 5m/sec로 유출된다. 이 물의 유출압력(kPa)을 구하시오. (단, 위치관계는 무시하고 비체적은 0.001007m³/kg이다.)

▶풀이및정답

$$\frac{P_1}{\gamma} + \frac{U_1^2}{2g} + Z_1 = \frac{P_2}{\gamma} + \frac{U_2^2}{2g} + Z_2$$

$$Z_1 = Z_2$$

$$\gamma = \rho \cdot g = \frac{1}{0.001007 \text{m}^3/\text{kg}} \times 9.8 \text{m/s}^2 = 9731.876 ≒ 9731.88 \text{N/m}^3$$

$$\frac{300 \times 10^3 \text{N/m}^2}{9731.88 \text{N/m}^3} + \frac{(10\text{m/s})^2}{2 \times 9.8 \text{m/s}^2} = \frac{P_2}{9731.88 \text{N/m}^3} + \frac{(5\text{m/s})^2}{2 \times 9.8 \text{m/s}^2}$$

$$\frac{P_2}{9731.88 \text{N/m}^3} = 34.65$$

$$\therefore P_2 = 337209.64 \text{N/m}^2 ≒ 337.21 \text{kN/m}^2$$

20 그림과 같이 배관을 통하여 할론 1301의 정상흐름(Steady Flow)이 일어나고 있다. 이 흐름이 1차원 유동이라고 할 때 ②지점에서 할론 1301의 밀도는 몇 g/cm³인가? (단, ①, ② 지점에서의 내부 직경은 50mm, 25mm이다.)

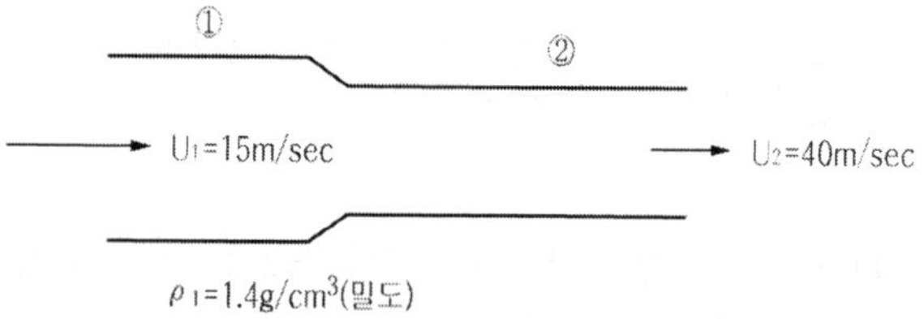

① ②
→ U₁=15m/sec   → U₂=40m/sec
ρ_1=1.4g/cm³(밀도)

▶풀이및정답

$$A_1 \cdot U_1 \cdot \rho_1 = A_2 \cdot U_2 \cdot \rho_2$$

$$\rho_2 = \frac{A_1 \cdot U_1}{A_2 \cdot U_2} \times \rho_1 = \frac{50^2 \times 15}{25^2 \times 40} \times 1.4 \text{g/cm}^3 = 2.1 \text{g/cm}^3$$

21 다음과 같이 물이 흐르는 배관이 분기되는 경우 배관 ③에서의 유량(m³/sec)과 유속(m/s)을 산출하시오. (소수점 4자리에서 반올림하시오)

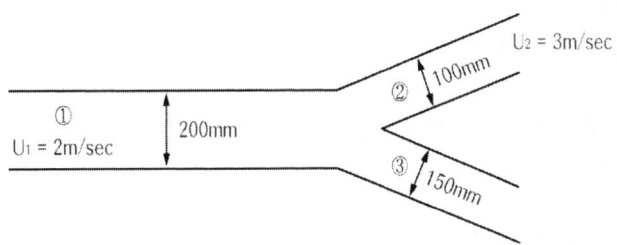

풀이및정답 $Q_1 = Q_2 + Q_3$

$Q_3 = \dfrac{\pi}{4}(0.2\text{m})^2 \times 2\text{m/s} - \dfrac{\pi}{4}(0.1\text{m})^2 \times 3\text{m/s} = 0.0392 \fallingdotseq 0.039\text{m}^3/\text{s}$

$U_3 = \dfrac{Q_3}{A_3} = \dfrac{0.039\text{m}^3/\text{s}}{\dfrac{\pi}{4}(0.15\text{m})^2} = 2.2069 \fallingdotseq 2.207\text{m/s}$

22 스프링클러설비 가압송수장치의 성능시험을 위하여 오리피스로 시험한 결과 아래 그림과 같았다. 이 오리피스를 통과하는 유량은 몇 m³/sec인가? (단, 수은의 비중은 13.6, 유량계수 C는 0.93, 중력가속도 g＝9.8m/sec²이다.)

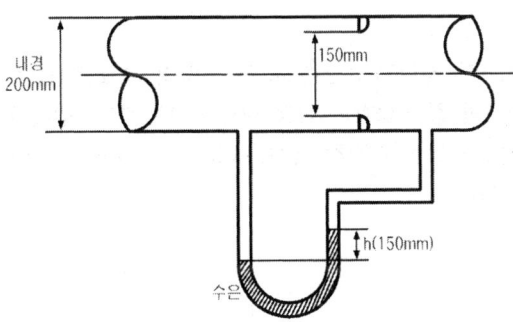

풀이및정답 $Q = A_2 U_2 \times C$

$= \dfrac{\pi}{4}(0.15m)^2 \times \dfrac{1}{\sqrt{1 - \left(\dfrac{150^2}{200^2}\right)^2}} \sqrt{2 \times 9.8 \times 0.15 \times \left(\dfrac{13600}{1000} - 1\right)} \times 0.93$

$= 0.121\text{m}^3/\text{s}$

예상문제

23 지름이 10cm인 소방용 호스에 노즐구경이 3cm인 노즐팁이 부착되어 있다. 1.5m³/min의 방수량으로 대기중에 방사할 경우 아래 [조건]에 따라 각 물음에 답하시오. (단, 마찰손실은 무시한다.)

1) 소방용 호스의 평균유속은 몇 m/sec인가?
2) 소방용 호스에 부착된 노즐의 평균유속은 몇 m/sec인가?
3) 소방용 호스에 부착된 플랜지 볼트에 작용하는 힘은 몇 Newton인가?

풀이및정답

1) $U_{호스} = \dfrac{Q}{A} = \dfrac{\frac{1.5}{60}}{\frac{\pi}{4}(0.1)^2} = 3.183 ≒ 3.18 \text{m/s}$

2) $U_{노즐} = \dfrac{Q}{A} = \dfrac{\frac{1.5}{60}}{\frac{\pi}{4}(0.03)^2} = 35.367 ≒ 35.37 \text{m/s}$

3) $\Delta F = \dfrac{rQ^2 A_1}{2g} \left(\dfrac{A_1 - A_2}{A_1 A_2} \right)^2$

$= \dfrac{9,800 \text{N/m}^3 \times \left(\frac{1.5}{60} \text{m}^3/\text{s}\right)^2 \times \frac{\pi}{4}(0.1)^2}{2 \times 9.8 \text{m/s}^2} \left[\dfrac{\frac{\pi}{4}(0.1)^2 - \frac{\pi}{4}(0.03)^2}{\frac{\pi}{4}(0.1)^2 \times \frac{\pi}{4}(0.03)^2} \right]^2$

$= 4,067.68 \text{N}$

24 직경이 40cm인 배관에 0.2m³/sec의 유량이 흐르고 있다. 이 배관에 직경 25cm, 길이 300m인 배관과 길이 600m, 직경 32cm인 배관이 그림과 같이 연결되어 있을 때 배관 ①과 ②를 통하는 유량을 각각 계산하시오. (단, Darcy-Weisbach식을 이용하고 마찰손실계수는 0.022이다.)

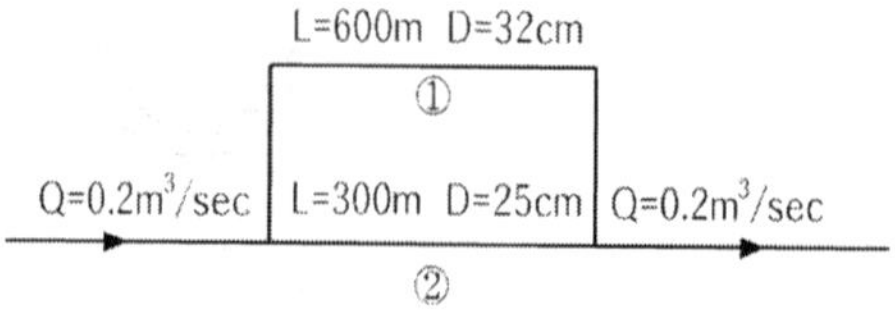

```
                L=600m  D=32cm
                     ①
Q=0.2m³/sec  L=300m  D=25cm  Q=0.2m³/sec
                     ②
```

풀이및정답

$Q_1 + Q_2 = 0.2 \text{m}^3/\text{s}$

$h_{L1} = h_{L2}$

$f \dfrac{L_1}{D_1} \cdot \dfrac{u_1^2}{2g} = f \dfrac{L_2}{D_2} \cdot \dfrac{u_2^2}{2g}$

$$f\frac{L_1}{D_1} \cdot \frac{\left(\frac{Q_1}{A_1}\right)^2}{2g} = f\frac{L_2}{D_2} \cdot \frac{\left(\frac{Q_2}{A_2}\right)^2}{2g}$$

$$f\frac{16 \cdot L_1 \cdot Q_1^2}{\pi^2 \cdot D_1^5 \cdot 2g} = f\frac{16 \cdot L_2 \cdot Q_2^2}{\pi^2 \cdot D_2^5 \cdot 2g}$$

$$\frac{600}{32^5}Q_1^2 = \frac{300}{25^5}Q_2^2$$

$$Q_1^2 = 1.718\,Q_2^2$$

$$Q_1 = 1.31\,Q_2$$

$$\therefore\ 0.2\mathrm{m}^3/\mathrm{s} = 1.31\,Q_2 + Q_2$$

$$\therefore\ Q_2 = 0.087\mathrm{m}^3/\mathrm{s}$$

$$\therefore\ Q_1 = 0.113\mathrm{m}^3/\mathrm{s}$$

25 다음 그림은 루프(Loop)의 형태를 가진 배관 평면도의 일부이다.

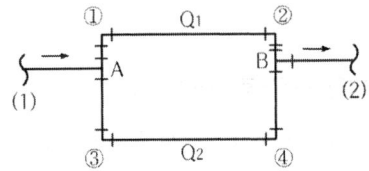

(1)에서 (2)의 방향으로 매분 200리터의 유량으로 정상류의 물이 흐르고 있을 때 루프배관 중 A-①-②-B 및 A-③-④-B의 배관을 흐르는 유량(LPM)은 각각 얼마인가? (단, 위의 주어진 조건을 이용하되 이 조건에 명기되지 않은 것은 유량 산출 시 무시한다.)

조건

1. 배관 내 마찰손실의 크기는 아래공식을 이용한다.

   $$\Delta P_m = \frac{6.05 \times Q^{1.85} \times 10^4}{C^{1.85} \times d^{4.87}}$$

   ΔP_m : 배관 1m당 마찰손실압력(MPa/m), Q : 유량(ℓ/min)
   d : 관의 안지름(mm), C : 관의 거칠음계수
2. 루프 관은 아연도 강관으로서 안지름은 모두 27mm이다.
3. 루프 관의 길이는 다음과 같다.
   A-①의 배관 : 3m, ①-②의 배관 : 10m
   A-③의 배관 : 6m, ③-④의 배관 : 10m
   ②-B의 배관 : 2m, ④-B의 배관 : 7m
4. 루프배관에 접속되어 있는 엘보 1개의 등가 길이는 1.0m이다.
5. A, B부분 티(Tee)의 등가 길이는 무시한다.

예상문제

1) 유량 $Q_1(A-①-②-B)$
2) 유량 $Q_2(A-③-④-B)$

풀이및정답

$Q_1 + Q_2 = 200 l/\min$

$\triangle P_1 = \triangle P_2$

$$\frac{6.05 \times Q_1^{1.85} \times 10^4}{C^{1.85} \times d^{4.87}} \times L_1 = \frac{6.05 \times Q_2^{1.85} \times 10^4}{C^{1.85} \times d^{4.87}} \times L_2$$

$L_1 = 3 + 10 + 2 + 1 \times 2 = 17$

$L_2 = 6 + 10 + 7 + 1 \times 2 = 25$

$\therefore Q_1^{1.85} \times 17m = Q_2^{1.85} \times 25m$

$Q_1^{1.85} = 1.47 \, Q_2^{1.85}$

$Q_1 = (1.47)^{\frac{1}{1.85}} \cdot Q_2$

$Q_1 = 1.23 \, Q_2$

$\therefore 200 l/\min = 1.23 \, Q_2 + Q_2$

$Q_2 = 89.69 \, l/\min \quad Q_1 = 110.31 \, l/\min$

26 흡입양정(NPSH)에 대한 다음 물음에 답하시오.

1) 유효흡입양정(NPSHav)이란 무엇인지 설명하시오.
2) 공동현상이 발생될 수 있는 한계조건을 설명하시오.

풀이및정답

1) 유효흡입양정이란 펌프기능과는 무관, 흡입측 배관의 설치방법 및 설치높이 등에 의해 결정되는 값으로서 펌프기동시 펌프중심으로 유입되는 유체의 절대압력이다.
2) 공동현상 발생한계조건 : $NPSH_{av} = NPSH_{re}$
   공동현상 발생할 조건 : $NPSH_{av} < NPSH_{re}$
   공동현상 발생하지 않을 조건 : $NPSH_{av} > NPSH_{re}$
   설계조건 : $NPSH_{av} \geq NPSH_{re} \times 1.3$

27 펌프흡입방식이 부압흡입방식으로 후트밸브와 펌프의 수직높이가 3m이고 흡입배관의 마찰손실이 9.5kPa, 물의 증기압력이 0.15kgf/cm²일 때 유효흡입양정(NPSHav)은 몇 m인가? (단, 대기압은 표준대기압이다.)

풀이및정답

$NPSH_{av} = \dfrac{P}{r} - \dfrac{P_h}{r} - \dfrac{P_v}{r} - h$ 〈부압〉

$= 10.332\text{m} - \dfrac{9.5\text{kN/m}^2}{9.8\text{kN/m}^3} - 1.5\text{m} - 3\text{m}$

$= 4.86\text{m}$

28 다음 그림은 어느 물분무소화설비 송수펌프의 계통도를 나타내고 있다. 주어진 [조건]과 그림을 참조하여 이 펌프가 가져야 할 최대이론 NPSH를 구하시오.

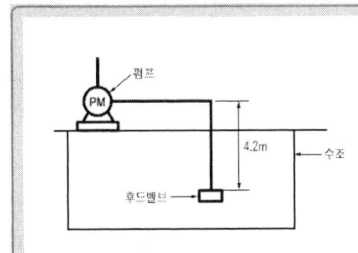

조건
1. 수원의 온도는 25℃이며, 이 온도에서의 수증기압력은 0.02kgf/cm^2이다.
2. 펌프의 사용 최대 송수량은 2,000L/min이다.
3. 펌프 흡입측 배관의 마찰손실압력은 0.24kgf/cm^2이다.
4. 대기압력은 1kgf/cm^2, 물의 밀도는 1g/cm^3이며 배관에서의 속도수두는 무시한다.

◀풀이및정답 $NPSH_{av} = 10\text{m} - 2.4\text{m} - 0.2\text{m} - 4.2\text{m} = 3.2\text{m}$

29 지하 2층, 지상 15층 건물에 층당 50개씩 스프링클러 설비가 설치되어 있다. 설치된 펌프의 전양정이 100m일 때 이 펌프의 축동력은 몇 PS인가? (단, 펌프의 기계효율 93%, 체적효율 90%, 수력효율 85%이다.)

◀풀이및정답 $Q(l/\min) = 30 \times 80 l/\min = 2,400 l/\min$

$$L(ps) = \frac{\gamma \cdot Q \cdot H}{75n} = \frac{1,000 \times \left(\frac{2.4}{60}\right) \times 100}{75 \times (0.93 \times 0.9 \times 0.85)} = 74.96\,\text{ps}$$

30 배출기의 전압이 70mmAq, 배출풍량이 150m³/min일 때 배출기의 동력은 몇 kW인가? (단, 전달계수는 1.1, 효율은 60%이다.)

◀풀이및정답 $70\text{mmAg} = 0.07\text{mH}_2\text{O} \times \dfrac{10,332\text{kgf/m}^2}{10.332\text{mH}_2\text{O}} = 70\text{kgf/m}^2$

$$P(\text{kW}) = \frac{70 \times \left(\frac{150}{60}\right)}{102 \times 0.6} \times 1.1 = 3.15\text{kW}$$

예상문제

31 소화펌프가 1,800rpm 상태에서 소화수를 전양정 30m, 유량 2,400Lpm으로 방출할 수 있다. 이 펌프의 회전수를 3,600rpm으로 하는 경우, 다음 물음에 답하시오.

1) 전양정은 얼마인가?
2) 축동력은 처음 펌프 축동력의 몇 배가 되는가?

▣ 풀이 및 정답

1) $H_2 = \left(\dfrac{N_2}{N_1}\right)^2 \times H_1 = \left(\dfrac{3600}{1800}\right)^2 \times 30\text{m} = 120\text{m}$

2) $L_2 = \left(\dfrac{N_2}{N_1}\right)^3 \times L_1 = \left(\dfrac{3600}{1800}\right)^3 \times L_1 = 8L_1$

32 캐비테이션(공동현상)의 발생원인과 방지대책을 각각 4가지씩 쓰시오.

▣ 풀이 및 정답

1) 원인
 ① 흡입측 배관의 마찰손실이 클 때
 ② 흡입측 배관이 관경이 작을 때
 ③ 수원의 온도가 높을 때
 ④ 흡입측 배관의 유속이 빠를 때
 ⑤ 부압·흡입 방식일 때

2) 방지대책
 ① 흡입측 배관의 관경을 크게 한다.
 ② 펌프의 임펠러속도를 낮춘다.
 ③ 수원의 온도를 낮게 유지한다.
 ④ 펌프의 설계위치를 수원보다 낮게 한다.
 ⑤ 양흡입펌프를 사용한다.

33 그림과 같은 배관시스템을 통하여 유량이 80L/sec로 흐르고 있다. B, C관의 배관 마찰손실은 서로 같고, B관의 유량은 20L/sec이다. 이때 C관의 유량(L/min)과 직경(mm)을 구하시오. (단, 하젠-윌리암스 공식을 사용하고 조도계수(C)는 100이다.)

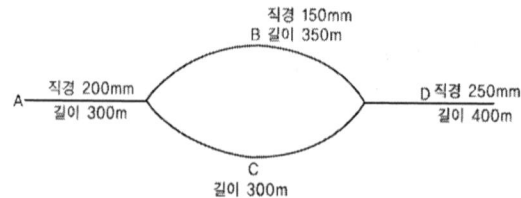

▶풀이및정답 $Q_C = 80L/\sec - 20L/\sec = 60L/\sec = 3{,}600L/\min$

$$6.05 \times 10^4 \times \frac{1200^{1.85}}{100^{1.85} \times 150^{4.87}} \times 350 = 6.05 \times 10^4 \times \frac{3600^{1.85}}{100^{1.85} \times D^{4.87}} \times 300$$

$$D^{4.87} = \frac{3{,}600^{1.85} \times 150^{4.87} \times 300}{1{,}200^{1.85} \times 350} = 2.5899 \times 10^{11}$$

$$D = (2.5899 \times 10^{11})^{\frac{1}{4.87}} = 220.59 \text{mm}$$

34
어느 배관의 인장강도가 200MPa이고 내부작업압력이 4MPa이다. 이 배관의 스케줄 수는 얼마인가? (안전율은 5이다.)

▶풀이및정답 $\text{Sch No} = \frac{P}{S} \times 1{,}000 = \frac{4}{\left(\frac{200}{5}\right)} \times 1{,}000 = 100$

35
배관 마찰계수가 0.016인 관내에 유체가 3m/s로 흐르고 있다. 관의 길이가 1,000m, 내경이 100mm인 배관 내의 거칠기(조도) C값을 구하시오. (단, 배관 마찰은 Darcy-Weisbach식과 Hazen-Williams식을 이용한다.)

▶풀이및정답 $h_L = f \cdot \frac{L}{D} \cdot \frac{U^2}{2g}$

$$h_L = 0.016 \times \frac{1{,}000}{0.1} \times \frac{3^2}{2 \times 9.8} = 73.469 \fallingdotseq 73.47 \text{m}$$

$$\triangle H = 6.174 \times 10^6 \times \frac{Q^{1.85}}{C^{1.85} \times D^{4.87}} \times L$$

$\triangle H$: 마찰손실수두(m), C : 조도, D : 직경(mm), Q : 유량(L/min), L : 길이(m)

$$Q = A \cdot U = \frac{\pi}{4}(0.1\text{m})^2 \times 3\text{m/s} \times \frac{1{,}000L}{1\text{m}^3} \times \frac{60\sec}{1\min} = 1{,}413.710 \fallingdotseq 1{,}413.72 L/\min$$

$$73.47m = 6.174 \times 10^6 \times \frac{1{,}413.72^{1.85}}{C^{1.85} \times 100^{4.87}} \times 1{,}000$$

$$C = \left(6.174 \times 10^6 \times \frac{1{,}413.72^{1.85}}{73.47 \times 100^{4.87}} \times 1{,}000\right)^{\frac{1}{1.85}} = 147.566 \fallingdotseq 147.57$$

cf) C : 조도[100, 120, 150]

예상문제

36 관로를 유동하는 물의 유속을 측정하고자 〈그림〉과 같은 장치를 설치하였다. U자 관의 읽음이 20cm일 때 유속은 몇 m/s인지 구하시오. (단, 수은의 비중은 13.6, 속도계수는 1로 한다.)

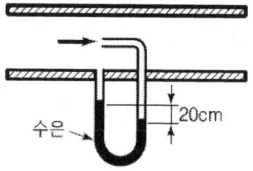

▲풀이및정답

$$U(\text{m/s}) = \sqrt{2gH \cdot \left(\frac{\gamma_0}{\gamma} - 1\right)} = \sqrt{2 \times 9.8 \times 0.2 \times \left(\frac{13,600}{1,000} - 1\right)} = 7.027 \fallingdotseq 7.03 \text{m/s}$$

37 운전 중인 펌프의 압력계를 측정한 결과 흡입측 진공계의 눈금이 150mmHg, 토출측 압력계는 0.294MPa이었다. 펌프의 전양정(m)을 구하시오. (단, 토출측 압력계는 흡입측 진공계보다 50cm 높은 곳에 있고, 흡입측과 토출측의 직경은 동일하다.)

▲풀이및정답

$$H = 150\text{mmHg} \times \frac{10.332\text{m}}{760\text{mmHg}} + 0.294\text{MPa} \times \frac{10.332\text{m}}{0.101325\text{MPa}} + 0.5\text{m}$$
$$= 32.518 \fallingdotseq 32.52\text{m}$$

38 다음 조건에서 펌프의 단수를 정수로 구하시오.

$N : 3,600\text{rpm}, \ Q : 1.228\text{m}^3/\text{min}, \ H : 128\text{m}, \ N_s : 200 \sim 260(\text{rpm})$

▲풀이및정답

$$N_s = \frac{N\sqrt{Q}}{\left(\dfrac{H}{n}\right)^{\frac{3}{4}}}$$

N_s : 비속도(rpm), N : 정격회전수(rpm), Q : 정격토출량(m³/min)
H : 전양정(m), n : 단수

① $200 = \dfrac{3,600\sqrt{1.228}}{\left(\dfrac{128}{n}\right)^{\frac{3}{4}}}, \ \dfrac{128}{n} = \left(\dfrac{3,600\sqrt{1.228}}{200}\right)^{\frac{4}{3}}$

∴ $n = 2.37$

② $260 = \dfrac{3600\sqrt{1.228}}{\left(\dfrac{128}{n}\right)^{\frac{3}{4}}}, \ \dfrac{128}{n} = \left(\dfrac{3600\sqrt{1.228}}{260}\right)^{\frac{4}{3}}$

$$\therefore n = 3.36$$
$$\therefore n = 2.37 \sim 3.36$$
$$\therefore n = 3단$$

39 지상 70m 되는 곳에 100m³의 옥상수조가 있다. 이 옥상수조에 양수하기 위해 50HP의 전동기를 사용한다면 몇 분 후에 옥상수조에 물이 가득 차겠는가? (단, 펌프효율은 65%, 전달계수는 1.1이다)

◀풀이및정답

$$P(\text{HP}) = \frac{\gamma \cdot Q \cdot H}{76 \cdot \eta} \cdot K$$

$$Q = \frac{P \cdot 76 \cdot \eta}{\gamma \cdot H \cdot K} = \frac{50 \times 76 \times 0.65}{1{,}000 \times 70 \times 1.1} = 0.032 ≒ 0.03 \text{m}^3/\text{s}$$

$$\therefore \frac{100 \text{m}^3}{0.03 \text{m}^3/\text{s}} \times \frac{1\min}{60\sec} = 55.555 ≒ 55.56\min$$

40 펌프의 양정 150[m], 회전수 2,000[rpm], 비교회전도 176인 4단 원심 펌프에서 유량 Q[m³/min]을 구하시오.

◀풀이및정답

$$N_s = \frac{N\sqrt{Q}}{\left(\dfrac{H}{n}\right)^{\frac{3}{4}}} 에서$$

$$\sqrt{Q} = \frac{N_s \times \left(\dfrac{H}{n}\right)^{\frac{3}{4}}}{N}, \quad Q = \left(\frac{N_s \times \left(\dfrac{H}{n}\right)^{\frac{3}{4}}}{N}\right)^2$$

$$Q = \left(\frac{176 \times \left(\dfrac{150}{4}\right)^{\frac{3}{4}}}{2{,}000}\right)^2 = 1.778 ≒ 1.78 \text{m}^3/\min$$

41 단수가 5인 어느 수평 회전축 소화펌프를 운전시키면서 흡입구로 들어가는 물의 수압을 측정하였더니 0.07MPa(0.7kg/cm²)이고 토출 측에서는 1.19MPa(11.9kg/cm²)이었다. 펌프 내부에서의 물의 에너지 손실은 없으며 물의 속도 수두를 무시한다고 할 때 펌프 몸체 내에 있는 하나의 회전차(임펠러)는 몇 (MPa)의 가압능력을 가지고 있는가?

◀풀이및정답

$$가압송수능력(\text{MPa}) = \frac{P_2 - P_1}{n} = \frac{1.19\text{MPa} - 0.07\text{MPa}}{5} = 0.224 ≒ 0.22\text{MPa}$$

예상문제

42 단수가 5인 어느 수평회전축 펌프를 운전시키면서 흡입구로 들어가는 물의 수압은 0.5kgf/cm², 토출 측에서는 10.5kgf/cm²이었다. 이 펌프의 압축비는 얼마인가? (단, 펌프 내에서 손실은 없다고 가정한다.)

▶풀이및정답   압축비 $K = \sqrt[n]{\dfrac{P_2}{P_1}} = \sqrt[5]{\dfrac{10.5}{0.5}} = 1.838 ≒ 1.84$

43 단수가 5인 어느 수평 회전축 소화펌프를 운전시키면서 물의 압력을 측정하였더니 흡입측 압력이 0.5kg/cm², 토출측 압력이 10.5kg/cm²이었다. 각 단의 임펠러(Impeller)에 가해지는 압력(kg/cm²)은 얼마인가?

▶풀이및정답   압축비 $K = \sqrt[n]{\dfrac{P_2}{P_1}} = \sqrt[5]{\dfrac{10.5}{0.5}} = 1.838 ≒ 1.84$

1단 : 흡입=0.5, 토출=0.5×1.84=0.92
2단 : 흡입=0.92, 토출=0.92×1.84=1.692≒1.69
3단 : 흡입=1.69, 토출=1.69×1.84=3.109≒3.11
4단 : 흡입=3.11, 토출=3.11×1.84=5.722≒5.72
5단 : 흡입=5.72, 토출=5.72×1.84=10.524≒10.52

44 수격작용의 방지를 위해 필요한 조치사항 3가지만 기술하시오.

▶풀이및정답
① 배관의 유속을 낮춘다.
② 밸브는 적당하게 제어한다.
③ 펌프에 플라이휠을 설치하여 펌프의 급격한 속도변화를 방지한다.
④ 관선에 조압수조를 설치한다.
⑤ 토출측에 수격방지기를 설치한다.

45 정격 토출량 및 양정이 각각 800LPM 및 80m인 표준 수직 원심펌프의 성능특성 곡선을 그리고 체절점, 설계점, 150% 유량점 등을 명시하시오.

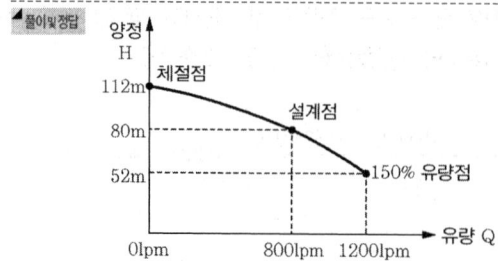

46 펌프2대를 병렬로 연결하여 사용할 경우 성능시험곡선으로 1대일 경우와 2대일 경우를 비교하여 그리시오.

▲풀이및정답

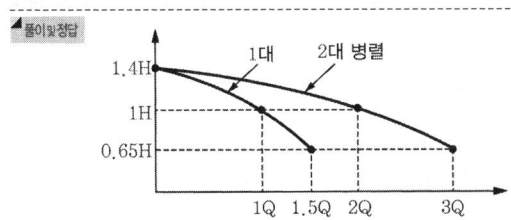

47 다음은 소화펌프의 흡입측 배관을 도시한 도면이다. 다음 물음에 답하시오.

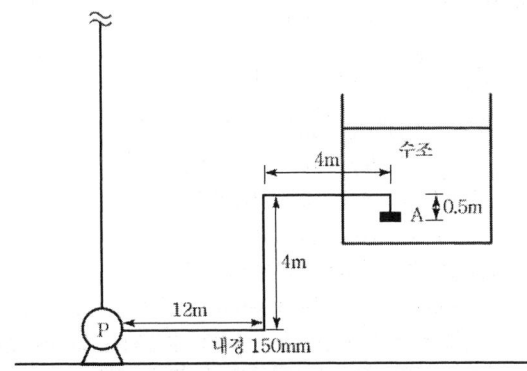

조건

가. 펌프의 토출량은 180m³/hr이다.
나. 소화펌프의 토출압력은 0.8MPa이다.
다. 흡입배관상의 관부속품(엘보등)의 직관 상당길이는 10m로 적용한다.
라. 소화수의 증기압은 0.0238kgf/cm², 대기압은 1atm으로 적용한다.
마. 배관의 압력손실은 아래의 하젠 윌리암스식으로 계산한다. (단, 속도수두는 무시한다)

$$\Delta H = 6.05 \times \frac{Q^{1.85} \times L}{C^{1.85} \times D^{4.87}} \times 10^6$$

ΔH : 압력손실(mH₂O), Q : 유량(l/min)
C : 관마찰계수 100, L : 배관길이(m)
D : 배관내경(mm)

바. 유효흡입양정의 기준점은 A로 한다.

1) 흡입배관에서의 마찰손실 수두(mH₂O)를 계산하시오(단, 계산과정을 쓰고 답은 소수점 넷째자리에서 반올림하여 셋째자리까지 구하시오.)

예상문제

2) 유효흡입양정(NPSH$_{av}$)를 구하시오
3) 필요흡입양정(NPSH$_{re}$)이 7mH$_2$O일 때 정상적인 흡입 운전가능 여부를 판단하고 그 근거를 쓰시오
4) 유효흡입양정과 필요흡입양정의 개념을 쓰고 NPSH$_{av}$와 NPSH$_{re}$의 관계를 그래프로 설명하시오

◀ 풀이및정답

1) $\Delta H = 6.05 \times \dfrac{Q^{1.85} \times L}{C^{1.85} \times D^{4.87}} \times 10^6$

$Q = 180 \text{m}^3/\text{hr} \times \dfrac{1\text{hr}}{60\text{min}} \times \dfrac{1,000\text{L}}{1\text{m}^3} = 3,000 \text{L/min}$

$L = 12 + 4 + 4 + 0.5 + 10 = 30.5\text{m}$

$D = 150\text{mm}, \ C = 100\text{mm}$

$\Delta H = 6.05 \times \dfrac{3,000^{1.85} \times 30.5}{100^{1.85} \times 150^{4.87}} \times 10^6 = 2.5186 ≒ 2.519 \text{mH}_2\text{O}$

2) $\text{NPSH}_{av} = \dfrac{P_0}{\gamma} - \dfrac{P_v}{\gamma} - \dfrac{P_h}{\gamma} + h$

$= \dfrac{10,332 \text{kgf/m}^2}{1,000 \text{kgf/m}^3} - \dfrac{238 \text{kgf/m}^2}{1,000 \text{kgf/m}^3} - 2.519\text{m} + 3.5\text{m} = 11.075\text{m}$

3) 정상흡입가능조건 NPSH$_{av}$ > NPSH$_{re}$

11.075m > 7m 이므로 흡입가능

4) ① 유효흡입양정과 필요흡입양정의 개념
   ㉠ 유효흡입양정 : 펌프성능과는 무관하고 펌프흡입측 배관시스템에 따라 결정되는 값으로서 펌프가동시 펌프내로 유입되는 유체의 절대압력이다.
   ㉡ 필요흡입양정 : 펌프생산시 결정되는 값으로서 펌프가동시 펌프가 요구하는 최소한의 흡입유체의 절대압력이다.

② NPSH$_{av}$와 NPSH$_{re}$의 관계그래프

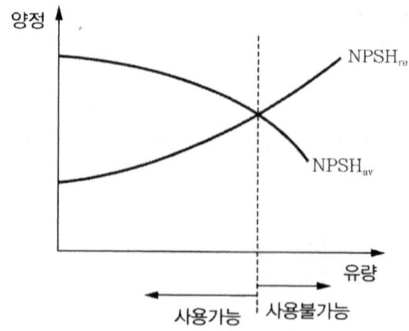

PART 02

소방기계시설의 설계 및 시공

CHAPTER 01 소화기구 및 자동소화장치(NFTC101)

1 ▶▶ 소화기의 설치대상

(1) 소화기

① 연면적 33m² 이상인 것. 다만, 노유자 시설의 경우에는 투척용 소화용구 등을 화재안전기준에 따라 산정된 소화기 수량의 2분의 1 이상으로 설치할 수 있다.
② 위 ①에 해당하지 않는 시설로서 가스시설, 발전시설 중 전기저장시설 및 문화재
③ 터널
④ 지하구

(2) 주방자동소화장치(후드 및 덕트가 설치되어 있는 주방이 있는 특정소방대상물)

① 주거용 주방자동소화장치를 설치해야 하는 것 : 아파트등 및 오피스텔의 모든 층
② 상업용 주방자동소화장치를 설치해야 하는 것
  ㉠ 판매시설 중「유통산업발전법」제2조제3호에 해당하는 대규모점포에 입점해 있는 일반음식점
  ㉡ 「식품위생법」제2조제12호에 따른 집단급식소

(3) 캐비닛형, 가스, 분말, 고체에어로졸 자동소화장치

화재안전기준에서 정하는 장소

2 ▶▶ 소화기의 종류

(1) 소화기

① 약제종류별 구분
  ㉠ 분말소화기
  ㉡ 이산화탄소소화기
  ㉢ 할론소화약제소화기
  ㉣ 할로겐화합물 및 불활성기체소화약제소화기

ⓜ 강화액소화기
ⓑ 산알카리소화기
ⓢ 포소화기
ⓞ 물소화기

> **Reference**
>
> 분말의 구분
>
> | 종류 | 소화약제 | 착색 | 화학반응식 | 적응화재 |
> |---|---|---|---|---|
> | 제1종 | 중탄산나트륨
($NaHCO_3$) | 백색 | $2NaHCO_3 \rightarrow Na_2CO_3 + CO_2 + H_2O$ | BC급 |
> | 제2종 | 중탄산칼륨
($KHCO_3$) | 담자색
(담회색) | $2KHCO_3 \rightarrow K_2CO_3 + CO_2 + H_2O$ | BC급 |
> | 제3종 | 인산암모늄
($NH_4H_2PO_4$) | 담홍색 | $NH_4H_2PO_4 \rightarrow HPO_3 + NH_3 + H_2O$ | ABC급 |
> | 제4종 | 중탄산칼륨+요소
($KHCO_3 + (NH_2)_2CO$) | 회(백색) | $2KHCO_3 + (NH_2)_2CO \rightarrow$
$K_2CO_3 + 2NH_3 + 2CO_2$ | BC급 |

② 용량별 구분

ⓒ 소형소화기 : 소형소화기란 능력단위가 1단위 이상이고 대형소화기의 능력단위 미만인 소화기를 말한다.

ⓒ 대형소화기 : 대형소화기란 화재 시 사람이 운반할 수 있도록 운반대와 바퀴가 설치되어 있고 A급 10단위 이상, B급 20단위 이상인 소화기를 말한다.

【 대형소화기의 소화약제 충전량 】

소화기의 종류	소화약제의 양
물 소화기	80L
기계포소화기	20L
강화액 소화기	60L
이산화탄소 소화기	50kg
할론 소화기	30kg
분말 소화기	20kg

③ 가압방식별 구분

ⓒ 가압식 소화기 : 소화약제의 방출원이 되는 추진가스를 별도의 전용용기에 충전하였다가 방출 시 전용용기의 봉판을 파괴하는 조작과정 등을 거쳐 소화약제 저장용기로 보내져 이때의 압력으로 소화약제가 방사되는 소화기

ⓒ 축압식 소화기 : 소화약제의 방출원이 되는 추진가스를 소화약제 저장용기에 함께 충전하여 저장하는 방식으로 추진가스가 압축가스인 경우는 압력계를 부착한 소화기

④ **용어정의**
  ㉠ 소형소화기 : 능력단위가 1단위 이상이고 대형소화기의 능력단위 미만인 소화기
  ㉡ 대형소화기 : 화재 시 사람이 운반할 수 있도록 운반대와 바퀴가 설치되어 있고 능력단위가 A급 10단위 이상, B급 20단위 이상인 소화기
  ㉢ 자동확산소화기 : 화재를 감지하여 자동으로 소화약제를 방출 확산시켜 국소적으로 소화하는 다음 각 소화기를 말한다.
    ㉮ "일반화재용자동확산소화기"란 보일러실, 건조실, 세탁소, 대량화기취급소 등에 설치되는 자동확산소화기를 말한다.
    ㉯ "주방화재용자동확산소화기"란 음식점, 다중이용업소, 호텔, 기숙사, 의료시설, 업무시설, 공장 등의 주방에 설치되는 자동확산소화기를 말한다.
    ㉰ "전기설비용자동확산소화기"란 변전실, 송전실, 변압기실, 배전반실, 제어반, 분전반등에 설치되는 자동확산소화기를 말한다.
  ㉣ 자동소화장치 : 소화약제를 자동으로 방사하는 고정된 소화장치로서 형식승인이나 성능인증을 받은 유효설치 범위(설계방호체적, 최대설치높이, 방호면적 등을 말한다) 이내에 설치하여 소화하는 다음 각 목의 것
    ㉮ "주거용 주방자동소화장치"란 주거용 주방에 설치된 열발생 조리기구의 사용으로 인한 화재 발생 시 열원(전기 또는 가스)을 자동으로 차단하며 소화약제를 방출하는 소화장치
    ㉯ "상업용 주방자동소화장치"란 상업용 주방에 설치된 열발생 조리기구의 사용으로 인한 화재 발생 시 열원(전기 또는 가스)을 자동으로 차단하며 소화약제를 방출하는 소화장치
    ㉰ "캐비닛형 자동소화장치"란 열, 연기 또는 불꽃 등을 감지하여 소화약제를 방사하여 소화하는 캐비닛형태의 소화장치
    ㉱ "가스자동소화장치"란 열, 연기 또는 불꽃 등을 감지하여 가스계 소화약제를 방사하여 소화하는 소화장치
    ㉲ "분말자동소화장치"란 열, 연기 또는 불꽃 등을 감지하여 분말의 소화약제를 방사하여 소화하는 소화장치
    ㉳ "고체에어로졸자동소화장치"란 열, 연기 또는 불꽃 등을 감지하여 에어로졸의 소화약제를 방사하여 소화하는 소화장치

ⓜ 능력단위 : 소화기 및 소화약제에 따른 간이소화용구에 있어서는 법 제36조 제1항에 따라 형식승인된 수치를 말하며, 소화약제 외의 것을 이용한 간이소화용구에 있어서는 별표 2에 따른 수치를 말한다.

ⓑ 일반화재(A급 화재) : 나무, 섬유, 종이, 고무, 플라스틱류와 같은 일반 가연물이 타고 나서 재가 남는 화재를 말한다. 일반화재에 대한 소화기의 적응 화재별 표시는 'A'로 표시한다.

ⓢ 유류화재(B급 화재) : 인화성 액체, 가연성 액체, 석유 그리스, 타르, 오일, 유성 도료, 솔벤트, 래커, 알코올 및 인화성 가스와 같은 유류가 타고나서 재가 남지 않는 화재를 말한다. 유류화재에 대한 소화기의 적응 화재별 표시는 'B'로 표시한다.

ⓞ 전기화재(C급 화재) : 전류가 흐르고 있는 전기기기, 배선과 관련된 화재를 말한다. 전기화재에 대한 소화기의 적응 화재별 표시는 'C'로 표시한다.

ⓩ 주방화재(K급 화재) : 주방에서 동식물유를 취급하는 조리기구에서 일어나는 화재를 말한다. 주방화재에 대한 소화기의 적응 화재별 표시는 'K'로 표시한다.

(2) 자동소화장치

① 주방자동소화장치[주거용, 상업용] 형식승인

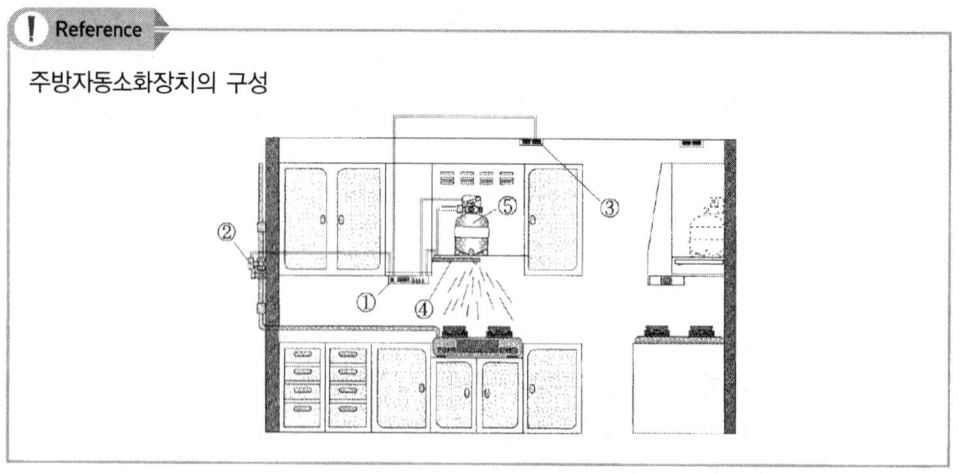

! Reference
주방자동소화장치의 구성

㉠ 수신부 : 탐지부에 의해 가스누설 신호를 송신받아 경보를 울리고 가스누설표시등이 점등된다. 감지부에 의해 화재신호를 송신받아 경보를 울리고 화재등이 점등된다.

㉡ 차단장치(가스 또는 전기) : 가스가 누설되거나 누전 또는 화재가 발생할 경우 가스배관에 설치된 밸브(전력조리기구에 설치된 차단기)를 구동력으로 자동차단하

는 장치를 말한다.
  ⓒ 탐지부 : 가스가 누설되면 가스를 탐지하여 수신부에 송신하는 장치이다. 공기보다 무거운 가스를 사용하는 경우 바닥에서 30cm 이내에, 공기보다 가벼운 가스를 사용하는 경우 천장에서 30cm 이내에 설치해야 한다.
  ㉣ 감지부/소화약제 방출구
    ㉮ 감지부 : 화재를 감지하는 역할을 하는 것으로 화재의 열을 감지하는 부분이다. 설치위치는 자동식 소화기의 형식 승인된 유효높이에 설치해야 한다.
    ㉯ 소화약제 방출구 : 소화약제가 방출되는 부분을 말하며 가스레인지 등 가스사용 장소의 중앙에 설치하여 해당 방호면적을 유효하게 소화할 수 있어야 하고 환기구 청소구부분과 분리하여 설치해야 한다.
  ㉤ 소화약제 용기 : 소량의 약제를 가진 간이형 용구가 설치되며 주로 BC분말약제나 강화액의 소화약제가 충전된 소화용기를 사용한다.

> **주방자동소화장치의 동작순서**
> - 가스 누설시 : 탐지부에서 가스누설탐지 → 수신부에서 경보 및 가스누설표시등 점등 → 가스차단장치 동작
> - 화재 발생시 : 1차 온도센서동작(약 90℃) → 수신부에서 경보 및 예비화재표시등 점등 → 가스차단장치 동작 → 2차 온도센서동작(약 135℃) → 화재표시등 점등 및 소화약제 방사

② **캐비넷형 자동소화장치** : 모듈러방식의 소화기(이산화탄소, 분말, 할론 등 이용)

【 캐비닛형 자동소화장치 】

③ 가스, 분말, 고체에어로졸 자동소화장치

(3) 자동확산소화기 : 보일러실, 주방등의 천장에 설치하여 열에 의한 개방시 소화하는 장치

(4) 간이소화용구

① 종류
  ㉠ 마른모래, 팽창질석, 팽창진주암(소화약제 외의 것을 이용한 간이소화용구)
  ㉡ 투척용소화용구
  ㉢ 에어로졸식소화용구
  ㉣ 소공간용소화용구

② 간이소화용구의 능력단위

간이소화용구		능력단위
1. 마른모래	삽을 상비한 50L 이상의 것 1포	0.5단위
2. 팽창질석 또는 팽창진주암	삽을 상비한 80L 이상의 것 1포	0.5단위

③ 설치기준

(1) 소화기의 설치기준

① 소화기구는 다음 각 호의 기준에 따라 설치해야 한다.

㉠ 특정소방대상물의 설치장소에 따라 다음 표에 적합한 종류의 것으로 할 것

소화약제 구분 / 적응대상	가스			분말		액체			기타			
	이산화탄소소화약제	할론소화약제	할로겐화합물 및 불활성기체소화약제	인산염류소화약제	중탄산염류소화약제	산알칼리소화약제	강화액소화약제	포소화약제	물·침윤소화약제	고체에어로졸화합물	마른모래	팽창질석·팽창진주암	그밖의 것
일반화재 (A급 화재)	–	○	○	○	–	○	○	○	○	○	○	○	–
유류화재 (B급 화재)	○	○	○	○	○	○	○	○	○	○	○	○	–
전기화재 (C급 화재)	○	○	○	○	○	*	*	*	*	○	–	–	–
주방화재 (K급 화재)	–	–	–	–	*	–	*	*	*	–	–	–	*

"*"의 적응성은 형식승인 및 제품검사기준에 따라 화재종류별 적응성에 적합한 것으로 인정되는 경우에 한한다.

ⓛ 특정소방대상물에 따라 소화기구의 능력단위는 다음 표의 기준에 따를 것

특정소방대상물	소화기구의 능력단위
1. 위락시설	해당 용도의 바닥면적 30m² 마다 능력단위 1단위 이상
2. 공연장·집회장·관람장·문화재·장례시설 및 의료시설	해당 용도의 바닥면적 50m² 마다 능력단위 1단위 이상
3. 근린생활시설·판매시설·운수시설·숙박시설·노유자시설·전시장·공동주택·업무시설·방송통신시설·공장·창고시설·항공기 및 자동차 관련 시설 및 관광휴게시설	해당 용도의 바닥면적 100m² 마다 능력단위 1단위 이상
4. 그 밖의 것	해당 용도의 바닥면적 200m² 마다 능력단위 1단위 이상

(주) 소화기구의 능력단위를 산출함에 있어서 건축물의 주요구조부가 내화구조이고, 벽 및 반자의 실내에 면하는 부분이 불연재료·준불연재료 또는 난연재료로 된 특정소방대상물에 있어서는 위 표의 기준면적의 2배를 해당 특정소방대상물의 기준면적으로 한다.

ⓒ ⓛ에 따른 능력단위 외에 다음 표에 따라 부속용도별로 사용되는 부분에 대하여는 소화기구 및 자동소화장치를 추가하여 설치할 것

용도별	소화기구의 능력단위
1. 다음 각목의 시설. 다만, 스프링클러설비·간이스프링클러설비·물분무등소화설비 또는 상업용주방자동소화장치가 설치된 경우에는 자동확산소화기를 설치하지 아니 할 수 있다. 가. 보일러실(아파트의 경우 방화구획된 것을 제외한다)·건조실·세탁소·대량화기취급소 나. 음식점(지하가의 음식점을 포함한다)·다중이용업소·호텔·기숙사·노유자 시설·의료시설·업무시설·공장·장례식장·교육연구시설·교정 및 군사시설의 주방 다만, 의료시설·업무시설 및 공장의 주방은 공동취사를 위한 것에 한한다. 다. 관리자의 출입이 곤란한 변전실·송전실·변압기실 및 배전반실(불연재료로된 상자안에 장치된 것을 제외한다)	1. 해당 용도의 바닥면적 25m²마다 능력단위 1단위 이상의 소화기로 할 것. 나목의 주방에 설치하는 소화기 중 1개 이상은 주방화재용 소화기(K급)를 설치해야 한다. 2. 자동확산소화기는 해당 용도의 바닥면적을 기준으로 10m² 이하는 1개, 10m² 초과는 2개 이상을 설치하되, 보일러, 조리기구, 변전설비를 방호대상에 유효하게 분사될 수 있는 위치에 배치될 수 있는 수량으로 설치할 것

2. 발전실·변전실·송전실·변압기실·배전반실·통신기기실·전산기기실·기타 이와 유사한 시설이 있는 장소. 다만, 제1호 다목의 장소를 제외한다.			해당 용도의 바닥면적 50㎡마다 적응성이 있는 소화기 1개 이상 또는 유효설치방호체적 이내의 가스·분말·고체에어로졸 자동소화장치, 캐비넷형자동소화장치(다만, 통신기기실·전자기기실을 제외한 장소에 있어서는 교류 600V 또는 직류750V 이상의 것에 한한다)
3. 위험물안전관리법시행령 별표1에 따른 지정수량의 1/5 이상 지정수량 미만의 위험물을 저장 또는 취급하는 장소			능력단위 2단위 이상 또는 유효설치방호체적 이내의 가스·분말·고체에어로졸 자동소화장치, 캐비넷형자동소화장치
4. 화재예방법시행령 별표2에 따른 특수가연물을 저장 또는 취급하는 장소	화재예방법시행령 별표2에서 정하는 수량 이상		화재예방법시행령 별표2에서 정하는 수량의 50배 이상마다 능력단위 1단위 이상
	화재예방법시행령 별표2에서 정하는 수량의 500배 이상		대형소화기 1개 이상
5. 고압가스안전관리법·액화석유가스의 안전관리 및 사업법 및 도시가스사업법에서 규정하는 가연성가스를 연료로 사용하는 장소	액화석유가스 기타 가연성가스를 연료로 사용하는 연소기기가 있는 장소		각 연소기로부터 보행거리 10m 이내에 능력단위 3단위 이상의 소화기 1개 이상. 다만, 상업용 주방자동소화장치가 설치된 장소는 제외한다.
	액화석유가스 기타 가연성가스를 연료로 사용하기 위하여 저장하는 저장실(저장량 300kg 미만은 제외한다)		능력단위 5단위 이상의 소화기 2개 이상 및 대형소화기 1대 이상
6. 고압가스안전관리법·액화석유가스의 안전관리 및 사업법 또는 도시가스사업법에서 규정하는 가연성가스를 제조하거나 연료외의 용도로 저장·사용하는 장소	1개월 동안 제조·사용하는 양	200kg 미만 저장하는 장소	능력단위 3단위 이상의 소화기 2개 이상
		200kg 미만 제조·사용하는 장소	능력단위 3단위 이상의 소화기 2개 이상
		200kg 이상 300kg 미만 저장하는 장소	능력단위 5단위 이상의 소화기 2개 이상
		200kg 이상 300kg 미만 제조·사용하는 장소	바닥면적 50m²마다 능력단위 5단위 이상의 소화기 1개 이상
		300kg 이상 저장하는 장소	대형소화기 2개 이상
		300kg 이상 제조·사용하는 장소	바닥면적 50m²마다 능력단위 5단위 이상의 소화기 1개 이상

비고 : 액화석유가스·기타 가연성가스를 제조하거나 연료외의 용도로 사용하는 장소에 소화기를 설치하는 때에는 해당 장소 바닥면적 50m² 이하인 경우에도 해당 소화기를 2개 이상 비치해야 한다.

ⓐ 소화기는 다음 각 목의 기준에 따라 설치할 것
　　ⓐ 특정소방대상물의 각 층마다 설치하되, 각층이 2 이상의 거실로 구획된 경우에는 각 층마다 설치하는 것 외에 바닥면적이 33m² 이상으로 구획된 각 거실(아파트의 경우에는 각 세대를 말한다)에도 배치할 것
　　ⓑ 특정소방대상물의 각 부분으로부터 1개의 소화기까지의 보행거리가 소형소화기의 경우에는 20m 이내, 대형소화기의 경우에는 30m 이내가 되도록 배치할 것. 다만, 가연성물질이 없는 작업장의 경우에는 작업장의 실정에 맞게 보행거리를 완화하여 배치할 수 있다.
ⓜ 능력단위가 2단위 이상이 되도록 소화기를 설치해야 할 특정소방대상물 또는 그 부분에 있어서는 간이소화용구의 능력단위가 전체 능력단위의 2분의 1을 초과하지 아니하게 할 것. 다만, 노유자시설의 경우에는 그렇지 않다.
ⓗ 소화기구(자동확산소화기를 제외한다)는 거주자 등이 손쉽게 사용할 수 있는 장소에 바닥으로부터 높이 1.5m 이하의 곳에 비치하고, 소화기에 있어서는 "소화기", 투척용소화용구에 있어서는 "투척용소화용구", 마른모래에 있어서는 "소화용모래", 팽창질석 및 팽창진주암에 있어서는 "소화질석"이라고 표시한 표지를 보기 쉬운 곳에 부착할 것. 다만, 소화기 및 투척용소화용구의 표지는 「축광표지의 성능인증 및 제품검사의 기술기준」에 적합한 축광식표지로 설치하고, 주차장의 경우 표지를 바닥으로부터 1.5m 이상의 높이에 설치할 것.

(2) 자동확산소화기의 설치기준

① 방호대상물에 소화약제가 유효하게 방사될 수 있도록 설치할 것
② 작동에 지장이 없도록 견고하게 고정할 것

(3) 주거용주방자동소화장치의 설치기준

① 소화약제 방출구는 환기구(주방에서 발생하는 열기류 등을 밖으로 배출하는 장치를 말한다. 이하 같다)의 청소부분과 분리되어 있어야 하며, 형식승인 받은 유효설치 높이 및 방호면적에 따라 설치할 것
② 감지부는 형식승인 받은 유효한 높이 및 위치에 설치할 것
③ 차단장치(가스 또는 전기)는 상시 확인 및 점검이 가능하도록 설치할 것
④ 가스용 주방자동소화장치를 사용하는 경우 탐지부는 수신부와 분리하여 설치하되, 공기보다 가벼운 가스를 사용하는 경우에는 천장 면으로부터 30cm 이하의 위치에 설치하고, 공기보다 무거운 가스를 사용하는 장소에는 바닥 면으로부터 30cm 이하의 위치에 설치할 것

⑤ 수신부는 주위의 열기류 또는 습기 등과 주위온도에 영향을 받지 아니하고 사용자가 상시 볼 수 있는 장소에 설치할 것

(4) 상업용 주방자동소화장치의 설치기준
① 소화장치는 조리기구의 종류별로 성능인증 받은 설계 매뉴얼에 적합하게 설치할 것
② 감지부는 성능인증 받은 유효높이 및 위치에 설치할 것
③ 차단장치(전기 또는 가스)는 상시 확인 및 점검이 가능하도록 설치할 것
④ 후드에 방출되는 분사헤드는 후드의 가장 긴 변의 길이까지 방출될 수 있도록 약제 방출 방향 및 거리를 고려하여 설치할 것
⑤ 덕트에 방출되는 분사헤드는 성능인증 받은 길이 이내로 설치할 것

(5) 캐비넷형자동소화장치 설치기준
① 분사헤드(방출구)의 설치 높이는 방호구역의 바닥으로부터 형식승인을 받은 범위 내에서 유효하게 소화약제를 방출시킬 수 있는 높이에 설치할 것
② 화재감지기는 방호구역 내의 천장 또는 옥내에 면하는 부분에 설치하되 「자동화재탐지설비 및 시각경보장치의 화재안전기술기준(NFTC 203)」에 적합하도록 설치할 것
③ 방호구역 내의 화재감지기의 감지에 따라 작동되도록 할 것
④ 화재감지기의 회로는 교차회로방식으로 설치할 것. 다만, 화재감지기를 「자동화재탐지설비 및 시각경보장치의 화재안전기술기준(NFTC 203)」 중 오동작 우려가 없는 감지기로 설치하는 경우에는 그렇지 않다.
⑤ 교차회로 내의 각 화재감지기회로별로 설치된 화재감지기 1개가 담당하는 바닥면적은 「자동화재탐지설비 및 시각경보장치의 화재안전기술기준(NFTC 203)」에 따른 바닥면적으로 할 것
⑥ 개구부 및 통기구(환기장치를 포함한다. 이하 같다)를 설치한 것에 있어서는 소화약제가 방출되기 전에 해당 개구부 및 통기구를 자동으로 폐쇄할 수 있도록 할 것. 다만, 가스압에 의하여 폐쇄되는 것은 소화약제 방출과 동시에 폐쇄할 수 있다.
⑦ 작동에 지장이 없도록 견고하게 고정할 것
⑧ 구획된 장소의 방호체적 이상을 방호할 수 있는 소화성능이 있을 것

(6) 가스, 분말, 고체에어로졸 자동소화장치 설치기준
① 소화약제 방출구는 형식승인을 받은 유효설치범위 내에 설치할 것
② 자동소화장치는 방호구역 내에 형식승인 된 1개의 제품을 설치할 것. 이 경우 연동방식으로서 하나의 형식으로 형식승인을 받은 경우에는 1개의 제품으로 본다.

③ 감지부는 형식승인 된 유효설치범위 내에 설치해야 하며 설치장소의 평상시 최고주위온도에 따라 다음표에 따른 표시온도의 것으로 설치할 것. 다만, 열감지선의 감지부는 형식승인 받은 최고주위온도범위 내에 설치해야 한다.

설치장소의 최고주위온도	표시온도
39℃ 미만	79℃ 미만
39℃ 이상 64℃ 미만	79℃ 이상 121℃ 미만
64℃ 이상 106℃ 미만	121℃ 이상 162℃ 미만
106℃ 이상	162℃ 이상

④ 위 ③에도 불구하고 화재감지기를 감지부로 사용하는 경우에는 캐비넷형자동소화장치설치기준 (5)의 ②부터 ⑤까지의 설치방법에 따를 것

4. 가스계소화기 설치제외장소

이산화탄소 또는 할로겐화합물을 방출하는 소화기구(자동확산소화기를 제외한다)는 지하층이나 무창층 또는 밀폐된 거실로서 그 바닥면적이 20m² 미만의 장소에는 설치할 수 없다. 다만, 배기를 위한 유효한 개구부가 있는 장소인 경우에는 그렇지 않다.

5. 소화기의 감소

① 소형소화기를 설치해야 할 특정소방대상물 또는 그 부분에 옥내소화전설비·스프링클러설비·물분무등소화설비·옥외소화전설비 또는 대형소화기를 설치한 경우에는 해당 설비의 유효범위의 부분에 대하여는 소형소화기의 3분의 2(대형소화기를 둔 경우에는 2분의 1)를 감소할 수 있다. 다만, 층수가 11층 이상인 부분, 근린생활시설, 위락시설, 문화 및 집회시설, 운동시설, 판매시설, 운수시설, 숙박시설, 노유자시설, 의료시설, 아파트, 업무시설(무인변전소를 제외한다), 방송통신시설, 교육연구시설, 항공기 및 자동차관련시설, 관광 휴게시설은 그렇지 않다.
② 대형소화기를 설치해야 할 특정소방대상물 또는 그 부분에 옥내소화전설비·스프링클러설비·물분무등소화설비 또는 옥외소화전설비를 설치한 경우에는 해당 설비의 유효범위안의 부분에 대하여는 대형소화기를 설치하지 않을 수 있다.

CHAPTER 02 옥내소화전설비(NFTC102)

1 ▸▸ 옥내소화전의 설치대상

옥내소화전설비를 설치해야 하는 특정소방대상물은 다음의 어느 하나에 해당하는 것으로 한다. 다만, 위험물 저장 및 처리 시설 중 가스시설, 지하구 및 업무시설 중 무인변전소(방재실 등에서 스프링클러설비 또는 물분무등소화설비를 원격으로 조정할 수 있는 무인변전소로 한정한다)는 제외한다.

(1) 다음의 어느 하나에 해당하는 경우에는 모든 층

① 연면적 3천m^2 이상인 것(지하가 중 터널은 제외한다)
② 지하층·무창층(축사는 제외한다)으로서 바닥면적이 600m^2 이상인 층이 있는 것
③ 층수가 4층 이상인 것 중 바닥면적이 600m^2 이상인 층이 있는 것

(2) (1)에 해당하지 않는 근린생활시설, 판매시설, 운수시설, 의료시설, 노유자시설, 업무시설, 숙박시설, 위락시설, 공장, 창고시설, 항공기 및 자동차 관련 시설, 교정 및 군사시설 중 국방·군사시설, 방송통신시설, 발전시설, 장례시설 또는 복합건축물로서 다음의 어느 하나에 해당하는 경우에는 모든 층

① 연면적 1천5백m^2 이상인 것
② 지하층·무창층으로서 바닥면적이 300m^2 이상인 층이 있는 것
③ 층수가 4층 이상인 것 중 바닥면적이 300m^2 이상인 층이 있는 것

(3) 건축물의 옥상에 설치된 차고·주차장으로서 사용되는 면적이 200m^2 이상인 경우 해당 부분

(4) 지하가 중 터널로서 다음에 해당하는 터널

① 길이가 1천m 이상인 터널
② 예상교통량, 경사도 등 터널의 특성을 고려하여 행정안전부령으로 정하는 터널

(5) (1) 및 (2)에 해당하지 않는 공장 또는 창고시설로서 「화재의 예방 및 안전관리에 관한 법률 시행령」 별표 2에서 정하는 수량의 750배 이상의 특수가연물을 저장·취급하는 것

② 옥내소화전(호스릴)설비의 구성 및 계통도

(1) 구성

① 수원
② 가압송수장치
③ 배관 등
④ 함 및 방수구
⑤ 전원
⑥ 제어반
⑦ 배선 등
⑧ 방수구 제외
⑨ 수원 및 가압송수장치 등의 겸용

(2) 계통도

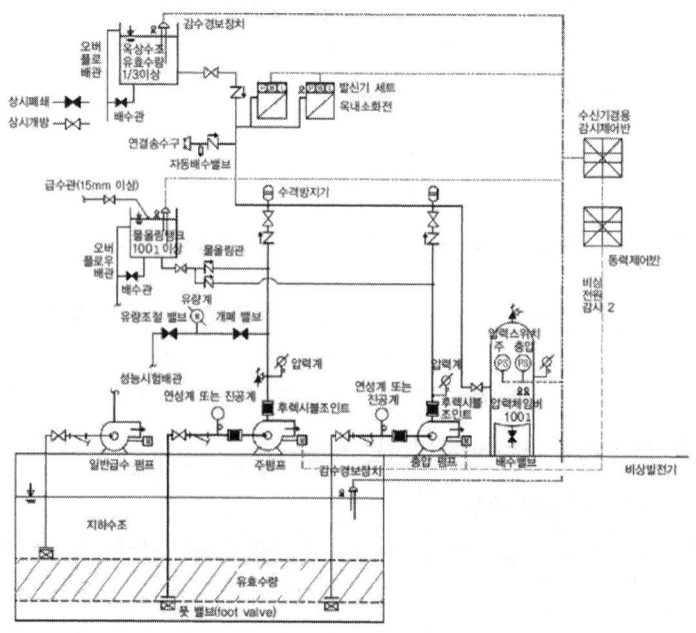

3 ▸▸ 수원

(1) 수원의 양

옥내소화전설비의 수원은 그 저수량이 옥내소화전의 설치개수가 가장 많은 층의 설치개수(2개 이상 설치된 경우에는 2개)에 2.6m³(호스릴옥내소화전설비를 포함한다)를 곱한 양 이상이 되도록 해야 한다. 다만, 층수가 30층 이상 49층 이하는 5.2m³를, 50층 이상은 7.8m³를 곱한 양 이상이 되도록 해야 한다.(30층 이상의 경우 5개)

> 30층 미만의 경우 : 수원의 양(m³)= $N \times 2.6\,m^3$ 이상= $N \times 130 l/min \times 20min$ 이상(최대 2개)
> 30층 이상 49층 이하의 경우 : 수원의 양(m³)= $N \times 5.2\,m^3$ 이상(최대 5개)
>   = $N \times 130 l/min \times 40min$ 이상
> 50층 이상의 경우 : 수원의 양(m³)= $N \times 7.8\,m^3$ 이상= $N \times 130 l/min \times 60min$ 이상(최대 5개)

(2) 옥상수원의 양

옥내소화전설비의 수원은 제1항에 따라 산출된 유효수량 외에 유효수량의 3분의 1 이상을 옥상(옥내소화전설비가 설치된 건축물의 주된 옥상을 말한다. 이하 같다)에 설치해야 한다.

(3) 옥상수조제외

① 지하층만 있는 건축물
② 고가수조를 가압송수장치로 설치한 옥내소화전설비
③ 수원이 건축물의 최상층에 설치된 방수구보다 높은 위치에 설치된 경우
④ 건축물의 높이가 지표면으로부터 10m 이하인 경우
⑤ 주펌프와 동등 이상의 성능이 있는 별도의 펌프로서 내연기관의 기동과 연동하여 작동되거나 비상전원을 연결하여 설치한 경우
⑥ 학교·공장·창고시설(제4조제2항에 따라 옥상수조를 설치한 대상은 제외한다)로서 동결의 우려가 있는 장소에 있어서는 기동스위치에 보호판을 부착하여 옥내소화전함 내에 설치하는 경우
⑦ 가압수조를 가압송수장치로 설치한 옥내소화전설비

(4) 전용 및 겸용

옥내소화전설비의 수원을 수조로 설치하는 경우에는 소방설비의 전용수조로 해야 한다. 다만, 다음의 어느 하나에 해당하는 경우에는 그러하지 아니하다.

① 옥내소화전펌프의 후드밸브 또는 흡수배관의 흡수구(수직회전축펌프의 흡수구를 포함한다. 이하 같다)를 다른 설비(소방용설비 외의 것을 말한다. 이하 같다)의 후드밸브 또는 흡수구보다 낮은 위치에 설치한 때
② 고가수조로부터 옥내소화전설비의 수직배관에 물을 공급하는 급수구를 다른 설비의 급수구보다 낮은 위치에 설치한 때

※ 저수량을 산정함에 있어서 다른 설비와 겸용하여 옥내소화전설비용 수조를 설치하는 경우에는 옥내소화전설비의 후드밸브·흡수구 또는 수직배관의 급수구와 다른 설비의 후드밸브·흡수구 또는 수직배관의 급수구와의 사이의 수량을 그 유효수량으로 한다.

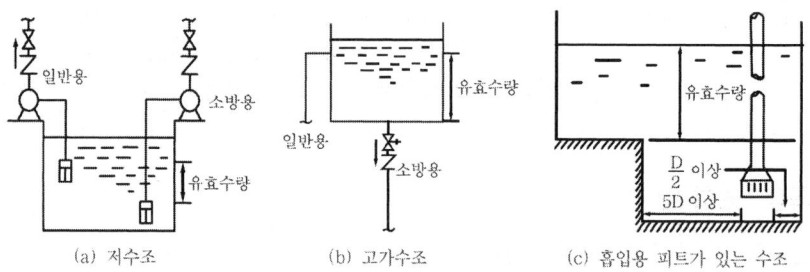

【 다른 설비와 겸용하는 경우의 유효수량 】

(5) 수조설치기준

① 점검에 편리한 곳에 설치할 것
② 동결방지조치를 하거나 동결의 우려가 없는 장소에 설치할 것
③ 수조의 외측에 수위계를 설치할 것. 다만, 구조상 불가피한 경우에는 수조의 맨홀 등을 통하여 수조 안의 물의 양을 쉽게 확인할 수 있도록 해야 한다.
④ 수조의 상단이 바닥보다 높은 때에는 수조의 외측에 고정식 사다리를 설치할 것
⑤ 수조가 실내에 설치된 때에는 그 실내에 조명설비를 설치할 것
⑥ 수조의 밑 부분에는 청소용 배수밸브 또는 배수관을 설치할 것
⑦ 수조의 외측의 보기 쉬운 곳에 "옥내소화전설비용 수조"라고 표시한 표지를 할 것. 이 경우 그 수조를 다른 설비와 겸용하는 때에는 그 겸용되는 설비의 이름을 표시한 표지를 함께 해야 한다.
⑧ 옥내소화전펌프의 흡수배관 또는 옥내소화전설비의 수직배관과 수조의 접속부분에는 "옥내소화전설비용 배관"이라고 표시한 표지를 할 것. 다만, 수조와 가까운 장소에 소화설비용 펌프가 설치되고 해당 펌프에 표지를 설치한 때에는 그렇지 않다.

④ 가압송수장치

(1) 전동기 또는 내연기관에 따른 펌프를 이용하는 가압송수장치
   [주펌프는 전동기에 따른 펌프로 설치해야 한다]
   ① 쉽게 접근할 수 있고 점검하기에 충분한 공간이 있는 장소로서 화재 및 침수 등의 재해로 인한 피해를 받을 우려가 없는 곳에 설치할 것
   ② 동결방지조치를 하거나 동결의 우려가 없는 장소에 설치할 것
   ③ 특정소방대상물의 어느 층에 있어서도 해당 층의 옥내소화전(2개 이상 설치된 경우에는 2개의 옥내소화전)을 동시에 사용할 경우 각 소화전의 노즐선단에서의 방수압력이 0.17MPa(호스릴옥내소화전설비를 포함한다) 이상이고, 방수량이 130L/min(호스릴옥내소화전설비를 포함한다) 이상이 되는 성능의 것으로 할 것. 다만, 하나의 옥내소화전을 사용하는 노즐선단에서의 방수압력이 0.7MPa을 초과할 경우에는 호스접결구의 인입 측에 감압장치를 설치해야 한다.
   ④ 펌프의 토출량은 옥내소화전이 가장 많이 설치된 층의 설치개수(옥내소화전이 2개 이상 설치된 경우에는 2개)에 130L/min를 곱한 양 이상이 되도록 할 것
   ⑤ 펌프는 전용으로 할 것. 다만, 다른 소화설비와 겸용하는 경우 각각의 소화설비의 성능에 지장이 없을 때에는 그렇지 않다.
   ⑥ 펌프의 토출 측에는 압력계를 체크밸브 이전에 펌프토출 측 플랜지에서 가까운 곳에 설치하고, 흡입 측에는 연성계 또는 진공계를 설치할 것. 다만, 수원의 수위가 펌프의 위치보다 높거나 수직회전축 펌프의 경우에는 연성계 또는 진공계를 설치하지 않을 수 있다.
   ⑦ 펌프의 성능은 체절운전 시 정격토출압력의 140%를 초과하지 않고, 정격토출량의 150%로 운전 시 정격토출압력의 65% 이상이 되어야 하며, 펌프의 성능을 시험할 수 있는 성능시험배관을 설치할 것. 다만, 충압펌프의 경우에는 그렇지 않다.
   ⑧ 가압송수장치에는 체절운전 시 수온의 상승을 방지하기 위한 순환배관을 설치할 것. 다만, 충압펌프의 경우에는 그렇지 않다.
   ⑨ 기동장치로는 기동용수압개폐장치 또는 이와 동등 이상의 성능이 있는 것을 설치할 것. 다만, 학교·공장·창고시설(옥상수조를 설치한 대상은 제외한다)로서 동결의 우려가 있는 장소에 있어서는 기동스위치에 보호판을 부착하여 옥내소화전함 내에 설치할 수 있다.
   ⑩ 위 ⑨ 단서의 경우에는 주펌프와 동등 이상의 성능이 있는 별도의 펌프로서 내연기관과 연동하여 작동하거나 비상전원을 연결한 펌프를 추가 설치할 것. 다만, 다음의

경우는 제외한다.
  ㉠ 지하층만 있는 건축물
  ㉡ 고가수조를 가압송수장치로 설치한 경우
  ㉢ 수원이 건축물의 최상층에 설치된 방수구보다 높은 위치에 설치된 경우
  ㉣ 건축물의 높이가 지표면으로부터 10m 이하인 경우
  ㉤ 가압수조를 가압송수장치로 설치한 경우
⑪ 기동용수압개폐장치(압력챔버)를 사용할 경우 그 용적은 100L 이상의 것으로 할 것

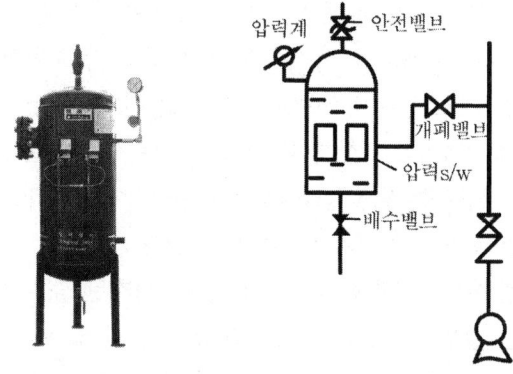

【 기동용 수압개폐장치 】

⑫ 수원의 수위가 펌프보다 낮은 위치에 있는 가압송수장치에는 다음 각 목의 기준에 따른 물올림장치를 설치할 것
  ㉠ 물올림장치에는 전용의 수조를 설치할 것
  ㉡ 수조의 유효수량은 100L 이상으로 하되, 구경 15mm 이상의 급수배관에 따라 해당 수조에 물이 계속 보급되도록 할 것
⑫ 기동용수압개폐장치를 기동장치로 사용할 경우에는 다음 각 목의 기준에 따른 충압펌프를 설치할 것. 다만, 옥내소화전이 각층에 1개씩 설치된 경우로서 소화용 급수펌프로도 상시 충압이 가능하고 다음 가목의 성능을 갖춘 경우에는 충압펌프를 별도로 설치하지 아니할 수 있다.
  ㉠ 펌프의 토출압력은 그 설비의 최고위 호스접결구의 자연압보다 적어도 0.2MPa이 더 크도록 하거나 가압송수장치의 정격토출압력과 같게 할 것
  ㉡ 펌프의 정격토출량은 정상적인 누설량보다 적어서는 아니 되며, 옥내소화전설비가 자동적으로 작동할 수 있도록 충분한 토출량을 유지할 것

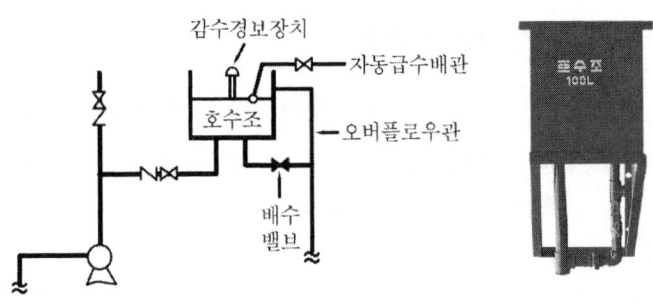

[물올림장치]

⑬ 기동용수압개폐장치를 기동장치로 사용할 경우에는 다음 각 목의 기준에 따른 충압펌프를 설치할 것.
　㉠ 펌프의 토출압력은 그 설비의 최고위 호스접결구의 자연압보다 적어도 0.2MPa이 더 크도록 하거나 가압송수장치의 정격토출압력과 같게 할 것
　㉡ 펌프의 정격토출량은 정상적인 누설량보다 적어서는 아니 되며, 옥내소화전설비가 자동적으로 작동할 수 있도록 충분한 토출량을 유지할 것

⑭ 내연기관을 사용하는 경우에는 다음의 기준에 적합한 것으로 할 것
　㉠ 내연기관의 기동은 ⑨의 기동장치를 설치하거나 또는 소화전함의 위치에서 원격조작이 가능하고 기동을 명시하는 적색등을 설치할 것
　㉡ 제어반에 따라 내연기관의 자동기동 및 수동기동이 가능하고, 상시 충전되어 있는 축전지설비를 갖출 것
　㉢ 내연기관의 연료량은 펌프를 20분(층수가 30층 이상 49층 이하는 40분, 50층 이상은 60분) 이상 운전할 수 있는 용량일 것

⑮ 가압송수장치에는 "옥내소화전펌프"라고 표시한 표지를 할 것. 이 경우 그 가압송수장치를 다른 설비와 겸용하는 때에는 그 겸용되는 설비의 이름을 표시한 표지를 함께 해야 한다.

⑯ 가압송수장치가 기동이 된 경우에는 자동으로 정지되지 않도록 해야 한다. 다만, 충압펌프의 경우에는 그렇지 않다.

⑰ 가압송수장치는 부식 등으로 인한 펌프의 고착을 방지할 수 있도록 다음 각 목의 기준에 적합한 것으로 할 것. 다만, 충압펌프는 제외한다.
　㉠ 임펠러는 청동 또는 스테인리스 등 부식에 강한 재질을 사용할 것
　㉡ 펌프축은 스테인리스 등 부식에 강한 재질을 사용할 것

(2) 고가수조의 자연낙차를 이용하는 가압송수장치

① 고가수조의 자연낙차수두 산출식

$$H = h_1 + h_2 + 17m(옥내소화전 및 호스릴옥내소화전설비)$$

  H : 필요한 낙차(m)(수조의 하단으로부터 최고층의 호스 접결구까지 수직거리)
  h_1 : 소방용 호스 마찰손실수두(m), h_2 : 배관의 마찰손실수두(m)

② 고가수조설치
  ㉠ 수위계
  ㉡ 배수관
  ㉢ 급수관
  ㉣ 오버플로우관
  ㉤ 맨홀

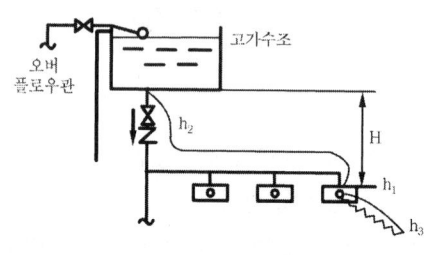

【 고가수조의 낙차 】

(3) 압력수조를 이용하는 가압송수장치

① 압력수조의 필요압력 산출식

$$P = P_1 + P_2 + P_3 + 0.17MPa(옥내소화전 및 호스릴옥내소화전설비)$$

  P : 필요한 압력(MPa), P_1 : 배관 및 관부속물의 마찰손실압력(MPa)
  P_2 : 소방용 호스의 마찰손실압력(MPa), P_3 : 낙차의 환산압력(MPa)

② 압력수조설치
  ㉠ 수위계
  ㉡ 배수관
  ㉢ 급수관
  ㉣ 급기관
  ㉤ 맨홀
  ㉥ 압력계
  ㉦ 안전장치
  ㉧ 자동식공기압축기

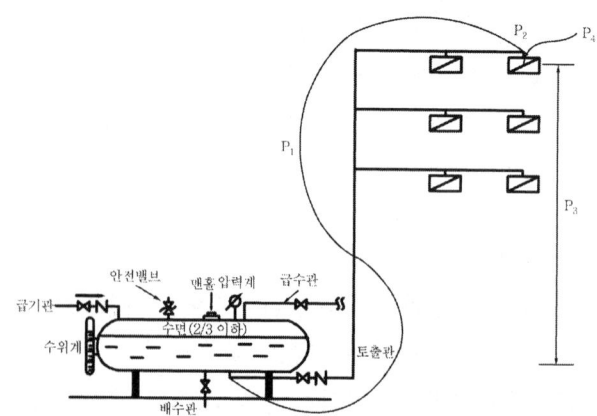

(4) 가압수조를 이용하는 가압송수장치

① 가압수조의 압력은 제1항제3호에 따른 방수량 및 방수압이 20분 이상 유지되도록 할 것
② 가압수조 및 가압원은 건축법 시행령 제46조에 따른 방화구획 된 장소에 설치할 것

③ 가압수조를 이용한 가압송수장치는 소방청장이 정하여 고시한 「가압수조식가압송수장치의 성능인증 및 제품검사의 기술기준」에 적합한 것으로 설치할 것

5 ▶▶ 배관 등

(1) 배관의 종류

배관과 배관이음쇠는 다음의 어느 하나에 해당하는 것 또는 동등 이상의 강도·내식성 및 내열성 등을 국내·외 공인기관으로부터 인정받은 것을 사용해야 하고, 배관용 스테인리스 강관(KS D 3576)의 이음을 용접으로 할 경우에는 텅스텐 불활성 가스 아크용접(Tungsten Inertgas Arc Welding)방식에 따른다. 다만, 위에서 정하지 않은 사항은 「건설기술 진흥법」 제44조제1항의 규정에 따른 "건설기준"에 따른다.

① 배관 내 사용압력이 1.2MPa 미만일 경우에는 다음 각 목의 어느 하나에 해당하는 것
　㉠ 배관용 탄소강관(KS D 3507)
　㉡ 이음매 없는 구리 및 구리합금관(KS D 5301). 다만, 습식의 배관에 한한다.
　㉢ 배관용 스테인리스강관(KS D 3576) 또는 일반배관용 스테인리스강관(KS D 3595)
　㉣ 덕타일 주철관(KS D 4311)

② 배관 내 사용압력이 1.2MPa 이상일 경우에는 다음 각목 어느 하나에 해당하는 것
　㉠ 압력배관용 탄소강관(KS D 3562)
　㉡ 배관용 아크용접 탄소강강관(KS D 3583)

(2) 합성수지배관 설치할 수 있는 경우

다음의 어느 하나에 해당하는 장소에는 소방청장이 정하여 고시한 「소방용합성수지배관의 성능인증 및 제품검사의 기술기준」에 적합한 소방용 합성수지배관으로 설치할 수 있다.

① 배관을 지하에 매설하는 경우
② 다른 부분과 내화구조로 구획된 덕트 또는 피트의 내부에 설치하는 경우
③ 천장(상층이 있는 경우에는 상층바닥의 하단을 포함한다. 이하 같다)과 반자를 불연재료 또는 준불연 재료로 설치하고 소화배관 내부에 항상 소화수가 채워진 상태로 설치하는 경우

(3) 전용 및 겸용

급수배관은 전용으로 해야 한다. 다만, 옥내소화전의 기동장치의 조작과 동시에 다른 설비의 용도에 사용하는 배관의 송수를 차단할 수 있거나, 옥내소화전설비의 성능에 지장이 없는 경우에는 다른 설비와 겸용할 수 있다.

(4) 흡입측배관 설치기준

① 공기고임이 생기지 않는 구조로 하고 여과장치를 설치할 것
② 수조가 펌프보다 낮게 설치된 경우에는 각펌프(충압펌프를 포함한다)마다 수조로부터 별도로 설치할 것

(5) 토출측배관 설치기준(관경)

① 펌프의 토출 측 주배관의 구경은 유속이 4m/s 이하가 될 수 있는 크기 이상으로 해야 하고, 옥내소화전방수구와 연결되는 가지배관의 구경은 40mm(호스릴옥내소화전설비의 경우에는 25mm) 이상으로 해야 하며, 주배관중 수직배관의 구경은 50mm(호스릴옥내소화전설비의 경우에는 32mm) 이상으로 해야 한다.
② 연결송수관설비의 배관과 겸용할 경우의 주배관은 구경 100mm 이상, 방수구로 연결되는 배관의 구경은 6mm 이상의 것으로 해야 한다.

(6) 펌프의 성능시험배관

① 성능시험배관은 펌프의 토출 측에 설치된 개폐밸브 이전에서 분기하여 직선으로 설치하고, 유량측정장치를 기준으로 전단 직관부에는 개폐밸브를 후단 직관부에는 유량조절밸브를 설치할 것. 이 경우 개폐밸브와 유량측정장치 사이의 직관부 거리 및 유량측정장치와 유량조절밸브 사이의 직관부 거리는 해당 유량측정장치 제조사의 설치사양에 따르고, 성능시험배관의 호칭지름은 유량측정장치의 호칭지름에 따른다.
② 유량측정장치는 펌프의 정격토출량의 175% 이상까지 측정할 수 있는 성능이 있을 것

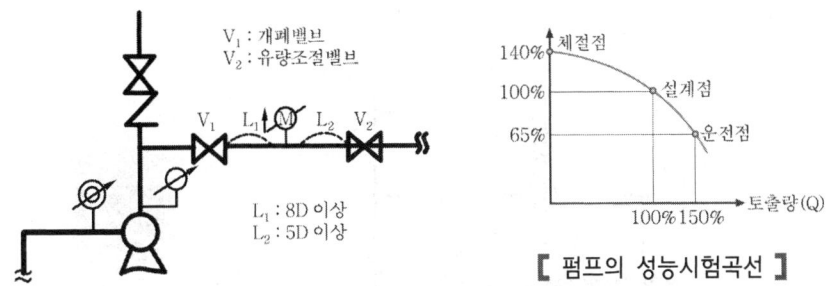

[펌프의 성능시험곡선]

(7) 순환배관

가압송수장치의 체절운전 시 수온의 상승을 방지하기 위하여 체크밸브와 펌프사이에서 분기한 구경 20mm 이상의 배관에 체절압력 미만에서 개방되는 릴리프밸브를 설치해야 한다.

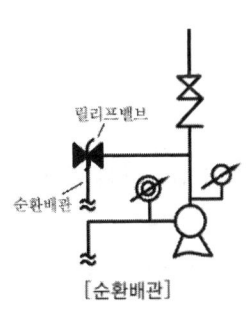

(8) 송수구

① 송수구는 소방차가 쉽게 접근할 수 있는 잘 보이는 장소에 설치하되 화재층으로부터 지면으로 떨어지는 유리창 등이 송수 및 그 밖의 소화작업에 지장을 주지 않는 장소에 설치할 것
② 송수구로부터 주 배관에 이르는 연결배관에는 개폐밸브를 설치하지 않을 것. 다만, 스프링클러설비·물분무소화설비·포소화설비 또는 연결송수관 설비의 배관과 겸용하는 경우에는 그렇지 않다.
③ 지면으로부터 높이가 0.5m 이상 1m 이하의 위치에 설치할 것
④ 구경 65mm의 쌍구형 또는 단구형으로 할 것
⑤ 송수구의 부근에는 자동배수밸브(또는 직경 5mm의 배수공) 및 체크밸브를 다음의 기준에 따라 설치할 것. 이 경우 자동배수밸브는 배관 안의 물이 잘 빠질 수 있는 위치에 설치하되, 배수로 인하여 다른 물건이나 장소에 피해를 주지 않아야 한다.

⑥ 송수구에는 이물질을 막기 위한 마개를 씌울 것

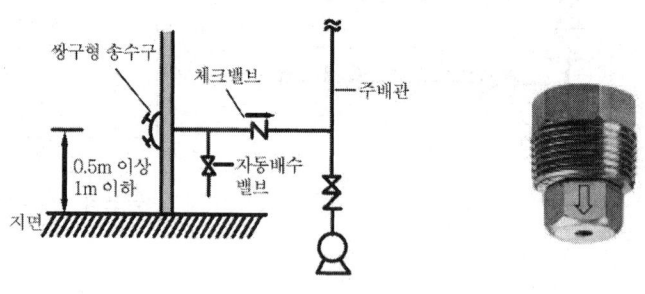

【 송수구 설치기준 】

> **! Reference**
>
> 송수구의 설치목적
> 소방대가 화재현장에 도착하여 소방펌프 자동차가 송수구를 통해 가압수를 공급하여 원활한 소화활동을 하기 위함이다.

(9) 기타 배관기준

① 동결방지조치를 하거나 동결의 우려가 없는 장소에 설치해야 한다. 다만, 보온재를 사용할 경우에는 난연재료 성능 이상의 것으로 해야 한다.
② 급수배관에 설치되어 급수를 차단할 수 있는 개폐밸브(옥내소화전방수구를 제외한다)는 개폐표시형으로 해야 한다. 이 경우 펌프의 흡입측 배관에는 버터플라이밸브 외의 개폐표시형밸브를 설치해야 한다.
③ 배관은 다른 설비의 배관과 쉽게 구분이 될 수 있는 위치에 설치하거나, 그 배관표면 또는 배관 보온재표면의 색상은 「한국산업표준(배관계의 식별 표시, KS A 0503)」 또는 적색으로 식별이 가능하도록 소방용설비의 배관임을 표시해야 한다.
④ 확관형 분기배관을 사용할 경우에는 소방청장이 정하여 고시한 「분기배관의 성능인증 및 제품검사의 기술기준」에 적합한 것으로 설치해야 한다.

6 ▶▶ 함 및 방수구 등

(1) 함

① 함은 소방청장이 정하여 고시한 「소화전함 성능인증 및 제품검사의 기술기준」에 적합한 것으로 설치하되 밸브의 조작, 호스의 수납 및 문의 개방 등 옥내소화전 사용에 장애가 없도록 설치할 것. 연결송수관의 방수구를 같이 설치하는 경우에도 또한 같다.

② 특정소방대상물의 각 부분으로부터 방수구까지의 수평거리가 25m를 초과하는 경우로서 기둥 또는 벽이 설치되지 아니한 대형공간의 경우는 다음 각 기준에 따라 설치할 수 있다.
  ㉠ 호스 및 관창은 방수구의 가장 가까운 장소의 벽 또는 기둥 등에 함을 설치하여 비치할 것
  ㉡ 방수구의 위치표지는 표시등 또는 축광도료 등으로 상시 확인이 가능토록 할 것

(2) 방수구

① 특정소방대상물의 층마다 설치하되, 해당 특정소방대상물의 각 부분으로부터 하나의 옥내소화전방수구까지의 수평거리가 25m(호스릴옥내소화전설비를 포함한다) 이하가 되도록 할 것. 다만, 복층형 구조의 공동주택의 경우에는 세대의 출입구가 설치된 층에만 설치할 수 있다.
② 바닥으로부터의 높이가 1.5m 이하가 되도록 할 것
③ 호스는 구경 40mm(호스릴옥내소화전설비의 경우에는 25mm) 이상의 것으로서 특정소방대상물의 각 부분에 물이 유효하게 뿌려질 수 있는 길이로 설치할 것
④ 호스릴옥내소화전설비의 경우 그 노즐에는 노즐을 쉽게 개폐할 수 있는 장치를 부착할 것

(3) 표시등

① 옥내소화전설비의 위치를 표시하는 표시등은 함의 상부에 설치하되, 소방청장이 고시하는 「표시등의 성능인증 및 제품검사의 기술기준」에 적합한 것으로 할 것
② 가압송수장치의 기동을 표시하는 표시등은 옥내소화전함의 상부 또는 그 직근에 설치하되 적색등으로 할 것. 다만, 자체소방대를 구성하여 운영하는 경우(「위험물 안전관리법 시행령」 별표 8에서 정한 소방자동차와 자체소방대원의 규모를 말한다) 가압송수장치의 기동표시등을 설치하지 않을 수 있다.

(4) 표시 및 표지판

① 옥내소화전설비의 함에는 그 표면에 "소화전"이라는 표시를 해야 한다.
② 옥내소화전설비의 함에는 함 가까이 보기 쉬운 곳에 그 사용요령을 기재한 표지판을 붙여야 하며, 표지판을 함의 문에 붙이는 경우에는 문의 내부 및 외부 모두에 붙여야 한다. 이 경우, 사용요령은 외국어와 시각적인 그림을 포함하여 작성해야 한다.

7 ▶▶ 전원

(1) 상용전원

옥내소화전설비에는 그 특정소방대상물의 수전방식에 따라 다음 각 기준에 따른 상용전원회로의 배선을 설치해야 한다. 다만, 가압수조방식으로서 모든 기능이 20분 이상 유효하게 지속될 수 있는 경우에는 그렇지 않다.

① 저압수전인 경우에는 인입개폐기의 직후에서 분기하여 전용배선으로 해야 하며, 전용의 전선관에 보호되도록 할 것

② 특별고압수전 또는 고압수전일 경우에는 전력용 변압기 2차측의 주차단기 1차측에서 분기하여 전용배선으로 하되, 상용전원의 상시공급에 지장이 없을 경우에는 주차단기 2차측에서 분기하여 전용배선으로 할 것. 다만, 가압송수장치의 정격입력전압이 수전전압과 같은 경우에는 위 ①의 기준에 따른다.

> **! Reference**
>
> 전원의 수전방법
>
> • 저압 : 인입개폐기의 직후에서 분기하여 전용배선으로 할 것
>
>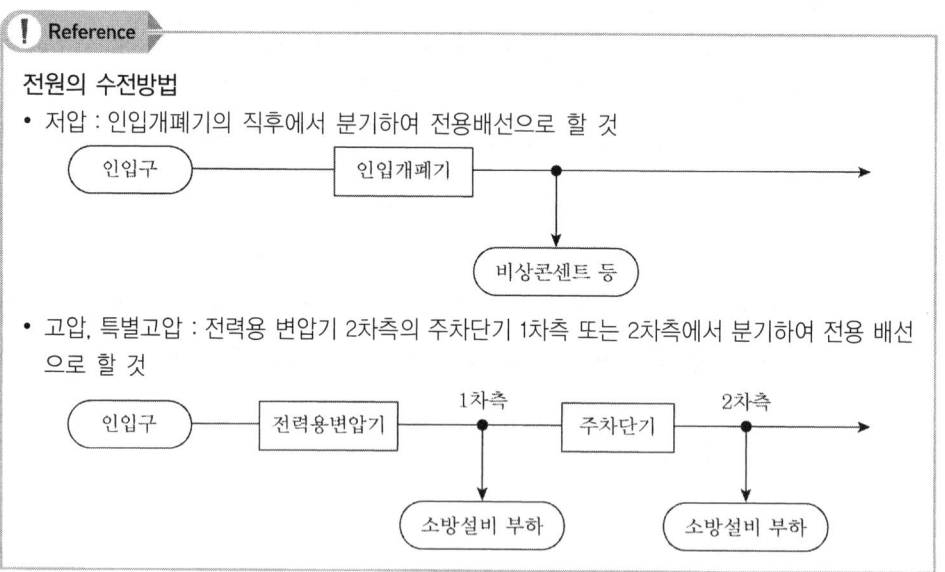
>
> • 고압, 특별고압 : 전력용 변압기 2차측의 주차단기 1차측 또는 2차측에서 분기하여 전용 배선으로 할 것

(2) 비상전원

① 비상전원의 종류 : 자가발전설비 또는 축전지설비(내연기관에 따른 펌프를 사용하는 경우에는 내연기관의 기동 및 제어용 축전지를 말한다), 전기저장장치(외부 전기에너지를 저장해 두었다가 필요한 때 전기를 공급하는 장치)

② 비상전원의 설치대상
　㉠ 층수가 7층 이상으로서 연면적이 2,000m² 이상인 것

ⓛ 제1호에 해당하지 아니하는 특정소방대상물로서 지하층의 바닥면적의 합계가 3,000m² 이상인 것

③ **비상전원의 설치제외 경우**
㉠ 2 이상의 변전소(「전기사업법」 제67조에 따른 변전소를 말한다. 이하 같다)에서 전력을 동시에 공급받을 수 있는 경우
㉡ 하나의 변전소로부터 전력의 공급이 중단되는 때에는 자동으로 다른 변전소로부터 전원을 공급받을 수 있도록 상용전원을 설치한 경우
㉢ 가압수조방식의 경우

④ **비상전원의 설치기준** : 비상전원은 자가발전설비 또는 축전지설비(내연기관에 따른 펌프를 사용하는 경우에는 내연기관의 기동 및 제어용 축전지를 말한다) 또는 전기저장장치(외부전기에너지를 저장해 두었다가 필요한 때 전기를 공급하는 장치)로서 다음 각 기준에 따라 설치해야 한다.
㉠ 점검에 편리하고 화재 및 침수 등의 재해로 인한 피해를 받을 우려가 없는 곳에 설치할 것
㉡ 옥내소화전설비를 유효하게 20분 이상, 층수가 30층 이상 49층 이하는 40분 이상, 50층 이상은 60분 이상 작동할 수 있어야 할 것
㉢ 상용전원으로부터 전력의 공급이 중단된 때에는 자동으로 비상전원으로부터 전력을 공급받을 수 있도록 할 것
㉣ 비상전원(내연기관의 기동 및 제어용 축전기를 제외한다)의 설치장소는 다른 장소와 방화구획 할 것. 이 경우 그 장소에는 비상전원의 공급에 필요한 기구나 설비외의 것(열병합발전설비에 필요한 기구나 설비는 제외한다)을 두어서는 아니 된다.
㉤ 비상전원을 실내에 설치하는 때에는 그 실내에 비상조명등을 설치할 것

8 ▶▶ 제어반

(1) 감시제어반

① **감시제어반의 기능**
㉠ 각 펌프의 작동여부를 확인할 수 있는 표시등 및 음향경보기능이 있어야 할 것
㉡ 각 펌프를 자동 및 수동으로 작동시키거나 중단시킬 수 있어야 할 것
㉢ 비상전원을 설치한 경우에는 상용전원 및 비상전원의 공급여부를 확인할 수 있어야 할 것
㉣ 수조 또는 물올림탱크가 저수위로 될 때 표시등 및 음향으로 경보할 것

ⓜ 다음의 각 확인회로마다 도통시험 및 작동시험을 할 수 있도록 할 것
  ㉮ 기동용수압개폐장치의 압력스위치회로
  ㉯ 수조 또는 물올림수조의 저수위감시회로
  ㉰ 개폐밸브의 폐쇄상태 확인회로
  ㉱ 그 밖의 이와 비슷한 회로
ⓝ 예비전원이 확보되고 예비전원의 적합여부를 시험할 수 있어야 할 것

② 감시제어반의 설치기준
  ㉠ 화재 및 침수 등의 재해로 인한 피해를 받을 우려가 없는 곳에 설치할 것
  ㉡ 감시제어반은 옥내소화전설비의 전용으로 할 것. 다만, 옥내소화전설비의 제어에 지장이 없는 경우에는 다른 설비와 겸용할 수 있다.
  ㉢ 감시제어반은 다음 각 목의 기준에 따른 전용실안에 설치할 것. 다만 감시제어반과 동력제어반을 같은 장소에 설치할수 있는 경우와 공장, 발전소 등에서 설비를 집중제어·운전할 목적으로 설치하는 중앙제어실내에 감시제어반을 설치하는 경우에는 그렇지 않다.
    ㉮ 다른 부분과 방화구획을 할 것. 이 경우 전용실의 벽에는 기계실 또는 전기실 등의 감시를 위하여 두께 7mm 이상의 망입유리(두께 16.3mm 이상의 접합유리 또는 두께 28mm 이상의 복층유리를 포함한다)로 된 4㎡ 미만의 붙박이창을 설치할 수 있다.
    ㉯ 피난층 또는 지하 1층에 설치할 것. 다만, 다음 각 세목의 어느 하나에 해당하는 경우에는 지상 2층에 설치하거나 지하 1층 외의 지하층에 설치할 수 있다.
      • 「건축법시행령」 제35조에 따라 특별피난계단이 설치되고 그 계단(부속실을 포함한다)출입구로부터 보행거리 5m 이내에 전용실의 출입구가 있는 경우
      • 아파트의 관리동(관리동이 없는 경우에는 경비실)에 설치하는 경우
    ㉰ 비상조명등 및 급·배기설비를 설치할 것
    ㉱ 「무선통신보조설비의 화재안전기술기준(NFTC 505)」 2.2.3에 따라 유효하게 통신이 가능할 것(영 별표 4의 제5호마목에 따른 무선통신보조설비가 설치된 특정소방대상물에 한한다)
    ㉲ 바닥면적은 감시제어반의 설치에 필요한 면적 외에 화재 시 소방대원이 그 감시제어반의 조작에 필요한 최소면적 이상으로 할 것
③ 전용실에는 특정소방대상물의 기계·기구 또는 시설 등의 제어 및 감시설비외의 것을 두지 않을 것

(2) 동력제어반

① 앞면은 적색으로 하고 "옥내소화전설비용 동력제어반"이라고 표시한 표지를 설치할 것
② 외함은 두께 1.5mm 이상의 강판 또는 이와 동등 이상의 강도 및 내열성능이 있는 것으로 할 것
③ 화재 및 침수 등의 재해로 인한 피해를 받을 우려가 없는 곳에 설치할 것
④ 동력제어반은 옥내소화전설비의 전용으로 할 것. 다만, 옥내소화전설비의 제어에 지장이 없는 경우에는 다른 설비와 겸용할 수 있다.

(3) 감시제어반과 동력제어반을 구분하여 설치하지 않을 수 있는 경우

① 비상전원 설치대상에 해당하지 않는 특정소방대상물에 설치되는 옥내소화전설비
② 내연기관에 따른 가압송수장치를 사용하는 옥내소화전설비
③ 고가수조에 따른 가압송수장치를 사용하는 옥내소화전설비
④ 가압수조에 따른 가압송수장치를 사용하는 옥내소화전설비

9 ▶▶ 배선 등

① 옥내소화전설비의 배선은 「전기사업법」 제67조에 따른 전기설비기술기준에서 정한 것 외에 다음 각 기준에 따라 설치해야 한다.
  ㉠ 비상전원으로부터 동력제어반 및 가압송수장치에 이르는 전원회로의 배선은 내화배선으로 할 것. 다만, 자가발전설비와 동력제어반이 동일한 실에 설치된 경우에는 자가발전기로부터 그 제어반에 이르는 전원회로의 배선은 그렇지 않다.
  ㉡ 상용전원으로부터 동력제어반에 이르는 배선, 그 밖의 옥내소화전설비의 감시·조작 또는 표시등회로의 배선은 내화배선 또는 내열배선으로 할 것. 다만, 감시제어반 또는 동력제어반 안의 감시·조작 또는 표시등회로의 배선은 그렇지 않다.
② 옥내소화전설비의 과전류차단기 및 개폐기에는 "옥내소화전설비용"이라고 표시한 표지를 해야 한다.
③ 옥내소화전설비용 전기배선의 양단 및 접속단자에는 다음의 기준에 따라 표지해야 한다.
  ㉠ 단자에는 "옥내소화전단자"라고 표시한 표지를 부착할 것
  ㉡ 옥내소화전설비용 전기배선의 양단에는 다른 배선과 식별이 용이하도록 표시할 것

④ 내화배선 및 내열배선에 사용되는 전선 및 설치방법은 다음 기준에 따른다.
㉠ 내화배선

사용전선의 종류	공사방법
1. 450/750V 저독성 난연 가교 폴리올레핀 절연 전선 2. 0.6/1kV 가교 폴리에틸렌 절연 저독성 난연 폴리올레핀 시스 전력케이블 3. 6/10kV 가교 폴리에틸렌 절연 저독성 난연 폴리올레핀 시스 전력용 케이블 4. 가교 폴리에틸렌 절연 비닐시스 트레이용 난연 전력 케이블 5. 0.6/1kV EP 고무절연 클로로프렌 시스 케이블 6. 300/500V 내열성 실리콘 고무 절연전선(180℃) 7. 아세테이트 고무 절연/케이블 8. 버스덕트(Bus Duct) 9. 기타 「전기용품 및 생활용품안전관리법」 및 「전기설비기술기준」에 따라 동등 이상의 내화성능이 있다고 산업통상부장관이 인정하는 것	금속관·2종 금속제 가요전선관 또는 합성 수지관에 수납하여 내화구조로 된 벽 또는 바닥 등에 벽 또는 바닥의 표면으로부터 25mm 이상의 깊이로 매설해야 한다. 다만 다음 각목의 기준에 적합하게 설치하는 경우에는 그러하지 아니하다. 가. 배선을 내화성능을 갖는 배선전용실 또는 배선용 샤프트·피트·덕트 등에 설치하는 경우 나. 배선전용실 또는 배선용 샤프트·피트·덕트 등에 다른 설비의 배선이 있는 경우에는 이로부터 15cm 이상 떨어지게 하거나 소화설비의 배선과 이웃하는 다른 설비의 배선 사이에 배선지름(배선의 지름이 다른 경우에는 가장 큰 것을 기준으로 한다)의 1.5배 이상의 높이의 불연성 격벽을 설치하는 경우
내화전선	케이블공사의 방법에 따라 설치해야 한다.

비고 : 내화전선의 내화성능은 KS C IEC 60331-1과 2(온도 830℃/가열시간 120분) 표준 이상을 충족하고, 난연성능 확보를 위해 KS C IEC 60332-3-24 성능 이상을 충족할 것

㉡ 내열배선

사용전선의 종류	공사방법
1. 450/750V 저독성 난연 가교 폴리올레핀 절연 전선 2. 0.6/1kV 가교 폴리에틸렌 절연 저독성 난연 폴리올레핀 시스 전력용 케이블 3. 6/10kV 가교 폴리에틸렌 절연 저독성 난연 폴리올레핀 시스 전력용 케이블 4. 가교 폴리에틸렌 절연 비닐시스 트레이용 난연 전력 케이블 5. 0.6/1kV EP 고무절연 클로로프렌 시스 케이블 6. 300/500V 내열성 실리콘 고무 절연전선(180℃) 7. 내열성 에틸렌-비닐 아세테이트 고무절연 케이블 8. 버스덕트(Bus Duct)	금속관·금속제 가요전선관·금속덕트 또는 케이블(불연성덕트에 설치하는 경우에 한한다) 공사방법에 따라야 한다. 다만, 다음 각목의 기준에 적합하게 설치하는 경우에는 그러하지 아니하다. 가. 배선을 내화성능을 갖는 배선전용실 또는 배선용 샤프트·피트·덕트 등에 설치하는 경우 나. 배선전용실 또는 배선용 샤프트·피트·덕트 등에 다른 설비의 배선이 있는 경우에는 이로부터 15cm 이상 떨어지게 하거나 소화설비의 배선과 이웃하는 다른 설비의 배선 사이에 배선지름(배선의 지름이 다른 경우

9. 기타 「전기용품 및 생활용품 안전관리법」 및 「전기설비기술기준」에 따라 동등 이상의 내화성능이 있다고 주무부장관이 인정하는 것	에는 지름이 가장 큰 것을 기준으로 한다)의 1.5배 이상의 높이의 불연성 격벽을 설치하는 경우
내화전선	케이블공사의 방법에 따라 설치해야 한다.

⑩ 방수구 설치제외

불연재료로 된 특정소방대상물 또는 그 부분으로서 다음 각 호의 어느 하나에 해당하는 곳에는 옥내소화전 방수구를 설치하지 아니할 수 있다.
① 냉장창고 중 온도가 영하인 냉장실또는 냉동창고의 냉동실
② 고온의 노가 설치된 장소 또는 물과 격렬하게 반응하는 물품의 저장 또는 취급 장소
③ 발전소·변전소 등으로서 전기시설이 설치된 장소
④ 식물원·수족관·목욕실·수영장(관람석 부분을 제외한다) 또는 그 밖의 이와 비슷한 장소
⑤ 야외음악당·야외극장 또는 그 밖의 이와 비슷한 장소

⑪ 수원 및 가압송수장치의 펌프 등의 겸용

① 옥내소화전설비의 수원을 스프링클러설비·간이스프링클러설비·화재조기진압용스프링클러설비·물분무소화설비·포소화설비 및 옥외소화전설비의 수원과 겸용하여 설치하는 경우의 저수량은 각 소화설비에 필요한 저수량을 합한 양 이상이 되도록 해야 한다. 다만, 이들 소화설비 중 고정식 소화설비(펌프·배관과 소화수 또는 소화약제를 최종 방출하는 방출구가 고정된 설비를 말한다. 이하 같다)가 2 이상 설치되어 있고, 그 소화설비가 설치된 부분이 방화벽과 방화문으로 구획되어 있는 경우에는 각 고정식 소화설비에 필요한 저수량 중 최대의 것 이상으로 할 수 있다.
② 옥내소화전설비의 가압송수장치로 사용하는 펌프를 스프링클러설비·간이스프링클러설비·화재조기진압용 스프링클러설비·물분무소화설비·포소화설비 및 옥외소화전설비의 가압송수장치와 겸용하여 설치하는 경우의 펌프의 토출량은 각 소화설비에 해당하는 토출량을 합한 양 이상이 되도록 해야 한다. 다만, 이들 소화설비 중 고정식소화설비가 2 이상 설치되어 있고, 그 소화설비가 설치된 부분이 방화벽과 방화문으로 구획되어 있으며 각 소화설비에 지장이 없는 경우에는 펌프의 토출량 중 최대의 것 이상으로 할 수 있다.

③ 옥내소화전설비·스프링클러설비·간이스프링클러설비·화재조기진압용 스프링클러설비·물분무소화설비·포소화설비 및 옥외소화전설비의 가압송수장치에 있어서 각 토출측배관과 일반급수용의 가압송수장치의 토출측배관을 상호 연결하여 화재시 사용할 수 있다. 이 경우 연결배관에는 개폐표시형밸브를 설치해야 하며, 각 소화설비의 성능에 지장이 없도록 해야 한다.

④ 옥내소화전설비의 송수구를 스프링클러설비·간이스프링클러설비·화재조기진압용 스프링클러설비·물분무소화설비·포소화설비 또는 연결송수관비의 송수구와 겸용으로 설치하는 경우에는 스프링클러설비의 송수구의 설치기준에 따르고, 연결살수설비의 송수구와 겸용으로 설치하는 경우에는 옥내소화전설비의 송수구의 설치기준에 따르되 각각의 소화설비의 기능에 지장이 없도록 해야 한다.

CHAPTER 03 스프링클러설비(NFTC103)

1 ▶▶ 스프링클러설비의 설치대상

① 층수가 6층 이상인 특정소방대상물의 경우에는 모든 층. 다만, 다음의 어느 하나에 해당하는 경우는 제외한다.
   ㉠ 주택 관련 법령에 따라 기존의 아파트등을 리모델링하는 경우로서 건축물의 연면적 및 층의 높이가 변경되지 않는 경우. 이 경우 해당 아파트등의 사용검사 당시의 소방시설의 설치에 관한 대통령령 또는 화재안전기준을 적용한다.
   ㉡ 스프링클러설비가 없는 기존의 특정소방대상물을 용도변경하는 경우. 다만, ②부터 ⑥까지 및 ⑨부터 ⑫까지의 규정에 해당하는 특정소방대상물로 용도변경하는 경우에는 해당 규정에 따라 스프링클러설비를 설치한다.
② 기숙사(교육연구시설·수련시설 내에 있는 학생 수용을 위한 것을 말한다) 또는 복합건축물로서 연면적 5천m^2 이상인 경우에는 모든 층
③ 문화 및 집회시설(동·식물원은 제외한다), 종교시설(주요구조부가 목조인 것은 제외한다), 운동시설(물놀이형 시설 및 바닥이 불연재료이고 관람석이 없는 운동시설은 제외한다)로서 다음의 어느 하나에 해당하는 경우에는 모든 층
   ㉠ 수용인원이 100명 이상인 것
   ㉡ 영화상영관의 용도로 쓰는 층의 바닥면적이 지하층 또는 무창층인 경우에는 500m^2 이상, 그 밖의 층의 경우에는 1천m^2 이상인 것
   ㉢ 무대부가 지하층·무창층 또는 4층 이상의 층에 있는 경우에는 무대부의 면적이 300m^2 이상인 것
   ㉣ 무대부가 다) 외의 층에 있는 경우에는 무대부의 면적이 500m^2 이상인 것
④ 판매시설, 운수시설 및 창고시설(물류터미널로 한정한다)로서 바닥면적의 합계가 5천m^2 이상이거나 수용인원이 500명 이상인 경우에는 모든 층
⑤ 다음의 어느 하나에 해당하는 용도로 사용되는 시설의 바닥면적의 합계가 600m^2 이상인 것은 모든 층
   ㉠ 근린생활시설 중 조산원 및 산후조리원
   ㉡ 의료시설 중 정신의료기관

ⓒ 의료시설 중 종합병원, 병원, 치과병원, 한방병원 및 요양병원
ⓒ 노유자 시설
ⓒ 숙박이 가능한 수련시설
ⓒ 숙박시설

⑥ 창고시설(물류터미널은 제외한다)로서 바닥면적 합계가 5천m^2 이상인 경우에는 모든 층

⑦ 특정소방대상물의 지하층·무창층(축사는 제외한다) 또는 층수가 4층 이상인 층으로서 바닥면적이 1천m^2 이상인 층이 있는 경우에는 해당 층

⑧ 랙식 창고(rack warehouse) : 랙(물건을 수납할 수 있는 선반이나 이와 비슷한 것을 말한다. 이하 같다)을 갖춘 것으로서 천장 또는 반자(반자가 없는 경우에는 지붕의 옥내에 면하는 부분을 말한다)의 높이가 10m를 초과하고, 랙이 설치된 층의 바닥면적의 합계가 1천5백m^2 이상인 경우에는 모든 층

⑨ 공장 또는 창고시설로서 다음의 어느 하나에 해당하는 시설
　ⓒ 「화재의 예방 및 안전관리에 관한 법률 시행령」 별표 2에서 정하는 수량의 1천배 이상의 특수가연물을 저장·취급하는 시설
　ⓒ 「원자력안전법 시행령」 제2조제1호에 따른 중·저준위방사성폐기물(이하 "중·저준위방사성폐기물"이라 한다)의 저장시설 중 소화수를 수집·처리하는 설비가 있는 저장시설

⑩ 지붕 또는 외벽이 불연재료가 아니거나 내화구조가 아닌 공장 또는 창고시설로서 다음의 어느 하나에 해당하는 것
　ⓒ 창고시설(물류터미널로 한정한다) 중 4)에 해당하지 않는 것으로서 바닥면적의 합계가 2천5백m^2 이상이거나 수용인원이 250명 이상인 경우에는 모든 층
　ⓒ 창고시설(물류터미널은 제외한다) 중 6)에 해당하지 않는 것으로서 바닥면적의 합계가 2천5백m^2 이상인 경우에는 모든 층
　ⓒ 공장 또는 창고시설 중 7)에 해당하지 않는 것으로서 지하층·무창층 또는 층수가 4층 이상인 것 중 바닥면적이 500㎡ 이상인 경우에는 모든 층
　ⓒ 랙식 창고 중 8)에 해당하지 않는 것으로서 바닥면적의 합계가 750m^2 이상인 경우에는 모든 층
　ⓒ 공장 또는 창고시설 중 ⑨ ⓒ에 해당하지 않는 것으로서 「화재의 예방 및 안전관리에 관한 법률 시행령」 별표 2에서 정하는 수량의 500배 이상의 특수가연물을 저장·취급하는 시설

⑪ 교정 및 군사시설 중 다음의 어느 하나에 해당하는 경우에는 해당 장소
　ⓒ 보호감호소, 교도소, 구치소 및 그 지소, 보호관찰소, 갱생보호시설, 치료감호시

　　　　설, 소년원 및 소년분류심사원의 수용거실
　　ⓒ 「출입국관리법」 제52조제2항에 따른 보호시설(외국인보호소의 경우에는 보호대상자의 생활공간으로 한정한다. 이하 같다)로 사용하는 부분. 다만, 보호시설이 임차건물에 있는 경우는 제외한다.
　　ⓒ 「경찰관 직무집행법」 제9조에 따른 유치장
⑫ 지하가(터널은 제외한다)로서 연면적 1천m^2 이상인 것
⑬ 발전시설 중 전기저장시설
⑭ ①부터 ⑬까지의 특정소방대상물에 부속된 보일러실 또는 연결통로 등

2. 스프링클러설비의 구성 및 종류

(1) 구성

① 수원 ② 가압송수장치 ③ 방호구역, 방수구역, 유수검지장치등
④ 배관 ⑤ 음향장치 및 기동장치 ⑥ 헤드 ⑦ 송수구 ⑧ 전원 ⑨ 제어반
⑩ 배선 ⑪ 헤드제외

(2) 스프링클러설비의 종류

【 스프링클러설비의 종류 및 특징 】

설비의 종류	사용 헤드	유수검지장치 등	배관상태(1차측/2차측)	감지기와 연동성
습식	폐쇄형	습식유수검지장치	가압수/가압수	없음
건식	폐쇄형	건식유수검지장치	가압수/압축공기	없음
준비작동식	폐쇄형	준비작동식유수검지장치	가압수/저압공기	있음
부압식	폐쇄형	준비작동식유수검지장치	가압수/부압수	있음
일제살수식	개방형	일제개방밸브	가압수/대기압	있음

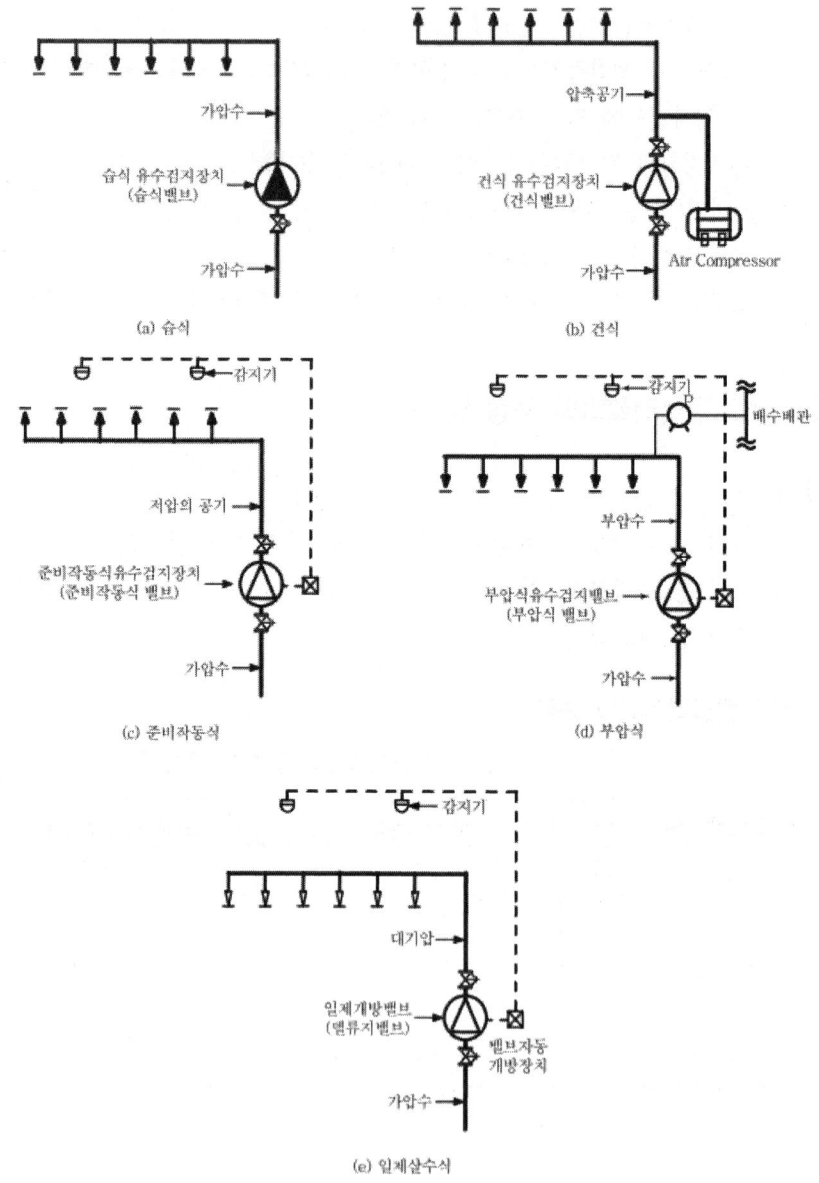

【 스프링클러설비의 계통도 】

③ ▶ 수원

(1) 수원의 양

① 폐쇄형 스프링클러헤드를 사용하는 경우

30층 미만의 경우 : 수원의 양(m^3)= $N \times 1.6\,m^3$ 이상= $N \times 80L/min \times 20min$ 이상

30층 이상 49층 이하의 경우 : 수원의 양(m^3)= $N \times 3.2\,m^3$ 이상
$= N \times 80L/min \times 40min$ 이상

50층 이상의 경우 : 수원의 양(m^3)= $N \times 4.8\,m^3$ 이상= $N \times 80L/min \times 60min$ 이상

N : 스프링클러헤드의 설치개수가 가장 많은 층의 설치수(최대기준개수 이하)

【 기준개수 】

스프링클러설비 설치장소			기준개수
지하층을 제외한 층수가 10층 이하인 소방대상물	공장 또는 창고 (랙크식 창고를 포함한다)	특수가연물을 저장·취급하는 것	30
		그 밖의 것	20
	근린생활시설·판매시설· 운수시설 또는 복합건축물	판매시설 또는 복합건축물(판매시설이 설치되는 복합건축물을 말한다.)	30
		그 밖의 것	20
	그 밖의 것	헤드의 부착높이가 8m 이상인 것	20
		헤드의 부착높이가 8m 미만인 것	10
아파트			10
지하층을 제외한 층수가 11층 이상인 소방대상물(아파트를 제외한다)·지하가 또는 지하역사			30

비고 : 하나의 소방대상물이 2 이상의 "스프링클러헤드의 기준개수"란에 해당하는 때에는 기준개수가 많은 난을 기준으로 한다. 다만, 각 기준개수에 해당하는 수원을 별도로 설치하는 경우에는 그러하지 아니하다.

② 개방형 헤드를 사용하는 경우

㉠ 최대 방수구역의 헤드 수가 30개 이하일 때

$$수원(m^3) = N \times 1.6m^3 \text{ 이상}$$

N : 최대 방수구역의 헤드 수

㉡ 최대 방수구역의 헤드 수가 30개를 초과할 때

$$수원(m^3) = Q \times 20min \text{ 이상}$$

Q : 가압송수장치의 분당송수량(m^3/min)

(2) 옥상수원의 양

스프링클러의 수원은 (1)에 따라 산출된 유효수량 외에 유효수량의 3분의 1 이상을 옥상(스프링클러설비가 설치된 건축물의 주된 옥상을 말한다. 이하 같다)에 설치해야 한다.

(3) 옥상수조제외

① 지하층만 있는 건축물
② 고가수조를 가압송수장치로 설치한 스프링클러설비
③ 수원이 건축물의 최상층에 설치된 헤드보다 높은 위치에 설치된 경우
④ 건축물의 높이가 지표면으로부터 10m 이하인 경우
⑤ 주펌프와 동등 이상의 성능이 있는 별도의 펌프로서 내연기관의 기동과 연동하여 작동되거나 비상전원을 연결하여 설치한 경우
⑥ 가압수조를 가압송수장치로 설치한 스프링클러설비
※ 옥상수조제외규정시에도 층수가 30층 이상의 특정소방대상물의 수원은 산출된 유효수량 외에 유효수량의 3분의 1 이상을 옥상(스프링클러설비가 설치된 건축물의 주된 옥상을 말한다)에 설치해야 한다. 다만, 고가수조방식인 경우와 수원이 건축물의 최상층헤드보다 높은 위치에 설치된 경우 그렇지 않다.

(4) 전용 및 겸용

옥내소화전설비와 동일

(5) 수조설치기준

① 점검에 편리한 곳에 설치할 것
② 동결방지조치를 하거나 동결의 우려가 없는 장소에 설치할 것
③ 수조의 외측에 수위계를 설치할 것. 다만, 구조상 불가피한 경우에는 수조의 맨홀 등을 통하여 수조 안의 물의 양을 쉽게 확인할 수 있도록 해야 한다.
④ 수조의 상단이 바닥보다 높은 때에는 수조의 외측에 고정식 사다리를 설치할 것
⑤ 수조가 실내에 설치된 때에는 그 실내에 조명설비를 설치할 것
⑥ 수조의 밑 부분에는 청소용 배수밸브 또는 배수관을 설치할 것
⑦ 수조의 외측의 보기 쉬운 곳에 "스프링클러설비용 수조"라고 표시한 표지를 할 것 이 경우 그 수조를 다른 설비와 겸용하는 때에는 그 겸용되는 설비의 이름을 표시한 표지를 함께 해야 한다.
⑧ 스프링클러펌프의 흡수배관 또는 스프링클러설비의 수직배관과 수조의 접속부분에는 "스프링클러설비용 배관"이라고 표시한 표지를 할 것

4 ▶▶ 가압송수장치

(1) 전동기 또는 내연기관에 따른 펌프를 이용하는 가압송수장치

① 가압송수장치의 정격토출압력은 하나의 헤드선단에 0.1MPa 이상 1.2MPa 이하의 방수압력이 될 수 있게 하는 크기일 것
② 가압송수장치의 송수량은 0.1MPa의 방수압력 기준으로 80L/min 이상의 방수성능을 가진 기준개수의 모든 헤드로부터의 방수량을 충족시킬 수 있는 양 이상의 것으로 할 것. 이 경우 속도수두는 계산에 포함하지 않을 수 있다.
③ ②의 기준에 불구하고 가압송수장치의 1분당 송수량은 폐쇄형스프링클러헤드를 사용하는 설비의 경우 기준개수에 80L를 곱한 양 이상으로도 할 수 있다.
④ ②의 기준에 불구하고 가압송수장치의 1분당 송수량은 개방형스프링클러 헤드수가 30개 이하의 경우에는 그 개수에 80L를 곱한 양 이상으로 할 수 있으나 30개를 초과하는 경우에는 ① 및 ②에 따른 기준에 적합하게 할 것
⑤ 기타 옥내소화전과 동일

(2) 고가수조의 자연낙차를 이용하는 가압송수장치

① 고가수조의 자연낙차수두 산출식

$$H = h_1 + 10m$$

H : 필요한 낙차(m)(수조의 하단으로부터 최고층의 헤드까지 수직거리)
h_1 : 배관의 마찰손실수두(m)

② 고가수조설치
  1. 수위계 2. 배수관 3. 급수관 4. 오버플로우관 5. 맨홀

(3) 압력수조를 이용하는 가압송수장치

① 압력수조의 필요압력 산출식

$$P = P_1 + P_2 + 0.1MPa$$

P : 필요한 압력(MPa), P_1 : 배관 및 관부속물의 마찰손실압력(MPa)
P_2 : 낙차의 환산압력(MPa)

② 압력수조설치
  1. 수위계 2. 배수관 3. 급수관 4. 급기관 5. 맨홀 6. 압력계 7. 안전장치
  8. 자동식공기압축기

(4) 가압수조를 이용하는 가압송수장치

옥내소화전설비 설치기준과 동일

5 ▸▸ 방호구역, 방수구역, 유수검지장치등

(1) 폐쇄형스프링클러헤드를 사용하는 설비의 방호구역 및 유수검지장치

① 하나의 방호구역의 바닥면적은 3,000m²를 초과하지 않을 것. 다만, 폐쇄형스프링클러설비에 격자형배관방식(2 이상의 수평주행배관 사이를 가지배관으로 연결하는 방식을 말한다)을 채택하는 때에는 3,700m² 범위 내에서 펌프용량, 배관의 구경 등을 수리학적으로 계산한 결과 헤드의 방수압 및 방수량이 방호구역 범위 내에서 소화목적을 달성하는 데 충분할 것

② 하나의 방호구역에는 1개 이상의 유수검지장치를 설치하되, 화재발생시 접근이 쉽고 점검하기 편리한 장소에 설치할 것

③ 하나의 방호구역은 2개 층에 미치지 않도록 할 것. 다만, 1개 층에 설치되는 스프링클러헤드의 수가 10개 이하인 경우와 복층형구조의 공동주택에는 3개 층 이내로 할 수 있다.

④ 유수검지장치를 실내에 설치하거나 보호용 철망 등으로 구획하여 바닥으로부터 0.8m 이상 1.5m 이하의 위치에 설치하되, 그 실 등에는 가로 0.5m 이상 세로 1m 이상의 개구부로서 그 개구부에는 출입문을 설치하고 그 출입문 상단에 "유수검지장치실"이라고 표시한 표지를 설치할 것. 다만, 유수검지장치를 기계실(공조용기계실을 포함한다)안에 설치하는 경우에는 별도의 실 또는 보호용 철망을 설치하지 않고 기계실 출입문 상단에 "유수검지장치실"이라고 표시한 표지를 설치할 수 있다.

⑤ 스프링클러헤드에 공급되는 물은 유수검지장치를 지나도록 할 것. 다만, 송수구를 통하여 공급되는 물은 그렇지 않다.

⑥ 자연낙차에 따른 압력수가 흐르는 배관 상에 설치된 유수검지장치는 화재시 물의 흐름을 검지할 수 있는 최소한의 압력이 얻어질 수 있도록 수조의 하단으로부터 낙차를 두어 설치할 것

⑦ 조기반응형 스프링클러헤드를 설치하는 경우에는 습식유수검지장치 또는 부압식스프링클러설비를 설치할 것

(2) 개방형스프링클러헤드를 사용하는 설비의 방수구역 및 일제개방밸브

① 하나의 방수구역은 2개 층에 미치지 않아야 한다.

② 방수구역마다 일제개방밸브를 설치해야 한다.
③ 하나의 방수구역을 담당하는 헤드의 개수는 50개 이하로 할 것. 다만, 2개 이상의 방수구역으로 나눌 경우에는 하나의 방수구역을 담당하는 헤드의 개수는 25개 이상으로 해야 한다.
④ 일제개방밸브의 설치위치는 제6조제4호의 기준에 따르고, 표지는 "일제개방밸브실"이라고 표시해야 한다.

6 ▶▶ 배관 등

(1) 배관의 종류
옥내소화전설비와 동일

(2) 합성수지배관 설치할 수 있는 경우
옥내소화전설비와 동일

(3) 전용 및 겸용
① 전용으로 할 것. 다만, 스프링클러설비의 기동장치의 조작과 동시에 다른 설비의 용도에 사용하는 배관의 송수를 차단할 수 있거나, 스프링클러설비의 성능에 지장이 없는 경우에는 다른 설비와 겸용할 수 있다.
①의2. 층수가 30층 이상의 특정소방대상물은 전용으로 할 것

(4) 흡입측배관 설치기준
옥내소화전설비와 동일

(5) 배관의 관경
① 수리계산방식 : 수리계산에 따르는 경우 가지배관의 유속은 6m/s, 그 밖의 배관의 유속은 10m/s를 초과할 수 없다. 0.1MPa의 방수압력 기준으로 80L/min 이상의 방수성능을 가진 기준개수의 모든 헤드로부터의 방수량을 충족시킬 수 있는 배관구경이 되도록 할 것
② 규약배관방식 : 다음 표에 따를 것

【 스프링클러헤드 수별 급수관의 구경 】

(단위 : mm)

급수관의 구경 구분	25	32	40	50	65	80	90	100	125	150
가	2	3	5	10	30	60	80	100	160	161 이상
나	2	4	7	15	30	60	65	100	160	161 이상
다	1	2	5	8	15	27	40	55	90	91 이상

(주)
1. 폐쇄형스프링클러헤드를 사용하는 설비의 경우로서 1개층에 하나의 급수배관(또는밸브 등)이 담당하는 구역의 최대면적은 3,000m²를 초과하지 않을 것
2. 폐쇄형스프링클러헤드를 설치하는 경우에는 "가"란의 헤드 수에 따를 것. 다만, 100개 이상의 헤드를 담당하는 급수배관(또는 밸브)의 구경을 100mm로 할 경우에는 수리계산을 통하여 위 수리계산방식 ①에서 규정한 배관의 유속에 적합하도록 할 것
3. 폐쇄형스프링클러헤드를 설치하고 반자 아래의 헤드와 반자속의 헤드를 동일 급수관의 가지관상에 병설하는 경우에는 "나"란의 헤드 수에 따를 것
4. 무대부, 특수가연물을 저장취급하는 장소의 경우로서 폐쇄형스프링클러헤드를 설치하는 설비의 배관 구경은 "다"란에 따를 것
5. 개방형스프링클러헤드를 설치하는 경우 하나의 방수구역이 담당하는 헤드의 개수가 30개 이하일 때는 "다"란의 헤드수에 의하고, 30개를 초과할 때는 수리계산 방법에 따를 것

(6) 펌프의 성능시험배관

옥내소화전설비와 동일

(7) 순환배관

옥내소화전설비와 동일

(8) 가지배관 설치기준

① 토너먼트(tournament) 방식이 아닐 것
② 교차배관에서 분기되는 지점을 기점으로 한쪽 가지배관에 설치되는 헤드의 개수(반자아래와 반자속의 헤드를 하나의 가지배관 상에 병설하는 경우에는 반자 아래에 설치하는 헤드의 개수)는 8개 이하로 할 것. 다만, 다음 각 목의 어느 하나에 해당하는 경우에는 그렇지 않다.
　㉠ 기존의 방호구역안에서 칸막이 등으로 구획하여 1개의 헤드를 증설하는 경우
　㉡ 습식스프링클러설비 또는 부압식스프링클러설비에 격자형 배관방식(2 이상의 수평주행배관 사이를 가지배관으로 연결하는 방식을 말한다)을 채택하는 때에는 펌프의 용량, 배관의 구경 등을 수리학적으로 계산한 결과 헤드의 방수압 및 방수량

이 소화목적을 달성하는 데 충분하다고 인정되는 경우
③ 가지배관과 스프링클러헤드 사이의 배관을 신축배관으로 하는 경우에는 소방청장이 정하여 고시한 [스프링클러설비 신축배관 성능인증 및 제품검사의 기술기준]에 적합한 것으로 설치할 것. 이 경우 신축배관의 설치길이는 소방대상물의 각 부분으로부터 헤드까지의 수평거리를 초과하지 않을 것

소방대상물	수평거리(m)
무대부, 특수가연물 저장 또는 취급하는 장소	1.7m 이하
일반건축물	2.1m 이하
내화건축물	2.3m 이하
랙크식 창고	2.5m 이하
공동주택(아파트) 세대 내의 거실	3.2m 이하

※ 특수가연물을 저장 또는 취급하는 랙크식 창고의 경우에는 1.7m 이하

스프링클러설비의 배관방식

- 트리방식(Tree System) : 주배관 → 수평주행배관 → 교차배관 → 가지배관 → 헤드의 단일 방향으로 유수되며, 화재안전기준에 따라 일반적으로 사용하는 스프링클러 배관방식

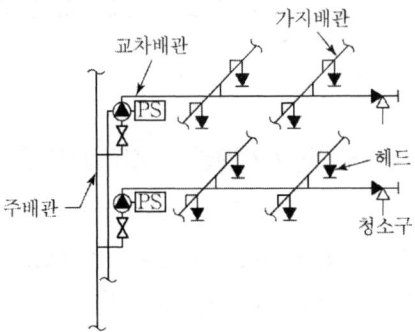

- 루프방식(Loop System)
  - 2개의 수평주행배관 사이에 가지배관이 접속되어 SP작동 시 2방향 이상으로 급수가 공급되나 가지배관 상호간은 연결되지 않는 방식

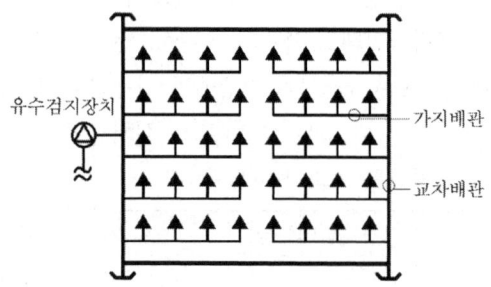

- 격자방식(Grid System)
  - 2개의 수평주행배관 사이에 가지배관이 접속되어 SP작동 시 2방향 이상으로 급수가 공급되는 방식
  - 압력손실이 적고 방사압력이 균일하다.
  - 충격파의 분산이 가능하고 증설·이설이 쉽다.

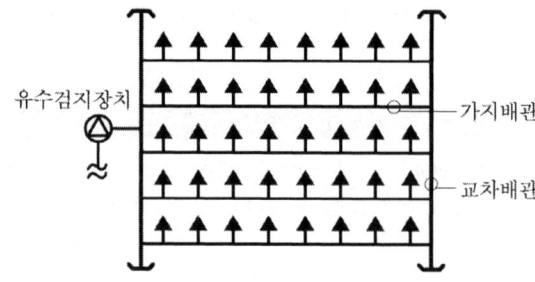

(9) 교차배관의 위치, 청소구 및 가지배관의 헤드설치기준

① 교차배관은 가지배관과 수평으로 설치하거나 또는 가지배관 밑에 설치하고, 그 구경은 규약 및 수리계산방식에 따르되 최소구경이 40mm 이상이 되도록 할 것. 다만, 패들형유수검지장치를 사용하는 경우에는 교차배관의 구경과 동일하게 설치할 수 있다.

② 청소구는 교차배관 끝에 40mm 이상 크기의 개폐밸브를 설치하고, 호스접결이 가능한 나사식 또는 고정배수 배관식으로 할 것. 이 경우 나사식의 개폐밸브는 옥내소화전 호스접결용의 것으로 하고, 나사보호용의 캡으로 마감해야 한다.

③ 하향식헤드를 설치하는 경우에 가지배관으로부터 헤드에 이르는 헤드접속배관은 가지관상부에서 분기할 것. 다만, 소화설비용 수원의 수질이 「먹는물관리법」 제5조에 따라 먹는물의 수질기준에 적합하고 덮개가 있는 저수조로부터 물을 공급받는 경우에는 가지배관의 측면 또는 하부에서 분기할 수 있다.

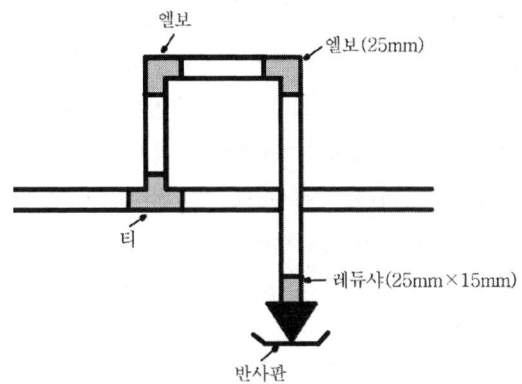

【 스프링클러헤드의 분기 】

(10) 준비작동식유수검지장치 또는 일제개방밸브 2차측 부대설비기준

① 개폐표시형밸브를 설치할 것
② 제1호에 따른 밸브와 준비작동식유수검지장치 또는 일제개방밸브 사이의 배관은 다음 각 목과 같은 구조로 할 것
   ㉠ 수직배수배관과 연결하고 동 연결배관상에는 개폐밸브를 설치할 것
   ㉡ 자동배수장치 및 압력스위치를 설치할 것
   ㉢ ㉡에 따른 압력스위치는 수신부에서 준비작동식유수검지장치 또는 일제개방밸브의 개방여부를 확인할 수 있게 설치할 것

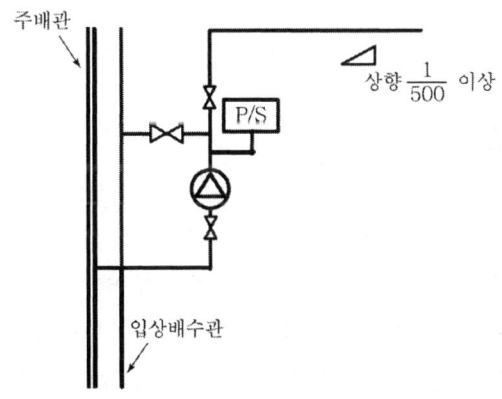

【 일제개방밸브 2차측 배관 】

(11) 시험장치 설치기준[습식, 건식, 부압식]

① 습식스프링클러설비 및 부압식스프링클러설비에 있어서는 유수검지장치 2차측 배관에 연결하여 설치하고 건식스프링클러설비인 경우 유수검지장치에서 가장 먼 거리에 위치한 가지배관의 끝으로부터 연결하여 설치할 것. 유수검지장치 2차측 설비의 내용적이 2,840L를 초과하는 건식스프링클러설비의 경우 시험장치 개폐밸브를 완전 개방 후 1분 이내에 물이 방사되어야 한다.

② 시험장치 배관의 구경은 25mm 이상으로 하고, 그 끝에 개폐밸브 및 개방형헤드 또는 스프링클러헤드와 동등한 방수성능을 가진 오리피스를 설치할 것. 이 경우 개방형 헤드는 반사판 및 프레임을 제거한 오리피스만으로 설치할 수 있다.

③ 시험배관의 끝에는 물받이 통 및 배수관을 설치하여 시험 중 방사된 물이 바닥에 흘러내리지 않도록 할 것. 다만, 목욕실·화장실 또는 그 밖의 곳으로서 배수처리가 쉬운 장소에 시험배관을 설치한 경우에는 그렇지 않다.

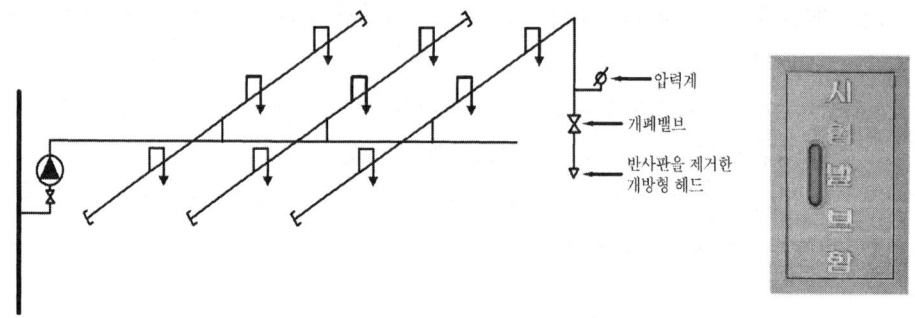

【 말단시험장치 】

(12) 행가 설치기준

① 가지배관에는 헤드의 설치지점 사이마다 1개 이상의 행가를 설치하되, 헤드간의 거리가 3.5m를 초과하는 경우에는 3.5m 이내마다 1개 이상 설치할 것. 이 경우 상향식 헤드와 행가 사이에는 8cm 이상의 간격을 두어야 한다.

② 교차배관에는 가지배관과 가지배관 사이마다 1개 이상의 행가를 설치하되, 가지배관 사이의 거리가 4.5m를 초과하는 경우에는 4.5m 이내마다 1개 이상 설치할 것

③ 수평주행배관에는 4.5m 이내마다 1개 이상 설치할 것

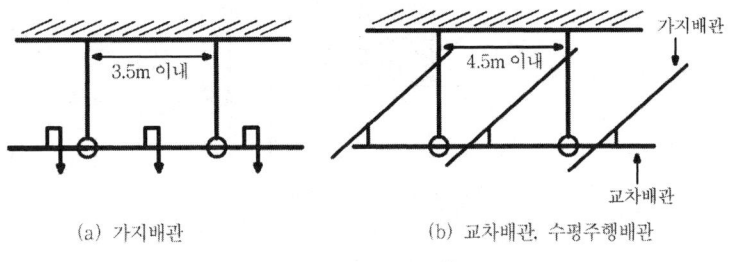

[행거의 설치]

(13) 수직배수배관 설치기준

수직배수배관의 구경은 50mm 이상으로 해야 한다. 다만, 수직배관의 구경이 50mm 미만인 경우에는 수직배관과 동일한 구경으로 할 수 있다.

(14) 주차장스프링클러설비

주차장의 스프링클러설비는 습식외의 방식으로 해야 한다. 다만, 다음 각 호의 어느 하나에 해당하는 경우에는 그렇지 않다.
① 동절기에 상시 난방이 되는 곳이거나 그 밖에 동결의 염려가 없는 곳
② 스프링클러설비의 동결을 방지할 수 있는 구조 또는 장치가 된 것

(15) 급수개폐밸브 작동표시 스위치(탬퍼스위치)

급수배관에 설치되어 급수를 차단할 수 있는 개폐밸브에는 그 밸브의 개폐상태를 감시제어반에서 확인할 수 있도록 급수개폐밸브 작동표시 스위치를 다음 각 호의 기준에 따라 설치해야 한다.
① 급수개폐밸브가 잠길 경우 탬퍼 스위치의 동작으로 인하여 감시제어반 또는 수신기에 표시되어야 하며 경보음을 발할 것
② 탬퍼 스위치는 감시제어반 또는 수신기에서 동작의 유무확인과 동작시험, 도통시험을 할 수 있을 것
③ 급수개폐밸브의 작동표시 스위치에 사용되는 전기배선은 내화전선 또는 내열전선으로 설치할 것

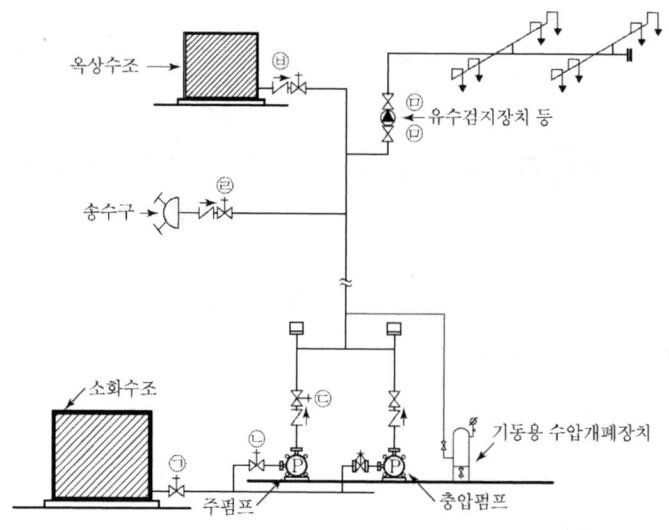

【 탬퍼스위치 설치위치 】

탬퍼스위치 설치위치
- 지하 수조로부터 펌프 흡입측 배관에 설치된 개폐밸브(㉠)
- 주펌프의 흡입측 개폐밸브(㉡)
- 주펌프의 토출측 개폐밸브(㉢)
- 스프링클러설비의 송수구에 설치하는 개폐표시형밸브/준비작동식 유수검지장치 및 일제개방밸브의 1차측 및 2차측 개폐밸브(㉣, ㉤)
- 스프링클러설비 입상관과 접속된 고가수조의 개폐밸브(㉥)

(16) 배관의 배수를 위한 기울기

① 습식스프링클러설비 또는 부압식 스프링클러설비의 배관을 수평으로 할 것. 다만, 배관의 구조상 소화 수가 남아 있는 곳에는 배수밸브를 설치해야 한다.

② 습식스프링클러설비 또는 부압식 스프링클러설비 외의 설비에는 헤드를 향하여 상향으로 수평주행배관의 기울기를 500분의 1 이상, 가지배관의 기울기를 250분의 1 이상으로 할 것. 다만, 배관의 구조상 기울기를 줄 수 없는 경우에는 배수를 원활하게 할 수 있도록 배수밸브를 설치해야 한다.

7 ▸▸ 음향장치 및 기동장치

(1) 음향장치 작동기준

① 습식유수검지장치 또는 건식유수검지장치를 사용하는 설비에 있어서는 헤드가 개방되면 유수검지장치가 화재신호를 발신하고 그에 따라 음향장치가 경보되도록 할 것

② 준비작동식유수검지장치 또는 일제개방밸브를 사용하는 설비에는 화재감지기의 감지에 따라 음향장치가 경보되도록 할 것. 이 경우 화재감지기회로를 교차회로방식(하나의 준비작동식유수검지장치 또는 일제개방밸브의 담당구역 내에 2 이상의 화재감지기회로를 설치하고 인접한 2 이상의 화재감지기가 동시에 감지되는 때에 준비작동식유수검지장치 또는 일제개방밸브가 개방·작동되는 방식을 말한다)으로 하는 때에는 하나의 화재감지기회로가 화재를 감지하는 때에도 음향장치가 경보되도록 해야 한다.

> **! Reference**
>
> **교차회로배선**
> - 배선방식 : 1개 밸브의 담당구역 내에 2 이상의 화재감지기 회로를 설치하고, 인접한 2개 이상의 화재감지기가 동시에 감지되는 때에 준비작동식밸브 또는 일제개방밸브가 개방·작동되게 하는 감지기 배선방식
> - 배선목적 : 감지기오동작에 의한 설비의 오동작 방지
> - 교차배선의 설계
>
>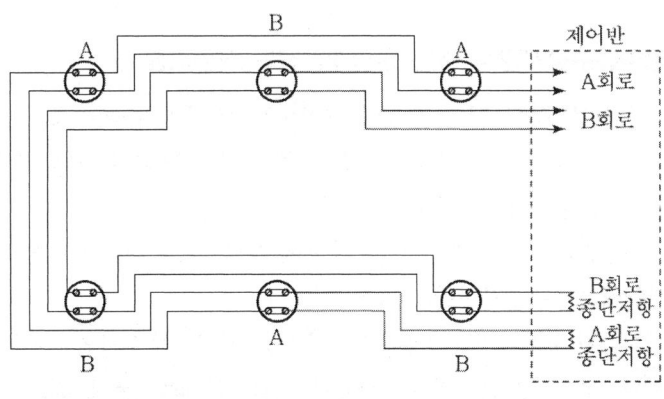

③ 음향장치는 유수검지장치 및 일제개방밸브 등의 담당구역마다 설치하되 그 구역의 각 부분으로부터 하나의 음향장치까지의 수평거리는 25m 이하가 되도록 할 것

④ 음향장치는 경종 또는 사이렌(전자식 사이렌을 포함한다)으로 하되, 주위의 소음 및 다른 용도의 경보와 구별이 가능한 음색으로 할 것. 이 경우 경종 또는 사이렌은 자동화재탐지설비·비상벨설비 또는 자동식사이렌설비의 음향장치와 겸용할 수 있다.

⑤ 주 음향장치는 수신기의 내부 또는 그 직근에 설치할 것
⑥ 층수가 11층(공동주택의 경우 16층) 이상의 특정소방대상물은 다음의 기준에 따라 경보를 발할 수 있도록 해야 한다.
　㉠ 2층 이상의 층에서 발화한 때에는 발화층 및 그 직상 4개층에 경보를 발할 것
　㉡ 1층에서 발화한 때에는 발화층·그 직상 4개층 및 지하층에 경보를 발할 것
　㉢ 지하층에서 발화한 때에는 발화층·그 직상층 및 기타의 지하층에 경보를 발할 것
⑦ 음향장치는 다음 각 목의 기준에 따른 구조 및 성능의 것으로 할 것
　㉠ 정격전압의 80% 전압에서 음향을 발할 수 있는 것으로 할 것
　㉡ 음량은 부착된 음향장치의 중심으로부터 1m 떨어진 위치에서 90dB 이상이 되는 것으로 할 것

(2) 펌프 작동기준
① 습식유수검지장치 또는 건식유수검지장치를 사용하는 설비에 있어서는 유수검지장치의 발신이나 기동용수압개폐장치에 의하여 작동되거나 또는 이 두 가지의 혼용에 따라 작동될 수 있도록 할 것
② 준비작동식유수검지장치 또는 일제개방밸브를 사용하는 설비에 있어서는 화재감지기의 화재감지나 기동용수압개폐장치에 따라 작동되거나 또는 이 두 가지의 혼용에 따라 작동할 수 있도록 할 것

(3) 준비작동식유수검지장치 또는 일제개방밸브 작동기준
① 담당구역내의 화재감지기의 동작에 따라 개방 및 작동될 것
② 화재감지회로는 교차회로방식으로 할 것. 다만, 다음 각 목의 어느 하나에 해당하는 경우에는 그렇지 않다.
　㉠ 스프링클러설비의 배관 또는 헤드에 누설경보용 물 또는 압축공기가 채워지거나 부압식스프링클러설비의 경우
　㉡ 화재감지기를 「자동화재탐지설비 및 시각경보장치의 화재안전기술기준(NFTC 203)」의 2.4.1 단서의 각 감지기로 설치한 때[오동작 우려가 없는 감지기]
③ 준비작동식유수검지장치 또는 일제개방밸브의 인근에서 수동기동(전기식 및 배수식)에 따라서도 개방 및 작동될 수 있게 할 것
④ 화재감지기의 설치기준에 관하여는 「자동화재탐지설비 및 시각경보장치의 화재안전기술기준(NFTC 203)」 2.4(감지기) 및 2.8(배선)를 준용할 것. 이 경우 교차회로방식에 있어서의 화재감지기의 설치는 각 화재감지기 회로별로 설치하되, 각 화재감지기 회로별 화재감지기 1개가 담당하는 바닥면적은 「자동화재탐지설비 및 시각경보장치

의 화재안전기술기준(NFTC 203)」의 2.4.3.5, 2.4.3.8부터 2.4.3.10에 따른 바닥면적으로 한다.
⑤ 화재감지기 회로에는 다음 각 기준에 따른 발신기를 설치할 것. 다만, 자동화재탐지설비의 발신기가 설치된 경우에는 그렇지 않다.
  ㉠ 조작이 쉬운 장소에 설치하고, 스위치는 바닥으로부터 0.8m 이상 1.5m 이하의 높이에 설치할 것
  ㉡ 특정소방대상물의 층마다 설치하되, 해당 특정소방대상물의 각 부분으로부터 하나의 발신기까지의 수평거리가 25m 이하가 되도록 할 것. 다만, 복도 또는 별도로 구획된 실로서 보행거리가 40m 이상일 경우에는 추가로 설치해야 한다.
  ㉢ 발신기의 위치를 표시하는 표시등은 함의 상부에 설치하되, 그 불빛은 부착 면으로부터 15° 이상의 범위 안에서 부착지점으로부터 10m 이내의 어느 곳에서도 쉽게 식별할 수 있는 적색등으로 할 것

8 ▶▶ 헤드

(1) 헤드의 설치장소

① 스프링클러헤드는 특정소방대상물의 천장·반자·천장과 반자사이·덕트·선반 기타 이와 유사한 부분(폭이 1.2m를 초과하는 것에 한한다)에 설치해야 한다. 다만, 폭이 9m 이하인 실내에 있어서는 측벽에 설치할 수 있다.
② 랙크식창고의 경우로서「화재예방법시행령」별표 2의 특수가연물을 저장 또는 취급하는 것에 있어서는 랙크높이 4m 이하 마다, 그 밖의 것을 취급하는 것에 있어서는 랙크높이 6m 이하 마다 스프링클러헤드를 설치해야 한다. 다만, 랙크식창고의 천장높이가 13.7m 이하로서「화재조기진압용 스프링클러설비의 화재안전기술기준(NFTC 103B)」에 따라 설치하는 경우에는 천장에만 스프링클러헤드를 설치할 수 있다.

(2) 헤드의 수평거리

스프링클러헤드를 설치하는 천장·반자·천장과 반자사이·덕트·선반 등의 각 부분으로부터 하나의 스프링클러헤드까지의 수평거리는 다음과 같이 해야 한다. 다만, 성능이 별도로 인정된 스프링클러헤드를 수리계산에 따라 설치하는 경우에는 그렇지 않다.

소방대상물	수평거리(m)
무대부, 특수가연물 저장 또는 취급하는 장소	1.7m 이하
일반건축물	2.1m 이하
내화건축물	2.3m 이하
랙크식 창고	2.5m 이하
공동주택(아파트) 세대 내의 거실	3.2m 이하

※ 특수가연물을 저장 또는 취급하는 랙크식 창고의 경우에는 1.7m 이하

(3) 헤드의 배치

① **정방형 배치** : 헤드 간의 거리 중 가로의 거리와 세로의 거리가 동일한 헤드의 배치 방식

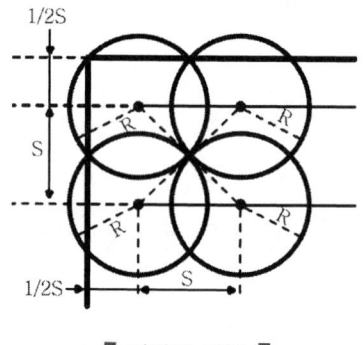

【 정방형 배치 】

$$S = 2r\cos 45°$$

S : 헤드 간의 거리(m), r : 수평 거리(m)

② **장방형 배치** : 헤드 간의 거리 중 가로의 거리 또는 세로의 거리가 서로 다른 배치 방식

㉠ 가로열의 헤드 간의 거리 $= 2r\cos\theta$
㉡ 세로열의 헤드 간의 거리 $= 2r\sin\theta \, (\theta = 30 \sim 60°)$

그러므로 배치각이 일정치 않을 때에는

$$Pt = 2r$$

Pt : 대각선의 길이(m), r : 수평거리(m)

> **장방형의 경우**
> - 긴변의 길이 = 2R · sin(큰각)
> - 짧은변의 길이 = 2R · sin(작은각)

(4) 개방형헤드 및 조기반응형헤드 설치대상

① 무대부 또는 연소할 우려가 있는 개구부에 있어서는 개방형스프링클러헤드를 설치해야 한다.
② 다음 어느 하나에 해당하는 장소에는 조기반응형 스프링클러헤드를 설치해야 한다.
   ㉠ 공동주택·노유자시설의 거실
   ㉡ 오피스텔·숙박시설의 침실, 병원의 입원실

> **조기반응형 헤드**
> RTI 50 이하인 속동형 헤드로 습식설비에 한하여 설치할 수 있다.
>
> **반응시간지수(RTI)**
> RTI(Response Time Index)란 헤드의 열에 대한 민감도 즉, 열감도를 의미하며 폐쇄형 헤드 감열부의 개방에 필요한 열을 주위로부터 얼마나 빠른 시간에 흡수할 수 있는지를 나타내는 헤드 작동시간에 따른 지수이다.
>
> $$RTI = \tau\sqrt{u}$$
>
> RTI : $\sqrt{m \cdot sec}$, τ : 감열체의 시간상수(sec), u : 기류의 속도(m/sec)
>
> **반응시간지수(RTI)에 따른 분류**
> - 표준반응형(Standard Response) 헤드 : RTI가 80 초과 350 이하인 헤드로 가장 일반적인 헤드
> - 특수반응형(Special Response) 헤드 : RTI가 50 초과 80 이하인 헤드
> - 조기반응형(Fast Response) 헤드 : RTI가 50 이하인 헤드로 속동형 헤드 또는 조기반응형 헤드라 한다.

(5) 폐쇄형헤드의 최고주위온도에 따른 표시온도

설치장소의 최고 주위온도	표시온도
39℃ 미만	79℃ 미만
39℃ 이상 64℃ 미만	79℃ 이상 121℃ 미만
64℃ 이상 106℃ 미만	121℃ 이상 162℃ 미만
106℃ 이상	162℃ 이상

다만, 높이가 4m 이상인 공장 및 창고(랙크식 창고를 포함한다.)에 설치하는 스프링클러헤드는 표시온도 121℃ 이상의 것으로 할 수 있다.

(6) 헤드의 설치방법

① 살수가 방해되지 않도록 스프링클러헤드로부터 반경 60cm 이상의 공간을 보유할 것. 다만, 벽과 스프링클러헤드간의 공간은 10cm 이상으로 한다.

② 스프링클러헤드와 그 부착면(상향식헤드의 경우에는 그 헤드의 직상부의 천장·반자 또는 이와 비슷한 것을 말한다. 이하 같다)과의 거리는 30cm 이하로 할 것.

③ 배관·행가 및 조명기구 등 살수를 방해하는 것이 있는 경우에는 ① 및 ②에도 불구하고 그로부터 아래에 설치하여 살수에 장애가 없도록 할 것. 다만, 스프링클러헤드와 장애물과의 이격거리를 장애물 폭의 3배 이상 확보한 경우에는 그렇지 않다.

④ 스프링클러헤드의 반사판은 그 부착 면과 평행하게 설치할 것. 다만, 측벽형헤드 또는 연소할 우려가 있는 개구부에 설치하는 스프링클러헤드의 경우에는 그렇지 않다.

⑤ 천장의 기울기가 10분의 1을 초과하는 경우에는 가지관을 천장의 마루와 평행하게 설치하고, 스프링클러헤드는 다음 각 목의 어느 하나의 기준에 적합하게 설치할 것.
  ㉠ 천장의 최상부에 스프링클러헤드를 설치하는 경우에는 최상부에 설치하는 스프링클러헤드의 반사판을 수평으로 설치할 것
  ㉡ 천장의 최상부를 중심으로 가지관을 서로 마주보게 설치하는 경우에는 최상부의 가지관 상호간의 거리가 가지관상의 스프링클러헤드 상호간의 거리의 2분의 1 이하(최소 1m 이상이 되어야 한다)가 되게 스프링클러헤드를 설치하고, 가지관의 최상부에 설치하는 스프링클러헤드는 천장의 최상부로부터의 수직거리가 90cm 이하가 되도록 할 것. 톱날지붕, 둥근지붕 기타 이와 유사한 지붕의 경우에도 이에 준한다.

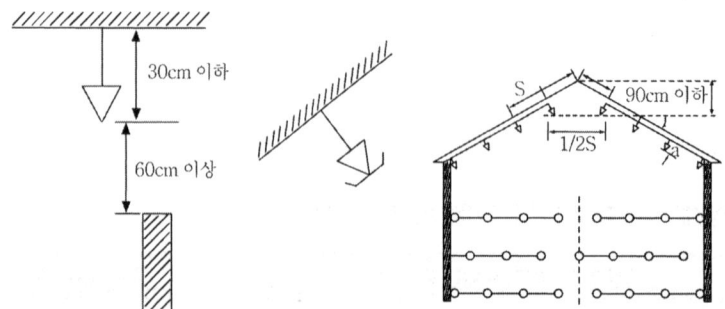

⑥ 연소할 우려가 있는 개구부에는 그 상하좌우에 2.5m 간격으로(개구부의 폭이 2.5m 이하인 경우에는 그 중앙에) 스프링클러헤드를 설치하되, 스프링클러헤드와 개구부의 내측 면으로부터 직선거리는 15cm 이하가 되도록 할 것. 이 경우 사람이 상시 출입하는 개구부로서 통행에 지장이 있는 때에는 개구부의 상부 또는 측면(개구부의 폭이 9m 이하인 경우에 한한다)에 설치하되, 헤드 상호간의 간격은 1.2m 이하로 설치

해야 한다.

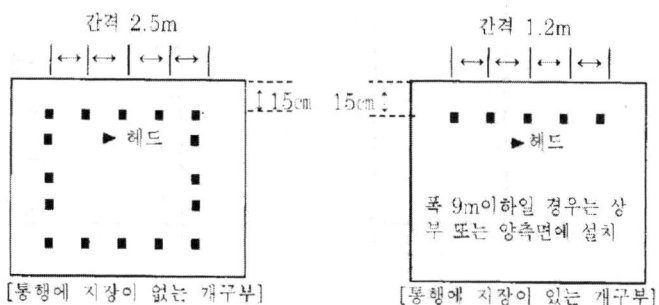

⑦ 습식스프링클러설비 및 부압식스프링클러설비 외의 설비에는 상향식스프링클러헤드를 설치할 것. 다만, 다음 각 목의 어느 하나에 해당하는 경우에는 그렇지 않다.
  ㉠ 드라이펜던트스프링클러헤드를 사용하는 경우
  ㉡ 스프링클러헤드의 설치장소가 동파의 우려가 없는 곳인 경우
  ㉢ 개방형스프링클러헤드를 사용하는 경우

드라이 펜던트형 헤드(Dry Pendent Head)

배관 내의 물이 스프링클러 몸체에 유입되지 않도록 상단에 유로를 차단하는 플런저(Plunger)가 설치되어 있어 헤드가 개방되지 않으면 물이 헤드 몸체로 유입되지 못하도록 되어 있는 헤드

⑧ 측벽형스프링클러헤드를 설치하는 경우 긴 변의 한쪽 벽에 일렬로 설치(폭이 4.5m 이상 9m 이하인 실에 있어서는 긴변의 양쪽에 각각 일렬로 설치하되 마주보는 스프링클러헤드가 나란히꼴이 되도록 설치)하고 3.6m 이내마다 설치할 것

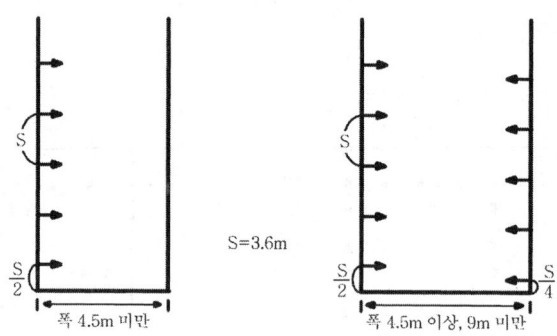

⑨ 상부에 설치된 헤드의 방출수에 따라 감열부에 영향을 받을 우려가 있는 헤드에는 방출수를 차단할 수 있는 유효한 차폐판을 설치할 것

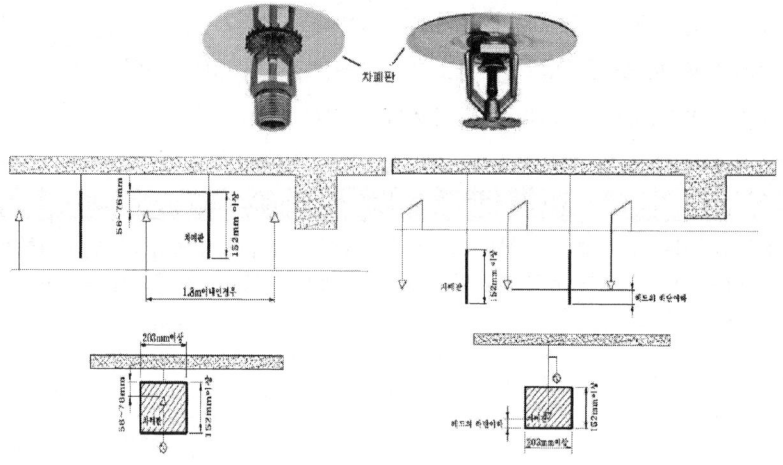

【 하향형 및 상향형 스프링클러헤드 설치 시 차폐판 설치 예 】

(7) 헤드와 보와의 이격거리

특정소방대상물의 보와 가장 가까운 스프링클러헤드는 다음 표의 기준에 따라 설치해야 한다. 다만, 천장 면에서 보의 하단까지의 길이가 55cm를 초과하고 보의 하단 측면 끝부분으로부터 스프링클러헤드까지의 거리가 스프링클러헤드 상호간 거리의 2분의 1 이하가 되는 경우에는 스프링클러헤드와 그 부착 면과의 거리를 55cm 이하로 할 수 있다.

스프링클러헤드의 반사판 중심과 보의 수평거리	스프링클러헤드의 반사판 높이와 보의 하단 높이의 수직거리
0.75m 미만	보의 하단보다 낮을 것
0.75m 이상 1m 미만	0.1m 미만일 것
1m 이상 1.5m 미만	0.15m 미만일 것
1.5m 이상	0.3m 미만일 것

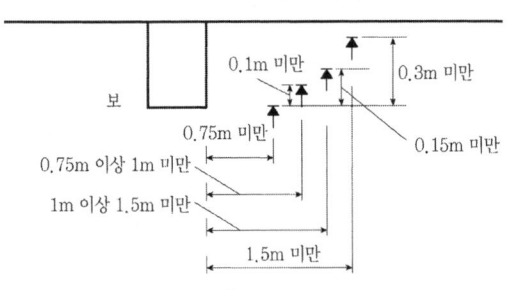

【 보의 깊이 55cm까지의 예 】

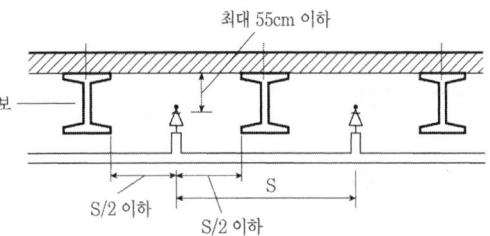

【 보의 깊이가 55cm를 초과할 경우의 예 】

9 ▶▶ 송수구

① 송수구는 소방차가 쉽게 접근할 수 있는 잘 보이는 장소에 설치하되 화재 층으로부터 지면으로 떨어지는 유리창 등이 송수 및 그 밖의 소화작업에 지장을 주지 않는 장소에 설치할 것
② 송수구로부터 스프링클러설비의 주배관에 이르는 연결배관에 개폐밸브를 설치한 때에는 그 개폐상태를 쉽게 확인 및 조작할 수 있는 옥외 또는 기계실 등의 장소에 설치할 것
③ 구경 65mm의 쌍구형으로 할 것
④ 송수구에는 그 가까운 곳의 보기 쉬운 곳에 송수압력범위를 표시한 표지를 할 것
⑤ 폐쇄형스프링클러헤드를 사용하는 스프링클러설비의 송수구는 하나의 층의 바닥면적이 3,000m² 를 넘을 때마다 1개 이상(5개를 넘을 경우에는 5개로 한다)을 설치할 것
⑥ 지면으로부터 높이가 0.5m 이상 1m 이하의 위치에 설치할 것
⑦ 송수구의 가까운 부분에 자동배수밸브(또는 직경 5mm의 배수공) 및 체크밸브를 설치할 것. 이 경우 자동배수밸브는 배관안의 물이 잘 빠질 수 있는 위치에 설치하되, 배수로 인하여 다른 물건 또는 장소에 피해를 주지 않아야 한다.
⑧ 송수구에는 이물질을 막기 위한 마개를 씌워야 한다.

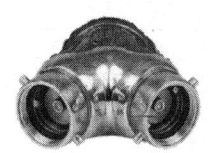  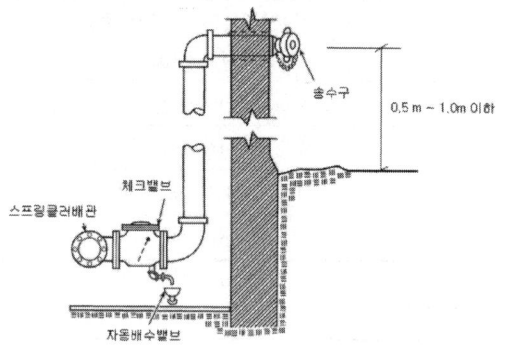

10 ▸▸ 전원

(1) 상용전원

옥내소화전설비와 동일

(2) 비상전원

① 비상전원의 종류 : 자가발전설비 또는 축전지설비, 전기저장장치
   다만, 차고·주차장으로서 스프링클러설비가 설치된 부분의 바닥면적의 합계가 1,000m² 미만인 경우에는 비상전원수전설비로 설치할 수 있다.
② 비상전원의 설치대상 : 모든 스프링클러설비
③ 비상전원의 설치제외 경우
   ㉠ 2 이상의 변전소(「전기사업법」 제67조에 따른 변전소를 말한다. 이하 같다)에서 전력을 동시에 공급받을 수 있는 경우
   ㉡ 하나의 변전소로부터 전력의 공급이 중단되는 때에는 자동으로 다른 변전소로부터 전원을 공급받을 수 있도록 상용전원을 설치한 경우
   ㉢ 가압수조방식의 경우
④ 비상전원의 설치기준 : 비상전원은 자가발전설비 또는 축전지설비, 전기저장장치(내연기관에 따른 펌프를 사용하는 경우에는 내연기관의 기동 및 제어용 축전지를 말한다)로서 다음 각 기준에 따라 설치해야 한다. 비상전원수전설비의 경우 소방시설용비상전원수전설비의 화재안전기준(NFTC 602)」에 따라 설치해야 한다.
   ㉠ 점검에 편리하고 화재 및 침수 등의 재해로 인한 피해를 받을 우려가 없는 곳에 설치할 것
   ㉡ 스프링클러설비를 유효하게 20분 이상 작동할 수 있어야 할 것

ⓒ 상용전원으로부터 전력의 공급이 중단된 때에는 자동으로 비상전원으로부터 전력을 공급받을 수 있도록 할 것
ⓔ 비상전원(내연기관의 기동 및 제어용 축전기를 제외한다)의 설치장소는 다른 장소와 방화구획 할 것. 이 경우 그 장소에는 비상전원의 공급에 필요한 기구나 설비외의 것(열병합발전설비에 필요한 기구나 설비는 제외한다)을 두어서는 아니된다.
ⓜ 비상전원을 실내에 설치하는 때에는 그 실내에 비상조명등을 설치할 것
ⓗ 옥내에 설치하는 비상전원실에는 옥외로 직접 통하는 충분한 용량의 급배기설비를 설치할 것
ⓢ 비상전원의 출력용량은 다음 각 목의 기준을 충족할 것
　㉮ 비상전원 설비에 설치되어 동시에 운전될 수 있는 모든 부하의 합계 입력용량을 기준으로 정격출력을 선정할 것. 다만, 소방전원 보존형발전기를 사용할 경우에는 그렇지 않다.
　㉯ 기동전류가 가장 큰 부하가 기동될 때에도 부하의 허용 최저입력전압 이상의 출력전압을 유지할 것
　㉰ 단시간 과전류에 견디는 내력은 입력용량이 가장 큰 부하가 최종 기동할 경우에도 견딜 수 있을 것
ⓞ 자가발전설비는 부하의 용도와 조건에 따라 다음 각 목 중의 하나를 설치하고 그 부하용도별 표지를 부착해야 한다. 다만, 자가발전설비의 정격출력용량은 하나의 건축물에 있어서 소방부하의 설비용량을 기준으로 하고, 소방부하겸용발전기의 경우 비상부하는 국토교통부장관이 정한 건축전기설비설계기준의 수용률 범위 중 최대값 이상을 적용한다.
　㉮ 소방전용 발전기 : 소방부하용량을 기준으로 정격출력용량을 산정하여 사용하는 발전기
　㉯ 소방부하 겸용 발전기 : 소방 및 비상부하 겸용으로서 소방부하와 비상부하의 전원용량을 합산하여 정격출력용량을 산정하여 사용하는 발전기
　㉰ 소방전원 보존형 발전기 : 소방 및 비상부하 겸용으로서 소방부하의 전원용량을 기준으로 정격출력용량을 산정하여 사용하는 발전기
ⓩ 비상전원실의 출입구 외부에는 실의 위치와 비상전원의 종류를 식별할 수 있도록 표지판을 부착할 것

11 ▸▸ 제어반

(1) 감시제어반

① 감시제어반의 기능
  ㉠ 각 펌프의 작동여부를 확인할 수 있는 표시등 및 음향경보기능이 있어야 할 것
  ㉡ 각 펌프를 자동 및 수동으로 작동시키거나 중단시킬 수 있어야 한다.
  ㉢ 비상전원을 설치한 경우에는 상용전원 및 비상전원의 공급여부를 확인할 수 있어야 할 것
  ㉣ 수조 또는 물올림탱크가 저수위로 될 때 표시등 및 음향으로 경보할 것
  ㉤ 예비전원이 확보되고 예비전원의 적합여부를 시험할 수 있어야 할 것

② 감시제어반의 설치기준
  ㉠ 화재 및 침수 등의 재해로 인한 피해를 받을 우려가 없는 곳에 설치할 것
  ㉡ 감시제어반은 스프링클러설비의 전용으로 할 것. 다만, 스프링클러설비의 제어에 지장이 없는 경우에는 다른 설비와 겸용할 수 있다.
  ㉢ 감시제어반은 다음 각 목의 기준에 따른 전용실안에 설치할 것. 다만, 제1항 각 호의 어느 하나에 해당하는 경우와 공장, 발전소 등에서 설비를 집중 제어·운전할 목적으로 설치하는 중앙제어실내에 감시제어반을 설치하는 경우에는 그렇지 않다.
    ㉮ 다른 부분과 방화구획을 할 것. 이 경우 전용실의 벽에는 기계실 또는 전기실 등의 감시를 위하여 두께 7mm 이상의 망입유리(두께 16.3mm 이상의 접합유리 또는 두께 28mm 이상의 복층유리를 포함한다)로 된 4㎡ 미만의 붙박이창을 설치할 수 있다.
    ㉯ 피난층 또는 지하 1층에 설치할 것. 다만, 다음 각 세목의 어느 하나에 해당하는 경우에는 지상 2층에 설치하거나 지하 1층 외의 지하층에 설치할 수 있다.
      • 「건축법시행령」 제35조에 따라 특별피난계단이 설치되고 그 계단(부속실을 포함한다)출입구로부터 보행거리 5m 이내에 전용실의 출입구가 있는 경우
      • 아파트의 관리동(관리동이 없는 경우에는 경비실)에 설치하는 경우
    ㉰ 비상조명등 및 급·배기설비를 설치할 것
    ㉱ 「무선통신보조설비의 화재안전기술기준(NFTC 505)」 2.2.3에 따라 유효하게 통신이 가능할 것(영 별표 4의 제5호마목에 따른 무선통신보조설비가 설치된 특정소방대상물에 한한다)
    ㉲ 바닥면적은 감시제어반의 설치에 필요한 면적 외에 화재 시 소방대원이 그 감

시제어반의 조작에 필요한 최소면적 이상으로 할 것
② 전용실에는 특정소방대상물의 기계·기구 또는 시설 등의 제어 및 감시설비외의 것을 두지 않을 것
⑩ 각 유수검지장치 또는 일제개방밸브의 작동여부를 확인할 수 있는 표시 및 경보기능이 있도록 할 것
⑪ 일제개방밸브를 개방시킬 수 있는 수동조작스위치를 설치할 것
⊗ 일제개방밸브를 사용하는 설비의 화재감지는 각 경계회로별로 화재표시가 되도록 할 것
⊙ 다음의 각 확인회로마다 도통시험 및 작동시험을 할 수 있도록 할 것
 ㉮ 기동용수압개폐장치의 압력스위치회로
 ㉯ 수조 또는 물올림탱크의 저수위감시회로
 ㉰ 유수검지장치 또는 일제개방밸브의 압력스위치회로
 ㉱ 일제개방밸브를 사용하는 설비의 화재감지기회로
 ㉲ 개폐밸브의 폐쇄상태 확인회로
 ㉳ 그 밖의 이와 비슷한 회로
㉻ 감시제어반과 자동화재탐지설비의 수신기를 별도의 장소에 설치하는 경우에는 이들 상호간 연동하여 화재발생 및 ① 감시제어반기능의 ⊙·ⓒ과 ②의 기능을 확인할 수 있도록 할 것

(2) 동력제어반

① 앞면은 적색으로 하고 "스프링클러설비용 동력제어반"이라고 표시한 표지를 설치할 것
② 외함은 두께 1.5mm 이상의 강판 또는 이와 동등 이상의 강도 및 내열성능이 있는 것으로 할 것
③ 화재 및 침수 등의 재해로 인한 피해를 받을 우려가 없는 곳에 설치할 것
④ 동력제어반은 스프링클러설비의 전용으로 할 것. 다만, 스프링클러설비의 제어에 지장이 없는 경우에는 다른 설비와 겸용할 수 있다.

(3) 감시제어반과 동력제어반을 구분하여 설치하지 않을 수 있는 경우

① 옥내소화전 비상전원 설치대상에 해당하지 않는 특정소방대상물에 설치되는 스프링클러설비
② 내연기관에 따른 가압송수장치를 사용하는 스프링클러설비
③ 고가수조에 따른 가압송수장치를 사용하는 스프링클러설비
④ 가압수조에 따른 가압송수장치를 사용하는 스프링클러설비

(4) 자가발전설비 제어반의 제어장치(소방전원 보존형 발전기 제어장치)
① 소방전원 보존형임을 식별할 수 있도록 표기할 것
② 발전기 운전 시 소방부하 및 비상부하에 전원이 동시 공급되고, 그 상태를 확인할 수 있는 표시가 되도록 할 것
③ 발전기가 정격용량을 초과할 경우 비상부하는 자동적으로 차단되고, 소방부하만 공급되는 상태를 확인할 수 있는 표시가 되도록 할 것

⑫ 배선 등

옥내소화전설비와 동일

⑬ 헤드의 제외

① 계단실(특별피난계단의 부속실을 포함한다)·경사로·승강기의 승강로·비상용승강기의 승강장·파이프덕트 및 덕트피트(파이프·덕트를 통과시키기 위한 구획된 구멍에 한한다)·목욕실·수영장(관람석 부분을 제외한다)·화장실·직접 외기에 개방되어 있는 복도·기타 이와 유사한 장소
② 통신기기실·전자기기실·기타 이와 유사한 장소
③ 발전실·변전실·변압기·기타 이와 유사한 전기설비가 설치되어 있는 장소
④ 병원의 수술실·응급처치실·기타 이와 유사한 장소
⑤ 천장과 반자 양쪽이 불연재료로 되어 있는 경우로서 그 사이의 거리 및 구조가 다음 각목의 어느 하나에 해당하는 부분
  ㉠ 천장과 반자사이의 거리가 2m 미만인 부분
  ㉡ 천장과 반자사이의 벽이 불연재료이고 천장과 반자사이의 거리가 2m 이상으로서 그 사이에 가연물이 존재하지 않는 부분
⑥ 천장·반자중 한쪽이 불연재료로 되어있고 천장과 반자사이의 거리가 1m 미만인 부분
⑦ 천장 및 반자가 불연재료 외의 것으로 되어 있고 천장과 반자사이의 거리가 0.5m 미만인 부분
⑧ 펌프실·물탱크실 엘리베이터 권상기실 그 밖의 이와 비슷한 장소
⑨ 현관 또는 로비 등으로서 바닥으로부터 높이가 20m 이상인 장소
⑩ 영하의 냉장창고의 냉장실 또는 냉동창고의 냉동실
⑪ 고온의 노가 설치된 장소 또는 물과 격렬하게 반응하는 물품의 저장 또는 취급장소

⑫ 불연재료로 된 특정소방대상물 또는 그 부분으로서 다음 각 목의 어느 하나에 해당하는 장소
  ㉠ 정수장·오물처리장 그 밖의 이와 비슷한 장소
  ㉡ 펄프공장의 작업장·음료수공장의 세정 또는 충전하는 작업장 그 밖의 이와 비슷한 장소
  ㉢ 불연성의 금속·석재 등의 가공공장으로서 가연성물질을 저장 또는 취급하지 않는 장소
  ㉣ 가연성 물질이 존재하지 않는 「건축물의 에너지절약설계기준」에 따른 방풍실
⑬ 실내에 설치된 테니스장·게이트볼장·정구장 또는 이와 비슷한 장소로서 실내 바닥·벽·천장이 불연재료 또는 준불연재료로 구성되어 있고 가연물이 존재하지 않는 장소로서 관람석이 없는 운동시설(지하층은 제외한다)
⑭ 「건축법 시행령」 제46조제4항에 따른 공동주택 중 아파트의 대피공간

14 ▶▶ 드렌처설비(수막설비) 설치기준

연소할 우려가 있는 개구부에 다음 각 호의 기준에 따른 드렌처설비를 설치한 경우에는 해당 개구부에 한하여 스프링클러헤드를 설치하지 않을 수 있다.

① 드렌처헤드는 개구부 위 측에 2.5m 이내마다 1개를 설치할 것
② 제어밸브(일제개방밸브·개폐표시형밸브 및 수동조작부를 합한 것을 말한다. 이하 같다)는 특정소방대상물 층마다에 바닥 면으로부터 0.8m 이상 1.5m 이하의 위치에 설치할 것
③ 수원의 수량은 드렌처헤드가 가장 많이 설치된 제어밸브의 드렌처헤드의 설치개수에 $1.6m^3$를 곱하여 얻은 수치 이상이 되도록 할 것
④ 드렌처설비는 드렌처헤드가 가장 많이 설치된 제어밸브에 설치된 드렌처헤드를 동시에 사용하는 경우에 각각의 헤드선단에 방수압력이 0.1MPa 이상, 방수량이 80L/min 이상이 되도록 할 것
⑤ 수원에 연결하는 가압송수장치는 점검이 쉽고 화재 등의 재해로 인한 피해우려가 없는 장소에 설치할 것

【 드렌처헤드 설치 】

【 드렌처헤드 】

CHAPTER 04 간이스프링클러설비(NFTC103A)

1 ▸▸ 간이스프링클러설비의 설치대상

① 공동주택 중 연립주택 및 다세대주택(연립주택 및 다세대주택에 설치하는 간이스프링클러설비는 화재안전기준에 따른 주택전용 간이스프링클러설비를 설치한다)
② 근린생활시설 중 다음의 어느 하나에 해당하는 것
  ㉠ 근린생활시설로 사용하는 부분의 바닥면적 합계가 1천m^2 이상인 것은 모든 층
  ㉡ 의원, 치과의원 및 한의원으로서 입원실이 있는 시설
  ㉢ 조산원 및 산후조리원으로서 연면적 600m^2 미만인 시설
③ 의료시설 중 다음의 어느 하나에 해당하는 시설
  ㉠ 종합병원, 병원, 치과병원, 한방병원 및 요양병원(의료재활시설은 제외한다)으로 사용되는 바닥면적의 합계가 600m^2 미만인 시설
  ㉡ 정신의료기관 또는 의료재활시설로 사용되는 바닥면적의 합계가 300m^2 이상 600m^2 미만인 시설
  ㉢ 정신의료기관 또는 의료재활시설로 사용되는 바닥면적의 합계가 300m^2 미만이고, 창살(철재·플라스틱 또는 목재 등으로 사람의 탈출 등을 막기 위하여 설치한 것을 말하며, 화재 시 자동으로 열리는 구조로 되어 있는 창살은 제외한다)이 설치된 시설
④ 교육연구시설 내에 합숙소로서 연면적 100m^2 이상인 경우에는 모든 층
⑤ 노유자 시설로서 다음의 어느 하나에 해당하는 시설
  ㉠ 제7조제1항제7호 각 목에 따른 시설[같은 호 가목2) 및 같은 호 나목부터 바목까지의 시설 중 단독주택 또는 공동주택에 설치되는 시설은 제외하며, 이하 "노유자 생활시설"이라 한다]
  ㉡ ㉠에 해당하지 않는 노유자 시설로 해당 시설로 사용하는 바닥면적의 합계가 300m^2 이상 600m^2 미만인 시설
  ㉢ ㉠에 해당하지 않는 노유자 시설로 해당 시설로 사용하는 바닥면적의 합계가 300m^2 미만이고, 창살(철재·플라스틱 또는 목재 등으로 사람의 탈출 등을 막기 위하여 설치한 것을 말하며, 화재 시 자동으로 열리는 구조로 되어 있는 창살은

제외한다)이 설치된 시설
⑥ 숙박시설로 사용되는 바닥면적의 합계가 300m² 이상 600m² 미만인 시설
⑦ 건물을 임차하여「출입국관리법」제52조제2항에 따른 보호시설로 사용하는 부분
⑧ 복합건축물(별표 2 제30호나목의 복합건축물만 해당한다)로서 연면적 1천m² 이상인 것은 모든 층
⑨ 다중이용업소 안전관리법 시행령 별표
  ㉠ 지하층에 설치된 영업장
  ㉡ 밀폐구조의 영업장
  ㉢ 제2조제7호에 따른 산후조리업(이하 이 표에서 "산후조리업"이라 한다) 및 같은 조 제7호의2에 따른 고시원업(이하 이 표에서 "고시원업"이라 한다)의 영업장. 다만, 무창층에 설치되지 않은 영업장으로서 지상 1층에 있거나 지상과 직접 맞닿아 있는 층(영업장의 주된 출입구가 건축물의 외부의 지면과 직접 연결된 경우를 포함한다)에 설치된 영업장은 제외한다.
  ㉣ 제2조제7호의3에 따른 권총사격장의 영업장

2. 간이스프링클러설비의 구성 및 종류

(1) 구성
① 수원 ② 가압송수장치 ③ 방호구역, 유수검지장치 ④ 배관 및 밸브
⑤ 음향장치 및 기동장치 ⑥ 간이헤드 ⑦ 송수구 ⑧ 비상전원 ⑨ 제어반

(2) 스프링클러설비의 종류
① 폐쇄형 간이헤드[50L/min]를 이용하는 습식(습식유수검지장치 사용)
② 간이스프링클러가 설치되는 특정소방대상물에 부설된 주차장부분에는 습식외의 방식 이용(해당 주차장의 경우 표준형헤드 설치가능[80L/min])

3. 가압송수장치

(1) 상수도직결방식

(2) 전동기 또는 내연기관에 따른 펌프를 이용하는 방식

(3) 고가수조의 낙차를 이용하는 방식
   – 스프링클러설비와 동일

(4) 압력수조의 압력을 이용하는 방식

- 스프링클러설비와 동일

(5) 가압수조를 이용하는 방식

① 가압수조의 압력은 간이헤드 2개를 동시에 개방할 때 적정방수량 및 방수압이 10분 (근린생활시설의 경우에는 20분) 이상 유지되도록 할 것
② 가압수조의 수조는 최대상용압력 1.5배의 물의 압력을 가하는 경우 물이 새거나 변형이 없어야 할 것
③ 가압수조에는 수위계・급수관・배수관・급기관・압력계 및 안전장치를 설치할 것
④ 소방청장이 정하여 고시한 「가압수조식가압송수장치의 성능인증 및 제품검사의 기술기준」에 적합한 것으로 설치할 것

(6) 캐비넷형 가압송수장치 이용하는 방식

- 소방청장이 정하여 고시한 「캐비넷형간이스프링클러설비 성능인증 및 제품검사의 기술기준」에 적합한 것으로 설치해야 한다.

(7) 공통기준

① 방수압력(상수도직결형의 상수도압력)은 가장 먼 가지배관에서 2개의 간이헤드를 동시에 개방할 경우 각각의 간이헤드 선단 방수압력은 0.1MPa 이상, 방수량은 50L/min 이상이어야 한다. 다만, 간이스프링클러설비가 설치되는 특정소방대상물에 부설된 주차장부분에 표준반응형스프링클러헤드를 사용할 경우 헤드 1개의 방수량은 80L/min 이상이어야 한다.
② 위 설치대상 중 ①의 ㉠ 또는 ⑥과 ⑦에 해당하는 특정소방대상물의 경우에는 상수도직결형 및 캐비닛형 간이스프링클러설비를 제외한 가압송수장치를 설치해야 한다.

④ 수원

(1) 수원의 양

① 상수도직결형의 경우 : 수돗물
② 수조를 사용하는 경우 : 최소 1개 이상의 자동급수장치를 갖출 것
   위 설치대상중 ①의 ㉡, ㉢ ②~⑤, ⑧의 경우
   수원의 양(m^3)=2×0.5m^3 이상=2×50L/min×10min 이상
   (표준형헤드 설치시 80L/min 적용)

위 설치대상 중 ①의 ㉠, ⑥, ⑦의 경우
수원의 양(m^3)=5×1m^3 이상=5×50L/min×20min 이상
(표준형헤드 설치시 80L/min 적용)

(2) 수원의 전용, 수조 설치기준
스프링클러설비와 동일.

(3) 옥상수조 및 옥상수원 미설치
참고 : 옥상수조(수원) 설치대상
① 옥내소화전설비
② 스프링클러설비(폐쇄형)
③ 화재조기진압용스프링클러설비

5 ▶▶ 간이스프링클러설비의 방호구역 및 유수검지장치

① 하나의 방호구역의 바닥면적은 1,000m^{2}를 초과하지 않을 것
② 하나의 방호구역에는 1개 이상의 유수검지장치를 설치하되, 화재발생시 접근이 쉽고 점검하기 편리한 장소에 설치할 것
③ 하나의 방호구역은 2개층에 미치지 않도록 할 것. 다만, 1개층에 설치되는 간이헤드의 수가 10개 이하인 경우에는 3개층 이내로 할 수 있다.
④ 유수검지장치는 실내에 설치하거나 보호용 철망 등으로 구획하여 바닥으로부터 0.8m 이상 1.5m 이하의 위치에 설치하되, 그 실 등에는 가로 0.5m 이상 세로 1m 이상의 출입문을 설치하고 그 출입문 상단에 "유수검지장치실"이라고 표시한 표지를 설치할 것. 다만, 유수검지장치를 기계실(공조용기계실을 포함한다)안에 설치하는 경우에는 별도의 실 또는 보호용 철망을 설치하지 아니하고 기계실 출입문 상단에 "유수검지장치실"이라고 표시한 표지를 설치할 수 있다.
⑤ 간이헤드에 공급되는 물은 유수검지장치를 지나도록 할 것. 다만, 송수구를 통하여 공급되는 물은 그렇지 않다.
⑥ 자연낙차에 따른 압력수가 흐르는 배관 상에 설치된 유수검지장치는 화재 시 물의 흐름을 검지할 수 있는 최소한의 압력이 얻어질 수 있도록 수조의 하단으로부터 낙차를 두어 설치할 것
⑦ 간이스프링클러설비가 설치되는 특정소방대상물에 부설된 주차장부분에는 습식 외의 방식으로 해야 한다. 다만, 동결의 우려가 없거나 동결을 방지할 수 있는 구조 또는

장치가 된 곳은 그렇지 않다.
※ 캐비닛형의 경우 ③ 기준 만족할 것.

6 제어반

① 상수도 직결형의 경우에는 급수배관에 설치되어 급수를 차단할 수 있는 개폐밸브 및 유수검지장치의 작동상태를 확인할 수 있어야 하며, 예비전원이 확보되고 예비전원의 적합여부를 시험할 수 있어야 한다.
② 상수도 직결형을 제외한 방식의 것에 있어서는 「스프링클러설비의 화재안전기술기준(NFTC 103)」의 2.10(제어반)을 준용할 것

7 배관 및 밸브

(1) 배관 및 밸브, 부속류등 설치기준
스프링클러설비와 동일.

(2) 배관 및 밸브의 설치순서

① 상수도직결형은 다음 각 목의 기준에 따라 설치할 것
   ㉠ 수도용계량기, 급수차단장치, 개폐표시형밸브, 체크밸브, 압력계, 유수검지장치(압력스위치 등 유수검지장치와 동등 이상의 기능과 성능이 있는 것을 포함한다. 이하 같다), 2개의 시험밸브의 순으로 설치할 것
   ㉡ 간이스프링클러설비 이외의 배관에는 화재시 배관을 차단할 수 있는 급수차단장치를 설치할 것
② 펌프 등의 가압송수장치를 이용하여 배관 및 밸브 등을 설치하는 경우에는 수원, 연성계 또는 진공계(수원이 펌프보다 높은 경우를 제외한다. 이하 같다), 펌프 또는 압력수조, 압력계, 체크밸브, 성능시험배관, 개폐표시형밸브, 유수검지장치, 시험밸브의 순으로 설치할 것.
③ 가압수조를 가압송수장치로 이용하여 배관 및 밸브등을 설치하는 경우에는 수원, 가압수조, 압력계, 체크밸브, 성능시험배관, 개폐표시형밸브, 유수검지장치, 2개의 시험밸브의 순으로 설치할 것
④ 캐비닛형의 가압송수장치에 배관 및 밸브 등을 설치하는 경우에는 수원, 연성계 또는 진공계(수원이 펌프보다 높은 경우를 제외한다. 이하 같다), 펌프 또는 압력수조, 압력계, 체크밸브, 개폐표시형밸브, 2개의 시험밸브의 순으로 설치할 것. 다만, 소화용

수의 공급은 상수도와 직결된 바이패스관 또는 펌프에서 공급받아야 한다.

(3) 배관의 구경

배관의 구경은 수리계산에 의하거나 다음 표에 따라 설치할 것. 다만, 수리계산에 따르는 경우 가지배관의 유속은 6m/s, 그밖의 배관의 유속은 10m/s를 초과할 수 없다.

【 간이헤드 수별 급수관의 구경 】

구분 \ 급수관의 구경	25	32	40	50	65	80	100	125	150
가	2	3	5	10	30	60	100	160	160 이상
나	2	4	7	15	30	60	100	160	160 이상

(주)
1. 폐쇄형스프링클러헤드를 사용하는 설비의 경우로서 1개층에 하나의 급수배관(또는 밸브 등)이 담당하는 구역의 최대면적은 1,000m²를 초과하지 않을 것
2. 폐쇄형스프링클러헤드를 설치하는 경우에는 "가"란의 헤드 수에 따를 것.
3. 폐쇄형스프링클러헤드를 설치하고 반자 아래의 헤드와 반자속의 헤드를 동일 급수관의 가지관상에 병설하는 경우에는 "나"란의 헤드 수에 따를 것
4. "캐비닛형" 및 "상수도직결형"을 사용하는 경우 주배관은 32mm, 수평주행배관은 32mm, 가지배관은 25mm 이상으로 할 것. 이 경우 최장배관은 캐비닛형간이스프링클러설비의 성능인증 및 제품검사 기술기준에 따라 인정받은 길이로 하며 하나의 가지배관에는 간이헤드를 3개 이내로 설치해야 한다.

8 간이헤드

① 폐쇄형간이헤드를 사용할 것
② 간이헤드의 작동온도는 실내의 최대 주위천장온도가 0℃ 이상 38℃ 이하인 경우 공칭작동온도가 57℃에서 77℃의 것을 사용하고, 39℃ 이상 66℃ 이하인 경우에는 공칭작동온도가 79℃에서 109℃의 것을 사용할 것
③ 간이헤드를 설치하는 천장·반자·천장과 반자사이·덕트·선반 등의 각 부분으로부터 간이헤드까지의 수평거리는 2.3m(「스프링클러헤드의 형식승인 및 제품검사의 기술기준」 유효반경의 것으로 한다.) 이하가 되도록 해야 한다. 다만, 성능이 별도로 인정된 간이헤드를 수리계산에 따라 설치하는 경우에는 그렇지 않다.
④ 상향식간이헤드 또는 하향식간이헤드의 경우에는 간이헤드의 디플렉터에서 천장 또는 반자까지의 거리는 25mm에서 102mm 이내가 되도록 설치해야 하며, 측벽형간이헤드의 경우에는 102mm에서 152mm 사이에 설치할 것. 다만, 플러쉬 스프링클러헤드의 경우에는 천장 또는 반자까지의 거리를 102mm 이하가 되도록 설치할 수 있다.

⑤ 간이헤드는 천장 또는 반자의 경사·보·조명장치 등에 따라 살수장애의 영향을 받지 않도록 설치할 것
⑥ ④의 규정에도 불구하고 소방대상물의 보와 가장 가까운 간이헤드는 다음 표의 기준에 따라 설치할 것. 다만, 천장면에서 보의 하단까지의 길이가 55㎝를 초과하고 보의 하단 측면 끝부분으로부터 간이헤드까지의 거리가 간이헤드 상호간 거리의 2분의 1 이하가 되는 경우에는 간이헤드와 그 부착면과의 거리를 55cm 이하로 할 수 있다.

간이헤드의 반사판 중심과 보의 수평거리	간이헤드의 반사판 높이와 보의 하단 높이의 수직거리
0.75m 미만	보의 하단보다 낮을 것
0.75m 이상 1m 미만	0.1m 미만일 것
1m 이상 1.5m 미만	0.15m 미만일 것
1.5m 이상	0.3m 미만일 것

⑦ 상향식간이헤드 아래에 설치되는 하향식간이헤드에는 상향식 헤드의 방출수를 차단할 수 있는 유효한 차폐판을 설치할 것
⑧ 간이스프링클러설비를 설치해야 할 특정소방대상물에 있어서는 간이헤드 설치 제외에 관한 사항은 「스프링클러설비의 화재안전기술기준(NFTC 103)」 2.12.1을 준용한다.
⑨ 특정소방대상물에 부설된 주차장에는 표준반응형스프링클러헤드를 설치해야 하며 설치기준은 「스프링클러설비의 화재안전기술기준(NFTC 103)」 2.7(헤드)을 준용한다.

9 ▸▸ 비상전원

간이스프링클러설비에는 다음 각 호의 기준에 적합한 비상전원 또는 「소방시설용비상전원수전설비의 화재안전기준(NFTC 602)」의 규정에 따른 비상전원수전설비를 설치해야 한다. 다만, 무전원으로 작동되는 간이스프링클러설비의 경우에는 모든 기능이 10분(근린생활시설의 경우에는 20분) 이상 유효하게 지속될 수 있는 구조를 갖추어야 한다.
① 간이스프링클러설비를 유효하게 10분(영 별표 4 제1호마목2)가) 또는 6)과 8)에 해당하는 경우에는 20분) 이상 작동할 수 있도록 할 것
② 상용전원으로부터 전력의 공급이 중단된 때에는 자동으로 비상전원으로부터 전원을 공급받을 수 있는 구조로 할 것

CHAPTER 05 화재조기진압용스프링클러설비 (NFTC103B)

1 ▶▶ 설치장소의 구조

① 해당층의 높이가 13.7m 이하 일 것. 다만, 2층 이상일 경우에는 해당층의 바닥을 내화구조로 하고 다른 부분과 방화구획 할 것
② 천장의 기울기가 1,000분의 168을 초과하지 않아야 하고, 이를 초과하는 경우에는 반자를 지면과 수평으로 설치할 것
③ 천장은 평평해야 하며 철재나 목재트러스 구조인 경우, 철재나 목재의 돌출부분이 102mm를 초과하지 않을 것
④ 보로 사용되는 목재·콘크리트 및 철재사이의 간격이 0.9m 이상 2.3m 이하 일 것. 다만, 보의 간격이 2.3m 이상인 경우에는 화재조기진압용 스프링클러헤드의 동작을 원활히 하기 위하여 보로 구획된 부분의 천장 및 반자의 넓이가 28㎡를 초과하지 않을 것
⑤ 창고내의 선반의 형태는 하부로 물이 침투되는 구조로 할 것

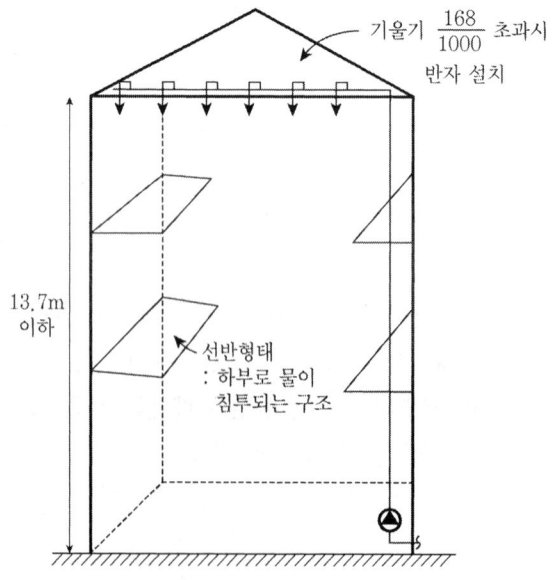

2. 수원

(1) 수원의 양

① 화재조기진압용 스프링클러설비의 수원은 수리학적으로 가장 먼가지배관 3개에 각각 4개의 스프링클러헤드가 동시에 개방되었을 때 헤드선단의 압력이 별표3에 의한 값 이상으로 60분간 방사할 수 있는 양으로 계산식은 다음과 같다.

$$\text{수원의 양}\quad Q(l) = 12 \times K\sqrt{10P} \times 60$$

K : 방출계수($l/\min \cdot \text{MPa}^{\frac{1}{2}}$), P : 헤드선단방수압(MPa), 12 : 12개, 60 : 60[min]

(2) 수원의 전용, 수조 설치기준

스프링클러설비와 동일.

(3) 옥상수원 용량 및 설치제외기준

스프링클러설비와 동일.

> **Reference**
>
> [별표 3] 수원의 양 선정시 헤드의 최소방사압력(MPa) [수원량 및 양정 관련]
>
> | 최대층고 | 최대저장높이 | 화재조기진압용 스프링클러헤드 | | | | |
> |---|---|---|---|---|---|---|
> | | | K=360 하향식 | K=320 하향식 | K=240 하향식 | K=240 상향식 | K=200 하향식 |
> | 13.7 m | 12.2 m | 0.28 | 0.28 | – | – | – |
> | 13.7 m | 10.7 m | 0.28 | 0.28 | – | – | – |
> | 12.2 m | 10.7 m | 0.17 | 0.28 | 0.36 | 0.36 | 0.52 |
> | 10.7 m | 9.1 m | 0.14 | 0.24 | 0.36 | 0.36 | 0.52 |
> | 9.1 m | 7.6 m | 0.10 | 0.17 | 0.24 | 0.24 | 0.34 |

3. 가압송수장치

스프링클러설비와 동일. [방사압 기준 : 별표3 참조]

❹ ▸▸ 방호구역 및 유수검지장치

① 하나의 방호구역의 바닥면적은 3,000m²를 초과하지 않을 것
② 하나의 방호구역에는 1개 이상의 유수검지장치를 설치하되, 화재발생시 접근이 쉽고 점검하기 편리한 장소에 설치할 것.
③ 하나의 방호구역은 2개층에 미치지 않도록 할 것. 다만, 1개층에 설치되는 화재조기진압용 스프링클러헤드의 수가 10개 이하인 경우에는 3개층 이내로 할 수 있다.
④ 유수검지장치를 실내에 설치하거나 보호용 철망 등으로 구획하여 바닥으로부터 0.8m 이상 1.5m 이하의 위치에 설치하되, 그 실 등에는 가로 0.5m 이상 세로 1m 이상의 출입문을 설치하고 그 출입문 상단에 "유수검지장치실"이라고 표시한 표지를 설치할 것. 다만, 유수검지장치를 기계실(공조용기계실을 포함한다)안에 설치하는 경우에는 별도의 실 또는 보호용 철망을 설치하지 아니하고 기계실 출입문 상단에 "유수검지장치실"이라고 표시한 표지를 설치할 수 있다.
⑤ 화재조기진압용 스프링클러헤드에 공급되는 물은 유수검지장치를 지나도록 할 것. 다만, 송수구를 통하여 공급되는 물은 그렇지 않다.
⑥ 자연낙차에 따른 압력수가 흐르는 배관 상에 설치된 유수검지장치는 화재시 물의 흐름을 검지할 수 있는 최소한의 압력이 얻어질 수 있도록 수조의 하단으로부터 낙차를 두어 설치할 것.

❺ ▸▸ 배관

① 화재조기진압용 스프링클러설비의 배관은 습식으로 해야 한다.
② 가지배관의 배열은 다음 각 기준에 따른다.
　㉠ 토너먼트(tournament)방식이 아닐 것
　㉡ 가지배관 사이의 거리는 2.4m 이상 3.7m 이하로 할 것. 다만, 천장의 높이가 9.1m 이상 13.7m 이하인 경우에는 2.4m 이상 3.1m 이하로 한다.
　㉢ 교차배관에서 분기되는 지점을 기점으로 한쪽 가지배관에 설치되는 헤드의 개수(반자 아래와 반자속의 헤드를 하나의 가지배관 상에 병설하는 경우에는 반자 아래에 설치하는 헤드의 개수)는 8개 이하로 할 것. 다만, 다음 각 목의 어느 하나에 해당하는 경우에는 그렇지 않다.
　　㉮ 기존의 방호구역 안에서 칸막이 등으로 구획하여 1개의 헤드를 증설하는 경우
　　㉯ 격자형 배관방식(2 이상의 수평주행배관 사이를 가지배관으로 연결하는 방식을 말한다)을 채택하는 때에는 펌프의 용량, 배관의 구경 등을 수리학적으로

계산한 결과 헤드의 방수압 및 방수량이 소화목적을 달성하는 데 충분하다고 인정되는 경우. 다만, 중앙소방기술심의위원회 또는 지방소방기술심의위원회의 심의를 거친 경우에 한한다.

ⓔ 가지배관과 화재조기진압용 스프링클러헤드 사이의 배관을 신축배관으로 하는 경우에는 소방청장이 정하여 고시한 [스프링클러설비 신축배관 성능인증 및 제품검사의 기술기준]에 적합한 것으로 설치할 것. 이 경우 신축배관의 설치길이는 소방대상물의 각 부분으로부터 헤드까지의 수평거리를 초과하지 않을 것

소방대상물	수평거리(m)
무대부, 특수가연물 저장 또는 취급하는 장소	1.7m 이하
일반건축물	2.1m 이하
내화건축물	2.3m 이하
랙크식 창고	2.5m 이하
공동주택(아파트) 세대 내의 거실	3.2m 이하

※ 특수가연물을 저장 또는 취급하는 랙크식 창고의 경우에는 1.7m 이하

③ 기타 배관기준 스프링클러설비와 동일

6. 음향장치 및 기동장치

① 유수검지장치를 사용하는 설비는 헤드가 개방되면 유수검지장치가 화재신호를 발신하고 그에 따라 음향장치가 경보되도록 할 것
② 음향장치는 유수검지장치의 담당구역마다 설치하되 그 구역의 각 부분으로부터 하나의 음향장치까지의 수평거리는 25m 이하가 되도록 할 것
③ 음향장치는 경종 또는 사이렌(전자식 사이렌을 포함한다)으로 하되, 주위의 소음 및 다른 용도의 경보와 구별이 가능한 음색으로 할 것. 이 경우 경종 또는 사이렌은 자동화재탐지설비·비상벨설비 또는 자동식사이렌설비의 음향장치와 겸용할 수 있다.
④ 주음향장치는 수신기의 내부 또는 그 직근에 설치할 것
⑤ 층수가 11층(공동주택의 경우 16층) 이상의 특정소방대상물은 다음의 기준에 따라 경보를 발할 수 있도록 해야 한다.
  ㉠ 2층 이상의 층에서 발화한 때에는 발화층 및 그 직상 4개층에 경보를 발할 수 있도록 할 것
  ㉡ 1층에서 발화한 때에는 발화층·그 직상 4개층 및 지하층에 경보를 발할 수 있도록 할 것

ⓒ 지하층에서 발화한 때에는 발화층·그 직상층 및 기타의 지하층에 경보를 발할 수 있도록 할 것
⑥ 음향장치는 다음 각 목의 기준에 따른 구조 및 성능의 것으로 할 것
  ㉠ 정격전압의 80% 전압에서 음향을 발할 수 있는 것으로 할 것
  ㉡ 음량은 부착된 음향장치의 중심으로부터 1m 떨어진 위치에서 90db 이상이 되는 것으로 할 것
⑦ 화재조기진압용 스프링클러설비의 가압송수장치로서 펌프가 설치되는 경우에는 그 펌프의 작동은 유수검지장치의 발신이나 기동용수압개폐장치에 따라 작동되거나 또는 이 두 가지의 혼용에 따라 작동될 수 있도록 해야 한다.

7 ▸▸ 헤드

① 헤드 하나의 방호면적은 $6.0m^2$ 이상 $9.3m^2$ 이하로 할 것
② 가지배관의 헤드 사이의 거리는 천장의 높이가 9.1m 미만인 경우에는 2.4m 이상 3.7m 이하로, 9.1m 이상 13.7m 이하인 경우에는 3.1m 이하로 할 것
③ 헤드의 반사판은 천장 또는 반자와 평행하게 설치하고 저장물의 최상부와 914mm 이상 확보되도록 할 것
④ 하향식 헤드의 반사판의 위치는 천장이나 반자 아래 125mm 이상 355mm 이하일 것
⑤ 상향식 헤드의 감지부 중앙은 천장 또는 반자와 101mm 이상 152mm 이해야 하며, 반사판의 위치는 스프링클러배관의 윗부분에서 최소 178mm 상부에 설치되도록 할 것
⑥ 헤드와 벽과의 거리는 헤드 상호간 거리의 2분의 1을 초과하지 않아야 하며 최소 102mm 이상일 것
⑦ 헤드의 작동온도는 74℃ 이하 일 것. 다만, 헤드 주위의 온도가 38℃ 이상의 경우에는 그 온도에서의 화재시험 등에서 헤드작동에 관하여 공인기관의 시험을 거친 것을 사용할 것
⑧ 헤드의 살수분포에 장애를 주는 장애물이 있는 경우에는 다음 각 목의 어느 하나에 적합할 것
  ㉠ 천장 또는 천장근처에 있는 장애물과 반사판의 위치는 별도 1 또는 별도 2와 같이 하며, 천장 또는 천장근처에 보·덕트·기둥·난방기구·조명기구·전선관 및 배관 등의 기타 장애물이 있는 경우에는 장애물과 헤드 사이의 수평거리에 따른 장애물의 하단과 그 보다 윗부분에 설치되는 헤드 반사판 사이의 수직거리는 별표 1 또는 별도 3에 따를 것

ⓒ 헤드 아래에 덕트·전선관·난방용배관 등이 설치되어 헤드의 살수를 방해하는 경우에는 별표 1 또는 별도 3에 따를 것. 다만, 2개 이상의 헤드의 살수를 방해하는 경우에는 별표 2를 참고로 한다.
⑨ 상부에 설치된 헤드의 방출수에 따라 감열부에 영향을 받을 우려가 있는 헤드에는 방출수를 차단할 수 있는 유효한 차폐판을 설치할 것

[별표 1]
【 보 또는 기타 장애물 아래에 헤드가 설치된 경우의 반사판 위치(제10조제8호 관련) 】

장애물과 헤드 사이의 수평거리	장애물의 하단과 헤드의 반사판 사이의 수직거리	장애물과 헤드 사이의 수평거리	장애물의 하단과 헤드의 반사판 사이의 수직거리
0.3m 미만	0mm	1.1m 이상~1.2m 미만	300mm
0.3m 이상~0.5m 미만	40mm	1.2m 이상~1.4m 미만	380mm
0.5m 이상~0.7m 미만	75mm	1.4m 이상~1.5m 미만	460mm
0.7m 이상~0.8m 미만	140mm	1.5m 이상~1.7m 미만	560mm
0.8m 이상~0.9m 미만	200mm	1.7m 이상~1.8m 미만	660mm
1.0m 이상~1.1m 미만	250mm	1.8m 이상	790mm

[별표 2]
【 저장물 위에 장애물이 있는 경우의 헤드설치 기준(제10조제8호 관련) 】

장애물의 류(폭)		조건
돌출장애물	0.6m 이하	1. 별표 1 또는 별표 2에 적합하거나 2. 장애물의 끝부근에서 헤드 반사판까지의 수평거리가 0.3m 이하로 설치할 것
	0.6m 초과	별표 1 또는 별표 3에 적합할 것
연속장애물	5cm 이하	1. 별표 1 또는 별표 3에 적합하거나 2. 장애물이 헤드 반사판 아래 0.6m 이하로 설치된 경우는 허용한다.
	5cm 초과~0.3m 이하	1. 별표 1 또는 별표 3에 적합하거나 2. 장애물의 끝부근에서 헤드 반사판까지의 수평거리가 0.3m 이하로 설치할 것
	0.3m 초과~0.6m 이하	1. 별표 1 또는 별표 3에 적합하거나 2. 장애물의 끝부근에서 헤드 반사판까지의 수평거리가 0.6m 이하로 설치할 것

0.6m 초과	1. 별표 1 또는 별표 3에 적합하거나 2. 장애물이 평편하고 견고하며 수평적인 경우에는 저장물의 최상단과 헤드반사판의 간격이 0.9m 이하로 설치할 것 3. 장애물이 평편하지 않거나 비연속적인 경우에는 저장물 아래에 평편한 판을 설치한 후 헤드를 설치할 것

[별도 1]

보 또는 기타 장애물 위에 헤드가 설치된 경우의 반사판 위치
(별도 3 또는 별표 1을 함께 사용할 것)

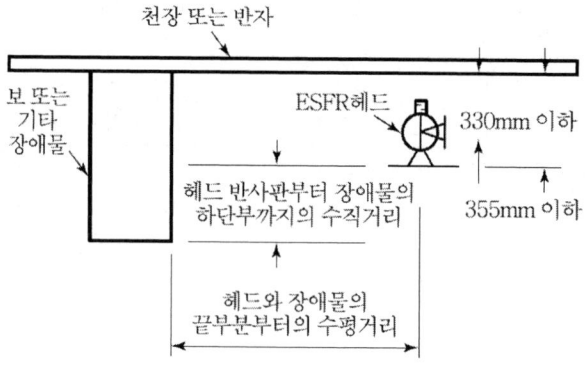

[별도 2]

장애물이 헤드 아래에 연속적으로 설치된 경우의 반사판 위치
(별도 2 또는 별표 1을 함께 사용할 것)

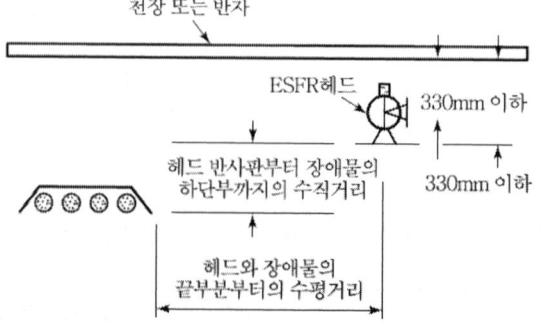

[별도 3]

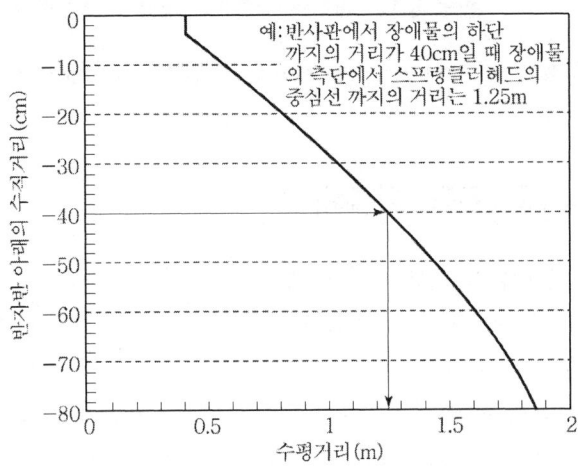

8 ▸▸ 저장물간격

저장물품 사이의 간격은 모든 방향에서 152mm 이상의 간격을 유지해야 한다.

9 ▸▸ 환기구

① 공기의 유동으로 인하여 헤드의 작동온도에 영향을 주지 않는 구조일 것
② 화재감지기와 연동하여 동작하는 자동식 환기장치를 설치하지 아니할 것. 다만, 자동식 환기장치를 설치할 경우에는 최소작동온도가 180℃ 이상일 것

10 ▸▸ 설치제외

① 제4류 위험물
② 타이어, 두루마리 종이 및 섬유류, 섬유제품 등 연소 시 화염의 속도가 빠르고 방사된 물이 하부까지에 도달하지 못하는 것

11 ▸▸ 기타기준

스프링클러설비와 동일

물분무소화설비(NFTC104)

1 ▸▸ 설치대상 [물분무등소화설비]

① 항공기 및 자동차 관련 시설 중 항공기격납고
② 차고, 주차용 건축물 또는 철골조립식 주차시설. 이 경우 연면적 800㎡ 이상인 것만 해당한다.
③ 건축물 내부에 설치된 차고 또는 주차장으로서 차고 또는 주차의 용도로 사용되는 부분의 바닥면적이 200㎡ 이상인 경우 해당부분(50세대 미만 연립주택 및 다세대주택은 제외한다)
④ 기계장치에 의한 주차시설을 이용하여 20대 이상의 차량을 주차할 수 있는 시설
⑤ 특정소방대상물에 설치된 전기실·발전실·변전실(가연성 절연유를 사용하지 않는 변압기·전류차단기 등의 전기기기와 가연성 피복을 사용하지 않은 전선 및 케이블만을 설치한 전기실·발전실 및 변전실은 제외한다)·축전지실·통신기기실 또는 전산실, 그 밖에 이와 비슷한 것으로서 바닥면적이 300㎡ 이상인 것[하나의 방화구획 내에 둘 이상의 실(室)이 설치되어 있는 경우에는 이를 하나의 실로 보아 바닥면적을 산정한다]. 다만, 내화구조로 된 공정제어실 내에 설치된 주조정실로서 양압시설이 설치되고 전기기기에 220볼트 이하인 저전압이 사용되며 종업원이 24시간 상주하는 곳은 제외한다.
⑥ 소화수를 수집·처리하는 설비가 설치되어 있지 않은 중·저준위방사성폐기물의 저장시설. 다만, 이 경우에는 이산화탄소소화설비, 할론소화설비 또는 할로겐화합물 및 불활성기체 소화설비를 설치해야 한다.
⑦ 지하가 중 예상 교통량, 경사도 등 터널의 특성을 고려하여 행정안전부령으로 정하는 터널. 다만, 이 경우에는 물분무소화설비를 설치해야 한다.
⑧ 「문화재보호법」 제2조제3항제1호 및 제2호에 따른 지정문화재로서 소방청장이 문화재청장과 협의하여 정하는 것

2 ▸▸ 물분무소화설비의 구성 및 종류

(1) 구성

① 수원 ② 가압송수장치 ③ 배관등 ④ 송수구 ⑤ 기동장치 ⑥ 제어밸브등
⑦ 물분무헤드 ⑧ 배수설비 ⑨ 전원 ⑩ 제어반 ⑪ 배선 등 ⑫ 물분무헤드 제외

(2) 물분무소화설비의 종류

개방형 물분무헤드를 이용하는 일제살수식(일제개방밸브 : 제어밸브 사용)

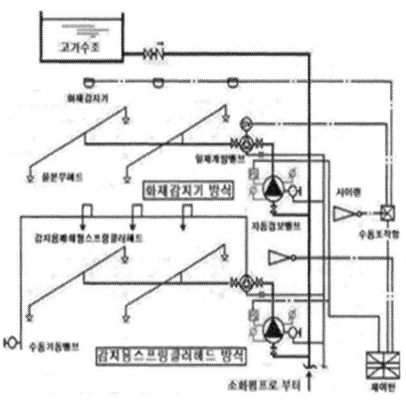

3 ▸▸ 수원

(1) 수원의 양

① 특수가연물을 저장 또는 취급하는 소방대상물

$$Q = A(m^2) \times 10 l/m^2 \cdot min \times 20min$$

Q : 수원(l), A : 바닥면적(최대방수구역 바닥면적, 최소 $50m^2$ 이상)

② 차고 또는 주차장

$$Q = A(m^2) \times 20 l/m^2 \cdot min \times 20min$$

Q : 수원(l), A : 바닥면적(최대방수구역 바닥면적, 최소 $50m^2$ 이상)

③ 절연유 봉입변압기

$$Q = A(m^2) \times 10 l/m^2 \cdot min \times 20min$$

Q : 수원(l), A : 바닥면적을 제외한 표면적을 합한 면적(m^2)

④ 케이블 트레이, 덕트

$$Q = A(m^2) \times 12l/m^2 \cdot min \times 20min$$

Q : 수원(l), A : 투영된 바닥면적(m^2)

※ 투영(投影)된 바닥면적 : 위에서 빛을 비출 때 바닥 그림자의 면적

⑤ 컨베이어 벨트 등

$$Q = A(m^2) \times 10l/m^2 \cdot min \times 20min$$

Q : 수원(l), A : 벨트부분의 바닥면적(m^2)

⑥ 위험물 저장탱크

$$Q = L(m) \times 37l/m \cdot min \times 20min$$

Q : 수원(l), L : 탱크의 원주둘레길이(m)

(2) 수원의 전용, 수조 설치기준

스프링클러설비와 동일.

(3) 옥상수조 및 옥상수원 미설치

참고 : 옥상수조(수원) 설치대상
① 옥내소화전설비
② 스프링클러설비(폐쇄형)
③ 화재조기진압용스프링클러설비

4 가압송수장치

(1) 토출량

수원량 산정공식에서 20분 시간 제외

(2) 양정

스프링클러양정공식에서 방사압환산수두는 설계압력 이용

(3) 기타

스프링클러설비와 동일

(4) 송수구

① 송수구는 화재층으로부터 지면으로 떨어지는 유리창 등이 송수 및 그 밖의 소화작업에 지장을 주지 않는 장소에 설치할 것. 이 경우 가연성가스의 저장·취급시설에 설치하는 송수구는 그 방호대상물로부터 20m 이상의 거리를 두거나 방호대상물에 면하는 부분이 높이 1.5m 이상 폭 2.5m 이상의 철근콘크리트 벽으로 가려진 장소에 설치해야 한다.
② 송수구로부터 물분무소화설비의 주배관에 이르는 연결배관에 개폐밸브를 설치한 때에는 그 개폐상태를 쉽게 확인 및 조작할 수 있는 옥외 또는 기계실 등의 장소에 설치할 것
③ 구경 65mm의 쌍구형으로 할 것
④ 송수구에는 그 가까운 곳의 보기 쉬운 곳에 송수압력범위를 표시한 표지를 할 것
⑤ 송수구는 하나의 층의 바닥면적이 3,000m²를 넘을 때마다 1개(5개를 넘을 경우에는 5개로 한다) 이상을 설치할 것
⑥ 지면으로부터 높이가 0.5m 이상 1m 이하의 위치에 설치할 것
⑦ 송수구의 가까운 부분에 자동배수밸브(또는 직경 5mm의 배수공) 및 체크밸브를 설치할 것. 이 경우 자동배수밸브는 배관안의 물이 잘 빠질 수 있는 위치에 설치하되, 배수로 인하여 다른 물건 또는 장소에 피해를 주지 않아야 한다.
⑧ 송수구에는 이물질을 막기 위한 마개를 씌울 것

5 기동장치

① 수동식 기동장치의 설치기준
  ㉠ 직접조작 또는 원격조작에 의하여 각각의 가압송수장치 및 수동식 개방밸브 또는 가압송수장치 및 자동개방밸브를 개방할 수 있도록 설치할 것
  ㉡ 기동장치의 가까운 곳의 보기 쉬운 곳에 '기동장치'라고 표시한 표지를 할 것
② **자동식 기동장치의 설치기준** : 자동화재탐지설비 감지기의 작동 및 폐쇄형 스프링클러헤드의 개방과 연동하여 경보를 발하고 가압송수장치 및 자동개방밸브를 기동할 수 있는 것으로 할 것. 다만, 자동화재탐지설비의 수신기가 설치되어 있는 장소에 상시 사람이 근무하고 있고 화재 시 물분무소화설비를 즉시 작동시킬 수 있는 경우에는 그렇지 않다.

6 ▶▶ 제어밸브

① 제어밸브의 설치기준
  ㉠ 제어밸브는 바닥으로부터 0.8m 이상 1.5m 이하의 위치에 설치할 것
  ㉡ 제어밸브의 가까운 곳의 보기 쉬운 곳에 '제어밸브'라고 표시한 표지를 할 것

② 자동개방밸브 및 수동개방밸브의 설치기준
  ㉠ 자동개방밸브의 기동조작부 및 수동식 개방밸브는 화재 시 용이하게 접근할 수 있는 곳에 설치하고 바닥으로부터 0.8m 이상 1.5m 이하의 위치에 설치할 것
  ㉡ 자동개방밸브 및 수동식 개방밸브의 2차측 배관부분에는 당해 방수구역 외에 밸브의 작동을 시험할 수 있는 장치를 설치할 것

7 ▶▶ 물분무헤드

① 물분무헤드는 표준방사량으로 당해 방호대상물의 화재를 유효하게 소화하는 데 필요한 수를 적정한 위치에 설치해야 한다.

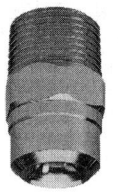
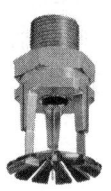
(a) 일반형 헤드

(b) 지하통로 및 터널용 헤드

【 물분무헤드 】

> **Reference**
>
> **물분무헤드의 종류**
> - 충돌형 : 유수와 유수의 충돌에 의해 무상형태의 물방울을 만드는 물분무헤드
> - 분사형 : 소구경의 오리피스로부터 고압으로 분사하여 무상형태의 물방울을 만드는 물분무헤드
> - 선회류형 : 선회류에 의한 확산 방출 또는 선회류와 직선류의 충돌에 의한 확산 방출에 의하여 무상형태의 물방울을 만드는 물분무헤드
> - 디플렉터형 : 수류를 살수판에 충돌하여 미세한 물방울을 만드는 물분무헤드
> - 슬리트형 : 수류를 슬리트에 의해 방출하여 수막상의 분무를 만드는 물분무헤드

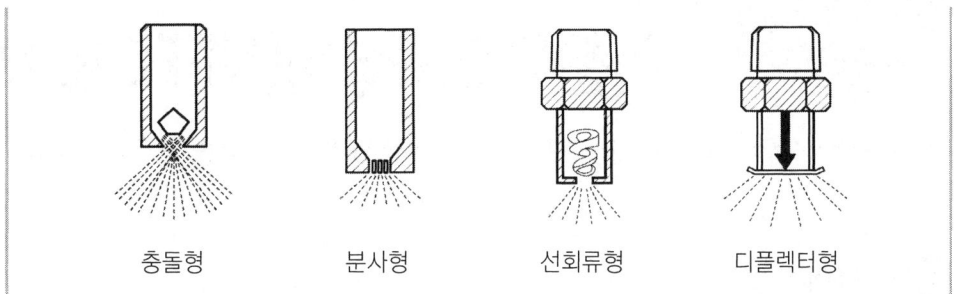

② 고압의 전기기기와 물분무헤드 사이의 유지거리

전압(kV)	거리(cm)	전압(kV)	거리(cm)
66 이하	70 이상	154 초과 181 이하	180 이상
66 초과 77 이하	80 이상	181 초과 220 이하	210 이상
77 초과 110 이하	110 이상	220 초과 275 이하	260 이상
110 초과 154 이하	150 이상	–	–

8. 차고 또는 주차장에 설치하는 배수설비

① 차량이 주차하는 장소의 적당한 곳에 높이 10cm 이상의 경계턱으로 배수구를 설치할 것
② 배수구에는 새어나온 기름을 모아 소화할 수 있도록 길이 40m 이하 마다 집수관·소화핏트 등 기름분리장치를 설치할 것
③ 차량이 주차하는 바닥은 배수구를 향하여 100분의 2 이상의 기울기를 유지할 것
④ **배수설비는** 기압송수장치의 최대송수능력의 수량을 유효하게 배수할 수 있는 크기 및 기울기로 할 것

9. 설치제외대상

① 물과 심하게 반응하는 물질 또는 물과 반응하여 위험한 물질을 생성하는 물질을 저장 또는 취급하는 장소
② 고온의 물질 및 증류범위가 넓어 끓어 넘칠 위험이 있는 물질을 저장 또는 취급하는 장소
③ 운전 시에 표면의 온도가 260℃ 이상으로 되는 등 직접 분무를 하는 경우 그 부분에 손상을 입힐 우려가 있는 기계장치 등이 있는 장소

CHAPTER 07 미분무소화설비(NFTC104A)

1 ▸▸ 용어정의

① "미분무소화설비"란 가압된 물이 헤드 통과 후 미세한 입자로 분무됨으로써 소화성능을 가지는 설비를 말하며, 소화력을 증가시키기 위해 강화액 등을 첨가할 수 있다.
② "미분무"란 물만을 사용하여 소화하는 방식으로 최소설계압력에서 헤드로부터 방출되는 물입자 중 99%의 누적체적분포가 400μm 이하로 분무되고 A, B, C급 화재에 적응성을 갖는 것을 말한다.
③ "미분무헤드"란 하나 이상의 오리피스를 가지고 미분무소화설비에 사용되는 헤드를 말한다.
④ "개방형 미분무헤드"란 감열체 없이 방수구가 항상 열려져 있는 헤드를 말한다.
⑤ "폐쇄형 미분무헤드"란 정상상태에서 방수구를 막고 있는 감열체가 일정온도에서 자동적으로 파괴·용융 또는 이탈됨으로써 방수구가 개방되는 헤드를 말한다.
⑥ "저압 미분무 소화설비"란 최고사용압력이 1.2MPa 이하인 미분무소화설비를 말한다.
⑦ "중압 미분무 소화설비"란 사용압력이 1.2MPa을 초과하고 3.5MPa 이하인 미분무소화설비를 말한다.
⑧ "고압 미분무 소화설비"란 최저사용압력이 3.5MPa을 초과하는 미분무소화설비를 말한다.
⑨ "폐쇄형 미분무소화설비"란 배관 내에 항상 물 또는 공기 등이 가압되어 있다가 화재로 인한 열로 폐쇄형 미분무헤드가 개방되면서 소화수를 방출하는 방식의 미분무소화설비를 말한다.
⑩ "개방형 미분무소화설비"란 화재감지기의 신호를 받아 가압송수장치를 동작시켜 미분무수를 방출하는 방식의 미분무소화설비를 말한다.

2 ▸▸ 미분무소화설비의 구성 및 종류

(1) 구성

① 수원 ② 가압송수장치 ③ 폐쇄형미분무소화설비의 방호구역

④ 개방형미분무소화설비의 방수구역 ⑤ 배관등 ⑥ 음향장치 및 기동장치
⑦ 헤드 ⑧ 전원 ⑨ 제어반 ⑩ 배선 등 ⑪ 설계도서작성기준

(2) 종류
① 습식설비 ② 건식설비 ③ 준비작동식설비 ④ 일제살수식설비

(3) 방출방식에 따른 분류
① 전역방출방식 ② 국소방출방식 ③ 호스릴방출방식

(4) 사용압력별 분류
① 저압설비(최고사용압력이 1.2MPa 이하인 설비)
② 중압설비(사용압력이 1.2MPa을 초과하고 3.5MPa 이하인 설비)
③ 고압설비(최저사용압력이 3.5MPa을 초과하는 설비)

(5) 헤드종류별 분류
① 자동식헤드 [평상시 폐쇄상태를 유지하다가 열감지소자의 동작으로 개방]
② 비자동식헤드 [평상시 개방상태를 유지하다가 별도 감지설비에 따라 작동하여 전체 구역 헤드에서 살수]
③ 복합식헤드 [자동식헤드와 비자동식헤드의 기능이 복합된 헤드, 평상시 자동식헤드처럼 열감지소자를 가지고 있는 폐쇄형의 헤드이나 동시에 제어반으로부터 신호에 따라 개방이 가능한 구조의 헤드]

③ ▶▶ 설계도서의 작성

① 미분무소화설비의 성능을 확인하기 위하여 하나의 발화원을 가정한 설계도서는 다음 각 호 및 별표 1을 고려하여 작성되어야 하며, 설계도서는 일반설계도서와 특별설계도서로 구분한다.
1. 점화원의 형태
2. 초기 점화되는 연료 유형
3. 화재 위치
4. 문과 창문의 초기상태(열림, 닫힘) 및 시간에 따른 변화상태
5. 공기조화설비, 자연형(문, 창문) 및 기계형 여부
6. 시공 유형과 내장재 유형

② 일반설계도서는 유사한 특정소방대상물의 화재사례 등을 이용하여 작성하고, 특별설계도서는 일반설계도서에서 발화 장소 등을 변경하여 위험도를 높게 만들어 작성해야 한다.
③ ① 및 ②에도 불구하고 검증된 기준에서 정하고 있는 것을 사용할 경우에는 적합한 도서로 인정할 수 있다.

[별표 1] 설계도서 작성 기준(제4조 관련)
1. 공통사항
   설계도서는 건축물에서 발생 가능한 상황을 선정하되, 건축물의 특성에 따라 제2호의 설계도서 유형 중 가목의 일반설계도서와 나목부터 사목까지의 특별설계도서 중 1개 이상을 작성한다.
2. 설계도서 유형
   가. 일반설계도서
      1) 건물용도, 사용자 중심의 일반적인 화재를 가상한다.
      2) 설계도서에는 다음 사항이 필수적으로 명확히 설명되어야 한다.
         가) 건물사용자 특성
         나) 사용자의 수와 장소
         다) 실 크기
         라) 가구와 실내 내용물
         마) 연소 가능한 물질들과 그 특성 및 발화원
         바) 환기조건
         사) 최초 발화물과 발화물의 위치
      3) 설계자가 필요한 경우 기타 설계도서에 필요한 사항을 추가할 수 있다.
   나. 특별설계도서 1
      1) 내부 문들이 개방되어 있는 상황에서 피난로에 화재가 발생하여 급격한 화재연소가 이루어지는 상황을 가상한다.
      2) 화재시 가능한 피난방법의 수에 중심을 두고 작성한다.
   다. 특별설계도서 2
      1) 사람이 상주하지 않는 실에서 화재가 발생하지만, 잠재적으로 많은 재실자에게 위험이 되는 상황을 가상한다.
      2) 건축물 내의 재실자가 없는 곳에서 화재가 발생하여 많은 재실자가 있는 공간으로 연소 확대되는 상황에 중심을 두고 작성한다.
   라. 특별설계도서 3

1) 많은 사람들이 있는 실에 인접한 벽이나 덕트 공간 등에서 화재가 발생한 상황을 가상한다.
2) 화재감지기가 없는 곳이나 자동으로 작동하는 소화설비가 없는 장소에서 화재가 발생하여 많은 재실자가 있는 곳으로의 연소 확대가 가능한 상황에 중심을 두고 작성한다.

마. 특별설계도서 4
1) 많은 거주자가 있는 아주 인접한 장소 중 소방시설의 작동범위에 들어가지 않는 장소에서 아주 천천히 성장하는 화재를 가상한다.
2) 작은 화재에서 시작하지만 큰 대형화재를 일으킬 수 있는 화재에 중심을 두고 작성한다.

바. 특별설계도서 5
1) 건축물의 일반적인 사용 특성과 관련, 화재하중이 가장 큰 장소에서 발생한 아주 심각한 화재를 가상한다.
2) 재실자가 있는 공간에서 급격하게 연소 확대되는 화재를 중심으로 작성한다.

사. 특별설계도서 6
1) 외부에서 발생하여 본 건물로 화재가 확대되는 경우를 가상한다.
2) 본 건물에서 떨어진 장소에서 화재가 발생하여 본 건물로 화재가 확대되거나 피난로를 막거나 거주가 불가능한 조건을 만드는 화재에 중심을 두고 작성한다.

4 ▶▶ 미분무소화설비의 설치기준

(1) 수원

① 미분무수 소화설비에 사용되는 용수는 「먹는물관리법」 제5조에 적합하고, 저수조 등에 충수할 경우 필터 또는 스트레이너를 통해야 하며, 사용되는 물에는 입자·용해고체 또는 염분이 없어야 한다.
② 배관의 연결부(용접부 제외) 또는 주배관의 유입측에는 필터 또는 스트레이너를 설치해야 하고, 사용되는 스트레이너에는 청소구가 있어야 하며, 검사·유지관리 및 보수시에 배치위치를 변경하지 아니해야 한다. 다만, 노즐이 막힐 우려가 없는 경우에는 설치하지 아니할 수 있다.
③ 사용되는 필터 또는 스트레이너의 메쉬는 헤드 오리피스 지름의 80% 이하가 되어야 한다.

④ 수원의 양은 다음의 식을 이용하여 계산한 양 이상으로 해야 한다.

$$Q = N \times D \times T \times S + V$$

Q : 수원의 양[m³], N : 방호구역(방수구역) 내 헤드의 개수, D : 설계유량(m³/min),
T : 설계방수시간(min), S : 안전율(1.2 이상), V : 배관의 총체적(m³)

⑤ 첨가제의 양은 설계방수시간 내에 충분히 사용될 수 있는 양 이상으로 산정한다. 이 경우 첨가제가 소화약제인 경우 「소화약제의 형식승인 및 제품검사의 기술기준」에 적합한 것으로 사용해야 한다.

(2) 수조

① 수조의 재료는 냉간 압연 스테인리스 강판 및 강대(KS D 3698)의 STS 304 또는 이와 동등 이상의 강도·내식성·내열성이 있는 것으로 해야 한다.
② 수조를 용접할 경우 용접찌꺼기 등이 남아 있지 아니해야 하며, 부식의 우려가 없는 용접방식으로 해야 한다.
③ 미분무 소화설비용 수조는 다음 각 호의 기준에 따라 설치해야 한다.
　㉠ 전용으로 하며 점검에 편리한 곳에 설치할 것
　㉡ 동결방지조치를 하거나 동결의 우려가 없는 장소에 설치할 것
　㉢ 수조의 외측에 수위계를 설치할 것. 다만, 구조상 불가피한 경우에는 수조의 맨홀 등을 통하여 수조 내 물의 양을 쉽게 확인할 수 있도록 해야 한다.
　㉣ 수조의 상단이 바닥보다 높은 때에는 수조의 외측에 고정식 사다리를 설치할 것
　㉤ 수조가 실내에 설치된 때에는 그 실내에 조명 설비를 설치할 것
　㉥ 수조의 밑 부분에는 청소용 배수밸브 또는 배수관을 설치할 것
　㉦ 수조 외측의 보기 쉬운 곳에 "미분무설비용 수조"라고 표시한 표지를 할 것
　㉧ 미분무펌프의 흡수배관 또는 수직배관과 수조의 접속부분에는 "미분무설비용 배관"이라고 표시한 표지를 할 것. 다만, 수조와 가까운 장소에 미분무펌프가 설치되고 미분무펌프에 표지를 설치한 때에는 그렇지 않다.

(3) 가압송수장치

① 전동기 또는 내연기관에 따른 펌프를 이용하는 가압송수장치는 다음 각 호의 기준에 따라 설치해야 한다.
　㉠ 쉽게 접근할 수 있고 점검하기에 충분한 공간이 있는 장소로서 화재 및 침수등의 재해로 인한 피해를 받을 우려가 없는 곳에 설치할 것
　㉡ 동결방지조치를 하거나 동결의 우려가 없는 장소에 설치할 것

ⓒ 펌프는 전용으로 할 것
　　ⓔ 펌프의 토출 측에는 압력계를 체크밸브 이전에 펌프토출 측 가까운 곳에 설치할 것
　　ⓜ 가압송수장치에는 정격부하 운전시 펌프의 성능을 시험하기 위한 배관을 설치할 것
　　ⓗ 가압송수장치의 송수량은 최저설계압력에서 설계유량(L/min) 이상의 방수성능을 가진 기준개수의 모든 헤드로부터의 방수량을 충족시킬 수 있는 양 이상의 것으로 할 것
　　ⓢ 내연기관을 사용하는 경우에는 제어반에 따라 내연기관의 자동기동 및 수동기동이 가능하고, 상시 충전되어 있는 축전지설비를 갖출 것
　　ⓞ 가압송수장치에는 "미분무펌프"라고 표시한 표지를 할 것. 다만, 호스릴방식의 경우 "호스릴방식 미분무펌프"라고 표시한 표지를 할 것
　　ⓩ 가압송수장치가 기동되는 경우에는 자동으로 정지되지 않도록 할 것
② 압력수조를 이용하는 가압송수장치는 다음 각 호의 기준에 따라 설치해야 한다.
　　㉠ 압력수조는 배관용 스테인리스 강관(KS D 3676) 또는 이와 동등 이상의 강도·내식성, 내열성을 갖는 재료를 사용할 것
　　㉡ 용접한 압력수조를 사용할 경우 용접찌꺼기 등이 남아 있지 아니해야 하며, 부식의 우려가 없는 용접방식으로 해야 한다.
　　㉢ 쉽게 접근할 수 있고 점검하기에 충분한 공간이 있는 장소로서 화재 및 침수등의 재해로 인한 피해를 받을 우려가 없는 곳에 설치할 것
　　㉣ 동결방지조치를 하거나 동결의 우려가 없는 장소에 설치할 것
　　㉤ 압력수조는 전용으로 할 것
　　㉥ 압력수조에는 수위계·급수관·배수관·급기관·맨홀·압력계·안전장치 및 압력저하방지를 위한 자동식 공기압축기를 설치할 것
　　㉦ 압력수조의 도출 측에는 사용압력의 1.5배 범위를 초과하는 압력계를 설치해야 한다.
　　㉧ 작동장치의 구조 및 기능은 다음 각 목의 기준에 적합해야 한다.
　　　㉮ 화재감지기의 신호에 의하여 자동적으로 밸브를 개방하고 소화수를 배관으로 송출할 것
　　　㉯ 수동으로 작동할 수 있게 하는 장치를 설치할 경우에는 부주의로 인한 작동을 방지하기 위한 보호 장치를 강구할 것
③ 가압수조를 이용하는 가압송수장치는 다음 각 호의 기준에 따라 설치해야 한다.
　　㉠ 가압수조의 압력은 설계 방수량 및 방수압이 설계방수시간 이상 유지되도록 할 것
　　㉡ 가압수조를 이용한 가압송수장치는 소방청장이 정하여 고시한 「가압수조식 가압송수장치의 성능인증 및 제품검사의 기술기준」에 적합한 것으로 설치할 것

ⓒ 가압수조 및 가압원은 「건축법 시행령」 제46조에 따른 방화구획 된 장소에 설치할 것
ⓔ 가압수조는 전용으로 설치할 것

(4) 폐쇄형 미분무소화설비의 방호구역

폐쇄형 미분무헤드를 사용하는 설비의 방호구역(미분무소화설비의 소화범위에 포함된 영역을 말한다. 이하 같다)은 다음 각 호의 기준에 적합해야 한다.
① 하나의 방호구역의 바닥면적은 펌프용량, 배관의 구경 등을 수리학적으로 계산한 결과 헤드의 방수압 및 방수량이 방호구역 범위 내에서 소화목적을 달성할 수 있도록 산정해야 한다.
② 하나의 방호구역은 2개 층에 미치지 않도록 할 것

(5) 개방형 미분무소화설비의 방수구역

개방형 미분무 소화설비의 방수구역은 다음 각 호의 기준에 적합해야 한다.
① 하나의 방수구역은 2개 층에 미치지 아니할 것
② 하나의 방수구역을 담당하는 헤드의 개수는 최대 설계개수 이하로 할 것. 다만, 2개 이상의 방수구역으로 나눌 경우에는 하나의 방수구역을 담당하는 헤드의 개수는 최대 설계개수의 1/2 이상으로 할 것
③ 터널, 지하가 등에 설치할 경우 동시에 방수되어야 하는 방수구역은 화재가 발생된 방수구역 및 접한 방수구역으로 할 것

(6) 배관 등

① 설비에 사용되는 구성요소는 STS 304 이상의 재료를 사용해야 한다.
② 배관은 배관용 스테인리스 강관(KS D 3576)이나 이와 동등 이상의 강도·내식성 및 내열성을 가진 것으로 해야 하고, 용접할 경우 용접찌꺼기 등이 남아 있지 아니해야 하며, 부식의 우려가 없는 용접방식으로 해야 한다.
③ 급수배관은 다음 각 호의 기준에 따라 설치해야 한다.
ㄱ 전용으로 할 것
ㄴ 급수를 차단할 수 있는 개폐밸브는 개폐표시형으로 할 것. 이 경우 펌프의 흡입측 배관에는 버터플라이밸브 외의 개폐표시형밸브를 설치해야 한다.
④ 펌프의 성능시험배관은 다음의 기준에 적합하도록 설치해야 한다.
ㄱ 성능시험배관은 펌프의 토출 측에 설치된 개폐밸브 이전에서 분기하여 직선으로 설치하고, 유량측정장치를 기준으로 전단 직관부에는 개폐밸브를 후단 직관부에

는 유량조절밸브를 설치할 것. 이 경우 개폐밸브와 유량측정장치 사이의 직관부 거리 및 유량측정장치와 유량조절밸브 사이의 직관부 거리는 해당 유량측정장치 제조사의 설치사양에 따르고, 성능시험배관의 호칭지름은 유량측정장치의 호칭지름에 따른다.

    ⓛ 유입구에는 개폐밸브를 둘 것
    ⓒ 유량측정장치는 펌프의 정격토출량의 175% 이상 측정할 수 있는 성능이 있을 것
    ② 가압송수장치의 체절운전 시 수온의 상승을 방지하기 위하여 체크밸브와 펌프사이에서 분기한 구경 20㎜ 이상의 배관에 체절압력 미만에서 개방되는 릴리프밸브를 설치할 것

⑤ 동결방지조치를 하거나 동결의 우려가 없는 장소에 설치해야 한다.
⑥ 교차배관의 위치·청소구 및 가지배관의 헤드설치는 다음 각 기준에 따른다.
    ⓛ 교차배관은 가지배관과 수평으로 설치하거나 또는 가지배관 밑에 설치할 것
    ⓒ 청소구는 교차배관 끝에 개폐밸브를 설치하고, 호스접결이 가능한 나사식 또는 고정배수 배관식으로 할 것. 이 경우 나사식의 개폐밸브는 나사보호용의 캡으로 마감할 것
⑦ 미분무소화설비에는 동 장치를 시험할 수 있는 시험장치를 다음의 기준에 따라 설치해야 한다. 다만, 개방형헤드를 설치하는 경우에는 그렇지 않다.
    ⓛ 가압장치에서 가장 먼 가지배관의 끝으로부터 연결하여 설치할 것
    ⓒ 시험장치 배관의 구경은 가압장치에서 가장 먼 가지배관의 구경과 동일한 구경으로 하고, 그 끝에 개방형헤드를 설치할 것. 이 경우 개방형헤드는 동일 형태의 오리피스만으로 설치할 수 있다.
    ⓒ 시험배관의 끝에는 물받이 통 및 배수관을 설치하여 시험 중 방사된 물이 바닥에 흘러내리시 않도록 할 것. 다만, 목욕실·화장실 또는 그 밖의 곳으로서 배수처리가 쉬운 장소에 시험배관을 설치한 경우에는 그렇지 않다.
⑧ 배관에 설치되는 행가는 다음 각 호의 기준에 따라 설치해야 한다.
    ⓛ 가지배관에는 헤드의 설치지점 사이마다, 교차배관에는 가지배관과 가지배관 사이마다 1개 이상의 행가를 설치할 것
    ⓒ 수평주행배관에는 4.5m 이내마다 1개 이상 설치할 것
⑨ 수직배수배관의 구경은 50mm 이상으로 해야 한다. 다만, 수직배관의 구경이 50mm 미만인 경우에는 수직배관과 동일한 구경으로 할 수 있다.
⑩ 주차장의 미분무 소화설비는 습식외의 방식으로 해야 한다. 다만, 주차장이 벽등으로 차단되어 있고 출입구가 자동으로 열리고 닫히는 구조인 것으로서 다음 각호의 어느 하나에 해당하는 경우에는 그렇지 않다.

㉠ 동절기에 상시 난방이 되는 곳이거나 그 밖에 동결의 염려가 없는 곳
㉡ 미분무 소화설비의 동결을 방지할 수 있는 구조 또는 장치가 된 것
⑪ 급수배관에 설치되어 급수를 차단할 수 있는 개폐밸브에는 그 밸브의 개폐상태를 감시제어반에서 확인할 수 있도록 급수개폐밸브 작동표시 스위치를 다음 각 호의 기준에 따라 설치해야 한다.
㉠ 급수개폐밸브가 잠길 경우 탬퍼스위치의 동작으로 인하여 감시제어반 또는 수신기에 표시되어야 하며 경보음을 발할 것
㉡ 탬퍼스위치는 감시제어반 또는 수신기에서 동작의 유무확인과 동작시험, 도통시험을 할 수 있을 것
㉢ 급수개폐밸브의 작동표시 스위치에 사용되는 전기배선은 내화전선 및 내열전선으로 설치할 것
⑫ 미분무설비 배관의 배수를 위한 기울기는 다음 각 호의 기준에 따른다.
㉠ 폐쇄형 미분무 소화설비의 배관을 수평으로 할 것. 다만, 배관의 구조상 소화수가 남아 있는 곳에는 배수밸브를 설치해야 한다.
㉡ 개방형 미분무 소화설비에는 헤드를 향하여 상향으로 수평주행배관의 기울기를 500분의 1 이상, 가지배관의 기울기를 250분의 1 이상으로 할 것. 다만, 배관의 구조상 기울기를 줄 수 없는 경우에는 배수를 원활하게 할 수 있도록 배수밸브를 설치해야 한다.
⑬ 배관은 다른 설비의 배관과 쉽게 구분이 될 수 있는 위치에 설치하거나, 그 배관표면 또는 배관 보온재표면의 색상은 한국산업표준(배관계의 식별표시, KS A 0503) 또는 적색으로 소방용설비의 배관임을 표시해야 한다.
⑭ 호스릴방식의 설치는 다음 각 호에 따라 설치해야 한다.
㉠ 방호대상물의 각 부분으로부터 하나의 호스 접결구까지의 수평거리가 25m 이하가 되도록 할 것
㉡ 소화약제 저장용기의 개방밸브는 호스의 설치 장소에서 수동으로 개폐할 수 있는 것으로 할 것
㉢ 소화약제 저장용기의 가장 가까운 곳의 보기 쉬운 곳에 표시등을 설치하고 호스릴미분무 소화설비가 있다는 뜻을 표시한 표지를 할 것
㉣ 그 밖의 사항은「옥내소화전설비의 화재안전기술기준(NFTC 102)」2.4(함 및 방수구 등)에 적합할 것

(7) 음향장치 및 기동장치
스프링클러설비와 동일

(8) 헤드

① 미분무헤드는 소방대상물의 천장·반자·천장과 반자사이·덕트·선반 기타 이와 유사한 부분에 설계자의 의도에 적합하도록 설치해야 한다.
② 하나의 헤드까지의 수평거리 산정은 설계자가 제시해야 한다.
③ 미분무 설비에 사용되는 헤드는 조기반응형 헤드를 설치해야 한다.
④ 폐쇄형 미분무헤드는 그 설치장소의 평상시 최고 주위온도에 따라 다음 식에 따른 표시온도의 것으로 설치해야 한다.

$$Ta = 0.9Tm - 27.3°C$$

Ta : 최고주위온도, Tm : 헤드의 표시온도

⑤ 미분무 헤드는 배관, 행거 등으로부터 살수가 방해되지 않도록 설치해야 한다.
⑥ 미분무 헤드는 설계도면과 동일하게 설치해야 한다.
⑦ 미분무 헤드는 '한국소방산업기술원' 또는 법 제46조제1항의 규정에 따라 성능시험기관으로 지정받은 기관에서 검증받아야 한다.

(9) 전원

스프링클러설비와 동일

(10) 제어반

스프링클러설비와 동일

(11) 배선

스프링클러설비와 동일

CHAPTER 08 포소화설비(NFTC105)

1 ▶▶ 포소화설비의 종류 및 적응성

① **포워터스프링클러설비** : 방호대상물의 천장 또는 반자에 포워터스프링클러헤드를 설치하고 폐쇄형 헤드 또는 화재감지기의 동작으로 헤드를 통해 발포시켜 방사하는 방식

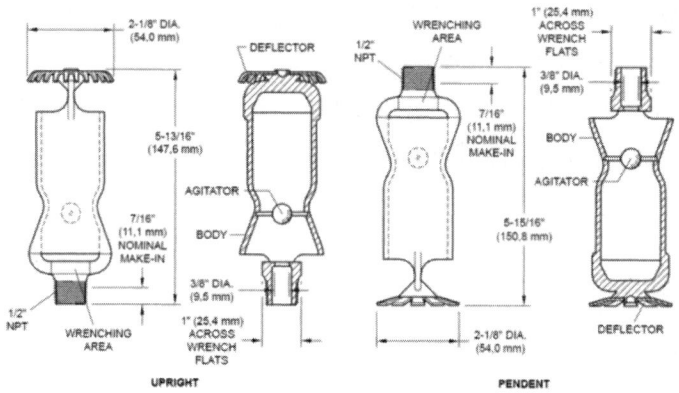

② **포헤드설비** : 방호대상물의 천장 또는 반자에 포헤드를 설치하고 폐쇄형 헤드 또는 화재감지기의 동작으로 헤드를 통해 발포시켜 방사하는 방식

③ **고정포방출설비** : 고정포방출구를 설치하여 방출구를 통해 발포시켜 방사하는 방식
  ㉠ 고발포용 고정포방출구 : 창고, 차고·주차장, 항공기 격납고 등의 실내에 설치하는 방출구

ⓒ 고정포방출구 : 위험물 탱크 화재를 소화하기 위하여 탱크 내부에 설치하는 방출구

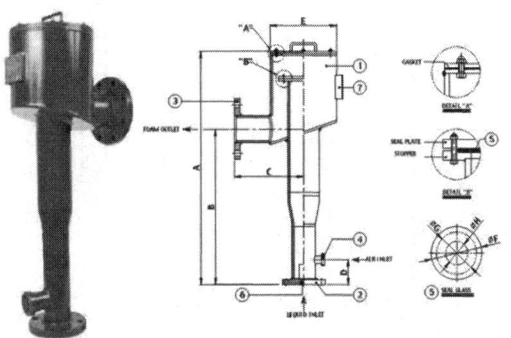

고정포방출구의 종류

- Ⅰ형 방출구 : 고정 지붕구조의 탱크에 상부포주입법을 이용하는 것으로서 방출된 포가 액면 아래로 몰입되거나 액면을 뒤섞지 않고 액면상을 덮을 수 있는 통계단 또는 미끄럼판 등의 설비 및 탱크 내의 위험물증기가 외부로 역류되는 것을 저지할 수 있는 구조·기구를 갖는 포방출구
- Ⅱ형 방출구 : 고정지붕구조 또는 부상덮개부착 고정지붕구조의 탱크에 상부포주입법을 이용하는 것으로서 방출된 포가 탱크 옆판의 내면을 따라 흘러내려 가면서 액면 아래로 몰입되거나 액면을 뒤섞지 않고 액면상을 덮을 수 있는 반사판 및 탱크 내의 위험물증기가 외부로 역류되는 것을 저지할 수 있는 구조·기구를 갖는 포방출구

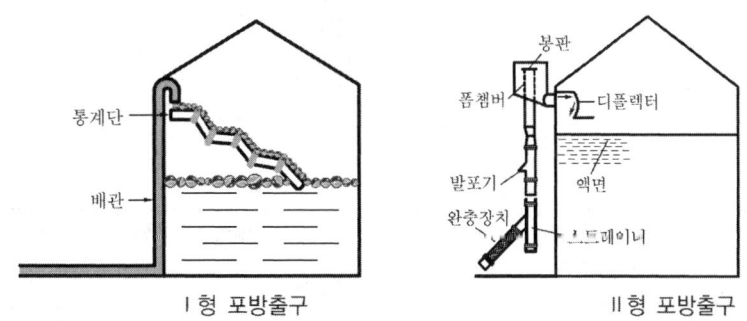

Ⅰ형 포방출구 　　　　　　Ⅱ형 포방출구

- Ⅲ형 방출구 : 고정지붕구조의 탱크에 저부포주입법을 이용하는 것으로서 송포관으로부터 포를 방출하는 포방출구
- Ⅳ형 방출구 : 고정지붕구조의 탱크에 저부포주입법을 이용하는 것으로서 평상시에는 탱크의 액면하의 저부에 설치된 격납통에 수납되어 있는 특수호스 등이 송포관의 말단에 접속되어 있다가 포를 보내는 것에 의하여 특수호스 등이 전개되어 그 선단이 액면까지 도달한 후 포를 방출하는 포방출구

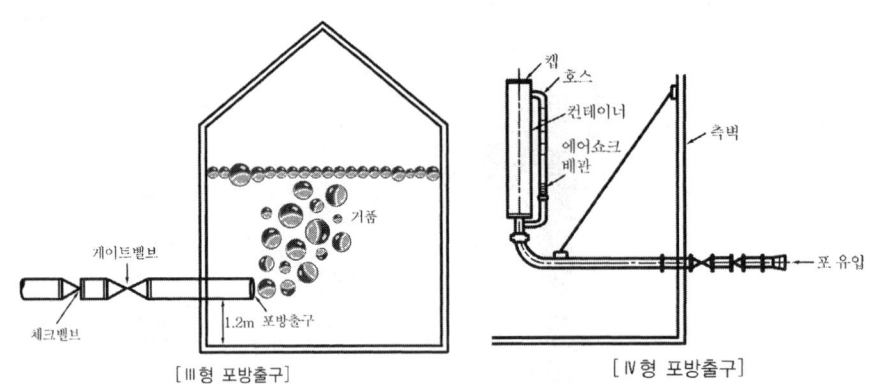

[Ⅲ형 포방출구] [Ⅳ형 포방출구]

- 특형 방출구 : 부상지붕구조의 탱크에 상부포주입법을 이용하는 것으로서 부상지붕의 부상부 분상에 높이 0.9[m] 이상의 금속제의 칸막이를 탱크 옆판의 내측으로부터 1.2[m] 이상 이격하여 설치하고 탱크 옆판과 칸막이에 의하여 형성된 환상부분에 포를 주입하는 것이 가능한 구조의 반사판을 갖는 포방출구

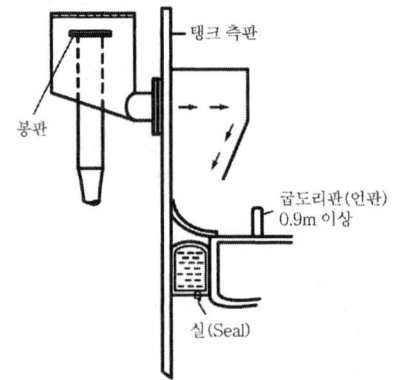

특형 포방출구

탱크의 구조 및 포방출구의 종류 탱크직경	포방출구의 개수			
	고정지붕구조		부상덮개부착 고정지붕구조	부상지붕구조
	Ⅰ형 또는 Ⅱ형	Ⅲ형 또는 Ⅳ형	Ⅱ형	특형
13m 미만	2	1	2	2
13m 이상 19m 미만			3	3
19m 이상 24m 미만			4	4
24m 이상 35m 미만		2	5	5
35m 이상 42m 미만	3	3	6	6
42m 이상 46m 미만	4	4	7	7
46m 이상 53m 미만	6	6	8	8

53m 이상 60m 미만	8	8	10	10
60m 이상 67m 미만	왼쪽란에 해당하는 직경의 탱크에는 Ⅰ형 또는 Ⅱ형의 포방출구를 8개 설치하는 것 외에, 오른쪽란에 표시한 직경에 따른 포방출구의 수에서 8을 뺀 수의 Ⅲ형 또는 Ⅳ형의 포방출구를 폭 30m의 환상부분을 제외한 중심부의 액표면에 방출할 수 있도록 추가로 설치할 것	10		10
67m 이상 73m 미만		12		12
73m 이상 79m 미만		14		12
79m 이상 85m 미만		16		14
85m 이상 90m 미만		18		14
90m 이상 95m 미만		20		16
95m 이상 99m 미만		22		16
99m 이상		24		18

④ **호스릴 포소화설비** : 노즐이 이동식 호스릴에 연결되어 포약제를 발포시켜 방사하는 방식

⑤ **포소화전설비** : 노즐이 고정된 방수구와 연결된 호스와 연결되어 포약제를 발포시켜 방사하는 방식

⑥ **보조포소화전설비** : 옥외탱크저장소 방유제 주변에 설치하는 포소화전설비

⑦ **포모니터노즐설비** : 원유선 정박지 또는 해안가설치, 선박내에 설치하는 포소화설비

⑧ **압축공기포소화설비** : 압축공기 또는 압축질소를 일정비율로 포수용액에 강제주입 혼합하는 방식을 말한다.

【 소방대상물에 따른 포소화설비의 종류 】

구분	소방대상물	포소화설비의 종류
1	특수가연물을 저장·취급하는 공장 또는 창고	포워터스프링클러설비 포헤드설비 고정포방출구설비 압축공기포소화설비
2	차고 주차장	포워터스프링클러설비 포헤드설비 고정포방출구설비 압축공기포소화설비
2	※ 차고 주차장 중 ① 완전 개방된 옥상주차장 또는 고가 밑의 주차장 등으로서 주된 벽이 없고 기둥뿐이거나 주위가 위해방지용 철주 등으로 둘러쌓인 부분 ② 지상 1층으로서 지붕이 없는 부분	호스릴 포소화설비 포소화전설비
3	항공기 격납고	포워터스프링클러설비 포헤드설비 고정포방출구설비 압축공기포소화설비
3	※ 항공기 격납고 중 바닥면적의 합계가 1,000m^2 이상이고 항공기의 격납위치가 한정되어 있는 경우에는 그 한정된 장소 외의 부분	호스릴 포소화설비
4	발전기실, 엔진 펌프실, 변압기, 전기케이블실, 유압설비(바닥면적 300m^2 미만)	고정식압축공기포소화설비
5	위험물 제조소 등	포헤드설비 고정포방출구설비 호스릴포소화설비
6	위험물 옥외탱크저장소(고정포방출구방식)	고정포방출구 + 보조포소화전

❷ 계통도

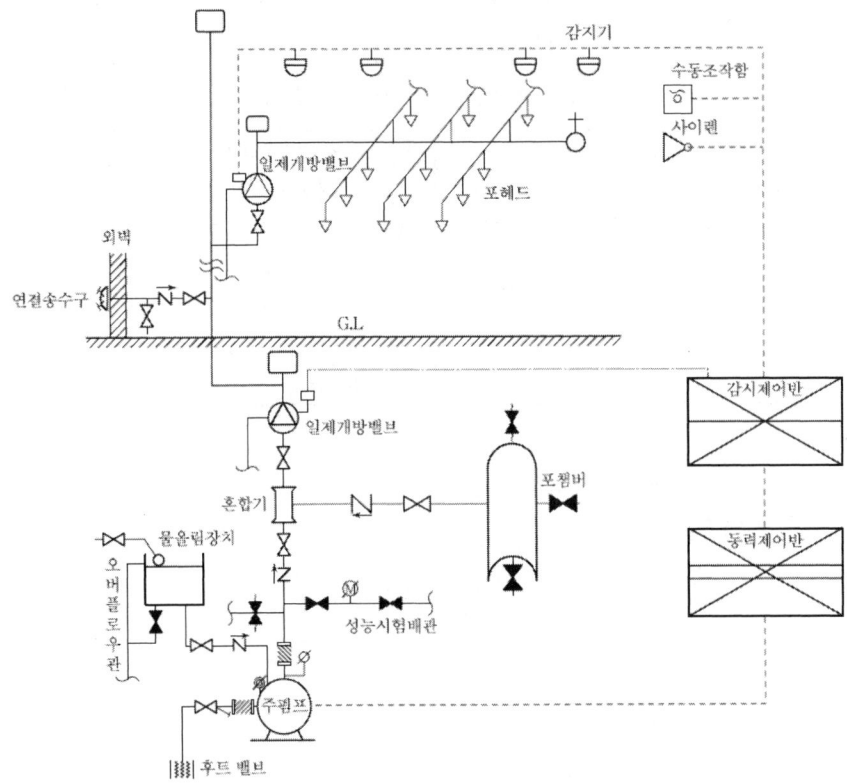

❸ 설치장소에 따른 설비별 수원량[수용액량] 산정

(1) 항공기격납고, 차고주차장, 특수가연물 저장취급하는 공장 또는 창고

① 포워터스프링클러설비

$$Q = N \times \alpha l/\text{min} \cdot \text{개} \times 10\text{min}$$

Q : 포수용액체적(l), N : 포워터스프링클러헤드수($N = \dfrac{Am^2}{8m^2/\text{개}}$),

α : 표준방사량(최소 $75 l/\text{min}$)

N : 바닥면적이 $200m^2$를 초과하는 경우에는 $200m^2$에 설치된 헤드의 개수

② 포헤드설비

$$Q = N \times \alpha l/\text{min} \cdot \text{개} \times 10\text{min}$$

Q : 포수용액체적(l), N : 포헤드수(N = $\dfrac{A m^2}{9 m^2/개}$), α : 표준방사량(l/min)

N : 바닥면적이 200m²를 초과하는 경우에는 200m²에 설치된 헤드의 개수
표준방사량 $\alpha(l/min) = A m^2 \times \beta l/m^2 \cdot min \div N$

【 β 소방대상물별 포헤드의 분당 방사량($l/m^2 \cdot min$) 】

소방대상물	포 소화약제의 종류	바닥면적 1m²당 방사량
차고·주차장 및 항공기격납고	단백포 소화약제	6.5L 이상
	합성계면활성제포 소화약제	8.0L 이상
	수성막포 소화약제	3.7L 이상
특수가연물을 저장·취급하는 소방대상물	단백포 소화약제	6.5L 이상
	합성계면활성제포 소화약제	6.5L 이상
	수성막포 소화약제	6.5L 이상

③ 고발포용고정포방출구설비

㉠ 전역방출방식

$$Q = N \times \alpha\, l/min\cdot개 \times 10min$$

Q : 포수용액체적(l), N : 고정포방출구수(N = $\dfrac{A m^2}{500 m^2/개}$), α : 표준방사량(l/min)

표준방사량 $\alpha(l/min) = V m^3 \times \beta l/m^3 \cdot min \div N$

$V(m^3)$: 관포체적

> **Reference**
>
> 관포체적과 방호면적
> - 관포체적 : 당해 바닥면으로부터 방호대상물의 높이보다 0.5m 높은 위치까지의 체적
> - 방호면적 : 방호대상물의 각 부분에서 각각 당해 방호대상물 높이의 3배(1m 미만의 경우에는 1m)의 거리를 수평으로 연장한 선으로 둘러싸인 부분의 면적
>
>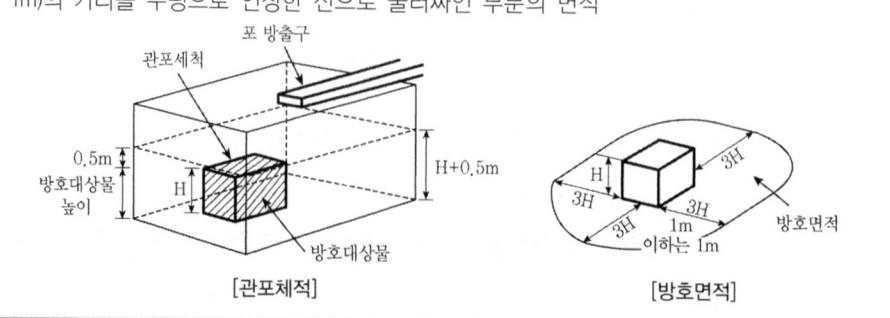

【 β 소방대상물별, 팽창비별 고정포방출구의 분당 방사량($l/m^3 \cdot min$) 】

소방대상물	포의 팽창비	$1m^3$에 대한 포수용액 방출량
항공기 격납고	팽창비 80 이상 250 미만	2.00l
	팽창비 250 이상 500 미만	0.50l
	팽창비 500 이상 1,000 미만	0.29l
차고 또는 주차장	팽창비 80 이상 250 미만	1.11l
	팽창비 250 이상 500 미만	0.28l
	팽창비 500 이상 1,000 미만	0.16l
특수가연물을 저장, 취급하는 소방대상물	팽창비 80 이상 250 미만	1.25l
	팽창비 250 이상 500 미만	0.31l
	팽창비 500 이상 1,000 미만	0.18l

ⓒ 국소방출방식

$$Q = N \times \alpha \, l/min \cdot 개 \times 10min = Am^2 \times \beta l/m^2 \cdot min \times 10min$$

Q : 포수용액체적(l), N : 고정포방출구수(N = $\dfrac{Am^2}{설계면적/개}$), α : 표준방사량(l/min)

표준방사량 $\alpha(l/min) = Am^2 \times \beta l/m^2 \cdot min \div N$

$A(m^2)$: 방호면적

【 β 방호면적 $1m^2$의 분당 방사량($l/m^2 \cdot min$) 】

방호대상물	방호면적 $1m^2$에 대한 1분당 방출량
특수가연물	3l
기타의 것	2l

④ 포소화전설비, 호스릴포소화설비

$$Q = N \times 300L/min \times 20min = N \times 6,000L$$

Q : 수원의 양(L), N : 호스 접결구의 수(5개 이상의 경우 5개)
바닥면적이 $200m^2$ 미만인 차고주차장의 경우 75%로 할 수 있다.

⑤ 압축공기포소화설비

$$Q = A[m^2] \times \alpha[L/m^2 \cdot min] \times 10min$$

Q : 수원의 양(L), A : 설치장소의 바닥면적
α : 일반가연물, 탄화수소류=1.63, 특수가연물, 알코올류, 케톤류=2.3

(2) 위험물제조소, 저장소, 취급소

① 포헤드설비

$$Q = A(m^2) \times \alpha(L/m^2 \cdot min) \times 10min$$

Q : 수원의 양(L), A : 최대방사면적(m^2), α : 분당 방사량(L/m^2·min)

【 대상물별 포헤드의 분당 방사량 】

소방대상물	포소화약제의 종류	바닥면적 1m^2당 방사량
위험물제조소 등	단백포소화약제	6.5L 이상
	합성계면활성제 포소화약제	6.5L 이상
	수성막포소화약제	6.5L 이상
제4류 위험물 중 수용성 액체를 저장, 취급하는 소방대상물	알코올형포소화약제	13L 이상

② 고정포방출구

㉠ 4류 위험물 중 수용성이 없는 것

$$Q = A(m^2) \times Q_1(L/m^2 \cdot min) \times T(min) = A(m^2) \times Q_2(L/m^2)$$

Q : 수원의 양(L), A : 탱크의 액표면적(m^2), Q_1 : 표면적 1m^2당의 분당 방사량(L/m^2·min)

T : 방출시간(min), Q_2 : 표면적 1m^2당의 방사량(L/m^2)

【 고정포방출구의 종류별 방출률 】

위험물의 구분 \ 포방출구의 종류	I형 포수용액량 (L/m^2)	I형 방출률 (L/m^2·min)	II형 포수용액량 (L/m^2)	II형 방출률 (L/m^2·min)	특형 포수용액량 (L/m^2)	특형 방출률 (L/m^2·min)	III형 포수용액량 (L/m^2)	III형 방출률 (L/m^2·min)	IV형 포수용액량 (L/m^2)	IV형 방출률 (L/m^2·min)
제4류위험물 중 인화점이 21℃ 미만인 것	120	4	220	4	240	8	220	4	220	4
제4류위험물 중 인화점이 21℃ 이상 70℃ 미만인 것	80	4	120	4	160	8	120	4	120	4
제4류위험물 중 인화점이 70℃ 이상인 것	60	4	100	4	120	8	100	4	100	4

ⓒ 4류 위험물 중 수용성이 있는 것

$$Q = A(m^2) \times Q_1(L/m^2 \cdot min) \times T(min) \times N = A(m^2) \times Q_2(L/m^2) \times N$$

Q : 수원의 양(L), A : 탱크의 액표면적(m^2), Q_1 : 표면적 $1m^2$당의 분당 방사량($L/m^2 \cdot min$),

T : 방출시간(min), Q_2 : 표면적 $1m^2$당의 방사량(L/m^2), N : 계수

【 고정포방출구의 종류별 방출률 】

Ⅰ형		Ⅱ형		특형		Ⅲ형		Ⅳ형	
포수용액량 (L/m^2)	방출률 ($L/m^2 \cdot min$)	포수용액량 (L/m^2)	방출률 ($L/m^2 \cdot min$)	포수용액량 (L/m^2)	방출률 ($L/m^2 \cdot min$)	포수용액량 (L/m^2)	방출률 ($L/m^2 \cdot min$)	포수용액량 (L/m^2)	방출률 ($L/m^2 \cdot min$)
160	8	240	8	—	—	—	—	240	8

③ 보조포소화전설비

$$Q = N \times 400L/min \times 20min = N \times 8,000L$$

Q : 수원의 양(L), N : 호스 접결구의 수(3개 이상의 경우 3개)

④ 호스릴포설비(이동식 포소화설비)

㉠ 실내에 설치하는 경우

$$Q = N \times 200L/min \times 30min$$

ⓒ 실외에 설치하는 경우

$$Q = N \times 400L/min \times 30min$$

Q : 수원의 양(L), N : 호스 접결구의 수(4개 이상의 경우 4개)

⑤ 포모니터노즐

$$Q = N \times 1,900L/min \times 30min$$

N : 노즐의 수(최소2개)

(3) 대상물별 수원(수용액)의 산정

① 특수가연물을 저장·취급하는 공장 또는 창고 : 하나의 공장 또는 창고에 포워터스프 링클러설비·포헤드설비 또는 고정포방출설비가 함께 설치된 때에는 각 설비별로 산

출된 저수량 중 최대의 것을 수원의 양으로 한다.
② **차고 또는 주차장** : 하나의 차고 또는 주차장에 호스릴 포소화설비·포소화전설비·포워터스프링클러설비·포헤드설비 또는 고정포방출설비가 함께 설치된 때에는 각 설비별로 산출된 저수량 중 최대의 것을 수원의 양으로 한다.
③ **항공기 격납고** : 포워터스프링클러설비, 포헤드설비, 고정포방출설비에서 각각 산출량 중 최대의 양으로 하되 호스릴포설비가 설치된 경우에는 이를 합한 양 이상으로 한다.
④ **위험물 제조소 등** : 포워터스프링클러설비, 포헤드설비, 고정포방출설비에서 각각 산출량 중 최대의 양 + 송액관의 배관 내용적
⑤ **옥외탱크저장소** : 고정포방출구에서 필요한 양 + 보조 포소화전에서 필요한 양 + 송액관의 배관 내용적(모든 배관)

4 ▶▶ 가압송수장치

① 전동기 또는 내연기관에 의한 펌프이용방식
  ㉠ 소화약제가 변질될 우려가 없는 곳에 설치할 것
  ㉡ 펌프의 토출량은 포헤드·고정포방출구 또는 이동식 포노즐의 설계압력 또는 노즐의 방사압력의 허용범위 안에서 포수용액을 방출 또는 방사할 수 있는 양 이상이 되도록 할 것
  ㉢ 펌프의 양정 산출식

  $$H = h_1 + h_2 + h_3 + h_4$$

  h_1 : 배관의 마찰손실수두(m), h_2 : 소방용 호스의 마찰손실수두(m), h_3 : 낙차(m)
  h_4 : 방출구의 설계압력 환산수두 또는 노즐 선단의 방사압력 환산수두(m)

  ㉣ 그 밖의 사항은 옥내소화전과 동일
② 고가수조의 자연낙차를 이용한 방식
  ㉠ 고가수조의 자연낙차수두 산출식

  $$H = h_1 + h_2 + h_3$$

  H : 필요한 낙차, h_1 : 배관의 마찰손실수두(m), h_2 : 소방용 호스의 마찰손실수두(m),
  h_3 : 방출구의 설계압력 환산수두 또는 노즐선단의 방사압력 환산수두(m)

  ㉡ 고가수조에는 수위계·배수관·급수관·오버플로우관 및 맨홀을 설치할 것

③ 압력수조를 이용한 방식
  ㉠ 압력수조의 필요압력 산출식

  $$P = P_1 + P_2 + P_3 + P_4$$

  P : 필요한 압력(MPa), P_1 : 방출구의 설계압력 또는 노즐선단의 방사압력(MPa)
  P_2 : 배관의 마찰손실수두압(MPa), P_3 : 낙차의 환산수두압(MPa)
  P_4 : 소방용 호스의 마찰손실수두압(MPa)

  ㉡ 압력수조에는 수위계·급수관·배수관·급기관·맨홀·압력계·안전장치 및 압력저하방지를 위한 자동식 공기압축기를 설치할 것

④ **가압수조를 이용한 방식** : 옥내소화전과 동일

⑤ 가압송수장치에는 포헤드·고정방출구 또는 이동식 포노즐의 방사압력이 설계압력 또는 방사압력의 허용범위를 넘지 아니하도록 감압장치를 설치해야 한다.

⑥ 가압송수장치는 다음 표에 따른 표준 방사량을 방사할 수 있도록 해야 한다.

구분	표준방사량
포워터스프링클러헤드	$75l$/min 이상
포헤드·고정포방출구 또는 이동식 포노즐·압축공기포헤드	각 포헤드·고정포방출구 또는 이동식 포노즐의 설계압력에 따라 방출되는 소화약제의 양

⑦ 압축공기포소화설비에 설치되는 펌프의 양정은 0.4MPa 이상이 되어야 한다. 다만, 자동으로 급수장치를 설치한 때에는 전용펌프를 설치하지 아니할 수 있다.

5 ▶▶ 배관 등

① 송액관은 포의 방출 종료 후 배관 안의 액을 배출하기 위하여 적당한 기울기를 유지하도록 하고 그 낮은 부분에 배액밸브를 설치해야 한다

② 포워터스프링클러설비 또는 포헤드설비의 가지배관의 배열은 토너먼트방식이 아니어야 하며, 교차배관에서 분기하는 지점을 기점으로 한쪽 가지배관에 설치하는 헤드의 수는 8개 이하로 한다.

③ 그 밖의 사항은 스프링클러설비와 동일

④ 압축공기포소화설비를 스프링클러 보조설비로 설치하거나 압축공기포소화설비에 자동으로 급수되는 장치를 설치한 때에는 송수구 설치를 아니할 수 있다.

⑤ 압축공기포소화설비의 배관은 토너먼트방식으로 해야 하고 소화약제가 균일하게 방출되는 등거리 배관구조로 설치해야 한다.

6. 저장탱크

포 소화약제의 저장탱크(용기를 포함한다. 이하 같다)는 다음 각기준에 따라 설치하고 혼합장치와 배관 등으로 연결하여 두어야 한다.

① 화재 등의 재해로 인한 피해를 받을 우려가 없는 장소에 설치할 것
② 기온의 변동으로 포의 발생에 장애를 주지 아니하는 장소에 설치할 것. 다만, 기온의 변동에 영향을 받지 아니하는 포 소화약제의 경우에는 그러하지 아니하다.
③ 포 소화약제가 변질될 우려가 없고 점검에 편리한 장소에 설치할 것
④ 가압송수장치 또는 포 소화약제 혼합장치의 기동에 따라 압력이 가해지는 것 또는 상시 가압된 상태로 사용되는 것은 압력계를 설치할 것
⑤ 포 소화약제 저장량의 확인이 쉽도록 액면계 또는 계량봉 등을 설치할 것
⑥ 가압식이 아닌 저장탱크는 그라스게이지를 설치하여 액량을 측정할 수 있는 구조로 할 것

7. 혼합장치

포소화약제의 혼합장치는 포소화약제의 사용농도에 적합한 수용액으로 혼합할 수 있도록 하고 그 종류는 다음과 같다.

① 펌프 푸로포셔너방식(Pump Proportioner Type) : 펌프의 토출관과 흡입관 사이의 배관 도중에서 분기된 바이패스배관 상에 설치된 흡입기에 펌프에서 토출된 물의 일부를 보내고 농도조절밸브에서 조정된 포소화약제의 필요량을 포소화약제 탱크에서 펌프 흡입측으로 보내어 이를 혼합하는 방식

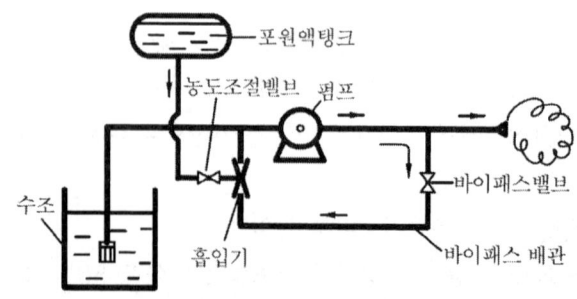

펌프 푸로포셔너방식

② 라인 푸로포셔너방식(Line Proportioner Type) : 펌프와 발포기 중간에 설치된 벤튜리관의 벤튜리작용에 의하여 포소화약제를 흡입, 혼합하는 방식

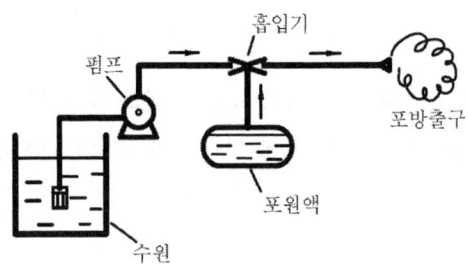

라인 푸로포셔너방식

③ **프레져 푸로포셔너방식**(Pressure Proportioner Type) : 펌프와 발포기의 중간에 설치된 벤튜리관의 벤튜리작용과 펌프가압수의 포소화약제 저장탱크에 대한 압력에 의하여 포소화약제를 흡입·혼합하는 방식

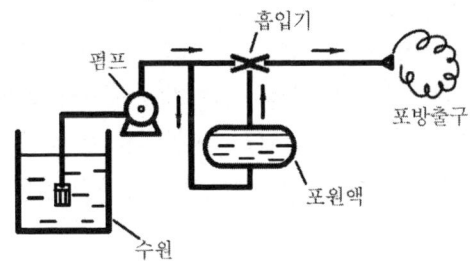

프레져 푸로포셔너방식

④ **프레져 사이드 푸로포셔너방식**(Pressure Side Proportioner Type) : 펌프의 토출관에 압입기를 설치하여 포소화약제 압입용 펌프로 포소화약제를 압입시켜 혼합하는 방식

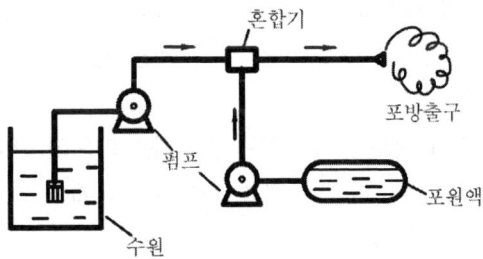

프레져 사이드 푸로포셔너방식

⑤ **압축공기포 믹싱챔버방식** : 압축공기 또는 압축질소를 일정 비율로 포수용액에 강제 주입 혼합하는 방식을 말한다.

8 개방밸브

① 자동개방밸브는 화재감지장치의 작동에 따라 자동으로 개방되는 것으로 할 것
② 수동식 개방밸브는 화재시 쉽게 접근할 수 있는 곳에 설치할 것

9 기동장치

(1) 수동식 기동장치의 설치기준

① 직접조작 또는 원격조작에 따라 가압송수장치·수동식 개방밸브 및 소화약제 혼합장치를 기동할 수 있는 것으로 할 것
② 2 이상의 방사구역을 가진 포소화설비에는 방사구역을 선택할 수 있는 구조로 할 것
③ 기동장치의 조작부는 화재시 쉽게 접근할 수 있는 곳에 설치하되, 바닥으로부터 0.8m 이상 1.5m 이하의 위치에 설치하고 유효한 보호장치를 설치할 것
④ 기동장치의 조작부 및 호스 접결구에는 가까운 곳의 보기 쉬운 곳에 각각 "기동장치의조작부" 및 "접결구"라고 표시한 표지를 설치할 것
⑤ 차고 또는 주차장에 설치하는 포소화설비의 수동식 기동장치는 방사구역마다 1개 이상 설치할 것
⑥ 항공기 격납고에 설치하는 포소화설비의 수동식 기동장치는 각 방사구역마다 2개 이상을 설치하되, 그 중 1개는 각 방사구역으로부터 가장 가까운 곳 또는 조작에 편리한 장소에 설치하고, 1개는 화재감지수신기를 설치한 감시실 등에 설치할 것

(2) 자동식 기동장치의 설치기준

자동화재탐지설비의 감지기의 작동 또는 폐쇄형 스프링클러헤드의 개방과 연동하여 가압송수장치, 일제개방밸브 및 포소화약제 혼합장치를 기동시킬 수 있도록 다음의 기준에 따라 설치해야 한다.

① 폐쇄형 스프링클러헤드를 사용하는 경우에는 다음에 따를 것
  ㉠ 표시온도가 79℃ 미만인 것을 사용하고, 1개의 스프링클러헤드의 경계면적은 20m^2 이하로 할 것
  ㉡ 부착면의 높이는 바닥으로부터 5m 이하로 하고, 화재를 유효하게 감지할 수 있도록 할 것
  ㉢ 하나의 감지장치 경계구역은 하나의 층이 되도록 할 것
② 화재감지기를 사용하는 경우에는 다음에 따를 것
  ㉠ 화재감지기는 자동화재탐지설비의 화재안전기준 제7조의 기준에 따라 설치할 것

ⓒ 화재감지기 회로에는 다음 기준에 따른 발신기를 설치할 것
  ㉮ 조작이 쉬운 장소에 설치하고, 스위치는 바닥으로부터 0.8m 이상 1.5m 이하의 높이에 설치할 것
  ㉯ 소방대상물의 층마다 설치하되, 당해 소방대상물의 각 부분으로부터 수평거리가 25m 이하가 되도록 할 것. 다만, 복도 또는 별도로 구획된 실로서 보행거리가 40m 이상일 경우에는 추가로 설치해야 한다.
  ㉰ 발신기의 위치를 표시하는 표시등은 함의 상부에 설치하되, 그 불빛은 부착면으로부터 15° 이상의 범위 안에서 부착지점으로부터 10m 이내의 어느 곳에서도 쉽게 식별할수 있는 적색등으로 할 것
③ 동결 우려가 있는 장소의 포소화설비의 자동식 기동장치는 자동화재탐지설비와 연동으로 할 것

(3) 기동장치에 설치하는 자동경보장치의 설치기준

① 방사구역마다 일제개방밸브와 그 일제개방밸브의 작동 여부를 발신하는 발신부를 설치할 것. 이 경우 각 일제개방밸브에 설치되는 발신부 대신 1개층에 1개의 유수검지장치를 설치할 수 있다.
② 상시 사람이 근무하고 있는 장소에 수신기를 설치하되, 수신기에는 폐쇄형 스프링클러헤드의 개방 또는 감지기의 작동 여부를 알 수 있는 표시장치를 설치할 것
③ 하나의 소방대상물에 2 이상의 수신기를 설치하는 경우에는 수신기가 설치된 장소 상호간에 동시 통화가 가능한 설비를 할 것

⑩ 포헤드 및 고정포방출구

(1) 팽창비율에 따른 포방출구의 종류

팽창비율에 따른 포의 종류	포방출구의 종류
팽창비가 20 이하인 것(저발포)	포헤드, 압축공기포헤드
팽창비가 80 이상 1,000 미만인 것(고발포)	고발포용 고정포방출구

고발포의 구분	팽창비
제1종 기계포	80 이상 250 미만
제2종 기계포	250 이상 500 미만
제3종 기계포	500 이상 1,000 미만

> **팽창비**
>
> $$\text{팽창비} = \frac{\text{방출 후 포의 체적}}{\text{방출 전 포수용액의 체적}}$$

(2) 포헤드의 설치기준

① 포워터스프링클러헤드는 소방대상물의 천장 또는 반자에 설치하되, 바닥면적 $8m^2$마다 1개 이상으로 하여 당해 방호대상물의 화재를 유효하게 소화할 수 있도록 할 것
② 포헤드는 소방대상물의 천장 또는 반자에 설치하되, 바닥면적 $9m^2$마다 1개 이상으로 하여당해 방호대상물의 화재를 유효하게 소화할 수 있도록 할 것
③ 소방대상물의 보가 있는 부분의 포헤드는 다음 표의 기준에 따라 설치할 것

포헤드와 보의 하단의 수직거리	포헤드와 보의 수평거리
0	0.75m 미만
0.1m 미만	0.75m 이상 1m 미만
0.1m 이상 0.15m 미만	1m 이상 1.5m 미만
0.15m 이상 0.30m 미만	1.5m 이상

④ 포헤드 상호 간에는 다음의 기준에 따른 거리 이하가 되도록 할 것
  ㉠ 정방형으로 배치한 경우

  $$S = 2r \times \cos 45°$$

  S : 포헤드 상호 간의 거리(m), r : 유효반경(2.1m)

  ㉡ 장방형으로 배치한 경우

  $$pt = 2r$$

  pt : 대각선의 길이(m), r : 유효반경(2.1m)

> **헤드의 개수 산정식**
>
> ① 면적에 따른 개수 산정
>   ㉠ 포워터스프링클러헤드의 설치개수
>
> $$N = \frac{\text{바닥면적}(m^2)}{8m^2}$$
>
>   ㉡ 포헤드의 설치개수
>
> $$N = \frac{\text{바닥면적}(m^2)}{9m^2}$$

② 수평거리에 따른 개수 산정 : 유효반경(r)을 이용하여 헤드 간의 수평거리를 이용하여 얻은 헤드의 수

③ 헤드의 표준방사량에 따른 개수 산정

$$N = \frac{방호구역의\ 분당방사량(l/min)}{헤드의\ 분당방사량(l/min \cdot 개)}$$

※ 위의 ①, ②, ③에 의한 헤드 수 중 많은 개수의 헤드를 설치한다.

⑤ 포헤드와 벽 방호구역의 경계선과는 ④의 규정에 따른 거리의 2분의 1 이하의 거리를 둘 것

(3) 차고, 주차장에 설치하는 호스릴포소화설비 또는 포소화전설비 설치기준

① 소방대상물의 어느 층에 있어서도 그 층에 설치된 호스릴포방수구 또는 포소화전방수구(호스릴포방수구 또는 포소화전방수구가 5개 이상 설치된 경우에는 5개)를 동시에 사용할 경우 각 이동식 포노즐 선단의 포수용액 방사압력이 0.35MPa 이상이고 300L/min 이상(1개층의 바닥면적이 200m² 이하인 경우에는 230L/min 이상)의 포수용액을 수평거리 15m 이상으로 방사할 수 있도록 할 것

② 저발포의 포소화약제를 사용할 수 있는 것으로 할 것

③ 호스릴 또는 호스를 호스릴 포방수구 또는 포소화전방수구로 분리하여 비치하는 때에는 그로부터 3m 이내의 거리에 호스릴함 또는 호스함을 설치할 것

④ 호스릴함 또는 호스함은 바닥으로부터 높이 1.5m 이하의 위치에 설치하고 그 표면에는 "포호스릴함(또는 포소화전함)"이라고 표시한 표지와 적색의 위치표시등을 설치할 것

⑤ 방호대상물의 각 부분으로부터 하나의 호스릴 포방수구까지의 수평거리는 15m 이하(포소화전 방수구의 경우에는 25m 이하)가 되도록 하고 호스릴 또는 호스의 길이는 방호대상물의 각 부분에 포가 유효하게 뿌려질 수 있도록 할 것

(4) 고발포용 고정포 방출구 설치기준

① 전역방출방식의 고발포용 고정포방출구는 다음에 따를 것

㉠ 개구부에 자동폐쇄장치(갑종방화문·을종방화문 또는 불연재료로된 문으로 포수용액이 방출되기 직전에 개구부가 자동적으로 폐쇄될 수 있는 장치를 말한다.)를 설치할 것. 다만, 당해 방호구역에서 외부로 새는 양 이상의 포수용액을 유효하게 추가하여 방출하는 설비가 있는 경우에는 그러하지 아니하다.

㉡ 고정포방출구(포발생기가 분리되어 있는 것에 있어서는 당해 포발생기를 포함한다.)는 소방대상물 및 포의 팽창비에 따른 종별에 따라 당해 방호구역의 관포체적

(당해 바닥면으로부터 방호대상물의 높이보다 0.5m 높은 위치까지의 체적을 말한다.) $1m^3$에 대하여 1분당 방출량이 다음 표에 따른 양 이상이 되도록 할 것

소방대상물	포의 팽창비	$1m^3$에 대한 포수용액방출량
항공기 격납고	팽창비 80 이상 250 미만	2.00*l*
	팽창비 250 이상 500 미만	0.50*l*
	팽창비 500 이상 1,000 미만	0.29*l*
차고 또는 주차장	팽창비 80 이상 250 미만	1.11*l*
	팽창비 250 이상 500 미만	0.28*l*
	팽창비 500 이상 1,000 미만	0.16*l*
특수가연물을 저장, 취급하는 소방대상물	팽창비 80 이상 250 미만	1.25*l*
	팽창비 250 이상 500 미만	0.31*l*
	팽창비 500 이상 1,000 미만	0.18*l*

ⓒ 고정포방출구는 바닥면적 $500m^2$마다 1개 이상으로 하여 방호대상물의 화재를 유효하게 소화할 수 있도록 할 것
ⓔ 고정포방출구는 방호대상물의 최고부분보다 높은 위치에 설치할 것. 다만, 밀어 올리는 능력을 가진 것에 있어서는 방호대상물과 같은 높이로 할 수 있다.

② 국소방출방식의 고발포용 고정포방출구는 다음에 따를 것
　㉠ 방호대상물이 서로 인접하여 불이 쉽게 붙을 우려가 있는 경우에는 불이 옮겨 붙을 우려가 있는 범위 내의 방호대상물을 하나의 방호대상물로 하여 설치할 것
　㉡ 고정포방출구(포발생기가 분리되어 있는 것에 있어서는 당해 포발생기를 포함한다.)는 방호 대상물의 구분에 따라 당해 방호대상물의 높이의 3배(1m 미만의 경우에는 1m)의 거리를 수평으로 연장한 선으로 둘러싸인 부분의 면적 $1m^2$에 대하여 1분당 방출량이 다음 표에 따른 양 이상이 되도록 할 것

방호대상물	방호면적 $1m^2$에 대한 1분당 방출량
특수가연물	3L
기타의 것	2L

(5) 이동식 포소화설비의 설치기준[위험물제조소등]

노즐을 동시에 사용할 경우(호스접속구가 4개 이상인 경우는 4개) 각 노즐선단의 방사압력이 0.35MPa 이상이고, 방사량은 옥내에 설치하는 것은 200L/min 이상, 옥외에 설치하는 것은 400L/min 이상으로 30분간 방사할 수 있는 양

(6) 위험물옥외탱크저장소에 설치하는 보조포소화전 설치기준[위험물제조소등]
① 방유제 외측의 소화활동상 유효한 위치에 설치하되 각각의 보조포소화전 상호간의 보행거리가 75m 이하가 되도록 설치할 것
② 보조포소화전은 3개(호스접속구가 3개 미만인 경우에는 그 개수)의 노즐을 동시에 사용할 경우에 각각의 노즐선단의 방사압력이 0.35MPa 이상이고 방사량이 400L/min 이상의 성능이 되도록 설치할 것

(7) 포모니터노즐의 설치기준[위험물제조소등]
① 옥외저장탱크 또는 이송취급소의 펌프설비 등이 안벽, 부두, 해상구조물, 그 밖의 이와 유사한 장소에 설치되어 있는 경우는 당해 장소의 끝선(해면과 접하는선)으로부터 수평거리 15m 이내의해면 및 주입구 등 위험물취급설비의 모든 부분이 수평방사거리 내에 있도록 설치할 것. 이 경우에 그 설치개수가 1개인 경우에는 2개로 할 것
② 모든 노즐을 동시에 사용할 경우에 각 노즐선단의 방사량이 1,900L/min 이상이고, 수평방사 거리가 30m 이상이 되도록 설치할 것

(8) 압축공기포소화설비의 분사헤드설치기준
압축공기포소화설비의 분사헤드는 천장 또는 반자에 설치하되 방호대상물에 따라 측벽에 설치할 수 있으며 유류탱크 주위에는 바닥면적 13.9m²마다 1개 이상, 특수가연물저장소에는 바닥면적 9.3m²마다 1개 이상으로 당해 방호대상물의 화재를 유효하게 소화할 수 있도록 할 것

방호대상물	방호면적 1m²에 대한 1분당 방출량
특수가연물	2.3L
기나의 것	1.03L

11 ▶ 전원

① 포소화설비에는 자가발전설비 또는 축전지설비, 전기저장장치에 따른 비상전원을 설치하되, 다음에 해당하는 경우에는 비상전원수전설비로 설치할 수 있다. 다만, 2 이상의 변전소로부터 동시에 전력을 공급받을 수 있거나 하나의 변전소로 부터 전력의 공급이 중단되는 때에는 자동으로 다른 변전소로부터 전력을 공급받을 수 있도록 상용전원을 설치한 경우와 가압수조방식에는 비상전원을 설치하지 아니할 수 있다.

㉠ 호스릴 포소화설비 또는 포소화전만을 설치한 차고 · 주차장
㉡ 포헤드설비 또는 고정포방출설비가 설치된 부분의 바닥면적의 합계가 1,000m^2 미만인 것
② 그 밖의 사항은 옥내소화전과 동일

12 기타

그 밖의 사항은 스프링클러설비와 동일

CHAPTER 09
이산화탄소소화설비(NFTC106)

1 ▸▸ 계통도 및 작동순서

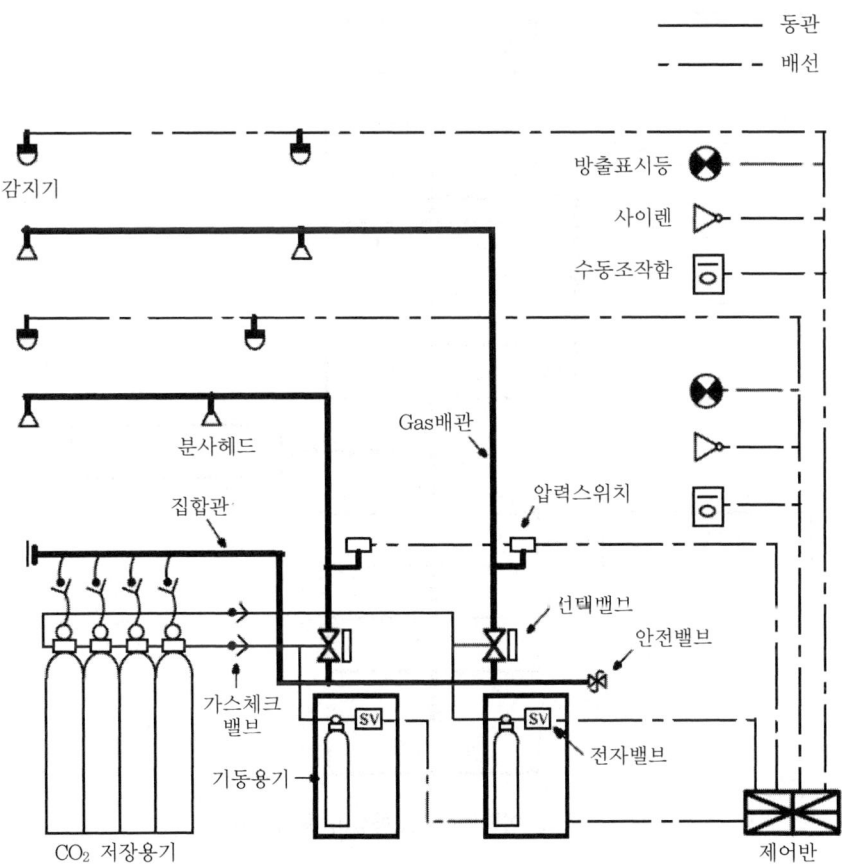

【 이산화탄소소화설비 계통도 】

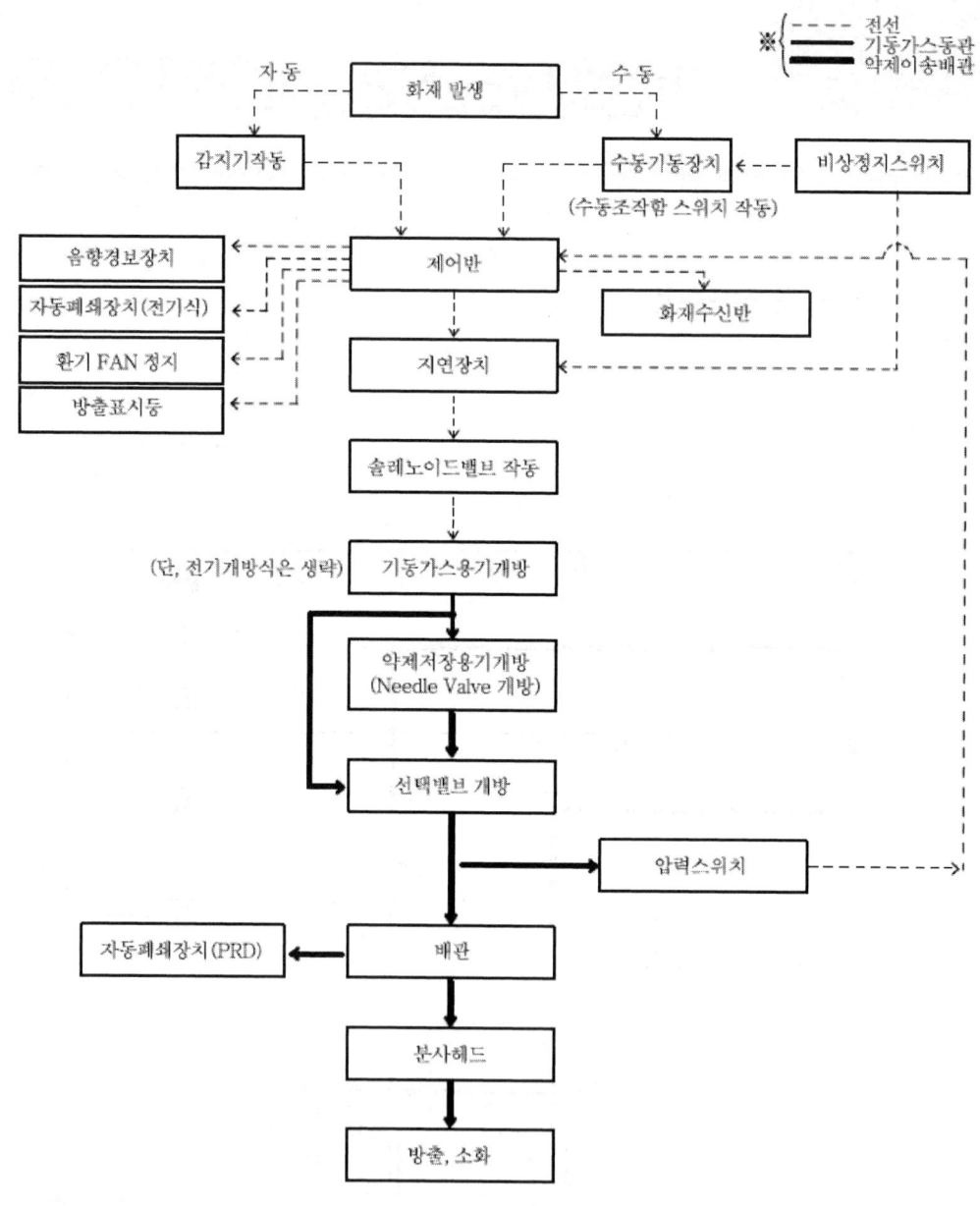

【 이산화탄소소화설비 동작순서 】

❷ 이산화탄소소화설비의 분류

(1) 저장방식에 따른 분류

① **고압식** : CO_2 저장용기에 액화탄산가스를 저장하고 2.1MPa 이상의 압력으로 방사하는 방식

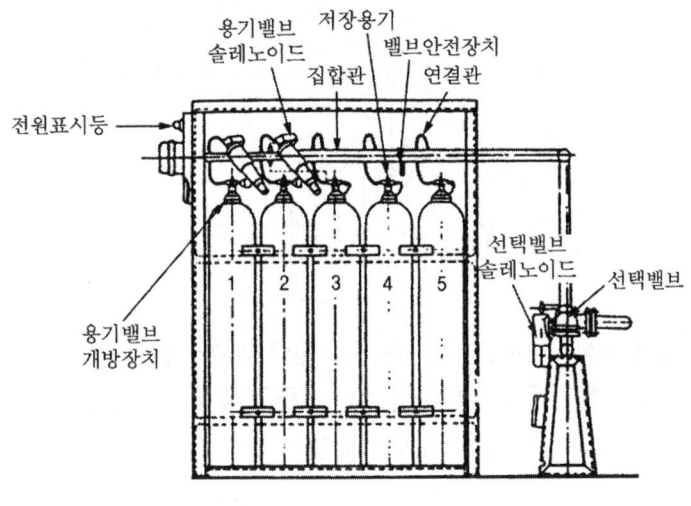

【 고압식 이산화탄소 소화설비 】

② **저압식** : CO_2 저장용기에 액화탄산가스를 −18℃ 이하에서 2.1MPa의 압력으로 유지하고 1.05MPa 이상의 압력으로 방사하는 방식

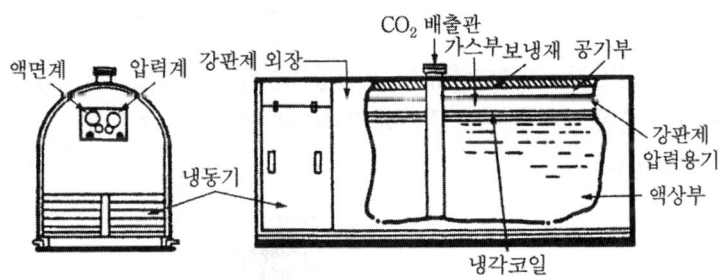

【 저압식 이산화탄소 소화설비 】

(2) 방출방식에 따른 분류

① **전역방출방식** : 방호구역의 개구부가 작고 약제 방출전 밀폐 가능한 곳으로 가연물이 화재실 전체에 균일하게 분포되어 있을 때 방호구역 전역에 균일하고 신속하게 소화약제를 방사하여 산소의 농도를 낮추어 소화하는 방식

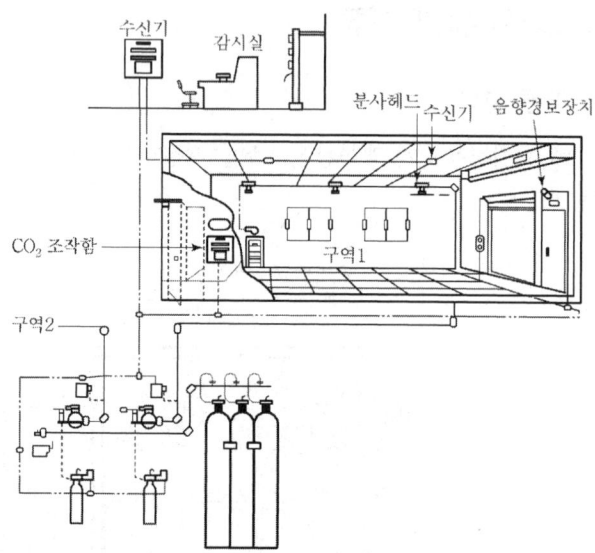

② **국소방출방식** : 방호구역의 개구부가 넓어 밀폐가 불가능하거나 넓은 방호구역 중 어느 일부분에만 가연물이 있을 때 가연물을 중심으로 일정공간에 분사헤드를 설치하여 집중적으로 약제를 방사하는 방식

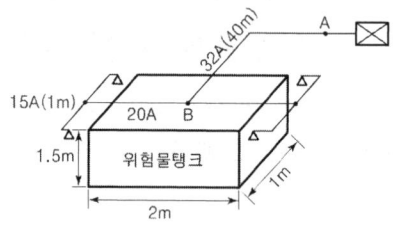

③ **호스릴방출방식** : 전역방출방식, 국소방출방식은 분사헤드가 고정설치되어 있는 반면 호스릴방출방식은 호스를 끌고 화점가까이 접근하여 수동밸브를 개방하여 약제를 방사하는 방식

> **호스릴 이산화탄소설비의 설치 가능장소(할론, 분말설비 동일)**
> 화재시 현저하게 연기가 찰 우려가 없는 장소로서 다음의 장소(차고 또는 주차장 제외)
> - 지상 1층 및 피난층 중 지상에서 수동 또는 원격조작에 따라 개방할 수 있는 개구부의 유효면적의 합계가 바닥면적의 15% 이상이 되는 부분
> - 전기설비가 설치되어 있는 부분 또는 다량의 화기를 사용하는 부분(당해 설비의 주위 5m 이내의 부분을 포함한다.)의 바닥면적이 당해 설비가 설치되어 있는 구획 바닥면적의 5분의 1 미만이 되는 부분

(3) 기동방식에 따른 분류

① **가스압력식** : 화재감지기의 동작 또는 수동조작스위치의 조작에 의해 기동용기의 전자밸브가 개방되며 기동용기의 압력에 의해 선택밸브 및 CO_2 저장용기의 밸브가 개방되는 방식
② **전기식** : 화재감지기의 작동 또는 수동조작스위치의 동작에 의해 CO_2 저장용기 및 선택밸브에 설치된 전자밸브가 개방되는 방식
③ **기계식** : 밸브 내의 압력차에 의해 개방되는 방식

3. 이산화탄소소화설비의 약제 및 저장용기등

(1) 저장용기 설치장소 기준

① 방호구역 외의 장소에 설치할 것. 다만, 방호구역 내에 설치할 경우에는 피난 및 조작이 용이하도록 피난구 부근에 설치할 것
② 온도가 40℃ 이하이고 온도변화가 적은 곳에 설치할 것
③ 직사광선 및 빗물이 침투할 우려가 없는 곳에 설치할 것
④ 방화문으로 구획된 실에 설치할 것
⑤ 용기의 설치장소에는 당해 용기가 설치된 곳임을 표시하는 표지를 할 것
⑥ 용기 간의 간격은 점검에 지장이 없도록 3cm 이상의 간격을 유지할 것
⑦ 저장용기와 집합관을 연결하는 연결배관에는 체크밸브를 설치할 것. 다만, 저장용기가 하나의 방호구역만을 담당하는 경우에는 그러하지 아니하다.

(2) 저장용기 설치기준

① **충전비**
  ㉠ 고압식 : 1.5 이상 1.9 이하
  ㉡ 저압식 : 1.1 이상 1.4 이하

> **Reference**
>
> 저장용기의 약제 충전량 계산식
>
> $$G = \frac{V}{C}$$
>
> G : 충전질량(kg), C : 충전비, V : 용기의 내용적(l)

② 저압식 저장용기의 부속장치
　㉠ 안전장치(안전밸브, 봉판)
　㉡ 액면계
　㉢ 압력계
　㉣ 압력경보장치 : 2.3MPa 이상 1.9MPa 이하의 압력에서 작동
　㉤ 자동냉동장치 : 용기 내부의 온도가 −18℃ 이하로 유지될 수 있도록 설치

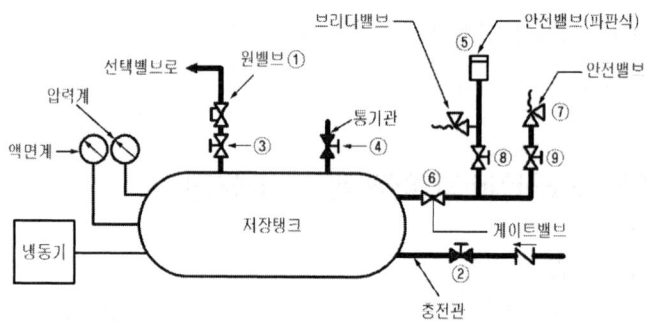

【 저압식 저장용기 】

> **Reference**
>
> 안전장치 작동압력
> ① 기동용 가스용기 : 내압시험압력의 0.8배 내지 내압시험압력 이하 에서 작동
> ② 저장용기와 선택밸브 또는 개폐밸브 사이 : 내압시험압력의 0.8배에서 작동
> ③ 저압식 저장용기
> 　㉠ 안전밸브 : 내압시험압력의 0.64~0.8배에서 작동
> 　㉡ 봉판 : 내압시험압력의 0.8~내압시험압력에서 작동
>
> 내압시험압력
> ① 고압식 저장용기 : 25MPa 이상
> ② 저압식 저장용기 : 3.5MPa 이상
> ③ 기동용기 및 밸브 : 25MPa 이상

(3) 소화약제의 저장량

① 전역방출방식

$$W = (V \times \alpha) + (A \times \beta)$$

W : 이산화탄소의 약제량(kg), V : 방호구역의 체적(m^3), α : 체적계수(kg/m^3)
A : 자동폐쇄장치가 없는 개구부의 면적(m^2), β : 면적계수(kg/m^2)

㉠ 표면화재인 때(가연성액체 또는 가연성가스 등)

㉮ 방호구역의 체적 $1m^3$에 대한 기본약제량

방호구역의 체적	방호구역의 체적 $1m^3$에 대한 소화약제의 양	소화약제 저장량의 최저한도
$45m^3$ 미만	1.00kg	45kg
$45m^3$ 이상 $150m^3$ 미만	0.90kg	45kg
$150m^3$ 이상 $1,450m^3$ 미만	0.80kg	135kg
$1,450m^3$ 이상	0.75kg	1,125kg

※ 산출한 양이 최저한도의 양 미만인 경우에는 그 최저한도의 양으로 한다.
※ 불연재료나 내열성의 재료로 밀폐된 구조물이 있는 경우에는 그 체적을 제외한다.

㉯ 설계농도가 34% 이상인 방호대상물의 소화약제량은 상기 ㉮의 기준에 의한 산출량에 다음 표에 의한 보정계수를 곱하여 산출한다.

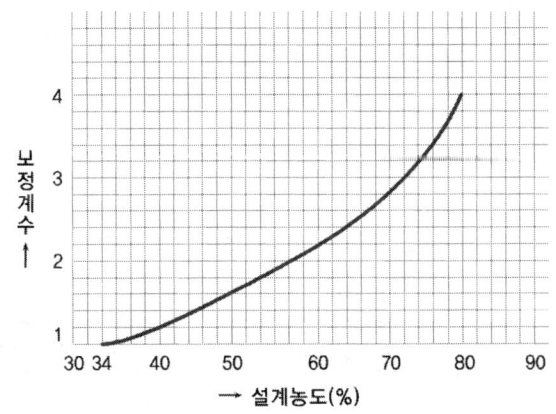

【 가연성액체 또는 가연성가스의 소화에 필요한 설계농도 】

방호대상물	설계농도(%)
수소(Hydrogen)	75
아세틸렌(Acetylene)	66

일산화탄소(Carbon Monoxide)	64
산화에틸렌(Ethylene Oxide)	53
에틸렌(Ethylene)	49
에탄(Ethane)	40
석탄가스, 천연가스(Coal, Natural Gas)	37
스킬로프로판(Cyclo Propane)	37
이소부탄(Iso Betane)	36
프로판(Propane)	36
부탄(Butane)	34
메탄(Methane)	34

!Reference

설계농도가 34% 이상인 경우의 약제량 산정식
$$W = (V \times \alpha) \times N + (A \times \beta)$$
W : 이산화탄소의 약제량(kg), V : 방호구역의 체적(m^3)
α : 체적계수(kg/m^3), N : 보정계수
A : 자동폐쇄장치가 없는 개구부의 면적(m^2), β : 면적계수(kg/m^2)

㈐ 방호구역의 개구부에 자동폐쇄장치를 설치하지 아니한 경우에는 ㉮ 및 ㉯의 기준에 따라 산출한 양에 개구부면적 $1m^2$당 5kg을 가산해야 한다. 이 경우 개구부의 면적은 방호구역 전체 표면적의 3% 이하로 해야 한다.

!Reference

전체 표면적 : 방호구역의 4벽면과 천장, 바닥면적을 모두 합한 면적

ⓒ 심부화재인 때(종이·목재·석탄·섬유류·합성수지류 등)
  ㉮ 방호구역의 체적 $1m^3$에 대한 기본약제량

방호대상물	방호구역 $1m^3$에 대한 약제량	설계농도
유압기를 제외한 전기설비, 케이블실	1.3kg	50%
체적 $55m^3$ 미만의 전기설비	1.6kg	50%
서고, 전자제품창고, 목재가공품 창고, 박물관	2.0kg	65%
고무류, 면화류창고, 모피창고, 석탄창고, 집진설비	2.7kg	75%

※ 불연재료나 내열성의 재료로 밀폐된 구조물이 있는 경우에는 그 체적을 제외한다.

㉯ 방호구역의 개구부에 자동폐쇄장치를 설치하지 아니한 경우에는 ㉮의 기준에 따라 산출한 양에 개구부 면적 1m²당 10kg을 가산해야 한다. 이 경우 개구부의 면적은 방호구역 전체 표면적의 3% 이하로 해야 한다.

> **Reference**
>
> **설계농도**
> 보통의 탄화수소인 경우 질식소화를 위한 산소의 농도는 15% 정도이다. 산소의 농도를 15%로 하기 위한 CO_2의 농도는 28.6% 정도이며 여기에 안전율 20%를 고려하면 28.6×1.2=34%이다. CO_2 소화설비를 설치 시 약제저장량은 최소 34% 이상을 유지할 수 있는 양을 저장한다.

② **국소방출방식**
  ㉠ 윗면이 개방된 용기에 저장하고 연소면이 한정되고 가연물이 비산할 우려가 없는 경우

$$W = A \times 13 kg/m^2 \times \alpha$$

  W : 이산화탄소의 약제량(kg), A : 방호대상물의 표면적(m²)
  α : 고압식은 1.4, 저압식은 1.1

  ㉡ 그 밖의 경우

$$W = V \times Q \times \alpha$$

  W : 이산화탄소의 약제량(kg), V : 방호공간의 체적(m³)
  Q : 방호공간 1m³당의 약제량(kg/m³), α : 고압식은 1.4, 저압식은 1.1

  ※ 방호공간 : 방호대상물의 각 부분으로부터 0.6m의 거리에 따라 둘러싸인 공간

> **Reference**
>
> **방호공간 1m³당의 약제량**
>
> $$Q = 8 - 6\frac{a}{A}$$
>
> Q : 방호공간 1m³에 대한 이산화탄소 소화약제의 양(kg/m³)
> a : 방호대상물 주위에 설치된 벽 면적의 합계(m²)
> A : 방호공간의 벽 면적(벽이 없는 경우에는 벽이 있는 것으로 가정한 면적)의 합계(m²)

③ **호스릴 방출방식** : 하나의 노즐에 대하여 90kg 이상 저장할 것

4 ▸▸ 기동장치

(1) 수동식기동장치

이산화탄소소화설비의 수동식 기동장치는 다음의 기준에 따라 설치해야 한다. 이 경우 수동식 기동장치의 부근에는 소화약제의 방출을 지연시킬 수 있는 방출지연스위치(자동 복귀형 스위치로서 수동식 기동장치의 타이머를 순간 정지시키는 기능의 스위치를 말한다)를 설치해야 한다.

① 전역방출방식에 있어서는 방호구역마다, 국소방출방식에 있어서는 방호대상물마다 설치할 것
② 당해 방호구역의 출입구부분 등 조작을 하는 자가 쉽게 피난할 수 있는 장소에 설치할 것
③ 기동장치의 조작부는 바닥으로부터 높이 0.8m 이상 1.5m 이하의 위치에 설치하고 보호판 등에 따른 보호장치를 설치할 것
④ 기동장치에는 그 가까운 곳의 보기 쉬운 곳에 "이산화탄소소화설비 기동장치"라고 표시한 표지를 할 것
⑤ 전기를 사용하는 기동장치에는 전원표시등을 설치할 것
⑥ 기동장치의 방출용 스위치는 음향경보장치와 연동하여 조작될 수 있는 것으로 할 것

(2) 자동식기동장치

① 자동화재탐지설비 감지기의 작동과 연동할 것
② 자동식 기동장치에는 수동으로도 기동할 수 있는 구조로 할 것
③ 전기식 기동장치로서 7병 이상의 저장용기를 동시에 개방하는 설비에 있어서는 2병 이상의 저장용기에 전자개방밸브를 부착할 것
④ 가스압력식 기동장치는 다음의 기준에 따를 것
  ㉠ 기동용 가스용기 및 당해 용기에 사용하는 밸브는 25MPa 이상의 압력에 견딜 수 있는 것으로 할 것
  ㉡ 기동용 가스용기에는 내압시험압력의 0.8배 내지 내압시험압력 이하 에서 작동하는 안전장치를 설치할 것
  ㉢ 기동용 가스용기의 용적은 5L 이상으로 하고 해당 용기에 저장하는 질소등의 비활성기체는 6.0MPa 이상(21℃기준)의 압력으로 충전할 것
  ㉣ 기동용 가스용기에는 충전여부를 확인할 수 있는 압력게이지를 설치할 것.
⑤ 기계식 기동장치에 있어서는 저장용기를 쉽게 개방할 수 있는 구조로 할 것

(3) 출입구등의 보기쉬운곳에 소화약제의 방사를 표시하는 표시등을 설치할 것

5 ▶▶ 제어반 및 화재표시반

(1) **제어반의 기능**

제어반은 수동기동장치 또는 감지기에서의 신호를 수신하여 음향경보장치의 작동, 소화약제의 방출 또는 지연 기타의 제어기능을 가진 것으로 하고, 제어반에는 전원표시등을 설치할 것

(2) **화재표시반의 기능 및 설치기준**

화재표시반은 제어반에서의 신호를 수신하여 작동하는 기능을 가진 것으로 하되, 다음 각 목의 기준에 따라 설치할 것

① 각 방호구역마다 음향경보장치의 조작 및 감지기의 작동을 명시하는 표시등과 이와 연동하여 작동하는 벨·부자 등의 경보기를 설치할 것. 이 경우 음향경보장치의 조작 및 감지기의 작동을 명시하는 표시등을 겸용할 수 있다.
② 수동식 기동장치는 그 방출용스위치의 작동을 명시하는 표시등을 설치할 것
③ 소화약제의 방출을 명시하는 표시등을 설치할 것
④ 자동식 기동장치는 자동·수동의 절환을 명시하는 표시등을 설치할 것

(3) 제어반 및 화재표시반의 설치장소는 화재에 따른 영향, 진동 및 충격에 따른 영향 및 부식의 우려가 없고 점검에 편리한 장소에 설치할 것

(4) 제어반 및 화재표시반에는 해당 회로도 및 취급설명서를 비치할 것

(5) 수동잠금밸브의 개폐여부를 확인할 수 있는 표시등을 설치할 것

6 ▶▶ 배관 등

(1) **배관의 설치기준**

① 배관은 전용으로 할 것
② 강관을 사용하는 경우의 배관은 압력배관용탄소강관(KS D 3562) 중 스케쥴 80(저압식에 있어서는 스케쥴 40) 이상의 것 또는 이와 동등 이상의 강도를 가진 것으로 아연도금 등으로 방식처리된 것을 사용할 것. 다만, 배관의 호칭구경이 20mm 이하인

경우에는 스케줄 40 이상인 것을 사용할 수 있다.
③ 동관을 사용하는 경우의 배관은 이음이 없는 동 및 동합금관(KS D 5301)으로서 고압식은 16.5MPa 이상, 저압식은 3.75MPa 이상의 압력에 견딜 수 있는 것을 사용할 것
④ 고압식의 경우 개폐밸브 또는 선택밸브의 2차측 배관부속은 2MPa의 압력에 견딜 수 있는 것을 사용해야 하며 1차측 배관부속은 4MPa의 압력에 견딜 수 있는 것을 사용해야 하고 저압식의 경우에는 2MPa의 압력에 견딜 수 있는 배관부속을 사용할 것

(2) 배관의 구경

소요량이 다음의 기준에 따른 시간 내에 방사될 수 있는 것으로 할 것
① 전역방출방식
  ㉠ 표면화재(가연성액체 또는 가연성가스 등) 방호대상물의 경우에는 1분
  ㉡ 심부화재(종이, 목재, 석탄, 석유류, 합성수지류 등) 방호대상물의 경우에는 7분, 이 경우 설계농도가 2분 이내에 30%에 도달해야 한다.
② 국소방출방식의 경우에는 30초

(3) 수동잠금밸브

소화약제의 저장용기와 선택밸브 사이의 집합배관에는 수동잠금밸브를 설치하되 선택밸브 직전에 설치할 것. 다만, 선택밸브가 없는 설비의 경우에는 저장용기실 내에 설치하되 조작 및 점검이 쉬운 위치에 설치해야 한다

7. 선택밸브

하나의 소방대상물 또는 그 부분에 2 이상의 방호구역 또는 방호대상물이 있어 이산화탄소 저장용기를 공용하는 경우에는 다음 각호의 기준에 따라 선택밸브를 설치할 것
① 방호구역 또는 방호대상물마다 설치할 것
② 각 선택밸브에는 그 담당 방호구역 또는 방호대상물을 표시할 것

 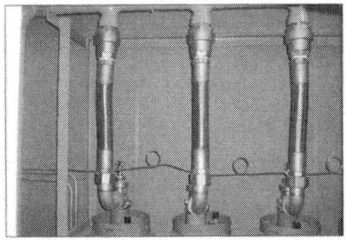

8 ▶▶ 분사헤드

① 전역방출방식의 분사헤드
  ㉠ 방사된 소화약제가 방호구역의 전역에 균일하게 신속히 확산할 수 있도록 할 것
  ㉡ 분사헤드의 방사압력이 2.1MPa(저압식은 1.05MPa) 이상의 것으로 할 것
  ㉢ 소화약제의 저장량을 표면화재는 1분, 심부화재는 7분 이내에 방사할 수 있을 것

② 국소방출방식의 분사헤드
  ㉠ 방사된 소화약제가 방호구역의 전역에 균일하게 신속히 확산할 수 있도록 할 것
  ㉡ 분사헤드의 방사압력이 2.1MPa(저압식은 1.05MPa) 이상의 것으로 할 것
  ㉢ 소화약제의 저장량은 30초 이내에 방사할 수 있는 것으로 할 것
  ㉣ 소화약제의 방사에 따라 가연물이 비산하지 아니하는 장소에 설치할 것

③ 분사헤드의 오리피스 구경
  ㉠ 분사헤드에는 부식방지조치를 해야 하며 오리피스의 크기, 제조일자, 제조업체가 표시되도록 할 것
  ㉡ 분사헤드의 개수는 방호구역에 방사시간이 충족되도록 설치할 것
  ㉢ 분사헤드의 방출률 및 방출압력은 제조업체에서 정한 값으로 할 것
  ㉣ 분사헤드 오리피스의 면적은 분사헤드가 연결되는 배관구경 면적의 70%를 초과하지 아니할 것

> **Reference**
>
> 분사헤드의 분출구면적 산출식
>
> $$분출구의\ 면적(cm^2) = \frac{헤드\ 1개당의\ 방사량(kg)}{방출률(kg/cm^2 \cdot min) \times 방사시간(min)}$$

④ 호스릴이산화탄소소화설비 설치기준
  ㉠ 방호대상물의 각 부분으로부터 하나의 호스접결구까지의 수평거리가 15m 이하가 되도록 할 것
  ㉡ 노즐은 20℃에서 하나의 노즐마다 60kg/min 이상의 소화약제를 방사할 수 있는 것으로 할 것
  ㉢ 소화약제 저장용기는 호스릴을 설치하는 장소마다 설치할 것
  ㉣ 소화약제 저장용기의 개방밸브는 호스의 설치장소에서 수동으로 개폐할 수 있는 것으로 할 것
  ㉤ 소화약제 저장용기의 가장 가까운 곳의 보기 쉬운 곳에 표시등을 설치하고, 호스릴이산화탄소 소화설비가 있다는 뜻을 표시한 표지를 할 것

9 ▸▸ 분사헤드 설치제외 장소

① 방재실·제어실 등 사람이 상시 근무하는 장소
② 니트로셀룰로오스·셀룰로이드제품 등 자기연소성 물질을 저장·취급하는 장소
③ 나트륨·칼륨·칼슘 등 활성금속물질을 저장·취급하는 장소
④ 전시장 등의 관람을 위하여 다수인이 출입·통행하는 통로 및 전시실 등

10 ▸▸ 자동식기동장치의 화재감지기

① 각 방호구역 내의 화재감지기의 감지에 따라 작동되도록 할 것
② 화재감지기의 회로는 교차회로방식으로 설치할 것. 다만, 화재감지기를 자동화재탐지설비의 화재안전기준(NFTC 203)의 오동작 없는 감지기를 설치하는 경우에는 그러하지 아니하다.
③ 교차회로 내의 각 화재감지기 회로별로 설치된 화재감지기 1개가 담당하는 바닥면적은 자동화재탐지설비의 화재안전기준(NFTC 203) 규정에 따른 바닥면적으로 할 것

⑪ 음향경보장치

① 음향경보장치의 설치기준
  ㉠ 수동식 기동장치를 설치한 것에 있어서는 그 기동장치의 조작과정에서, 자동식 기동장치를 설치한 것에 있어서는 화재감지기와 연동하여 자동으로 경보를 발하는 것으로 할 것
  ㉡ 소화약제의 방사 개시 후 1분 이상 경보를 계속할 수 있는 것으로 할 것
  ㉢ 방호구역 또는 방호대상물이 있는 구획 안에 있는 자에게 유효하게 경보할 수 있는 것으로 할 것

② 방송에 따른 경보장치의 설치기준
  ㉠ 증폭기 재생장치는 화재 시 연소의 우려가 없고 유지관리가 쉬운 장소에 설치할 것
  ㉡ 방호구역 또는 방호대상물이 있는 구획의 각 부분으로부터 하나의 확성기까지의 수평거리는 25m 이하가 되도록 할 것
  ㉢ 제어반의 복구스위치를 조작하여도 경보를 계속 발할 수 있는 것으로 할 것

⑫ 자동폐쇄장치

① 환기장치를 설치한 것에 있어서는 이산화탄소가 방사되기 전에 당해 환기장치가 정지할 수 있도록 할 것
② 개구부가 있거나 천장으로부터 1m 이상의 아랫부분 또는 바닥으로부터 당해 층의 높이의 3분의 2 이내의 부분에 통기구가 있어 이산화탄소의 유출에 따라 소화효과를 감소시킬 우려가 있는 것에 있어서는 이산화탄소가 방사되기 전에 당해 개구부 및 통기구를 폐쇄할 수 있도록 할 것
③ 자동폐쇄장치는 방호구역 또는 방호대상물이 있는 구획의 밖에서 복구할 수 있는 구조로 하고 그 위치를 표시하는 표지를 할 것

⑬ 비상전원[자가발전설비, 축전지설비 또는 전기저장장치]

① 점검에 편리하고 화재 및 침수 등의 재해로 인한 피해를 받을 우려가 없는 곳에 설치할 것
② 이산화탄소소화설비를 유효하게 20분 이상 작동할 수 있어야 할 것

③ 상용전원으로부터 전력의 공급이 중단된 때에는 자동으로 비상전원으로부터 전력을 공급받을 수 있도록 할 것
④ 비상전원의 설치장소는 다른 장소와 방화구획 할 것. 이 경우 그 장소에는 비상전원의 공급에 필요한 기구나 설비외의 것(열병합발전설비에 필요한 기구나 설비는 제외한다)을 두어서는 아니 된다.
⑤ 비상전원을 실내에 설치하는 때에는 그 실내에 비상조명등을 설치할 것

> **비상전원 제외 경우**
> 2 이상의 변전소(「전기사업법」제67조에 따른 변전소를 말한다. 이하 같다)에서 전력을 동시에 공급받을 수 있거나 하나의 변전소로부터 전력의 공급이 중단되는 때에는 자동으로 다른 변전소로부터 전력을 공급받을 수 있도록 상용전원을 설치한 경우에는 비상전원을 설치하지 아니할 수 있다.

14. 배출설비

지하층, 무창층 및 밀폐된 거실 등에 이산화탄소소화설비를 설치한 경우에는 소화약제의 농도를 희석시키기 위한 배출설비를 갖추어야 한다.

15. 과압배출구

이산화탄소소화설비의 방호구역에 소화약제가 방출시 과압으로 인하여 구조물 등에 손상이 생길 우려가 있는 장소에는 과압배출구를 설치해야 한다.

16. 설계프로그램

컴퓨터프로그램을 이용하여 설계할 경우에는 [가스계소화설비의 설계프로그램 성능인증 및 제품검사의 기술기준]에 적합한 설계프로그램을 사용해야 한다.

17. 안전시설 등

이산화탄소소화설비가 설치된 장소에는 다음 각호의 기준에 따른 안전시설을 설치해야 한다.

① 소화약제 방출시 방호구역 내와 부근에 가스방출시 영향을 미칠 수 있는 장소에 시각경보장치를 설치하여 소화약제가 방출되었음을 알도록 할 것
② 방호구역의 출입구 부근 잘 보이는 장소에 약제방출에 따른 위험경고표지를 부착할 것

CHAPTER 10 할론소화설비(NFTC107)

1 할론소화설비의 분류

(1) 가압방식에 따른 분류

① **가압식**: 할론약제와 압축가스인 N_2가스를 서로 다른 용기에 저장하고 배관을 연결하고 있다가 화재로 인한 방출시 N_2가스 용기를 먼저 개방하여 할론약제를 밀어내어 방사하는 방식

② **축압식**: 할론약제와 N_2를 동일한 용기에 충전시켜두었다가 화재시 용기밸브의 개방에 의해 방사하는 방식

> **! Reference**
>
> 할론약제는 증기압이 작아 할론약제 단독으로는 필요압력으로 방출이 어려우므로 압축가스인 N_2를 가압 또는 축압의 방식을 통하여 할론용기와 연결하고 N_2의 압력을 이용하여 방사하는 방식을 택한다.
>
> **할론약제별 비교**
>
> | 할론약제의 종류 | 증기압(20℃ 기준) | 방사압력 | 방식 |
> |---|---|---|---|
> | 할론 2402 | 0.5kgf/cm² | 0.1MPa | 가압식 또는 축압식 |
> | 할론 1211 | 2.5kgf/cm² | 0.2MPa | 축압식 |
> | 할론 1301 | 14kgf/cm² | 0.9MPa | 축압식 |

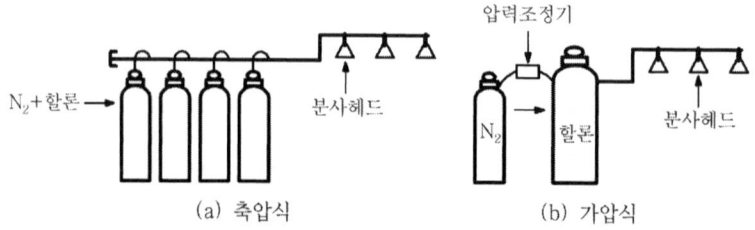

【 할론소화설비 】

(2) 방출방식에 따른 분류
① 전역방출방식
② 국소방출방식
③ 호스릴방출방식

(3) 기동(개방)방식에 따른 분류
① 가스압력식
② 전기식
③ 기계식

2 ▸▸ 할론소화설비의 약제 및 저장용기등

(1) 할론소화약제의 저장용기 등
① 저장용기 설치장소의 기준 : 이산화탄소 소화설비와 동일
② 저장용기의 설치기준
   ㉠ 축압식 저장용기의 압력은 온도 20℃에서 할론 1211을 저장하는 것에 있어서는 1.1MPa 또는 2.5MPa, 할론 1301을 저장하는 것에 있어서는 2.5MPa 또는 4.2MPa이 되도록 질소가스로 축압해야 한다.
   ㉡ 동일 집합관에 접속되는 용기의 소화약제 충전량은 동일 충전비의 것이어야 한다.
   ㉢ 저장용기의 충전비
      ㉮ 할론 2402
         • 가압식 : 0.51 이상, 0.67 미만
         • 축압식 : 0.67 이상, 2.75 이하
      ㉯ 할론 1211
         • 0.7 이상, 1.4 이하
      ㉰ 할론 1301
         • 0.9 이상, 1.6 이하
   ㉣ 가압용 가스용기는 질소가스가 충전된 것으로 하고, 그 압력은 21℃에서 2.5MPa 또는 4.2MPa이 되도록 해야 한다.
   ㉤ 할론소화약제 저장용기의 개방밸브는 전기식·가스압력식 또는 기계식에 따라 자동으로 개방되고 수동으로도 개방되는 것으로서 안전장치가 부착된 것으로 해야 한다.

ⓑ 가압식 저장용기에는 2MPa 이하의 압력으로 조정할 수 있는 압력조정장치를 설치해야 한다.

ⓢ 하나의 구역을 담당하는 소화약제 저장용기의 소화약제량의 체적합계보다 그 소화약제 방출 시 방출경로가 되는 배관(집합관 포함)의 내용적이 1.5배 이상일 경우에는 당해 방호구역에 대한 설비는 별도 독립방식으로 해야 한다.

(2) 소화약제의 저장량

① 전역방출방식

$$W = (V \times \alpha) + (A \times \beta)$$

W : 할론 약제량(kg), V : 방호구역의 체적(m^3), α : 체적계수(kg/m^3)
A : 자동폐쇄장치가 없는 개구부의 면적(m^2), β : 면적계수(kg/m^2)

소방대상물 또는 그 부분		소화약제의 종별	방호구역의 체적 $1m^3$당 소화약제의 양	가산량 (개구부 $1m^3$당)
차고, 주차장, 전기실, 통신기기실, 전산실, 기타 이와 유사한 전기설비가 설치되어 있는 부분		할론 1301	0.32~0.64kg	2.4kg
특수가연물을 저장, 취급하는 소방대상물 또는 그 부분	가연성 고체류 가연성 액체류	할론 2402	0.40~1.1kg	3.0kg
		할론 1211	0.36~0.71kg	2.7kg
		할론 1301	0.32~0.64kg	2.4kg
	면화류, 나무껍질 및 대팻밥, 넝마 및 종이부스러기, 사류, 볏짚류, 목재 가공품 및 나무부스러기를 저장·취급하는 것	할론 1211	0.60~0.71kg	4.5kg
		할론 1301	0.52~0.64kg	3.9kg
	합성수지류를 저장·취급하는 것	할론 1211	0.36~0.74kg	2.7kg
		할론 1301	0.32~0.64kg	2.4kg

② 국소방출방식

㉠ 윗면이 개방된 용기에 저장하는 경우와 연소면이 1면에 한정되고 가연물이 비산할 우려가 없는 경우

$$W = A \times \alpha \times \beta$$

W : 할론 약제량(kg), A : 방호대상물의 표면적(m^2)
α : 방호대상물의 표면적 $1m^3$에 대한 소화약제의 양(kg/m^2)
β : 약제별 계수(2402, 1211은 1.1, 할론 1301은 1.25)

소화약제의 종별	방호대상물 표면적 1m²에 대한 소화약제량	약제별 계수
할론 2402	8.8kg	1.1
할론 1211	7.6kg	1.1
할론 1301	6.8kg	1.25

※ 4류 위험물의 경우는 위 식에 의해 산출된 약제량에 위험물별 계수를 곱한 양 이상을 저장한다.

ⓒ 그 밖의 경우

$$W = V \times Q \times \beta$$

W : 할론 약제량(kg), V : 방호공간의 체적(m³), Q : 방호공간 1m²당의 약재량(kg/m²),

β : 약제별 계수(2402, 1211은 1.1, 할론 1301은 1.25)

㉮ 방호공간 : 방호대상물의 각 부분으로부터 0.6m의 거리에 따라 둘러싸인 공간
㉯ 방호공간 1m³당의 약제량

$$Q = X - Y \frac{a}{A}$$

Q : 방호공간 1m³에 대한 소화약제의 양(kg/m³)
a : 방호대상물 주위에 설치된 벽 면적의 합계(m²)
A : 방호공간의 벽 면적(벽이 없는 경우에는 벽이 있는 것으로 가정한 면적)의 합계(m²)

소화약제의 종별	X의 수치	Y의 수치
할론 2402	5.2	3.9
할론 1211	4.4	3.3
할론 1301	4.0	3.0

③ 호스릴 방식 : 하나의 노즐에 대하여 다음 표에 의한 양 이상으로 할 것

소화약제의 종별	소화약제의 양
할론 2402 또는 할론 1211	50kg
할론 1301	45kg

③ 기동장치

이산화탄소 소화설비와 동일

4 ▶▶ 제어반

이산화탄소 소화설비와 동일

5 ▶▶ 배관

① 배관은 전용으로 할 것
② 강관을 사용하는 경우의 배관은 압력배관용탄소강관(KS D 3562) 중 스케줄 40 이상의 것 또는 이와 동등 이상의 강도를 가진 것으로서 아연도금 등에 따라 방식처리된 것을 사용할 것
③ 동관을 사용하는 경우에는 이음이 없는 동 및 동합금관(KS D 5301)의 것으로서 고압식은 16.5MPa 이상, 저압식은 3.75MPa 이상의 압력에 견딜 수 있는 것을 사용할 것
④ 배관부속 및 밸브류는 강관 또는 동관과 동등 이상의 강도 및 내식성이 있는 것으로 할 것

6 ▶▶ 선택밸브

이산화탄소 소화설비와 동일

7 ▶▶ 분사헤드

① 전역방출방식의 분사헤드
  ㉠ 방사된 소화약제가 방호구역의 전역에 균일하게 신속히 확산할 수 있도록 할 것
  ㉡ 할론 2402를 방출하는 분사헤드는 당해 소화약제가 무상으로 분무되는 것으로 할 것
  ㉢ 분사헤드의 방사압력은 할론 2402를 방사하는 것에 있어서는 0.1MPa 이상, 할론 1211을 방사하는 것에 있어서는 0.2MPa 이상, 할론 1301을 방사하는 것에 있어서는 0.9MPa 이상으로 할 것
  ㉣ 기준저장량의 소화약제를 10초 이내에 방사할 수 있는 것으로 할 것
② 국소방출방식의 분사헤드
  ㉠ 소화약제의 방사에 따라 가연물이 비산하지 아니하는 장소에 설치할 것
  ㉡ 할론 2402를 방사하는 분사헤드는 당해 소화약제가 무상으로 분무되는 것으로 할 것

ⓒ 분사헤드의 방사압력은 할론 2402를 방사하는 것에 있어서는 0.1MPa 이상, 할론 1211을 방사하는 것에 있어서는 0.2MPa 이상, 할론 1301을 방사하는 것에 있어서는 0.9MPa 이상으로 할 것
ⓓ 기준저장량의 소화약제를 10초 이내에 방사할 수 있는 것으로 할 것
③ 호스릴 설치 가능장소 : 화재시 현저하게 연기가 찰 우려가 없는 장소로서 다음에 해당하는 장소(차고 또는 주차장 제외)
㉠ 지상 1층 및 피난층에 있는 부분으로서 지상에서 수동 또는 원격조작에 따라 개방할 수 있는 개구부의 유효면적의 합계가 바닥면적의 15% 이상이 되는 부분
㉡ 전기설비가 설치되어 있는 부분 또는 다량의 화기를 사용하는 부분(당해 설비의 주위 5m 이내의 부분을 포함한다.)의 바닥면적이 당해 설비가 설치되어 있는 구획의 바닥면적의 5분의 1 미만이 되는 부분
④ 호스릴 할론소화설비의 설치기준
㉠ 방호대상물의 각 부분으로부터 하나의 호스접결구까지의 수평거리가 20m 이하가 되도록 할 것
㉡ 소화약제의 저장용기의 개방밸브는 호스릴의 설치장소에서 수동으로 개폐할 수 있는 것으로 할 것
㉢ 소화약제의 저장용기는 호스릴을 설치하는 장소마다 설치할 것
㉣ 노즐은 20℃에서 하나의 노즐마다 1분당 다음 표에 따른 소화약제를 방사할 수 있는 것으로 할 것

소화약제의 종별	소화약제의 양(kg)
할론 2402	45
할론 1211	40
할론 1301	35

㉤ 소화약제 저장용기의 가까운 곳의 보기 쉬운 곳에 적색의 표시등을 설치하고, 호스릴할로겐 화합물소화설비가 있다는 뜻을 표시한 표지를 할 것
⑤ 분사헤드의 오리피스구경·방출률·크기 등에 관한 기준 : 이산화탄소 소화설비와 동일

8 ▶▶ 화재감지기, 음향경보장치, 자동폐쇄장치, 비상전원, 프로그램 등

이산화탄소 소화설비와 동일

CHAPTER 11

할로겐화합물 및 불활성기체 소화설비(NFTC107A)

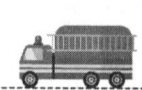

1 ▶▶ 할로겐화합물 및 불활성기체소화약제의 정의 및 종류

(1) 할로겐화합물 및 불활성기체소화약제의 정의

① "할로겐화합물 및 불활성기체소화약제"라 함은 할로겐화합물(할론 1301, 할론 2402, 할론 1211 제외) 및 불활성 기체로서 전기적으로 비전도성이며 휘발성이 있거나 증발 후 잔여물을 남기지 않는 소화약제를 말한다.
② "할로겐화합물소화약제"라 함은 불소, 염소, 브롬 또는 요오드 중 하나 이상의 원소를 포함하고 있는 유기화합물을 기본성분으로 하는 소화약제를 말한다.
③ "불활성기체소화약제"라 함은 헬륨, 네온, 아르곤 또는 질소가스 중 하나 이상의 원소를 기본성분으로 하는 소화약제를 말한다.
④ "충전밀도"라 함은 용기의 단위용적당 소화약제의 중량의 비율을 말한다.

(2) 소화약제의 종류

소화약제	화학식
퍼플루오로부탄(이하 "FC-3-1-10"이라 한다.)	C_4F_{10}
하이드로클로로플루오로카본혼화제 (이하 "HCFC BLEND A"라 한다.)	HCFC-123($CHCl_2CF_3$) : 4.75% HCFC-22($CHClF_2$) : 82% HCFC-124($CHClFCF_3$) : 9.5% $C_{10}H_{16}$: 3.75%
클로로테트라플루오로에탄(이하 "HCFC-124"라 한다.)	$CHClFCF_3$
펜타플루오로에탄(이하 "HFC-125"라 한다.)	CHF_2CF_3
헵타플루오로프로판(이하 "HFC-227ea"라 한다.)	CF_3CHFCF_3
트리플루오로메탄(이하 "HFC-23"라 한다.)	CHF_3
헥사플루오로프로판(이하 "HFC-236fa"라 한다.)	$CF_3CH_2CF_3$
트리플루오로이오다이드(이하 "FIC-13I1"라 한다.)	CF_3I
도데카플루오르-2-메틸펜탄-3-원(이하 "FK-5-1-12"라 한다.)	$CF_3CF_2C(O)CF(CF_3)_2$
불연성·불활성 기체혼합가스(이하 "IG-01"라 한다.)	Ar

불연성·불활성 기체혼합가스(이하 "IG-100"라 한다.)	N_2
불연성·불활성 기체혼합가스(이하 "IG-541"라 한다.)	N_2 : 52%, Ar : 40%, CO_2 : 8%
불연성·불활성 기체혼합가스(이하 "IG-55"라 한다.)	N_2 : 50%, Ar : 50%

❷ 할로겐화합물 및 불활성기체소화설비의 약제 및 저장용기등

(1) 할로겐화합물 및 불활성기체소화약제의 저장용기 등

① 저장용기 설치장소의 기준
  ㉠ 온도가 55℃ 이하이고 온도의 변화가 적은 곳에 설치할 것
  ㉡ 그 밖의 사항은 이산화탄소 소화설비와 동일

② 소화약제 저장용기의 충전밀도·충전압력 및 배관의 최소사용설계압력
  ㉠ 할로겐화합물소화약제

소화약제 항목	HFC-227ea			FC-3-1-10	HCFC BLEND A	
최대충전밀도 (kg/m³)	1,201.4	1,153.3	1,153.3	1,281.4	900.2	900.2
21℃ 충전압력 (kPa)	1,034*	2,482*	4,137*	2,482*	4,137*	2,482*
최소사용 설계압력 (kPa)	1,379	2,868	5,654	2,482	4,689	2,979

소화약제 항목	HFC-23				
최대충전밀도 (kg/m³)	768.9	720.8	640.7	560.6	480.6
21℃ 충전압력 (kPa)	4,198**	4,198**	4,198**	4,198**	4,198**
최소사용 설계압력 (kPa)	9,453	8,605	7,626	6,943	6,392

항목 \ 소화약제	HCFC-124		HFC-125		HFC-236fa		FK-5-1-12	
최대충전밀도 (kg/m³)	1,185.4	1,185.4	865	897	1,185.4	1,201.4	1,185.4	1,441.7
21℃ 충전압력 (kPa)	1,655*	2,482*	2,482*	4,137*	1,655*	2,482*	4,137*	2,482* 4,206*
최소사용 설계압력 (kPa)	1,951	3,199	3,392	5,764	1,931	3,310	6,068	2,482

비고) ① " * " 표시는 질소로 축압한 경우를 표시한다.
　　　② " ** " 표시는 질소로 축압하지 아니한 경우를 표시한다.

ⓒ 불활성기체소화약제

항목 \ 소화약제		IG-01			IG-541			IG-55			IG-100		
21℃ 충전압력 (kPa)		16,341	20,436		14,997	19,996	31,125	15,320	20,423	30,634	16,575	22,312	28,000
최소사용 설계압력 (kPa)	1차측	16,341	20,436		14,997	19,996	31,125	15,320	20,423	30,634	16,575	22,312	227.4
	2차측	비고 2 참조											

비고) 1. 1차측과 2차측은 강압장치를 기준으로 한다.
　　　2. 2차측 최소사용설계압력은 제조사의 설계프로그램에 의한 압력값에 따른다.

ⓒ 저장용기는 약제명·저장용기의 자체중량과 총중량·충전일시·충전압력 및 약제의 체적을 표시할 것

ⓔ 집합관에 접속되는 저장용기는 동일한 내용적을 가진 것으로 충전량 및 충전압력이 같도록 할 것

ⓜ 저장용기에 충전량 및 충전압력을 확인할 수 있는 장치를 하는 경우에는 해당 소화약제에 적합한 구조로 할 것

ⓗ 저장용기의 약제량 손실이 5%를 초과하거나 압력손실이 10%를 초과할 경우에는 재충전하거나 저장용기를 교체할 것 다만, 불활성기체소화약제 저장용기의 경우에는 압력손실이 5%를 초과할 경우 재충전하거나 저장용기를 교체해야 한다.

③ 하나의 방호구역을 담당하는 저장용기의 소화약제의 체적합계보다 소화약제의 방출 시 방출경로가 되는 배관(집합관을 포함한다.) 내용적의 비율이 소화약제 제조업체(이하 "제조업체"라 한다.)의 설계기준에서 정한 값 이상일 경우에는 당해 방호구역에 대한 설비는 별도 독립방식으로 해야 한다.

(2) 할로겐화합물 및 불활성기체소화설비 설치제외장소

① 사람이 상주하는 곳으로서 최대허용설계농도를 초과하는 장소
② 제3류 위험물 및 제5류 위험물을 사용하는 장소 다만, 소화성능이 인정되는 위험물은 제외한다.

【 할로겐화합물 및 불활성기체소화약제 최대허용 설계농도 】

소화약제	최대허용 설계농도(%)
FC-3-1-10	40
HCFC BLEND A	10
HCFC-124	1.0
HFC-125	11.5
HFC-227ea	10.5
HFC-23	30
HFC-236fa	12.5
FIC-13I1	0.3
FK-5-1-12	10
IG-01	43
IG-100	43
IG-541	43
IG-55	43

(3) 소화약제량의 산정

① 할로겐화합물소화약제는 다음 공식에 따라 산출한 양 이상으로 할 것

$$W = \frac{V}{S} \times \left[\frac{C}{(100-C)} \right]$$

W : 소화약제의 무게(kg), V : 방호구역의 체적(m^3)
S : 소화약제별 선형상수[$K_1 + K_2 \times t$](m^3/kg)
C : 체적에 따른 소화약제의 설계농도(%) = 소화농도 × 안전계수(A·C급화재 1.2, B급화재 1.3)
t : 방호구역의 최소예상온도(℃)

소화약제	K_1	K_2
FC-3-1-10	0.094104	0.00034455
HCFC BLEND A	0.2413	0.00088
HCFC-124	0.1575	0.0006
HFC-125	0.1825	0.0007
HFC-227ea	0.1269	0.0005
HFC-23	0.3164	0.0012
HFC-236fa	0.1413	0.0006
FIC-1311	0.1138	0.0005
FK-5-1-12	0.00664	0.0002741

② 불활성기체소화약제는 다음 공식에 의하여 산출된 량 이상이 되도록 할 것

$$Q(m^3) = V(m^3) \times X(m^3/m^3)$$

Q : 소화약제의 체적(m^3), V : 방호구역의 체적(m^3), X : 방호구역 1m^3당 필요한 약제(m^3)

$$X = 2.303 \left(\frac{V_S}{S}\right) \times Log\left(\frac{100}{100-C}\right)$$

X : 공간체적당 더해진 소화약제의 부피(m^3/m^3)
S : 소화약제별 선형상수($K_1 + K_2 \times t$)(m^3/kg)
C : 체적에 따른 소화약제의 설계농도(%)(소화농도×안전계수(A·C급화재 1.2, B급화재 1.3))
V_S : 20℃에서 소화약제의 비체적(m^3/kg), t : 방호구역의 최소예상온도(℃)

소화약제	K_1	K_2
IG-01	0.5685	0.00208
IG-100	0.7997	0.00293
IG-541	0.65799	0.00239
IG-55	0.6598	0.00242

3 ▸▸ 기동장치

(1) 수동식기동장치의 설치기준

① 방호구역마다 설치할 것
② 당해 방호구역의 출입구 부근 등 조작을 하는 자가 쉽게 피난할 수 있는 장소에 설치할 것

③ 기동장치의 조작부는 바닥으로부터 0.8m 이상, 1.5m 이하의 위치에 설치하고, 보호판 등에 따른 보호장치를 설치할 것
④ 기동장치에는 가깝고 보기 쉬운 곳에 "할로겐화합물 및 불활성기체소화약제 소화설비기동장치"라는 표지를 할 것
⑤ 전기를 사용하는 기동장치에는 전원표시등을 설치할 것
⑥ 기동장치의 방출용 스위치는 음향경보장치와 연동하여 조작될 수 있는 것으로 할 것
⑦ 50N 이하의 힘을 가하여 기동할 수 있는 구조로 설치할 것

(2) 자동식기동장치의 설치기준
① 자동화재탐지설비의 감지기 작동과 연동할 것
② 자동식 기동장치에는 (1)의 기준에 따른 수동식기동장치를 함께 설치할 것
③ 기계식, 전기식 또는 가스압력식에 따른 방법으로 기동하는 구조로 설치할 것

(3) 할로겐화합물 및 불활성기체소화설비가 설치된 구역의 출입구에는 소화약제가 방출되고 있음을 나타내는 표시등을 설치할 것

4 ▸▸ 제어반등

이산화탄소화소화설비와 동일

5 ▸▸ 배관

① 배관의 설치기준
  ㉠ 배관은 전용으로 할 것
  ㉡ 배관·배관부속 및 밸브류는 저장용기의 방출내압을 견딜 수 있어야 하며 다음의 각목의 기준에 적합할 것
    ㉮ 강관을 사용하는 경우의 배관은 압력배관용 탄소강관(KS D 3562) 또는 이와 동등 이상의 강도를 가진 것으로서 아연도금 등에 따라 방식 처리된 것을 사용할 것
    ㉯ 동관을 사용하는 경우의 배관은 이음이 없는 동 및 동합금관(KS D 5301)의 것을 사용할 것
  ㉢ 배관부속 및 밸브류는 강관 또는 동관과 동등 이상의 강도 및 내식성이 있는 것으로 할 것

② 배관과 배관, 배관과 배관부속 및 밸브류의 접속은 나사접합, 용접접합, 압축접합 또는 플랜지 접합 등의 방법을 사용해야 한다.
③ 배관의 구경은 당해 방호구역에 할로겐화합물소화약제가 10초(불활성기체소화약제는 A·C급화재 2분, B급화재 1분) 이내에 방호구역 각 부분에 최소설계농도의 95% 이상 해당하는 약제량이 방출되도록 해야 한다.
④ 배관의 두께는 다음의 계산식에서 구한 값(t) 이상일 것 다만, 분사헤드 설치부는 제외한다.

$$관의\ 두께(t) = \frac{PD}{2SE} + A$$

P : 최대허용압력(kPa), D : 배관의 바깥지름(mm)
SE : 최대허용응력(kPa)(배관재질 인장강도의 1/4값과 항복점의 2/3값 중 적은 값×배관이음효율×1.2)
A : 나사이음, 홈이음 등의 허용값(mm)(헤드설치부분은 제외한다.)
  • 나사이음 : 나사의 높이   • 절단홈이음 : 홈의 깊이   • 용접이음 : 0

배관이음 효율
- 이음매 없는 배관 : 1.0
- 전기저항 용접배관 : 0.85
- 가열맞대기 용접배관 : 0.60

6 ▸▸ 분사헤드

① 분사헤드의 설치기준
  ㉠ 분사헤드의 설치 높이는 방호구역의 바닥으로부터 최소 0.2m 이상, 최대 3.7m 이하로 해야 하며 천장높이가 3.7m를 초과할 경우에는 추가로 다른 열의 분사헤드를 설치할 것. 다만, 분사헤드의 성능인정 범위 내에서 설치하는 경우에는 그러하지 아니하다.
  ㉡ 분사헤드의 개수는 방호구역에 할로겐화합물소화약제가 10초(불활성기체소화약제는 A·C급화재 2분, B급화재 1분) 이내에 방호구역 각 부분에 최소설계농도의 95% 이상 해당하는 약제량이 방출할 수 있는 수량으로 할 것
  ㉢ 분사헤드에는 부식방지조치를 해야 하며 오리피스의 크기, 제조일자, 제조업체가 표시되도록 할 것

② 분사헤드의 방출률 및 방출압력은 제조업체에서 정한 값으로 한다.
③ 분사헤드의 오리피스 면적은 분사헤드가 연결되는 배관구경 면적의 70%를 초과하여서는 아니된다.

7 ▸▸ 선택밸브

하나의 소방대상물 또는 그 부분에 2 이상의 방호구역이 있어 소화약제의 저장용기를 공용하는 경우에 있어서 방호구역마다 선택밸브를 설치하고 선택밸브에는 각각의 방호구역을 표시해야 한다.

8 ▸▸ 기타 설치기준

자동식기동장치의 화재감지기, 음향경보장치, 자동폐쇄장치, 비상전원, 과압배출 등 이산화탄소소화설비와 동일

CHAPTER 12 분말소화설비(NFTC108)

❶ 분말소화약제의 종류 및 설비의 종류

대상물별 소화약제의 종류
- 차고 또는 주차장 : 3종 분말
- 그 밖의 소방대상물 : 1종 분말, 2종 분말, 3종 분말, 4종 분말

(1) 방출방식에 의한 분류
전역방출방식, 국소방출방식, 호스릴방출방식

(2) 가압방식에 의한 분류
① **가압식** : 분말약제와 가압가스인 N_2 또는 CO_2가스를 서로 다른 용기에 저장, 설치하고 방출 시 이들 가스가 분말약제용기 안으로 들어가 분말약제를 밀어 내어 분사하는 방식으로 정압작동장치가 필요하다.
② **축압식** : 분말약제와 가압가스인 N_2가스를 동일한 용기에 사전에 충전시켜두고 이를 분사하는 방식으로 항상 필요압력의 확인을 위해 압력계가 부착되어 있다

(3) 기동방식에 따른 분류
① **가스압력식** : 화재감지기의 동작 또는 수동조작스위치의 조작에 의해 기동용기의 전자밸브가 개방되며 기동용기의 압력에 의해 선택밸브 및 가압가스용기 또는 축압식 저장용기의 밸브가 개방되는 방식
② **전기식** : 화재감지기의 작동 또는 수동조작스위치의 동작에 의해 축압식저장용기 및 선택밸브에 설치된 전자밸브가 개방되는 방식
③ **기계식** : 밸브 내의 압력차에 의해 개방되는 방식

② 계통도 및 작동순서

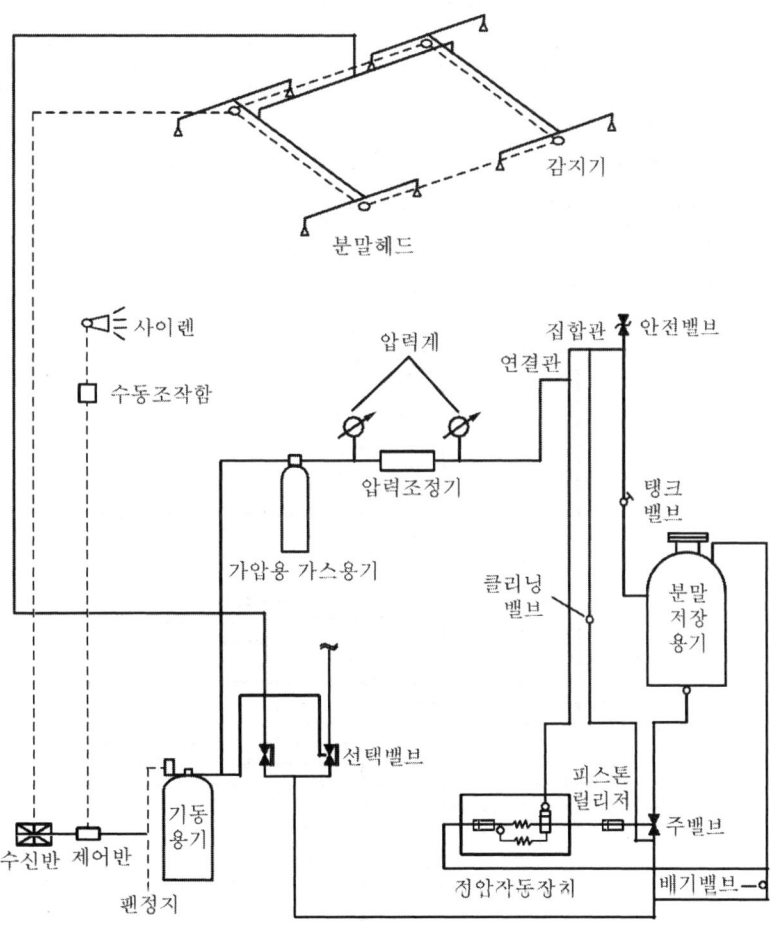

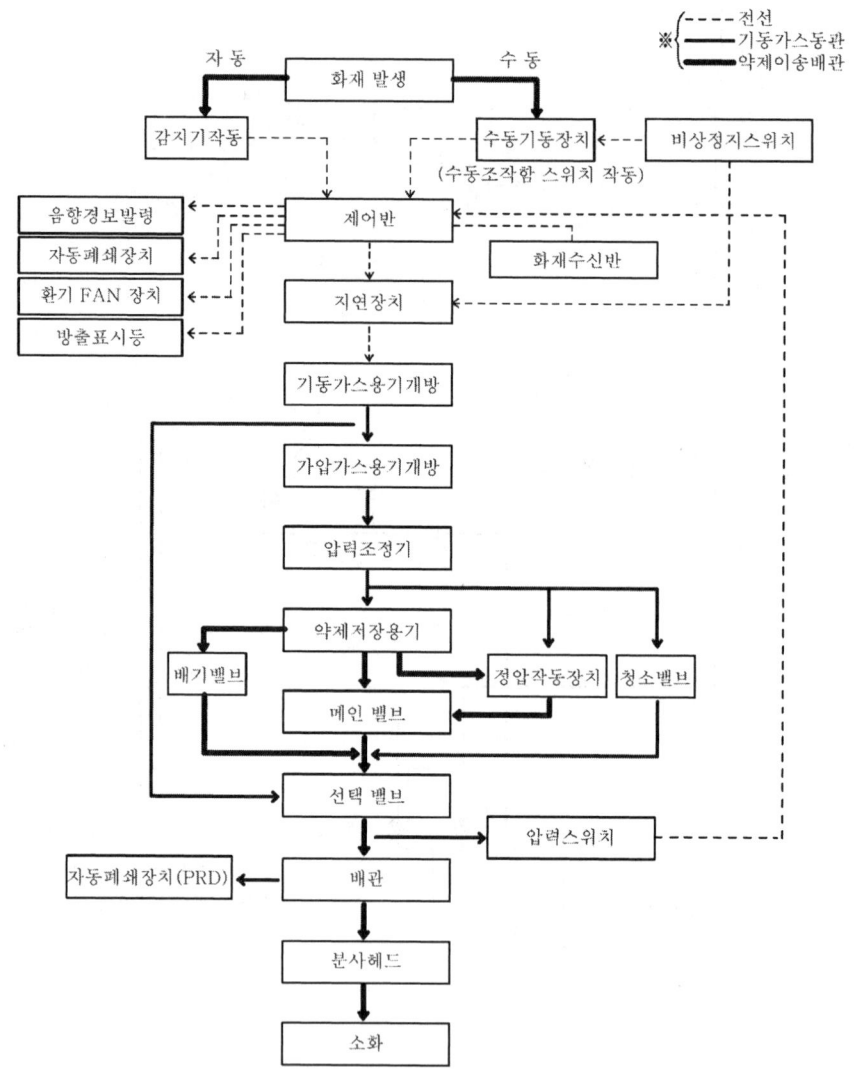

【 분말소화설비의 작동순서 】

3 ▸▸ 분말소화설비의 약제 및 저장용기 및 가압용기 등

(1) 저장용기 등

① 저장용기 설치장소의 기준 : 이산화탄소 소화설비와 동일
② 저장용기의 설치기준
　㉠ 저장용기의 내용적은 다음 표에 따를 것

소화약제의 종별	소화약제 1kg당 저장용기의 내용적
제1종 분말(탄산수소나트륨을 주성분으로 한 분말)	0.8L
제2종 분말(탄산수소칼륨을 주성분으로 한 분말)	1L
제3종 분말(인산염을 주성분으로 한 분말)	1L
제4종 분말(탄산수소칼륨과 요소가 화합된 분말)	1.25L

　㉡ 저장용기에는 가압식의 것에 있어서는 최고사용압력의 1.8배 이하, 축압식의 것에 있어서는 용기 내압시험압력의 0.8배 이하의 압력에서 작동하는 안전밸브를 설치할 것
　㉢ 저장용기에는 저장용기의 내부압력이 설정압력으로 되었을 때 주밸브를 개방하는 정압작동 장치를 설치할 것
　㉣ 저장용기의 충전비는 0.8 이상으로 할 것
　㉤ 저장용기 및 배관에는 잔류 소화약제를 처리할 수 있는 청소장치를 설치할 것
　㉥ 축압식의 분말소화설비는 사용압력의 범위를 표시한 지시압력계를 설치할 것

(2) 가압용가스용기

① 분말소화약제의 가스용기는 분말소화약제 저장용기에 접속하여 설치해야 한다.
② 분말소화약제의 가압용가스 용기를 3병 이상 설치한 경우에 있어서는 2개 이상의 용기에 전자개방밸브를 부착해야 한다.
③ 분말소화약제의 가압용가스 용기에는 2.5MPa 이하의 압력에서 조정이 가능한 압력조정기를 설치해야 한다.
④ 가압용가스 또는 축압용가스는 다음 각 호의 기준에 따라 설치해야 한다.
　㉠ 가압용가스 또는 축압용가스는 질소가스 또는 이산화탄소로 할 것
　㉡ 가압용가스에 질소가스를 사용하는 것에 있어서 질소가스는 소화약제 1kg마다 40L(35℃에서 1기압의 압력상태로 환산한 것) 이상, 이산화탄소를 사용하는 것에 있어서 이산화탄소는 소화약제 1kg에 대하여 20g에 배관의 청소에 필요한 양을 가산한 양 이상으로 할 것

ⓒ 축압용 가스에 질소가스를 사용하는 것에 있어서 질소가스는 소화약제 1kg에 대하여 10L(35℃에서 1기압의 압력상태로 환산한 것) 이상, 이산화탄소를 사용하는 것에 있어서 이산화탄소는 소화약제 1kg에 대하여 20g에 배관의 청소에 필요한 양을 가산한 양 이상으로 할 것

ⓔ 배관의 청소에 필요한 양의 가스는 별도의 용기에 저장할 것

(3) 소화약제량의 산정

① 전역방출방식

$$W = (V \times \alpha) + (A \times \beta)$$

W : 분말소화약제량(kg), V : 방호구역의 체적(m^3)
α : 방호구역의 체적 $1m^3$당의 약제량(kg/m^3)
A : 자동폐쇄장치기 없는 개구부의 면적(m^2)
β : 개구부의 면적 $1m^2$당의 약제량

【 방호구역 $1m^3$에 대한 약제량과 자동폐쇄장치가 없는 개구부 $1m^3$당 가산량 】

소화약제의 종별	방호구역 $1m^3$에 대한 약제량	가산량(개구부 $1m^3$에 대한 약제량)
제1종 분말	0.6kg	4.5kg
제2종, 3종 분말	0.36kg	2.7kg
제4종 분말	0.24kg	1.8kg

② 국소방출방식

$$W = V \times Q \times 1.1$$

W : 분말소화약제량(kg), V : 방호공간의 체적(m^3),
Q : 방호공간 $1m^3$당의 약제량(kg/m^3)

㉠ 방호공간 : 방호대상물의 각 부분으로부터 0.6m의 거리에 따라 둘러싸인 공간
㉡ 방호공간 $1m^3$당의 약제량

$$Q = X - Y\frac{a}{A}$$

Q : 방호공간 $1m^3$에 대한 분말소화약제의 양(kg/m^3)
a : 방호대상물 주위에 설치된 벽 면적의 합계(m^2)
A : 방호공간의 벽 면적(벽이 없는 경우에는 벽이 있는 것으로 가정한 면적)의 합계(m^2)

소화약제의 종별	X의 수치	Y의 수치
제1종 분말	5.2	3.9
제2종, 3종 분말	3.2	2.4
제4종 분말	2.0	1.5

③ 호스릴 방출방식

[노즐 1개마다의 약제 보유량 및 방사량]

소화약제의 종별	소화약제 보유량	1분간 방사량
제1종 분말	50kg	45kg
제2종, 3종 분말	30kg	27kg
제4종 분말	20kg	18kg

대상물별 소화약제의 종류
- 차고 또는 주차장 : 3종 분말
- 그 밖의 소방대상물 : 1종 분말, 2종 분말, 3종 분말, 4종 분말

4 기동장치

이산화탄소 소화설비와 동일

5 제어반등

이산화탄소화 소화설비와 동일

6 배관

① 배관은 전용으로 할 것
② 강관을 사용하는 경우의 배관은 아연도금에 따른 배관용탄소강관(KS D 3507)이나 이와 동등 이상의 강도·내식성 및 내열성을 가진 것으로 할 것 다만, 축압식 분말소화설비에 사용하는 것 중 20℃에서 압력이 2.5MPa 이상, 4.2MPa 이하인 것에 있어서는 압력배관용 탄소강관(KS D 3562) 중 이음이 없는 스케줄 40 이상의 것 또는 이와 동등 이상의 강도를 가진 것으로서 아연도금으로 방식 처리된 것을 사용해야 한다.
③ 동관을 사용하는 경우의 배관은 고정압력 또는 최고사용압력의 1.5배 이상의 압력에 견딜 수 있는 것을 사용할 것

④ 밸브류는 개폐위치 또는 개폐방향을 표시한 것으로 할 것
⑤ 배관의 관부속 및 밸브류는 배관과 동등 이상의 강도 및 내식성이 있는 것으로 할 것

7 ▶▶ 분사헤드

① 전역방출방식의 분사헤드
    ㉠ 방사된 소화약제가 방호구역의 전역에 균일하고 신속하게 확산할 수 있도록 할 것
    ㉡ 규정에 따른 소화약제 저장량을 30초 이내에 방사할 수 있는 것으로 할 것
② 국소방출방식의 분사헤드
    ㉠ 소화약제의 방사에 따라 가연물이 비산하지 아니하는 장소에 설치할 것
    ㉡ 규정에 따른 기준저장량의 소화약제를 30초 이내에 방사할 수 있는 것으로 할 것
③ 호스릴 분말소화설비의 설치기준
    ㉠ 방호대상물의 각 부분으로부터 하나의 호스접결구까지의 수평거리가 15m 이하가 되도록 할 것
    ㉡ 소화약제 저장용기의 개방밸브는 호스릴의 설치장소에서 수동으로 개폐할 수 있는 것으로 할 것
    ㉢ 소화약제 저장용기는 호스릴을 설치하는 장소마다 설치할 것
    ㉣ 노즐은 하나의 노즐마다 1분당 다음 표에 따른 소화약제를 방사할 수 있는 것으로 할 것

소화약제의 종별	1분당 방사하는 소화약제의 양
제1종 분말	45kg/min
제2종, 3종 분말	27kg/min
제4종 분말	18kg/min

    ㉤ 저장용기에는 그 가까운 곳의 보기 쉬운 곳에 적색의 표시등을 설치하고, 이동식 분말 소화설비가 있다는 뜻을 표시한 표지를 할 것

8 ▶▶ 선택밸브

하나의 소방대상물 또는 그 부분에 2 이상의 방호구역이 있어 소화약제의 저장용기를 공용하는 경우에 있어서 방호구역마다 선택밸브를 설치하고 선택밸브에는 각각의 방호구역을 표시해야 한다.

9 ▸▸ 기타 설치기준

자동식기동장치의 화재감지기, 음향경보장치, 자동폐쇄장치, 비상전원 등 이산화탄소소화설비와 동일

CHAPTER 13 옥외소화전설비(NFTC109)

1 ▸▸ 설치대상

① 지상 1층 및 2층의 바닥면적의 합계가 9,000m² 이상인 것
   이 경우 같은 구내의 둘 이상의 특정소방대상물이 행정안전부령이 정하는 연소 우려가 있는 구조인 경우에는 이를 하나의 특정 소방대상물로 본다.
② 「문화재보호법」제5조에 따라 국보 또는 보물로 지정된 목조건축물
③ 공장 또는 창고로서 지정수량의 750배 이상의 특수가연물을 저장·취급하는 것

2 ▸▸ 수원

(1) 수원의 양

옥외소화전설비의 수원은 그 저수량이 옥외소화전의 설치개수(옥외소화전이 2개 이상 설치된 경우에는 2개)에 7m³를 곱한 양 이상이 되도록 해야 한다.

(2) 전용 및 겸용

옥외소화전설비의 수원을 수조로 설치하는 경우에는 소방설비의 전용수조로 해야 한다. 다만, 다음의 어느 하나에 해당하는 경우에는 그렇지 않다.
① 옥외소화전펌프의 풋밸브 또는 흡수배관의 흡수구(수직회전축펌프의 흡수구를 포함한다. 이하 같다)를 다른 설비(소방용설비 외의 것을 말한다. 이하 같다)의 풋밸브 또는 흡수구보다 낮은 위치에 설치한 때
② 고가수조로부터 옥외소화전설비의 수직배관에 물을 공급하는 급수구를 다른 설비의 급수구보다 낮은 위치에 설치한 때
   ※ 저수량을 산정함에 있어서 다른 설비와 겸용하여 옥외소화전설비용 수조를 설치하는 경우에는 옥외소화전설비의 풋밸브·흡수구 또는 수직배관의 급수구와 다른 설비의 풋밸브·수구 또는 수직배관의 급수구와의 사이의 수량을 그 유효수량으로 한다.

(3) 수조설치기준

① 점검에 편리한 곳에 설치할 것
② 동결방지조치를 하거나 동결의 우려가 없는 장소에 설치할 것
③ 수조의 외측에 수위계를 설치할 것. 다만, 구조상 불가피한 경우에는 수조의 맨홀 등을 통하여 수조 안의 물의 양을 쉽게 확인할 수 있도록 해야 한다.
④ 수조의 상단이 바닥보다 높은 때에는 수조의 외측에 고정식 사다리를 설치할 것
⑤ 수조가 실내에 설치된 때에는 그 실내에 조명설비를 설치할 것
⑥ 수조의 밑 부분에는 청소용 배수밸브 또는 배수관을 설치할 것
⑦ 수조의 외측의 보기 쉬운 곳에 "옥외소화전설비용 수조"라고 표시한 표지를 할 것. 이 경우 그 수조를 다른 설비와 겸용하는 때에는 그 겸용되는 설비의 이름을 표시한 표지를 함께 해야 한다.
⑧ 옥외소화전펌프의 흡수배관 또는 옥외소화전설비의 수직배관과 수조의 접속부분에는 "옥외소화전설비용 배관"이라고 표시한 표지를 할 것.

3 ▶▶ 가압송수장치

(1) 전동기 또는 내연기관에 따른 펌프를 이용하는 가압송수장치

① 당해 소방대상물에 설치된 옥외소화전(2개 이상 설치된 경우에는 2개의 옥외소화전)을 동시에 사용할 경우 각 옥외소화전의 노즐선단에서의 방수압력이 0.25MPa 이상이고, 방수량이 350L/min 이상이 되는 성능의 것으로 할 것. 이 경우 하나의 옥외소화전을 사용하는 노즐선단에서의 방수압력이 0.7MPa을 초과할 경우에는 호스접결구의 인입측에 감압장치를 설치해야 한다.

$$전양정\ H = h_1 + h_2 + h_3 + 25m$$

h_1 : 소방용 호스 마찰손실수두(m), h_2 : 배관의 마찰손실수두(m), h_3 : 실양정(m)

② 그 밖의 옥내소화전설비와 동일

(2) 고가수조의 자연낙차를 이용하는 가압송수장치

① 고가수조의 자연낙차수두 산출식

$$H = h_1 + h_2 + 25m$$

H : 필요한 낙차(m)(수조의 하단으로부터 최고층의 호스 접결구까지 수직거리)
h_1 : 소방용 호스 마찰손실수두(m), h_2 : 배관의 마찰손실수두(m)

② 고가수조설치
  ㉠ 수위계
  ㉡ 배수관
  ㉢ 급수관
  ㉣ 오버플로우관
  ㉤ 맨홀

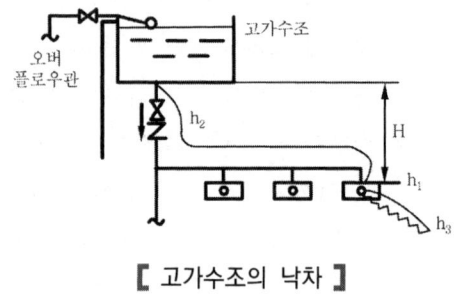

【 고가수조의 낙차 】

(3) 압력수조를 이용하는 가압송수장치

① 압력수조의 필요압력 산출식

$$P = P_1 + P_2 + P_3 + 0.25\text{MPa}$$

P : 필요한 압력(MPa), P_1 : 배관 및 관부속물의 마찰손실압력(MPa)
P_2 : 소방용 호스의 마찰손실압력(MPa), P_3 : 낙차의 환산압력(MPa)

② 압력수조설치
  ㉠ 수위계
  ㉡ 배수관
  ㉢ 급수관
  ㉣ 급기관
  ㉤ 맨홀
  ㉥ 압력계
  ㉦ 안전장치
  ㉧ 자동식공기압축기

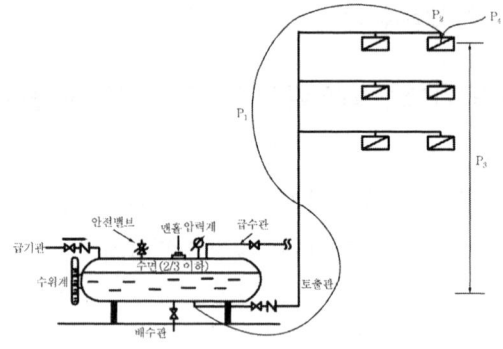

(4) 가압수조를 이용하는 가압송수장치

① 가압수조의 압력은 규정에 따른 방수량 및 방수압이 20분 이상 유지되도록 할 것
② 가압수조 및 가압원은 「건축법 시행령」 제46조에 따른 방화구획 된 장소에 설치할 것
③ 가압수조를 이용한 가압송수장치는 소방청장이 정하여 고시한 「가압수조식가압송수장치의 성능인증 및 제품검사의 기술기준」에 적합한 것으로 설치할 것

4 ▸▸ 배관 등

① 호스접결구는 지면으로부터 높이가 0.5m 이상 1m 이하의 위치에 설치하고 특정소방

대상물의 각 부분으로부터 하나의 호스접결구까지의 수평거리가 40m 이하가 되도록 설치해야 한다.
② 호스는 구경 65mm의 것으로 해야 한다.
③ 그 밖의 사항은 옥내소화전과 동일

5 ▶▶ 소화전함 등

① 옥외소화전설비에는 옥외소화전마다 그로부터 5m 이내의 장소에 소화전함을 설치해야 한다.
  ㉠ 옥외소화전이 10개 이하 설치된 때에는 옥외소화전마다 5m 이내의 장소에 1개 이상의 소화전함을 설치해야 한다.
  ㉡ 옥외소화전이 11개 이상, 30개 이하 설치된 때에는 11개 이상의 소화전함을 각각 분산하여 설치해야 한다.
  ㉢ 옥외소화전이 31개 이상 설치된 때에는 옥외소화전 3개마다 1개 이상의 소화전함을 설치해야 한다.
② 옥외소화전설비의 함은 소방청장이 정하여 고시한 「소화전함 성능인증 및 제품검사의 기술기준」에 적합한 것으로 설치하되 밸브의 조작, 호스의 수납 등에 충분한 여유를 가질 수 있도록 할 것. 연결송수관의 방수구를 같이 설치하는 경우에도 또한 같다.
③ 그 밖의 사항은 옥내소화전과 동일

6 ▶▶ 전원, 제어반, 배선, 겸용 등

옥내소화전설비와 동일

CHAPTER 14 고체에어로졸소화설비(NFTC110)

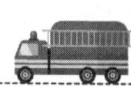

❶ 용어정의

① "고체에어로졸소화설비"란 설계밀도 이상의 고체에어로졸을 방호구역 전체에 균일하게 방출하는 설비로서 분산(Dispersed)방식이 아닌 압축(Condensed)방식을 말한다.
② "고체에어로졸화합물"이란 과산화물질, 가연성물질 등의 혼합물로서 화재를 소화하는 비전도성의 미세입자인 에어로졸을 만드는 고체화합물을 말한다.
③ "고체에어로졸"이란 고체에어로졸화합물의 연소과정에 의해 생성된 직경 10m 이하의 고체 입자와 기체 상태의 물질로 구성된 혼합물을 말한다.
④ "고체에어로졸발생기"란 고체에어로졸화합물, 냉각장치, 작동장치, 방출구, 저장용기로 구성되어 에어로졸을 발생시키는 장치를 말한다.
⑤ "소화밀도"란 방호공간내 규정된 시험조건의 화재를 소화하는데 필요한 단위체적(m^3)당 고체에어로졸화합물의 질량(g)을 말한다.
⑥ "안전계수"란 설계밀도를 결정하기 위한 안전율을 말하며 1.3으로 한다.
⑦ "설계밀도"란 소화설계를 위하여 필요한 것으로 소화밀도에 안전계수를 곱하여 얻어지는 값을 말한다.
⑧ "상주장소"란 일반적으로 사람들이 거주하는 장소 또는 공간을 말한다.
⑨ "비상주장소"란 짧은 기간 동안 간헐적으로 사람들이 출입할 수는 있으나 일반적으로 사람들이 거주하지 않는 장소 또는 공간을 말한다.
⑩ "방호체적"이란 벽 등의 건물 구조 요소들로 구획된 방호구역의 체적에서 기둥 등 고정적인 구조물의 체적을 제외한 것을 말한다.
⑪ "열 안전이격거리"란 고체에어로졸 방출 시 발생하는 온도에 영향을 받을 수 있는 모든 구조·구성요소와 고체에어로졸 발생기 사이에 안전확보를 위해 필요한 이격거리를 말한다.

❷ 일반조건

고체에어로졸소화설비는 다음 각 호의 기준을 충족해야 한다.

① 고체에어로졸은 전기 전도성이 없어야 한다.
② 약제 방출 후 해당 화재의 재발화 방지를 위하여 최소 10분간 소화밀도를 유지해야 한다.
③ 고체에어로졸소화설비에 사용되는 주요 구성품은 「화재예방, 소방시설 설치·유지 및 안전관리에 관한 법률」에 따른 형식승인 및 제품검사를 받은 것이어야 한다.
④ 고체에어로졸소화설비는 비상주장소에 한하여 설치한다. 다만, 고체에어로졸소화설비약제의 성분이 인체에 무해함을 국내·외 국가공인 시험기관에서 인증받고, 과학적으로 입증된 최대허용설계밀도를 초과하지 않는 양으로 설계하는 경우 상주장소에 설치할 수 있다.
⑤ 고체에어로졸소화설비의 소화성능이 발휘될 수 있도록 방호구역 내부의 밀폐성을 확보해야 한다.
⑥ 방호구역 출입구 인근에 고체에어로졸 방출 시 주의사항에 관한 내용의 표지를 설치해야 한다.
⑦ 이 기준에서 규정하지 않은 사항은 형식승인 받은 제조업체의 설계 매뉴얼에 따른다.

3 ▸▸ 설치제외

고체에어로졸소화설비는 다음 각 목의 물질을 포함한 화재 또는 장소에는 사용할 수 없다. 단, 그 사용에 대한 국가공인 시험기관의 인증이 있는 경우에는 그렇지 않다.
① 니트로셀룰로오스, 화약 등의 산화성 물질
② 리튬, 나트륨, 칼륨, 마그네슘, 티타늄, 지르코늄, 우라늄 및 플루토늄과 같은 자기반응성 금속
③ 금속 수소화물
④ 유기 과산화수소, 히드라진 등 자동 열분해를 하는 화학물질
⑤ 가연성 증기 또는 분진 등 폭발성 물질이 대기에 존재할 가능성이 있는 장소

4 ▸▸ 고체에어로졸발생기

고체에어로졸발생기는 다음 각 호의 기준에 따라 설치한다.
① 밀폐성이 보장된 방호구역 내에 설치하거나, 밀폐성능을 인정할 수 있는 별도의 조치를 취할 것
② 천장이나 벽면 상부에 설치하되 고체에어로졸 화합물이 균일하게 방출되도록 설치할 것

③ 직사광선 및 빗물이 침투할 우려가 없는 곳에 설치할 것
④ 고체에어로졸 발생기는 다음 각 목의 열 안전이격거리를 준수하여 설치할 것
　㉠ 인체와의 최소 이격거리는 고체에어로졸 방출 시 75℃를 초과하는 온도가 인체에 영향을 미치지 않는 거리
　㉡ 가연물과의 최소 이격거리는 고체에어로졸 방출 시 200℃를 초과하는 온도가 가연물에 영향을 미치지 않는 거리
⑤ 하나의 방호구역에는 동일 제품군 및 동일한 크기의 고체에어로졸발생기를 설치할 것
⑥ 방호구역의 높이는 형식승인 받은 고체에어로졸발생기의 최대 설치높이 이하로 할 것

5. 고체에어로졸화합물의 양

방호구역 내 소화를 위한 고체에어로졸화합물의 최소 질량은 다음 공식에 따라 산출한 양 이상으로 산정해야 한다.

$$m = d \times V$$

m = 필수소화약제량(g)
d : 설계밀도(g/m^3) = 소화밀도(g/m^3) × 1.3(안전계수)
　　소화밀도 : 형식승인받은 제조사의 설계 매뉴얼에 제시된 소화밀도
V = 방호체적(m^3)

6. 기동

① 고체에어로졸소화설비는 화재감지기 및 수동식 기동장치의 작동과 연동하여 기계적 또는 전기적 방식으로 작동해야 한다.
② 고체에어로졸소화설비 기동 시에는 1분 이내에 고체에어로졸 설계밀도의 95% 이상을 방호구역에 균일하게 방출해야 한다.
③ 고체에어로졸소화설비의 수동식 기동장치는 다음 각 호의 기준에 따라 설치해야 한다.
　㉠ 제어반마다 설치할 것
　㉡ 방호구역의 출입구마다 설치하되 출입구 인근에 사람이 쉽게 조작할 수 있는 위치에 설치할 것
　㉢ 기동장치의 조작부는 바닥으로부터 0.8m 이상 1.5m 이하의 위치에 설치할 것
　㉣ 기동장치의 조작부에 보호판 등의 보호장치를 부착할 것
　㉤ 기동장치 인근의 보기 쉬운 곳에 "고체에어로졸소화설비 수동식 기동장치"라고 표시한 표지를 부착할 것

ⓑ 전기를 사용하는 기동장치에는 전원표시등을 설치할 것
ⓢ 방출용 스위치의 작동을 명시하는 표시등을 설치할 것
ⓞ 50N 이하의 힘으로 방출용 스위치를 기동할 수 있도록 할 것
④ 고체에어로졸의 방출을 지연시키기 위해 방출지연스위치를 다음 각 호의 기준에 따라 설치해야 한다.
  ㉠ 수동으로 작동하는 방식으로 설치하되 방출지연스위치를 누르고 있는 동안만 지연되도록 할 것
  ㉡ 방호구역의 출입구마다 설치하되 피난이 용이한 출입구 인근에 사람이 쉽게 조작할 수 있는 위치에 설치할 것
  ㉢ 방출지연스위치 작동 시에는 음향경보를 발할 것
  ㉣ 방출지연스위치 작동 중 수동식 기동장치가 작동되면 수동식 기동장치의 기능이 우선될 것

7 ▸▸ 제어반등

① 고체에어로졸소화설비의 제어반은 다음 각 호의 기준에 따라 설치해야 한다.
  ㉠ 전원표시등을 설치할 것
  ㉡ 화재, 진동 및 충격에 따른 영향과 부식의 우려가 없고 점검에 편리한 장소에 설치할 것
  ㉢ 제어반에는 해당 회로도 및 취급설명서를 비치할 것
  ㉣ 고체에어로졸소화설비의 작동방식(자동 또는 수동)을 선택할 수 있는 장치를 설치할 것
  ㉤ 수동식 기동장치 또는 화재감지기에서 신호를 수신할 경우 다음 각 목의 기능을 수행할 것
    ㉮ 음향경보 장치의 작동
    ㉯ 고체에어로졸의 방출
    ㉰ 기타 제어기능 작동
② 고체에어로졸소화설비의 화재표시반은 다음 각 호의 기준에 따라 설치해야 한다. 다만, 자동화재탐지설비수신기의 제어반이 화재표시반의 기능을 가지고 있는 경우 화재표시반을 설치하지 않을 수 있다.
  ㉠ 전원표시등을 설치할 것
  ㉡ 화재, 진동 및 충격에 따른 영향 및 부식의 우려가 없고 점검에 편리한 장소에 설치할 것

ⓒ 화재표시반에는 해당 회로도 및 취급설명서를 비치할 것
ⓓ 고체에어로졸소화설비의 작동방식(자동 또는 수동)을 표시등으로 명시할 것
ⓔ 고체에어로졸소화설비가 기동할 경우 음향장치를 통해 경보를 발할 것
ⓕ 제어반에서 신호를 수신할 경우 방호구역별 경보장치의 작동, 수동식 기동장치의 작동 및 화재감지기의 작동 등을 표시등으로 명시할 것
③ 고체에어로졸소화설비가 설치된 구역의 출입구에는 고체에어로졸의 방출을 명시하는 표시등을 설치해야 한다.
④ 고체에어로졸소화설비의 오작동을 제어하기 위해 제어반 인근에 설비정지스위치를 설치해야 한다.

8. 음향장치

고체에어로졸소화설비의 음향장치는 다음 각 호의 기준에 따라 설치해야 한다.
① 화재감지기가 작동하거나 수동식 기동장치가 작동할 경우 음향장치가 작동할 것
② 음향장치는 방호구역마다 설치하되 해당 구역의 각 부분으로부터 하나의 음향장치까지의 수평거리는 25m 이하가 되도록 할 것
③ 음향장치는 경종 또는 사이렌(전자식 사이렌을 포함한다)으로 하되, 주위의 소음 및 다른 용도의 경보와 구별이 가능한 음색으로 할 것. 이 경우 경종 또는 사이렌은 자동화재탐지설비·비상벨설비 또는 자동식사이렌설비의 음향장치와 겸용할 수 있다.
④ 주 음향장치는 화재표시반의 내부 또는 그 직근에 설치할 것
⑤ 음향장치는 다음 각 목의 기준에 따른 구조 및 성능의 것으로 할 것
  ⓐ 정격전압의 80% 전압에서 음향을 발할 수 있는 것으로 할 것
  ⓑ 음량은 부착된 음향장치의 중심으로부터 1m 떨어진 위치에서 90dB 이상이 되는 것으로 할 것
⑥ 고체에어로졸의 방출 개시 후 1분 이상 경보를 계속 발할 것

9. 화재감지기

고체에어로졸소화설비의 화재감지기는 다음 각 호의 기준에 따라 설치해야 한다.
① 고체에어로졸소화설비에는 다음 각 목의 감지기 중 하나를 설치할 것
  ⓐ 광전식 공기흡입형 감지기
  ⓑ 아날로그 방식의 광전식 스포트형 감지기
  ⓒ 중앙소방기술심의위원회의 심의를 통해 고체에어로졸소화설비에 적응성이 있다

고 인정된 감지기
② 화재감지기 1개가 담당하는 바닥면적은 「자동화재탐지설비의 화재안전기준(NFTC203)」 2.4.3의 규정에 따른 바닥면적으로 할 것

⑩ 방호구역의 자동폐쇄

고체에어로졸소화설비의 방호구역은 고체에어로졸소화설비가 기동할 경우 다음 각 호의 기준에 따라 자동적으로 폐쇄되어야 한다.
① 방호구역 내의 개구부와 통기구는 고체에어로졸이 방출되기 전에 폐쇄되도록 할 것
② 방호구역 내의 환기장치는 고체에어로졸이 방출되기 전에 정지되도록 할 것
③ 자동폐쇄장치의 복구장치는 제어반 또는 그 직근에 설치하고, 해당 장치를 표시하는 표지를 부착할 것

⑪ 비상전원

고체에어로졸소화설비의 비상전원은 자가발전설비, 축전지설비(제어반에 내장하는 경우를 포함한다) 또는 전기저장장치(외부 전기에너지를 저장해 두었다가 필요한 때 전기를 공급하는 장치)를 다음 각 호의 기준에 따라 설치해야 한다. 다만, 2 이상의 변전소(「전기사업법」제67조에 따른 변전소를 말한다. 이하 같다)에서 전력을 동시에 공급받을 수 있거나 하나의 변전소로부터 전력의 공급이 중단되는 때에는 자동으로 다른 변전소로부터 전력을 공급받을 수 있도록 상용전원을 설치한 경우에는 비상전원을 설치하지 않을 수 있다.
① 점검에 편리하고 화재 및 침수 등의 재해로 인한 피해를 받을 우려가 없는 곳에 설치할 것
② 고체에어로졸소화설비에 최소 20분 이상 유효하게 전원을 공급할 것
③ 상용전원으로부터 전력의 공급이 중단된 때에는 자동으로 비상전원으로부터 전력을 공급받을 수 있도록 할 것
④ 비상전원의 설치장소는 다른 장소와 방화구획할 것(제어반에 내장하는 경우는 제외한다). 이 경우 그 장소에는 비상전원의 공급에 필요한 기구나 설비 외의 것(열병합발전설비에 필요한 기구나 설비는 제외한다)을 두어서는 안된다.
⑤ 비상전원을 실내에 설치하는 때에는 그 실내에 비상조명등을 설치할 것

12 ▶▶ 배선 등

① 고체에어로졸소화설비의 배선은 「전기사업법」 제67조에 따른 기술기준에서 정한 것 외에 다음 각 호의 기준에 따라 설치해야 한다.
　㉠ 비상전원으로부터 제어반에 이르는 전원회로배선은 내화배선으로 할 것. 다만, 자가발전설비와 제어반이 동일한 실에 설치된 경우에는 자가발전기로부터 그 제어반에 이르는 전원회로배선은 그렇지 않다.
　㉡ 상용전원으로부터 제어반에 이르는 배선, 그 밖의 고체에어로졸소화설비의 감시회로·조작회로 또는 표시등회로의 배선은 내화배선 또는 내열배선으로 할 것. 다만, 제어반 안의 감시회로·조작회로 또는 표시등회로의 배선은 그렇지 않다.
　㉢ 화재감지기의 배선은 「자동화재탐지설비 및 시각경보장치의 화재안전기준(NFTC 203)」 2.8의 기준에 따른다.
② 제1항에 따른 내화배선 또는 내열배선에 사용되는 전선의 종류 및 설치방법은 「옥내소화전설비의 화재안전기준(NFTC 102)」의 기준에 따른다.
③ 고체에어로졸소화설비의 과전류차단기 및 개폐기에는 "고체에어로졸소화설비용"이라고 표시한 표지를 부착해야 한다.
④ 고체에어로졸소화설비용 전기배선의 양단 및 접속단자에는 다음 각 호의 기준에 따른 표시를 해야 한다.
　㉠ 단자에는 "고체에어로졸소화설비단자"라고 표시한 표지를 부착할 것
　㉡ 고체에어로졸소화설비용 전기배선의 양단에는 다른 배선과 식별이 용이하도록 표시할 것

13 ▶▶ 과압배출구

고체에어로졸소화설비의 방호구역에는 고체에어로졸 방출 시 과압으로 인한 구조물 등의 손상을 방지하기 위하여 과압배출구를 설치해야 한다.

CHAPTER 15

피난기구(NFTC301)

1 ▸▸ 설치대상

피난기구는 특정소방대상물의 모든 층에 화재안전기준에 적합한 것으로 설치해야 한다. 다만, 피난층, 지상 1층, 지상 2층(노유자시설 중 피난층이 아닌 지상 1층과 피난층이 아닌 지상 2층은 제외) 및 층수가 11층 이상인 층과 위험물 저장 및 처리시설 중 가스시설, 지하가 중 터널 또는 지하구의 경우에는 그렇지 않다.

2 ▸▸ 종류 및 용어정의

① "피난사다리"란 화재 시 긴급대피를 위해 사용하는 사다리를 말한다.
  ㉠ 고정식 사다리 : 상시 사용할 수 있도록 소방대상물의 벽면에 고정시켜 사용되는 것으로 구조상 수납식, 접어개기식 및 신축식 등이 있다.

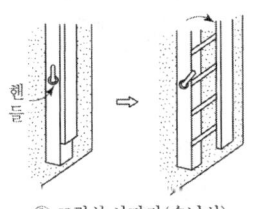 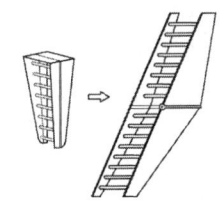 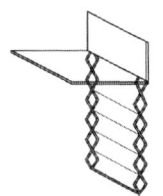

① 고정식 사다리(수납식)　　② 고정식 사다리(접어개기식)　　③ 고정식 사다리(신축식)

  ㉡ 올림식 사다리 : 소방대상물에 올림식 사다리의 상부 지지점을 걸고 올려 받혀서 사용하는 것으로서 신축식과 접어 굽히는 식이 있다.

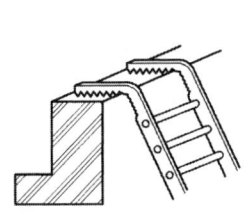 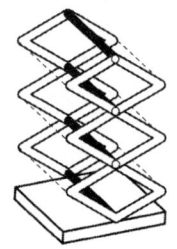

① 올림식 사다리(접어굽히는 식)　　② 올림식 사다리(신축식)

ⓒ 내림식 사다리 : 소방대상물의 견고한 부분에 달아 매어서 접어 개든가 축소시켜 보관하고 사용하는 것으로 접어개기식, 와이어식, 체인식 등이 있다.

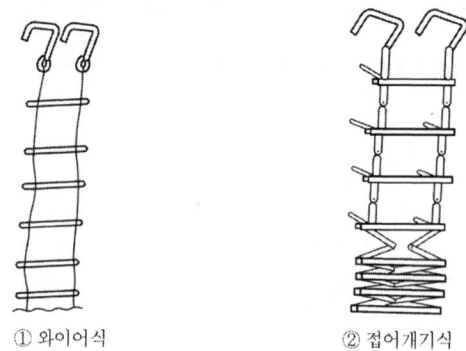

① 와이어식   ② 접어개기식

② "완강기"란 사용자의 몸무게에 따라 자동적으로 내려올 수 있는 기구 중 사용자가 교대하여 연속적으로 사용할 수 있는 것을 말한다.

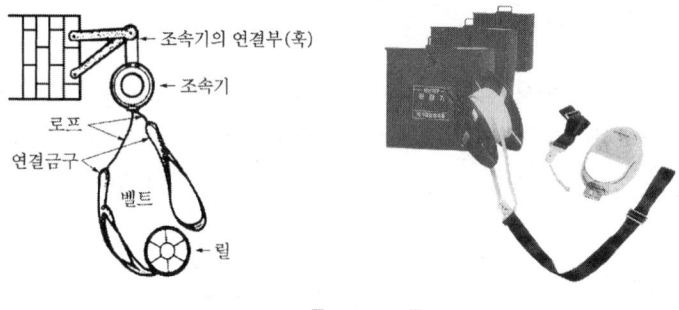

【 완강기 】

③ "간이완강기"란 사용자의 몸무게에 따라 자동적으로 내려올 수 있는 기구중 사용자가 연속적으로 사용할 수 없는 것을 말한다.
④ "구조대"란 포지 등을 사용하여 자루형태로 만든 것으로서 화재시 사용자가 그 내부에 들어가서 내려옴으로써 대피할 수 있는 것을 말한다.

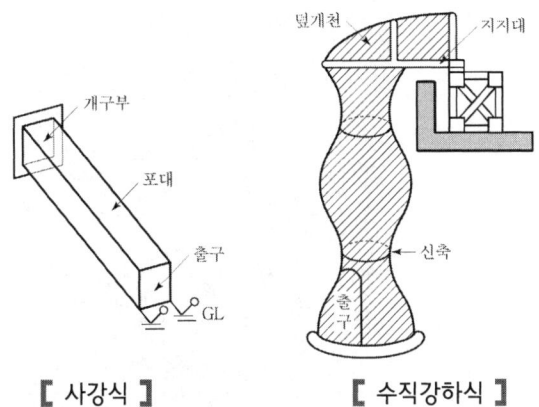

【 사강식 】　　　　　【 수직강하식 】

⑤ "공기안전매트"란 화재 발생시 사람이 건축물 내에서 외부로 긴급히 뛰어 내릴 때 충격을 흡수하여 안전하게 지상에 도달할 수 있도록 포지에 공기 등을 주입하는 구조로 되어 있는 것을 말한다.

⑥ "피난밧줄"란 급격한 하강을 방지하기 위한 매듭 등을 만들어 놓은 밧줄을 말한다. [삭제 2015.1.23]
⑦ "다수인피난장비"란 화재 시 2인 이상의 피난자가 동시에 해당층에서 지상 또는 피난층으로 하강하는 피난기구를 말한다.

⑧ "승강식 피난기"란 사용자의 몸무게에 의하여 자동으로 하강하고 내려서면 스스로 상승하여 연속적으로 사용할 수 있는 무동력 승강식피난기를 말한다.

⑨ "하향식 피난구용 내림식사다리"란 하향식 피난구 해치에 격납하여 보관하고 사용 시에는 사다리 등이 소방대상물과 접촉되지 않는 내림식 사다리를 말한다.

【 승강식피난기 】

【 하향식피난구용 내림식사다리 】

③ 피난기구의 적응성

설치장소별 구분	1층	2층	3층	4층 이상 10층 이하
1. 노유자시설	미끄럼대 · 구조대 · 피난교 · 다수인피난장비 · 승강식피난기	미끄럼대 · 구조대 · 피난교 · 다수인피난장비 · 승강식피난기	미끄럼대 · 구조대 · 피난교 · 다수인피난장비 · 승강식피난기	구조대[1] · 피난교 · 다수인피난장비 · 승강식피난기
2. 의료시설 · 근린생활시설 중 입원실이 있는 의원 · 접골원 · 조산원			미끄럼대 · 구조대 · 피난교 · 피난용트랩 · 다수인피난장비 · 승강식피난기	구조대 · 피난교 · 피난용트랩 · 다수인피난장비 · 승강식피난기
3. 「다중이용업소의 안전관리에 관한 특별법 시행령」 제2조에 따른 다중이용업소로서 영업장의 위치가 4층 이하인 다중이용업소		미끄럼대 · 피난사다리 · 구조대 · 완강기 · 다수인피난장비 · 승강식피난기	미끄럼대 · 피난사다리 · 구조대 · 완강기 · 다수인피난장비 · 승강식피난기	미끄럼대 · 피난사다리 · 구조대 · 완강기 · 다수인피난장비 · 승강식피난기
4. 그 밖의 것			미끄럼대 · 피난사다리 · 구조대 · 완강기 · 피난교 · 피난용트랩 · 간이완강기 · 공기안전매트 · 다수인피난장비 · 승강식피난기	피난사다리 · 구조대 · 완강기 · 피난교 · 간이완강기[2] · 공기안전매트[3] · 다수인피난장비 · 승강식피난기

1) 구조대의 적응성은 장애인 관련 시설로서 주된 사용자 중 스스로 피난이 불가한 자가 있는 경우 제4조제2항제4호에 따라 추가로 설치하는 경우에 한한다.
2), 3) 간이완강기의 적응성은 제4조제2항제2호에 따라 숙박시설의 3층 이상에 있는 객실에, 공기안전매트의 적응성은 제4조제2항제3호에 따라 공동주택(「공동주택관리법」 제2조제1항제2호 가목부터 라목까지 중 어느 하나에 해당하는 공동주택)에 추가로 설치하는 경우에 한한다.

4 ▶▶ 피난기구의 설치수 선정

피난기구는 다음 각 호의 기준에 따른 개수 이상을 설치해야 한다.
① 층마다 설치하되, 숙박시설·노유자시설 및 의료시설로 사용되는 층에 있어서는 그 층의 바닥면적 500m^2마다, 위락시설·문화 및 집회시설·운동시설·판매시설로 사용되는 층 또는 복합용도의 층에 있어서는 그 층의 바닥면적 800m^2마다, 아파트등에 있어서는 각 세대마다, 그 밖의 용도의 층에 있어서는 그 층의 바닥면적 1,000m^2마다 1개 이상 설치할 것
② ①에 따라 설치한 피난기구 외에 숙박시설(휴양콘도미니엄을 제외한다)의 경우에는 추가로 객실마다 완강기 또는 둘 이상의 간이완강기를 설치할 것
③ ①에 따라 설치한 피난기구 외에 공동주택의 경우에는 하나의 관리주체가 관리하는 공동주택 구역마다 공기안전매트 1개 이상을 추가로 설치할 것. 다만, 옥상으로 피난이 가능하거나 인접세대로 피난할 수 있는 구조인 경우에는 추가로 설치하지 않을 수 있다.
④ ①에 따라 설치한 피난기구 외에 4층 이상의 층에 설치된 노유자시설 중 장애인 관련시설로서 주된 사용자 중 스스로 피난이 불가한 자가 있는 경우에는 층마다 구조대를 1개 이상 추가로 설치할 것

5 ▶▶ 피난기구의 설치기준

(1) 피난기구[완강기, 피난사다리, 미끄럼대, 구조대등]

① 피난기구는 계단·피난구 기타 피난시설로부터 적당한 거리에 있는 안전한 구조로 된 피난 또는 소화활동상 유효한 개구부(가로 0.5m 이상 세로 1m 이상인 것을 말한다. 이 경우 개부구 하단이 바닥에서 1.2m 이상이면 발판 등을 설치해야 하고, 밀폐된 창문은 쉽게 파괴할 수 있는 파괴장치를 비치해야 한다)에 고정하여 설치하거나 필요한 때에 신속하고 유효하게 설치할 수 있는 상태에 둘 것
② 피난기구를 설치하는 개구부는 서로 동일직선상이 아닌 위치에 있을 것. 다만, 미끄럼봉·피난교·피난용트랩·피난밧줄 또는 간이완강기·아파트에 설치되는 피난기구(다수인 피난장비는 제외한다) 기타 피난 상 지장이 없는 것에 있어서는 그렇지 않다.
③ 피난기구는 소방대상물의 기둥·바닥·보 기타 구조상 견고한 부분에 볼트조임·매입·용접 기타의 방법으로 견고하게 부착할 것

④ 4층 이상의 층에 피난사다리(하향식 피난구용 내림식사다리는 제외한다)를 설치하는 경우에는 금속성 고정사다리를 설치하고, 당해 고정사다리에는 쉽게 피난할 수 있는 구조의 노대를 설치할 것
⑤ 완강기는 강하 시 로프가 소방대상물과 접촉하여 손상되지 않도록 할 것
⑥ 완강기로프의 길이는 부착위치에서 지면 기타 피난상 유효한 착지 면까지의 길이로 할 것
⑦ 미끄럼대는 안전한 강하속도를 유지하도록 하고, 전락방지를 위한 안전조치를 할 것
⑧ 구조대의 길이는 피난 상 지장이 없고 안정한 강하속도를 유지할 수 있는 길이로 할 것

(2) 다수인 피난장비

① 피난에 용이하고 안전하게 하강할 수 있는 장소에 적재 하중을 충분히 견딜 수 있도록 「건축물의 구조기준 등에 관한 규칙」 제3조에서 정하는 구조안전의 확인을 받아 견고하게 설치할 것
② 다수인피난장비 보관실(이하 "보관실"이라 한다)은 건물 외측보다 돌출되지 아니하고, 빗물·먼지 등으로부터 장비를 보호할 수 있는 구조일 것
③ 사용 시에 보관실 외측 문이 먼저 열리고 탑승기가 외측으로 자동으로 전개될 것
④ 하강 시에 탑승기가 건물 외벽이나 돌출물에 충돌하지 않도록 설치할 것
⑤ 상·하층에 설치할 경우에는 탑승기의 하강경로가 중첩되지 않도록 할 것
⑥ 하강 시에는 안전하고 일정한 속도를 유지하도록 하고 전복, 흔들림, 경로이탈 방지를 위한 안전조치를 할 것
⑦ 보관실의 문에는 오작동 방지조치를 하고, 문 개방 시에는 당해 소방대상물에 설치된 경보설비와 연동하여 유효한 경보음을 발하도록 할 것
⑧ 피난층에는 해당 층에 설치된 피난기구가 착지에 지장이 없도록 충분한 공간을 확보할 것
⑨ 한국소방산업기술원 또는 법 제42조제1항에 따라 성능시험기관으로 지정받은 기관에서 그 성능을 검증받은 것으로 설치할 것

(3) 승강식 피난기 및 하향식 피난구용 내림식사다리

① 승강식피난기 및 하향식 피난구용 내림식사다리는 설치경로가 설치층에서 피난층까지 연계될 수 있는 구조로 설치할 것. 단, 건축물 규모가 지상 5층 이하로서 구조 및 설치 여건상 불가피한 경우는 그러하지 아니 한다.
② 대피실의 면적은 $2m^2$(2세대 이상일 경우에는 $3m^2$) 이상으로 하고, 건축법시행령 제46조제4항의 규정에 적합해야 하며 하강구(개구부) 규격은 직경 60cm 이상일 것.

단, 외기와 개방된 장소에는 그러하지 아니 한다.
③ 하강구 내측에는 기구의 연결 금속구 등이 없어야 하며 전개된 피난기구는 하강구 수평투영면적 공간 내의 범위를 침범하지 않는 구조여야 할 것. 단, 직경 60cm 크기의 범위를 벗어난 경우이거나, 직하층의 바닥 면으로부터 높이 50cm 이하의 범위는 제외한다.
④ 대피실의 출입문은 60분+방화문 또는 60분방화문으로 설치하고, 피난방향에서 식별할 수 있는 위치에 "대피실" 표지판을 부착할 것. 단, 외기와 개방된 장소에는 그러하지 아니 한다.
⑤ 착지점과 하강구는 상호 수평거리 15cm 이상의 간격을 둘 것
⑥ 대피실 내에는 비상조명등을 설치할 것
⑦ 대피실에는 층의 위치표시와 피난기구 사용설명서 및 주의사항 표지판을 부착 할 것
⑧ 대피실 출입문이 개방되거나, 피난기구 작동 시 해당층 및 직하층 거실에 설치된 표시등 및 경보장치가 작동되고, 감시 제어반에서는 피난기구의 작동을 확인할 수 있어야 할 것
⑨ 사용 시 기울거나 흔들리지 않도록 설치할 것
⑩ 승강식피난기는 한국소방산업기술원 또는 법 제46조제1항에 따라 성능시험기관으로 지정받은 기관에서 그 성능을 검증받은 것으로 설치할 것

6 ▸▸ 표지 설치기준

피난기구를 설치한 장소에는 가까운 곳의 보기 쉬운 곳에 피난기구의 위치를 표시하는 발광식 또는 축광식표지와 그 사용방법을 표시한 표지(외국어 및 그림 병기)를 부착하되, 축광식표지는 소방청장이 정하여 고시한 「축광표지의 성능인증 및 제품검사의 기술기준」에 적합해야 한다. 다만, 방사성물질을 사용하는 위치표지는 쉽게 파괴되지 않는 재질로 처리할 것.

7 ▸▸ 피난기구설치의 감소

① 다음의 기준에 적합한 층에는 피난기구의 2분의 1을 감소할 수 있다. 이 경우 설치해야 할 피난기구의 수에 있어서 소수점 이하의 수는 1로 한다.
  ㉠ 주요구조부가 내화구조로 되어 있을 것
  ㉡ 직통계단인 피난계단 또는 특별피난계단이 2 이상 설치되어 있을 것

② 주요구조부가 내화구조이고 다음의 기준에 적합한 건널복도가 설치되어 있는 층에는 피난기구의 수에서 당해 건널복도 수의 2배의 수를 뺀 수로 한다.
  ㉠ 내화구조 또는 철골조로 되어 있을 것
  ㉡ 건널복도 양단의 출입구에 자동폐쇄장치를 한 갑종방화문이 설치되어 있을 것
  ㉢ 피난·통행 또는 운반의 전용 용도일 것
③ 다음의 기준에 적합한 노대가 설치된 거실의 바닥면적은 피난기구의 설치개수 산정을 위한 바닥면적에서 이를 제외한다.
  ㉠ 노대를 포함한 소방대상물의 주요구조부가 내화구조일 것
  ㉡ 노대가 거실의 외기에 면하는 부분에 피난상 유효하게 설치되어 있어야 할 것
  ㉢ 노대가 소방사다리차가 쉽게 통행할 수 있는 도로 또는 공지에 면하여 설치되어 있거나 또는 거실부분과 방화구획되어 있거나 또는 노대에 지상으로 통하는 계단 그 밖의 피난기구가 설치되어 있어야 할 것

8. 피난기구의 설치제외

다음에 해당하는 소방대상물 또는 그 부분에는 피난기구를 설치하지 않을 수 있다. 다만, 숙박시설(휴양콘도미니엄을 제외한다.)에 설치되는 완강기 및 간이완강기의 경우에는 그렇지 않다.

① 다음의 기준에 적합한 층
  ㉠ 주요구조부가 내화구조로 되어 있어야 할 것
  ㉡ 실내의 면하는 부분의 마감이 불연재료·준불연재료 또는 난연재료로 되어 있고 방화구획이 되어야 할 것
  ㉢ 거실의 각 부분으로부터 직접 복도로 쉽게 통할 수 있어야 할 것
  ㉣ 복도에 2 이상의 특별피난계단 또는 피난계단이 적합하게 설치되어 있어야 할 것
  ㉤ 복도의 어느 부분에서도 2 이상의 방향으로 각각 다른 계단에 도달할 수 있어야 할 것

② 다음 기준에 적합한 소방대상물 중 그 옥상의 직하층 또는 최상층
  ㉠ 주요구조부가 내화구조로 되어 있어야 할 것
  ㉡ 옥상의 면적이 $1,500m^2$ 이상이어야 할 것
  ㉢ 옥상으로 쉽게 통할 수 있는 창 또는 출입구가 설치되어 있어야 할 것
  ㉣ 옥상이 소방사다리차가 쉽게 통행할 수 있는 도로 또는 공지에 면하여 설치되어 있거나 옥상으로부터 피난층 또는 지상으로 통하는 2 이상의 피난계단 또는 특별피난계단이 설치되어 있을 것

③ 주요구조부가 내화구조이고 지하층을 제외한 층수가 4층 이하이며 소방사다리차가 쉽게 통행할 수 있는 도로 또는 공지에 면하는 부분에 다음 기준을 모두 만족하는 개구부가 2 이상 설치되어 있는 층
  ㉠ 개구부의 크기가 지름 50cm 이상의 원이 내접할 수 있을 것
  ㉡ 그 층의 바닥으로부터 개구부 밑부분까지의 높이가 1.2m 이내일 것
  ㉢ 도로 또는 차량의 진입이 가능한 공지에 면할 것
  ㉣ 화재시 건물로부터 쉽게 피난할 수 있도록 창살 그 밖의 장애물이 설치되지 않을 것
  ㉤ 내부 또는 외부에서 쉽게 파괴 또는 개방이 가능할 것
④ 갓복도식 아파트 또는 「건축법 시행령」 제46조 제5항에 해당하는 구조 또는 시설을 설치하여 인접(수평 또는 수직)세대로 피난할 수 있는 구조로 되어 있는 아파트
⑤ 주요구조부가 내화구조로서 거실의 각 부분으로 직접 복도로 피난할 수 있는 학교
⑥ 무인공장 또는 자동창고로서 사람의 출입이 금지된 장소
⑦ 건축물의 옥상 부분으로서 거실에 해당하지 아니하고 「건축법시행령」 제119조 제1항 제9호에 해당하여 층수로 산정된 층으로 사람이 근무하거나 거주하지 않는 장소

CHAPTER 16 인명구조기구(NFTC302)

1 ▸▸ 설치대상

특정소방대상물	인명구조기구의 종류	설치 수량
• 지하층을 포함하는 층수가 7층 이상인 관광호텔 및 5층 이상인 병원	• 방열복 또는 방화복(헬멧, 보호장갑 및 안전화 포함) • 공기호흡기 • 인공소생기	• 각 2개 이상 비치할 것. 다만, 병원의 경우에는 인공소생기를 설치하지 않을 수 있다.
• 문화 및 집회시설 중 수용인원 100명 이상의 영화상영관 • 판매시설 중 대규모 점포 • 운수시설 중 지하역사 • 지하가 중 지하상가	• 공기호흡기	• 층마다 2개 이상 비치할 것. 다만, 각 층마다 갖추어 두어야 할 공기호흡기 중 일부를 직원이 상주하는 인근 사무실에 갖추어 둘 수 있다.
• 물분무소화설비 중 이산화탄소소화설비를 설치하여야 하는 특정소방대상물	• 공기호흡기	• 이산화탄소소화설비가 설치된 장소의 출입구 외부 인근에 1대 이상 비치할 것

2 ▸▸ 용어정의

① "방열복"이란 고온의 복사열에 가까이 접근하여 소방활동을 수행할 수 있는 내열피복을 말한다.
② "공기호흡기"란 소화활동 시에 화재로 인하여 발생하는 각종 유독가스 중에서 일정시간 사용할 수 있도록 제조된 압축공기식 개인호흡장비(보조마스크를 포함한다)를 말한다.
③ "인공소생기"란 호흡 부전 상태인 사람에게 인공호흡을 시켜 환자를 보호하거나 구급하는 기구를 말한다.
④ "방화복"이란 화재진압등의 소방활동을 수행할 수 있는 피복을 말한다.

3 ▸▸ 설치기준

① 화재시 쉽게 반출 사용할 수 있는 장소에 비치할 것
② 인명구조기구가 설치된 가까운 장소의 보기 쉬운 곳에 "인명구조기구"라는 축광식표지와 그 사용방법을 표시한 표지를 부착하되 축광식표지는 소방청장이 고시한「축광표지의 성능인증 및 제품검사의 기술기준」적합한 것으로 설치할 것
③ 방열복은 소방청장이 고시한「소방용방열복의 성능인증 및 제품검사의 기술기준」적합한 것으로 설치할 것
④ 방화복(안전모, 보호장갑 및 안전화를 포함한다)은「소방장비관리법」제10조제2항 및「표준규격을 정해야 하는 소방장비의 종류고시」제2조제1항제4호에 따른 표준규격에 적합한 것으로 설치할 것

CHAPTER 17 상수도소화용수설비(NFTC401)

1. 설치대상

상수도소화용수설비를 설치해야 하는 특정소방대상물은 다음 각 목의 어느 하나와 같다. 다만, 상수도소화용수설비를 설치해야 하는 특정소방대상물의 대지 경계선으로부터 180m 이내에 지름 75㎜ 이상인 상수도용 배수관이 설치되지 않은 지역의 경우에는 화재안전기준에 따른 소화수조 또는 저수조를 설치해야 한다.

① 연면적 5천m² 이상인 것. 다만, 위험물 저장 및 처리 시설 중 가스시설, 지하가 중 터널 또는 지하구의 경우에는 그러하지 아니하다.
② 가스시설로서 지상에 노출된 탱크의 저장용량의 합계가 100톤 이상인 것

2. 용어의 정의

① "호칭지름"이라 함은 일반적으로 표기하는 배관의 직경을 말한다.
② "수평투영면"이라 함은 건축물을 수평으로 투영하였을 경우의 면을 말한다.

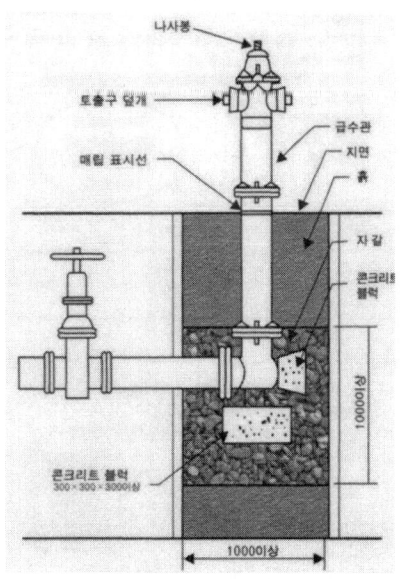

③ 설치기준

상수도 소화용수설비는 수도법의 규정에 따른 기준 외에 다음 기준에 따라 설치해야 한다.
① 호칭지름 75mm 이상의 수도배관에 호칭지름 100mm 이상의 소화전을 접속할 것
② ①의 규정에 따른 소화전은 소방자동차 등의 진입이 쉬운 도로변 또는 공지에 설치할 것
③ ①의 규정에 따른 소화전은 소방대상물의 수평투영면의 각 부분으로부터 140m 이하가 되도록 설치할 것

CHAPTER 18
소화수조 및 저수조설비(NFTC402)

1 ▶▶ 설치대상

상수도소화용수설비를 설치해야 하는 특정소방대상물은 다음 각 목의 어느 하나와 같다. 다만, 상수도소화용수설비를 설치해야 하는 특정소방대상물의 대지 경계선으로부터 180m 이내에 지름 75mm 이상인 상수도용 배수관이 설치되지 않은 지역의 경우에는 화재안전기준에 따른 소화수조 또는 저수조를 설치해야 한다.

① 연면적 5천m² 이상인 것. 다만, 위험물 저장 및 처리 시설 중 가스시설, 지하가 중 터널 또는 지하구의 경우에는 그렇지 않다.
② 가스시설로서 지상에 노출된 탱크의 저장용량의 합계가 100톤 이상인 것

2 ▶▶ 용어의 정의

① "소화수조 또는 저수조"라 함은 수조를 설치하고 여기에 소화에 필요한 물을 항시 채워두는 것을 말한다.
② "채수구"라 함은 소방차의 소방호스와 접결되는 흡입구를 말한다.

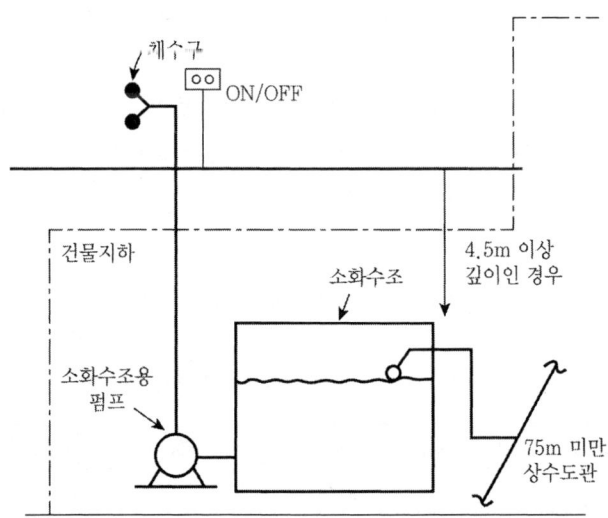

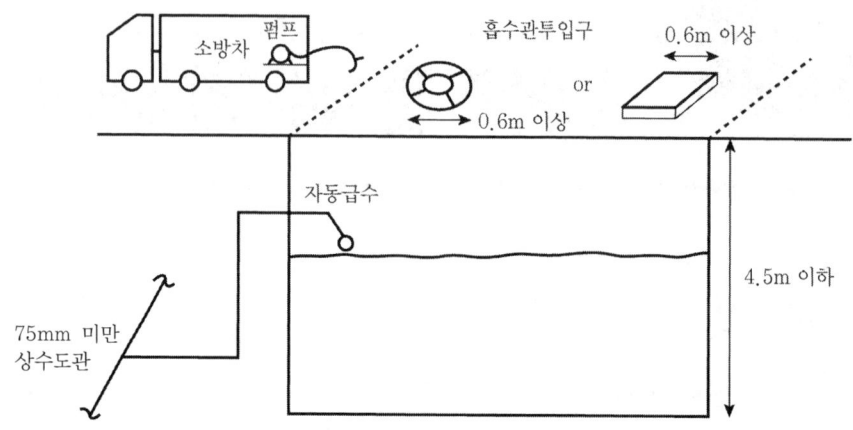

3 ▶▶ 소화수조 등

① 소화수조, 저수조의 채수구 또는 흡수관투입구는 소방차가 2m 이내의 지점까지 접근할 수 있는 위치에 설치해야 한다.
② 소화수조 또는 저수조의 저수량은 소방대상물의 연면적을 다음 표에 따른 기준면적으로 나누어 얻은 수(소수점 이하의 수는 1로 본다.)에 $20m^3$를 곱한 양 이상이 되도록 해야 한다.

소방대상물의 구분	면적
1층 및 2층의 바닥면적 합계가 $15,000m^2$ 이상인 소방대상물	$7,500m^2$
그 밖의 소방대상물	$12,500m^2$

③ 소화수조 또는 저수조는 다음의 기준에 따라 흡수관투입구 또는 채수구를 설치해야 한다.
　㉠ 지하에 설치하는 소화용수설비의 흡수관투입구는 그 한 변이 0.6m 이상이거나 직경이 0.6m 이상인 것으로 하고, 소요수량이 $80m^3$ 미만인 것에 있어서는 1개 이상, $80m^3$ 이상인 것에 있어서는 2개 이상을 설치해야 하며, "흡수관투입구"라고 표시한 표지를 할 것
　㉡ 소화용수설비에 설치하는 채수구는 다음 각목의 기준에 따라 설치할 것
　　㉮ 채수구는 다음 표에 따라 소방용 호스 또는 소방용 흡수관에 사용하는 구경 65mm 이상의 나사식 결합 금속구를 설치할 것

소요수량	$20m^3$ 이상 $40m^3$미만	$40m^3$ 이상 $100m^3$ 미만	$100m^3$ 이상
채수구의 수	1개	2개	3개

㉴ 채수구는 지면으로부터의 높이가 0.5m 이상, 1m 이하의 위치에 설치하고 "채수구"라고 표시한 표지를 할 것
④ 소화용수설비를 설치해야 할 소방대상물에 있어서 유수의 양이 0.8m^3/min 이상인 유수를 사용할 수 있는 경우에는 소화수조를 설치하지 않을 수 있다.

4 ▶▶ 가압송수장치

① 소화수조 또는 저수조가 지표면으로부터의 깊이(수조 내부바닥까지의 길이를 말한다.)가 4.5m 이상인 지하에 있는 경우에는 다음 표에 따라 가압송수장치를 설치해야 한다. 다만, 규정에 따른 저수량을 지표면으로부터 4.5m 이하인 지하에서 확보할 수 있는 경우에는 소화수조 또는 저수조의 지표면으로부터의 깊이에 관계없이 가압송수장치를 설치하지 않을 수 있다.

소요수량	20m^3 이상 40m^{3}미만	40m^3 이상 100m^3 미만	100m^3 이상
가압송수장치의 1분당 양수량	1,100L 이상	2,200L 이상	3,300L 이상

② 소화수조가 옥상 또는 옥탑의 부분에 설치된 경우에는 지상에 설치된 채수구에서의 압력이 0.15MPa 이상이 되도록 해야 한다.
③ 전동기 또는 내연기관에 따른 펌프를 이용하는 가압송수장치는 다음 각호의 기준에 따라 설치해야 한다.
  ㉠ 기동장치로는 보호판을 부착한 기동스위치를 채수구 직근에 설치할 것
  ㉡ 그 밖의 사항은 옥내소화전과 동일

CHAPTER 19 제연설비(NFTC501)

1 ▸▸ 설치대상

① 문화 및 집회시설, 종교시설, 운동시설 중 무대부의 바닥면적이 200m² 이상인 경우에는 해당 무대부
② 문화 및 집회시설 중 영화상영관으로서 수용인원 100명 이상인 경우에는 해당 영화상영관
③ 지하층이나 무창층에 설치된 근린생활시설, 판매시설, 운수시설, 숙박시설, 위락시설, 의료시설, 노유자 시설 또는 창고시설(물류터미널로 한정한다)로서 해당 용도로 사용되는 바닥면적의 합계가 1천m² 이상인 경우 해당 부분
④ 운수시설 중 시외버스정류장, 철도 및 도시철도 시설, 공항시설 및 항만시설의 대기실 또는 휴게시설로서 지하층 또는 무창층의 바닥면적이 1천m² 이상인 경우에는 모든 층
⑤ 지하가(터널은 제외한다)로서 연면적 1천m² 이상인 것
⑥ 지하가 중 예상 교통량, 경사도 등 터널의 특성을 고려하여 행정안전부령으로 정하는 터널
⑦ 특정소방대상물(갓복도형 아파트등은 제외한다)에 부설된 특별피난계단, 비상용 승강기의 승강장 또는 피난용 승강기의 승강장

2 ▸▸ 용어의 정의

① "제연구역"이란 제연경계(제연경계가 면한 천장 또는 반자를 포함한다)에 의해 구획된 건물 내의 공간을 말한다.
② "예상제연구역"이란 화재 시 연기의 제어가 요구되는 제연구역을 말한다.
③ "제연경계의 폭"이란 제연경계가 면한 천장 또는 반자로부터 그 제연경계의 수직하단 끝부분까지의 거리를 말한다.
④ "수직거리"란 제연경계의 하단 끝으로부터 그 수직한 하부 바닥면까지의 거리를 말한다.

⑤ "공동예상제연구역"이란 2개 이상의 예상제연구역을 동시에 제연하는 구역을 말한다.
⑥ "방화문"이란 「건축법 시행령」 제64조의 규정에 따른 60분+ 방화문, 60분 방화문 또는 30분 방화문으로써 언제나 닫힌 상태를 유지하거나 화재감지기와 연동하여 자동적으로 닫히는 구조를 말한다.
⑦ "통로배출방식"이란 거실 내 연기를 직접 옥외로 배출하지 않고 거실에 면한 통로의 연기를 옥외로 배출하는 방식을 말한다.
⑧ "유입풍도"라 함은 예상제연구역으로 공기를 유입하도록 하는 풍도를 말한다.
⑨ "배출풍도"라 함은 예상제연구역의 공기를 외부로 배출하도록 하는 풍도를 말한다.

3. 제연설비의 제연구역

① 제연구역의 구획기준
  ㉠ 하나의 제연구역의 면적은 $1,000m^2$ 이내로 할 것
  ㉡ 거실과 통로는 상호 제연구획할 것
  ㉢ 통로상의 제연구역은 보행중심선의 길이가 60m를 초과하지 않을 것
  ㉣ 하나의 제연구역은 직경 60m 원내에 들어갈 수 있을 것
  ㉤ 하나의 제연구역은 2개 이상 층에 미치지 않도록 할 것. 다만, 층의 구분이 불분명한 부분은 그 부분을 다른 부분과 별도로 제연구획해야 한다.
② 제연구역의 구획은 보·제연경계벽(이하 "제연경계"라 한다.) 및 벽(화재시 자동으로 구획되는 가동벽·셔터·방화문을 포함한다. 이하 같다.)으로 하되, 다음의 기준에 적합해야 한다.
  ㉠ 재질은 내화재료, 불연재료 또는 제연경계벽으로 성능을 인정받은 것으로서 화재시 쉽게 변형·파괴되지 아니하고 연기가 누설되지 않는 기밀성 있는 재료로 할 것
  ㉡ 제연경계는 제연경계의 폭이 0.6m 이상이고, 수직거리는 2m 이내이어야 한다. 다만, 구조상 불가피한 경우는 2m를 초과할 수 있다.
  ㉢ 제연경계벽은 배연 시 기류에 따라 그 하단이 쉽게 흔들리지 아니해야 하며, 또한 가동식의 경우에는 급속히 하강하여 인명에 위해를 주지 않는 구조일 것

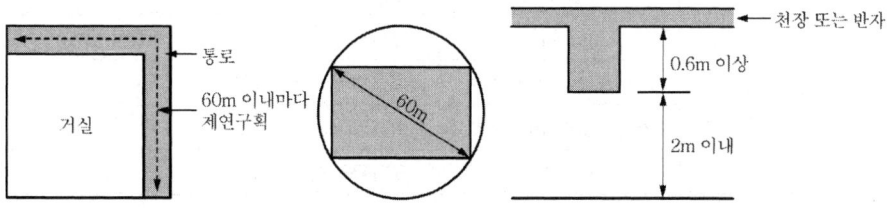

4. 제연방식

① 예상제연구역에 대하여는 화재시 연기배출(이하 "배출"이라 한다.)과 동시에 공기유입이 될 수 있게 하고, 배출구역이 거실일 경우에는 통로에 동시에 공기가 유입될 수 있도록 해야 한다.
② ①의 규정에도 불구하고 통로와 인접하고 있는 거실의 바닥면적이 50m² 미만으로 구획되고 그 거실에 통로가 인접하여 있는 경우에는 화재시 그 거실에서 직접 배출하지 아니하고 인접한 통로의 배출로 갈음할 수 있다. 다만, 그 거실이 다른 거실의 피난을 위한 경유 거실인 경우에는 그 거실에서 직접 배출해야 한다.
③ 통로의 주요 구조부가 내화구조이며 마감이 불연재료 또는 난연재료로 처리되고 가연성 내용물이 없는 경우에 그 통로는 예상제연구역으로 간주하지 않을 수 있다. 다만, 화재발생 시 연기의 유입이 우려되는 통로는 그렇지 않다.

5. 배출량 및 배출방식

각 예상제연구역에서의 배출량은 제연구역의 면적, 배출방식 및 수직거리에 따라 다음 기준에 의해 얻어진 양 이상으로 하며, 수직거리가 구획부분에 따라 다른 경우는 수직거리가 긴 것을 기준으로 한다.

(1) 거실의 바닥면적이 400m² 미만으로 구획된 예상제연구역의 배출량

$$Q = 바닥면적(m^2) \times 1m^3/m^2 \cdot min \times 60min/hr (최저\ 5,000m^3/hr\ 이상으로\ 할\ 것)$$

(2) 바닥면적이 50m² 미만인 예상제연구역을 통로배출방식으로 하는 경우

통로길이	수직거리	배출량	비고
40m 이하	2m 이하	25,000m³/hr 이상	벽으로 구획된 경우 포함
	2m 초과 2.5m 이하	30,000m³/hr 이상	
	2.5m 초과 3m 이하	35,000m³/hr 이상	
	3m 초과	45,000m³/hr 이상	
40m 초과 60m 이하	2m 이하	30,000m³/hr 이상	벽으로 구획된 경우 포함
	2m 초과 2.5m 이하	35,000m³/hr 이상	
	2.5m 초과 3m 이하	40,000m³/hr 이상	
	3m 초과	50,000m³/hr 이상	

(3) 거실의 바닥면적이 400m² 이상 1,000m² 이하로 구획된 예상제연구역인 경우

직경	수직거리	배출량
40m 이하	2m 이하	40,000m³/hr 이상
	2m 초과 2.5m 이하	45,000m³/hr 이상
	2.5m 초과 3m 이하	50,000m³/hr 이상
	3m 초과	60,000m³/hr 이상
40m 초과 60m 이하	2m 이하	45,000m³/hr 이상
	2m 초과 2.5m 이하	50,000m³/hr 이상
	2.5m 초과 3m 이하	55,000m³/hr 이상
	3m 초과	65,000m³/hr 이상

(4) 예상제연구역이 통로인 경우

수직거리	배출량
2m 이하	45,000m³/hr 이상
2m 초과 2.5m 이하	50,000m³/hr 이상
2.5m 초과 3m 이하	55,000m³/hr 이상
3m 초과	65,000m³/hr 이상

(5) 배출방식별 배출량

① 독립배출방식 : 각 예상제연구역별로 산출된 배출량 이상을 배출할 것
② 공동배출방식
  ㉠ 예상제연구역이 벽으로 구획된 경우 : 각 예상제연구역의 배출량을 합한 것 이상을 배출할 것. 다만, 예상제연구역의 바닥면적이 400m² 미만인 경우 배출량은 바닥면적 1m²낭 1m³/min 이상으로 하고 공동예상구역 전체배출량은 5,000m³/hr 이상으로 할 것
  ㉡ 예상제연구역이 제연경계로 구획된 경우 : 각 예상제연구역의 배출량 중 최대의 것으로 할 것. 이 경우 공동제연예상구역이 거실일 때에는 그 바닥면적이 1,000m² 이하이며, 직경 40m 원 안에 들어가야 하고, 공동제연예상구역이 통로일 때에는 보행중심선의 길이를 40m 이하로 해야 한다.
  ※ 거실과 통로는 공동배출방식으로 할 수 없다.

6 ▸▸ 배출구의 설치위치

① 바닥면적이 400m² 미만인 예상제연구역
  ㉠ 예상제연구역이 벽으로 구획되어 있는 경우 : 천장 또는 반자와 바닥 사이의 중간 윗부분에 설치할 것
  ㉡ 예상제연구역 중 어느 한 부분이 제연경계로 구획되어 있는 경우 : 천장·반자 또는 이에 가까운 벽의 부분에 설치할 것. 다만, 배출구를 벽에 설치하는 경우에는 배출구의 하단이 당해 예상제연구역에서 제연경계의 폭이 가장 짧은 제연경계의 하단보다 높이되도록 해야 한다.
② 통로인 예상제연구역과 바닥면적이 400m² 이상인 통로 외의 예상제연구역
  ㉠ 예상제연구역이 벽으로 구획되어 있는 경우 : 천장·반자 또는 이에 가까운 벽의 부분에 설치할 것. 다만, 배출구를 벽에 설치한 경우에는 배출구의 하단과 바닥 간의 최단거리가 2m 이상이어야 한다.
  ㉡ 예상제연구역 중 어느 한 부분이 제연경계로 구획되어 있을 경우 : 천장·반자 또는 이에 가까운 벽의 부분(제연경계를 포함한다.)에 설치할 것. 다만, 배출구를 벽 또는 제연경계에 설치하는 경우에는 배출구의 하단이 당해 예상제연구역에서 제연경계의 폭이 가장 짧은 제연경계의 하단보다 높이 되도록 설치해야 한다.
③ 예상제연구역의 각 부분으로부터 하나의 배출구까지의 수평거리는 10m 이내가 되도록 해야 한다.

7 ▸▸ 공기유입방식 및 유입구

① 예상제연구역에 대한 공기유입방식
  ㉠ 유입풍도를 경유한 강제유입방식
  ㉡ 자연유입방식
  ㉢ 인접한 제연구역 또는 통로에 유입되는 공기가 당해구역으로 유입되는 방식
② 예상제연구역에 설치되는 공기유입구의 기준
  ㉠ 바닥면적 400m² 미만의 거실인 예상제연구역에 대하여서는 바닥 외의 장소에 설치하고 공기유입구와 배출구 간의 직선거리는 5m 이상 또는 구획된 실의 장변의 2분의 1 이상으로 할 것. 다만, 공연장·집회장·위락시설의 용도로 사용되는 부분의 바닥면적이 200m²를 초과하는 경우의 공기유입구는 ㉡의 기준에 따른다.
  ㉡ 바닥면적이 400m² 이상의 거실인 예상제연구역(제연경계에 따른 구획을 제외한다. 다만, 거실과 통로와의 구획은 그렇지 않다)에 대해서는 바닥으로부터 1.5m

이하의 높이에 설치하고 그 주변은 공기의 유입에 장애가 없도록 할 것
ⓒ ㉠ 내지 ㉡에 해당하는 것 외의 예상제연구역에 대한 유입구는 다음 각목에 따를 것. 다만, 제연경계로 인접하는 구역의 유입공기가 당해 예상제연구역으로 유입되게 한 때에는 그렇지 않다.
㉮ 유입구를 벽에 설치할 경우에는 ㉡의 기준에 따를 것
㉯ 유입구를 벽 외의 장소에 설치할 경우에는 유입구 상단이 천장 또는 반자와 바닥 사이의 중간 아랫부분보다 낮게 되도록 하고, 수직거리가 가장 짧은 제연경계 하단보다 낮게 되도록 설치할 것
③ 공동예상제연구역에 설치되는 공기 유입구의 기준
㉠ 공동예상제연구역 안에 설치된 각 예상제연구역이 벽으로 구획되어 있을 때에는 각 예상제연구역의 바닥면적에 따라 ②의 ㉠ 및 ②의 ㉡에 따라 설치할 것
㉡ 공동예상제연구역 안에 설치된 각 예상제연구역의 일부 또는 전부가 제연경계로 구획되어 있을 때에는 공동예상제연구역 안의 1개 이상의 장소에 ②의 ㉢에 따라 설치할 것
④ 인접한 제연구역 또는 통로에 유입되는 공기를 당해 예상제연구역에 대한 공기유입으로 하는 경우에는 그 인접한 제연구역 또는 통로의 유입구가 제연경계 하단보다 높은 경우에는 그 인접한 제연구역 또는 통로의 화재시 그 유입구는 다음의 기준에 적합할 것
㉠ 각 유입구는 자동폐쇄될 것
㉡ 당해 구역 내에 설치된 유입풍도가 당해 제연구획부분을 지나는 곳에 설치된 댐퍼는 자동폐쇄될 것
⑤ 예상제연구역에 공기가 유입되는 순간의 풍속은 5m/s 이하가 되도록 하고, ② 내지 ④의 유입구의 구조는 유입공기를 상향으로 분출하지 않도록 설치해야 한다. 다만, 유입구가 바닥에 설치되는 경우에는 상향으로 분출이 가능하며 이때의 풍속은 1m/s 이하가 되도록 해야 한다.
⑥ 예상제연구역에 대한 공기유입구의 크기는 당해 예상제연구역의 배출량 1m^3/min에 대하여 35cm^2 이상으로 해야 한다.
⑦ 예상제연구역에 대한 공기유입량은 규정에 따른 배출량 이상이 되도록 해야 한다.

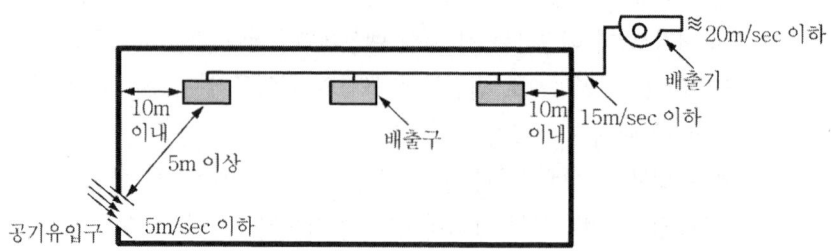

8 ▶▶ 배출기 및 배출풍도

① 배출기의 설치기준
   ㉠ 배출기의 배출능력은 규정에 의한 배출량 이상이 되도록 할 것
   ㉡ 배출기와 배출풍도의 접속부분에 사용하는 캔버스는 내열성이 있는 것으로 할 것
   ㉢ 배출기의 전동기 부분과 배풍기 부분은 분리하여 설치하고, 배풍기 부분은 유효한 내열처리를 할 것

② 배출풍도의 기준
   ㉠ 배출풍도는 아연도금강판 또는 이와 동등 이상의 내식성·내열성이 있는 것으로 하며, 내열성의 단열재로 유효한 단열처리를 하고, 강판의 두께는 배출풍도의 크기에 따라 다음 표에 따른 기준 이상으로 할 것

풍도단면의 긴변 또는 직경의 크기	450mm 이하	450mm 초과 750mm 이하	750mm 초과 1,500mm 이하	1,500mm 초과 2,250mm 이하	2,250mm 초과
강판두께	0.5mm	0.6mm	0.8mm	1.0mm	1.2mm

   ㉡ 배출기의 흡입측 풍도 안의 풍속은 15m/sec 이하, 배출측 풍속은 20m/sec 이하로 할 것

9 ▶▶ 유입풍도 등

① 유입풍도 안의 풍속은 20m/sec 이하로 해야 하고 유입풍도의 강판두께는 배출풍도의 강판두께 기준에 따른다.
② 옥외에 면하는 배출구 및 공기유입구는 비 또는 눈 등이 들어가지 않도록 하고, 배출된 연기가 공기유입구로 순환 유입되지 않도록 해야 한다.

10 ▸▸ 제연설비의 전원 및 기동

① 비상전원은 자가발전설비, 축전지설비 또는 전기저장장치로서 다음의 기준에 따라 설치해야 한다.
  ㉠ 점검에 편리하고 화재 및 침수 등의 재해로 인한 피해를 받을 우려가 없는 곳에 설치할 것
  ㉡ 제연설비를 유효하게 20분 이상 작동할 수 있도록 할 것
  ㉢ 상용전원으로부터 전력의 공급이 중단된 때에는 자동으로 비상전원으로부터 전력을 공급받을 수 있도록 할 것
  ㉣ 비상전원의 설치장소는 다른 장소와 방화구획할 것. 이 경우 그 장소에는 비상전원의 공급에 필요한 기구나 설비 외의 것을 두어서는 아니 된다.
  ㉤ 비상전원을 실내에 설치하는 때에는 그 실내에 비상조명등을 설치할 것
② 가동식의 벽·제연경계벽·댐퍼 및 배출기의 작동은 자동화재감지기와 연동되어야 하고, 예상제연구역(또는 인접장소) 및 제어반에서 수동으로 기동이 가능하도록 해야 한다.

11 ▸▸ 설치제외

제연설비를 설치해야 할 소방대상물 중 화장실·목욕실·주차장·발코니를 설치한 숙박시설(가족호텔 및 휴양콘도미니엄에 한한다.)의 객실과 사람이 상주하지 않는 기계실·전기실·공조실·50m² 미만의 창고 등으로 사용되는 부분에 대하여는 배출구·공기유입구의 설치 및 배출량 산정에서 이를 제외한다.

CHAPTER 20 특별피난계단의 계단실 및 부속실·비상용 승강기 승강장 제연설비(NFTC501A)

1 ▶▶ 설치대상

특정소방대상물(갓복도형 아파트는 제외한다)에 부설된 특별피난계단, 비상용 승강기의 승강장 또는 피난용승강기의 승강장

【 제연설비 설치대상 】

적용대상	관련법률
특정소방대상물(갓복도형 아파트 제외)에 부설된 특별피난계단 비상용승강기 승강장, 피난용승강기 승강장	「소방시설 설치 및 관리에 관한 법률 시행령」 별표4
• 특별피난계단장치 : 지상 11층 이상, 지하 3층 이하 16층 이상 공동주택 • 비상용승강기 : 높이 31m 이상, 10층 이상 공동주택 • 피난용승강기 : 고층건축물의 경우 승용승강기 중 1대 이상	「건축법」제64조 「건축법 시행령」제35조 「주택건설기준 등에 관한 규정」제15조 제2항

! Reference

◯ 건축법 시행령 35조
① 법 제49조제1항에 따라 5층 이상 또는 지하 2층 이하인 층에 설치하는 직통계단은 국토해양부령으로 정하는 기준에 따라 피난계단 또는 특별피난계단으로 설치해야 한다. 다만, 건축물의 주요구조부가 내화구조 또는 불연재료로 되어 있는 경우로서 다음 각 호의 어느 하나에 해당하는 경우에는 그렇지 않다.
  1. 5층 이상인 층의 바닥면적의 합계가 200제곱미터 이하인 경우
  2. 5층 이상인 층의 바닥면적 200제곱미터 이내마다 방화구획이 되어 있는 경우
② 건축물(갓복도식 공동주택은 제외한다)의 11층(공동주택의 경우에는 16층) 이상인 층(바닥면적이 400제곱미터 미만인 층은 제외한다) 또는 지하 3층 이하인 층(바닥면적이 400제곱미터 미만인 층은 제외한다)으로부터 피난층 또는 지상으로 통하는 직통계단은 제1항에도 불구하고 특별피난계단으로 설치해야 한다.
③ 제1항에서 판매시설의 용도로 쓰는 층으로부터의 직통계단은 그 중 1개소 이상을 특별피난계단으로 설치해야 한다.

④ 건축물의 5층 이상인 층으로서 문화 및 집회시설 중 전시장 또는 동·식물원, 판매시설, 운수시설(여객용 시설만 해당한다), 운동시설, 위락시설, 관광휴게시설(다중이 이용하는 시설만 해당한다) 또는 수련시설 중 생활권 수련시설의 용도로 쓰는 층에는 제34조에 따른 직통계 외에 그 층의 해당 용도로 쓰는 바닥면적의 합계가 2천 제곱미터를 넘는 경우에는 그 넘는 2천 제곱미터 이내마다 1개소의 피난계단 또는 특별피난계단(4층 이하의 층에는 쓰지 않는 피난계단 또는 특별피난계단만 해당한다)을 설치해야 한다.

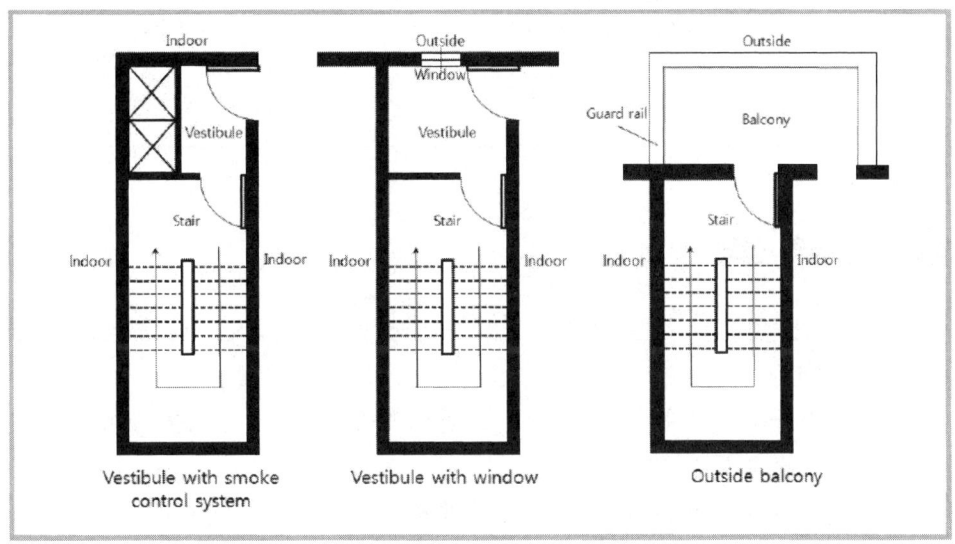

【 특별피난계단의 종류 】

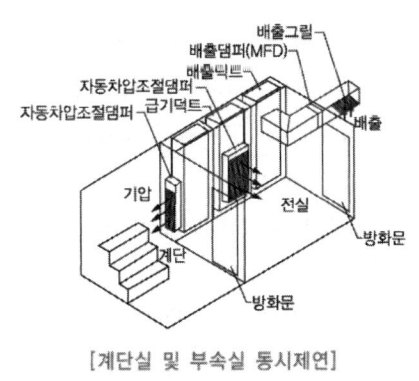

[계단실 및 부속실 동시제연]

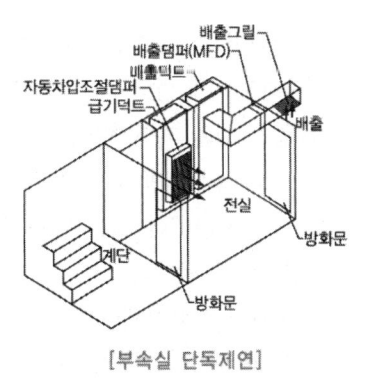

[부속실 단독제연]

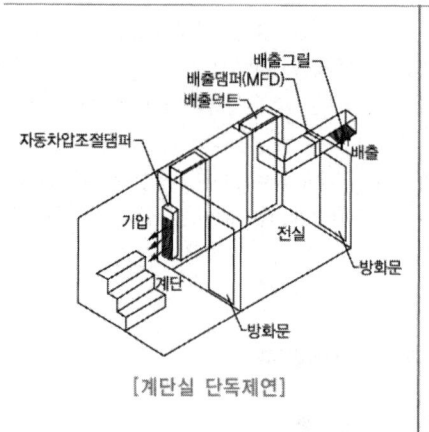
[계단실 단독제연]

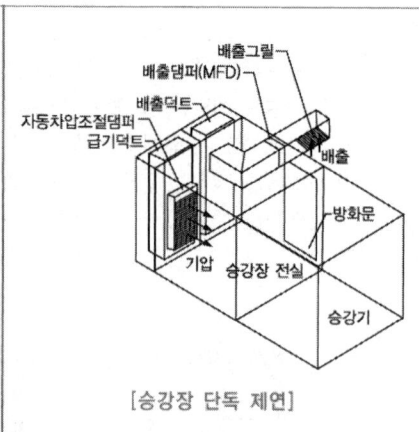
[승강장 단독 제연]

2 ▸▸ 용어의 정의

① "제연구역"이라 함은 제연하고자 하는 계단실, 부속실 또는 비상용승강기의 승강장을 말한다.
② "방연풍속"이라 함은 옥내로부터 제연구역 내로 연기의 유입을 유효하게 방지할 수 있는 풍속을 말한다.
③ "급기량"이라 함은 제연구역에 공급해야 할 공기의 양을 말한다.
④ "누설량"이라 함은 틈새를 통하여 제연구역으로부터 흘러나가는 공기량을 말한다.
⑤ "보충량"이라 함은 방연풍속을 유지하기 위하여 제연구역에 보충해야 할 공기량을 말한다.
⑥ "플랩댐퍼"란 제연구역의 압력이 설정압력범위를 초과하는 경우 제연구역의 압력을 배출하여 설정압력 범위를 유지하게 하는 과압방지장치를 말한다.
⑦ "유입공기"란 제연구역으로부터 옥내로 유입하는 공기로서 차압에 따라 누설하는 것과 출입문의 개방에 따라 유입하는 것 등을 말한다.
⑧ "거실제연설비"라 함은 제연설비의 화재안전기준(NFTC 501)의 기준에 따른 옥내의 제연설비를 말한다.
⑨ "자동차압급기댐퍼"란 제연구역과 옥내 사이의 차압을 압력센서 등으로 감지하여 제연구역에 공급되는 풍량의 조절로 제연구역의 차압 유지를 자동으로 제어할 수 있는 댐퍼를 말한다.

3 ▸▸ 제연방식

① 제연구역에 옥외의 신선한 공기를 공급하여 제연구역의 기압을 제연구역 이외의 옥내(이하 "옥내"라 한다)보다 높게 하되 일정한 기압의 차이(이하 "차압"이라한다.)를 유지하게 함으로써 옥내로부터 제연구역 내로 연기가 침투하지 못하도록 할 것
② 피난을 위하여 제연구역의 출입문이 일시적으로 개방되는 경우 방연풍속을 유지하도록 옥외의 공기를 제연구역 내로 보충공급하도록 할 것
③ 출입문이 닫히는 경우 제연구역의 과압을 방지할 수 있는 유효한 조치를 하여 차압을 유지할 것

4 ▸▸ 제연구역의 선정

① 계단실 및 그 부속실을 동시에 제연하는 것
② 부속실만을 단독으로 제연하는 것
③ 계단실 단독 제연하는 것
④ 비상용 승강기 승강장 단독 제연하는 것

5 ▸▸ 제연설비의 설치기준

(1) 차압등

① 제연구역과 옥내와의 사이에 유지해야 하는 최소차압은 40Pa(옥내에 스프링클러설비가 설치된 경우에는 12.5Pa) 이상으로 해야 한다.
② 제연설비가 가동되었을 경우 출입문의 개방에 필요한 힘은 110N 이하로 해야 한다.
③ 출입문이 일시적으로 개방되는 경우 개방되지 않는 제연구역과 옥내와의 차압은 ①의 기준에 따른 차압의 70% 미만이 되어서는 아니 된다.
④ 계단실과 부속실을 동시에 제연하는 경우 부속실의 기압은 계단실과 같게 하거나 계단실의 기압보다 낮게 할 경우에는 부속실과 계단실의 압력 차이는 5Pa 이하가 되도록 해야 한다.

(2) 급기량

$$급기량 = 누설량 + 보충량$$

① **누설량** : 제연구역의 압력이 주변 화재실의 압력보다 크기 때문에 출입문이 폐쇄되어 있어도 틈새를 통해서 공기가 누설되는데 이때 누설되는 양을 말하며, 출입문이 2개소 이상인 경우에는 각 출입문의 누설틈새면적을 합한 것으로 한다.

> **! Reference**
>
> 누설풍량 계산식
>
> $$Q = 0.827 \times A \times P^{\frac{1}{n}}$$
>
> Q : 누설풍량(m^3/sec), A : 틈새면적(m^2), P : 실내외의 압력차(Pa)
> n : 상수(일반출입문 : 2, 창문 : 1.6)

② **보충량** : 피난을 위하여 제연구역의 출입문이 일시적으로 개방되는 경우 방연풍속을 유지하도록 공기를 제연구역 내로 보충하는 공기량으로 부속실(또는 승강장)의 수가 20 이하는 1개층 이상, 20을 초과하는 경우에는 2개층 이상의 출입문이 개방되는 경우로 한다.

(3) 방연풍속

【 제연구역의 선정방식에 따른 방연풍속 】

제연구역		방연풍속
계단실 및 그 부속실을 동시에 제연하는 것 또는 계단실만 단독으로 제연하는 것		0.5m/s 이상
부속실만 단독으로 제연하는 것 또는 비상용 승강기의 승강장만 단독으로 제연하는 것	부속실 또는 승강장이 면하는 옥내가 거실인 경우	0.7m/s 이상
	부속실 또는 승강장이 면하는 옥내가 복도로서 그 구조가 방화구조(내화시간이 30분 이상인 구조를 포함한다)인 것	0.5m/s 이상

(4) 과압방지조치

제연구역의 과압방지를 위하여 당해 제연구역에 자동차압·과압조절댐퍼 과압방지장치를 다음 각호의 기준에 따라 설치해야 한다.
① 과압방지장치는 제연구역의 압력을 자동으로 조절하는 성능이 있는 것으로 할 것
② 과압방지를 위한 과압방지장치는 차압기준과 방연풍속기준을 만족해야 한다.
③ 플랩댐퍼는 소방청장이 고시하는 「플랩댐퍼의 성능인증 및 제품검사의 기술기준」에 적합한 것으로 설치할 것

④ 플랩댐퍼에 사용하는 철판은 두께 1.5mm 이상의 열간압연 연강판(KS D 3501) 또는 이와 동등 이상의 내식성 및 내열성이 있는 것으로 할 것
⑤ 자동차압급기댐퍼를 설치하는 경우에는 10)급기구 ③ 급기댐퍼 ⓒ~ⓜ 기준에 적합할 것

(5) 누설틈새의 면적 등

제연구역으로부터 공기가 누설하는 틈새면적은 다음의 기준에 따라야 한다.

① **출입문의 틈새면적 산출식**

$$A = (L/L) \times Ad$$

A : 출입문의 틈새(m^2)
L : 출입문 틈새의 길이(m) 다만, L의 수치가 L의 수치 이하인 경우에는 L의 수치로 할 것
L : 외여닫이문이 설치되어 있는 경우에는 5.6, 쌍여닫이문이 설치되어 있는 경우에는 9.2, 승강기의 출입문이 설치되어 있는 경우에는 8.0으로 할 것
Ad : 외여닫이문으로 제연구역의 실내 쪽으로 열리도록 설치하는 경우에는 0.01, 제연구역의 실외 쪽으로 열리도록 설치하는 경우에는 0.02, 쌍여닫이문의 경우에는 0.03, 승강기의 출입문에 대하여는 0.06으로 할 것

다만, [한국산업표준]에서 정하는 [창세트 (KS F 3117)]에 따른 기준을 고려하여 선정할 수 있다.

② **창문의 틈새면적 산출** : 창문의 틈새길이 1m당 틈새면적은 다음과 같다.

창문의 종류		틈새면적(m^2/m)
여닫이식	창틀에 방수패킹이 없는 경우	2.55×10^{-4}
	창틀에 방수패킹이 있는 경우	3.61×10^{-5}
미닫이식		1.00×10^{-4}

③ 제연구역으로부터 누설하는 공기가 승강기의 승강로를 경유하여 승강로의 외부로 유출하는 유출면적은 승강로 상부의 승강로와 기계실사이의 개구부 면적을 합한 것을 기준으로 할 것
④ 제연구역을 구성하는 벽체(반자속의 벽체를 포함한다)가 벽돌 또는 시멘트블록 등의 조적구조이거나 석고판 등의 조립구조인 경우에는 불연재료를 사용하여 틈새를 조정할 것. 다만, 제연구역의 내부 또는 외부면을 시멘트모르타르로 마감하거나 철근콘크리트 구조의 벽체로 하는 경우에는 그 벽체의 공기누설은 무시할 수 있다.

⑤ 제연설비의 완공 시 제연구역의 출입문 등은 크기 및 개방방식이 해당 설비의 설계 시와 같도록 할 것

(6) 유입공기의 배출

① 유입공기는 화재층의 제연구역과 면하는 옥내로부터 옥외로 배출되도록 해야 한다.
② 유입공기의 배출방식
    ㉠ 수직풍도에 따른 배출 : 옥상으로 직통하는 전용의 배출용 수직풍도를 설치하여 배출하는 것으로서 다음에 해당하는 것
        ㉮ 자연배출식 : 굴뚝효과에 따라 배출하는 것
        ㉯ 기계배출식 : 수직풍도의 상부에 전용의 배출용 송풍기를 설치하여 강제로 배출하는 것. 다만, 지하층만을 제연하는 경우 배출용송풍기의 설치위치는 배출된 공기로 인하여 피난 및 소화활동에 지장을 주지 않는 곳에 설치할 수 있다.
    ㉡ 배출구에 따른 배출 : 건물의 옥내와 면하는 외벽마다 옥외와 통하는 배출구를 설치하여 배출하는 것
    ㉢ 제연설비에 따른 배출 : 거실제연설비가 설치되어 있고 당해 옥내로부터 옥외로 배출해야 하는 유입공기의 양을 거실제연설비의 배출량에 합하여 배출하는 경우 유입공기의 배출은 당해 거실제연설비에 따른 배출로 갈음할 수 있다.

(7) 수직풍도에 따른 배출

수직풍도에 따른 배출은 다음의 기준에 적합해야 한다.
① 수직풍도는 내화구조로 하되 [건축물의 피난·방화구조 등의 기준에 관한 규칙] 제3조제1호 또는 제2호의 기준 이상의 성능으로 할 것.
② 수직풍도의 내부면은 두께 0.5mm 이상의 아연도금강판 또는 동등 이상의 내식성·내열성이 있는 것으로 마감하되 접합부에 대하여는 통기성이 없도록 조치할 것
③ 각 층의 옥내와 면하는 수직풍도의 관통부에는 다음의 기준에 적합한 댐퍼(이하 "배출댐퍼"라 한다.)를 설치해야 한다.
    ㉠ 배출댐퍼는 두께 1.5mm 이상의 강판 또는 이와 동등 이상의 성능이 있는 것으로 설치해야 하며 비내식성 재료의 경우에는 부식방지 조치를 할 것
    ㉡ 평상시 닫힌 구조로 기밀상태를 유지할 것
    ㉢ 개폐 여부를 당해 장치 및 제어반에서 확인할 수 있는 감지기능을 내장하고 있을 것
    ㉣ 구동부의 작동상태와 닫혀 있을 때의 기밀상태를 수시로 점검할 수 있는 구조일 것
    ㉤ 풍도의 내부마감상태에 대한 점검 및 댐퍼의 정비가 가능한 이·탈착구조로 할 것
    ㉥ 화재층의 옥내에 설치된 화재감지기의 동작에 따라 당해 층의 댐퍼가 개방될 것

⊗ 개방 시의 실제개구부(개구율을 감안한 것을 말한다.)의 크기는 수직풍도의 내부 단면적과 같도록 할 것

◎ 댐퍼는 풍도 내의 공기흐름에 지장을 주지 않도록 수직풍도의 내부로 돌출하지 않게 설치할 것

④ 수직풍도의 내부단면적

㉠ 자연배출식의 경우 다음 식에 따라 산출하는 수치 이상으로 할 것. 다만, 수직풍도의 길이가 100m를 초과하는 경우에는 산출수치의 1.2배 이상의 수치를 기준으로 해야 한다.

$$A_P = Q_N/2$$

A_P : 수직풍도의 내부단면적(m^2)
Q_N : 수직풍도가 담당하는 1개 층의 제연구역의 출입문(옥내와 면하는 출입문을 말한다.) 1개의 면적(m^2)과 방연풍속(m/s)을 곱한 값(m^3/s)

㉡ 송풍기를 이용한 기계배출식의 경우 풍속 15m/sec 이하로 할 것

⑤ 기계배출식에 따라 배출하는 경우 배출용 송풍기는 다음의 기준에 적합할 것

㉠ 열기류에 노출되는 송풍기 및 그 부품들은 250℃의 온도에서 1시간 이상 가동상태를 유지할 것

㉡ 송풍기의 풍량은 ④의 ㉠ 목의 기준에 따른 Q_N에 여유량을 더한량을 기준으로 할 것

㉢ 송풍기는 옥내의 화재감지기의 동작에 따라 연동하도록 할 것

⑥ 수직풍도의 상부의 말단은 빗물이 흘러들지 않는 구조로 하고 옥외의 풍압에 따라 배출성능이 감소하지 않도록 유효한 조치를 할 것

(8) 배출구에 따른 배출

배출구에 따른 배출은 다음의 기준에 적합해야 한다.

① 배출구에는 다음 각 목의 기준에 적합한 장치(이하 "개폐기"라 한다.)를 설치할 것

㉠ 빗물과 이물질이 유입하지 않는 구조로 할 것

㉡ 옥외 쪽으로만 열리도록 하고 옥외의 풍압에 따라 자동으로 닫히도록 할 것

㉢ 배출댐퍼는 두께 1.5mm 이상의 강판 또는 이와 동등 이상의 성능이 있는 것으로 설치해야 하며 비내식성 재료의 경우에는 부식방지조치를 할 것

㉣ 평상시 닫힌 구조로 기밀상태를 유지할 것

㉤ 개폐 여부를 당해 장치 및 제어반에서 확인할 수 있는 감지기능을 내장하고 있을 것

㉥ 구동부의 작동상태와 닫혀 있을 때의 기밀상태를 수시로 점검할 수 있는 구조일 것

ⓐ 풍도의 내부마감상태에 대한 점검 및 댐퍼의 정비가 가능한 이·탈착구조로 할 것
ⓔ 화재층의 옥내에 설치된 화재감지기의 동작에 따라 당해 층의 댐퍼가 개방될 것.
ⓖ 개방 시의 실제개구부의 크기는 수직풍도의 내부단면적과 같도록 할 것
② 개폐기의 개구면적은 다음 식에 따라 산출한 수치 이상으로 할 것

$$A_O = Q_N / 2.5$$

A_O : 개폐기의 개구면적(m^2)
Q_N : 수직풍도가 담당하는 1개 층의 제연구역의 출입문(옥내와 면하는 출입문을 말한다.) 1개의 면적(m^2)과 방연풍속(m/s)을 곱한 값(m^3/s)

(9) 급 기

① 부속실만을 제연하는 경우 동일수직선상의 모든 부속실은 하나의 전용수직풍도를 통해 동시에 급기할 것. 다만, 동일수직선상에 2대 이상의 급기송풍기가 설치되는 경우에는 수직풍도를 분리하여 설치할 수 있다.
② 계단실 및 부속실을 동시에 제연하는 경우 계단실에 대하여는 그 부속실의 수직풍도를 통해 급기할 수 있다.
③ 계단실만 제연하는 경우에는 전용수직풍도를 설치하거나 계단실에 급기풍도 또는 급기 송풍기를 직접 연결하여 급기하는 방식으로 할 것
④ 하나의 수직풍도마다 전용의 송풍기로 급기할 것
⑤ 비상용승강기의 승강장을 제연하는 경우에는 비상용승강기의 승강로를 급기풍도로 사용할 수 있다.

(10) 급기구

① 급기용 수직풍도와 직접 면하는 벽체 또는 천장에 고정하되, 급기되는 기류 흐름이 출입문으로 인하여 차단되거나 방해받지 않도록 옥내와 면하는 출입문으로부터 가능한 먼 위치에 설치할 것
② 계단실과 그 부속실을 동시에 제연하거나 또는 계단실만을 제연하는 경우 급기구는 계단실 매 3개 층 이하의 높이마다 설치할 것. 다만, 계단실의 높이가 31m 이하로서 계단실만을 제연하는 경우에는 하나의 계단실에 하나의 급기구만을 설치할 수 있다.
③ 급기구의 댐퍼 설치는 다음의 기준에 적합할 것
   ㉠ 급기댐퍼는 두께 1.5mm 이상의 강판 또는 이와 동등 이상의 강도가 있는 것으로 설치해야 하며, 비내식성 재료의 경우에는 부식방지조치를 할 것

ⓒ 자동차압급기댐퍼를 설치하는 경우 차압 범위의 수동설정기능과 설정범위의 차압이 유지되도록 개구율을 자동조절하는 기능이 있을 것
ⓒ 자동차압급기댐퍼는 옥내와 면하는 개방된 출입문이 완전히 닫히기 전에 개구율을 자동감소시켜 과압을 방지하는 기능이 있을 것
ⓔ 자동차압급기댐퍼는 주위온도 및 습도의 변화에 의해 기능에 영향을 받지 않는 구조일 것
ⓜ 자동차압급기댐퍼는 「자동차압급기댐퍼의 성능인증 및 제품검사의 기술기준」에 적합한 것으로 설치할 것
ⓗ 자동차압급기댐퍼가 아닌 댐퍼는 개구율을 수동으로 조절할 수 있는 구조로 할 것
ⓢ 옥내에 설치된 화재감지기에 따라 모든 제연구역의 댐퍼가 개방되도록 할 것. 다만, 둘 이상의 특정소방대상물이 지하에 설치된 주차장으로 연결되어 있는 경우에는 주차장에서 하나의 특정소방대상물의 제연구역으로 들어가는 입구에 설치된 제연용 연기감지기의 작동에 따라 특정소방대상물의 해당 수직풍도에 연결된 모든 제연구역의 댐퍼가 개방되도록 할 것
ⓩ 그 밖의 설치기준은 수직풍도의 관통부에 설치하는 댐퍼의 설치기준과 동일

(11) 급기풍도

① 급기풍도는 내화구조로 할 것
② 급기풍도의 내부면은 두께 0.5mm 이상의 아연도금강판으로 마감하되 강판의 접합부에 대하여는 통기성이 없도록 조치할 것
③ 수직풍도 이외의 풍도로서 금속판으로 설치하는 풍도는 다음의 기준에 적합할 것
  ㉠ 풍도는 아연도금강판 또는 이와 동등 이상의 내식성・내열성이 있는 것으로 하며, 불연재료외(서면재료를 제외한다) 단열재로 유효한 단열처리를 하고, 강판의 두께는 풍도의 크기에 따라 다음 표에 따른 기준 이상으로 할 것. 다만, 방화구획이 되는 전용실에 급기송풍기와 연결되는 닥트는 단열이 필요 없다.

풍도단면의 긴변 또는 직경의 크기	450mm 이하	450mm 초과 750mm 이하	750mm 초과 1,500mm 이하	1,500mm 초과 2,250mm 이하	2,250mm 초과
강판두께	0.5mm	0.6mm	0.8mm	1.0mm	1.2mm

  ㉡ 풍풍도에서의 누설량은 급기량의 10%를 초과하지 않을 것
④ 풍도는 정기적으로 풍도 내부를 청소할 수 있는 구조로 설치할 것

(12) 급기송풍기

① 송풍기의 송풍능력은 송풍기가 담당하는 제연구역에 대한 급기량의 1.15배 이상으로 할 것. 다만 풍도에서의 누설을 실측하여 조정하는 경우에는 그렇지 않다.
② 송풍기에는 풍량조절장치를 설치하여 풍량조절을 할 수 있도록 할 것
③ 송풍기에는 풍량 및 풍량을 실측할 수 있는 유효한 조치를 할 것
④ 송풍기는 인접장소의 화재로부터 영향을 받지 아니하고 접근 및 점검이 용이한 곳에 설치할 것
⑤ 송풍기는 옥내 화재감지기의 동작에 따라 작동하도록 할 것
⑥ 송풍기와 연결되는 캔버스는 내열성(석면재료를 제외한다.)이 있는 것으로 할 것

(13) 외기 취입구

① 외기를 옥외로부터 취입하는 경우 취입구는 연기 또는 공해물질 등으로 오염된 공기를 취입 하지 않는 위치에 설치해야 하며, 배기구등(유입공기, 주방의 조리대의 배출공기 또는 화장실의 배출공기 등을 배출하는 배기구를 말한다)으로부터 수평거리 5m 이상, 수직거리 1m 이상 낮은 위치에 설치할 것
② 취입구를 옥상에 설치하는 경우에는 옥상의 외곽면으로부터 수평거리 5m 이상, 외곽면의 상단으로부터 하부로 수직거리 1m 이하의 위치에 설치할 것
③ 취입구는 빗물과 이물질이 유입하지 않는 구조로 할 것
④ 취입구는 취입공기가 옥외 바람의 속도와 방향에 따라 영향을 받지 않는 구조로 할 것

(14) 제연구역 및 옥내의 출입문

① 제연구역 출입문의 기준
  ㉠ 제연구역의 출입문(창문을 포함)은 언제나 닫힌 상태를 유지하거나 자동폐쇄장치에 의해 자동으로 닫히는 구조로 할 것. 다만, 아파트인 경우 제연구역과 계단실 사이의 출입문은 자동폐쇄장치에 의하여 자동으로 닫히는 구조로 해야 한다.
  ㉡ 제연구역의 출입문에 설치하는 자동폐쇄장치는 제연구역의 기압에도 불구하고 출입문을 용이하게 닫을 수 있는 충분한 폐쇄력이 있을 것
  ㉢ 제연구역의 출입문 등에 자동폐쇄장치를 사용하는 경우에는 [자동폐쇄장치의 성능인증 및 제품검사의 기술기준]에 적합한 것으로 설치해야 한다.
② 옥내 출입문의 기준
  ㉠ 언제나 닫힌 상태를 유지하거나 자동폐쇄장치에 따라 자동으로 닫히는 구조로 설치할 것

ⓒ 거실 쪽으로 열리는 구조의 출입문에 설치하는 자동폐쇄장치는 출입문의 개방 시 유입공기의 압력에도 불구하고 출입문을 용이하게 닫을 수 있는 충분한 폐쇄력이 있는 것으로 할 것

(15) 수동기동장치

① 배출댐퍼 및 개폐기의 직근과 제연구역에는 다음의 기준에 따른 장치의 작동을 위하여 전용의 수동기동장치를 설치해야 한다. 다만, 계단실 및 그 부속실을 동시에 제연하는 제연구역에는 그 부속실에만 설치할 수 있다.
　　㉠ 전 층의 제연구역에 설치된 급기댐퍼의 개방
　　ⓒ 당해 층의 배출댐퍼 또는 개폐기의 개방
　　ⓒ 급기송풍기 및 유입공기의 배출용 송풍기의 작동
　　㉣ 개방·고정된 모든 출입문(제연구역과 옥내 사이의 출입문에 한한다.)의 개폐장치의 작동
② 수동기동장치는 옥내에 설치된 수동발신기의 조작에 의해서도 작동될 수 있도록 할 것

(16) 제어반

① 제어반에는 제어반의 기능을 1시간 이상 유지할 수 있는 용량의 비상용 축전지를 내장할 것
② 제어반은 다음의 기능을 보유할 것
　　㉠ 급기용 댐퍼의 개폐에 대한 감시 및 원격조작기능
　　ⓒ 배출댐퍼 또는 개폐기의 작동 여부에 대한 감시 및 원격조작기능
　　ⓒ 급기송풍기와 유입공기의 배출용 송풍기의 작동 여부에 대한 감시 및 원격조작기능
　　㉣ 제연구역 출입문의 임시적인 고정개방 및 해정에 대한 감시 및 원격조작기능
　　㉤ 수동기동장치의 작동 여부에 대한 감시기능
　　㉥ 급기구 개구율의 자동조절장치의 작동 여부에 대한 감시기능, 다만, 급기구에 차압표시계를 고정부착한 자동차압·과압조절형 댐퍼를 설치하고 당해 제어반에도 차압표시계를 설치한 경우에는 그렇지 않다.
　　㉦ 감시선로의 단선에 대한 감시기능
　　ⓞ 예비전원이 확보되고 예비전원의 적합여부를 시험할 수 있어야 할 것

(17) 비상전원

비상전원은 자가발전설비, 축전지설비 또는 전기저장장치로서 다음의 기준에 따라 설치해야 한다. 다만, 2 이상의 변전소(전기사업법 제67조의 규정에 따른 변전소를 말한다.)

에서 전력을 동시에 공급받을 수 있거나 하나의 변전소로부터 전력공급이 중단되는 때에 자동으로 다른 변전소로부터 전원을 공급받을 수 있도록 상용전원을 설치한 경우에는 그렇지 않다.
① 점검에 편리하고 화재 및 침수 등의 재해로 인한 피해를 받을 우려가 없는 곳에 설치할 것
② 제연설비를 유효하게 20분(층수가 30층 이상 49층 이하는 40분, 50층 이상은 60분) 이상 작동할 수 있도록 할 것
③ 상용전원으로부터 전력의 공급이 중단된 때에는 자동으로 비상전원으로부터 전력을 공급 받을 수 있도록 할 것
④ 비상전원의 설치장소는 다른 장소와 방화구획할 것. 이 경우 그 장소에는 비상전원의 공급에 필요한 기구나 설비 외의 것을 두어서는 아니 된다.
⑤ 비상전원을 실내에 설치하는 때에는 그 실내에 비상조명등을 설치할 것

(18) 시험, 측정 및 조정등

① 제연설비는 설계목적에 적합한지 사전에 검토하고 건물의 모든 부분을 완성하는 시점부터 시험 등을 해야 한다.
② 제연설비의 시험 등은 다음의 기준에 따라 실시해야 한다.
   ㉠ 제연구역의 모든 출입문 등의 크기와 열리는 방향이 설계 시와 동일한지 여부를 확인하고, 동일하지 아니한 경우 급기량과 보충량 등을 다시 산출하여 조정가능 여부 또는 재설계·개수의 여부를 결정할 것
   ㉡ ㉠의 기준에 따른 확인결과 출입문 등이 설계 시와 동일한 경우에는 출입문마다 그 바닥사이의 틈새가 평균적으로 균일한지 여부를 확인하고 큰 편차가 있는 출입문등에 대하여는 그 바닥의 마감을 재시공하거나, 출입문 등에 불연재료를 사용하여 틈새를 조정할 것
   ㉢ 제연구역의 출입문 및 복도와 거실(옥내가 복도와 거실로 되어 있는 경우에 한한다.) 사이의 출입문마다 제연설비가 작동하고 있지 아니한 상태에서 그 폐쇄력을 측정할 것
   ㉣ 옥내의 층별로 화재감지기(수동기동장치를 포함한다.)를 동작시켜 제연설비가 작동하는지 여부를 확인할 것. 다만, 둘 이상의 특정소방대상물이 지하에 설치된 주차장으로 연결되어 있는 경우에는 주차장에서 하나의 특정소방대상물의 제연구역으로 들어가는 입구에 설치된 제연용 연기감지기의 작동에 따라 특정소방대상물의 해당 수직풍도에 연결된 모든 제연구역의 댐퍼가 개방되도록 하고 비상전원을 작동시켜 급기 및 배기용 송풍기의 성능이 정상인지 확인할 것

ⓜ ㉣의 기준에 따라 제연설비가 작동하는 경우 다음 각 목의 기준에 따른 시험 등을 실시할 것

㉮ 부속실과 면하는 옥내 및 계단실의 출입문을 동시 개방할 경우, 유입공기의 풍속이 규정에 따른 방연풍속에 적합한지 여부를 확인하고, 적합하지 아니한 경우에는 급기구의 개구율과 송풍기의 풍량조절댐퍼 등을 조정하여 적합하게 할 것. 이 경우 유입공기의 풍속은 출입문의 개방에 따른 개구부를 대칭적으로 균등분할하는 10 이상의 지점에서 측정하는 풍속의 평균치로 할 것

㉯ ㉮의 기준에 따른 시험 등의 과정에서 출입문을 개방하지 않는 제연구역의 실제차압이 기준에 적합한지 여부를 출입문 등에 차압측정공을 설치하고 이를 통하여 차압측정기구로 실측하여 확인·조정할 것

㉰ 제연구역의 출입문이 모두 닫혀 있는 상태에서 제연설비를 가동시킨 후 출입문의 개방에 필요한 힘을 측정하여 규정에 따른 개방력에 적합한지 여부를 확인하고, 적합하지 아니한 경우에는 급기구의 개구율 조정 및 플랩댐퍼와 풍량조절용댐퍼 등의 조정에 따라 적합하도록 조치할 것

㉱ ㉮의 기준에 따른 시험 등의 과정에서 부속실의 개방된 출입문이 자동으로 완전히 닫히는지 여부를 확인하고, 닫힌 상태를 유지할 수 있도록 조정할 것

CHAPTER 21 연결송수관설비(NFTC502)

1 ▸▸ 설치대상

① 층수가 5층 이상으로서 연면적 6천㎡ 이상인 경우에는 모든 층
② ①에 해당하지 않는 특정소방대상물로서 지하층을 포함하는 층수가 7층 이상인 경우에는 모든 층
③ ① 및 ②에 해당하지 않는 특정소방대상물로서 지하층의 층수가 3층 이상이고 지하층의 바닥면적의 합계가 1천m^2 이상인 경우에는 모든 층
④ 지하가 중 터널로서 길이가 1천m 이상인 것

2 ▸▸ 계통도

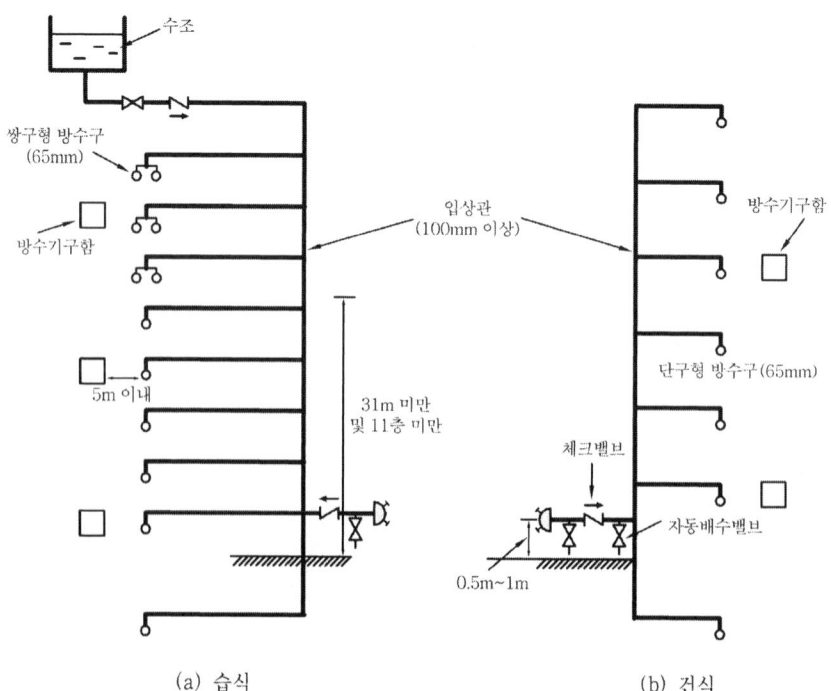

(a) 습식 (b) 건식

③ 용어의 정의

① "송수구"라 함은 소화설비에 소화용수를 보급하기 위하여 건물 외벽 또는 구조물의 외벽에 설치하는 관을 말한다.
② "방수구"라 함은 소화설비로부터 소화용수를 방수하기 위하여 건물내벽 또는 구조물의 외벽에 설치하는 관을 말한다.

④ 설치기준

(1) 송수구

① 소방차가 쉽게 접근할 수 있고 잘보이는 장소에 설치할 것
② 지면으로부터 높이가 0.5m 이상, 1m 이하의 위치에 설치할 것
③ 송수구는 화재층으로부터 지면으로 떨어지는 유리창 등이 송수 및 그 밖의 소화작업에 지장을 주지 않는 장소에 설치할 것
④ 송수구로부터 연결송수관설비의 주배관에 이르는 연결배관에 개폐밸브를 설치한 때에는 그 개폐상태를 쉽게 확인 및 조작할 수 있는 옥외 또는 기계실 등의 장소에 설치할 것. 이 경우 개폐밸브에는 그 밸브의 개폐상태를 감시제어반에서 확인할 수 있도록 급수개폐밸브 작동표시 스위치를 다음 기준에 따라 설치할여야 한다.
　㉠ 급수개폐밸브가 잠길 경우 탬퍼 스위치의 동작으로 인하여 감시제어반 또는 수신기에 표시되어야하며 경보음을 발할 것
　㉡ 탬퍼 스위치는 감시제어반 또는 수신기에서 동작의 유무확인과 동작시험, 도통시험을 할 수 있을 것
　㉢ 급수개폐밸브의 작동표시 스위치에 사용되는 전기배선은 내화전선 또는 내열전선으로 설치할 것
⑤ 구경 65mm의 쌍구형으로 할 것
⑥ 송수구에는 그 가까운 곳의 보기 쉬운 곳에 송수압력범위를 표시한 표지를 할 것
⑦ 송수구는 연결송수관의 수직배관마다 1개 이상을 설치할 것. 다만, 하나의 건축물에 설치된 각 수직배관이 중간에 개폐밸브가 설치되지 아니한 배관으로 상호 연결되어 있는 경우에는 건축물마다 1개씩 설치할 수 있다.
⑧ 송수구의 부근에는 자동배수밸브 및 체크밸브를 다음 각목의 기준에 따라 설치할 것. 이 경우 자동배수밸브는 배관 안의 물이 잘 빠질 수 있는 위치에 설치하되 배수로 인하여 다른 물건이나 장소에 피해를 주지 않아야 한다.

㉠ 습식의 경우에는 송수구·자동배수밸브·체크밸브의 순으로 설치할 것
㉡ 건식의 경우에는 송수구·자동배수밸브·체크밸브·자동배수밸브의 순으로 설치할 것
⑨ 송수구에는 가까운 곳의 보기 쉬운 곳에 "연결송수관설비송수구"라고 표시한 표지를 설치할 것
⑩ 송수구에는 이물질을 막기 위한 마개를 씌울 것

(2) 배관 등

① 배관은 다음의 기준에 따라 설치해야 한다.
  ㉠ 주배관의 구경은 100mm 이상의 것으로 할 것
  ㉡ 지면으로부터의 높이가 31m 이상인 소방대상물 또는 지상 11층 이상인 소방대상물에 있어서는 습식설비로 할 것
② 연결송수관설비의 배관은 주배관의 구경이 100mm 이상인 옥내소화전설비·스프링클러 설비 또는 물분무 등 소화설비의 배관과 겸용할 수 있다. 다만, 층수가 30층 이상의 특정소방대상물은 스프링클러설비의 배관과 겸용할 수 없다.
③ 연결송수관설비의 수직배관은 내화구조로 구획된 계단실(부속실을 포함한다.) 또는 파이프덕트 등 화재의 우려가 없는 장소에 설치해야 한다. 다만, 학교 또는 공장이거나 배관주위를 1시간 이상의 내화성능이 있는 재료로 보호하는 경우에는 그렇지 않다.
④ 기타 배관규정은 옥내소화전 배관규정과 동일.

(3) 방수구

① 연결송수관설비의 방수구는 그 소방대상물의 층마다 설치할 것

> **방수구를 설치하지 않아도 되는 층**
> - 아파트의 1층 및 2층
> - 소방차의 접근이 가능하고 소방대원이 소방차로부터 각 부분에 쉽게 도달할 수 있는 피난층
> - 송수구가 부설된 옥내소화전을 설치한 소방대상물로서 다음에 해당하는 층
>   - 지하층을 제외한 층수가 4층 이하이고 연면적이 6,000m^2 미만인 소방대상물의 지상층
>   - 지하층의 층수가 2 이하인 소방대상물의 지하층

② 방수구는 아파트 또는 바닥면적이 1,000m^2 미만인 층에 있어서는 계단으로부터 5m 이내에, 바닥면적 1,000m^2 이상인 층에 있어서는 각 계단으로부터 5m 이내에 설치할 것

③ 각 부분으로부터 방수구까지의 수평거리
  ㉠ 지하가 또는 지하층의 바닥면적의 합계가 3,000m² 이상인 것 : 25m
  ㉡ ㉠에 해당하지 않는 것 : 50m
④ 11층 이상의 부분에 설치하는 방수구는 쌍구형으로 할 것

11층 이상인 층 중 단구형 방수구를 설치할 수 있는 경우
- 아파트의 용도로 사용되는 층
- 스프링클러설비가 유효하게 설치되어 있고 방수구가 2개소 이상 설치된 층

⑤ 방수구의 호스접결구는 바닥으로부터 높이 0.5m 이상, 1m 이하의 위치에 설치할 것
⑥ 방수구는 연결송수관설비의 전용방수구 또는 옥내소화전방수구로서 구경 65mm의 것으로 설치할 것
⑦ 방수구의 위치표시는 표시등 또는 축광식표지로 하되 다음의 기준에 따라 설치할 것
  ㉠ 표시등을 설치하는 경우에는 함의 상부에 설치하되, 소방청장이 고시한 「표시등의 성능인증 및 제품검사의 기술기준」에 적합한 것으로 설치할 것
  ㉡ 축광식표지를 설치하는 경우에는 소방청장이 고시한 「축광표지의 성능인증 및 제품검사의 기술기준」에 적합한 것으로 설치할 것
⑧ 방수구는 개폐기능을 가진 것으로 설치해야하며, 평상시 닫힌 상태를 유지할 것

(4) 방수기구함

연결송수관설비의 방수용기구함을 다음의 기준에 따라 설치해야 한다.
① 방수기구함은 피난층과 가장 가까운 층을 기준으로 3개 층마다 설치하되, 그 층의 방수구마다 보행거리 5m 이내에 설치할 것
② 방수기구함에는 길이 15m의 호스와 방사형 관창을 다음 각목의 기준에 따라 비치할 것
  ㉠ 호스는 방수구에 연결하였을 때 그 방수구가 담당하는 구역의 각 부분에 유효하게 물이 뿌려질 수 있는 개수 이상을 비치할 것. 이 경우 쌍구형 방수구는 단구형 방수구의 2배 이상의 개수를 설치해야 한다.
  ㉡ 방사형 관창은 단구형 방수구의 경우에는 1개, 쌍구형 방수구의 경우에는 2개 이상 비치할 것
③ 방수기구함에는 "방수기구함"이라고 표시한 축광식 표지를 할 것. 이 경우 축광식 표지는 소방청장이 고시한 「축광표지의 성능인증 및 제품검사의 기술기준」에 적합한 것으로 설치해야 한다.

(5) 가압송수장치

지표면에서 최상층 방수구의 높이가 70m 이상의 소방대상물에는 다음의 기준에 따라 연결송수관설비의 가압송수장치를 설치해야 한다.

① 펌프의 토출량은 다음 기준에 적합할 것

대상물의 층 당 방수구	1~3개	4개	5개 이상
일반 대상물	2,400L/min 이상	3,200L/min 이상	4,000L/min 이상
계단실형 아파트	1,200L/min 이상	1,600L/min 이상	2,000L/min 이상

② 펌프의 양정은 최상층에 설치된 노즐선단의 압력이 0.35MPa 이상의 압력이 되도록 할 것

③ 가압송수장치는 방수구가 개방될 때 자동으로 기동되거나 또는 수동스위치의 조작에 따라 기동되도록 할 것. 이 경우 수동스위치는 2개 이상을 설치하되, 그 중 1개는 다음 각목의 기준에 따라 송수구의 부근에 설치해야 한다.

㉠ 송수구로부터 5m 이내의 보기 쉬운 장소에 바닥으로부터 높이 0.8m 이상, 1.5m 이하로 설치할 것

㉡ 1.5mm 이상의 강판함에 수납하여 설치할 것. 이 경우 문짝은 불연재료로 설치할 수 있다.

㉢ 접지하고 빗물 등이 들어가지 않는 구조로 할 것

④ 그 밖의 사항은 옥내소화전과 동일

CHAPTER 22 연결살수설비(NFTC503)

1 ▸▸ 설치대상

① 판매시설, 운수시설, 창고시설 중 물류터미널로서 해당 용도로 사용되는 부분의 바닥면적의 합계가 1천㎡ 이상인 경우에는 해당 시설
② 지하층(피난층으로 주된 출입구가 도로와 접한 경우는 제외한다)으로서 바닥면적의 합계가 150㎡ 이상인 경우에는 지하층의 모든 층. 다만, 「주택법 시행령」제46조제1항에 따른 국민주택규모 이하인 아파트등의 지하층(대피시설로 사용하는 것만 해당한다)과 교육연구시설 중 학교의 지하층의 경우에는 700㎡ 이상인 것으로 한다.
③ 가스시설 중 지상에 노출된 탱크의 용량이 30톤 이상인 탱크시설
④ ① 및 ②의 특정소방대상물에 부속된 연결통로

2 ▸▸ 계통도

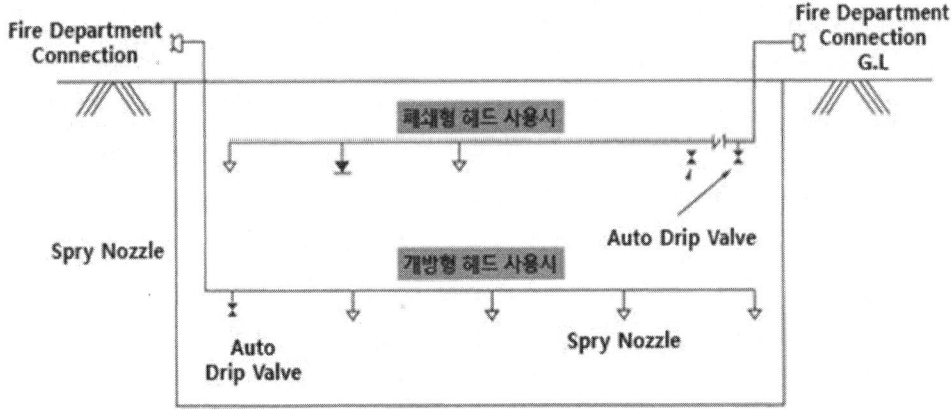

3 ▶ 설치기준

(1) 송수구 등

① 송수구의 설치기준
- ㉠ 소방차가 쉽게 접근할 수 있고 노출된 장소에 설치할 것. 이 경우 가연성 가스의 저장·취급시설에 설치하는 연결살수설비의 송수구는 그 방호대상물로부터 20m 이상의 거리를 두거나 방호대상물에 면하는 부분이 높이 1.5m 이상, 폭 2.5m 이상의 철근콘크리트 벽으로 가려진 장소에 설치해야 한다.
- ㉡ 송수구는 구경 65mm의 쌍구형으로 설치할 것. 다만, 하나의 송수구역에 부착하는 살수헤드의 수가 10개 이하인 것에 있어서는 단구형으로 할 수 있다.
- ㉢ 개방형 헤드를 사용하는 송수구의 호스접결구는 각 송수구역마다 설치할 것. 다만, 송수구역을 선택할 수 있는 선택밸브가 설치되어 있고, 각 송수구역의 주요구조부가 내화구조로 되어 있는 경우에는 그렇지 않다.
- ㉣ 지면으로부터 높이가 0.5m 이상, 1m 이하의 위치에 설치할 것
- ㉤ 송수구로부터 주배관에 이르는 연결배관에는 개폐밸브를 설치하지 않을 것. 다만, 스프링클러설비·물분무소화설비·포소화설비 또는 연결송수관설비의 배관과 겸용하는 경우에는 그렇지 않다.
- ㉥ 송수구의 부근에는 "연결살수설비송수구"라고 표시한 표지와 송수구역 일람표를 설치할 것
- ㉦ 송수구에는 이물질을 막기 위한 마개를 씌워야 한다.

② 연결살수설비의 선택밸브의 설치기준
- ㉠ 화재시 연소의 우려가 없는 장소로서 조작 및 점검이 쉬운 위치에 설치할 것
- ㉡ 자동개방밸브에 따른 선택밸브를 사용하는 경우에 있어서는 송수구역에 방수하지 아니하고 자동밸브의 작동시험이 가능하도록 할 것
- ㉢ 선택밸브의 부근에는 송수구역 일람표를 설치할 것

③ 송수구의 가까운 부분에 자동배수밸브 및 체크밸브의 설치기준
- ㉠ 폐쇄형 헤드를 사용하는 설비의 경우에는 송수구·자동배수밸브·체크밸브의 순으로 설치할 것
- ㉡ 개방형 헤드를 사용하는 설비의 경우에는 송수구·자동배수밸브의 순으로 설치할 것
- ㉢ 자동배수밸브는 배관 안의 물이 잘 빠질 수 있는 위치에 설치하되, 배수로 인하여 다른 물건 또는 장소에 피해를 주지 않을 것

④ 개방형 헤드를 사용하는 연결살수설비에 있어서 하나의 송수구역에 설치하는 살수헤드의 수는 10개 이하가 되도록 해야 한다.

(2) 배관 등

① 배관의 구경
　㉠ 연결살수설비 전용헤드를 사용하는 경우

하나의 배관에 부착하는 살수헤드의 개수	1개	2개	3개	4개 또는 5개	6개 이상 10개 이하
배관의 구경(mm)	32	40	50	65	80

　㉡ 스프링클러헤드를 사용하는 경우

구분 \ 급수관의 직경	25	32	40	50	65	80	90	100	125	150
가	2	3	5	10	30	60	80	100	160	161 이상
나	2	4	7	15	30	60	65	100	160	161 이상
다	1	2	5	8	15	27	40	55	90	90 이상

② 주배관은 다음의 어느 하나에 해당하는 배관 또는 수조에 접속해야 한다. 이 경우 접속부분에는 체크밸브를 설치하되 점검하기 쉽게 해야 한다.
　㉠ 옥내소화전설비의 주배관(옥내소화전설비가 설치된 경우에 한정한다)
　㉡ 수도배관(연결살수설비가 설치된 건축물 안에 설치된 수도배관 중 구경이 가장 큰 배관을 말한다)
　㉢ 옥상에 설치된 수조(다른 설비의 수조를 포함한다)

③ 폐쇄형 헤드를 사용하는 연결살수설비에는 다음의 기준에 따른 시험배관을 설치해야 한다.
　㉠ 송수구에서 가장 먼 거리에 위치한 가지배관의 끝으로부터 연결하여 설치할 것
　㉡ 시험장치 배관의 구경은 25mm로 하고, 그 끝에는 물받이통 및 배수관을 설치하여 시험 중 방사된 물이 바닥으로 흘러내리지 않도록 할 것. 다만, 목욕실·화장실 또는 그 밖의 배수처리가 쉬운 장소의 경우에는 물받이통 또는 배수관을 설치하지 않을 수 있다.

④ 개방형 헤드를 사용하는 연결살수설비에 있어서의 수평주행배관은 헤드를 향하여 상향으로 100분의 1 이상의 기울기로 설치하고 주배관 중 낮은 부분에는 자동배수밸브를 설치해야 한다.

⑤ 가지배관 또는 교차배관을 설치하는 경우에는 가지배관의 배열은 토너먼트방식이 아니어야 하며, 가지배관은 교차배관 또는 주배관에서 분기되는 지점을 기점으로 한쪽 가지배관에 설치되는 헤드의 개수는 8개 이하로 해야 한다.

⑥ 습식 연결살수설비의 배관은 동결방지조치를 하거나 동결의 우려가 없는 장소에 설치해야 한다. 다만, 보온재를 사용할 경우에는 난연재료 성능 이상인 것으로 해야 한다.

⑦ 급수배관에 설치되어 급수를 차단할 수 있는 개폐밸브는 개폐표시형으로 해야 한다. 이 경우 펌프의 흡입측 배관에는 버터플라이밸브 외의 개폐표시형 밸브를 설치해야 한다.

⑧ 연결살수설비 교차배관의 위치·청소구 및 가지배관의 설치기준은 다음과 같다.
  ㉠ 교차배관은 가지배관과 수평으로 설치하거나 또는 가지배관 밑에 설치하고 그 구경은 ①의 규정에 따르되 최소구경이 40mm 이상이 되도록 할 것
  ㉡ 폐쇄형 헤드를 사용하는 연결살수설비의 청소구는 주배관 또는 교차배관 끝에 40mm 이상 크기의 개폐밸브를 설치하고, 호스접결이 가능한 나사식 또는 고정배수 배관식으로 할 것
  ㉢ 폐쇄형 헤드를 사용하는 연결살수설비에 하향식 헤드를 설치하는 경우에는 가지배관으로부터 헤드에 이르는 헤드접속배관은 가지관상부에서 분기할 것. 다만, 소화설비용 수원의 수질이 먹는물관리법 규정에 따라 먹는 물의 수질기준에 적합하고 덮개가 있는 저수조로부터 물을 공급받는 경우에는 가지배관의 측면 또는 하부에서 분기할 수 있다.

(3) 연결살수설비 헤드

① 연결살수설비의 헤드는 연결살수설비 전용헤드 또는 스프링클러헤드로 설치해야 한다.
② **연결살수설비 헤드의 설치기준**
  ㉠ 천장 또는 반자의 실내에 면하는 부분에 설치할 것
  ㉡ 천장 또는 반자의 각 부분으로부터 하나의 살수헤드까지의 수평거리가 연결살수설비 전용헤드의 경우은 3.7m 이하, 스프링클러헤드의 경우는 2.3m 이하로 할 것. 다만, 살수헤드의 부착면과 바닥과의 높이가 2.1m 이하인 부분에 있어서는 살수헤드의 살수분포에 따른 거리로 할 수 있다.
③ **폐쇄형 스프링클러헤드를 설치하는 경우의 설치기준**
  ㉠ 그 설치장소의 평상시 최고 주위온도에 따라 다음 표에 따른 표시온도의 것으로 설치할 것. 다만, 높이가 4m 이상인 공장 및 창고(랙크식 창고를 포함한다.)에 설치하는 스프링클러헤드는 그 설치장소의 평상시 최고 주위온도에 관계없이 표시온도 121℃ 이상의 것으로 할 수 있다.

설치장소의 최고 주위온도	표시온도
39℃ 미만	79℃ 미만
39℃ 이상 64℃ 미만	79℃ 이상 121℃ 미만
64℃ 이상 106℃ 미만	121℃ 이상 162℃ 미만
106℃ 이상	162℃ 이상

ⓒ 살수가 방해되지 않도록 스프링클러헤드로부터 반경 60cm 이상의 공간을 보유할 것. 다만, 벽과 스프링클러헤드 간의 공간은 10cm 이상으로 한다.

ⓒ 스프링클러헤드와 그 부착면(상향식 헤드의 경우에는 그 헤드의 직상부의 천장·반자 또는 이와 비슷한 것을 말한다. 이하 같다.)과의 거리는 30cm 이하로 할 것

ⓔ 배관·행가 및 조명기구 등 살수를 방해하는 것이 있는 경우에는 ⓒ의 규정에 불구하고 그로부터 아래에 설치하여 살수에 장애가 없도록 할 것. 다만, 연결살수헤드와 장애물과의 이격거리를 장애물 폭의 3배 이상 확보한 경우에는 그렇지 않다.

ⓜ 스프링클러헤드의 반사판은 그 부착면과 평행하게 설치할 것

ⓗ 천장의 기울기가 10분의 1을 초과하는 경우에는 가지관을 천장의 마루와 평행하게 설치하고, 스프링클러헤드는 다음의 기준에 적합하게 설치할 것

㉮ 천장의 최상부에 스프링클러헤드를 설치하는 경우에는 최상부에 설치하는 스프링클러헤드의 반사판을 수평으로 설치할 것

㉯ 천장의 최상부를 중심으로 가지관을 서로 마주보게 설치하는 경우에는 최상부의 가지관 상호 간의 거리가 가지관상의 스프링클러헤드 상호 간의 거리의 2분의 1 이하(최소 1m 이상이 되어야 한다.)가 되게 스프링클러헤드를 설치하고, 가지관의 최상부에 설치하는 스프링클러헤드는 천장의 최상부로부터의 수직거리가 90cm 이하가 되도록 할 것. 톱날지붕, 둥근지붕 기타 이와 유사한 지붕의 경우에도 이에 준한다.

ⓢ 연소할 우려가 있는 개구부에는 그 상하좌우에 2.5m 간격으로(개구부의 폭이 2.5m 이하인 경우에는 그 중앙에) 스프링클러헤드를 설치하되, 스프링클러헤드와 개구부의 내측면으로부터의 직선거리는 15cm 이하가 되도록 할 것. 이 경우 사람이 상시 출입하는 개구부로서 통행에 지장이 있는 때에는 개구부의 상부 또는 측면(개구부의 폭이 9m 이하인 경우에 한한다.)에 설치하되, 헤드 상호 간의 간격은 1.2m 이하로 설치해야 한다.

ⓞ 습식 연결살수설비 외의 설비에는 상향식 스프링클러헤드를 설치할 것. 다만, 다음에 해당하는 경우에는 그렇지 않다.

㉮ 드라이펜던트 스프링클러헤드를 사용하는 경우

㉯ 스프링클러헤드의 설치장소가 동파의 우려가 없는 곳인 경우
㉰ 개방형 스프링클러헤드를 사용하는 경우
㉱ 측벽형 스프링클러헤드를 설치하는 경우 긴변의 한쪽 벽에 일렬로 설치(폭이 4.5m 이상 9m 이하인 실에 있어서는 긴변의 양쪽에 각각 일렬로 설치하되 마주보는 스프링클러헤드가 나란하도록 설치)하고 3.6m 이내마다 설치할 것
④ 가연성 가스의 저장·취급시설에 설치하는 연결살수설비의 헤드의 설치기준
㉠ 연결살수설비 전용의 개방형 헤드를 설치할 것
㉡ 가스저장탱크·가스홀더 및 가스발생기의 주위에 설치하되, 헤드상호 간의 거리는 3.7m 이하로 할 것
㉢ 헤드의 살수범위는 가스저장탱크·가스홀더 및 가스발생기의 몸체의 중간 윗부분의 모든 부분이 포함되도록 해야 하고 살수된 물이 흘러내리면서 살수범위에 포함되지 아니한 부분에도 모두 적셔질 수 있도록 할 것

(4) 헤드의 설치 제외장소

① 상점(영 별표 2 제5호와 제6호의 판매시설과 운수시설을 말하며, 바닥면적이 150m^2 이상인 지하층에 설치된 것을 제외한다)으로서 주요구조부가 내화구조 또는 방화구조로 되어 있고 바닥면적이 500m^2 미만으로 방화구획되어 있는 특정소방대상물 또는 그 부분
② 계단실(특별피난계단의 부속실을 포함한다)·경사로·승강기의 승강로·파이프덕트·목욕실·수영장(관람석부분을 제외한다)·화장실·직접 외기에 개방되어 있는 복도, 그 밖의 이와 유사한 장소
③ 통신기기실·전자기기실·기타 이와 유사한 장소
④ 발전실·변전실·변압기·기타 이와 유사한 전기설비가 설치되어 있는 장소
⑤ 병원의 수술실·응급처치실·기타 이와 유사한 장소
⑥ 천장과 반자 양쪽이 불연재료로 되어 있는 경우로서 그 사이의 거리 및 구조가 다음에 해당하는 부분
㉠ 천장과 반자 사이의 거리가 2m 미만인 부분
㉡ 천장과 반자 사이의 벽이 불연재료이고 천장과 반자 사이의 거리가 2m 이상으로서 그 사이에 가연물이 존재하지 않는 부분
⑦ 천장·반자 중 한쪽이 불연재료로 되어있고 천장과 반자 사이의 거리가 1m 미만인 부분
⑧ 천장 및 반자가 불연재료 외의 것으로 되어 있고 천장과 반자 사이의 거리가 0.5m 미만인 부분

⑨ 펌프실·물탱크실 그 밖의 이와 비슷한 장소
⑩ 현관 또는 로비 등으로서 바닥으로부터 높이가 20m 이상인 장소
⑪ 냉장창고의 냉장실 또는 냉동창고의 냉동실
⑫ 고온의 노가 설치된 장소 또는 물과 격렬하게 반응하는 물품의 저장 또는 취급장소
⑬ 불연재료로 된 소방대상물 또는 그 부분으로서 다음에 해당하는 장소
  ㉠ 정수장·오물처리장 그 밖의 이와 비슷한 장소
  ㉡ 펄프공장의 작업장·음료수공장의 세정 또는 충전하는 작업장 그 밖의 이와 비슷한 장소
  ㉢ 불연성의 금속·석재 등의 가공공장으로서 가연성 물질을 저장 또는 취급하지 않는 장소
⑭ 실내에 설치된 테니스장·게이트볼장·정구장 또는 이와 비슷한 장소로서 실내바닥·벽·천장이 불연재료 또는 준불연재료로 구성되어 있고, 가연물이 존재하지 않는 장소로서 관람석이 없는 운동시설 부분(지하층은 제외한다)

CHAPTER 23. 도로터널의 화재안전기준 (NFTC603)

① 설치대상

[터널 길이에 따른 소방시설의 종류]
① 500m 이상 : 비상경보설비, 비상조명등설비, 비상콘센트설비, 무선통신보조설비
② 1,000m 이상 : 옥내소화전설비, 자동화재탐지설비, 연결송수관설비
③ 모든 터널 : 소화기
④ 지하가 중 예상 교통량, 경사도 등 터널의 특성을 고려하여 행정안전부령으로 정하는 위험등급 이상에 해당하는 터널 : 물분무소화설비, 제연설비

② 용어정의

① "도로터널"이란 「도로법」 제8조에서 규정한 도로의 일부로서 자동차의 통행을 위해 지붕이 있는 지하 구조물을 말한다.
② "설계화재강도"란 터널 화재시 소화설비 및 제연설비 등의 용량산정을 위해 적용하는 차종별 최대열방출률(MW)을 말한다.
③ "종류환기방식"이란 터널 안의 배기가스와 연기 등을 배출하는 환기설비로서 기류를 종방향(출입구 방향)으로 흐르게 하여 환기하는 방식을 말한다.
④ "횡류환기방식"이란 터널 안의 배기가스와 연기 등을 배출하는 환기설비로서 기류를 횡방향(바닥에서 천장)으로 흐르게 하여 환기하는 방식을 말한다.
⑤ "반횡류환기방식"이란 터널 안의 배기가스와 연기 등을 배출하는 환기설비로서 터널에 수직배기구를 설치해서 횡방향과 종방향으로 기류를 흐르게 하여 환기하는 방식을 말한다.
⑥ "양방향터널"이란 하나의 터널 안에서 차량의 흐름이 서로 마주보게 되는 터널을 말한다.
⑦ "일방향터널"이란 하나의 터널 안에서 차량의 흐름이 하나의 방향으로만 진행되는 터널을 말한다.

⑧ "연기발생률"이란 일정한 설계화재강도의 차량에서 단위 시간당 발생하는 연기량을 말한다.
⑨ "피난연결통로"란 본선터널과 병설된 상대터널이나 본선터널과 평행한 피난통로를 연결하기 위한 연결통로를 말한다.
⑩ "배기구"란 터널 안의 오염공기를 배출하거나 화재발생시 연기를 배출하기 위한 개구부를 말한다.

③ 소화기 설치기준

① 소화기의 능력단위(「소화기구의 화재안전기준(NFTC 101)」 제3조제6호에 따른 수치를 말한다. 이하 같다)는 A급 화재는 3단위 이상, B급 화재는 5단위 이상 및 C급 화재에 적응성이 있는 것으로 할 것
② 소화기의 총중량은 사용 및 운반의 편리성을 고려하여 7kg 이하로 할 것
③ 소화기는 주행차로의 우측 측벽에 50m 이내의 간격으로 2개 이상을 설치하며, 편도 2차선 이상의 양방향 터널과 4차로 이상의 일방향 터널의 경우에는 양쪽 측벽에 각각 50m 이내의 간격으로 엇갈리게 2개 이상을 설치할 것
④ 바닥면(차로 또는 보행로를 말한다. 이하 같다)으로부터 1.5m 이하의 높이에 설치할 것
⑤ 소화기구함의 상부에 "소화기"라고 조명식 또는 반사식의 표지판을 부착하여 사용자가 쉽게 인지할 수 있도록 할 것

④ 옥내소화전 설치기준

① 소화전함과 방수구는 주행차로 우측 측벽을 따라 50m 이내의 간격으로 설치하며, 편도 2차선 이상의 양방향 터널이나 4차로 이상의 일방향 터널의 경우에는 양쪽 측벽에 각각 50m 이내의 간격으로 엇갈리게 설치할 것
② 수원은 그 저수량이 옥내소화전의 설치개수 2개(4차로 이상의 터널의 경우 3개)를 동시에 40분 이상 사용할 수 있는 충분한 양 이상을 확보할 것
③ 가압송수장치는 옥내소화전 2개(4차로 이상의 터널인 경우 3개)를 동시에 사용할 경우 각 옥내소화전의 노즐선단에서의 방수압력은 0.35MPa 이상이고 방수량은 190L/min 이상이 되는 성능의 것으로 할 것. 다만, 하나의 옥내소화전을 사용하는 노즐선단에서의 방수압력이 0.7MPa을 초과할 경우에는 호스접결구의 인입측에 감압장치를 설치해야 한다.

④ 압력수조나 고가수조가 아닌 전동기 및 내연기관에 의한 펌프를 이용하는 가압송수장치는 주펌프와 동등 이상인 별도의 예비펌프를 설치할 것
⑤ 방수구는 40mm 구경의 단구형을 옥내소화전이 설치된 벽면의 바닥면으로부터 1.5m 이하의 높이에 설치할 것
⑥ 소화전함에는 옥내소화전 방수구 1개, 15m 이상의 소방호스 3본 이상 및 방수노즐을 비치할 것
⑦ 옥내소화전설비의 비상전원은 40분 이상 작동할 수 있을 것

5. 물분무소화설비 설치기준

① 물분무 헤드는 도로면에 1m²당 6L/min 이상의 수량을 균일하게 방수할 수 있도록 할 것
② 물분무설비의 하나의 방수구역은 25m 이상으로 하며, 3개 방수구역을 동시에 40분 이상 방수할 수 있는 수량을 확보 할 것
③ 물분무설비의 비상전원은 40분 이상 기능을 유지할 수 있도록 할 것

6. 비상경보설비 설치기준

① 발신기는 주행차로 한쪽 측벽에 50m 이내의 간격으로 설치하며, 편도 2차선 이상의 양방향 터널이나 4차로 이상의 일방향 터널의 경우에는 양쪽의 측벽에 각각 50m 이내의 간격으로 엇갈리게 설치할 것
② 발신기는 바닥면으로부터 0.8m 이상 1.5m 이하의 높이에 설치할 것
③ 음향장치는 발신기 설치위치와 동일하게 설치할 것. 다만, 「비상방송설비의 화재안전기준(NFTC 202)」에 적합하게 설치된 방송설비를 비상경보설비와 연동하여 작동하도록 설치한 경우에는 비상경보설비의 지구음향장치를 설치하지 않을 수 있다.
④ 음량장치의 음량은 부착된 음향장치의 중심으로부터 1m 떨어진 위치에서 90dB 이상이 되도록 할 것
⑤ 음향장치는 터널내부 전체에 동시에 경보를 발하도록 설치할 것
⑥ 시각경보기는 주행차로 한쪽 측벽에 50m 이내의 간격으로 비상경보설비 상부 직근에 설치하고, 전체 시각경보기는 동기방식에 의해 작동될 수 있도록 할 것

7 ▶▶ 자동화재탐지설비 설치기준

① 터널에 설치할 수 있는 감지기의 종류는 다음 각 호의 어느 하나와 같다.
  ㉠ 차동식분포형감지기
  ㉡ 정온식감지선형감지기(아날로그식에 한한다. 이하 같다.)
  ㉢ 중앙기술심의위원회의 심의를 거쳐 터널화재에 적응성이 있다고 인정된 감지기
② 하나의 경계구역의 길이는 100m 이하로 해야 한다.
③ ①에 의한 감지기의 설치기준은 다음 각 호와 같다. 다만, 중앙기술심의위원회의 심의를 거쳐 제조사 시방서에 따른 설치방법이 터널화재에 적합하다고 인정되는 경우에는 다음 각 호의 기준에 의하지 아니하고 심의결과에 의한 제조사 시방서에 따라 설치할 수 있다.
  ㉠ 감지기의 감열부(열을 감지하는 기능을 갖는 부분을 말한다. 이하 같다)와 감열부 사이의 이격거리는 10m 이하로, 감지기와 터널 좌·우측 벽면과의 이격거리는 6.5m 이하로 설치할 것
  ㉡ ㉠에도 불구하고 터널 천장의 구조가 아치형의 터널에 감지기를 터널 진행방향으로 설치하고자 하는 경우에는 감열부와 감열부 사이의 이격거리를 10m 이하로 하여 아치형 천장의 중앙 최상부에 1열로 감지기를 설치해야 하며, 감지기를 2열 이상으로 설치하고자 하는 경우에는 감열부와 감열부 사이의 이격거리는 10m 이하로 감지기 간의 이격거리는 6.5m 이하로 설치할 것
  ㉢ 감지기를 천장면(터널 안 도로 등에 면한 부분 또는 상층의 바닥 하부면을 말한다. 이하 같다)에 설치하는 경우에는 감기기가 천장면에 밀착되지 않도록 고정금구 등을 사용하여 설치할 것
  ㉣ 형식승인 내용에 설치방법이 규정된 경우에는 형식승인 내용에 따라 설치할 것. 다만, 감지기와 천장면과의 이격거리에 대해 제조사의 시방서에 규정되어 있는 경우에는 시방서의 규정에 따라 설치할 수 있다.
④ ②에도 불구하고 감지기의 작동에 의하여 다른 소방시설 등이 연동되는 경우로서 해당 소방시설 등의 작동을 위한 정확한 발화위치를 확인할 필요가 있는 경우에는 경계구역의 길이가 해당 설비의 방호구역 등에 포함되도록 설치해야 한다.
⑤ 발신기 및 지구음향장치는 비상경보설비설치기준을 준용하여 설치해야 한다.

8 ▸▸ 비상조명등 설치기준

① 상시 조명이 소등된 상태에서 비상조명등이 점등되는 경우 터널안의 차도 및 보도의 바닥면의 조도는 10lx 이상, 그 외 모든 지점의 조도는 1lx 이상이 될 수 있도록 설치할 것
② 비상조명등은 상용전원이 차단되는 경우 자동으로 비상전원으로 60분 이상 점등되도록 설치할 것
③ 비상조명등에 내장된 예비전원이나 축전지설비는 상용전원의 공급에 의하여 상시 충전상태를 유지할 수 있도록 설치할 것

9 ▸▸ 제연설비 설치기준

① 제연설비는 다음 각 호의 사양을 만족하도록 설계해야 한다.
　㉠ 설계화재강도 20MW를 기준으로 하고, 이 때 연기발생률은 $80m^3/s$로 하며, 배출량은 발생된 연기와 혼합된 공기를 충분히 배출할 수 있는 용량 이상을 확보할 것
　㉡ 제1호에도 불구하고 화재강도가 설계화재강도 보다 높을 것으로 예상될 경우 위험도분석을 통하여 설계화재강도를 설정하도록 할 것
② 제연설비는 다음 각 호의 기준에 따라 설치해야 한다.
　㉠ 종류환기방식의 경우 제트팬의 소손을 고려하여 예비용 제트팬을 설치하도록 할 것
　㉡ 횡류환기방식(또는 반횡류환기방식) 및 대배기구 방식의 배연용 팬은 덕트의 길이에 따라서 노출온도가 달라질 수 있으므로 수치해석 등을 통해서 내열온도 등을 검토한 후에 적용하도록 할 것
　㉢ 대배기구의 개폐용 전동모터는 정전 등 전원이 차단되는 경우에도 조작상태를 유지할 수 있도록 할 것
　㉣ 화재에 노출이 우려되는 제연설비와 전원공급선 및 제트팬 사이의 전원공급장치 등은 250℃의 온도에서 60분 이상 운전상태를 유지할 수 있도록 할 것
③ 제연설비의 기동은 다음 각 호의 어느 하나에 의하여 자동 또는 수동으로 기동될 수 있도록 해야 한다.
　㉠ 화재감지기가 동작되는 경우
　㉡ 발신기의 스위치 조작 또는 자동소화설비의 기동장치를 동작시키는 경우
　㉢ 화재수신기 또는 감시제어반의 수동조작스위치를 동작시키는 경우
④ 비상전원은 60분 이상 작동할 수 있도록 해야 한다.

⑩ 연결송수관설비 설치기준

① 방수압력은 0.35MPa 이상, 방수량은 400L/min 이상을 유지할 수 있도록 할 것
② 방수구는 50m 이내의 간격으로 옥내소화전함에 병설하거나 독립적으로 터널출입구 부근과 피난연결 통로에 설치할 것
③ 방수기구함은 50m 이내의 간격으로 옥내소화전함 안에 설치하거나 독립적으로 설치하고, 하나의 방수기구함에는 65mm 방수노즐 1개와 15m 이상의 호스 3본을 설치하도록 할 것

⑪ 무선통신보조설비 설치기준

① 무선통신보조설비의 무전기접속단자는 방재실과 터널의 입구 및 출구, 피난연결통로에 설치해야 한다.
② 라디오 재방송설비가 설치되는 터널의 경우에는 무선통신보조설비와 겸용으로 설치할 수 있다.

⑫ 비상콘센트설비 설치기준

① 비상콘센트설비의 전원회로는 단상교류 220V인 것으로서, 그 공급용량은 1.5KVA 이상인 것으로 할 것
② 전원회로는 주배전반에서 전용회로로 할 것. 다만, 다른 설비의 회로의 사고에 따른 영향을 받지 않도록 되어 있는 것은 그렇지 않다.
③ 콘센트마다 배선용 차단기(KS C 8321)를 설치해야 하며, 충전부가 노출되지 않도록 할 것
④ 주행차로의 우측 측벽에 50m 이내의 간격으로 바닥으로부터 0.8m 이상 1.5m 이하의 높이에 설치할 것

CHAPTER 24 고층건축물의 화재안전기준 (NFTC604)

1. 용어정의

① 이 기준에서 사용하는 용어의 정의는 다음과 같다.
  ㉠ "고층건축물"이란 건축법 제2조제1항제19호 규정에 따른 건축물을 말한다.
  ㉡ "급수배관"이란 수원 및 옥외송수구로부터 옥내소화전 방수구 또는 스프링클러헤드, 연결송수관 방수구에 급수하는 배관을 말한다.
② 이 기준에서 사용하는 용어는 제1항에서 규정한 것을 제외하고는 관계법령 및 개별 화재안전기준에서 정하는 바에 따른다.

[건축법 용어정의]
"고층건축물"이란 층수가 30층 이상이거나 높이가 120미터 이상인 건축물을 말한다.

2. 옥내소화전 설치기준

① 수원은 그 저수량이 옥내소화전의 설치개수가 가장 많은 층의 설치개수(5개 이상 설치된 경우에는 5개)에 5.2m³(호스릴옥내소화전설비를 포함한다)를 곱한 양 이상이 되도록 해야 한다. 다만, 층수가 50층 이상인 건축물의 경우에는 7.8m³를 곱한 양 이상이 되도록 해야 한다.
② 수원은 제1호에 따라 산출된 유효수량 외에 유효수량의 3분의 1 이상을 옥상(옥내소화전설비가 설치된 건축물의 주된 옥상을 말한다. 이하 같다)에 설치해야 한다. 다만, 옥내소화전설비의 화재안전기준(NFTC 102) 제4조제2항제3호 또는 제4호에 해당하는 경우에는 그렇지 않다.
③ 전동기 또는 내연기관을 이용한 펌프방식의 가압송수장치는 옥내소화전설비 전용으로 설치해야 하며, 옥내소화전설비 주펌프 이외에 동등 이상인 별도의 예비펌프를 설치해야 한다.
④ 급수배관은 전용으로 해야 한다. 다만, 옥내소화전설비의 성능에 지장이 없는 경우에는 연결송수관설비의 배관과 겸용할 수 있다.

⑤ 50층 이상인 건축물의 옥내소화전 주배관 중 수직배관은 2개 이상(주배관 성능을 갖는 동일호칭배관)으로 설치해야 하며, 하나의 수직배관의 파손 등 작동 불능 시에도 다른 수직배관으로부터 소화용수가 공급되도록 구성해야 한다.
⑥ 비상전원은 자가발전설비, 축전지설비(내연기관에 따른 펌프를 사용하는 경우에는 내연기관의 기동 및 제어용 축전지를 말한다) 또는 전기저장장치로서 옥내소화전설비를 40분 이상 작동할 수 있을 것. 다만, 50층 이상인 건축물의 경우에는 60분 이상 작동할 수 있어야 한다.

③ ▸▸ 스프링클러 설치기준

① 수원은 스프링클러설비 설치장소별 스프링클러헤드의 기준개수에 3.2㎥를 곱한 양 이상이 되도록 해야 한다. 다만, 50층 이상인 건축물의 경우에는 4.8㎥를 곱한 양 이상이 되도록 해야 한다.
② 스프링클러설비의 수원은 제1호에 따라 산출된 유효수량 외에 유효수량의 3분의 1 이상을 옥상(스프링클러설비가 설치된 건축물의 주된 옥상을 말한다. 이하 같다)에 설치해야 한다. 다만, 스프링클러설비의 화재안전기준(NFTC 103) 제4조제2항제3호 또는 제4호에 해당하는 경우에는 그렇지 않다.
③ 전동기 또는 내연기관을 이용한 펌프방식의 가압송수장치는 스프링클러설비 전용으로 설치해야 하며, 스프링클러설비 주펌프 이외에 동등 이상인 별도의 예비펌프를 설치해야 한다.
④ 급수배관은 전용으로 설치해야 한다.
⑤ 50층 이상인 건축물의 스프링클러설비 주배관 중 수직배관은 2개 이상(주배관 성능을 갖는 동일호칭배관)으로 설치하고, 하나의 수직배관이 파손 등 작동 불능 시에도 다른 수직배관으로부터 소화용수가 공급되도록 구성해야 하며, 각 각의 수직배관에 유수검지장치를 설치해야 한다.
⑥ 50층 이상인 건축물의 스프링클러 헤드에는 2개 이상의 가지배관 양방향에서 소화용수가 공급되도록 하고, 수리계산에 의한 설계를 해야 한다.
⑦ 스프링클러설비의 음향장치는 스프링클러설비의 화재안전기준(NFTC 103) 제9조에 따라 설치하되, 다음 각 호의 기준에 따라 경보를 발할 수 있도록 해야 한다
  ㉠ 2층 이상의 층에서 발화한 때에는 발화층 및 그 직상 4개층에 경보를 발할 것
  ㉡ 1층에서 발화한 때에는 발화층·그 직상 4개층 및 지하층에 경보를 발할 것
  ㉢ 지하층에서 발화한 때에는 발화층·그 직상층 및 기타의 지하층에 경보를 발할 것

⑧ 비상전원을 설치할 경우 자가발전설비, 축전지설비(내연기관에 따른 펌프를 사용하는 경우에는 내연기관의 기동 및 제어용 축전지를 말한다) 또는 전기저장장치로서 스프링클러설비를 40분 이상 작동할 수 있을 것. 다만, 50층 이상인 건축물의 경우에는 60분 이상 작동할 수 있어야 한다.

4 ▶▶ 비상방송설비 설치기준

① 비상방송설비의 음향장치는 다음 각 호의 기준에 따라 경보를 발할 수 있도록 해야 한다.
  ㉠ 2층 이상의 층에서 발화한 때에는 발화층 및 그 직상 4개층에 경보를 발할 것
  ㉡ 1층에서 발화한 때에는 발화층·그 직상 4개층 및 지하층에 경보를 발할 것
  ㉢ 지하층에서 발화한 때에는 발화층·그 직상층 및 기타의 지하층에 경보를 발할 것
② 비상방송설비에는 그 설비에 대한 감시상태를 60분간 지속한 후 유효하게 30분 이상 경보할 수 있는 축전지설비(수신기에 내장하는 경우를 포함한다) 또는 전기저장장치를 설치할 것

5 ▶▶ 자동화재탐지설비 설치기준

① 감지기는 아날로그방식의 감지기로서 감지기의 작동 및 설치지점을 수신기에서 확인할 수 있는 것으로 설치해야 한다. 다만, 공동주택의 경우에는 감지기별로 작동 및 설치지점을 수신기에서 확인할 수 있는 아날로그방식 외의 감지기로 설치할 수 있다.
② 자동화재탐지설비의 음향장치는 다음 각 호의 기준에 따라 경보를발할 수 있도록 해야 한다.
  ㉠ 2층 이상의 층에서 발화한 때에는 발화층 및 그 직상 4개층에 경보를 발할 것
  ㉡ 1층에서 발화한 때에는 발화층·그 직상 4개층 및 지하층에 경보를 발할 것
  ㉢ 지하층에서 발화한 때에는 발화층·그 직상층 및 기타의 지하층에 경보를 발할 것
③ 50층 이상인 건축물에 설치하는 통신·신호배선은 이중배선을 설치하도록 하고 단선(斷線) 시에도 고장표시가 되며 정상 작동할 수 있는 성능을 갖도록 설비를 해야 한다.
  ㉠ 수신기와 수신기 사이의 통신배선
  ㉡ 수신기와 중계기 사이의 신호배선
  ㉢ 수신기와 감지기 사이의 신호배선
④ 자동화재탐지설비에는 그 설비에 대한 감시상태를 60분간 지속한 후 유효하게 30분 이상 경보할 수 있는 축전지설비(수신기에 내장하는 경우를 포함한다) 또는 전기저장

장치를 설치해야 한다. 다만, 상용전원이 축전지설비인 경우에는 그렇지 않다.

6 ▸▸ 특별피난계단의 계단실 및 부속실 제연설비 설치기준

특별피난계단의 계단실 및 그 부속실 제연설비의 화재안전기준(NFTC 501A)에 따라 설치하되, 비상전원은 자가발전설비 등으로 하고 제연설비를 유효하게 40분 이상 작동할 수 있도록 할 것. 다만, 50층 이상인 건축물의 경우에는 60분 이상 작동할 수 있어야 한다.

7 ▸▸ 피난안전구역의 소방시설 설치기준

> 「초고층 및 지하연계 복합건축물 재난관리에 관한 특별법시행령」 제14조제2항
>
> 제14조(피난안전구역 설치기준 등)
> ① 초고층 건축물등의 관리주체는 법 제18조제1항에 따라 다음 각 호의 구분에 따른 피난안전구역을 설치해야 한다.
>   1. 초고층 건축물 : 「건축법 시행령」 제34조제3항에 따른 피난안전구역을 설치할 것
>   2. 16층 이상 29층 이하인 지하연계 복합건축물 : 지상층별 거주밀도가 제곱미터당 1.5명을 초과하는 층은 해당 층의 사용형태별 면적의 합의 10분의 1에 해당하는 면적을 피난안전구역으로 설치할 것
>   3. 초고층 건축물등의 지하층이 법 제2조제2호나목의 용도로 사용되는 경우 : 해당 지하층에 별표 2의 피난안전구역 면적 산정기준에 따라 피난안전구역을 설치하거나, 선큰[지표 아래에 있고 외기(外氣)에 개방된 공간으로서 건축물 사용자 등의 보행 · 휴식 및 피난 등에 제공되는 공간을 말한다. 이하 같다]을 설치할 것
> ② 제1항에 따라 설치하는 피난안전구역은 「건축법 시행령」 제34조제5항에 따른 피난안전구역의 규모와 설치기준에 맞게 설치해야 하며, 다음 각 호의 소방시설(「소방시설 설치 · 유지 및 안전관리에 관한 법률 시행령」 별표 1에 따른 소방시설을 말한다)을 모두 갖추어야 한다. 이 경우 소방시설은 「소방시설 설치 · 유지 및 안전관리에 관한 법률」 제9조제1항에 따른 화재안전기준에 맞는 것이어야 한다.
>   1. 소화설비 중 소화기구(소화기 및 간이소화용구만 해당한다), 옥내소화전설비 및 스프링클러설비
>   2. 경보설비 중 자동화재탐지설비
>   3. 피난설비 중 방열복, 공기호흡기(보조마스크를 포함한다), 인공소생기, 피난유도선(피난안전구역으로 통하는 직통계단 및 특별피난계단을 포함한다), 피난안전구역으로 피난을 유도하기 위한 유도등 · 유도표지, 비상조명등 및 휴대용비상조명등
>   4. 소화활동설비 중 제연설비, 무선통신보조설비

(피난안전구역의 소방시설) 「초고층 및 지하연계 복합건축물 재난관리에 관한 특별법시행령」 제14조제2항에 따라 피난안전구역에 설치하는 소방시설은 별표 1과 같이 설치해야 하며, 이 기준에서 정하지 아니한 것은 개별 화재안전기준에 따라 설치해야 한다.

〔별표 1〕

피난안전구역에 설치하는 소방시설 설치기준(제10조관련)

구 분	설치기준
1. 제연설비	피난안전구역과 비 제연구역간의 차압은 50pa(옥내에 스프링클러설비가 설치된 경우에는 12.5Pa) 이상으로 해야 한다. 다만 피난안전구역의 한쪽 면 이상이 외기에 개방된 구조의 경우에는 설치하지 않을 수 있다.
2. 피난유도선	피난유도선은 다음 각호의 기준에 따라 설치해야 한다. 가. 피난안전구역이 설치된 층의 계단실 출입구에서 피난안전구역 주 출입구 또는 비상구까지 설치할 것 나. 계단실에 설치하는 경우 계단 및 계단참에 설치할 것 다. 피난유도 표시부의 너비는 최소 25mm 이상으로 설치할 것 라. 광원점등방식(전류에 의하여 빛을 내는 방식)으로 설치하되, 60분 이상 유효하게 작동할 것
3. 비상조명등	피난안전구역의 비상조명등은 상시 조명이 소등된 상태에서그 비상조명등이 점등되는 경우 각 부분의 바닥에서 조도는 10lx 이상이 될 수 있도록 설치할 것

4. 휴대용 비상조명등	가. 피난안전구역에는 휴대용비상조명등을 다음 각호의 기준에 따라 설치해야 한다.
	  1) 초고층 건축물에 설치된 피난안전구역 : 피난안전구역 위층의 재실자수(「건축물의 피난·방화구조 등의 기준에 관한 규칙」 별표 1의2에 따라 산정된 재실자 수를 말한다)의 10분의 1 이상
	  2) 지하연계 복합건축물에 설치된 피난안전구역 : 피난안전구역이 설치된 층의 수용인원(영 별표 2에 따라 산정된 수용인원을 말한다)의 10분의 1 이상
	나. 건전지 및 충전식 건전지의 용량은 40분 이상 유효하게 사용할 수 있는 것으로 한다. 다만, 피난안전구역이 50층 이상에 설치되어 있을 경우의 용량은 60분 이상으로 할 것

5. 인명구조기구	가. 방열복, 인공소생기를 각 2개 이상 비치할 것 나. 45분 이상 사용할 수 있는 성능의 공기호흡기(보조마스크를 포함한다)를 2개 이상 비치해야 한다. 다만, 피난안전구역이 50층 이상에 설치되어 있을 경우에는 동일한 성능의 예비용기를 10개 이상 비치할 것 다. 화재시 쉽게 반출할 수 있는 곳에 비치할 것 라. 인명구조기구가 설치된 장소의 보기 쉬운 곳에 "인명구조기구"라는 표지판 등을 설치할 것

⑧ 연결송수관설비 설치기준

① 연결송수관설비의 배관은 전용으로 한다. 다만, 주배관의 구경이 100mm 이상인 옥내소화전설비와 겸용할 수 있다.

② 연결송수관설비의 비상전원은 자가발전설비, 축전지설비(내연기관에 따른 펌프를 사용하는 경우에는 내연기관의 기동 및 제어용 축전지를 말한다) 또는 전기저장장치로서 연결송수관설비를 유효하게 40분 이상 작동할 수 있어야 할 것. 다만, 50층 이상인 건축물의 경우에는 60분 이상 작동할 수 있어야 한다.

CHAPTER 25 지하구화재안전기준(NFTC605)

① ▸▸ 설치대상

지하구[용어정의]
① 전력·통신용의 전선이나 가스·냉난방용의 배관 또는 이와 비슷한 것을 집합수용하기 위하여 설치한 지하 인공구조물로서 사람이 점검 또는 보수를 하기 위하여 출입이 가능한 것 중 다음의 어느 하나에 해당하는 것
　㉠ 전력 또는 통신사업용 지하 인공구조물로서 전력구(케이블 접속부가 없는 경우에는 제외한다) 또는 통신구 방식으로 설치된 것
　㉡ ㉠ 외의 지하 인공구조물로서 폭이 1.8미터 이상이고 높이가 2미터 이상이며 길이가 50미터 이상인 것
② 「국토의 계획 및 이용에 관한 법률」 제2조제9호에 따른 공동구

② ▸▸ 지하구에 설치되는 소방시설

① 소화기구 및 자동소화장치
② 자동화재탐지설비
③ 유도등
④ 연소방지설비
⑥ 연소방지재
⑦ 방화벽
⑧ 무선통신보조설비
⑨ 통합감시시설

③ ▸▸ 용어정의

① "지하구"란 영 [별표2] 제28호에서 규정한 지하구를 말한다.

② "제어반"이란 설비, 장치 등의 조작과 확인을 위해 제어용 계기류, 스위치 등을 금속제외함에 수납한 것을 말한다.
③ "분전반"이란 분기개폐기·분기과전류차단기 그밖에 배선용기기 및 배선을 금속제외함에 수납한 것을 말한다.
④ "방화벽"이란 화재 시 발생한 열, 연기 등의 확산을 방지하기 위하여 설치하는 벽을 말한다.
⑤ "분기구"란 전기, 통신, 상하수도, 난방 등의 공급시설의 일부를 분기하기 위하여 지하구의 단면 또는 형태를 변화시키는 부분을 말한다.
⑥ "환기구"란 지하구의 온도, 습도의 조절 및 유해가스를 배출하기 위해 설치되는 것으로 자연환기구와 강제환기구로 구분된다.
⑦ "작업구"란 지하구의 유지관리를 위하여 자재, 기계기구의 반·출입 및 작업자의 출입을 위하여 만들어진 출입구를 말한다.
⑧ "케이블접속부"란 케이블이 지하구 내에 포설되면서 발생하는 직선 접속 부분을 전용의 접속재로 접속한 부분을 말한다.
⑨ "특고압 케이블"이란 사용전압이 7,000V를 초과하는 전로에 사용하는 케이블을 말한다.
⑩~⑫ 분기배관, 확관형분비배관, 비확관형분기배관

④ 소화기구 및 자동소화장치의 설치기준

① 소화기구는 다음 각 호의 기준에 따라 설치해야 한다.
  ㉠ 소화기의 능력단위(「소화기구 및 자동소화장치의 화재안전기준(NFTC 101)」 제3조제6호에 따른 수치를 말한다. 이하같다)는 A급 화재는 개낭 3난위 이상, B급 화재는 개당 5단위 이상 및 C급 화재에 적응성이 있는 것으로 할 것
  ㉡ 소화기 한대의 총중량은 사용 및 운반의 편리성을 고려하여 7kg 이하로 할 것
  ㉢ 소화기는 사람이 출입할 수 있는 출입구(환기구, 작업구를 포함한다) 부근에 5개 이상 설치할 것
  ㉣ 소화기는 바닥면으로부터 1.5m 이하의 높이에 설치할 것
  ㉤ 소화기의 상부에 "소화기"라고 표시한 조명식 또는 반사식의 표지판을 부착하여 사용자가 쉽게 인지할 수 있도록 할 것
② 지하구 내 발전실·변전실·송전실·변압기실·배전반실·통신기기실·전산기기실· 기타 이와 유사한 시설이 있는 장소 중 바닥면적이 300㎡ 미만인 곳에는 유효설치 방호체적 이내의 가스·분말·고체에어로졸·캐비닛형 자동소화장치를 설치해야 한다.

다만 해당 장소에 물분무등소화설비를 설치한 경우에는 설치하지 않을 수 있다.
③ 제어반 또는 분전반마다 가스·분말·고체에어로졸 자동소화장치 또는 유효설치 방호체적 이내의 소공간용 소화용구를 설치해야 한다.
④ 케이블접속부(절연유를 포함한 접속부에 한한다.)마다 다음 각 호의 자동소화장치를 설치하되 소화성능이 확보될 수 있도록 방호공간을 구획하는 등 유효한 조치를 해야 한다.
　㉠ 가스·분말·고체에어로졸 자동소화장치
　㉡ 중앙소방기술심의위원회의 심의를 거쳐 소방청장이 인정하는 자동소화장치

5 ▸▸ 자동화재탐지설비의 설치기준

① 감지기는 다음 각 호에 따라 설치해야 한다.
　㉠ 「자동화재탐지설비 및 시각경보장치의 화재안전기준(NFTC 203)」 제7조제1항 각 호의 감지기 중 먼지·습기 등의 영향을 받지 아니하고 발화지점(1m 단위)과 온도를 확인할 수 있는 것을 설치할 것.
　㉡ 지하구 천장의 중심부에 설치하되 감지기와 천장 중심부 하단과의 수직거리는 30cm 이내로 할 것. 다만, 형식승인 내용에 설치방법이 규정되어 있거나, 중앙기술심의위원회의 심의를 거쳐 제조사 시방서에 따른 설치방법이 지하구 화재에 적합하다고 인정되는 경우에는 형식승인 내용 또는 심의결과에 의한 제조사 시방서에 따라 설치할 수 있다.
　㉢ 발화지점이 지하구의 실제거리와 일치하도록 수신기 등에 표시할 것.
　㉣ 공동구 내부에 상수도용 또는 냉·난방용 설비만 존재하는 부분은 감지기를 설치하지 않을 수 있다.
② 발신기, 지구음향장치 및 시각경보기는 설치하지 않을 수 있다.

6 ▸▸ 유도등의 설치기준

사람이 출입할 수 있는 출입구(환기구, 작업구를 포함한다.)에는 해당 지하구 환경에 적합한 크기의 설치해야 한다.

7 ▸▸ 연소방지설비 설치기준

① 연소방지설비의 배관은 다음 각 호의 기준에 따라 설치해야 한다.

㉠ 배관용 탄소강관(KS D 3507) 또는 압력배관용 탄소강관(KS D 3562)이나 이와 동등 이상의 강도·내식성 및 내열성을 가진 것으로 해야 한다.
㉡ 급수배관(송수구로부터 연소방지설비 헤드에 급수하는 배관을 말한다. 이하 같다)은 전용으로 해야 한다.
㉢ 배관의 구경은 다음 각 목의 기준에 적합한 것이어야 한다.
　㉮ 연소방지설비전용헤드를 사용하는 경우에는 다음 표에 따른 구경 이상으로 할 것

하나의 배관에 부착하는 살수헤드의 개수	1개	2개	3개	4개 또는 5개	6개 이상
배관의 구경(mm)	32	40	50	65	80

　㉯ 개방형 스프링클러헤드를 사용하는 경우에는 「스프링클러설비의 화재안전기준(NFTC 103)」[별표 1]의 기준에 따를 것
㉣ 교차배관은 가지배관과 수평으로 설치하거나 또는 가지배관 밑에 설치하고, 그 구경은 제3호에 따르되, 최소구경이 40mm 이상이 되도록 할 것
㉤ 배관에 설치되는 행가는 다음 각 목의 기준에 따라 설치해야 한다.
　㉮ 가지배관에는 헤드의 설치지점 사이마다 1개 이상의 행가를 설치하되, 헤드간의 거리가 3.5m을 초과하는 경우에는 3.5m 이내마다 1개 이상 설치할 것. 이 경우 상향식헤드와 행가 사이에는 8cm 이상의 간격을 두어야 한다.
　㉯ 교차배관에는 가지배관과 가지배관 사이마다 1개 이상의 행가를 설치하되, 가지배관 사이의 거리가 4.5m을 초과하는 경우에는 4.5m 이내마다 1개 이상 설치할 것
　㉰ 제1호와 제2호의 수평주행배관에는 4.5m 이내마다 1개 이상 설치할 것
㉥ 분기배관을 사용할 경우에는 「분기배관의 성능인증 및 제품검사의 기술기준」에 적합한 것으로 설치해야 한다.
② 연소방지설비의 헤드는 다음 각 호의 기준에 따라 설치해야 한다.
㉠ 천장 또는 벽면에 설치할 것
㉡ 헤드간의 수평거리는 연소방지설비 전용헤드의 경우에는 2m 이하, 스프링클러헤드의 경우에는 1.5m 이하로 할 것
㉢ 소방대원의 출입이 가능한 환기구·작업구마다 지하구의 양쪽방향으로 살수헤드를 설정하되, 한쪽 방향의 살수구역의 길이는 3m 이상으로 할 것. 다만, 환기구 사이의 간격이 700m를 초과할 경우에는 700m 이내마다 살수구역을 설정하되, 지하구의 구조를 고려하여 방화벽을 설치한 경우에는 그렇지 않다.

② 연소방지설비 전용헤드를 설치할 경우에는 「소화설비용헤드의 성능인증 및 제품검사 기술기준」에 적합한 '살수헤드'를 설치할 것
③ 송수구는 다음 각 호의 기준에 따라 설치해야 한다.
   ㉠ 소방차가 쉽게 접근할 수 있는 노출된 장소에 설치하되, 눈에 띄기 쉬운 보도 또는 차도에 설치할 것
   ㉡ 송수구는 구경 65mm의 쌍구형으로 할 것
   ㉢ 송수구로부터 1m 이내에 살수구역 안내표지를 설치할 것
   ㉣ 지면으로부터 높이가 0.5m 이상 1m 이하의 위치에 설치할 것
   ㉤ 송수구의 가까운 부분에 자동배수밸브(또는 직경 5mm의 배수공)를 설치할 것. 이 경우 자동배수밸브는 배관안의 물이 잘 빠질 수 있는 위치에 설치하되, 배수로 인하여 다른 물건 또는 장소에 피해를 주지 않아야 한다.
   ㉥ 송수구로부터 주배관에 이르는 연결배관에는 개폐밸브를 설치하지 않을 것
   ㉦ 송수구에는 이물질을 막기 위한 마개를 씌어야 한다.

8 ▶▶ 연소방지재 설치기준

지하구 내에 설치하는 케이블·전선 등에는 다음 각 호의 기준에 따라 연소방지재를 설치해야 한다. 다만, 케이블·전선 등을 다음 제1호의 난연성능 이상을 충족하는 것으로 설치한 경우에는 연소방지재를 설치하지 않을 수 있다.

① 연소방지재는 한국산업표준(KS C IEC 60332-3-24)에서 정한 난연성능 이상의 제품을 사용하되 다음 각 목의 기준을 충족해야 한다.
   ㉠ 시험에 사용되는 연소방지재는 시료(케이블 등)의 아래쪽(점화원으로부터 가까운 쪽)으로부터 30cm 지점부터 부착또는 설치되어야 한다.
   ㉡ 시험에 사용되는 시료(케이블 등)의 단면적은 $325mm^2$로 한다.
   ㉢ 시험성적서의 유효기간은 발급 후 3년으로 한다.
② 연소방지재는 다음 각 목에 해당하는 부분에 제1호와 관련된 시험성적서에 명시된 방식으로 시험성적서에 명시된 길이 이상으로 설치하되, 연소방지재 간의 설치 간격은 350m를 넘지 않도록 해야 한다.
   ㉠ 분기구
   ㉡ 지하구의 인입부 또는 인출부
   ㉢ 절연유 순환펌프 등이 설치된 부분
   ㉣ 기타 화재발생 위험이 우려되는 부분

9 ▸▸ 방화벽 설치기준

방화벽은 다음 각 호에 따라 설치하고 항상 닫힌 상태를 유지하거나 자동폐쇄장치에 의하여 화재 신호를 받으면 자동으로 닫히는 구조로 해야 한다.
① 내화구조로서 홀로 설 수 있는 구조일 것
② 방화벽의 출입문은 갑종방화문으로 설치할 것
③ 방화벽을 관통하는 케이블·전선 등에는 국토교통부 고시(내화구조의 인정 및 관리기준)에 따라 내화충전 구조로 마감할 것
④ 방화벽은 분기구 및 국사·변전소 등의 건축물과 지하구가 연결되는 부위(건축물로부터 20m 이내)에 설치할 것
⑤ 자동폐쇄장치를 사용하는 경우에는 「자동폐쇄장치의 성능인증 및 제품검사의 기술기준」에 적합한 것으로 설치할 것

10 ▸▸ 무선통신보조설비 설치기준

무선통신보조설비의 무전기접속단자는 방재실과 공동구의 입구 및 연소방지설비 송수구가 설치된 장소(지상)에 설치해야 한다.

11 ▸▸ 통합감시시설 설치기준

통합감시시설은 다음 각 호의 기준에 따라 설치한다.
① 소방관서와 지하구의 통제실 간에 화재 등 소방활동과 관련된 정보를 상시 교환할 수 있는 정보통신망을 구축할 것
② ①의 정보통신망(무선통신망을 포함한다)은 광케이블 또는 이와 유사한 성능을 가진 선로일 것
③ 수신기는 지하구의 통제실에 설치하되 화재신호, 경보, 발화지점 등 수신기에 표시되는 정보가 [별표1]에 적합한 방식으로 119상황실이 있는 관할 소방관서의 정보통신장치에 표시되도록 할 것

12 ▸▸ 기존 지하구 특례

「화재예방, 소방시설 설치·유지 및 안전관리에 관한 법률」 제11조에 따라 기존 지하구에 설치하는 소방시설 등에 대해 강화된 기준을 적용하는 경우에는 다음 각 호의 설치·

유지 관련 특례를 적용한다.
① 특고압 케이블이 포설된 송·배전 전용의 지하구(공동구를 제외한다)에는 온도 확인 기능 없이 최대 700m의 경계구역을 설정하여 발화지점(1m 단위)을 확인할 수 있는 감지기를 설치할 수 있다.
② 소방본부장 또는 소방서장은 이 기준이 정하는 기준에 따라 해당 건축물에 설치해야 할 소방시설 등의 공사가 현저하게 곤란하다고 인정되는 경우에는 해당 설비의 기능 및 사용에 지장이 없는 범위 안에서 소방시설 등의 설치·유지기준의 일부를 적용하지 않을 수 있다.

[별표1]

통합감시시설 구성 표준 프로토콜 정의서
(제11조 제3호 관련)

1. 적용

지하구의 화재안전기준 제12조(통합감시시설) 3호 지하구의 수신기 정보를 관할 소방관서의 정보통신장치에 표시하기 위하여 적용하는 Modbus-RTU 프로토콜방식에 대한 규정이다.

1.1 Ethernet은 현장에서 할당된 IP와 고정PORT로 TCP접속한다.

1.2 IP: 할당된 수신기 IP와 관제시스템 IP

1.3 PORT: 4000(고정)

1.4 Modbus 프로토콜 형식을 따르되 수신기에 대한 request 없이, 수신기는 주기적으로(3~5초)상위로 데이터를 전송한다.

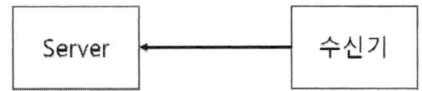

2. Modbus RTU 구성

2.1 Modbus RTUprotocol의 packet 구조는 아래와 같다.

Device Address	Function Code	Data	CRC-16
1 byte	1 byte	N bytes	2 bytes

2.2 각 필드의 의미는 다음과 같다.

항목	길이	실명
Device Address	1 byte	수신기의 ID
Function Code	1 byte	0x00 고정사용
Data	N bytes	2.3절참고
CRC	2 bytes	Modbus CRC-16 사용.

2.3 Data 구성

SOP	Length	PID	MID	Zone수량	Zone번호	상태정보	거리(H)	거리(L)	Reserved	EOP
1byte	1byte	1byte	1byte	1byte	1byte	1byte	1byte	1byte	1byte	1byte

SOP: Start of Packet -> 0x23 고정
Length: Length 이후부터 EOP까지의 length
PID: 제품 ID로 Device Address 와 동일
MID: 제조사ID로 reserved
Zone 수량: 감시하는 zone 수량, 0x00 ~ 0xff.
Zone 번호: 감시하는 zone의번호
상태정보: 정상(0x00), 단선(0x1f), 화재(0x2f)
거리: 정상상태에서는 해당 zone의 감시거리. 화재시 화재 발생거리.
Reserved: reserved
EOP: End of Packet -> 0x36 고정

2.4 CRC-16

CRC는 기본적으로 Modbus CRC-16을 사용한다.
WORD CRC16 (const BYTE *nData, WORD wLength)
{
staticconst WORD wCRCTable[] = {
0X0000, 0XC0C1, 0XC181, 0X0140, 0XC301, 0X03C0, 0X0280, 0XC241,
0XC601, 0X06C0, 0X0780, 0XC741, 0X0500, 0XC5C1, 0XC481, 0X0440,
0XCC01, 0X0CC0, 0X0D80, 0XCD41, 0X0F00, 0XCFC1, 0XCE81, 0X0E40,
0X0A00, 0XCAC1, 0XCB81, 0X0B40, 0XC901, 0X09C0, 0X0880, 0XC841,
0XD801, 0X18C0, 0X1980, 0XD941, 0X1B00, 0XDBC1, 0XDA81, 0X1A40,
0X1E00, 0XDEC1, 0XDF81, 0X1F40, 0XDD01, 0X1DC0, 0X1C80, 0XDC41,
0X1400, 0XD4C1, 0XD581, 0X1540, 0XD701, 0X17C0, 0X1680, 0XD641,
0XD201, 0X12C0, 0X1380, 0XD341, 0X1100, 0XD1C1, 0XD081, 0X1040,
0XF001, 0X30C0, 0X3180, 0XF141, 0X3300, 0XF3C1, 0XF281, 0X3240,
0X3600, 0XF6C1, 0XF781, 0X3740, 0XF501, 0X35C0, 0X3480, 0XF441,
0X3C00, 0XFCC1, 0XFD81, 0X3D40, 0XFF01, 0X3FC0, 0X3E80, 0XFE41,
0XFA01, 0X3AC0, 0X3B80, 0XFB41, 0X3900, 0XF9C1, 0XF881, 0X3840,
0X2800, 0XE8C1, 0XE981, 0X2940, 0XEB01, 0X2BC0, 0X2A80, 0XEA41,
0XEE01, 0X2EC0, 0X2F80, 0XEF41, 0X2D00, 0XEDC1, 0XEC81, 0X2C40,
0XE401, 0X24C0, 0X2580, 0XE541, 0X2700, 0XE7C1, 0XE681, 0X2640,
0X2200, 0XE2C1, 0XE381, 0X2340, 0XE101, 0X21C0, 0X2080, 0XE041,
0XA001, 0X60C0, 0X6180, 0XA141, 0X6300, 0XA3C1, 0XA281, 0X6240,
0X6600, 0XA6C1, 0XA781, 0X6740, 0XA501, 0X65C0, 0X6480, 0XA441,

0X6C00, 0XACC1, 0XAD81, 0X6D40, 0XAF01, 0X6FC0, 0X6E80, 0XAE41,
0XAA01, 0X6AC0, 0X6B80, 0XAB41, 0X6900, 0XA9C1, 0XA881, 0X6840,
0X7800, 0XB8C1, 0XB981, 0X7940, 0XBB01, 0X7BC0, 0X7A80, 0XBA41,
0XBE01, 0X7EC0, 0X7F80, 0XBF41, 0X7D00, 0XBDC1, 0XBC81, 0X7C40,
0XB401, 0X74C0, 0X7580, 0XB541, 0X7700, 0XB7C1, 0XB681, 0X7640,
0X7200, 0XB2C1, 0XB381, 0X7340, 0XB101, 0X71C0, 0X7080, 0XB041,
0X5000, 0X90C1, 0X9181, 0X5140, 0X9301, 0X53C0, 0X5280, 0X9241,
0X9601, 0X56C0, 0X5780, 0X9741, 0X5500, 0X95C1, 0X9481, 0X5440,
0X9C01, 0X5CC0, 0X5D80, 0X9D41, 0X5F00, 0X9FC1, 0X9E81, 0X5E40,
0X5A00, 0X9AC1, 0X9B81, 0X5B40, 0X9901, 0X59C0, 0X5880, 0X9841,
0X8801, 0X48C0, 0X4980, 0X8941, 0X4B00, 0X8BC1, 0X8A81, 0X4A40,
0X4E00, 0X8EC1, 0X8F81, 0X4F40, 0X8D01, 0X4DC0, 0X4C80, 0X8C41,
0X4400, 0X84C1, 0X8581, 0X4540, 0X8701, 0X47C0, 0X4680, 0X8641,
0X8201, 0X42C0, 0X4380, 0X8341, 0X4100, 0X81C1, 0X8081, 0X4040 };

BYTE nTemp;
WORD wCRCWord = 0xFFFF;

　while (wLength--)
　{
nTemp = *nData++ ^ wCRCWord;
wCRCWord>>= 8;
wCRCWord ^= wCRCTable[nTemp];
　}
　return wCRCWord;
}

2.5 예제

예) Device Address 0x76번의 수신기가 100m 와 200m인 2개 zone을 감시 중 정상상태

Device Address	Function Code	SOP	Len	PID	MID	Zone 수량	Zone 번호	상태 정보	거리(H)	거리(L)	Zone 번호	상태 정보	거리(H)	거리(L)	Reserved	EOP	CRC-16
1byte	1byte	1byte	1byte	1byte	1byte	1byte	1byte	1byte	1byte	1byte	1byte	1byte	1byte	1byte	1byte	1byte	2bytes
0x4C	0x00	0x23	0x0d	0x4C	reserved	0x02	0x01	0x00	0x00	0x64	0x02	0x00	0x00	0xC8	reserved	0x36	0x8426

CHAPTER 26 건설현장의 화재안전기준 (NFTC606)

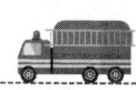

1. 임시소방시설의 종류 및 설치대상

■ 소방시설 설치 및 관리에 관한 법률 시행령 [별표 8]

임시소방시설의 종류와 설치기준 등(제18조제2항 및 제3항 관련)

1. 임시소방시설의 종류
   가. 소화기
   나. 간이소화장치 : 물을 방사(放射)하여 화재를 진화할 수 있는 장치로서 소방청장이 정하는 성능을 갖추고 있을 것
   다. 비상경보장치 : 화재가 발생한 경우 주변에 있는 작업자에게 화재사실을 알릴 수 있는 장치로서 소방청장이 정하는 성능을 갖추고 있을 것
   라. 가스누설경보기 : 가연성 가스가 누설되거나 발생된 경우 이를 탐지하여 경보하는 장치로서 법 제37조에 따른 형식승인 및 제품검사를 받은 것
   마. 간이피난유도선 : 화재가 발생한 경우 피난구 방향을 안내할 수 있는 장치로서 소방청장이 정하는 성능을 갖추고 있을 것
   바. 비상조명등 : 화재가 발생한 경우 안전하고 원활한 피난활동을 할 수 있도록 자동 점등되는 조명장치로서 소방청장이 정하는 성능을 갖추고 있을 것
   사. 방화포 : 용접·용단 등의 작업 시 발생하는 불티로부터 가연물이 점화되는 것을 방지해주는 천 또는 불연성 물품으로서 소방청장이 정하는 성능을 갖추고 있을 것

2. 임시소방시설을 설치해야 하는 공사의 종류와 규모
   가. 소화기 : 법 제6조제1항에 따라 소방본부장 또는 소방서장의 동의를 받아야 하는 특정소방대상물의 신축·증축·개축·재축·이전·용도변경 또는 대수선 등을 위한 공사 중 법 제15조제1항에 따른 화재위험작업의 현장(이하 이 표에서 "화재위험작업현장"이라 한다)에 설치한다.
   나. 간이소화장치 : 다음의 어느 하나에 해당하는 공사의 화재위험작업현장에 설치한다.
      1) 연면적 3천m^2 이상
      2) 지하층, 무창층 또는 4층 이상의 층. 이 경우 해당 층의 바닥면적이 600m^2 이상인 경우만 해당한다.
   다. 비상경보장치 : 다음의 어느 하나에 해당하는 공사의 화재위험작업현장에 설치한다.
      1) 연면적 400m^2 이상
      2) 지하층 또는 무창층. 이 경우 해당 층의 바닥면적이 150m^2 이상인 경우만 해당한다.

라. 가스누설경보기: 바닥면적이 150m² 이상인 지하층 또는 무창층의 화재위험작업현장에 설치한다.
마. 간이피난유도선: 바닥면적이 150m² 이상인 지하층 또는 무창층의 화재위험작업현장에 설치한다.
바. 비상조명등: 바닥면적이 150m² 이상인 지하층 또는 무창층의 화재위험작업현장에 설치한다.
사. 방화포 : 용접·용단 작업이 진행되는 화재위험작업현장에 설치한다.
3. 임시소방시설과 기능 및 성능이 유사한 소방시설로서 임시소방시설을 설치한 것으로 보는 소방시설
  가. 간이소화장치를 설치한 것으로 보는 소방시설: 소방청장이 정하여 고시하는 기준에 맞는 소화기(연결송수관설비의 방수구 인근에 설치한 경우로 한정한다) 또는 옥내소화전설비
  나. 비상경보장치를 설치한 것으로 보는 소방시설: 비상방송설비 또는 자동화재탐지설비
  다. 간이피난유도선을 설치한 것으로 보는 소방시설: 피난유도선, 피난구유도등, 통로유도등 또는 비상조명등

2. 소화기의 성능 및 설치기준

소화기의 설치기준은 다음 각 호와 같다.
① 소화기의 소화약제는 「소화기구 및 자동소화장치의 화재안전기술기준(NFTC 101)」 2.1.1.1의 표 2.1.1.1에 따른 적응성이 있는 것을 설치할 것
② 각 층 계단실마다 계단실 출입구 부근에 능력단위 3단위 이상인 소화기 2개 이상을 설치하고, 영 제18조제1항에 해당하는 작업을 하는 경우 작업종료 시까지 작업지점으로부터 5m 이내의 쉽게 보이는 장소에 능력단위 3단위 이상인 소화기 2개 이상과 대형소화기 1개 이상을 추가 배치할 것
③ "소화기"라고 표시한 축광식 표지를 소화기 설치장소 보기 쉬운 곳에 부착하여야 한다.

소화기의 성능 및 설치기준 NFPC606

제5조(소화기의 성능 및 설치기준) 소화기의 성능 및 설치기준은 다음 각 호와 같다.
1. 소화기의 소화약제는 「소화기구 및 자동소화장치의 화재안전성능기준(NFPC101)」 제4조제1호에 따른 적응성이 있는 것을 설치해야 한다.
2. 각 층 계단실마다 계단실 출입구 부근에 능력단위 3단위 이상인 소화기 2개 이상을 설치하고, 영 제18조제1항에 해당하는 작업을 하는 경우 작업종료 시까지 작업지점으로부터 5미터 이내의 쉽게 보이는 장소에 능력단위 3단위 이상인 소화기 2개 이상과 대형소화기 1개 이상을 추가 배치해야 한다.
3. "소화기"라고 표시한 축광식 표지를 소화기 설치장소 보기 쉬운 곳에 부착하여야 한다.

③ ▶▶ 간이소화장치의 성능 및 설치기준

영 제18조제1항에 해당하는 작업을 하는 경우 작업종료 시까지 작업지점으로부터 25m 이내에 배치하여 즉시 사용이 가능하도록 할 것

> **간이소화장치의 성능 및 설치기준 NFPC606**
>
> 제6조(간이소화장치의 성능 및 설치기준) 간이소화장치의 성능 및 설치기준은 다음 각 호와 같다.
> 1. 20분 이상의 소화수를 공급할 수 있는 수원을 확보해야 한다.
> 2. 소화수의 방수압력은 0.1 메가파스칼 이상, 방수량은 분당 65리터 이상이어야 한다.
> 3. 영 제18조제1항에 해당하는 작업을 하는 경우 작업종료 시까지 작업지점으로부터 25미터이내에 배치하여 즉시 사용이 가능하도록 해야 한다.
> 4. 간이소화장치는 소방청장이 정하여 고시한 「간이소화장치의 성능인증 및 제품검사의 기술기준」에 적합한 것으로 해야 한다.
> 5. 영 제18조제2항 별표 8 제3호가목에 따라 당해 특정소방대상물에 설치되는 다음 각 목의 소방시설을 사용승인 전이라도 「소방시설공사업법」 제14조에 따른 완공검사(이하 "완공검사"라 한다)를 받아 사용할 수 있게 된 경우 간이소화장치를 배치하지 않을 수 있다.
>   가. 옥내소화전설비
>   나. 연결송수관설비와 연결송수관설비의 방수구 인근에 대형소화기를 6개 이상 배치한 경우

④ ▶▶ 비상경보장치의 성능 및 설치기준

① 피난층 또는 지상으로 통하는 각 층 직통계단의 출입구마다 설치할 것
② 발신기를 누를 경우 해당 발신기와 결합된 경종이 작동할 것. 이 경우 다른 장소에 설치된 경종도 함께 연동하여 작동되도록 설치할 수 있다.
③ 발신기의 위치표시등은 함의 상부에 설치하되, 그 불빛은 부착 면으로부터 15도 이상의 범위 안에서 부착지점으로부터 10m 이내의 어느 곳에서도 쉽게 식별할 수 있는 적색등으로 할 것
④ 시각경보장치는 발신기함 상부에 위치하도록 설치하되 바닥으로부터 2m 이상 2.5m 이하의 높이에 설치하여 건설현장의 각 부분에 유효하게 경보할 수 있도록 할 것
⑤ "비상경보장치"라고 표시한 표지를 비상경보장치 상단에 부착할 것

비상경보장치의 성능 및 설치기준 NFPC606

제7조(비상경보장치의 성능 및 설치기준) 비상경보장치의 성능 및 설치기준은 다음 각 호와 같다.
1. 피난층 또는 지상으로 통하는 각 층 직통계단의 출입구마다 설치해야 한다.
2. 발신기를 누를 경우 해당 발신기와 결합된 경종이 작동해야 한다. 이 경우 다른 장소에 설치된 경종도 함께 연동하여 작동되도록 설치할 수 있다.
3. 경종의 음량은 부착된 음향장치의 중심으로부터 1미터 떨어진 위치에서 100데시벨 이상이 되는 것으로 설치해야 한다.
4. 발신기의 위치표시등은 함의 상부에 설치하되, 그 불빛은 부착 면으로부터 15도 이상의 범위 안에서 부착지점으로부터 10미터 이내의 어느 곳에서도 쉽게 식별할 수 있는 적색등으로 할 것
5. 시각경보장치는 발신기함 상부에 위치하도록 설치하되 바닥으로부터 2미터 이상 2.5미터 이하의 높이에 설치하여 건설현장의 각 부분에 유효하게 경보할 수 있도록 할 것
6. 발신기와 경종은 각각 「발신기의 형식승인 및 제품검사의 기술기준」과 「경종의 형식승인 및 제품검사의 기술기준」에 적합한 것으로, 표시등은 「표시등의 성능인증 및 제품검사의 기술기준」에 적합한 것으로 설치해야 한다.
7. "비상경보장치"라고 표시한 표지를 비상경보장치 상단에 부착해야 한다.
8. 비상경보장치를 20분 이상 유효하게 작동시킬 수 있는 비상전원을 확보해야 한다.
9. 영 제18조제2항 별표 8 제3호나목에 따라 당해 특정소방대상물에 설치되는 자동화재탐지설비 또는 비상방송설비를 사용승인 전이라도 완공검사를 받아 사용할 수 있게 된 경우 비상경보장치를 설치하지 않을 수 있다.

5. 가스누설경보기의 성능 및 설치기준

영 제18조제1항제1호에 따른 가연성가스를 발생시키는 작업을 하는 지하층 또는 무창층 내부(내부에 구획된 실이 있는 경우에는 구획실마다)에 가연성가스를 발생시키는 작업을 하는 부분으로부터 수평거리 10m 이내에 바닥으로부터 탐지부 상단까지의 거리가 0.3m 이하인 위치에 설치할 것

가스누설경보기의 성능 및 설치기준 NFPC606

제8조(가스누설경보기의 성능 및 설치기준) 가스누설경보기의 성능 및 설치기준은 다음 각 호와 같다.
1. 영 제18조제1항제1호에 따른 가연성가스를 발생시키는 작업을 하는 지하층 또는 무창층 내부(내부에 구획된 실이 있는 경우에는 구획실마다)에 가연성가스를 발생시키는 작업을 하는 부분으로부터 수평거리 10미터 이내에 바닥으로부터 탐지부 상단까지의 거리가 0.3미터 이하인 위치에 설치해야 한다.
2. 가스누설경보기는 소방청장이 정하여 고시한 「가스누설경보기의 형식승인 및 제품검사의 기술기준」에 적합한 것으로 설치해야 한다.

6 ▸▸ 간이피난유도선의 성능 및 설치기준

① 영 제18조제2항 별표 8 제2호마목에 따른 지하층이나 무창층에는 간이피난유도선을 녹색 계열의 광원점등방식으로 해당 층의 직통계단마다 계단의 출입구로부터 건물 내부로 10m 이상의 길이로 설치할 것
② 바닥으로부터 1m 이하의 높이에 설치하고, 피난유도선이 점멸하거나 화살표로 표시하는 등의 방법으로 작업장의 어느 위치에서도 피난유도선을 통해 출입구로의 피난방향을 알 수 있도록 할 것
③ 층 내부에 구획된 실이 있는 경우에는 구획된 각 실로부터 가장 가까운 직통계단의 출입구까지 연속하여 설치할 것

간이피난유도선의 성능 및 설치기준 NFPC606

제9조(간이피난유도선의 성능 및 설치기준) 간이피난유도선의 성능 및 설치기준은 다음 각 호와 같다.
1. 영 제18조제2항 별표 8 제2호마목에 따른 지하층이나 무창층에는 간이피난유도선을 녹색 계열의 광원점등방식으로 해당 층의 직통계단마다 계단의 출입구로부터 건물 내부로 10미터 이상의 길이로 설치해야 한다.
2. 바닥으로부터 1미터 이하의 높이에 설치하고, 피난유도선이 점멸하거나 화살표로 표시하는 등의 방법으로 작업장의 어느 위치에서도 피난유도선을 통해 출입구로의 피난방향을 알 수 있도록 해야 한다.
3. 층 내부에 구획된 실이 있는 경우에는 구획된 각 실로부터 가장 가까운 직통계단의 출입구까지 연속하여 설치해야 한다.
4. 공사 중에는 상시 점등되도록 하고, 간이피난유도선을 20분 이상 유효하게 작동시킬 수 있는 비상전원을 확보해야 한다.
5. 영 제18조제2항 별표 8 제3호다목에 따라 당해 특정소방대상물에 설치되는 피난유도선, 피난구유도등, 통로유도등 또는 비상조명등을 사용승인 전이라도 완공검사를 받아 사용할 수 있게 된 경우 간이피난유도선을 설치하지 않을 수 있다.

7 ▸▸ 비상조명등의 성능 및 설치기준

① 영 제18조제2항 별표 8 제2호바목에 따른 지하층이나 무창층에서 피난층 또는 지상으로 통하는 직통계단의 계단실 내부에 각 층마다 설치할 것
② 비상조명등이 설치된 장소의 조도는 각 부분의 바닥에서 1lx 이상이 되도록 할 것
③ 비상경보장치가 작동할 경우 연동하여 점등되는 구조로 설치할 것

> **비상조명등의 성능 및 설치기준 NFPC606**
>
> **제10조(비상조명등의 성능 및 설치기준)** 비상조명등의 성능 및 설치기준은 다음 각 호와 같다.
> 1. 영 제18조제2항 별표 8 제2호바목에 따른 지하층이나 무창층에서 피난층 또는 지상으로 통하는 직통계단의 계단실 내부에 각 층마다 설치해야 한다.
> 2. 비상조명등이 설치된 장소의 조도는 각 부분의 바닥에서 1 럭스 이상이 되도록 해야 한다.
> 3. 비상조명등을 20분(지하층과 지상 11층 이상의 층은 60분) 이상 유효하게 작동시킬 수 있는 비상전원을 확보해야 한다.
> 4. 비상경보장치가 작동할 경우 연동하여 점등되는 구조로 설치해야 한다.
> 5. 비상조명등은 소방청장이 정하여 고시한 「비상조명등의 형식승인 및 제품검사의 기술기준」에 적합한 것으로 해야 한다.

8 ▸▸ 방화포의 성능 및 설치기준

용접·용단 작업 시 11m 이내에 가연물이 있는 경우 해당 가연물을 방화포로 보호할 것

> **방화포의 성능 및 설치기준 NFPC606**
>
> **제11조(방화포의 성능 및 설치기준)** 방화포의 성능 및 설치기준은 다음 각 호와 같다.
> 1. 용접·용단 작업 시 11미터 이내에 가연물이 있는 경우 해당 가연물을 방화포로 보호하여야 한다. 다만, 「산업안전보건기준에 관한 규칙」 제241조제2항제4호에 따른 비산방지조치를 한 경우에는 방화포를 설치하지 않을 수 있다.
> 2. 소방청장이 정하여 고시한 「방화포의 성능인증 및 제품검사의 기술기준」에 적합한 것으로 설치해야 한다.

9 ▸▸ 소방안전관리자의 업무

> **NFPC 제12조(소방안전관리자의 업무)** 건설현장에 배치되는 소방안전관리자는 다음 각 호의 업무를 수행해야 한다.
> 1. 방수·도장·우레탄폼 성형 등 가연성가스 발생 작업과 용접·용단 및 불꽃이 발생하는 작업이 동시에 이루어지지 않도록 수시로 확인해야 한다.
> 2. 가연성가스가 발생되는 작업을 할 경우에는 사전에 가스누설경보기의 정상작동 여부를 확인하고, 작업 중 또는 작업 후 가연성가스가 체류되지 않도록 충분한 환기조치를 실시해야 한다.
> 3. 용접·용단 작업을 할 경우에는 성능인증 받은 방화포가 설치기준에 따라 적정하게 도포되어 있는지 확인해야 한다.
> 4. 위험물 등이 있는 장소에서 화기 등을 취급하는 작업이 이루어지지 않도록 확인해야 한다.

CHAPTER 27 전기저장시설의 화재안전기준 (NFTC607)

1 ▸▸ 용어정의

이 기준에서 사용하는 용어의 정의는 다음과 같다.
① "전기저장장치"란 생산된 전기를 전력 계통에 저장했다가 전기가 가장 필요한 시기에 공급해 에너지 효율을 높이는 것으로 배터리(이차전지에 한정한다. 이하 같다), 배터리관리 시스템, 전력 변환 장치 및 에너지 관리 시스템 등으로 구성되어 발전·송배전·반 건축물에서 목적에 따라 단계별 저장이 가능한 장치를 말한다.
② "옥외형 전기저장장치 설비"란 컨테이너, 패널 등 전기저장장치 설비 전용 건축물의 형태로 옥외의 구획된 실에 설치된 전기저장장치를 말한다.
③ "옥내형 전기저장장치 설비"란 전기저장장치 설비 전용 건축물이 아닌 건축물의 내부에 설치되는 전기저장장치로 '옥외형 전기저장장치 설비'가 아닌 설비를 말한다.
④ "배터리실"이란 전기저장장치 중 배터리를 보관하기 위해 별도로 구획된 실을 말한다.
⑤ "더블인터락(Double-Interlock) 방식"이란 준비작동식스프링클러설비의 작동방식 중 화재감지기와 스프링클러헤드가 모두 작동되는 경우 준비작동식유수검지장치가 개방되는 방식을 말한다.

2 ▸▸ 전기저장시설에 설치해야 하는 소방시설등의 종류

① 소화기
② 스프링클러설비
③ 배터리용 소화장치
④ 자동화재탐지설비
⑤ 자동화재속보설비
⑥ 배출설비

3 ▶▶ 설치장소의 구조

전기저장장치는 관할 소방대의 원활한 소방활동을 위해 지면으로부터 지상 22미터 이내, 지하 9미터 이내로 설치해야 한다.

4 ▶▶ 방화구획

전기저장장치 설치장소의 벽체, 바닥 및 천장은 「건축물의 피난·방화구조 등의 기준에 관한 규칙」에 따라 건축물의 다른 부분과 방화구획 해야 한다. 다만, 배터리실 외의 장소와 옥외형 전기저장장치 설비는 방화구획 하지 않을 수 있다.

5 ▶▶ 소화기 설치기준

소화기는 「소화기구 및 자동소화장치의 화재안전기준(NFTC 101)」 [별표 4] 제2호에 따라 구획된 실마다 설치해야 한다.

6 ▶▶ 스프링클러 설치기준

스프링클러설비는 다음 각 호의 기준에 따라 설치해야 한다. 다만, 배터리실 외의 장소에는 스프링클러헤드를 설치하지 않을 수 있다.
① 스프링클러설비는 습식스프링클러설비 또는 준비작동식스프링클러설비(신속한 작동을 위해 '더블인터락' 방식은 제외한다)로 설치할 것
② 전기저장장지가 설지된 실의 바닥면적(바닥면석이 230제곱미터 이상인 경우에는 230제곱미터) 1제곱미터에 분당 12.2리터 이상의 수량을 균일하게 30분 이상 방수할 수 있도록 할 것
③ 스프링클러헤드 방수로 인해 인접 헤드에 미치는 영향을 최소화하기 위하여 스프링클러헤드 사이의 간격을 1.8미터 이상 유지할 것
④ 준비작동식스프링클러설비를 설치할 경우 제8조제2항에 따른 감지기를 설치할 것
⑤ 스프링클러설비를 30분 이상 작동할 수 있는 비상전원을 갖출 것
⑥ 준비작동식스프링클러설비의 경우 전기저장장치의 출입구 부근에 수동식 기동장치를 설치할 것
⑦ 소방자동차로부터 전기저장장치 설비에 송수할 수 있는 송수구를 「스프링클러설비의 화재안전기준(NFTC 103)」 제11조에 따라 설치할 것

7 ▶▶ 배터리용 소화장치 설치기준

다음 각 호의 어느 하나에 해당하는 경우에는 제6조에도 불구하고 중앙소방기술심의위원회의 심의를 거쳐 소방청장이 인정하는 시험방법으로 제13조제2항에 따른 시험기관에서 전기저장장치에 대한 소화성능을 인정받은 배터리용 소화장치를 설치할 수 있다.
① 옥외형 전기저장장치 설비가 컨테이너 내부에 설치된 경우
② 옥외형 전기저장장치 설비가 다른 건축물, 주차장, 공용도로, 적재된 가연물, 위험물 등으로부터 30미터 이상 떨어진 지역에 설치된 경우

8 ▶▶ 자동화재탐지설비 설치기준

① 자동화재탐지설비는 「자동화재탐지설비 및 시각경보장치의 화재안전기준(NFTC 203)」에 따라 설치한다. 다만, 옥외형 전기저장장치 설비에는 자동화재탐지설비를 설치하지 않을 수 있다.
② 감지기는 다음 각 호 중 어느 하나의 감지기를 설치해야 한다.
　㉠ 공기흡입형 감지기 또는 아날로그식 연기감지기(감지기의 신호처리방식은 「자동화재탐지설비 및 시각경보장치의 화재안전기준(NFTC 203)」에 따른다)
　㉡ 중앙소방기술심의위원회의 심의를 통해 전기저장장치에 적응성이 있다고 인정된 감지기

9 ▶▶ 자동화재속보설비 설치기준

자동화재속보설비는 「자동화재속보설비의 화재안전기준(NFTC 204)」에 따라 설치해야 한다. 다만, 옥외형 전기저장장치 설비에 설치하는 자동화재속보설비는 속보기에 감지기를 직접 연결하는 방식으로 설치할 수 있다.

10 ▶▶ 배출설비 설치기준

배출설비는 다음 각 호의 기준에 따라 설치해야 한다.
① 배풍기·배출덕트·후드 등을 이용하여 강제적으로 배출할 것
② 바닥면적 1제곱미터에 시간당 18세제곱미터 이상의 용량을 배출할 것
③ 화재감지기의 감지에 따라 작동할 것
④ 옥외와 면하는 벽체에 설치할 것

⑪ 설치유지기준의 특례

① 소방본부장 또는 소방서장은 중앙소방기술심의위원회의 심의를 거쳐 소방청장이 인정하는 시험방법에 따라 제2항에 따른 시험기관에서 화재안전 성능을 인정받은 경우에는 인정받은 성능 범위 안에서 제6조 및 제7조를 적용하지 않을 수 있다.

② 전기저장시설의 화재안전성능과 관련된 시험은 다음 각 호의 시험기관에서 수행할 수 있다.
  ㉠ 한국소방산업기술원
  ㉡ 한국화재보험협회 부설 방재시험연구원
  ㉢ 제1항에 따라 소방청장이 인정하는 시험방법으로 화재안전 성능을 시험할 수 있는 비영리 국가 공인시험기관(「국가표준기본법」 제23조에 따라 한국인정기구로부터 시험기관으로 인정받은 기관을 말한다)

설비별 예상문제 및 답안

소방설비(산업)기사 [기계분야]

예상문제

소화기구 및 자동소화장치(NFTC101) 예상문제

01 주거용 주방자동소화장치 설치대상에 대해 설명하시오

▶풀이및정답 아파트등 및 오피스텔의 전층

02 가압식 소화기와 축압식소화기의 정의를 쓰시오

▶풀이및정답
① 가압식소화기 : 소화약제의 방출원이 되는 가압가스와 소화약제를 별도의 용기에 저장하는 방식의 소화기
② 축압식소화기 : 소화약제의 방출원이 되는 가압가스와 소화약제를 한 용기에 함께 저장하는 방식의 소화기

03 자동차용소화기의 종류 5가지를 쓰시오

▶풀이및정답
① 강화액소화기(안개모양으로 방사되는 것에 한한다),
② 할로겐화합물소화기
③ 이산화탄소소화기
④ 포소화기
⑤ 분말소화기

04 다음 ( ) 안을 채우시오.

> 이산화탄소 또는 할로겐화합물을 방사하는 소화기구(자동확산소화기를 제외한다)는 (   )이나 (   ) 또는 (   )로서 그 바닥면적이 (   ) 미만의 장소에는 설치할 수 없다. 다만, 배기를 위한 유효한 개구부가 있는 장소인 경우에는 그러하지 아니하다

▶풀이및정답 지하층, 무창층, 밀폐된거실, 20m²

05 소방대상물별 능력단위 기준 표를 완성하시오.

소방대상물	소화기구의 능력단위
1. 위락시설	당해 용도의 바닥면적 (①)m^2 마다 능력단위 1단위 이상
2. 공연장·집회장·관람장·문화재·장례식장 및 의료시설	당해 용도의 바닥면적 (②)m^2 마다 능력단위 1단위 이상
3. 근린생활시설·판매시설·운수시설·숙박시설·노유자시설·전시장·공동주택·업무시설·방송통신시설·공장·창고시설·항공기 및 자동차 관련 시설 및 관광휴게시설	당해 용도의 바닥면적 (③)m^2 마다 능력단위 1단위 이상
4. 그 밖의 것	당해 용도의 바닥면적 (④)m^2 마다 능력단위 1단위 이상

(주) 소화기구의 능력단위를 산출함에 있어서 건축물의 주요구조부가 내화구조이고, 벽 및 반자의 실내에 면하는 부분이 불연재료·준불연재료 또는 난연재료로 된 소방대상물에 있어서는 위 표의 기준면적의 2배를 당해 소방대상물의 기준면적으로 한다.

① 30 ② 50 ③ 100 ④ 200

06 바닥면적 660m^2인 의료시설에 능력단위 2단위의 소화기를 설치할 경우 설치수량을 구하시오. (내화구조이고 난연재료마감임)

∴ 660m^2÷100m^2/단위=6.6단위

2단위 소화기구를 설치하므로 6.6단위÷2단위/개=3.3개

따라서 4개

07 소형소화기와 대형소화기의 분류, 대형소화기의 소화약제 충전량을 답하시오.

소화기의 종류	소화약제의 양	소화기의 종류	소화약제의 양
물 소화기	80L	이산화탄소 소화기	50kg
기계포소화기	20L	할론 소화기	30kg
강화액 소화기	60L	분말 소화기	20kg

능력단위로 구분하는 대형과 소형소화기
① 소형소화기 : 1단위 이상
② 대형소화기 : A급 : 10단위 이상, B급 : 20단위 이상

예상문제

08 분말소화기의 종별 주성분, 반응식, 착색, 적응화재를 설명하시오.

▲풀이및정답

종류	주성분	화학반응식	착색	적응화재
제1종	탄산수소나트륨 ($NaHCO_3$)	$2NaHCO_3 \rightarrow Na_2CO_3 + CO_2 + H_2O$	백색	BC
제2종	탄산수소칼륨 ($KHCO_3$)	$2KHCO_3 \rightarrow K_2CO_3 + CO_2 + H_2O$	담자색 (담회색)	BC
제3종	인산암모늄 ($NH_4H_2PO_4$)	$NH_4H_2PO_4 \rightarrow HPO_3 + NH_3 + H_2O$	담홍색	ABC
제4종	탄산수소칼륨 + 요소 ($KHCO_3 + (NH_2)_2CO$)	$2KHCO_3 + (NH_2)_2CO \rightarrow K_2CO_3 + 2NH_3 + 2CO_2$	회(백)색	BC

09 간이소화용구의 능력단위에 대해 설명하시오.

▲풀이및정답 간이소화용구

간이소화용구		능력단위
1. 마른모래	삽을 상비한 50L 이상의 것 1포	0.5단위
2. 팽창질석 또는 팽창진주암	삽을 상비한 80L 이상의 것 1포	0.5단위

10 부속용도별로 추가하는 소화기구표를 완성하시오.

풀이 및 정답

용도별	소화기구의 능력단위
1. 다음 각목의 시설. 다만, 스프링클러설비·간이스프링클러설비·물분무등소화설비 또는 상업용주방자동소화장치가 설치된 경우에는 자동확산소화기를 설치하지 아니 할 수 있다. 가. 보일러실(아파트의 경우 방화구획된 것을 제외한다)·건조실·세탁소·대량화기취급소 나. 음식점(지하가의 음식점을 포함한다)·다중이용업소·호텔·기숙사·노유자시설·의료시설·업무시설·공장·장례식장·교육연구시설·교정 및 군사시설의 주방 다만, 의료시설·업무시설 및 공장의 주방은 공동취사를 위한 것에 한한다. 다. 관리자의 출입이 곤란한 변전실·송전실·변압기실 및 배전반실(불연재료로된 상자안에 장치된 것을 제외한다)	1. 해당 용도의 바닥면적 25㎡마다 능력단위 1단위 이상의 소화기로 할 것. 나목의 주방에 설치하는 소화기중 1개 이상은 주방화재용 소화기(K급)를 설치해야 한다. 2. 자동확산소화기는 해당용도의 바닥면적을 기준으로 10㎡ 이하는 1개, 10㎡ 초과는 2개 이상을 설치하되, 보일러, 조리기구, 변전설비를 방호대상에 유효하게 분사될 수 있는 위치에 배치될 수 있는 수량으로 설치할 것
2. 발전실·변전실·송전실·변압기실·배전반실·통신기기실·전산기기실·기타 이와 유사한 시설이 있는 장소. 다만, 제1호 다목의 장소를 제외한다.	해당 용도의 바닥면적 50㎡마다 적응성이 있는 소화기 1개 이상또는 유효설치방호체적 이내의 가스·분말·고체에어로졸 자동소화장치, 캐비닛형 자동소화장치(다만, 통신기기실·전자기기실을 제외한 장소에 있어서는 교류 600V 또는 직류750V 이상의 것에 한힌다)
3. 위험물안전관리법시행령 별표1에 따른 지정수량의 1/5 이상 지정수량 미만의 위험물을 저장 또는 취급하는 장소	능력단위 2단위 이상 또는 유효설치방호체적 이내의 가스·분말·고체에어로졸 자동소화장치, 캐비닛형 자동소화장치
4. 화재예방법시행령 별표2에 따른 특수가연물을 저장 또는 취급하는 장소	화재예방법시행령 별표2에서 정하는 수량 이상	화재예방법시행령 별표2에서 정하는 수량의 50배 이상마다 능력단위 1단위 이상
	화재예방법시행령 별표2에서 정하는 수량의 500배 이상	대형소화기 1개 이상

예상문제

11 다음과 같은 부속용도의 실에 화재안전기준에 따라 소화기구를 추가하여 설치하려고 한다. 다음 물음에 답하시오.

> **조건**
> 1. 보일러실의 바닥면적은 30m²이다.
> 2. 발전기실의 바닥면적은 80m²이다.
> 3. 소화기의 능력단위는 3단위이다.

1) 보일러실의 능력단위 및 소화기의 최소갯수는 몇 개인가?
2) 보일러실에 설치하여야 하는 자동확산소화기의 최소 설치갯수는 몇 개인가?
3) 보일러실에 자동확산소화기를 설치하지 않을 수 있는 경우를 쓰시오.
4) 발전기실에 필요한 부속용도로 추가하여야 하는 소화기의 설치갯수는 몇 개인가?

풀이 및 정답

1) ① 능력단위 $= \dfrac{30\text{m}^2}{25\text{m}^2/\text{단위}} = 1.2$ 단위

 ② 설치수 $= \dfrac{1.2\text{단위}}{3\text{단위}/\text{개}} = 0.4$ ∴ 1개

2) 바닥면적이 10m²를 초과하므로 2개 설치
3) 스프링클러, 간이스프링클러, 물분무등소화설비, 상업용주방자동소화장치가 설치된 경우
4) 부속용도 추가설치수 $= \dfrac{80\text{m}^2}{50\text{m}^2/\text{개}} = 1.6$

∴ 2개 설치

12 설치유지법에서 분류하는 소화기구와 자동소화장치의 종류를 설명하시오.

풀이 및 정답

1) 소화기구
 ① 소화기
 ② 간이소화용구 : 에어로졸식소화용구, 투척용소화용구, 소공간용소화용구 및 소화약제 외의 것을 이용한 간이소화용구
 ③ 자동확산소화기
2) 자동소화장치
 ① 주거용 주방자동소화장치
 ② 상업용 주방자동소화장치
 ③ 캐비닛형 자동소화장치
 ④ 가스자동소화장치
 ⑤ 분말자동소화장치
 ⑥ 고체에어로졸자동소화장치

옥내소화전(NFTC102) 예상문제

01 수조가 펌프보다 높을 때 제외시킬 수 있는 것을 답하시오.

▲풀이및정답 ① 후트밸브 ② 진공계 ③ 물올림장치

02 압력챔버의 역할에 대해 답하시오.

▲풀이및정답 ① 펌프의 자동기동 및 정지
② 수격작용방지

03 전원의 종류를 답하시오.

▲풀이및정답 ① 상용전원
② 비상전원
※ 비상전원 설치대상 : 지하층 제외 7층 이상으로서 연면적 2000m² 이상인 것.
지하층 바닥면적 합계가 3000m² 이상인 것.

04 옥내소화전이 설치된 최상층에 있는 테스트밸브 측의 압력을 측정하였더니 0.4MPa이었다. 이때 테스트 노즐 오리피스의 구경이 13mm이었다면 방수량은 몇 L/min이겠는가? (단, 노즐의 방출계수는 0.75이다.)

▲풀이및정답 $Q = 0.6597 \times 0.75 \times 13^2 \times \sqrt{10 \times 0.4} = 167.23 \ell/min$

05 지하 3층, 지상 7층인 업무용 빌딩에 옥내소화전설비를 설치하였을 때 아래 그림을 참조하여 각 물음에 답하시오.

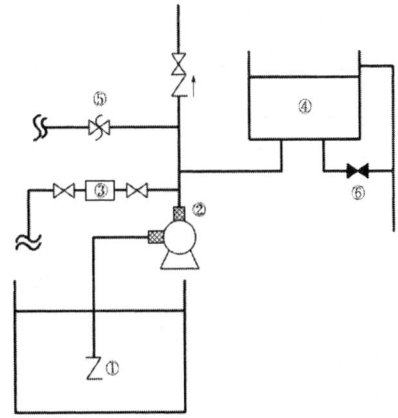

예상문제

> **조건**
> 1. 5~7층에는 7개, 그 밖의 층에는 6개의 소화전이 설치되어 있다.
> 2. 후트밸브로부터 7층 옥내소화전 방수구까지의 수직거리는 45m이고, 배관의 마찰손실은 22m이다.
> 3. 소방호스의 마찰손실은 100m당 26m로 하고 길이 15m의 호스 2개가 연결되어 있다.
> 4. 주배관은 연결송수관설비의 배관과 겸용한다.
> 5. 펌프의 효율은 65%이고, K=1.1이다.
> 6. 구경은 호칭경으로 구하시오.

1) 펌프의 토출량(m^3/min)은 얼마인가?
2) 수원의 저수량(m^3)은 얼마인가?
3) 옥상수조의 용량(m^3)은 얼마인가?
4) 전양정을 구하시오.
5) 성능시험배관의 구경(mm)은 얼마인가?
6) 토출측 주배관의 구경(mm)은 얼마인가?
7) 신축이음의 설치목적은 무엇인가?
8) 그림에서 각 번호의 명칭을 쓰시오.
9) 릴리프밸브의 설치목적을 쓰시오.
10) 펌프의 전달동력(kW)을 구하시오.

◢ 풀이 및 정답

1) $Q = N \times 130 \ell/min$
   ∴ $Q = 2 \times 130\ell/min = 260\ell/min = 0.26m^3/min$

2) $Q = N \times 2.6m^3$
   ∴ $Q = 2 \times 2.6m^3 = 5.2m^3$

3) 유효수량 외 유효수량의 $\frac{1}{3}$ 이상을 저장하여야 한다.
   ∴ $Q = 2 \times 2.6m^3 \times \frac{1}{3} = 1.73m^3$

4) $H = h_1 + h_2 + h_3 + 17m$
   ∴ $H = 22m + \left(\frac{30m}{100m} \times 26m\right) + 45m + 17m = 91.8m$

5) $1.5Q = 0.653D^2\sqrt{0.65P}$
   ∴ $D = \sqrt{\dfrac{1.5Q}{0.653\sqrt{0.65P}}} = \sqrt{\dfrac{1.5 \times 260}{0.653\sqrt{0.65 \times 9.18}}} = 15.379mm ≒ 15.38mm$
   ∴ 25mm

6) $D = \sqrt{\dfrac{4Q}{\pi U}} = \sqrt{\dfrac{4 \times (0.26/60)m^3/sec}{\pi \times 4m/s}} = 0.037m ≒ 37mm$
   연결송수관 설비배관과 겸용하므로 100mm 이상이어야 한다.

7) 온도변화에 따른 배관 및 부속물의 팽창 또는 수축에 의하여 배관과 부속물의 접속부분이 파손되는 것을 방지하기 위하여

8) ① 후트밸브 ② 플렉시블 ③ 유량계 ④ 호수조 ⑤ 릴리프밸브 ⑥ 배수밸브
9) 체절압력 미만에서 개방되어 펌프의 체절운전 시 수온상승 및 압력상승을 방지하기 위하여
10) $kW = \dfrac{H \times \gamma \times Q}{\eta \times 102} \times K = \dfrac{91.8m \times 1,000kgf/m^3 \times (0.26/60)m^3/sec}{0.65 \times 102} \times 1.1 = 6.6kW$

06 다음과 같이 옥내소화전설비가 설치되어 있을 때 다음 물음에 답하시오.

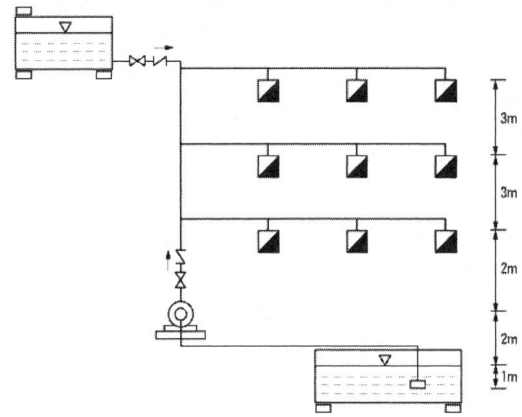

1) 펌프의 토출량은 얼마 이상이어야 하는가?
2) 펌프의 전양정은 얼마 이상이어야 하는가? (단, 배관내의 마찰손실 및 호스의 마찰손실은 실양정의 35%이다.)
3) 펌프 기동용 전동기의 출력은 몇 PS인가(K=1.1)? (단, 펌프의 효율은 기계효율 90%, 수력효율 95%, 체적효율 85% 이다.)
4) 충압펌프가 주펌프 옆에 설치되어 있을 때 충압펌프의 정격토출압력은?
5) 저수조에 저장하여야 하는 최소수량과 옥상수조에 저장하여야 하는 수량을 각각 쓰시오.

풀이및정답
1) $Q = N \times 130\ell/min$
   ∴ $Q = 2 \times 130\ell/min = 260\ell/min$
2) $H = h_1 + h_2 + h_3 + 17m$
   ∴ $H = 11m + 11m \times 0.35 + 17m = 31.85m$
3) $P(Ps) = \dfrac{H \times \gamma \times Q}{\eta \times 75} \times K = \dfrac{31.85m \times 1,000kgf/m^3 \times (0.26/60)m^3/sec}{(0.9 \times 0.95 \times 0.85) \times 75} \times 1.1$
   $= 2.79Ps$
4) 충압펌프의 토출압력은 최고위 방수구~충압펌프까지의 자연낙차압+0.2MPa 이상 또는 주펌프의 토출압력과 같게 할 것.
   최고위 방수구~충압펌프까지의 자연낙차압=(3m+3m+2m)=8m=0.08MPa
   따라서 0.08MPa+0.2MPa=0.28MPa
5) 저수조의 수원량 $Q(m^3) = N \times 2.6m^3$ 이상
   ∴ $Q(m^3) = 2 \times 2.6m^3 = 5.2 \ m^3$

옥상수조의 수원량 $Q(m^3) = N \times 2.6m^3 \times 1/3$ 이상
∴ $Q(m^3) = 2 \times 2.6m^3 \times 1/3 = 1.73m^3$

07

지상 5층인 어느 소방대상물(철근콘크리트 건물)의 각 층에 5개씩 옥내소화전을 설치하려고 한다. 주어진 [조건]을 이용하여 옥내소화전 설치에 필요한 각 물음에 답하시오.

조건

1. 노즐의 방수량을 130Lpm에서 150Lpm으로 변경한다.
2. 실양정은 50m이다.
3. 펌프의 후트밸브에서 5층 옥내소화전함 호스접결구까지의 마찰손실 및 저항손실수두는 실양정의 25%로 한다.
4. 소방호스의 마찰손실수두는 6.8m이다.
5. 펌프의 효율은 65%이며 전달계수 K=1.1이다.
6. 소화전 사용 시 20분간 연속적으로 사용하는 것으로 한다.

1) 수원의 최소 소요저수량은 몇 m^3인가?
2) 펌프의 송수량은 몇 L/min인가?
3) 전양정을 산출하면 몇 m인가?
4) 펌프의 전동기 소요동력을 구하면 몇 kW인가?

풀이및정답

1) Q = N(최대 2개) × 노즐의 분당 방수량(L/min) × 20min
   ∴ Q = 2 × 150L/min × 20min = 6,000L = $6m^3$

2) Q = N(최대 2개) × 노즐의 분당 방수량(L/min)
   ∴ Q = 2 × 150L/min = 300L/min

3) $H = h_1 + h_2 + h_3 + h_4$
   H : 전양정(m)
   h_1(실양정) = 50m
   h_2(배관 및 관부속물의 마찰손실수두) = 50 × 0.25 = 12.5m
   h_3(소방용 호스의 마찰손실수두) = 6.8m
   h_4(방수압력 환산수두) = 17m
   ∴ H = 50m + 12.5m + 6.8m + 17m = 86.3m

4) $P(kW) = \dfrac{\gamma QH}{120\eta} K$
   H(전양정) = 86.3m, γ (비중량) = 1,000kgf/m^3
   η (효율) = 0.65, K(전달계수) = 1.1
   $P(kW) = \dfrac{1000 \times \left(\dfrac{0.26}{60}\right) \times 86.3}{102 \times 0.65} \times 1.1 = 6.2kW$

08 다음과 같이 옥내소화전설비가 설치되어 있을 때 다음 조건을 이용 하여 물음에 답하시오.

조건

1. 소화전은 층당 3개씩 설치되어 있다.
2. 흡입측에 설치된 연성계는 0.4kgf/cm^2를 지시하고 있다.
3. 펌프에서 최고층 소화전까지의 실고는 25m이다.
4. 최고층의 모든 소화전 방수구 개방시 말단 소화전에서의 방사압력은 0.21MPa이다.
5. 배관 및 관 부속의 마찰손실은 실양정의 35%로 한다.
6. 호스의 마찰손실수두는 다음 표를 이용할 것

[호스의 마찰손실수두 100m당]

구분 유량 (l/min)	호스의 호칭경					
	40mm		50mm		65mm	
	마호스	고무내장호스	마호스	고무내장호스	마호스	고무내장호스
130	26m	12m	7m	3m	–	–
350	–	–	–	–	10m	4m

7. 호스는 길이 15m, 구경 40mm의 마호스 2개를 사용한다.
8. 호스의 마찰손실은 유량의 2승에 비례한다.
9. 방수노즐의 구경은 13mm이다.

1) 최고층 말단 노즐에서의 방사량(L/min)은 얼마인가?
2) 펌프의 전양정은 몇 m인가?
3) 위 설비의 체절압력은 최대 몇 kgf/cm^2인가?
4) 가압송수장치가 4단 펌프라면 이 펌프의 압축비는 얼마인가?
5) 소화전 함의 재질 및 문짝의 면적에 대해 쓰시오.

▲ 풀이및정답

1) $Q = 0.653D^2\sqrt{10P}$ 이며

  Q : 방사량(L/min), D : 노즐구경(mm), P : 방사압력(MPa)

  $\therefore Q = 0.653 \times (13)^2 \times \sqrt{10 \times 0.21} = 159.92\text{L/min}$

2) $H = h_1 + h_2 + h_3 + h_4$

  h_1 : 실양정 $= 0.4\text{kgf/cm}^2 \times \dfrac{10.332\text{m}}{1.0332\text{kgf/cm}^2} + 25\text{m} = 29\text{m}$

  h_2 : 마찰손실수두 $= 29\text{m} \times 0.35 = 10.15\text{m}$

  h_3 : 호스마찰손실수두 $= 30\text{m} \times \dfrac{26\text{m}}{100\text{m}} \times \dfrac{159.92^2}{130^2} = 11.803 ≒ 11.8\text{m}$

  h_4 : 방수압환산수두 $= 0.21\text{MPa} = 21\text{m}$

  $\therefore H = 29 + 10.15 + 11.8 + 21 = 71.95\text{m}$

3) $7.195\text{kgf/cm}^2 \times 1.4 = 10.073\text{kgf/cm}^2$

4) $K = \sqrt[n]{\dfrac{P_2}{P_1}} = \sqrt[4]{\dfrac{(1.0332 + 7.195 - 0.4)}{(1.0332 - 0.4)}} = 1.875 ≒ 1.88$

5) 재질 : 강판 또는 합성수지재, 면적 : 0.5m^2 이상

예상문제

09 배관의 동결을 방지하기 위한 방법을 설명하시오.

▶풀이및정답
① 배관 내의 유체를 순환시키는 방법
② 배관을 보온재로 감싸는 방법
③ 배관을 가열코일로 감싸는 방법
④ 중앙난방을 이용하는 방법
⑤ 부동액을 주입하는 방법

10 옥내소화전 설비에서 방사압력을 0.7MPa 이하로 제한하는 이유와 감압방식의 종류를 설명하시오.

▶풀이및정답
1) 방사압력을 0.7MPa 이하로 하는 이유
  ① 호스 파열의 우려
  ② 반동력에 의한 조작상의 어려움
2) 감압방식의 종류
  ① 감압밸브 또는 오리피스(Orifice)에 의한 방법
  ② 중계펌프에 의한 방법
  ③ 배관계통에 의한 방법
  ④ 고가수조에 의한 방법

11 펌프의 토출측 순환배관상에 설치된 릴리프밸브의 작동상태 확인시험방법에 대하여 간단히 기술하시오.

▶풀이및정답
① 주배관의 개폐밸브(주밸브)를 잠근다.
② 펌프를 자동 또는 수동의 방법으로 기동한다.
③ 압력계를 확인하여 릴리프밸브가 펌프정격토출압력의 140% 미만에서 개방되는지를 확인한다.

12 최상층에 설치된 옥내소화전설비의 노즐방수압력을 측정한 결과 3kgf/cm²이었다면 고가수조의 설치높이는 몇 m 이상이 되어야 하는가? (단, 배관 및 호스 등에서 발생한 전체 마찰손실수두는 5m이고, 가압송수장치는 고가수조방식으로 한다. 기타 조건은 무시한다)

▶풀이및정답
고가수조의 낙차(m) = 배관 및 호스의 마찰손실수두 + 방사압력 환산수두
= 5m + 30m = 35m

13 소방대상물에 옥내소화전설비 배관공사 시 강관을 사용할 경우에 배관의 이음방법 3가지를 쓰시오.

▶풀이및정답 나사이음, 용접이음, 플랜지이음

14 그림과 같이 6층 건물(철근 콘크리트 건물)에 1층부터 6층까지 각 층에 1개씩 옥내소화전을 설치하고자 한다. 이 그림과 주어진 [조건]을 이용하여 옥내소화전 설치에 필요한 펌프의 송수량, 수원의 소요저수량, 전동기의 소요출력을 계산하시오. (단, 전동기 소요출력은 답안지의 계산과정 순으로 계산하여 출력을 산출하시오)

조건

1. 노즐의 최소 방수량 : 130L/min(40mm×13mm 노즐)
2. 펌프의 송수량 : 필요수량에 20%의 여유를 둔다.
3. 수원의 용량 : 소화전 사용 시 20분간 계속 사용할 수 있는 양으로 한다.

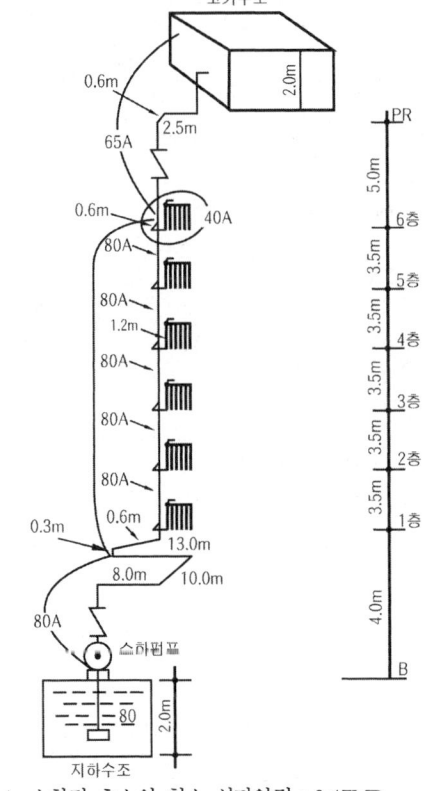

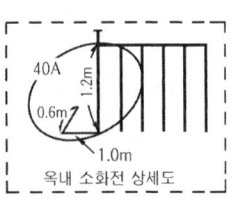

옥내 소화전 상세도

4. 소화전 호스의 최소 선단압력 : 0.17MPa
5. 직관의 마찰손실은 다음 표를 이용한다.

[직관의 마찰손실(100m당)]

유량(l/min)	130	260	390	520
40mm	14.7m			
50mm	5.1m	18.4m		
65mm	1.72m	6.2m	13.2m	
80mm	0.71m	2.57m	5.47m	9.2m

예상문제

6. 관이음 및 밸브 등의 등가길이는 다음 표를 이용한다.

[관이음 및 밸브 등의 등가길이]

관이음 및 밸브의 호칭경 mm(in)	90°엘보	45°엘보	90°T (분류)	커플링 90°T(직류)	게이트 밸브	글로브 밸브	앵글밸브
	등가길이(m)						
40(1½)	1.5	0.9	2.1	0.45	0.30	13.5	6.5
50(2)	2.1	1.2	3.0	0.60	0.39	16.5	8.4
65(2½)	2.4	1.5	3.6	0.75	0.48	19.5	10.2
80(3)	3.0	1.8	4.5	0.90	0.60	24.0	12.0
100(4)	4.2	2.4	6.3	1.20	0.81	37.5	16.5
125(5)	5.1	3.0	7.5	1.50	0.99	42.0	21.0
150(6)	6.0	3.6	9.0	1.80	1.20	49.5	24.0

※ 체크밸브와 후트밸브의 등가길이는 이 표의 앵글밸브에 준한다.

7. 호스의 마찰손실수두는 다음 표를 이용한다.

[호스의 마찰손실수두(100m당)]

구분 유량 (L/min)	호스의 호칭경					
	40mm		50mm		65mm	
	마호스	고무내장호스	마호스	고무내장호스	마호스	고무내장호스
130	26m	12m	7m	3m	—	—
350	—	—	—	—	10m	4m

8. 호스는 길이 15m, 구경 40mm의 마호스 2개를 사용한다.
9. 펌프의 효율은 55%이며, 전동기의 축동력 전달계수는 1.1로 계산한다.

1) 펌프의 송수량은 몇 $l/\min$인가?
2) 수원의 소요저수량은 몇 m^3인가?
3) 전동기의 소요출력을 아래순으로 계산하시오.
   ① 실양정   ② 배관의 마찰손실수두
   ③ 호스의 마찰손실수두   ④ 펌프의 전양정
   ⑤ 전동기 소요출력은 몇 kW인가?

◀풀이 및 정답 1) Q = N × 130 L/min

$$Q = 1 \times 130 \text{L/min} \times \frac{120}{100} = 156 \text{L/min}$$

∴ 156 L/min 이상

2) 수원(Q) = N × 2.6 m³ = 1 × 2.6 m³ = 2.6 m³

∴ 2.6 m³ 이상

3) ① $2m + 4m + (3.5m \times 5) + 1.2m = 24.7m$

②

구경	유량	상당길이를 고려한 전길이	1m당 마찰손실	마찰손실수두
80A	130L/분	① 직관길이 $2+4+8+10+13+0.6+(3.5\times5)$ $=55.1m$ ② 상당길이 후트밸브 $1\times12m=12m$ 체크밸브 $1\times12m=12m$ 90° 엘보 $6\times3m=18m$ 90°T(직류) $5\times0.9m=4.5m$ 90°T(분류) $1\times4.5m=4.5m$ ∴ 상당길이$=51m$	106.1m	$\dfrac{0.71}{100}$ $=0.0071m$	106.1×0.0071 $=0.7533$
40A	130L/분	① 직관길이 $0.6+1.0+1.2=2.8m$ ② 상당길이 90° 엘보 $2\times1.5m=3m$ 앵글밸브 $1\times6.5m=6.5m$ ∴ 상당길이$=9.5m$	12.3m	$\dfrac{14.7}{100}$ $=0.147m$	12.3×0.147 $=1.8081$

$0.7533m + 1.8081 = 2.5614m$

∴ 2.56m

③ $\dfrac{26}{100} \times (15 \times 2) = 7.8m$

④ $H = h_1 + h_2 + h_3 + h_4$

$H = 2.56m + 7.8m + 24.7m + 17m = 52.06m$

∴ 52.06m 이상

⑤ $kW = \dfrac{H \times \gamma \times Q}{\eta \times 102} \times K$

H : 전양정(m), γ : 비중량(kgf/m³), Q : 유량(m³/sec), η : 효율, K : 전달계수

$kW = \dfrac{52.06 \times 1,000 \times \dfrac{0.156}{60}}{0.55 \times 102} \times 1.1 = 2.654kW \fallingdotseq 2.65kW$

∴ 2.65kW 이상

예상문제

15 그림과 같은 옥내소화전설비를 다음 [조건]과 화재안전기준 등에 따라 설치하려고 한다. 각 물음에 답하시오.

조건
1. P_1 : 옥내소화전 펌프
2. P_2 : 잡용수 양수펌프
3. 펌프의 후트밸브로부터 9층 옥내소화전함의 호스접속구까지의 마찰손실 및 저항손실수두는 실양정의 30%로 한다.
4. 펌프의 효율은 65%이다.
5. 옥내소화전의 개수는 각 층당 2개씩이다.
6. 소방 호스의 마찰손실수두는 7.8m이다.
7. 후트밸브는 지하수조 바닥으로부터 0.2m의 위치에 있다.

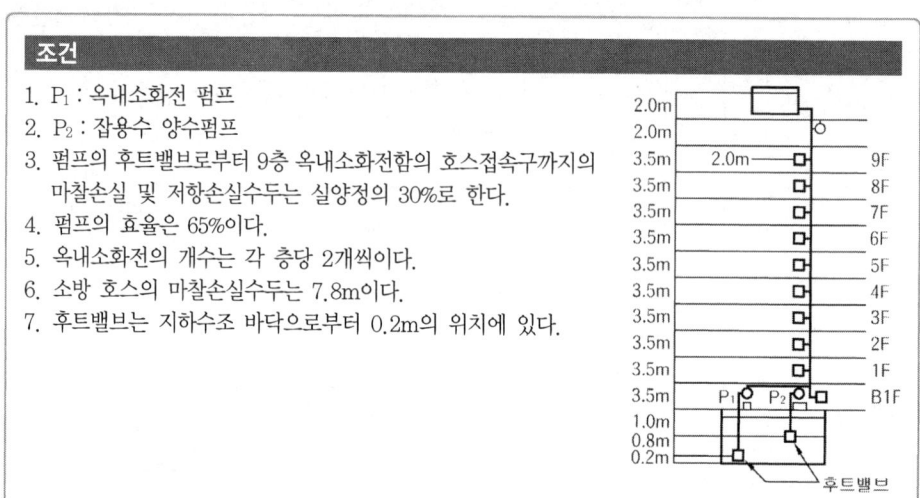

1) 펌프의 최소유량은 몇 [L/min]인가?
2) 수원의 최소 유효저수량은 몇 [m³]인가?
3) 펌프의 양정은 몇 [m]인가?
4) 펌프의 축동력은 몇 [kW]인가?
5) 체절운전 시 수온의 상승을 방지하기 위한 순환배관의 최소구경은 몇 [mm]인가?
6) 물올림장치 탱크의 최소 유효수량은 몇 [L]인가?
7) 주 배관용 입상관의 최소구경은 몇 [mm] 이상인가?

풀이및정답

1) $Q = N \times 130 \ell/\min$
   $\therefore Q = 2 \times 130 \ell/\min = 260 \ell/\min$

2) $Q = N \times 2.6 m^3$
   $\therefore Q = 2 \times 2.6 m^3 = 5.2 m^3$

3) $H = h_1 + h_2 + h_3 + h_4$
   H : 전양정(m)
   h_1 : 실양정 = 0.8m + 1.0m + (3.5m×9) + 2.0m = 35.3m
   h_2 : 배관 및 관부속물의 마찰손실수두 = 35.3m × 0.3 = 10.59m
   h_3 : 소방용 호스의 마찰손실수두 = 7.8m
   h_4 : 옥내소화전의 방수압력 환산수두 = 17m
   $\therefore H = 35.3m + 10.59m + 7.8m + 17m = 70.69m$ 이상

4) $kW = \dfrac{H \times \gamma \times Q}{\eta \times 102}$
   H : 전양정 = 70.69m

γ : 비중량＝1,000kgf/m³

Q : 유량＝$\dfrac{0.26}{60}$＝0.0043m³/sec, η : 효율＝0.65

∴ kW＝$\dfrac{70.69 \times 1,000 \times 0.0043}{0.65 \times 102}$＝4.62kW 이상

5) 20mm

6) 100L

7) Q＝AU＝$\dfrac{\pi \times D^2}{4} \times U$

$D^2 = \dfrac{4Q}{\pi U}, D = \sqrt{\dfrac{4Q}{\pi U}}$

옥내소화전 주배관의 구경은 유속이 4m/s 이하가 될 수 있는 구경 이상이어야 하므로

$D = \sqrt{\dfrac{4Q}{\pi U}} = \sqrt{\dfrac{4 \times (0.26/60)}{\pi \times 4\text{m/s}}} = 0.037\text{m}$

∴ 37.1mm 이상

하지만 설치기준상 옥내소화전설비 입상관의 구경은 50mm 이상이어야 하므로 답은 50mm이다.

예상문제

스프링클러(NFTC103) 예상문제

01 펌프 토출측, 흡입측 배관주위 설치기기를 기술하시오.

▶풀이및정답
1) 토출측 배관
① 플렉시블 튜브 ② 압력계 ③ 체크밸브 ④ 개폐표시형밸브(게이트밸브) ⑤ 성능시험배관
2) 흡입측 배관
① 후트밸브 ② 개폐표시형밸브(게이트밸브) ③ Y형 스트레이너 ④ 플렉시플 튜브
⑤ 진공계 또는 연성계

02 말단시험장치의 기능에 대해 답하시오.

▶풀이및정답
① 말단시험밸브를 개방하여 규정방수압 및 규정방수량 확인
② 말단시험밸브를 개방하여 유수검지장치의 작동확인

03 유수검지장치의 작동시험방법을 답하시오.

▶풀이및정답 말단시험밸브 또는 유수검지장치의 배수밸브를 개방하여 유수검지장치에 부착되어 있는 압력스위치의 작동여부를 확인한다.

04 리타딩챔버(retarding chamber)의 역할에 대해 답하시오.

▶풀이및정답
① 오보 방지
② 안전밸브의 역할
③ 수격방지(배관 및 압력스위치의 손상 보호)

05 QOD(quick open devices) : 조속개방장치의 종류를 답하시오.

▶풀이및정답
① 엑셀레이터
② 익져스터
☞ 건식밸브 개방시 압축공기의 배출속도를 가속시켜 신속한 소화실시

06 일제개방밸브의 개방방식에 대해 기술하시오.

▶풀이및정답
① 가압개방방식 : 화재감지기가 화재를 감지해서 전자개방밸브(solenoid valve)를 개방시키거나 수동개방밸브를 개방하면 가압수가 실린더실을 가압하여 일제개방밸브가 열리는 방식
② 감압개방방식 : 화재감지기가 화재를 감지해서 전자개방밸브(solenoid valve)를 개방시키거나, 수동개방밸브를 개방하면 실린더실내의 가압수가 감압되어 일제개방밸브가 열리는 방식

07 교차회로방식 적용설비를 설명하시오.

풀이및정답
① 분말소화설비
② 할론 소화설비
③ 이산화탄소 소화설비
④ 준비작동식 스프링클러설비
⑤ 일제살수식 스프링클러설비
⑥ 물분무 소화설비
⑦ 할로겐화합물 및 불활성기체 소화설비
※ 교차회로 : 하나의 담당구역 내에 2이상의 화재감지기 회로를 설치하고 인접한 2이상의 화재감지기가 동시에 감지되는 때에 설비가 개방, 작동되는 방식

08 토너먼트방식 적용설비를 설명하시오.

풀이및정답
① 분말소화설비
② 이산화탄소 소화설비
③ 할로겐화합물 소화설비
④ 청정소화약제 소화설비
※ 토너먼트방식 : 가스계 소화설비에 적용하는 방식으로 용기로부터 노즐까지의 마찰손실을 일정하게 유지하기 위한 방식

09 수(水)계 소화설비가 토너먼트(tournament)방식이 아니어야 하는 이유에 대해 답하시오.

풀이및정답
① 유체의 마찰손실이 너무크므로 압력손실을 최소화하기 위하여
② 수격작용에 의한 배관의 파손을 방지하기 위하여

10 스프링클러설비의 펌프기동방법에 대해 답하시오.

풀이및정답
1) 습식, 건식스프링클러의 경우
　① 습식,건식유수검지장치의 발신
　② 기동용 수압개폐장치동작시
　③ 습식,건식유수검지장치의 발신과 기동용 수압개폐장치를 겸용한 방식
2) 준비작동식, 일제살수식 스프링클러의 경우
　① 감지기를 이용한 방식
　② 기동용 수압개폐장치를 이용한 방식
　③ 감지기와 기동용 수압개폐장치를 겸용한 방식

예상문제

11 연결송수관설비의 설치 이유를 설명하시오.

▶풀이및정답 ① 초기진화에 실패한 후 본격화재시 소방차에서 물을 공급하기 위하여
② 가압송수장치 등의 고장시 소방차에서 물을 공급하기 위하여

12 스프링클러소화설비의 스프링클러헤드에서 방사되는 방수량(L/min)을 최소방수량과 최대방수량으로 구분하여 계산하시오.

▶풀이및정답 ∴ 최소 방수량 $Q = K\sqrt{10P} = 80\sqrt{10 \times 0.1} = 80\ell/\min$
∴ 최대 방수량 $Q = K\sqrt{10P} = 80\sqrt{10 \times 1.2} = 277.13\ell/\min$

13 다음 그림은 어느 습식 스프링클러설비에서 배관의 일부를 나타내는 평면도이다. 점선 내에 필요한 관 부속품의 개수를 답란의 빈칸에 기입하시오. (단, 부속물에는 니플이 설치되어 있다.)

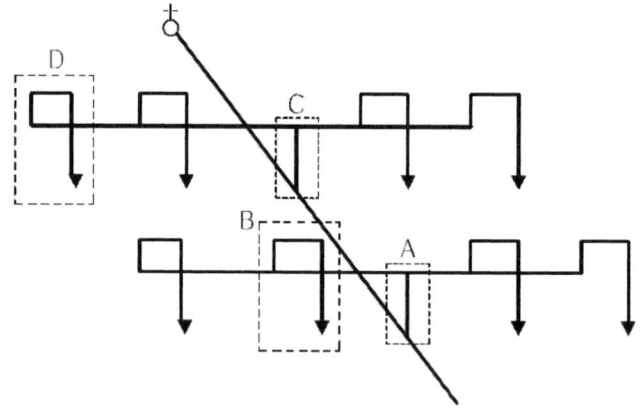

▶풀이및정답 1) A지점의 부속물

부속물의 종류	규격	수량
티	50×50×40A	1개
티	40×40×40A	1개
니플	50A	1개
니플	40A	3개
레듀샤	50×40A	1개
레듀샤	40×25A	2개

2) B지점의 부속물

부속물의 종류	규격	수량
티	25×25×25A	1
니플	25A	3
엘보	25A	2
레듀샤	25×15A	1

3) C지점의 부속물

부속물의 종류	규격	수량
티	40×40×40A	2
니플	40A	3
레듀샤	40×25A	2

4) D지점의 부속물

부속물의 종류	규격	수량
엘보	25	3개
니플	25	3개
레듀샤	25×15	1개

14 다음 그림과 같이 스프링클러설비의 가압송수장치를 고가수조방식으로 한 경우 다음을 답하시오. (단, 물의 비중량은 1,000kgf/m³이다)

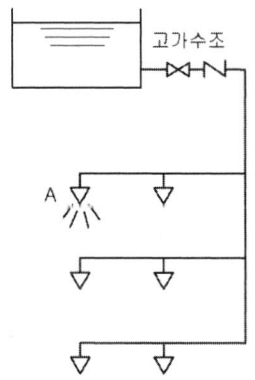

1) 고가수조에서 최상부층 말단 스프링클러 헤드(A)까지 낙차가 15m이고, 배관마찰손실압력이 0.04MPa일때 최상부층 말단 스프링클러 헤드 선단에서의 방수압력을 구하시오.

2) 문제 1)에서 "A"헤드 선단에서의 방수압력을 0.12MPa 이상으로 나오게 하려면 현재 위치에서 고가수조를 몇 m 더 높여야 하는가? [단, 배관마찰손실압력은 늘어나는 길이 1m마다 0.05m의 마찰손실이 추가로 발생된다]

◆풀이및정답
1) $P = 0.15\text{MPa} - 0.04\text{MPa} = 0.11\text{MPa}$
2) $15\text{m} + x\text{m} = \left(4\text{m} + x\text{m} \times \dfrac{0.05\text{m}}{1\text{m}}\right) + 12\text{m}$
   $x(\text{m}) = 1.052 ≒ 1.05\text{m}$

15 스프링클러헤드를 방호반경 2.3m로 하여 그림과 같이 장방형으로 배열할 때 a의 거리가 최대가 될 수 있는 직선거리는 몇 m인가? 스프링클러헤드를 장방형으로 설치 시 배치각은 30~60°이다.

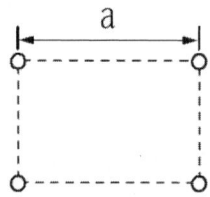

◆풀이및정답 $a = 2r\sin60°$
∴ $a = 2 \times 2.3 \times \sin60° = 3.98\text{m}$

16 가로 30m, 세로 20m인 사무실 용도의 실에 스프링클러헤드를 설치하고자 할 때 다음 물음에 답하시오. (단, 주요구조부는 내화구조이고 천장과 반자사이에는 헤드를 설치하지 않는다.)

세로열개수 \ 가로열 개수	6	7	8	9
3	18	21	24	27
4	24	28	32	36
5	30	35	40	45

1) 헤드의 배치각도(θ)를 30°(60°)로 할 때 [보기]와 같이 표를만드시오
2) 헤드의 배치를 정방형으로 할 때 최소 헤드의 수는 개인가?

◆풀이및정답
1) 가로열 최소개수 = $\dfrac{\text{가로열 길이}}{\text{헤드최대간격}} = \dfrac{30\text{m}}{2 \times R \times \sin60°} = \dfrac{30\text{m}}{2 \times 2.3\text{m} \times \sin60°} = 7.53$ 따라서 8개

가로열 최대개수 = $\dfrac{\text{가로열 길이}}{\text{헤드최소간격}} = \dfrac{30\text{m}}{2 \times R \times \sin30°} = \dfrac{30\text{m}}{2 \times 2.3\text{m} \times \sin30°} = 13.04$ 따라서 14개

세로열 최소개수 = $\dfrac{\text{세로열 길이}}{\text{헤드최대간격}} = \dfrac{20\text{m}}{2 \times R \times \sin60°} = \dfrac{20\text{m}}{2 \times 2.3\text{m} \times \sin60°} = 5.02$ 따라서 6개

세로열 최대개수 = $\dfrac{\text{세로열 길이}}{\text{헤드최소간격}} = \dfrac{20\text{m}}{2 \times R \times \sin30°} = \dfrac{20\text{m}}{2 \times 2.3\text{m} \times \sin30°} = 8.69$ 따라서 9개

가로열 개수 / 세로열 개수	8	9	10	11	12	13	14
6		48	54	60	66	72	78	84
7		56	63	70	77	84	91	98
8		64	72	80	88	96	104	112
9		72	81	90	99	108	117	126

2) 가로열 설치개수 = $\dfrac{\text{가로열 길이}}{\text{설치간격}} = \dfrac{30m}{2 \times R \times \cos 45°} = \dfrac{30m}{2 \times 2.3m \times \cos 45°} = 9.22$ 따라서 10개

세로열 설치개수 = $\dfrac{\text{세로열 길이}}{\text{설치간격}} = \dfrac{20m}{2 \times R \times \cos 45°} = \dfrac{20m}{2 \times 2.3m \times \cos 45°} = 6.15$ 따라서 7개

따라서 70개 설치

17

지하2층 및 지상12층 구조인 계단식형 아파트에 다음과 같은 조건으로 옥내소화전 및 스프링클러설비를 설치하였다. 다음 물음에 답하시오.

> **조건**
> 1. 각 층에 옥내소화전 및 스프링클러설치
> 2. 각 세대마다 헤드를 12개씩 설치하고 각 층당 2세대이다.
> 3. 지하층에 옥내소화전 방수구를 3조 설치하였다.
> 4. 저수조, 펌프, 입상배관을 겸용으로 설치하였다.
> 5. 옥내소화전 설비의 경우 실양정은 48m이고 배관 및 배관부속의 마찰손실수두는 실양정의 15%, 호스의 마찰손실수두는 실양정의 30%이다.
> 6. 스프링클러설비의 경우 실양정은 50m이고 배관 및 배관부속의 마찰손실수두는 실양정의 35%이다.
> 7. 펌프의 효율은 수력효율 90%, 체적효율 80%, 기계효율 75%이다.
> 8. 펌프의 전달계수는 1.1이다.

1) 주펌프의 전양정, 저수조량을 구하시오.
2) 펌프 토출량, 동력을 구하시오.

풀이및정답 1) ① 전양정
   옥내소화전 : $H = h_1 + h_2 + h_3 + 17m$
   $= (48m \times 0.3) + (48m \times 0.15) + 48m + 17m = 86.6m$
   스프링클러 : $H = h_1 + h_2 + 10m = (50m \times 0.35) + 50m + 10m = 77.5m$
   ∴ 86.6m
   ② 수원량
   옥내소화전 : $Q = 2 \times 2.6m^3 = 5.2m^3$
   스프링클러 : $Q = 10 \times 1.6m^3 = 16m^3$
   ∴ $5.2m^3 + 16m^3 = 21.2m^3$
2) ① 토출량
   옥내소화전 : $Q = 2 \times 130L/min = 260L/min$
   스프링클러 : $Q = 10 \times 80L/min = 800L/min$

예상문제

$$\therefore 260\text{L/min} + 800\text{L/min} = 1{,}060\text{L/min}$$

② 동력

$$P(\text{kW}) = \frac{\gamma QH}{102\eta}K = \frac{1000 \times \left(\frac{1.06}{60}\right) \times 86.6}{102 \times (0.9 \times 0.8 \times 0.75)} \times 1.1 = 30.554\text{kW} \fallingdotseq 30.55\text{kW}$$

18 다음 그림을 보고 물음에 답하시오. (단, 복합건축물(도매시장)로 설계됨)

조건

1. 건물의 층고는 8m이다.
2. 배관의 마찰손실은 흡입 및 토출 실양정의 35%이다.
3. 진공계 지시압은 325mmHg, 대기압은 표준대기압이다.
4. 기계효율 95%, 수력효율 90%, 체적효율 85%이다.
5. 최고위 헤드 방사압은 0.1MPa 이상이다.

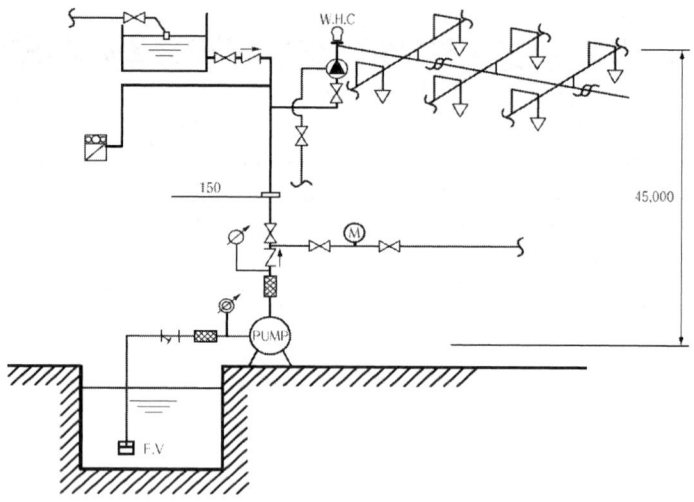

(1) 펌프의 전양정은?
(2) 수원의 양은? (단, 스프링클러 헤드는 당해 층에 30개 이상 기준이고, 옥내소화전은 각 층별로 1개 설치 기준임)
(3) 펌프의 축동력[kW]은?

풀이 및 정답

1) $H = h_1 + h_2 + h_3$

$h_1 = \left(\dfrac{325\text{mmHg}}{760\text{mmHg}} \times 10.332\text{m}\right) + 45\text{m} = 49.42\text{m}$

$h_2 = 49.42\text{m} \times 0.35 = 17.3\text{m}$

$h_3 = 10\text{m}$

$\therefore H = 49.42\text{m} + 17.3\text{m} + 10\text{m} = 76.72\text{m}$

2) ① 스프링클러설비에 필요한 수원의 양 = 30개 × 1.6m³ = 48m³

② 옥내소화전설비에 필요한 수원의 양=1개×2.6m³=2.6m³
∴ 수원의 양=48m³+2.6m³=50.6m³

3) $kW = \dfrac{H \times \gamma \times Q}{\eta_p \times 102}$

$\eta_p = 0.95 \times 0.9 \times 0.85 = 0.726$

∴ $kW = \dfrac{76.72\text{m} \times 1{,}000\text{kgf/m}^3 \times \left(\dfrac{2.53}{60}\right)\text{m}^3/\text{s}}{0.726 \times 102} = 43.69\text{kW}$

19 아래 그림은 폐쇄형 헤드를 사용한 스프링클러설비에서 나타난 스프링클러헤드 중 A점에 설치된 헤드 1개만이 개방되었을 때 A점 헤드에서의 방사압력은 몇 MPa인가? 방사압력 산정에 필요한 계산과정을 상세히 명시하고 방사압력을 소수점 4자리까지 구하시오. (소수점 4자리 미만은 삭제)

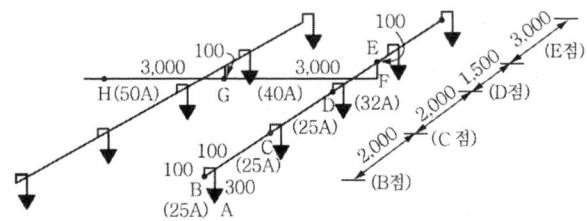

조건

1. 급수관 중 H점에서의 가압수의 압력은 0.15MPa 이다.
2. 티 및 엘보는 직경이 다른 티 및 엘보는 사용하지 않는다.
3. 스프링클러헤드는 15A 헤드가 설치된 것으로 한다.
4. 직관의 마찰손실(100m당)

유량	25A	32A	40A	50A
80L/min	39.82m	11.38m	5.40m	1.68m

(A점에서의 헤드 방수량은 80L/min로 계산한다.)

5. 관이음쇠 마찰손실에 해당하는 직관길이(단위 : m)

구분	25A	32A	40A	50A
90° 엘보	0.9	1.20	1.50	2.10
레듀샤	(25×15A)0.54	(32×25A)0.72	(40×32A)0.90	(50×40A)1.20
티(직류)	0.27	0.36	0.45	0.60
티(분류)	1.50	1.80	2.10	3.00

▲풀이및정답

관 경	유 량	직관 및 등가길이(m)	마찰손실수두
50A	80L/min	직관 : 3m 티(직류) : 1×0.6m=0.6m 레듀샤(50A×40A) : 1×1.2m=1.2m 전길이=4.8m	$\dfrac{4.8\text{m}}{100\text{m}} \times 1.68\text{m} = 0.0806\text{m}$
40A	80L/min	직관 : 3+0.1=3.1m 90° 엘보 : 1×1.5m=1.5m 티(분류) : 1×2.1m=2.1m 레듀샤(40A×32A) : 1×0.9m=0.9m 전길이=7.6m	$\dfrac{7.6\text{m}}{100\text{m}} \times 5.4\text{m} = 0.4104\text{m}$
32A	80L/min	직관 : 1.5m 티(직류) : 1×0.36m=0.36m 레듀샤(32A×25A) : 1×0.72m=0.72m 전길이=2.58m	$\dfrac{2.58\text{m}}{100\text{m}} \times 11.38\text{m} = 0.2936\text{m}$
25A	80L/min	직관 : 2+2+0.1+0.1+0.3=4.5m 티(직류) : 1×0.27m=0.27m 90° 엘보 : 3×0.9m=2.7m 레듀샤(25A×15A) : 1×0.54m=0.54m 전길이=8.01m	$\dfrac{8.01\text{m}}{100\text{m}} \times 39.82\text{m} = 3.1896\text{m}$
합 계			3.9742m

출발압력=배관 및 부속물의 마찰손실압력+낙차환산압력+방사압력

∴ 방사압력=출발압력−배관 및 관부속물의 마찰손실압력−낙차환산압력
  =0.15MPa−0.039742MPa+0.001MPa=0.1112MPa

20 다음 도면과 도표를 참조하여 각 물음에 답하시오.

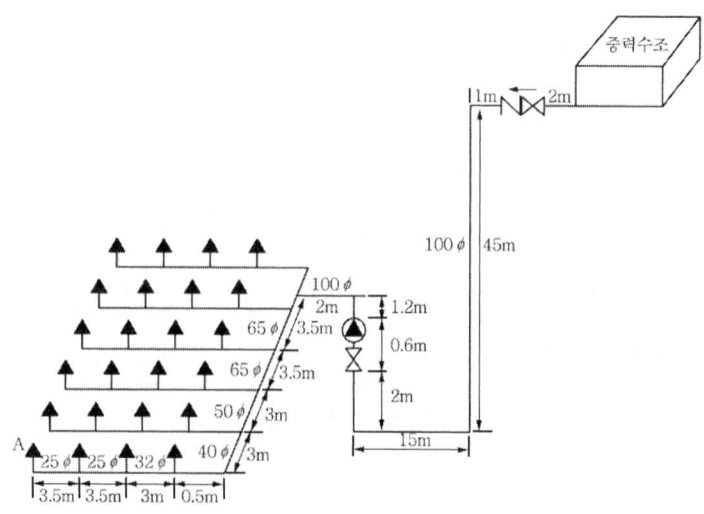

조건

1. 주어지지 않은 조건은 무시한다.
2. 직류 T 및 레듀샤는 무시한다.
3. 헤드 A만 개방된 것으로 가정한다.
4. 배관의 마찰손실압력은 아래의 하젠-윌리암스(Hazen-William's)식을 따른다.

$$\Delta Pm = \frac{6 \times 10^4 \times Q^2}{C^2 \times D^5}$$

ΔPm : 배관 1m당의 마찰손실압력(MPa/m), Q : 유량(L/min), C : 조도(120), D : 관경(mm)

[배관의 호칭구경별 안지름(mm)]

호칭구경	25	32	40	50	65	80	100
내경	28	36	42	53	66	79	103

[관이음쇠·밸브류 등의 마찰손실수두에 상당하는 직관길이(m)]

관이음쇠 밸브의 호칭경(mm)	90° 엘보	90°T(측류)	알람체크밸브	게이트밸브	체크밸브
φ 25	0.9	1.5	4.5	0.18	4.5
φ 32	1.2	1.8	5.4	0.24	5.4
φ 40	1.5	2.1	6.5	0.30	6.5
φ 50	2.1	3.0	8.4	0.39	8.4
φ 65	2.4	3.6	10.2	0.48	10.2
φ 100	4.2	6.3	16.5	0.81	16.5

1) 각 배관의 관경에 따라 상당관 및 직관길이(m)를 구하시오.
2) 다음 ( )안을 채우시오.

관경(mm)	배관 1m당 마찰손실압력(MPa)
25	(①) $\times 10^{-7} Q^2$
32	(②) $\times 10^{-8} Q^2$
40	(③) $\times 10^{-8} Q^2$
50	(④) $\times 10^{-9} Q^2$
65	(⑤) $\times 10^{-9} Q^2$
100	(⑥) $\times 10^{-10} Q^2$

3) A점 헤드에서 고가수조까지 낙차(m)를 구하시오.
4) A점 헤드의 분당 방수량(L/min)을 계산하시오. (단, 방출계수 K=80으로 한다.)

예상문제

풀이및정답

1)

관경(mm)	산출근거	상당관 및 직관길이(m)
25	직관 : 3.5+3.5=7.0 관부속 : 90° 엘보 1개×0.9=0.9 계 7.9	7.9
32	직관 : 3.0	3.0
40	직관 : 0.5+3=3.5 관부속 : 90° 엘보 1개×1.5=1.5 계 5.0	5.0
50	직관 : 3.0	3.0
65	직관 : 3.5+3.5=7.0	7.0
100	직관 : 2+1+45+15+2+1.2+2=68.2 관부속 : 게이트밸브 2개×0.81 =1.62 　　　　 체크밸브 1개×16.5 =16.5 　　　　 알람체크밸브 1개×16.5 =16.5 　　　　 90° 엘보 4개×4.2 =16.8 　　　　 90° T(측류) 1개×6.3 =6.3 계 125.92	125.92

2) ① $\dfrac{6 \times 10^4 \times Q^2}{120^2 \times 28^5} = 2.42 \times 10^{-7} \times Q^2 \quad \therefore \ 2.42$

　② $\dfrac{6 \times 10^4 \times Q^2}{120^2 \times 36^5} = 6.89 \times 10^{-8} \times Q^2 \quad \therefore \ 6.89$

　③ $\dfrac{6 \times 10^4 \times Q^2}{120^2 \times 42^5} = 3.19 \times 10^{-8} \times Q^2 \quad \therefore \ 3.19$

　④ $\dfrac{6 \times 10^4 \times Q^2}{120^2 \times 53^5} = 9.96 \times 10^{-9} \times Q^2 \quad \therefore \ 9.96$

　⑤ $\dfrac{6 \times 10^4 \times Q^2}{120^2 \times 66^5} = 3.33 \times 10^{-9} \times Q^2 \quad \therefore \ 3.33$

　⑥ $\dfrac{6 \times 10^4 \times Q^2}{120^2 \times 103^5} = 3.59 \times 10^{-10} \times Q^2 \quad \therefore \ 3.59$

3) 45m−2m−0.6m−1.2m=41.2m

4) $Q = K\sqrt{10P}$

　Q : 방수량(L/min), K : 방출계수, P : 방수압(MPa)
　P_A(A헤드 방수압)=낙차의 환산수두압−배관의 총 마찰손실압력
　낙차의 환산수두압=41.2m=0.412MPa
　배관의총마찰손실압력
　$= (2.42 \times 10^{-7} \times Q^2 \times 7.9) + (6.89 \times 10^{-8} \times Q^2 \times 3.0) + (3.19 \times 10^{-8} \times Q^2 \times 5.0) +$
　$(9.96 \times 10^{-9} \times Q^2 \times 3.0) + (3.33 \times 10^{-9} \times Q^2 \times 7.0) + (3.59 \times 10^{-10} \times Q^2 \times 125.92)$
　$= 2.38 \times 10^{-6} \times Q^2 \text{(MPa)}$
　$\therefore \ P_A = 0.412\text{MPa} - 2.38 \times 10^{-6} Q^2 \text{(MPa)}$
　$Q = 80\sqrt{10 \times (0.412 - 2.38 \times 10^{-6} \times Q^2)}$

양변을 제곱하면

$Q^2 = 80^2 \times (4.12 - 2.38 \times 10^{-5} Q^2)$

$Q^2 = (80^2 \times 4.12) - (80^2 \times 2.38 \times 10^{-5} Q^2)$

$Q^2 = 26,368 - 0.15 Q^2$

$1.15 Q^2 = 26,368 \quad \therefore Q^2 = 26,368/1.15$

$\therefore Q = \sqrt{26,368/1.15} = 151.42 \text{L/min}$

21

아래 설치 도면은 폐쇄형 습식 스프링클러설비에 대한 가지배관의 최고 말단부를 나타낸 것이다. 다음 물음에 답하시오.

조건

1. 헤드 설치 도면

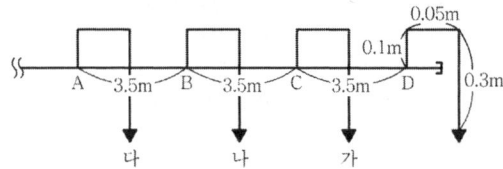

2. 배관에 설치된 관 부속품의 등가길이(m)는 아래 표와 같다.

호칭경	90° 엘보	분류 T	직류 T	레듀샤
50A	2.1	3.0	0.6	1.2
40A	1.5	2.1	0.45	0.9
32A	1.2	1.8	0.36	0.72
25A	0.9	1.5	0.27	0.50

3. 호칭경에 따른 내경 표는 아래와 같다.

호칭경	50A	40A	32A	25A
내경	53	42	36	28

4. 최종 헤드의 방사압력은 0.1MPa이다.
5. 배관의 마찰손실은 하젠-윌리암스 식에 따르며, 이 식에서 "C"값은 120으로 한다.
6. 계산은 소수점 6자리까지 구할 것

(1) 각 구간별(A→B, B→C, C→D, D→최종헤드) 배관의 마찰손실(MPa)을 구하시오.
(2) D점에서 최종 헤드까지의 총 손실압력(MPa)을 구하시오.
(3) D, C, B, A점에서의 압력(MPa)을 구하시오.
(4) 가, 나, 다 헤드에서의 방사압력(MPa)을 구하시오.

◀풀이및정답 (1) • A→B 구간(단, 구경 32A)

$6.055 \times 10^4 \times \dfrac{240^{1.85}}{120^{1.85} \times 36^{4.87}} \times (3.5 + 0.36 + 0.72) = 0.0263446 \fallingdotseq 0.026345 \text{MPa}$

예상문제

- B→C 구간(단, 구경 25A)

$$6.055 \times 10^4 \times \frac{160^{1.85}}{120^{1.85} \times 28^{4.87}} \times (3.5 + 0.27) = 0.0348283 ≒ 0.034828 \text{MPa}$$

- C→D 구간(단, 구경 25A)

$$6.055 \times 10^4 \times \frac{80^{1.85}}{120^{1.85} \times 28^{4.87}} \times (3.5 + 1.5) = 0.0128131 ≒ 0.012813 \text{MPa}$$

- D→최종헤드 구간(단, 구경 25A)

$$6.055 \times 10^4 \times \frac{80^{1.85}}{120^{1.85} \times 28^{4.87}} \times (0.45 + 0.9 + 0.9 + 0.5) = 0.0070472 ≒ 0.007047 \text{MPa}$$

(2) 0.007047MPa − 0.002MPa = 0.005047MPa

(3) D = 0.1MPa + 0.005047MPa = 0.105047MPa
C = 0.105047MPa + 0.012813MPa = 0.11786MPa
B = 0.11786MPa + 0.034828MPa = 0.152688MPa
A = 0.152688MPa + 0.026345MPa = 0.179033MPa

(4) 가 = 0.11786MPa − 0.005047MPa = 0.112813MPa
나 = 0.152688MPa − 0.005047MPa = 0.147641MPa
다 = 0.179033MPa − 0.005047MPa = 0.173986MPa

22 무대부에 개방형 스프링클러설비가 그림과 같이 설치되어 있는 경우 [조건]을 참조하여 펌프의 토출량을 구하시오.

조건

1. 말단헤드 ⓐ의 방수압은 0.1MPa, 방수량은 100L/min이다.
2. 스프링클러헤드 방출계수 k=100이다.
3. 배관의 마찰손실은 아래 식을 이용한다.

$$\Delta P = 6 \times 10^4 \times \frac{Q^2}{100^2 \times d^5}$$

ΔP : 배관 1m당 마찰손실압력(MPa/m), Q : 배관 내 유량(L/min), d : 배관의 내경(mm)

4. 기타 주어지지 않은 조건은 무시한다.
5. 소수점 셋째자리에서 반올림할 것

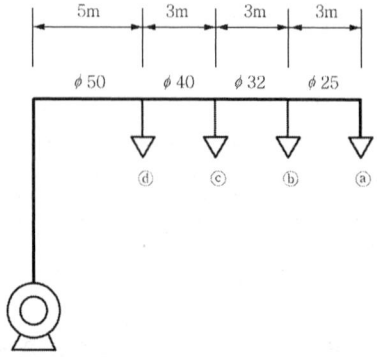

◀풀이및정답 ⓐ 헤드의 방수압력이 0.1MPa, 방수량이 100ℓ/min이므로

$$방출계수(K) = \frac{Q}{\sqrt{10P}} = \frac{100\ell/\min}{\sqrt{10 \times 0.1}} = 100$$

① ⓑ~ⓐ구간의 마찰손실압력 : $\Delta P = 6 \times 10^4 \times \frac{100^2}{100^2 \times 25^5} \times 3m = 0.018MPa ≒ 0.02MPa$

ⓑ 헤드의 방사압력 = 0.1 + 0.02 = 0.12MPa

∴ ⓑ 헤드의 방사량 = $100\sqrt{(10 \times 0.12)} = 109.544 ≒ 109.54\ell/\min$

② ⓒ~ⓑ구간의 마찰손실압력 : $\Delta P = 6 \times 10^4 \times \frac{(100+109.54)^2}{100^2 \times 32^5} \times 3m = 0.023 ≒ 0.02MPa$

ⓒ 헤드의 방사압력 = 0.12 + 0.02 = 0.14MPa

∴ ⓒ 헤드의 방사량 = $100\sqrt{(10 \times 0.14)} = 118.321 ≒ 118.32\ell/\min$

③ ⓓ~ⓒ구간의 마찰손실압력 : $\Delta P = 6 \times 10^4 \times \frac{(100+109.54+118.32)^2}{100^2 \times 40^5} \times 3m$

$\qquad = 0.018 ≒ 0.02MPa$

ⓓ 헤드의 방사압력 = 0.14 + 0.02 = 0.16MP

∴ ⓓ 헤드의 방사량 = $100\sqrt{(10 \times 0.16)} = 126.491 ≒ 126.49\ell/\min$

④ 펌프의 토출량 = $Q_ⓐ + Q_ⓑ + Q_ⓒ + Q_ⓓ$ 이다.

∴ 펌프의 토출량 = 100 + 109.54 + 118.32 + 126.49 = 454.35ℓ/min

23 지하 2층, 지상 8층의 노유자시설에 스프링클러설비를 설치하려고 한다. 폐쇄형헤드를 4층과 7층에는 10개씩 그 밖의 층에는 7개씩 헤드가 설치되어 있을 때 다음 물음에 답하시오.

1) 방호(방수)구역은 최소 몇 개로 하여야 하는가?
2) 수원의 저수량은 몇 m^3인가?
3) 가압송수장치의 최소 토출량(m^3/min)은?
4) 설치하여야 하는 스프링클러헤드의 종류를 쓰시오.

◀풀이및정답 1) 한 개층에 설치되는 스프링클러헤드의 수가 10개 이하인 경우 3개층 이내로 방호구역을 설정할수 있으므로 $\frac{10개층}{3개층/1방호구역} = 3.33구역$

따라서 4구역

2) $Q(m^3) = N \times 1.6m^3$ 이상, 최다층 설치개수가 10개이므로 $N = 10$을 적용

∴ $Q(m^3) = 10 \times 1.6\,m^3 = 16m^3$ 이상

3) $Q(L/\min) = N \times 80L/\min$ 이상, $N = 10$을 적용

∴ $Q(L/\min) = 10 \times 80\,L/\min = 800\,L/\min ≒ 0.8m^3/\min$

4) 노유자시설의 거실인 경우 조기반응형 스프링클러헤드를 설치하여야 한다.

예상문제

24 지하 2층, 지상 12층의 사무소 건물에 있어서 스프링클러설비를 설계하려고 한다. 다음 각 물음에 답하시오.

> **조건**
> 1. 전층에 설치하는 폐쇄형헤드의 수량은 층별로 각각 80개이다.
> 2. 입상관의 내경은 150mm이고 높이는 40m이다.
> 3. 펌프의 후트밸브로부터 최상층 스프링클러헤드까지의 실고는 55m이다.
> 4. 입상관의 마찰손실수두를 제외한 펌프의 후트밸브로부터 최상층, 가장 먼 스프링클러헤드까지의 마찰 및 저항손실수두는 15m이다.
> 5. 모든 규격치는 최소량을 적용한다.
> 6. 펌프의 효율은 65%이다.

1) 펌프의 최소토출량[L/min]을 산정하시오.
2) 수원의 최소유효저수량[m^3]을 산정하시오.
3) 입상관에서의 마찰손실수두[m]를 계산하시오. (입상관은 직관으로 간주하며, DARCY-WEISBACH식을 이용하고, 마찰계수는 0.02이다.)
4) 펌프의 최소양정[m]을 계산하시오.
5) 펌프의 축동력[kW]을 계산하시오.
6) 불연재료로 된 천장에 헤드를 아래 그림과 같이 정방형으로 배치하려고 한다. A 및 B의 최대길이를 계산하시오. (건물은 내화구조이다.)

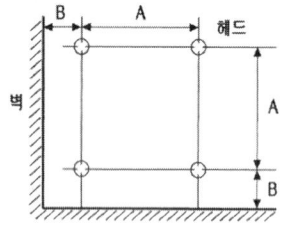

▲풀이및정답
1) Q=N×80L/min
   11층 이상이므로 기준개수 30개 적용
   ∴ Q=30×80L/min=2,400L/min
2) Q=N×1.6m^3
   ∴ Q=30×1.6m^3=48m^3
3) $h_L = f \dfrac{L}{D} \dfrac{U^2}{2g}$ 에서

   $U = \dfrac{\dfrac{2.4}{60} m^3/sec}{\dfrac{\pi \times 0.15^2}{4} m^2} = 2.265 m/sec$

$$h_L = 0.02 \frac{40m}{0.15m} \frac{(2.265 m/s)^2}{2 \times 9.8 m/s^2} = 1.396m$$

4) H(전양정) = 배관의 마찰손실양정 + 실양정 + 방사압력 환산양정
   = (15+1.4)m + 55m + 10m = 81.4m

5) $kW = \frac{H \times \gamma \times Q}{\eta \times 102} = \frac{81.4m \times 1,000 kgf/m^3 \times \frac{2.4}{60} m^3/s}{0.65 \times 102} = 49.11 kW$

6) 헤드 간의 수평거리(A) = $2 \times r \times \cos 45° = 2 \times 2.3m \times \cos 45° = 3.25m$

   벽 또는 창으로부터 헤드까지의 거리(B) = $\frac{A}{2} = \frac{3.25m}{2} = 1.625m$

25

지하 3층, 지상 5층의 백화점 건물에 소방관련법령과 주어진 조건을 이용하여 스프링클러설비를 설치하려 한다. 다음 물음에 답하시오.

> **조건**
> 1. 각 층에 설치된 헤드는 80개이다.
> 2. 펌프는 지하층에 설치되어 있고 펌프로부터 최상층 스프링클러 헤드까지의 수직거리는 45m이다.
> 3. 배관 및 관 부속의 마찰손실수두는 실양정의 20%로 한다.
> 4. 펌프흡입측 배관에 설치된 진공계는 300mmHg를 지시하고 있다.
> 5. 모든 규격치는 최소치를 적용한다.
> 6. 펌프의 체적효율은 90%, 기계효율 95%, 수력효율 85% 이다.
> 7. 펌프의 전달계수는 1.1이다.

1) 전양정을 산출하시오.
2) 펌프의 최소유량(L/min)을 산출하시오.
3) 펌프의 효율을 산출하시오.
4) 펌프의 축동력을 산출하시오.

◀풀이및정답 1) $H = h_1 + h_2 + h_3$

  h_1(실양정) = $\left(\frac{300 mmHg}{760 mmHg} \times 10.332m\right) + 45m = 49.078m \fallingdotseq 49.08m$

  h_2(배관 및 관부속물의 마찰손실양정) = 실양정 × 0.2 = 49.08m × 0.2 = 9.816m ≒ 9.82m

  ∴ H = 49.08m + 9.82m + 10m = 68.9m

2) Q = N × 80L/min

  백화점은 소매시장에 해당되므로 기준개수는 30개이다.

  ∴ Q = 30 × 80L/min = 2,400L/min

3) 펌프효율(η_p) = 기계효율(η_m) × 수력효율(η_h) × 체적효율(η_v)

  ∴ $\eta_p = 0.9 \times 0.95 \times 0.85 = 0.726 ≒ 0.73$

  따라서 73%

4) 축동력 $kW = \frac{H \times \gamma \times Q}{102 \times \eta} = \frac{68.9m \times 1,000 kgf/m^3 \times 2.4/60 (m^3/sec)}{102 \times 0.73} = 37.01 kW$

간이스프링클러(NFTC103A) 예상문제

01 근린생활시설(바닥면적합계 1,000m² 이상)에 간이형 스프링클러헤드를 이용하여 간이스프링클러설비를 설치하고자 할 때 전용수조설치 시 수원의 양(m³)은?

▶풀이및정답 수원$(m^3) = 5 \times 1m^3 = 5m^3$

02 지하 1층, 지상 5층의 근린생활시설에 간이 헤드를 층 당 25개씩 설치하였을 때 다음 물음에 답하시오.
1) 수원의 저수량은 몇 m³인가?
2) 가압송수장치의 최소 토출량(m³/min)은?
3) 정방형 설치시 간이형헤드의 방호면적(m²)과 헤드간의 거리(m)는?
4) 가압송수방식 중 펌프 이용방식 이외의 방식 5가지를 쓰시오.

▶풀이및정답
1) $Q(m^3) = 5 \times 1m^3 = 5m^3$
2) $Q(L/min) = 5 \times 50L/min = 250L/min$
∴ $0.25m^3/min$
3) 헤드의 수평거리 $R = 2.3m$
∴ $S = 2R\cos 45° = 2 \times 2.3m \times \cos 45° = 3.25m$
∴ 방호면적 $A = 3.25m \times 3.25m = 10.56m^2$
4) 상수도직결방식, 고가수조이용방식, 압력수조이용방식, 가압수조이용방식, 캐비닛형 가압송수장치이용방식

03 간이스프링클러설비의 화재안전기준(NFTC 103A)에 따라 다음 각 물음에 답하시오.
(1) 상수도직결방식의 배관과 밸브의 설치순서를 쓰시오.
(2) 펌프를 이용한 배관과 밸브의 설치순서를 쓰시오.

▶풀이및정답
(1) 수도용계량기, 급수차단장치, 개폐표시형밸브, 체크밸브, 압력계, 유수검지장치 (압력스위치 등 유수검지장치와 동등 이상의 기능과 성능이 있는 것을 포함), 2개의 시험밸브의 순으로 설치할 것
(2) 수원, 연성계 또는 진공계(수원이 펌프보다 높은 경우를 제외), 펌프 또는 압력수조, 압력계, 체크밸브, 성능시험배관, 개폐표시형밸브, 유수검지장치, 시험밸브의 순으로 설치할 것

04 한 층의 바닥면적이 1,500[m²][가로 50m×세로 30m]인 지상 3층의 근린생활시설이 있다. 다음 조건을 보고 물음에 답하시오.

> **조건**
> 1. 실내 최대 주위 천장온도는 45[℃]이다
> 2. 각층의 층고는 4[m]이다.
> 3. 가압송수장치는 펌프를 이용하는 방식이다.
> 4. 헤드의 배치는 정방형배치이다.

1) 수원의 양[m³]을 구하시오.
2) 가압송수장치의 토출량[L/min]을 구하시오.
3) 설치하여야 하는 헤드의 공칭작동온도를 답하시오.
4) 전층에 설치하는 유수검지장치의 수를 구하시오.
5) 각층에 설치하여야 하는 최소헤드의 수를 구하시오.
6) 각 방호구역의 헤드수를 같게 설치하는 경우 입상배관의 관경을 호칭경으로 결정하시오.

◀풀이및정답

1) $Q(m^3) = 5 \times 1[m^3] = 5[m^3]$ (5개 50[L/min], 20[min])
2) $Q(L/min) = 5 \times 50[L/min] = 250[L/min]$
3) 79~109[℃](0[℃] 이상 38[℃] 이하의 경우 : 57~77[℃])
4) $1500[m^2] \div 1000[m^2] = 1.5$ ∴ 2개×3=6개
5) 헤드간격 $S = 2R\cos 45° = 2 \times 2.3[m] \times \cos 45° ≒ 3.25[m]$

   가로열설치수 $= \dfrac{50m}{3.25m} = 15.38$ ∴ 16개

   세로열설치수 $= \dfrac{30m}{3.25m} = 9.23$ ∴ 10개

   ∴ 160개
6) 100[mm]

예상문제

화재조기진압용스프링클러(NFTC103B) 예상문제

01 천장높이 13.4[m]인 랙크식 창고에 11.3[m]의 높이로 특수가연물을 저장하고 있고 이곳에 화재조기진압용 스프링클러설비를 설치하였을 때 다음 물음에 답하시오.

【 화재조기진압용 스프링클러헤드의 최소방사압력 (MPa) 】

최대층고	최대저장높이	화재조기진압용 스프링클러헤드				
		K=360 하향식	K=320 하향식	K=240 하향식	K=240 상향식	K=200 하향식
13.7[m]	12.2[m]	0.28	0.28	–	–	–
13.7[m]	10.7[m]	0.28	0.28	–	–	–
12.2[m]	10.7[m]	0.17	0.28	0.36	0.36	0.52
10.7[m]	9.1[m]	0.14	0.24	0.36	0.36	0.52
9.1[m]	7.6[m]	0.10	0.17	0.24	0.24	0.34

1) 헤드 1개당의 방사량(L/min)은? (단, 헤드는 방출계수(k) 320인 헤드를 사용한다.)
2) 유효수량은 최소 몇 (m^3)인가?
3) 헤드를 설치시 방호면적 및 헤드간의 거리에 대한 기준을 쓰시오.

> ◢풀이및정답
> 1) $Q(\text{L/min}) = K\sqrt{10P} = 320 \times \sqrt{10 \times 0.28} = 535.46[\text{L/min}]$
> 2) $Q(\text{L}) = 12 \times K\sqrt{10P} \times 60 = 12 \times 320\sqrt{10 \times 0.28} \times 60 = 385,532.94[\text{L}]$
>   따라서 약 385.53[m^3]
> 3) 헤드하나의 방호면적은 6[m^2] 이상 9.3[m^2] 이하로 할 것
>   가지배관의 헤드사이의 거리는 천장의 높이가 9.1[m] 미만인 경우에는 2.4[m] 이상 3.7[m] 이하로 하고, 9.1[m] 이상 13.7[m] 이하인 경우에는 3.1[m] 이하로 할 것

02 특수가연물을 저장 취급하는 높이 13.7[m], 면적 600[m^2]인 랙크식 창고에 화재조기진압용 스프링클러헤드를 설치할 경우 설치할수 있는 스프링클러헤드의 최소수량 및 최대수량을 답하시오.

> ◢풀이및정답 헤드 하나의 방호면적은 6[m^2] 이상 9.3[m^2] 이하이므로
> ① 최소 수량 = $\dfrac{600[\text{m}^2]}{9.3[\text{m}^2]/1개} = 64.516$ ∴ 65개
> ② 최대 수량 = $\dfrac{600[\text{m}]}{6[\text{m}^2]/개} = 100$ ∴ 100개

물분무소화설비(NFTC104) 예상문제

01 물분무소화설비의 화재안전기준(NFTC104)에 관하여 다음 각 물음에 답하시오.

조건
아래 그림과 같이 바닥면이 자갈로 되어있는 절연유 봉입변압기에 물분무 소화설비를 설치하고자 한다.

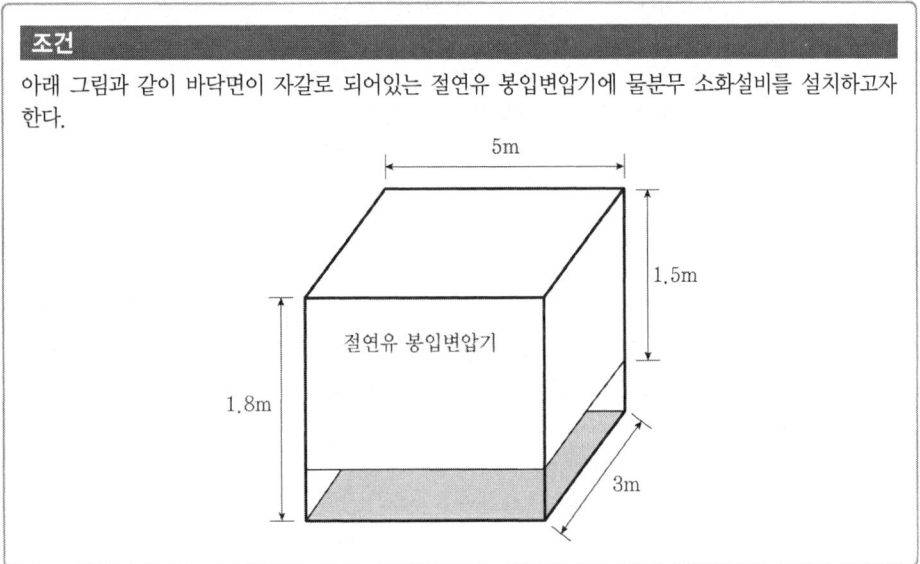

1) 소화펌프의 최소토출량(L/min)을 구하시오. (단, 계산과정을 쓰시오)
2) 필요한 최소수원의 양(m^3)을 구하시오.
3) 고압의 전기기기가 있는 경우 물분무헤드와 전기기기의 이격기준인 아래표를 완성하시오.

전압(kV)	거리(cm)	전압(KV)	거리(cm)

4) 차고 또는 주차장에 물분무소화설비를 설치하는 경우, 배수설비의 설치기준 4가지를 쓰시오.

풀이및정답
1) A = (5m×3m) + (1.5m×3m×2) + (5m×1.5m×2) = 39m^2
   ∴ Q(L/min) = 39m^2 × 10L/m^2 · min = 390L/min
2) Q(m^3) = 39m^2 × 10L/m^2 · min × 20min = 7,800L = 7.8m^3

예상문제

3)

전압(kV)	거리(cm)	전압(kV)	거리(cm)
66kV 이하	70cm 이상	154kV 초과 181kV 이하	180cm 이상
66kV 초과 77kV 이하	80cm 이상	181kV 초과 220kV 이하	210cm 이상
77kV 초과 110kV 이하	110cm 이상	220kV 초과 275kV 이하	260cm 이상
110kV 초과 154kV 이하	150cm 이상		

4) ① 차량이 주차하는 장소의 적당한 곳에 높이 10cm 이상의 경계턱으로 배수구를 설치할 것
② 배수구에는 새어나온 기름을 모아 소화할 수 있도록 길이 40m 이하마다 집수관, 소화피트 등 기름분리장치를 설치할 것
③ 차량이 주차하는 바닥은 배수구를 향하여 2/100 이상의 기울기를 유지할 것
④ 배수설비는 가압송수장치의 최대송수능력의 수량을 유효하게 배수할 수 있는 크기 및 기울기로 할 것

02

절연유봉입변압기에 물분무소화설비를 주위에 8개의 헤드를 설치하여 방호하려고 한다. 바닥부분을 제외한 변압기의 표면적을 $100m^2$라 할 때 물분무 헤드의 방출계수 K를 구하시오. (단, 표준방사량은 표면적 $1m^2$당 10L/min이며 물분무헤드의 방사압력은 $4kgf/cm^2$로 한다.)

◀풀이및정답 가압송수장치의 토출량 $Q(L/min) = A(m^2) \times 10L/m^2 \cdot min = 100m^2 \times 10L/m^2 \cdot min$
$= 1000L/min$

헤드 1개의 방수량 $Q(L/min) = 1000L/min \div 8 = 125L/min$

$Q = K\sqrt{P}$ (Q : 헤드방사량(L/min), K : 방출계수, P : 방수압(kgf/cm^2))

$K = \dfrac{Q}{\sqrt{P}} = \dfrac{125}{\sqrt{4}} = 62.5$

미분무소화설비(NFTC104A) 예상문제

01 미분무소화설비의 폐쇄형 미분무헤드의 표시온도가 79℃일 때 그 설치장소의 평상시 최고 주위온도(℃)를 구하시오.

▶풀이및정답 $T_a = 0.9 T_m - 27.3$℃ [T_a : 최고주위온도(℃), T_m : 헤드의 표시온도(℃)]
$T_a = 0.9 \times 79 - 27.3 = 43.8$℃

02 다음 조건을 참고하여 미분무소화설비의 수원 저장량(m^3)을 구하시오.

> **조건**
> 헤드개수 30개, 헤드당 설계유량 50L/min, 설계방수시간 1시간, 배관의 총체적 0.07m^3

▶풀이및정답 수원의 양 $Q = N \times D \times T \times S + V = 30 \times 0.05 m^3/min \times 60 min \times 1.2 + 0.07 m^3 = 108.07 m^3$

예상문제

포소화설비(NFTC105) 예상문제

01 배액밸브의 설치목적과 설치장소를 답하시오.

▶풀이및정답
① 설치목적 : 포의 방출종료 후 배관 안의 액을 방출하기 위하여
② 설치장소 : 송액관의 가장 낮은 부분

02 발포배율식을 설명하시오.

▶풀이및정답
① 발포배율(팽창비) = 내용적(용량)/(전체중량 - 빈 시료용기의 중량)
② 발포배율(팽창비) = 방출된 포의 체적(L)/방출전 포수용액의 체적(L)

03 25% 환원시간의 의미와 측정방법을 설명하시오.

▶풀이및정답
1) 의미 : 포 중량의 25%가 원래의 포 수용액으로 되돌아 가는데 걸리는 시간
2) 측정방법
① 채집한 포시료의 중량을 4로 나누어 포수용액의 25%에 해당하는 체적을 구한다.
② 시료용기를 평평한 면에 올려 놓는다.
③ 일정간격으로 용기 바닥에 고여있는 용액의 높이를 측정하여 기록한다.
④ 시간과 환원체적의 데이터를 구한 후 계산에 의해 25% 환원시간을 구한다.

포소화약제의 종류	25% 환원시간(초)
합성계면활성제포	3분 이상
단백포	60초 이상
수성막포	60초 이상

04 3%형 단백포소화약제 3L를 취해서 포를 방출시켰더니 포의 체적이 1,000L이었다. 다음 각 물음에 답하시오.

1) 단백포의 팽창비는 얼마인가?
2) 포수용액 250L를 방출하면 이때 포의 체적은 몇 L인가?

▶풀이및정답
1) 포수용액의 체적 $= \frac{100}{3} \times 3l = 100l$, 팽창비 $= \frac{\text{팽창된 포의 체적}}{\text{포수용액의 체적}} = \frac{1,000l}{100l} = 10$
2) 포의 체적 = 포수용액의 체적 × 10 = 250l × 10 = 2,500l

05 포소화설비에서 팽창비 300, 포원액 100L인 설비가 있다. 포원액을 3%로 혼합했을 때 발포된 포의 체적은 몇 m³인가?

◆ 풀이및정답 포원액 3% 이므로 3%=100l일 경우
 3% : 100%=100l : xl 포수용액 $x(l)$=3.333l
 팽창비=300이므로 발포된 포의 체적=3.333l×300=999.900l≒1,000m³

06 고정포방출구의 보조포소화전이 2개(쌍구형) 설치되어 있을 때 저장하여야 할 약제의 양(m³) 및 수원의 양(m³)을 계산하시오. (단, 3% 단백포를 사용한다.)

◆ 풀이및정답 $Q(l) = N \times 8,000l = 3 \times 8,000l = 24,000l ≒ 24m^3$
 수원의 양(m³)=24m³×0.97=23.28m³, 약제의 양(m³)=24m³×0.03=0.72m³

07 목탄을 저장하는 창고에 국소방출방식의 고정포방출설비를 설치하였을 때 다음 조건을 참고하여 물음에 답하시오.

> **조건**
> 1. 목탄은 가로 5m, 세로 2m, 높이 1.5m로 쌓여있다.
> 2. 포약제는 2%형의 합성계면활성제이다.

1) 포수용액의 필요량은 몇 L인가?
2) 포약제의 필요량은 몇 L인가?
3) 수원의 필요량은 몇 L인가?
4) 가압송수장치의 토출량은 몇 lpm인가?

◆ 풀이및정답 1) $Q(l) = A(m^2) \times \alpha L/m^2 \cdot min \times 10min$
  A : 방호면적(높이의 3배를 주위로 연장한 바닥면적)
  α : 방호면적 1m²당 방사량(특수가연물 : 3, 그 밖의 것 : 2)
  방호면적 $A = (2 \times 5)m^2 + (2 \times 4.5)m^2 \times 2 + (5 \times 4.5)m^2 \times 2 + \pi \times (4.5m)^2 = 136.617 ≒ 136.62m^2$
  ∴ $Q(l) = 136.62m^2 \times 3l/m^2 \cdot min \times 10min = 4098.6l$
 2) $Q(l) = A(m^2) \times \alpha l/m^2 \cdot min \times 10min \times S$ S=농도
  ∴ $Q(l) = 136.62m^2 \times 3l/m^2 \cdot min \times 10min \times 0.02 = 81.972 ≒ 81.97l$
 3) $Q(l) = A(m^2) \times \alpha l/m^2 \cdot min \times 10min \times S$ S=농도
  ∴ $Q(l) = 136.62m^2 \times 3l/m^2 \cdot min \times 10min \times 0.98 = 4016.628 ≒ 4016.63l$
 4) $Q(l/min) = A(m^2) \times \alpha l/m^2 \cdot min$
  ∴ $Q(l/min) = 136.62m^2 \times 3l/m^2 \cdot min = 409.86l/min$

예상문제

08 차고·주차장의 바닥면적이 180m²인 곳에 포소화전설비를 설치하였다. 다음 조건을 참고하여 다음 물음에 답하시오.

> **조건**
> 1. 포소화전 방수구의 수는 3개이다.
> 2. 단백포 소화약제를 사용하며, 사용농도는 3%로 한다.

1) 포수용액, 포약제, 수원의 양은 각각 몇 L인가?
2) 가압송수장치의 토출량은 몇 L/min인가?

▲ 풀이및정답
1) 포수용액 $Q(l) = 3 \times 6,000l \times 0.75 = 13,500l$
   포약제 $Q(l) = 3 \times 6,000l \times 0.75 \times 0.03 = 405l$
   수원 $Q(l) = 3 \times 6,000l \times 0.75 \times 0.97 = 13,095l$
2) $Q(l/\min) = 3 \times 230l/\min = 690l/\min$

09 경유를 저장하는 내부직경 40m인 플로팅루프탱크(Floating Roof Tank)에 포말소화설비 중 특형방출구를 설치하여 방호하려고 할 때 다음의 물음에 답하시오.

> **조건**
> 1. 소화약제는 3%형의 단백포를 사용하며 수용액의 분당방출량은 8L/m²이고 방사시간은 20min을 기준으로 한다.
> 2. 탱크 내면과 굽도리판의 간격은 2.5m로 한다.
> 3. 펌프의 효율은 55%, 전동기의 전달계수는 1.1로 한다.

1) 상기 탱크의 특형 고정포방출구에 의하여 소화하는 데 필요한 수용액의 양(m³), 수원의 양(m³), 포소화약제 원액의 양(m³)은 각각 얼마 이상이어야 하는가?
2) 가압송수장치의 분당토출량(L/min)은 얼마 이상이어야 하는가?
3) 펌프의 전양정을 65m라고 할 때 전동기의 출력(kW)은 얼마 이상이어야 하는가?

▲ 풀이및정답
1) 수용액 $Q(\text{m}^3) = A(\text{m}^2) \times Q_1 \, l/\text{m}^2 \cdot \min \times 20\min$
   $= \left[\dfrac{\pi}{4}(40\text{m})^2 - \dfrac{\pi}{4}(35\text{m})^2\right] \times 8l/\text{m}^2 \cdot \min \times 20\min = 47123.89l \fallingdotseq 47.12\text{m}^3$
   수원(m³) = 47.12m³ × 0.97 = 45.7m³
   포원액(m³) = 47.12m³ × 0.03 = 1.41m³
2) 수용액토출량 $Q(\text{m}^3) = A(\text{m}^2) \times Q_1 \, l/\text{m}^2 \cdot \min$
   $= \left[\dfrac{\pi}{4}(40\text{m})^2 - \dfrac{\pi}{4}(35\text{m})^2\right] \times 8l/\text{m}^2 \cdot \min = 2356.19l/\min$
3) $P(\text{kW}) = \dfrac{\gamma \times Q \times H}{102 \times \eta} \times K = \dfrac{1000 \times \left(\dfrac{2.36}{60}\right) \times 65}{102 \times 0.55} \times 1.1 = 50.13\text{kW}$

10 콘루프형 위험물저장 옥외탱크(내경 15m×높이 10m)에 Ⅱ형포방출구 2개를 설치할 경우 다음 물음에 답하시오.

> **조건**
> ① 포수용액량 : 220L/m²
> ② 포방출율 : 4L/m²·min
> ③ 소화약제(포)의 사용농도 : 3%
> ④ 보조포소화전 4개 설치
> ⑤ 송액관 내경 100mm, 길이 500m

1) 고정포방출구에서 방출하기 위하여 필요한 소화약제 저장량(L).
2) 보조포소화전에서 방출하기 위하여 필요한 소화약제 저장량(L).
3) 탱크까지 송액관에 충전하기 위하여 필요한 소화약제 저장량(L).
4) 그 합을 구하라(L).

풀이및정답
1) $Q = A(m^2) \times Q_1(L/m^2) \times S$

   $\therefore Q = \dfrac{\pi \times 15^2}{4} m^2 \times 220 L/m^2 \times 0.03 = 1,166.316 ≒ 1,166.32L$

2) $Q = N \times S \times 8,000$

   $\therefore Q = 3 \times 0.03 \times 8,000L = 720L$

3) $Q = A(m^2) \times L(m) \times 1,000(L/m^3) \times S$

   $\therefore Q = \dfrac{\pi \times 0.1^2}{4} m^2 \times 500m \times 1,000L/m^3 \times 0.03 = 117.809 ≒ 117.81L$

4) $1,166.32L + 720L + 117.81L = 2,004.13L$

---

11 다음과 같이 휘발유탱크 1기와 경유탱크 1기를 1개의 방유제에 설치하는 옥외탱크저장소에 대하여 각 물음에 답하시오.

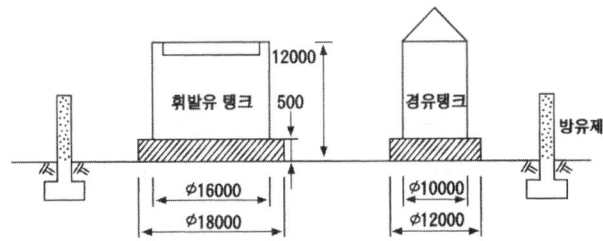

> **조건**
> 1. 탱크용량 및 형태
>   − 휘발유탱크 : 용량 2,000m³(지정수량의 10,000배), 플루팅루프탱크의 탱크 내측과 굽도리판 (Foam Dam) 사이의 거리는 0.6m이다.

예상문제

- 경유탱크 : 용량 830m³(지정수량의 830배)의 콘루프탱크 이다.
2. 고정포 방출구
   - 경유탱크 : II형, 휘발유탱크 : 설계자가 선정하도록 한다.
3. 포소화약제의 종류 : 수성막포 3%
4. 보조 포소화전 : 쌍구형으로 설치, 설계자가 최소 설치수를 선정함.
5. 포소화약제 저장탱크의 종류 : 700L, 750L, 800L, 900L, 1000L, 1200L (단, 포소화약제의 저장탱크 용량은 포소화약제의 저장량을 말한다.)
6. 참고법규
   i) 옥외탱크 저장소의 보유공지

저장 또는 취급하는 위험물의 최대 저장량	공지의 너비
지정수량의 500배 이하	3미터 이상
지정수량의 500배 초과 1,000배 이하	5미터 이상
지정수량의 1,000배 초과 2,000배 이하	9미터 이상
지정수량의 2,000배 초과 3,000배 이하	12미터 이상
지정수량의 3,000배 초과 4,000배 이하	15미터 이상
지정수량의 4,000배 초과	당해 탱크의 최대지름과 탱크의 높이 또는 길이 중 큰 것과 같은 거리이상 이어야 한다. 다만, 30미터 초과의 경우 에는 30미터 이상으로 할 수 있고, 15미터 미만의 경우 에는 15미터 이상으로 하여야 한다.

ii) 고정포방출구의 방출량 및 방사시간

포방출구의 종류 위험물의 구분	I 형		II 형		특형	
	포수용액량 (L/m²)	방출률 (L/m²·min)	포수용액량 (L/m²)	방출률 (L/m²·min)	포수용액량 (L/m²)	방출률 (L/m²·min)
제4류 위험물 중 인화점이 21℃ 미만인 것	120	4	220	4	240	8
제4류 위험물 중 인화점이 21℃ 이상 70℃ 미만인 것	80	4	120	4	160	8
제4류 위험물 중 인화점이 70℃ 이상인 것	60	4	100	4	120	8

1) 다음 물음에 답하시오.

다음 A, B, C 및 D의 법적으로 최소 가능한 거리를 정하시오. (단, 탱크 측판의 두께 및 보온 두께는 무시한다.)

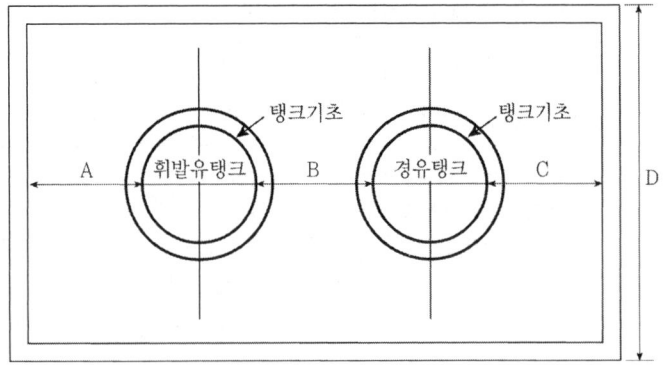

① A(휘발유탱크 측판과 방유제 내측거리, m)
② B(휘발유탱크 측판과 경유탱크 측판사이 거리, m)
③ C(경유탱크 측판과 방유제 내측거리, m)
④ D(방유제의 최소폭, m)

2) 다음에서 요구하는 각 장비의 용량을 구하시오.
  ① 포 저장탱크의 용량(L) (단, 국가화재안전기준을 적용하며 배관은 구경 50A인 배관 140m와 100A인 배관 50m가 있다.)
  ② 가압송수장치(펌프)의 유량(lpm)
  ③ 소화설비의 수원(저수량 : m^3)
  ④ 포소화약제의 혼합장치로 프레져 프로포셔너방식을 사용할 경우에 최소유량 최대유량의 범위를 정하시오.
    ⓐ 최소유량(L/min)
    ⓑ 최대유량(L/min)

◀풀이및정답

1) ① $A = 12m \times \dfrac{1}{2} = 6m$ ② $B = 16m$ ③ $C = 12m \times \dfrac{1}{3} = 4m$
   ④ $D = 6m + 16m + 6m = 28m$

2) ① 포저장탱크의 용량(l) 선정
   포약제의 양 = 고정포방출구에서 필요한 양(최대량) + 보조포소화전에서 필요한 양
         + 가장 먼 탱크까지의 송액관의 내용적
   ㉠ 고정포방출구에서 필요한 양 : $Q = A(m^2) \times Q_1(L/m^2) \times S$
     ⓐ 휘발유탱크에서 필요한 양
       $Q = \dfrac{\pi}{4}(16^2 - 14.8^2)m^2 \times 240 L/m^2 \times \dfrac{3}{100} = 208.9L$
     ⓑ 경유탱크에서 필요한 양
       $Q = \dfrac{\pi \times 10^2}{4} m^2 \times 120 L/m^2 \times \dfrac{3}{100} = 282.6L$
   ㉡ 보조포소화전에서 필요한 포약제의 양 : $Q = N \times S \times 8,000L$
       $\therefore Q = 3개 \times \dfrac{3}{100} \times 8,000L = 720L$

예상문제

ⓒ 송액관에 유입되는 포원액의 양

$$Q = 50m \times \left(\frac{\pi \times 0.1^2}{4}\right) m^2 \times 1000 L/m^3 \times \frac{3}{100} = 0.011775 L \fallingdotseq 11.78 L$$

※ 따라서 총 포약제의 필요량(Q) = ㉠ + ㉡ + ㉢
= 282.6L + 720L + 11.78L = 1,014.38L

따라서 1,200L의 포약제탱크 선정함

② 가압송수장치의 유량
  가압송수장치의 유량(L/min) = 고정포방출구에서 필요유량 + 보조포소화전에서 필요유량
  ㉠ 고정포방출구에서 필요한 토출유량(최대유량 : 경유탱크)

  $$Q = \frac{\pi \times 10^2}{4} m^2 \times 4 L/m^2 \cdot min = 314.16 L/min$$

  ㉡ 보조포소화전에서 필요한 토출유량
  $Q = N \times 400 L/min = 3 \times 400 L/min = 1,200 L/min$

  ∴ 가압송수장치의 유량 = ㉠ + ㉡ = 314.16 L/min + 1,200 L/min = 1,514.16 L/min

③ 수원의 양
  수원(m^3) = 고정포방출구에서 필요량 + 보조포소화전에서 필요량 + 송액관에 채워지는 양
  ㉠ 고정포방출구에서 필요량 : $Q = A(m^2) \times Q_1(L/m^2) \times S$

  $$Q = \frac{\pi \times 10^2}{4} m^2 \times 120 L/m^2 \times 0.97 = 9,142.03 L$$

  ㉡ 보조포소화전에서 필요량 $Q = N \times 8,000 L \times S$
  Q = 3개 × 8,000L × 0.97 = 23,280L

  ㉢ 송액관에 채워지는 양

  $$Q = 50m \times \left(\frac{\pi \times 0.1^2}{4}\right) m^2 \times 0.97 \times 1,000 L/m^3 = 380.92 L$$

  ∴ 수원의 양(Q) = ㉠ + ㉡ + ㉢ = 9,142L + 23,280L + 380.9L = 32,802L = 32.8m^3

④ 포 혼합장치의 유량 = 정격유량 × 0.5 이상, 정격유량 × 2 이하
  ∴ 1,514L/min × 0.5 이상, 1,514L/min × 2 이하
  ∴ 715L/min 이상 3,028L/min 이하

12 특수가연물을 저장하는 창고의 바닥면적이 200m^2인 장소에 압축공기포소화설비를 설치하려고 한다. 필요한 최소한의 포수용액의 량과 분사헤드설치시 분사헤드의 최소설치개수를 구하시오.

▲풀이및정답 ① 포수용액량 : $Q(L) = 200 m^2 \times 2.3 L/m^2 \cdot min \times 10 min = 4600 L$

② 헤드수 : $\frac{200 m^2}{9.3 m^2} = 21.5$ ∴ 22개

13 팽창비에 따른 포방출구의 종류를 설명하시오.

▶풀이및정답 팽창비율에 따른 포방출구의 종류

팽창비율에 따른 포의 종류	포방출구의 종류
팽창비가 20 이하인 것(저발포)	포헤드, 압축공기포헤드
팽창비가 80 이상 1,000 미만인 것(고발포)	고발포용 고정포방출구

제1종 기계포 : 팽창비 80 이상 250 미만
제2종 기계포 : 팽창비 250 이상 500 미만
제3종 기계포 : 팽창비 500 이상 1,000 미만

14 바닥면적이 1,500[m²], 높이가 10[m]인 항공기 격납고에 설치하는 포소화설비에 대한 다음 물음에 답하시오.

조건
1. 전역방출방식의 고발포용고정포방출구설비를 설치하였다.
2. 항공기격납위치가 한정되어 있어 주변 4군데에 호스릴포소화설비를 설치하였다.
3. 항공기의 높이는 6[m]이다.
4. 팽창비 200인 수성막포를 설치하였다.
5. 관포체적 1[m³]당 1분당방출량

소방대상물	포의 팽창비	1[m³]에 대한 포수용액 방출량
항공기 격납고	팽창비 80 이상 250 미만	2.00[L]
	팽창비 250 이상 500 미만	0.50[L]
	팽창비 500 이상 1,000 미만	0.29[L]
차고 또는 주차장	팽창비 80 이상 250 미만	1.11[L]
	팽창비 250 이상 500 미만	0.28[L]
	팽창비 500 이상 1,000 미만	0.16[L]
특수가연물을 저장, 취급하는 소방대상물	팽창비 80 이상 250 미만	1.25[L]
	팽창비 250 이상 500 미만	0.31[L]
	팽창비 500 이상 1,000 미만	0.18[L]

1) 고정포방출구 최소설치수를 구하시오.
2) 고정포방출구 1개당 최소 방수량[L/min]을 구하시오.
3) 전체 포소화설비에 필요한 포수용액량[L]을 구하시오.

▶풀이및정답
1) $\dfrac{1,500[m^2]}{500[m^2]} = 3$

2) $Q(L/min) = V[m^3] \times 2[L/m^3 \cdot min] \div N$
   $V(m^3) = 1,500[m^2] \times 6.5[m] = 9,750[m^3]$
   ∴ $Q(L/min) = 9,750[m^3] \times 2[L/m^3 \cdot min] \div 3 = 6,500[L/min]$

3) $Q(L) = 3 \times 6,500[L/min] \times 10[min] + 4 \times 6,000[L] = 219,000[L]$

예상문제

이산화탄소소화설비(NFTC106) 예상문제

01 가스계소화설비(하론, 분말, CO_2)의 약제방사시간에 대해 기술하시오.

▶ 풀이 및 정답

소화설비		전역방출방식	국소방출방식
하론		10초 이내	10초 이내
분말		30초 이내	30초 이내
CO_2	표면화재	1분 이내	30초 이내
	심부화재	7분 이내(2분내 30%)	

※ 표면화재 : 가연성 액체, 가연성 가스
※ 심부화재 : 종이, 목재, 석탄, 석유류, 합성가스류

02 실내에 이산화탄소소화설비를 방사할 경우 다음 물음에 답하시오.

> **조건**
> 무유출

1) CO_2 농도가 34[%]일 경우 실내의 최소이론산소농도는 몇 [%]인가?
2) 위 경우 CO_2는 실내 부피의 몇 [%]가 되도록 방사되어야 하는가?

▶ 풀이 및 정답

1) $CO_2\% = \dfrac{21 - O_2}{21} \times 100$

$34 = \dfrac{21 - O_2}{21} \times 100$

$\therefore O_2 = 21 - \dfrac{34 \times 21}{100} = 13.86\%$

2) $CO_2(m^3) = \dfrac{21 - O_2}{O_2} \times V = \dfrac{21 - 13.86}{13.86} \times V = 0.515V \fallingdotseq 0.52V$

$\therefore 52\%$

03 교차회로방식의 감지기 작동으로 인한 화재시 약제방출순서를 설명하시오. (가스압력식) (개구부자동폐쇄장치로는 모터댐퍼릴리져를 사용하며 사이렌동작시 동시작동됨)[7회 기출]

▶ 풀이 및 정답 화재발생 → 감지기 A 작동 → 제어반 확인 → 경보발령 및 개구부 자동폐쇄(모터댐퍼릴리져) → 감지기 B 작동 → 제어반 확인 → 타이머 작동 → 전자개방밸브작동 → 기동용기개방 → 선택밸브개방 → 저장용기개방 → 약제방출 → 압력스위치작동 → 제어반 밸브개방 확인 → 방출표시등점등 및 소화

04 체적이 400m³인 전기실에 이산화탄소 80kg을 방사하였다. 실내의 온도가 22℃, 실내의 압력이 1.2atm인 경우 이산화탄소의 농도%와 산소의 농도%를 구하시오.

▶ 풀이 및 정답

$$CO_2\% = \frac{\text{방사된 } CO_2 \text{ 체적}}{\text{방호구역의 체적} + \text{방사된 } CO_2 \text{ 체적}} \times 100$$

이상기체상태방정식을 이용하여 기화체적을 구하면

$$PV = \frac{W}{M}RT \text{에서}$$

P : 압력(atm), V : 체적(m³), M : 분자량(kg)
W : 질량(kg), R : 기체상수(atm·m³/k-mol·K, T : 절대온도(K)

$$V = \frac{WRT}{PM} = \frac{80kg \times 0.082 \times (22+273)K}{1.2atm \times 44kg/kmol} = 36.65m^3$$

$$\therefore CO_2\% = \frac{36.65m^3}{400m^3 + 36.65m^3} \times 100 = 8.393 ≒ 8.39\%$$

$$CO_2\% = \frac{21 - O_2}{21} \times 100$$

$$\therefore O_2 = 21 - \frac{21 \times 8.39}{100} = 19.238 ≒ 19.24\%$$

05 체적 675m³인 통신기기실에 전역방출방식의 이산화탄소를 방사하여 산소농도가 12%로 되었을 때 다음 물음에 답하시오. (단, 방사시 통신기기실의 압력은 1.1kgf/cm², 온도는 30℃이다.)

1) 방사된 이산화탄소는 몇 kg인가?
2) 이때 이산화탄소의 농도는 몇 %인가?

▶ 풀이 및 정답

1) CO_2 기화체적(m³) $= \frac{21 - O_2}{O_2} \times V$ (O_2 : 소화 후 산소농도(%), V : 방호구역의 체적(m³)

$$\therefore CO_2(m^3) = \frac{21-12}{12} \times 675m^3 = 506.25m^3$$

$$PV = \frac{W}{M}RT$$

압력 $P = 1.1kgf/cm^2 \times \frac{1atm}{1.0332kgf/cm^2} = 1.06atm$

$$\therefore W = \frac{1.06atm \times 506.25m^3 \times 44kg/kmol}{0.082atm \cdot m^3/kmol \cdot K \times (273+30)K} = 950.313 ≒ 950.31kg$$

2) $CO_2(\%) = \frac{21 - O_2}{21} \times 100 = \frac{21-12}{21} \times 100 = 42.857 ≒ 42.86\%$

예상문제

06 어떤 사무실 건물의 지하층에 있는 발전기실 및 축전지실에 전역방출방식의 고압식 이산화탄소 소화설비를 설치하려고 한다. 소방관련법령 및 다음 주어진 조건을 이용하여 다음 각 물음에 답하시오.

조건

1. 발전기실의 크기 : 가로 7m×세로 10m ×높이 4m
2. 발전기실의 개구부 크기 : 1.8m×3m (자동폐쇄장치가 있는 2개설치됨)
3. 축전지실의 크기 : 가로 5m×세로 6m×높이 4m
4. 축전지실의 개구부 크기 : 0.9m×2m (자동폐쇄장치가 없는 1개설치됨)
5. 가스용기 1병당의 충전량은 50kg이며, 저장용기는 공용으로 한다.
6. 가스량은 다음 표를 이용하여 산출한다.

방호구역의 체적	방호구역의 체적 1m³에 대한 소화약제의 양	소화약제 저장량의 최저한도의 양
45m³ 미만	1.00kg	45kg
45m³ 이상 150m³ 미만	0.90kg	45kg
150m³ 이상 1,450m³ 미만	0.80kg	135kg
1,450m³ 이상	0.75kg	1,125 kg

※ 개구부의 가산량은 5kg/m²로 한다.

1) 각 방호구역별로 필요한 가스용기의 병수는 몇 병인가?
2) 집합장치에 필요한 가스용기의 병수는 몇 병인가?
3) 각 방호구역별 선택밸브 직후의 유량은 몇 kg/sec인가?
4) 저장용기의 내압시험압력은 몇 MPa인가?
5) 집합관에 설치되는 안전장치의 작동압력은 몇 MPa인가?
6) 분사헤드의 방출압력은 21℃에서 몇 MPa 이상이어야 하는가?
7) 음향경보장치는 약제방사 개시 후 몇 분 동안 경보를 발할 수 있어야 하는가?
8) 각 방호구역에 필요한 음향경보장치는 각각 몇 개씩인가?
9) 사용해야 하는 배관의 종류를 쓰시오.
10) 가스용기의 개방밸브 작동방식 3가지를 쓰시오.

▲풀이및정답 1) ① 발전기실의 약제량(kg) : $=(7\times10\times4)m^3 \times 0.8kg/m^3 = 224kg$

용기수$=\dfrac{224kg}{50kg/병}=4.48$병   ∴ 발전기실 5병

② 축전지실의 약제량(kg) : $=[(5\times6\times4)m^3 \times 0.9kg/m^3 + 1.8m^2 \times 5kg/m^2 = 117kg$

용기수$=\dfrac{117kg}{50kg/병}=2.34$병   ∴ 축전지실 3병

2) 용기집합장치에 저장하는 약제량은 방호구역 중 가장 많은 양을 기준으로 하므로
   ∴ 5병

3) ① 발전기실 : $\dfrac{5\times50\text{kg}}{60\text{sec}} = 4.166 ≒ 4.17\text{kg/s}$

   ② 축전지실 : $\dfrac{3\times50\text{kg}}{60\text{sec}} = 2.5\text{kg/s}$

4) 25MPa
5) 20MPa
6) 2.1MPa 이상
7) 1분 이상
8) 방호구역별 1개씩
9) 압력배관용탄소 강관 중 스케줄 80 이상의 것 또는 동등 이상의 강도, 내식성을 가진 것으로서 아연도금 등으로 방식처리된 것
10) 기계식, 전기식, 가스압력식

07 A구역(용기 3병), B구역(용기 5병, 실의 체적 242m³), C구역(용기 3병)에 전역방출방식의 고압식 CO_2소화설비를 설치하고자 한다. 이 경우 저장용기는 68L/45kg, 압력스위치는 선택변 상단 배관상에 설치, CO_2 제어반은 저장용기실에 설치, 저장용기개방은 가스압력식이다. 각 물음에 답하시오.

1) CO_2 저장용기실의 계통도를 작도하시오.
2) B구역에 약제방출 후 CO_2 농도(%)를 계산하시오. (방사온도 : 20℃, 압력 : 1.2atm)
   (반올림하여 소수점 2자리까지 구한다.) [무유출적용]

◀풀이및정답 1)

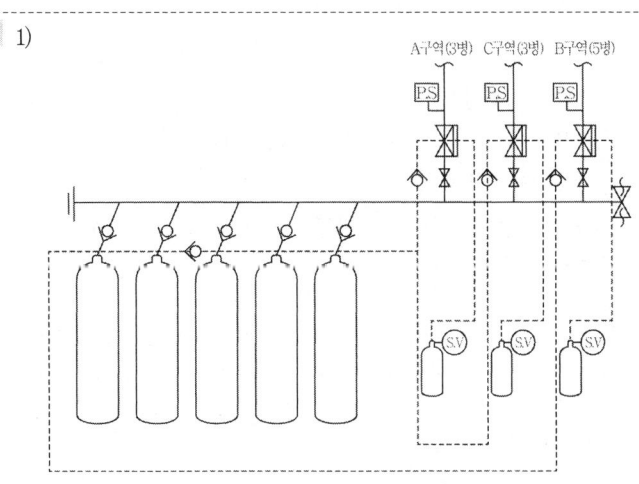

2) $CO_2(\%) = \dfrac{\text{방사된 } CO_2 \text{의 체적(m}^3\text{)}}{\text{방호구역의 체적(m}^3\text{)} + \text{방사된 } CO_2 \text{의 체적(m}^3\text{)}} \times 100$

방사된 CO_2의 체적

$V = \dfrac{\text{WRT}}{\text{PM}} = \dfrac{(5\times45)\text{kg}\times0.082\text{atm}\cdot\text{m}^3/\text{kmol}\cdot\text{K}\times(273+20)\text{K}}{1.2\text{atm}\times44\text{kg/kmol}} = 102.38\text{m}^3$

∴ $CO_2(\%) = \dfrac{102.38\text{m}^3}{242\text{m}^3 + 102.38\text{m}^3} \times 100 = 29.728 ≒ 29.73\%$

예상문제

08 피스톤댐퍼릴리져와 모터 댐퍼릴리져에 대해 설명하시오.

▶풀이및정답
① 피스톤릴리져(piston releaser)
가스의 방출에 따라 가스의 누설이 발생할 수 있는 급배기댐퍼나 자동개폐문 등에 설치하여 가스의 방출과 동시에 자동적으로 개구부를 차단시키기 위한 장치
② 모터식 댐퍼릴리져(motor type damper releaser)
당해 구역의 화재감지기 또는 선택밸브 2차측의 압력스위치와 연동하여 감지기의 작동과 동시에 또는 가스방출에 의한 압력스위치가 동작되면 모터댐퍼에 의해 개구부를 폐쇄시키는 장치

09 다음은 국소방출방식의 고압식 이산화탄소 소화설비를 설치한 그림이다. 방호대상물 주변에 방출헤드 4개를 설치하였을 때 다음 각 물음에 답하시오.

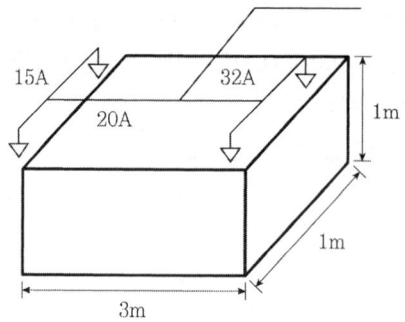

1) 방호공간의 체적은 몇 m³인가?
2) 방호공간 1m³당 방사하여야 할 약제량은 몇 kg인가?
3) 저장하여야 할 최소량은 몇 kg인가?
4) 용기실에 저장하여야 할 용기수는 몇 병인가? (병당 충전량은 45kg이다.)
5) 헤드 1개당 방출량은 몇 kg/sec인가?

▶풀이및정답
1) 방호공간의 체적 = 방호대상물 각 부분으로부터 0.6m 거리에 의해 둘러쌓인 공간
방호공간체적 = $(3m + 1.2m) \times (1m + 1.2m) \times (1m + 0.6m) = 14.784 ≒ 14.78m^3$

2) A : 방호공간의 벽면적 = $(4.2m \times 1.6m \times 2) + (2.2m \times 1.6m \times 2) = 20.48m^2$
a : 방호대상물 주위에 설치된 벽면적 = 0

∴ $Q(kg/m^3) = 8 - 6 \times \dfrac{0}{20.48} = 8 kg/m^3$

3) $W = V \times \left(X - Y\dfrac{a}{A}\right) \times \beta$ (V : 방호공간의 체적, β : 고압식 1.4)

∴ $W = 14.78(m^3) \times 8(kg/m^3) \times 1.4 = 165.536 ≒ 165.54 kg$

4) 용기수 = $\dfrac{저장량(kg)}{1병당 저장량(kg/qud)} = \dfrac{165.54kg}{45kg/병} = 3.67$ ∴ 4병

5) 헤드 1개 방출량(kg/s) = $\dfrac{헤드\ 1개\ 방사량(kg)}{방사시간(sec)} = \dfrac{45kg \times 4병 \div 4개}{30sec} = 1.5 kg/sec$

10 보일러실, 변전실, 발전실 및 축전지실에 아래와 같은 조건으로 전역방출 방식의 고압식 이산화탄소(CO_2) 소화설비를 설치하였을 경우 아래 물음에 답하시오.

조건

1. 방호구역의 조건

방호구역	크기 (m) 면적	크기 (m) 높이	개구부의 면적(m^2)	개구부의 상태	헤드의 설치 수
보일러실	17×18	5	6.3	자동폐쇄 불가	45
변전실	10×18	6	4.2	자동폐쇄 가능	35
발전실	5×8	4	4.2	자동폐쇄 불가	7
축전지실	5×3	4	2.1	자동폐쇄 가능	2

2. 소화약제 산정 기준

방호구역의 체적	방호구역 $1m^3$에 대한 소화약제의 양	소화약제의 최저한도의 양
$45m^3$ 미만	1kg	45kg
$45m^3$ 이상 $150m^3$ 미만	0.9kg	45kg
$150m^3$ 이상 $1450m^3$ 미만	0.8kg	135kg
$1450m^3$ 이상	0.75kg	1,125kg

3. 개구부의 상태에 따라 개구부 면적 $1m^2$당 가산하는 소화약제의 양은 5kg으로 한다.
4. 각 실에 설치된 분사헤드의 방사율은 1.16[$kg/mm^2 \cdot$분]으로 하며 CO_2 방출시간은 1분을 기준으로 한다.
5. CO_2 저장용기는 내용적 68L, 충전량 45kg의 것을 사용한다.

1) 각 방호구역에 필요한 소화약제의 양(kg)을 산출하시오.
2) 각 실에 필요한 소화약제의 용기수는 얼마인가?
3) 용기 저장소에 저장하여야 할 소화약제의 용기수는 얼마인가?
4) 분사헤드에서의 방사압력은 몇 MPa 이상이어야 하는가?
5) 각 실별로 설치된 분사헤드의 분출구 면적은 얼마이어야 하는가? (단, 보일러실, 변전실, 발전실 및 축전지실은 표면화재 방호대상물로 본다.)
6) 저장용기의 내압시험압력은 몇 MPa인가?
7) 음향경보장치는 약제 방사개시 후 몇 분 동안 경보를 발하여야 하는가?
8) 각 방호구역에 필요한 음향경보장치는 각각 몇 개씩인가?
9) 선택밸브와 기동용기는 몇 개 필요한가?

◆ 풀이 및 정답   1) ① 보일러실 $W = V \times \alpha + A \times \beta = (17 \times 18 \times 5)m^3 \times 0.75 kg/m^3 + 6.3 m^2 \times 5 kg/m^2 = 1179 kg$
② 변전실 $W = V \times \alpha = (10 \times 18 \times 6)m^3 \times 0.8 kg/m^3 = 864 kg$
③ 발전실 $W = V \times \alpha + A \times \beta$에서 $V \times \alpha$의 값이 $(5 \times 8 \times 4)m^3 \times 0.8 kg/m^3 = 128 kg$이므로

예상문제

최소 135kg 선정

따라서 $W = 135\text{kg} + A \times \beta = 135\text{kg} + 4.2\text{m}^2 \times 5\text{kg/m}^2 = 156\text{kg}$

④ 축전지실 $W = V \times \alpha = (5 \times 3 \times 4)\text{m}^3 \times 0.9\text{kg/m}^3 = 54\text{kg}$

2) ① 보일러실 : $\dfrac{1179\text{kg}}{45\text{kg/병}} = 26.2$ 따라서 27병

② 변전실 : $\dfrac{864\text{kg}}{45\text{kg/병}} = 19.2$ 따라서 20병

③ 발전실 : $\dfrac{156\text{kg}}{45\text{kg/병}} = 3.47$ 따라서 4병

④ 축전지실 : $\dfrac{54\text{kg}}{45\text{kg/병}} = 1.2$ 따라서 2병

3) 27병

4) 2.1MPa

5) 분출구면적 = $\dfrac{\text{헤드 1개 방사량}}{\text{방출율} \times \text{방사시간}}$

① 보일러실 분출구 면적 = $\dfrac{\text{헤드 1개 방사량}}{\text{방출율} \times \text{방사시간}} = \dfrac{27\text{병} \times 45\text{kg/병} \div 45\text{개}}{1.16\text{kg/mm}^2 \cdot \text{분} \times 1\text{분}}$
$= 23.275 ≒ 23.28\text{mm}^2$

② 변전실 분출구 면적 = $\dfrac{\text{헤드 1개 방사량}}{\text{방출율} \times \text{방사시간}} = \dfrac{20\text{병} \times 45\text{kg/병} \div 35\text{개}}{1.16\text{kg/mm}^2 \cdot \text{분} \times 1\text{분}}$
$= 22.169 ≒ 22.17\text{mm}^2$

③ 발전실 분출구면적 = $\dfrac{\text{헤드 1개 방사량}}{\text{방출율} \times \text{방사시간}} = \dfrac{4\text{병} \times 45\text{kg/병} \div 7\text{개}}{1.16\text{kg/mm}^2 \cdot \text{분} \times 1\text{분}} = 22.167 ≒ 22.17\text{mm}^2$

④ 축전지실 분출구면적 = $\dfrac{\text{헤드 1개 방사량}}{\text{방출율} \times \text{방사시간}} = \dfrac{2\text{병} \times 45\text{kg/병} \div 2\text{개}}{1.16\text{kg/mm}^2 \cdot \text{분} \times 1\text{분}}$
$= 38.793 ≒ 38.79\text{mm}^2$

6) 25MPa

7) 약제방사 개시후 1분 이상

8) 1개씩

9) 선택밸브 4개, 기동용기 4개

11 다음과 같은 건축물에 그림과 같이 소화설비가 설치되어 있다. 다음 조건을 참조하여 물음에 답하시오.

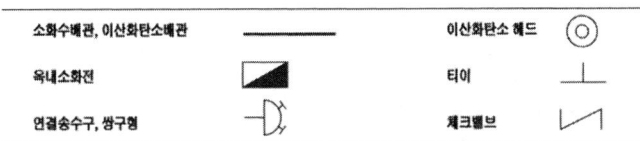

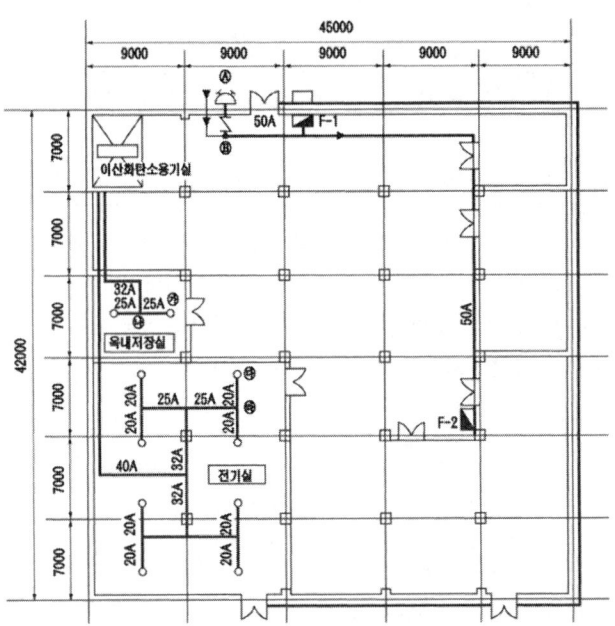

조건
1. 옥내(탱크)저장실 – (표면화재)의 크기(내부) : $9m \times 14m \times 4m = 504m^3$
2. 전기실(심부화재)의 크기(내부) : $18m \times 21m \times 4m = 1,512m^3$

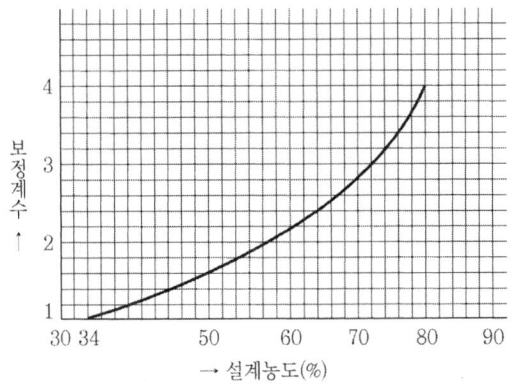

예상문제

3. 옥내탱크저장소에 저장하는 위험물의 종류는 에탄(Ethane)이며, 에탄의 설계농도는 40%이고 이 때 34% 설계농도에 비해 곱하여야 할 보정계수는 1.2이다.
4. 전기실의 화재는 심부화재이며 방호구역내 CO_2의 농도가 2분내에 30%에 도달되어야 한다. (단, 방호구역내 CO_2 농도가 30%가 되기 위해서는 방호구역 체적단위 m^3당 0.7kg의 CO_2 소화약제가 필요하다.)

1) 옥내 탱크저장소와 전기실에 전역방출방식의 이산화탄소 소화설비를 설치할 때 필요한 CO_2 소화약제량과 CO_2 저장용기의 개수를 구하시오. (단, 저장용기의 크기는 68L이며, 충전비는 1.6이고, 개구부는 자동폐쇄장치가 설치되어 있다.)

설 치 위 치	소화약제량(설계치)	CO_2의 병수
옥내탱크저장소	(①) kg	(③) 병
전기실	(②) kg	(④) 병

2) CO_2 저장용기 내의 CO_2 충전비를 조정하여 CO_2 저장용기의 숫자를 최소로 하려면 이 때의 충전비와 최저 CO_2 저장용기 병수는 얼마인가?

3) 1)조건기준으로 도면의 ㉯~㉱ 구간 사이의 배관에서 CO_2 약제가 방출될 때의 유량(kg/sec)을 2분과 7분 기준으로 구하시오.

▣풀이및정답 1) ① 옥내탱크저장소 CO_2 저장량(kg)
= 방호구역체적(m^3) × 약제량(kg/m^3) × 보정계수
= 504m^3 × 0.8kg/m^3 × 1.2 = 483.84kg

② 전기실 CO_2 저장량(kg)
= 방호구역체적(m^3) × 약제량(kg/m^3)
= 1,512m^3 × 1.3kg/m^3 = 1,965.6kg

③ 옥내탱크저장소 용기수
$G = \dfrac{V}{C} = \dfrac{68}{1.6} = 42.5kg$

따라서 CO_2 저장용기 수 = $\dfrac{CO_2 \text{ 저장량}}{\text{충전량}} = \dfrac{483.84kg}{42.5kg} = 11.38 ≒ 12$병

④ 전기실 용기수 : CO_2 저장용기 수 = $\dfrac{CO_2 \text{ 저장량}}{\text{충전량}} = \dfrac{1,965.6kg}{42.5kg} = 46.25 ≒ 47$병

2) 병당 최대약제량 저장시 충전비=1.5 따라서 $G = \dfrac{V}{C} = \dfrac{68}{1.5} = 45.33kg$

∴ 최저 CO_2 저장용기 수 = $\dfrac{\text{가장 많은} CO_2 \text{ 저장량}}{\text{충전량}} = \dfrac{1,965.6kg}{45.33kg} = 43.36 ≒ 44$병

3) ① 2분 이내 설계농도 30% 도달하는 경우 체적당 약제량 = 0.7kg/m^3
따라서 2분 이내 방사되어야 하는 약제량 = 1,512m^3 × 0.7kg/m^3 = 1,508.4kg

∴ 헤드1개 방출유량 = $\dfrac{\text{헤드1개방사량}(kg)}{\text{약제방출시간}(sec)} = \dfrac{1,058.4kg ÷ 8개}{2 × 60sec} = 1.102 ≒ 1.1kg/sec$

② 7분기준의 경우

헤드1개 방출유량 = $\dfrac{\text{헤드1개방사량}}{\text{방출시간}} = \dfrac{47병 × 42.5kg/병 ÷ 8개}{7 × 60sec} = 0.594 ≒ 0.59kg/sec$

12
다음과 같은 통신실에 이산화탄소 소화설비를 설치하였을 때 각 물음에 답하시오.

조건
1. 통신실은 바닥면적 300m², 높이 3.2m 이다.
2. 전기실과의 사이에 4m²의 유리창으로 된 창문이 있다.
3. CO_2의 방사는 20℃를 기준으로 한다.
4. CO_2의 비체적 (0℃, 1기압)은 0.509m³/kg이다.
5. 이산화탄소용기의 내용적은 68리터, 충전비는 1.5이다.

1) 필요한 CO_2 용기의 수는 몇 병인가?
2) 통신실에 방사하여야 하는 체적유량(m³/sec)은 얼마인가?

◀풀이및정답

1) $W = V \times \alpha + A \times \beta = (300 \times 3.2)m^3 \times 1.3 kg/m^3 + 4m^2 \times 10 kg/m^2 = 1288 kg$

$G = \dfrac{V}{C} = \dfrac{68}{1.5} = 45.33 kg/병$

용기수 $= \dfrac{약제량}{1병당저장량} = \dfrac{1288kg}{45.33kg/병} = 28.41 ≒ 29병$

2) $PV = \dfrac{W}{M}RT$ 에서

$V = \dfrac{WRT}{PM} = \dfrac{(29 \times 45.33 kg) \times 0.082 atm \cdot m^3/kmol \cdot K \times (273.15 + 20)K}{1 atm \times 44 kg/kmol}$

$= 718.182 ≒ 718.18 m^3$

체적유량 $Q(m^3/sec) = \dfrac{방사되는 \; 체적(m^3)}{방사시간(sec)} = \dfrac{718.18 m^3}{7 \times 60 sec} = 1.709 ≒ 1.71 m^3/sec$

13
그림은 CO_2 소화설비의 소화약제 저장용기 주위의 배관 계통도이다. 방호구역은 A, B 두 부분으로 나누어지고, 각 구역의 소요 약제량은 A구역은 2병, B구역은 5병이라 할 때 그림을 보고 다음 물음에 답하시오.

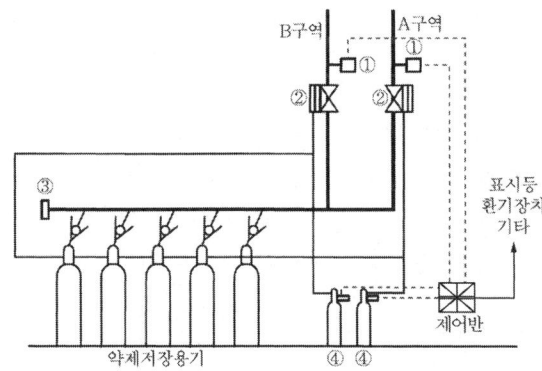

1) 각 방호구역에 소요 약제량을 방출할 수 있게 조작관에 설치할 체크밸브의 위치를 표시하시오.

예상문제

2) ①, ②, ③, ④ 기구의 명칭은 무엇인가?

풀이및정답 ① 압력스위치 ② 선택밸브 ③ 안전밸브 ④ 기동용기

14 사무소 건물의 지하 2층(표면화재 방호대상물)에 이산화탄소소화설비를 전역방출방식으로 설치하였을 경우 다음 물음에 답하시오.

> **조건**
> 1. 소화설비는 고압식으로 한다.
> 2. 실 크기는 가로 10m, 세로 20m, 높이 5m이다.
> 3. 방호체적 1m³당 필요한 이산화탄소 소화약제의 양은 0.8kg으로 한다.
> 4. 개구부는 가로 2.4m, 높이 1.8m와 가로 1.2m, 세로 0.8m인 것이 설치되어 있으나 가로 1.2m와 세로 0.8m에는 자동폐쇄장치가 설치되어 있다.
> 5. 개구부에 대한 소화약제의 가산량은 5kg/m²이다.
> 6. 저장용기의 충전비는 1.5로서 저장용기 1병당 저장량은 45kg이다.
> 7. 분사헤드의 방사율은 1개당 1.05kg/mm²·분으로 하며 방출시간은 1분을 기준으로 한다.
> 8. 20℃에서 이산화탄소의 비체적은 0.51m³/kg이다.

1) 저장에 필요한 소화약제의 양은 몇 kg 이상으로 하여야 하는가?
2) 저장에 필요한 저장용기의 수는?
3) 소화약제의 유량은 몇 kg/s인가?
4) 필요한 분사헤드의 수는 몇 개인가? (단, 분사구 면적은 0.51cm²이다)
5) 지하에 300kg의 이산화탄소소화약제가 방출되도록 설계하였다면 설계농도(V%)는 얼마가 되겠는가? (단, 설계기준온도는 20℃이다)

풀이및정답
1) W = [방호구역 체적(m³) × 체적계수(kg/m³)] + [개구부 면적(m²) × 면적계수(kg/m²)]
   방호구역의 체적 = 10m × 20m × 5m = 1,000m³
   자동폐쇄장치가 없는 개구부 면적 = 2.4m × 1.8m = 4.32m²
   ∴ W = (1,000m³ × 0.8kg/m³) + (4.32m² × 5kg/m²) = 821.6kg

2) 저장용기의 수 = $\dfrac{821.6kg}{45kg}$ = 18.24   ∴ 19병

3) 소화약제의 방사유량 = $\dfrac{19 \times 45kg}{60\sec}$ = 14.25kg/sec

4) 헤드당 방출량(kg) = 분출구면적(mm²) × 방사율(kg/mm²·분) × 방사시간(분)
   = 51mm² × 1.05kg/mm²·분 × 1분 = 53.55kg

   헤드 수 = $\dfrac{(19 \times 45)kg}{53.55kg/개}$ = 15.97개   ∴ 16개

5) CO_2의 % = $\dfrac{CO_2의\ 기화체적(m^3)}{방호구역의\ 체적(m^3) + CO_2의\ 기화체적(m^3)} \times 100$

   CO_2의 기화체적(m³) = 300kg × 0.51m³/kg = 153m³

   ∴ CO_2의 % = $\dfrac{153m^3}{1,000m^3 + 153m^3} \times 100$ = 13.27%

할론소화설비(NFTC107) 예상문제

01 가로 20m, 세로 15m, 높이 4m인 전기실에 고압식의 할론1301소화설비를 전역방출방식으로 설계하려고한다. 할론 용기의 내용적은 68L, 충전비 1.4이며, 약제저장용기의 밸브 개방방식은 기체압력식(뉴메틱식)일 때 다음 각 물음에 답하시오. (단 출입문은 2개이며 출입문은 자동폐쇄장치가 되어 있다.)

1) 방호구역 1m³당 할론 1301의 약제량은 몇 kg인가?
2) 할론 1301의 최소 소요약제량은 몇 kg인가?
3) 할론 1301의 용기수는 몇 병인가?
4) 위 문제 (2)의 산출기준량에 따라 산출된 약제량을 방사할 때 실내의 할론 농도가 5%가 된다고 하면 위 (3)의 모든 용기로부터 방사된 약제는 실내에 몇 %의 농도를 보여줄 것인가?
5) 방출표시등은 몇 개가 필요한가?
6) 압력스위치는 최소 몇 개가 필요한가?

▶풀이및정답
1) 0.32kg 이상 0.64kg 이하
2) $W = V \times \alpha$ [W : 저장량(kg), V : 방호구역의 체적(m³), α : 체적 계수(0.32kg/m³)]
$W = (20m \times 15m \times 4m) \times 0.32kg/m^3 = 384kg$
3) $G = \dfrac{V}{C} = \dfrac{68}{1.4} = 48.571 ≒ 48.57 kg/병$

$\therefore$ 용기수 $= \dfrac{저장량}{1병당\ 저장량} = \dfrac{384kg}{48.57kg/병} = 7.9$ $\therefore$ 8병
4) 384kg : 5% = (48.57kg × 8) : x%
x% = 5.06%
5) 2개의 출입문 설치되었으므로 2개 설치
6) 방호구역 1개 이므로 압력스위치 1개 설치

02 실의 체적이 150m³인 전산실에 할론 1301설비를 설치하여 할론 설계농도를 7.5%로 하기 위한 방사량은 몇 kg인가? (단, 탄소의 원자량은 12, 불소의 원자량은 19, 염소의 원자량은 35.5, 취소의 원자량은 80, 옥소의 원자량은 127이며, 설계시 실의 온도는 25℃이다)

▶풀이및정답
$7.5\% = \dfrac{x\text{m}^3}{150\text{m}^3 + x\text{m}^3} \times 100$, $100x = 7.5(150+x)$, $92.5x = 1,125$

$x = 12.16\text{m}^3$

$PV = \dfrac{W}{M}RT$

$W = \dfrac{PVM}{RT} = \dfrac{1\text{atm} \times 12.16\text{m}^3 \times 149\text{kg}}{0.082 \times 298K} = 74.15\text{kg}$

예상문제

03 어떤 소방대상물에 할론 1301 소화설비를 설치하였다. [조건]을 참조하여 각 물음에 답하시오.

조건
1. 약제소요량은 500kg이다.
2. 전역방출방식이다.
3. 약제의 헤드 방출률은 3kg/cm²·sec이다.
4. 설치된 헤드 수는 14개이다.

1) 헤드 1개의 방출유량(kg/sec)을 구하시오.
2) 헤드의 등가분구면적(cm²)은 얼마인가?
3) 헤드의 직경(cm)을 구하시오.

▲풀이및정답

1) 헤드 1개당 방사량(kg) = $\dfrac{500 kg}{14}$ = 35.71kg

∴ 헤드 1개당 방출유량(kg/sec) = $\dfrac{35.71 kg}{10 sec}$ = 3.57kg/sec

2) 헤드의 등가분구면적(cm²) = $\dfrac{헤드\ 1개당\ 방사량(kg)}{방출률(kg/cm^2 \cdot sec) \times 방사시간(sec)}$

= $\dfrac{35.71 kg}{3 kg/cm^2 \cdot sec \times 10 sec}$ = 1.19cm²

3) A = $\dfrac{\pi D^2}{4}$ ∴ D = $\sqrt{\dfrac{4A}{\pi}} = \sqrt{\dfrac{4 \times 1.19 cm^2}{\pi}}$ = 1.23cm

04 아래 그림과 같은 방호구역에 할론 1301 소화설비를 설치하려고 한다. 주어진 조건을 참고하여 각 물음에 답하시오.

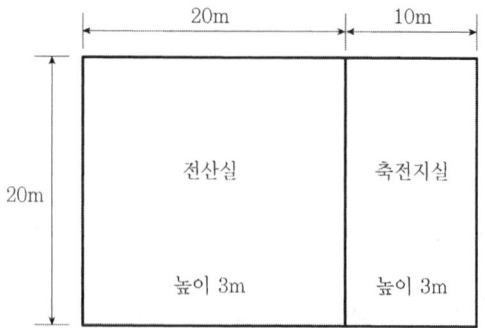

조건
1. 개구부의 면적은 전산실 6.5m², 축전지실은 4m²이다.
2. 개구부에는 자동폐쇄장치가 설치되어 있다.
3. 설치된 헤드 1개당 방사량은 1.2kg/sec이다.
4. 저장용기는 내용적 68리터이며, 충전비는 최소치를 적용한다.
5. 저장용기실의 온도는 20℃, 방호구역의 온도는 30℃이다.
6. 기화된 할론 1301의 비체적은 20℃일 때 0.16m³/kg, 30℃일 때 0.17m³/kg이다.

1) 각 방호구역에 필요한 약제량은 몇 kg 인가?
2) 각 방호구역에 필요한 용기수는 최소 몇 병인가?
3) 각 방호구역에 설치하여야 할 분사헤드의 개수는 최소 몇 개인가?
4) 소화설비가 동작되었을 때 각 방호구역의 가스농도는 몇 %인가? (단, 최소 기준을 적용하도록 한다)

풀이및정답

1) 방호구역 $1m^3$에 대한 약제량 : α : $0.32kg/m^3$ 이상 $0.64kg/m^3$ 이하

전산실 : $W = V \times \alpha = (20m \times 20m \times 3m) \times 0.32kg/m^3 = 384kg$ 이상

$W = V \times \alpha = (20m \times 20m \times 3m) \times 0.64kg/m^3 = 768kg$ 이하

축전지실 : $W = V \times \alpha = (20m \times 10m \times 3m) \times 0.32kg/m^3 = 192kg$ 이상

$W = V \times \alpha = (20m \times 10m \times 3m) \times 0.64kg/m^3 = 384kg$ 이하

2) 충전비는 최소치를 적용한다고 하였으므로 $C = 0.9$ 적용

$$\therefore G = \frac{V}{C} = \frac{68}{0.9} = 75.555 ≒ 75.56 kg/병$$

전산실 용기수 $= \frac{384kg}{75.56kg/병} = 5.08$ 따라서 6병

축전지실 용기수 $= \frac{192kg}{75.56kg/병} = 2.54$ 따라서 3병

3) 전산실 헤드수 $= \frac{총방사량(kg/sec)}{헤드1개 방사량(1.2kg/sec)} = \frac{6 \times 75.56kg \div 10sec}{1.2kg/sec \cdot 개} = 37.78 ≒ 38개$

축전지실 헤드수 $= \frac{총방사량(kg/sec)}{헤드1개 방사량(1.2kg/sec)} = \frac{3 \times 75.56kg \div 10sec}{1.2kg/sec \cdot 개} = 18.89 ≒ 19개$

4) 방사된 하론의 농도% $= \frac{방사된 하론의 체적(m^3)}{방호구역의 체적(m^3) + 방사된 하론의 체적(m^3)} \times 100$

① 전산실 방사된 하론의 체적 $6병 \times 75.56kg/병 \times 0.17m^3/kg = 77.071 ≒ 77.07m^3$

$\therefore$ 방사된 하론의 농도% $= \frac{77.07(m^3)}{1200(m^3) + 77.07(m^3)} \times 100 = 6.034 ≒ 6.03\%$

② 축전지실 방사된 하론의 체적 $3병 \times 75.56kg/병 \times 0.17m^3/kg = 38.535 ≒ 38.54m^3$

$\therefore$ 방사된 하론의 농도% $= \frac{38.54(m^3)}{600(m^3) + 38.54(m^3)} \times 100 = 6.035 ≒ 6.04\%$

05 할론 1301의 최소 소요약제량 산정문제

아래 도면은 어느 소방대상물인 전기실(A실), 발전기실(B실), 방재실(C실), 배터리실(D)을 방호하기 위한 할론 1301의 배관평면도이다. 도면을 참조하여 할론 1301 소화약제의 최소용기 개수를 각 실별로 산출하시오. (단, 각 실의 높이는 5m이며, 할론용기는 68L용 50kg이 충전되어 있다.)

예상문제

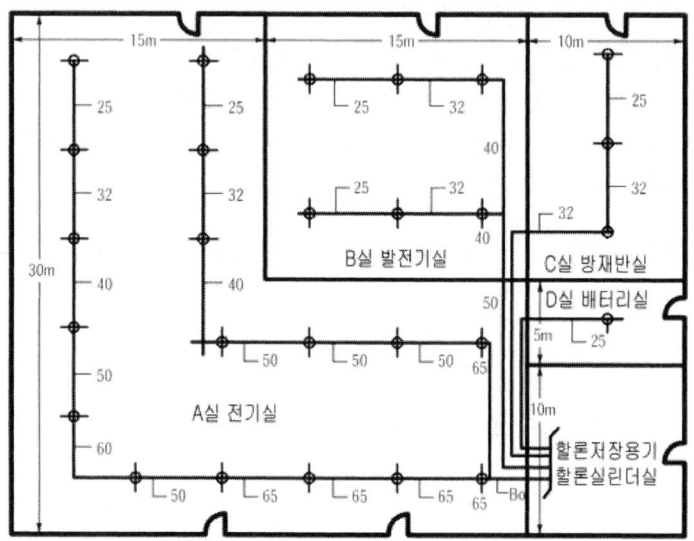

조건
1. 약제용기는 고압식이다.
2. 용기의 내용적은 68L, 약제충전량은 50kg이다.
3. 용기실내의 수직배관을 포함한 각실에 대한 체적 및 배관 내용적은 다음과 같다.
   가. A실(전기실) [675m²×5m, 198L]   나. B실(발전기실) [225m²×5m, 78L]
   다. C실(방재반실) [150m²×5m, 28L]   라. D실(밧데리실) [50m²×5m, 10L]
4. A실에 대한 할론 집합관의 내용적은 88L이다.
5. 할론 용기밸브와 집합관간의 연결관에 대한 내용적은 무시한다.
6. 설계기준온도는 20℃이다.
7. 20℃에서의 액화할론 1301의 비중은 1.6이다.
8. 각실의 개구부는 없다고 가정한다.
9. 소요약제량 산출시 각실 내부의 기둥과 내용물의 체적은 무시한다.

1) A실(전기실)의 할론 소화약제의 최소용기개수를 구하시오.
2) B실(발전기실)의 할론 소화약제의 최소용기개수를 구하시오.
3) C실(방재반실)의 할론 소화약제의 최소용기개수를 구하시오.
4) D실(밧데리실)의 할론 소화약제의 최소용기개수를 구하시오.
5) 별도독립방식으로 설치하여야 하는 실을 답하시오. [각 실의 결정과정을 답하시오.]
6) 집합관에 설치하여야 하는 총 병수와 저장용기실에 설치하는 총 병수를 답하시오.

▲풀이및정답   1) 전기실에 필요한 약제량 및 병수
$$W = \{(675m^2 \times 5m) \times (0.32kg/m^3)\} = 1,080kg$$
∴ $\dfrac{1,080kg}{50kg/병} = 21.6$병

∴ 전기실 22병

2) 발전기실에 필요한 약제량 및 병수

   $W = \{(225m^2 \times 5m) \times (0.32kg/m^3)\} = 360kg$

   $\therefore \dfrac{360kg}{50kg/병} = 7.2$병

   ∴ 발전기실 8병

3) 방재실에 필요한 약제량 및 병수

   $W = \{(150m^2 \times 5m) \times (0.32kg/m^3)\} = 240kg$

   $\therefore \dfrac{240kg}{50kg/병} = 4.8$병

   ∴ 방재실 5병

4) 배터리실에 필요한 약제량 및 병수

   $W = \{(50m^2 \times 5m) \times (0.32kg/m^3)\} = 80kg$

   $\therefore \dfrac{80kg}{50kg/병} = 1.6$병

   ∴ 배터리실 2병

5) 배터리실의 경우 약제체적 = $2 \times 50kg \times \dfrac{1l}{1.6kg} = 62.5l$

   배터리실의 경우 배관체적 = $88l + 10l = 98l$

   배관체적이 약제체적의 1.57배이므로 (1.5배 이상) 별도독립방식설치

6) 집합관설치병수 = 22병, 저장용기실 설치병수 = 24병

예상문제

할로겐화합물 및 불활성기체소화설비(NFTC107A) 예상문제

01 소방청장이 고시한 약제종류를 답하시오.

▶ 풀이및정답
① FE-13 (HFC-23)
② FM-200 (HFC-227ea)
③ NAFS-Ⅲ (HCFC BLEND A)
④ Inergen (IG-541)

02 n-heptane을 저장하는 5m×4m×4m인 저장창고에 전역방출방식의 FC-3-1-10 할로겐화합물 및 불활성기체소화설비를 설치할 경우 소요약제량을 계산하시오.

> **조건**
> ① 설계 기준온도는 20℃이다.
> ② 최소 소화농도는 8.5%이다.
> ③ 소화약제의 비체적 상수는 $K_1=0.2413$, $K_2=0.00088$이다.

▶ 풀이및정답
약제량 $W(kg) = \dfrac{V}{S} \times \left[\dfrac{C}{100-C}\right]$

W : 소화약제의 무게(kg), V : 방호구역의 체적(m^3)
S : 소화약제별 선형상수($K_1+K_2 \times t$)(m^3/kg), C : 체적에 따른 소화약제의 설계농도(%)
t : 방호구역의 최소예상온도(℃)
$S = K_1 + K_2 \times t = 0.2413 + 0.00088 \times 20 = 0.2589 m^3/kg$
C : 설계농도(%) = 소화농도 × 안전율 = 8.5% × 1.3 = 11.05%
∴ $W = \dfrac{80m^3}{0.2589m^3/kg} \times \left(\dfrac{11.05}{100-11.05}\right) = 38.386 ≒ 38.39 kg$

03 소화약제의 특성을 나타내는 용어 중 ODP와 GWP에 대하여 쓰고, 현재 국내에서 시판되고 있는 할로겐화합물 및 불활성기체소화약제의 상품명, 작동시간, 주된 소화원리에 대하여 쓰시오.

▶ 풀이및정답
1) ODP와 GWP의 정의
① 오존파괴지수(ODP, Ozone Depletion Potential)의 정의
어떤 물질의 오존파괴 능력을 상대적으로 나타내는 지표로서 이를 오존파괴지수라 하며 다음과 같이 나타낸다.

$ODP = \dfrac{\text{측정 물질 1kg이 파괴하는 오존의 양}}{\text{CFC-11, 1kg이 파괴하는 오존의 양}}$

② 지구온난화지수(GWP, Global Warming Potential)의 정의
어떤 물질의 지구온난화에 영향을 미치는 지표로서 이를 지구온난화 지수라 하며 다음과 같이 나타낸다.

$$GWP = \frac{\text{측정 물질 1kg에 의한 지구온난화 정도}}{CO_2, \ 1kg에 의한 지구온난화정도}$$

2) 현재 시판되고 있는 상품

상품명	FM-200	IG-541	NAFS-III	FE-13
작동시간	10초	60초	10초	10초
작동원리	부촉매소화	질식소화	부촉매소화	부촉매소화

04 $100m^3$의 방호구역에 할로겐화합물 및 불활성기체소화설비를 설치하고자 한다. 할로겐화합물 및 불활성기체소화약제로는 HCFC-124를 사용한다고 할 때 할로겐화합물 및 불활성기체소화약제의 무게(kg)는? (단, 방호구역의 온도는 20℃이다.)

【 K_1과 K_2의 값 】

소화약제	K_1	K_2
FK-5-1-12	0.0664	0.0002741
FC-3-1-10	0.094104	0.00034455
HCFC BLEND A	0.2413	0.00088
HCFC-124	0.1575	0.0006
HFC-125	0.1825	0.0007
HFC-227ea	0.1269	0.0005
HFC-23	0.3164	0.0012
HFC-236fa	0.1413	0.0006
FIC-1311	0.1138	0.0005

【 최대허용 설계농도 】

소화약제	최대허용설계농도(%)
FC-3-1-10	40
HFC-23	30
HFC-125	7.5
HFC-227ea	9.0
HCFC-124	1
HCFC BLEND A	10
IG-541	43

풀이 및 정답
할로겐화합물 청정소화약제 저장량(kg)

$$W = \frac{V}{S} \times \frac{C}{100-C}$$

$S = K_1 + K_2 \times t\degree C = 0.1575 + 0.0006 \times 20\degree C = 0.1695 m^3/kg$

$C = 1\%$

$$\therefore W = \frac{100m^3}{0.1695m^3/kg} \times \left(\frac{1}{100-1}\right) = 5.959 ≒ 5.96kg$$

05
다음 조건을 이용하여 할로겐화합물 및 불활성기체소화설비의 10초 동안 방사된 약제량 (kg)을 구하시오.

조건
1. 10초 동안 약제가 방사될 때 설계농도의 95%에 해당하는 약제가 방출된다.
2. 실의 구조는 가로 4m, 세로 5m, 높이 4m이다.
3. $K_1 = 0.2413$, $K_2 = 0.00088$, 온도는 20℃이다
4. A, C급 화재발생 가능 장소로서 소화농도는 8.5%이다.

풀이 및 정답
약제량 $W(kg) = \frac{V}{S} \times \left(\frac{C \times 0.95}{100 - C \times 0.95}\right)$

$S = K_1 + K_2 \times t(\degree C) = 0.2413 + 0.00088 \times 20 = 0.2589 m^3/kg$

$C = $ 소화농도 $\times$ 안전계수 $= 8.5\% \times 1.2 = 10.2\%$

$$\therefore W(kg) = \frac{V}{S} \times \left(\frac{C \times 0.95}{100-C \times 0.95}\right) = \frac{80m^3}{0.2589m^3/kg} \times \left(\frac{10.2 \times 0.95}{100-10.2 \times 0.95}\right)$$
$$= 33.154kg$$

06
전기실의 크기가 가로 15[m], 세로 10[m], 높이 4[m]인 방호공간에 설치해야 할 IG-541의 최소 약제용기수는 몇 병인가?

조건
IG-541 용기는 80[L]용 12[m^3/병], 설계농도는 37[%], 실내온도 20[℃] 기준

풀이 및 정답
$Q(m^3) = V(m^3) \times 2.303 \times \frac{V_S}{S} \times \log\left(\frac{100}{100-C}\right)$

20℃ 기준이므로 $V_S = S$, $C = 37\%$이므로

$Q(m^3) = (15 \times 10 \times 4)m^3 \times 2.303 \times 1 \times \log\left(\frac{100}{100-37}\right) = 277.271 ≒ 277.27 m^3$

병수 $= \frac{277.27 m^3}{12 m^3/병} = 23.1$ ∴ 24병

07
최대허용압력이 3[MPa]이고 배관의 외경이 114.3[mm]이며 배관재료의 최대허용응력이 210[MPa], 나사이음으로 나사의 높이가 1[mm]일 때 배관의 두께는?

[풀이 및 정답]

$t(mm) = \dfrac{PD}{2SE} + A = \dfrac{3 \times 114.3}{2 \times 210} + 1 = 1.816 ≒ 1.82mm$

cf) $t(mm) = \dfrac{PD}{2SE} + A$

SE : 허용응력[인장강도의 $\dfrac{1}{4}$ 값과 항복점의 $\dfrac{2}{3}$ 값 중 작은 값×배관이음효율×1.2]

P : 최대사용압력
D : 배관바깥지름(mm)
A : 나사이음, 홈이음 등의 허용값(mm)
  나사이음 : 나사이음의 높이, 절단홈이음 : 홈의 깊이, 용접이음 : 0

08
다음은 압력배관용 탄소 강관인 KS D 3562의 규격을 나타낸 것이다. 다음 표를 참조하여 물음에 알맞게 답하시오.

호칭경	외경	내경	인장강도	항복점	배관이음효율	용접이음 허용값
65[mm]	76.4[mm]	66.0[mm]	412[N/mm^2]	245[N/mm^2]	0.85	0

1) 배관의 두께(mm)를 계산하시오.
2) 최대허용응력(kPa)을 계산하시오.
3) 최대허용압력(kPa)을 계산하시오.

[풀이 및 정답]

1) 두께 t = (외경 − 내경) ÷ 2 = (76.4 − 66) ÷ 2 = 5.2mm

2) [인장강도의 $\dfrac{1}{4}$ 값과 항복점의 $\dfrac{2}{3}$ 값 중 적은 값] × 배관이음효율 × 1.2

  ① 인장강도의 $\dfrac{1}{4}$ = 412N/mm^2 × $\dfrac{1}{4}$ = 103N/mm^2

  ② 항복점의 $\dfrac{2}{3}$ = 245N/mm^2 × $\dfrac{2}{3}$ = 163.32N/mm^2

  ③ 103N/mm^2 × 0.85 × 1.2 = 105.06N/mm^2

  ∴ $\dfrac{105.06N}{mm^2} \times \dfrac{(1000mm)^2}{1m^2} \times \dfrac{1kN/m^2}{1000N/m^2} = 105060 kN/m^2 = 105060 kPa$

3) $t = \dfrac{PD}{2SE} + A$

  $P = \dfrac{(t-A) \cdot 2SE}{D} = \dfrac{(5.2-0) \times 2 \times 105060}{76.4} = 14301.36 kPa$

예상문제

09 불활성기체소화설비(IG-541)에 대한 다음 각 물음에 답하시오.

> **조건**
> 1. 실면적 : 300[m²], 층고 : 3.5[m], 소화농도 : 35.84[%]
> 2. 전기실로서 예상온도는 10~20[℃]이다.
> 3. 1병당 80[L], 충전압력 : 19,965[kPa][게이지압], 저장용기실 온도 : 20[℃]
> 4. 대기압은 101[kPa]이다.
> 5. K_1, K_2의 값은 소수점 5자리에서 반올림하여 구할 것

1) 소화약제량(m³) 산출식을 쓰고, 각 기호를 설명하시오.
2) IG-541의 선형상수 K_1과 K_2를 구하시오.
3) IG-541의 소화약제량(m³)을 구하시오.
4) IG-541의 최소 저장 용기수를 구하시오
5) 선택밸브 통과시 최소유량(m³/s)을 구하시오.

▲ 풀이 및 정답

1) $Q(m^3) = V(m^3) \times 2.303 \times \dfrac{V_S}{S} \times \log\left(\dfrac{100}{100-C}\right)$

   $Q(m^3)$: 약제체적(m³), $V(m^3)$: 실의 체적(m³)
   $V_S(m^3/kg)$: 1기압 20℃에서의 약제 비체적(m³/kg)
   $S(m^3/kg)$: 선형상수, $(k_1 + k_2 \times t)$, $C(\%)$: 설계농도(%)
   $t(℃)$: 방호구역의 최소예상온도(℃)

2) $K_1 = \dfrac{22.4}{M}$

   $M = 28 \times 0.52 + 40 \times 0.4 + 44 \times 0.08 = 34.08 \text{kg/kmol}$

   $\therefore K_1 = \dfrac{22.4}{34.08} = 0.65727 ≒ 0.6573 \text{m}^3/\text{kg}$

   $K_2 = \dfrac{k_1}{273} = 0.00240 ≒ 0.0024 \text{m}^3/\text{kg}$

3) $Q(m^3) = V(m^3) \times 2.303 \times \dfrac{V_S}{S} \times \log\left(\dfrac{100}{100-C}\right)$

   $V = 300 \times 3.5 = 1050 \text{m}^3$
   $V_S = K_1 + K_2 \times 20 = 0.6573 + 0.0024 \times 20 = 0.7053 \text{m}^3/\text{kg}$
   $S = K_1 + K_2 \times 10 = 0.6573 + 0.0024 \times 10 = 0.6813 \text{m}^3/\text{kg}$
   $C = 35.84\% \times 1.2 = 43.008 ≒ 43.01\%$

   $\therefore Q(m^3) = 1050 \times 2.303 \times \dfrac{0.7053}{0.6813} \times \log\left(\dfrac{100}{100-43.01}\right) = 611.317 ≒ 611.32 \text{m}^3$

4) $\dfrac{P_1 V_1}{T_1} = \dfrac{P_2 V_2}{T_2}$

   $V_2 = V_1 \times \dfrac{T_2}{T_1} \times \dfrac{P_1}{P_2} = 611.32 \text{m}^3 \times \dfrac{293}{283} \times \dfrac{101}{(19965+101)} = 3.185 ≒ 3.19 \text{m}^3 ≒ 3190 \text{L}$

   $\therefore \dfrac{3190\text{L}}{80\text{L/병}} = 39.875$ $\therefore$ 40병

5) 120초 이내에 설계농도 95% 해당하는 약제량

   유량(m³/s) = $\left[1050 \times 2.303 \times \dfrac{0.7053}{0.6813} \times \log\left(\dfrac{100}{100-43.01 \times 0.95}\right)\right] \div 120\sec = 4.758 ≒ 4.76 \text{m}^3/\text{s}$

분말소화설비(NFTC108) 예상문제

01 분말소화설비 장단점을 기술하시오.

▶풀이및정답
1) 장점
   ① 소화성능이 우수하고 인체에 무해하다.
   ② 전기절연성이 우수하여 전기화재에도 적합하다.
   ③ 소화약제의 수명이 반영구적이어서 경제성이 높다.
   ④ 타 소화약제와 병용사용이 가능하다.
   ⑤ 표면화재 및 심부화재에 적합하다.
2) 단점
   ① 별도의 가압원이 필요하다.
   ② 소화 후 잔유물이 남는다.

02 분말소화약제의 일반적인 성질(물리적 성질)을 설명하시오.

▶풀이및정답
① 겉보기 비중이 0.82 이상일 것
② 분말의 미세도는 20~25㎛
③ 유동성이 좋을 것
④ 흡수률이 낮을 것
⑤ 고화현상이 잘 일어나지 않을 것
⑥ 발수성이 좋을 것

03 분말소화약제의 종류를 답하시오.

▶풀이및정답

종류	주성분	착색	적응화재	충전비 (L/kg)	저장량 (kg)	순도 (함량)
제1종	탄산수소나트륨 ($NaHCO_3$)	백색	BC	0.8	50	90% 이상
제2종	탄산수소칼륨 ($KHCO_3$)	담자색 (담회색)	BC	1	30	92% 이상
제3종	인산암모늄 ($NH_4H_2PO_4$)	담홍색	ABC	1	30	75% 이상
제4종	탄산수소칼륨 + 요소 ($KHCO_3 + (NH_2)_2CO$)	회(백)색	BC	1.25	20	–

예상문제

04 비누화현상에 대해 설명하시오.

▶풀이및정답 에스테르가 알칼리에 의해 가수분해 되어 알코올과 산의 알칼리염이 되는 반응으로 주방의 식용유화재시에 나트륨이 기름을 둘러쌓아 외부와 분리시켜 질식소화 및 재발화 억제효과를 나타낸다.

※ 가수분해 [加水分解, hydrolysis]
자연계의 화학반응 중에 물분자가 작용하여 일어나는 분해반응이다. 금속염이 물과 반응하여 산성 또는 알칼리성 물질이 되는 반응이나 사람의 소화기 내에서 음식이 소화되는 과정 등이 대표적인 가수분해이다.

05 정압작동장치의 기능 및 종류를 설명하시오.

▶풀이및정답 저장용기의 내부압력이 설정압력이 되었을 때 주밸브를 개방하는 장치
① 봉판식 : 저장용기에 가압용 가스가 충전되어 밸브의 봉판이 작동압력에 도달되면 밸브의 봉판이 개방되어 주밸브를 개방시키는 방식
② 기계식 : 저장용기 내의 압력이 작동압력에 도달되면 밸브가 작동되어 정압작동레버가 이동하면서 주밸브를 개방시키는 방식
③ 압력스위치식 : 가압용 가스가 저장용기 내에 가압되어 압력스위치가 동작되면 솔레노이드 밸브가 동작되어 주밸브를 개방시키는 방식

06 방호구역의 체적이 1500m³인 실에 전역방출방식의 분말소화설비를 설치하려고 할 때 다음 물음에 답하시오.

> **조건**
> 1. 분말약제는 인산암모늄염을 사용한다.
> 2. 개구부의 면적은 3.25m²이며, 자동폐쇄장치가 없다.
> 3. 설비방식은 가압식이며, 추진가스로는 질소를 사용한다.
> 4. 질소용기의 내용적은 68L이다.
> 5. 질소용기의 내부압력은 최대 150kgf/cm²(게이지압)이다. (대기압은 1.0332kgf/cm²)
> 6. 저장용기실의 온도는 20℃이다.

1) 분말소화약제의 저장량은 몇 kg인가?
2) 분말소화약제 저장용기의 내용적은 최소 몇 L인가?
3) 질소용기의 필요병수는 최소 몇 병인가?
4) 개폐밸브 직후의 유량(kg/sec)은?

▶풀이및정답 1) $W(kg) = V(m^3) \times \alpha(kg/m^3) + A(m^2) \times \beta(kg/m^2)$
$= (1,500m^3 \times 0.36kg/m^3) + (3.25m^2 \times 2.7kg/m^2) = 548.78kg$
2) 3종 분말의 경우 약제1kg당 용기체적 1L이상이므로 548.78L

3) 가압식, 질소를 이용하는 경우 1기압, 35℃에서 분말약제 1kg당 40L 질소 필요.
따라서 $548.78kg \times 40l/kg = 21,951l$

$\dfrac{P_1 V_1}{T_1} = \dfrac{P_2 V_2}{T_2}$ 에서

$V_2 = \dfrac{T_2 P_1}{T_1 P_2} \times V_1 = \dfrac{293K \times 1.0332 kgf/cm^2}{308K \times 151.0332 kgf/cm^2} \times 21,951l = 142.85l$

병수 $= \dfrac{142.85l}{68l/병} = 2.1$

따라서 3병

4) $\dfrac{548.78\,kg}{30\sec} = 18.29 kg/\sec$

07
위험물을 저장하는 옥내저장소에 전역방출방식의 제3종 분말소화설비를 설치하고자 한다. 방호대상이 되는 옥내저장소의 용적은 3,000m³이며, 갑종방화문이 설치되지 않은 개구부의 면적은 20m²이고 방호구역 내에 설치되어 있는 불연성 물체의 용적은 500m³이다. 분말약제소요량을 구하시오.

▲풀이및정답

$W(kg) = V(m^3) \times \alpha(kg/m^3) + A(m^2) \times \beta(kg/m^2)$
$= (2,500m^3 \times 0.36kg/m^3) + (20m^2 \times 2.7kg/m^2) = 954kg$

08
분말소화설비를 국소방출방식으로 다음 조건과 같이 설치할 때 다음 물음에 답하시오.

조건
1. 방호대상물의 크기는 가로 1.5m, 세로 1m, 높이 0.5m이다.
2. 분말약제는 3종분말을 사용한다.

1) 방호대상물 주변에 벽이 없다면 필요약제량은 최소 몇 kg인가?
2) 세로 1m, 높이 0.5m의 한 쪽이 벽에 접촉되어 있다면 필요약제량은 최소 몇 kg인가?

▲풀이및정답

1) $W = V(m^3) \times (X - Y\dfrac{a}{A})(kg/m^3) \times \beta$

방호공간의 체적 $V(m^3) = (1.5m + 1.2m) \times (1m + 1.2m) \times (0.5m + 0.6m)$
$= 6.534 ≒ 6.53m^3$

$X = 3.2, Y = 2.4, \beta = 1.1$ 적용 $a = 0$ 이므로 X값만 적용
$W = 6.53(m^3) \times (3.2)(kg/m^3) \times 1.1 = 22.985 ≒ 22.99kg$

2) $W = V(m^3) \times (X - Y\dfrac{a}{A})(kg/m^3) \times \beta$

방호공간의 체적 $V(m^3) = (1.5m + 0.6m) \times (1m + 1.2m) \times (0.5m + 0.6m)$
$= 5.082 ≒ 5.08m^3$

방호대상물 주위 설치된 벽면적 $a = (1m + 1.2m) \times (0.5m + 0.6m) = 2.42m^2$

예상문제

방호공간의 벽면적
$$A = [(1.5m + 0.6m) \times (0.5m + 0.6m) \times 2] + [(1m + 1.2m) \times (0.5m + 0.6m) \times 2]$$
$$= 9.46 m^2$$
$X = 3.2, Y = 2.4, \beta = 1.1$ 적용
$$W = 5.08\,(m^3) \times \left(3.2 - 2.4 \times \frac{2.42}{9.46}\right)(kg/m^3) \times 1.1 = 14.45 kg$$

09 실의 체적이 11m(가로)×9m(세로)×4.5m(높이) 인 장소에 전역방출방식의 축압식 1종분말 소화설비를 설치하였다. 다음 물음에 답하시오.

> **조건**
> 1. 개구부 : $0.7m^2$ 1개소, $0.96m^2$ 1개소(개구부에 자동폐쇄장치는 설치되어있지 않다)
> 2. 방호대상물에 기둥이 가로 1m, 세로 1m, 높이 4.5m로 1개가 설치되어 있고, 보는 너비 0.6m, 높이 0.4m로 가로열에 2개의 수평보가 설치되어 있다(보와 기둥의 겹치는 부분은 없다고 가정).
> 3. 기둥과 보는 내열성이며 방호구역에서 제외한다.
> 4. 용기 1병당 내용적은 50L이다.
> 5. 헤드 1개의 분당 방출률은 $1.5kg/mm^2$·분·개이다.
> 6. 헤드는 총 10개가 설치되어 있다.

1) 소요약제량(kg)
2) 약제의 소요병수
3) 헤드1개의 방출량(kg/s)
4) 헤드의 등가분구면적(mm^2)
5) 저장되어있는 모든약제 방사시 화학식과 생성되는 이산화탄소의 질량, 체적을 구하시오 (방사시 압력은 1.3기압, 온도는 40℃이다).

◀풀이및정답
1) $W = V \times \alpha + A \times \beta$
$= (11 \times 9 \times 4.5 - 1 \times 1 \times 4.5 - 0.6 \times 0.4 \times 11 \times 2)m^3 \times 0.6 kg/m^3$
$+ (0.7 + 0.96)m^2 \times 4.5 kg/m^2 = 268.9 kg$

2) 1병당 저장량 : $C = \frac{V}{G}$, $0.8 = \frac{50}{G}$ ∴ $G = 62.5 kg$

따라서 $\frac{268.9 kg}{62.5 kg/병} = 4.3$ ∴ 5병

3) 헤드 1개 방출량(kg/s) $= \frac{5 \times 62.5 kg}{10개 \times 30s} = 1.04 kg/s$

4) 등가분구면적 $= \frac{헤드1개\ 방출량(kg)}{방출률(1.5kg/mm^2 \cdot 분 \cdot 개) \times 방출시간(분)}$
$= \frac{5 \times 62.5 kg \div 10}{1.5 kg/mm^2 \cdot 분 \cdot 개 \times 0.5분} = 41.67 mm^2$

5) $2NaHCO_3 \rightarrow Na_2CO_3 + H_2O + CO_2 - Q\,kcal$
$62.5 kg/병 \times 5병 = 312.5 kg$

NaHCO₃ 1kmol = 84kg

따라서 $\frac{312.5}{84} = 3.72$kmol 반응

3.72kmol 열분해시 1.86kmol의 이산화탄소 생성

따라서 1.86kmol × 44kg/mol = 81.84kg 이산화탄소 생성

$PV = \frac{W}{M}RT$

$V = \frac{WRT}{PM} = \frac{81.84\text{kg} \times 0.082\text{atm} \cdot \text{m}^3/\text{kmol} \cdot \text{K} \times 313\text{K}}{1.3\text{atm} \times 44\text{kg/kmol}} = 36.72\text{m}^3$

10 분말소화설비의 Knock-down 효과와 분말소화약제의 비누화현상에 대해 간단히 설명하시오.

① 넉다운효과 : 연소중의 불꽃 규모보다 방출율을 크게하여 불꽃을 입체적으로 두껍게 포위하면서 부촉매작용으로 순식간에 사그라지게 하는 효과
② 비누화현상 : 제1종 분말소화약제를 지방질유나 식용유의 화재에 사용하면 탄산수소나트륨의 Na⁺ 이온과 기름의 지방산이 결합하여 비누거품을 형성하게 된다. 이 비누거품이 가연물을 덮어 산소공급을 차단하여 질식효과를 갖는 현상

11 분말소화설비에 대한 ( ) 안에 알맞은 용어를 써 넣으시오.

(①)는 소화약제의 방출 후 송출배관 내에 잔존하는 분말약제를 배출시키는 배관청소용으로 사용되며, (②)는 약제방출 후 약제 저장용기 내의 잔압을 배출시키기 위한 것이다.

① 크리닝밸브 ② 배기밸브
※ 크리닝밸브(Cleaning Valve)는 소화약제의 방출 후 송출배관 내에 잔존하는 분말약제를 배출시키는 배관청소용으로 사용되며, 배기밸브(Drain Valve)는 약제방출 후 약제 저장용기 내의 잔압을 배출시키기 위한 것이다.

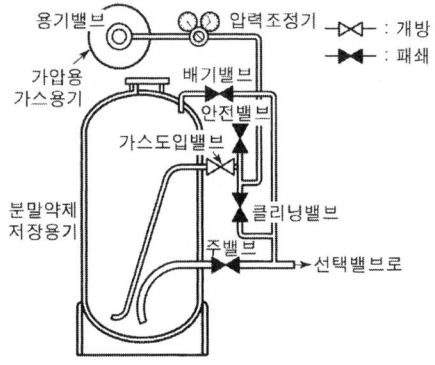

예상문제

12 전기실에 제1종 분말소화약제를 사용한 분말소화설비를 전역방출방식의 가압식으로 방호구역의 체적이 500m³인 곳에 설치하였다. 다음 각 물음에 알맞게 답하시오.

1) 제1종 분말소화약제의 저장량(kg)을 계산하시오. (단, 방호구역의 개구부 면적은 10[m²]이다)
2) 가압용가스로 질소를 사용할 경우 필요한 질소의 양(L)을 계산하시오.
3) 가압용 가스용기의 수량을 계산하시오.(단, 가압용 가스용기는 내용적 68l, 충전압력은 게이지압 150[atm], 충전 시 온도 20℃이다)
4) 저장 용기에 설치하는 안전밸브의 작동압력기준을 답하시오.
5) 방호구역에 설치하여야 하는 분사헤드 수량을 계산하시오. (단, 분사헤드 1개당 표준방사량은 11.5[kg/min]이다)

풀이및정답

1) $W = V \times \alpha + A \times \beta = 500m^3 \times 0.6kg/m^3 + 10m^2 \times 4.5kg/m^2 = 345kg$

2) $345kg \times 40L/kg = 13800L$

3) $\dfrac{P_1 V_1}{T_1} = \dfrac{P_2 V_2}{T_2}$

   $V_2 = V_1 \times \dfrac{T_2}{T_1} \times \dfrac{P_1}{P_2} = 13800L \times \dfrac{273+20}{273+35} \times \dfrac{1}{150+1} = 86.939 ≒ 86.94L$

   ∴ $\dfrac{86.94L}{68L/병} = 1.28$ ∴ 2병

4) 최고사용압력의 1.8배 이하
   cf) 축압식의 경우 내압시험압력의 0.8배 이하

5) 헤드수 = $\dfrac{총\ 방사유량(kg/s)}{헤드1개\ 방사량(kg)} = \dfrac{345kg \div 30sec}{11.5kg \div 60sec} = 60개$

옥외소화전설비(NFTC109) 예상문제

01 어떤 소방대상물에 옥외소화전 5개를 화재안전기준과 다음 [조건]에 따라 설치하려고 한다. 다음 각 물음에 답하시오.

> **조건**
> 1. 옥외소화전은 지상용 A형을 사용한다.
> 2. 펌프에서 첫 번째 옥외소화전까지의 직관길이는 200m, 관의 내경은 100mm이다.
> 3. 펌프의 양정 H=50m, 효율 η=65%이다.
> 4. 모든 규격치는 최소량을 적용한다.

1) 수원의 최소 유효저수량은 몇 m³인가?
2) 펌프의 최소 토출유량(m³/min)은 얼마인가?
3) 직관부분에서의 마찰손실수두는 얼마인가? (Darcy Weisbach식을 사용하고 마찰계수는 0.02이다)
4) 펌프의 최소 동력은 몇 kW인가?

풀이및정답

1) Q=N×7m³ [Q : 수원의 양(m³), N : 소화전의 수(최대 2개)]
   ∴ Q=2×7m³=14m³

2) Q=N×350L/min [Q : 토출유량(L/min), N : 소화전의 수(최대 2개)]
   ∴ Q=2×350L/min=700L/min=0.7m³/min

3) $h_L = f \dfrac{L}{D} \dfrac{U^2}{2g}$ [f(마찰계수)=0.02, D(배관의 직경)=0.1m, L(직관의 길이)=200m]

   $U(유속) = \dfrac{Q}{A} = \dfrac{\dfrac{0.7}{60} m^3/sec}{\dfrac{\pi \times 0.1^2}{4} m^2} = 1.486 m/sec$, g(중력가속도)=9.8m/sec²

   ≒ 1.49m/s

   ∴ $h_L = 0.02 \times \dfrac{200m}{0.1m} \times \dfrac{(1.49m/sec)^2}{2 \times 9.8m/sec^2} = 4.530m \fallingdotseq 4.53m$

4) $kW = \dfrac{H \times \gamma \times Q}{\eta \times 102}$ [H : 전양정(m), γ : 비중량(kgf/m³), Q : 유량(m³/sec), η : 효율]

   ∴ $kW = \dfrac{50m \times 1{,}000 kgf/m^3 \times \dfrac{0.7}{60} m^3/sec}{0.65 \times 102} = 8.8 kW$

예상문제

02 다음 물음에 답하시오.

아래 그림은 어느 소방대상물에 설치된 옥외소화전의 배관도이며, 가~마는 옥외소화전 방수구를 나타내고 있다. 빈 칸을 채우고 경수선도를 완성하시오.

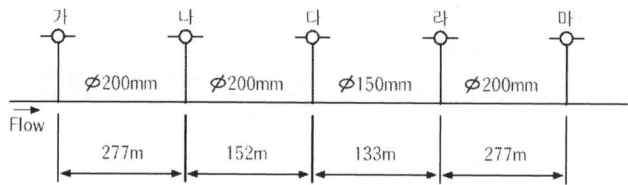

1) 주어진 조건을 이용하여 다음 표의 빈 칸을 채우시오.

항목 소화전	구경 (m)	실관장 (m)	측정압력 (kgf/cm²)		펌프~노즐까지의 마찰손실압력 (kgf/cm²)	소화전 간의 배관마찰손실 (kgf/cm²)	Gauge Elevation (kgf/cm²)	경사선의 Elevation (kgf/cm²)
			정압	방사압력				
가	–	–	5.57	4.9	①	–	0.29	5.19
나	200	277	5.17	3.79	②	⑤	0.69	⑩
다	200	152	5.72	2.96	③	1.38	⑧	3.1
라	150	133	5.86	1.72	4.14	⑥	0	⑪
마	200	277	5.52	0.96	④	⑦	⑨	⑫

(단, 기준 Elevation에서의 정압은 5.86kgf/cm²이다.)

2) 완성된 표를 근거로 하여 아래 그림을 완성하시오.

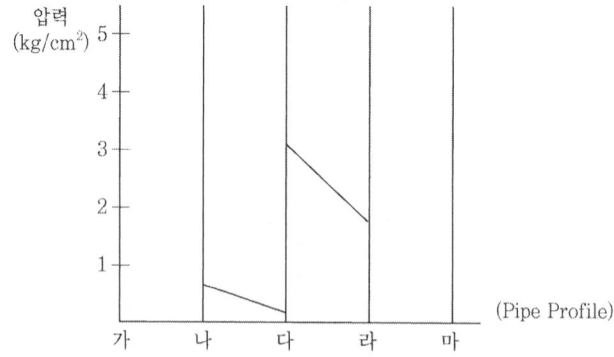

(Pipe Profile)

▶풀이및정답 1)

항목 소화전	구경 (m)	실관장 (m)	측정압력 (kgf/cm²)		펌프~노즐까지의 마찰손실압력 (kgf/cm²)	소화전 간의 배관마찰손실 (kgf/cm²)	Gauge Elevation (kgf/cm²)	경사선의 Elevation (kgf/cm²)
			정압	방사압력				
가	-	-	5.57	4.9	5.57-4.9=0.67	-	0.29	5.19
나	200	277	5.17	3.79	5.17-3.79=1.38	1.38-0.67=0.71	0.69	3.79+0.69=4.48
다	200	152	5.72	2.96	5.72-2.96=2.76	1.38	5.86-5.72=0.14	3.1
라	150	133	5.86	1.72	4.14	4.14-2.76=1.38	0	1.72+0=1.72
마	200	277	5.52	0.96	5.52-0.96=4.56	4.56-4.14=0.42	5.86-5.52=0.34	0.96+0.34=1.3

① 0.67 ② 1.38 ③ 2.76 ④ 4.56 ⑤ 0.71 ⑥ 1.38
⑦ 0.42 ⑧ 0.14 ⑨ 0.34 ⑩ 4.48 ⑪ 1.72 ⑫ 1.3

2)

구분\소화전	가	나	다	라	마
정압	5.57	5.17	5.72	5.86	5.52
방사압력	4.9	3.79	2.96	1.72	0.96

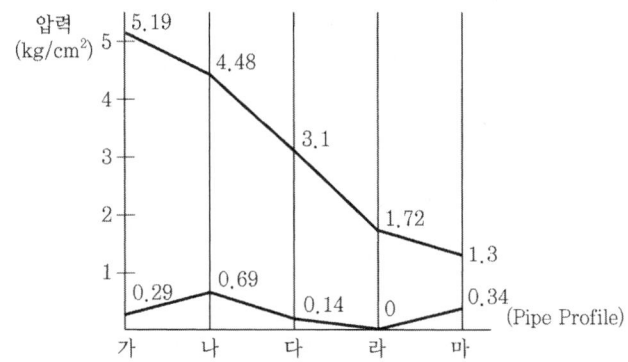

03 다음 ( )안에 알맞은 답을 넣으시오.

옥외소화전설비의 수원은 그 저수량이 옥외소화전 설치 개수[옥외소화전이 (①)개 이상 설치된 경우에는 (②)개]에 (③)m³를 곱한 양 이상이 되도록 하여야 한다. 옥외소화전의 가압송수장치는 설치된 옥외소화전을 동시에 사용할 경우 [(④)개 이상 설치된 경우에는 (⑤)개의 옥외소화전] 각 소화전이 노즐선단에서의 방수압력은 (⑥)MPa 이상이고 방수량은 1분당 (⑦)L 이상이 되는 성능의 것으로 하여야 한다. 옥외소화전함에는 (⑧)을 수납하고 옥외소화전으로부터 (⑨)m 이내의 장소에 설치하여야 하며, 소화함 표면에는 (⑩)이라고 표시한 표지를 하여야 한다.

▶풀이및정답 ① 2 ② 2 ③ 7 ④ 2 ⑤ 2 ⑥ 0.25 ⑦ 350
⑧ 호스 및 노즐 ⑨ 5 ⑩ 옥외소화전

예상문제

04 다음 조건을 보고 물음에 답하시오.

> **조건**
> 1. 각층별 바닥면적은 5,000[m²]이다.(가로 100[m], 세로 50[m])
> 2. 지하 1층, 지상 3층 건축물이다.
> 3. 옥외소화전 설치 시 외벽으로부터 옥외소화전까지의 이격거리는 5[m]이다.
> 4. 펌프실은 지하1층에 설치되어 있으며 펌프실에서 말단 옥외소화전 방수구까지의 수직거리는 6[m], 마찰손실수두는 10[m]이다.
> 5. 호스에서의 마찰손실수두는 4[m]이다.

1) 호스접결구의 수평거리기준에 대해 기술하시오.
2) 옥외소화전 하나당 외벽부분의 방호거리(m)를 구하시오.
3) 옥외소화전의 설치수를 구하시오.
4) 옥외소화전 펌프에 필요한 최소양정(m)을 구하시오.
5) 옥외소화전 펌프의 최소토출량(L/min) 및 수원의 양(m³)을 구하시오.
6) 펌프의 동력(kW)을 구하시오. [효율 70%, 전달계수=1.1]

◀풀이및정답
1) 소방대상물의 각 부분으로부터 하나의 호스접결구까지의 수평거리가 40[m] 이하일 것
2) 외벽방호거리(m) = $2 \times \sqrt{40^2 - 5^2} = 79.37\text{m}$
3) $\dfrac{300\text{m}}{79.37\text{m}} = 3.78$ ∴ 4개
4) $H = h_1 + h_2 + h_3 + 25\text{m} = 10\text{m} + 4\text{m} + 6\text{m} + 25\text{m} = 45\text{m}$
5) ① 토출량 $Q = N \times 350\text{L/min} = 2 \times 350\text{L/min} = 700\text{L/min}$
   ② 수원의 양 $Q = N \times 7\text{m}^3 = 2 \times 7\text{m}^3 = 14\text{m}^3$
6) $P(\text{kW}) = \dfrac{\gamma \cdot Q \cdot H}{102 \cdot \eta} K = \dfrac{1000 \times \left(\dfrac{0.7}{60}\right) \times 45}{102 \times 0.7} \times 1.1 = 8.088 ≒ 8.09\text{kW}$

고체에어로졸 소화설비(NFTC110) 예상문제

01 고체에어로졸소화설비에 대한 다음 각 용어의 정의를 기술하시오.
① "고체에어로졸소화설비"
② "고체에어로졸화합물"
③ "고체에어로졸"
④ "고체에어로졸발생기"

▶풀이및정답
① "고체에어로졸소화설비"란 설계밀도 이상의 고체에어로졸을 방호구역 전체에 균일하게 방출하는 설비로서 분산(Dispersed)방식이 아닌 압축(Condensed)방식을 말한다.
② "고체에어로졸화합물"이란 과산화물질, 가연성물질 등의 혼합물로서 화재를 소화하는 비전도성의 미세입자인 에어로졸을 만드는 고체화합물을 말한다.
③ "고체에어로졸"이란 고체에어로졸화합물의 연소과정에 의해 생성된 직경 10 μ m 이하의 고체 입자와 기체 상태의 물질로 구성된 혼합물을 말한다.
④ "고체에어로졸발생기"란 고체에어로졸화합물, 냉각장치, 작동장치, 방출구, 저장용기로 구성되어 에어로졸을 발생시키는 장치를 말한다.

02 고체에어로졸소화설비의 설치제외장소를 기술하시오.

▶풀이및정답
① 니트로셀룰로오스, 화약 등의 산화성 물질
② 리튬, 나트륨, 칼륨, 마그네슘, 티타늄, 지르코늄, 우라늄 및 플루토늄과 같은 자기반응성 금속
③ 금속 수소화물
④ 유기 과산화수소, 히드라진 등 자동 열분해를 하는 화학물질
⑤ 가연성 증기 또는 분진 등 폭발성 불질이 대기에 존재할 가능성이 있는 장소

03 방호체적이 200m³인 장소에 150g/m³의 소화밀도로 소화하는 경우 필요한 고체에어로졸의 약제량(kg)을 구하시오.

▶풀이및정답
$m = d \times V$
m = 필수소화약제량(g)
d : 설계밀도(g/m³) = 소화밀도(g/m³) × 1.3 (안전계수)
소화밀도 : 형식승인받은 제조사의 설계매뉴얼에 제시된 소화밀도
V = 방호체적(m³)
$m = 150g/m^3 \times 1.3 \times 200m^3 = 39,000g = 39kg$
∴ 39kg

예상문제

04 방호체적이 200m³인 장소에 150g/m³의 소화밀도로 소화하는 경우 필요한 고체에어로졸 최소 방출량(kg/min)을 구하시오.

▶풀이 및 정답

1분 이내에 설계밀도의 95% 이상에 해당하는 약제가 방사

따라서 질량유량$(kg/\min) = \dfrac{150g/m^3 \times 1.3 \times 200m^3 \times 0.95}{1\min} = 37.05 kg/\min$

∴ 37.05kg/min

피난기구(NFTC301) 예상문제

01 다음의 표를 완성하시오.

설치장소별 구분 / 층별	지하층	3층	4층 이상 10층 이하
의료시설·근린생활시설 중 입원실이 있는 의원·접골원·조산원	①	②	③
근린생활시설(입원실이 있는 의원·산후조리원·접골원·조산원은 제외한다.)·위락시설·문화집회 및 운동시설·판매시설 및 영업시설·숙박시설·공동주택·업무시설·통신촬영시설·교육연구시설·공장·운수자동차관련시설(주차용건축물 및 차고, 세차장, 폐차장 및 주차장을 제외한다)·관광휴게시설(야외음악당 및 야외극장을 제외한다)·의료시설 중 장례식장등 그 밖의 것	④	⑤	⑥

◆풀이및정답
① 피난용트랩
② 미끄럼대, 구조대, 다수인피난장비, 승강식피난기, 피난용트랩, 피난교
③ 구조대, 다수인피난장비, 승강식피난기, 피난용트랩, 피난교
④ 피난사다리, 피난용트랩
⑤ 미끄럼대, 구조대, 다수인피난장비, 승강식피난기, 완강기, 간이완강기, 공기안전매트, 피난교, 피난사다리, 피난용트랩
⑥ 구조대, 다수인피난장비, 승강식피난기, 완강기, 간이완강기, 공기안전매트, 피난사다리, 피난교

02 피난기구 설치개수 선정기준의 다음 ( )안을 채우시오.

1. 층마다 설치하되, 숙박시설·노유자시설 및 의료시설로 사용되는 층에 있어서는 그 층의 바닥면적 ([m^2]마다, 위락시설·문화집회 및 운동시설·판매시설로 사용되는 층 또는 복합용도의 층(하나의 층이 「소방시설 설치유지 및 안전관리에 관한 법률 시행령」 별표 2 제1호 내지 제4호 또는 제8호 내지 제18호 중 2 이상의 용도로 사용되는 층을 말한다)에 있어서는 그 층의 바닥면적 ([m^2])마다, 계단실형 아파트에 있어서는 (   )마다, 그 밖의 용도의 층에 있어서는 그 층의 바닥면적 1,000[m^2]마다 1개 이상 설치할 것
2. 제1호에 따라 설치한 피난기구 외에 숙박시설(휴양콘도미니엄을 제외한다)의 경우에는 추가로 (   )마다 (   )를 설치할 것
3. 제1호에 따라 설치한 피난기구 외에 아파트(주택법시행령 제48조의 규정에 따른 아파트에 한한다)

예상문제

의 경우에는 하나의 관리주체가 관리하는 아파트 구역마다 공기안전매트 1개 이상을 추가로 설치할 것. 다만, 옥상으로 피난이 가능하거나 인접세대로 피난할 수 있는 구조인 경우에는 추가로 설치하지 아니할 수 있다.

▲풀이및정답 500, 800, 각세대, 객실, 완강기 또는 2 이상의 간이완강기

03 승강식 피난기 및 하향식 피난구용 내림식사다리설치기준에 대한 다음 물음에 답하시오.
1) 대피실의 면적기준 및 하강구(개구부)규격기준
2) 대피실의 출입문 기준
3) 착지점과 하강구 상호수평거리
4) 대피실내에 설치 및 부착하여야 할 사항

▲풀이및정답
1) 대피실의 면적은 2[m^2](2세대 이상일 경우에는 3[m^2]) 이상으로 하고, 하강구(개구부) 규격은 직경 60[cm] 이상일 것
2) 대피실의 출입문은 갑종방화문으로 설치하고, 피난방향에서 식별할 수 있는 위치에 "대피실" 표지판을 부착할 것
3) 착지점과 하강구는 상호 수평거리 15[cm] 이상의 간격을 둘 것
4) ① 대피실 내에는 비상조명등을 설치할 것
② 대피실에는 층의 위치표시와 피난기구 사용설명서 및 주의사항 표지판을 부착할 것

04 피난기구를 제외할 수 있는 층에 대해 설명하시오.

▲풀이및정답 다음의 기준에 적합한 층
① 주요구조부가 내화구조로 되어 있어야 할 것
② 실내의 면하는 부분의 마감이 불연재료·준불연재료 또는 난연재료로 되어 있고 방화구획이 되어야 할 것
③ 거실의 각 부분으로부터 직접 복도로 쉽게 통할 수 있어야 할 것
④ 복도에 2 이상의 특별피난계단 또는 피난계단이 적합하게 설치되어 있어야 할 것
⑤ 복도의 어느 부분에서도 2 이상의 방향으로 각각 다른 계단에 도달할 수 있어야 할 것

05 피난기구를 제외할 수 있는 옥상의 직하층 또는 최상층의 구조를 설명하시오.

▲풀이및정답
① 주요구조부가 내화구조로 되어 있어야 할 것
② 옥상의 면적이 1,500[m^2] 이상이어야 할 것
③ 옥상으로 쉽게 통할 수 있는 창 또는 출입구가 설치되어 있어야 할 것
④ 옥상이 소방사다리차가 쉽게 통행할 수 있는 도로 또는 공지에 면하여 설치되어 있거나 옥상으로부터 피난층 또는 지상으로 통하는 2 이상의 피난계단 또는 특별피난계단이 설치되어 있는 경우

06 기타 피난기구를 제외할 수 있는 장소 및 대상을 기술하시오.

▲풀이및정답
① 주요구조부가 내화구조이고 지하층을 제외한 층수가 4층 이하이며 소방사다리차가 쉽게 통행할 수 있는 도로 또는 공지에 면하는 부분에 다음 기준을 모두 만족하는 개구부가 2 이상 설치되어 있는 층
  ㉠ 개구부의 크기가 지름 50[cm] 이상의 원이 내접할 수 있을 것
  ㉡ 그 층의 바닥으로부터 개구부 밑부분까지의 높이가 1.2[m] 이내일 것
  ㉢ 도로 또는 차량의 진입이 가능한 공지에 면할 것
  ㉣ 화재시 쉽게 피난할 수 있도록 창살 그 밖의 장애물이 설치되지 아니할 것
  ㉤ 내부 또는 외부에서 쉽게 파괴 또는 개방이 가능할 것
② 편복도형 아파트 또는 발코니 등을 통하여 인접세대로 피난할 수 있는 구조로 되어 있는 계단실형 아파트
③ 주요구조부가 내화구조로서 거실의 각 부분으로 직접 복도로 피난할 수 있는 학교
④ 무인공장 또는 자동창고로서 사람의 출입이 금지된 장소

07 내화구조 건축물에서 건널복도가 설치된 경우 건널복도의 수의 2배의 수를 뺀 수로 피난기구를 설치할 수 있다. 이때 건널복도의 구조에 대해 설명하시오.

▲풀이및정답
① 내화구조 또는 철골조로 되어 있을 것
② 건널복도 양단의 출입구에 자동폐쇄장치를 한 갑종방화문이 설치되어 있을 것
③ 피난·통행 또는 운반의 전용 용도일 것

08 다음 용어의 정의를 쓰시오.
1) 다수인피난장비
2) 승강식피난기
3) 하향식 피난구용 내림식사다리

▲풀이및정답
1) 다수인피난장비 : 화재시 2인 이상의 피난자가 동시에 해당층에서 지상 또는 피난층으로 하강하는 피난기구를 말한다.
2) 승강식피난기 : 사용자의 몸무게에 의하여 자동으로 하강하고, 내려서면 스스로 상승하여 연속적으로 사용할 수 있는 무동력승강식피난기를 말한다.
3) 하향식 피난구용 내림식사다리 : 하향식 피난구 해치에 격납하여 보관하고 사용시에는 사다리 등이 소방대상물과 접촉되지 아니하는 내림식 사다리를 말한다.

예상문제

09 노유자시설의 용도로 사용되는 각 층별 바닥면적이 1,800[m²]인 5층규모의 건물 지상부분에 설치할 수 있는 피난기구의 종류, 그리고 설치하여야 하는 층과 설치 수량을 산출하시오.

▶풀이 및 정답
1) 피난기구의 종류
   ① 1~3층의 경우 미끄럼대, 구조대, 피난교, 다수인피난장비, 승강식피난기
   ② 4, 5층의 경우 피난교, 다수인피난장비, 승강식피난기
2) 설치 층 : 전층(1~5층)
3) 설치 수 : $N = \dfrac{1800[m^2]}{500[m^2]} = 3.6$ ∴ 4개
   ∴ 4개×5개층＝20개

10 전층을 사무실용도로 사용하고 있는 지상15층 건축물에 피난기구로 완강기를 설치하고자 한다. 각 층의 바닥면적이 4,000[m²]라고 할 때 건물에 설치될 완강기의 총 소요대수를 구하시오.

조건
1. 주요구조부는 내화구조이고, 특별피난계단이 2 이상 설치되어 있다.
2. 각 사무실은 별도의 칸막이로 구획된 내부실이 있는 구조이다.

▶풀이 및 정답
$N = \dfrac{4000[m^2]}{1000[m^2]} = 4m/층$

감소규정적용 : $4개 \times \dfrac{1}{2} = 2개$

∴ 2개×8개층＝16개(3층~10층)   ∴ 16개

인명구조기구(NFTC302) 예상문제

01 다음 용어의 정의를 쓰시오.
1) 방열복
2) 공기호흡기
3) 인공소생기

▲풀이및정답
1) "방열복"이라 함은 고온의 복사열에 가까이 접근하여 소방활동을 수행할 수 있는 내열피복을 말한다.
2) "공기호흡기"라 함은 소화활동 시에 화재로 인하여 발생하는 각종 유독가스 중에서 일정시간 사용할 수 있도록 제조된 압축공기식 개인호흡장비를 말한다.
3) "인공소생기"라 함은 호흡 부전 상태인 사람에게 인공호흡을 시켜 환자를 보호하거나 구급하는 기구를 말한다.

02 인명구조기구의 설치대상 및 설치하여야 하는 인명구조기구의 종류/ 설치수를 설명하시오.

▲풀이및정답
1) 인명구조기구는 지하층을 포함하는 층수가 7층 이상인 관광호텔 및 5층 이상인 병원에 설치하여야 한다. 다만, 병원의 경우에는 인공소생기를 설치하지 않을 수 있다.
2) 보조마스크가 장착된 인명구조용 공기호흡기(충전기는 제외한다)는 다음의 기준에 따라 갖추어 두어야 한다.
  ① 수용인원 100명 이상의 문화 및 집회시설 중 영화상영관, 판매시설 중 대규모점포, 철도 및 도시철도 시설 중 지하역사, 지하가 중 지하상가에는 층마다 두 대 이상 갖추어 두어야 한다.
  ② 물분무등소화설비를 설치하여야 하는 특정소방대상물 중 이산화탄소소화설비를 설치한 경우 해당 특정소방대상물의 출입구 외부 인근에 한 대 이상 갖추어 두어야 한다.

03 인명구조기구의 설치기준을 쓰시오.

▲풀이및정답
① 화재시 쉽게 반출 사용할 수 있는 장소에 비치할 것
② 인명구조기구가 설치된 가까운 장소의 보기 쉬운 곳에 "인명구조기구"라는 표지판 등을 설치할 것

예상문제

소화용수설비(NFTC401. 402) 예상문제

01 소화용수설비에 대한 다음 물음에 답하시오.

1) 소화수조 또는 저수조가 지표면으로부터의 깊이가 몇 m 이상인 지하에 있는 경우에는 가압송수장치를 설치하여야 하는가?
2) 가압송수장치의 설치이유는?

▲풀이및정답 1) 4.5m
2) 소화수조 또는 저수조가 지표면으로부터 깊이가 4.5m 이상인 경우 소방차가 소화용수를 흡입하지 못하므로

02 소화수조 및 저수조의 화재안전기준(NFTC 402)에 대하여 조건에 따라 다음 물음에 답하시오.

> **조건**
> 1. 건축물의 연면적 : 38,500m²
> 2. 층별 바닥면적 : 지하 1층(2000m²), 지상 1층(13,500m²), 지상 2층(13,500m²), 지상 3층(9500m²)
> 3. 대지경계선으로부터 180m 이내에 75mm 이상의 상수도관이 설치되지 않아 전용의 소화수조를 설치한다.

1) 지하수조를 설치할 경우의 저수조에 확보 하여야 할 저수량(m³)을 구하시오
2) 저수조에 설치하여야 할 흡수관 투입구, 채수구 설치수량을 구하시오.

▲풀이및정답 1) 1, 2층 바닥면적의 합이 27,000m²이므로

$$\frac{\text{연면적}}{7,500\text{m}^2} = \frac{38,500\text{m}^2}{7,500\text{m}^2} = 5.13 \therefore 6$$

저수량$= 6 \times 20\text{m}^3 = 120\text{m}^3$

2) ① 흡수관투입구는 저수조의 소요수량이 80m³ 이상이므로 2개를 설치하여야 한다.
② 채수구의 설치수량은 저수조의 소요수량이 100m³ 이상이므로 3개를 설치하여야 한다.

제연설비(NFTC501) 예상문제

01 제연방식의 종류를 설명하시오.

① 자연제연방식
② 스모크타워제연방식(루프모니터)
③ 기계제연방식
 - 제1종(송풍기+배출기)
 - 제2종(송풍기)
 - 제3종(배출기)

02 스모크타워 제연방식에 대해 설명하시오.

루프모니터를 사용하여 제연하는 방식으로 고층빌딩에 적합하다.
※ 루프모니터 : 창살이나 넓은 유리창이 달린 지붕위의 원형구조물

03 스모크해치에 대해 설명하시오.

공장, 창고 등 단층의 바닥면적이 큰 건물의 지붕에 설치하는 배연구로서 드래프트 커텐과 연동하여 연기를 외부로 배출시킨다.

04 제연설비에서 요구되는 이론적 풍량이 600m³/min이고 이때의 풍압이 2.5mmHg로 하려면 전동기의 용량은 몇 kW의 것으로 설치하여야 하는가? (단, 누연량은 0.5m³/sec이며, 누설 손실압력은 0.02mmHg이고 전동기의 효율은 60%, 전달계수는 1.1이다)

$P(\text{kW}) = \dfrac{P \times Q}{102\eta} K$ [P : 풍압(kgf/m²), Q : 풍량(m³/sec), η : 효율, K : 전달계수]

P : 풍압 = 2.5mmHg + 0.02mmHg = 2.52mmHg

$2.52\text{mmHg} \times \dfrac{10332\text{kgf/m}^2}{760\text{mmHg}} = 34.258 ≒ 34.26\text{kgf/m}^2$

Q : 풍량 = $\dfrac{600\text{m}^3}{\text{min}} \times \dfrac{1\text{min}}{60\text{sec}} + 0.5\text{m}^3/\text{sec} = 10.5\text{m}^3/\text{sec}$

∴ $P(\text{kW}) = \dfrac{P \times Q}{102\eta} K = \dfrac{34.26 \times 10.5}{102 \times 0.6} \times 1.1 = 6.465 ≒ 6.47\text{kW}$

05 바닥면적이 380m²인 경유거실의 제연설비에 대해 다음 물음에 답하시오.

1) 소요 배출량(CMH)을 산출하시오.

예상문제

2) 흡입측 풍도(DUCT)의 높이를 600mm로 할 때 풍도의 최소 폭은 얼마(mm)인가? (단, 풍도내 풍속은 화재안전기준을 근거로 한다)
3) 송풍기의 전압이 50mmAq이고 효율이 55%인 다익송풍기 사용시 축동력(kW)을 구하시오 (단, 회전수는 1200rpm, 여유율은 20%).
4) 제연설비의 회전차 크기를 변경하지 않고 배출량을 20% 증가시키고자 할 때 회전수(rpm)를 구하시오.
5) 4)항의 회전수(rpm)로 운전할 경우 전압(mmAq)을 구하시오.
6) 3)항에서의 계산결과를 근거로 15kW 전동기를 설치 후 풍량의 20%를 증가시켰을 경우 전동기 사용 가능여부를 설명하시오(계산과정을 나타낼 것).

풀이및정답

1) 400㎡ 미만인 경우 거실의 소요배출량
$$Q(m^3/hr) = A(m^2) \times 1m^3/m^2 \cdot min \times 60min/hr$$
$$= 380m^2 \times 1m^3/m^2 \cdot min \times 60min/hr$$
$$= 22,800 m^3/hr$$

2) 배출기의 흡입측 주덕트의 풍속은 15m/sec 이하이어야 하므로

흡입측 덕트의 단면적 $A = \dfrac{Q}{U} = \dfrac{\dfrac{22,800}{3,600} m^3/sec}{15 m/sec} = 0.422 m^3 ≒ 0.42 m^2$

덕트의 단면적 = 높이 × 폭

$\therefore$ 폭 $= \dfrac{단면적(m^2)}{높이(m)} = \dfrac{0.42 m^2}{0.6 m} = 0.7 m = 700 mm$

3) 축동력(kW) $= \dfrac{P \times Q}{102 \times \eta} = \dfrac{50 kgf/m^2 \times (22,800/3,600) m^3/sec}{102 \times 0.55} = 5.64 kW$

4) 상사법칙에 의해 배출기의 배출량은 배출기의 회전수에 정비례하므로

$N_2 = \dfrac{Q_2}{Q_1} \times N_1$ (Q : 배출량, N : 회전수)

$\therefore N_2 = \dfrac{(22,800 \times 1.2) m^3/hr}{22,800 m^3/hr} \times 1,200 rpm = 1,440 rpm$

5) 상사법칙에 의해 배출기의 전압은 배출기의 회전수에 제곱에 비례하므로

$P_2 = \left(\dfrac{N_2}{N_1}\right)^2 \times P_1$ (P : 전압, N : 회전수), $\left[H_2 = \left(\dfrac{N_2}{N_1}\right)^2 \times H_1\right]$

$\therefore P_2 = \left(\dfrac{1,440}{1,200}\right)^2 \times 50 mmAq = 72 mmAq$

6) 풍량의 20%를 증가시키기 위한 전동기의 동력(여유율 20%)

전동기동력(kW) $= \dfrac{P \times Q}{102 \times \eta} \times K$

$= \dfrac{72 kgf/m^2 \times \dfrac{(22,800 \times 1.2)}{3,600} m^3/sec}{102 \times 0.55} \times 1.2$

$= 11.7 kW$, 사용가능

06 어떤 지하상가 제연설비를 화재안전기준과 아래 조건에 따라 설치하려고 한다. 다음 각 물음에 답하시오.

> **조건**
> 1. 주덕트의 높이 제한은 600mm이다.
> 2. 배출기는 원심다익형이다.
> 3. 각 종 효율은 무시한다.
> 4. 예상 제연구역의 설계 배출량은 45,000[m³/hr]이다.

1) 배출기 흡입측 주덕트의 최소 폭[m]을 계산하시오.
2) 배출기 배출측 주덕트의 최소 폭[m]을 계산하시오.
3) 준공 후 풍량시험을 한 결과 풍량은 36,000[m³/hr] 회전수는 600[rpm], 축동력은 7.5[kW]로 측정되었다. 배출량 45,000[m³/hr]를 만족시키기 위한 배출기의회전수[rpm]를 계산하시오.
4) 회전수를 높여서 배출량을 만족시킬 경우의 예상 축동력[kW]을 계산하시오.

▲풀이및정답 1) 배출기의 흡입측 주덕트의 풍속은 15m/sec 이하이어야 하므로

흡입측 덕트의 단면적(A) = $\frac{Q}{U} = \frac{\frac{45,000}{3,600} \text{m}^3/\text{sec}}{15\text{m/sec}} = 0.833\,\text{m}^2 ≒ 0.83\text{m}^2$

덕트의 단면적 = 높이 × 폭

∴ 폭 = $\frac{\text{단면적}(\text{m}^2)}{\text{높이}(\text{m})} = \frac{0.83\text{m}^2}{0.6\text{m}} = 1.383\text{m} ≒ 1.38\text{m}$

2) 배출기의 배출측 주덕트의 풍속은 20m/sec 이하이어야 하므로

배출측 덕트의 단면적(A) = $\frac{Q}{U} = \frac{\frac{45,000}{3,600} \text{m}^3/\text{sec}}{20\text{m/sec}} = 0.625\,\text{m}^2 ≒ 0.63\text{m}^2$

∴ 폭 = $\frac{\text{단면적}(\text{m}^2)}{\text{높이}(\text{m})} = \frac{0.63\text{m}^2}{0.6\text{m}} = 1.05\text{m}$

3) 상사법칙에 의해 배출기의 배출량은 배출기 회전수에 정비례하므로

$Q_2 = \frac{N_2}{N_1} \times Q_1$ (Q : 배출량, N : 회전수)

∴ $N_2 = \frac{Q_2}{Q_1} \times N_1 = \frac{45,000\text{m}^3/\text{hr}}{36,000\text{m}^3/\text{hr}} \times 600\text{rpm} = 750\text{rpm}$

4) 상사법칙에 의해 축동력은 배출기 회전수의 삼승에 비례하므로

∴ $L_2 = \left(\frac{750\text{rpm}}{600\text{rpm}}\right)^3 \times 7.5\text{kW} = 14.648\text{kW} ≒ 14.65\text{kW}$

예상문제

07 제연구역의 바닥면적이 350m²일 때 제3종 기계제연방식으로 배연하기 위하여 필요한 배출기용 전동기의 용량(HP)을 조건을 참조하여 계산하시오.

조건
1. 배출기효율은 70%이고 전압은 500pa이다.
2. 거실은 피난을 위한 경유거실이다.
3. 동력전달 효율은 95%, 여유율은 10%로 한다.

▲풀이및정답 배출량(m³/hr) = 350m² × 1m³/m²·min × 60min = 21,000m³/hr
피난을 위한 경유거실이므로 배출량은 1.5배로 하여야 한다.
∴ 배출량 = 21,000m³/hr × 1.5 = 31,500m³/hr

전동기용량(HP) = $\dfrac{P \times Q}{\eta \times 76} \times K$ (P : 전압(kgf/m²), Q : 배출풍량(m³/sec), η : 효율)

$P(kgf/m^2) = \dfrac{500Pa}{101,325Pa} \times 10,332 kgf/m^2 = 50.98 kgf/m^2$

$Q(m^3/sec) = \dfrac{31,500 m^3}{3,600 sec} = 8.75 m^3/sec$

∴ $HP = \dfrac{50.98 kgf/m^2 \times 8.75 m^3/sec}{76 \times 0.7} \times \dfrac{1}{0.95} \times 1.1 = 9.71 HP$

08 아래 그림은 어느 거실에 대한 급기 및 배출풍도와 급기 및 배출 FAN을 나타내고 있는 평면도이다. 동일실 제연과 인접구역 상호제연 시 댐퍼의 개방 및 폐쇄여부를 기입하시오.

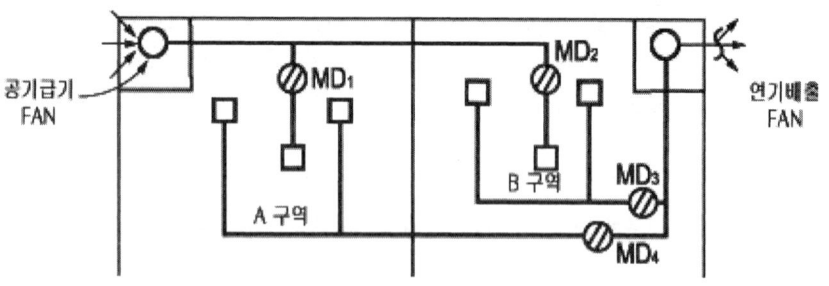

▲풀이및정답 • 동일실제연방식

화재구역	급기댐퍼		배연댐퍼	
A 구역	MD₁	(열림)	MD₄	(열림)
	MD₂	(닫힘)	MD₃	(닫힘)
B 구역	MD₂	(열림)	MD₃	(열림)
	MD₁	(닫힘)	MD₄	(닫힘)

- 인접구역상호제연방식

화재구역	급기댐퍼	배연댐퍼
A 구역	MD₂ (열림)	MD₄ (열림)
	MD₁ (닫힘)	MD₃ (닫힘)
B 구역	MD₁ (열림)	MD₃ (열림)
	MD₂ (닫힘)	MD₄ (닫힘)

09 아래 그림은 어느 예상제연구역의 무창층에 대한 제연설비 중 연기배출풍도와 배출 FAN을 나타내고 있는 평면도이다. 주어진 조건을 참조하여 다음 물음에 답하시오.

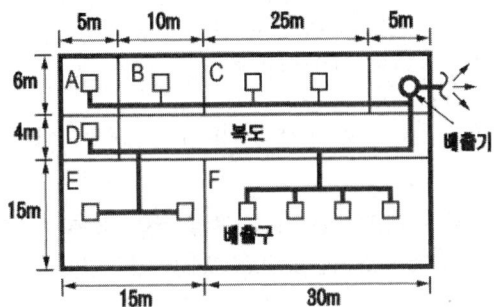

조건
1. 건물의 주요구조부는 모두 내화구조이며 각 실은 불연 구조물로 구획되어 있다.
2. 복도의 내부면은 모두 불연재이고 가연물을 두는 일은 없다.
3. 각 실에 대한 연기배출방식에서 공동배출방식은 없다.

1) 답안지의 그림에 제어댐퍼의 위치를 표시하시오. (단, 댐퍼의 표기의 모양으로 할 것)
2) 각 실 (A, B, C, D, E, F)의 최소 소요배출량은 얼마인가?
3) 배출 FAN의 최소 배출용량은 얼마인가?
4) C실에 화재가 발생했을 때 제어댐퍼의 개폐상태를 설명하시오.

▲풀이및정답 1)

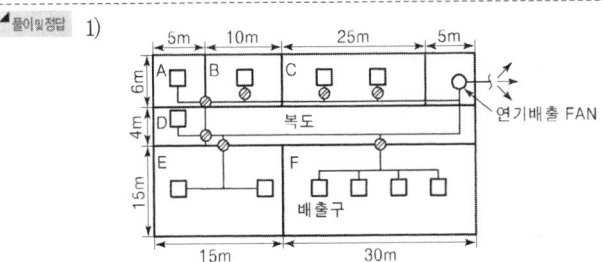

2) A실~E실 : 400m² 미만 and 경유거실이 없으므로
배출량(m³/min) = 바닥면적(m²) × 1m³/m²·min 이용

① A실 : $(6 \times 5)m^2 \times 1m^3/m^2 \cdot min \times 60min/hr = 1,800m^3/hr$
최소 $5,000m^3/hr$이상이므로
∴ $5,000m^3/hr$
② B실 : $(6 \times 10)m^2 \times 1m^3/m^2 \cdot min \times 60min/hr = 3,600m^3/hr$
최소 $5,000m^3/hr$ 이상이므로
∴ $5,000m^3/hr$
③ C실 : $(6 \times 25)m^2 \times 1m^3/m^2 \cdot min \times 60min/hr = 9,000m^3/hr$
④ D실 : $(4 \times 5)m^2 \times 1m^3/m^2 \cdot min \times 60min/hr = 1,200m^3/hr$
최소 $5,000m^3/hr$이상이므로
∴ $5,000m^3/hr$
⑤ E실 : $(15 \times 15)m^2 \times 1m^3/m^2 \cdot min \times 60min/hr = 13,500m^3/hr$
⑥ F실 : $400m^2$ 이상 and 40m 원범위 내에 있는 구역이므로
최소 $40,000m^3/hr$이상 이므로
∴ $40,000m^3/hr$
3) $40,000m^3/hr$
4) C실의 댐퍼 2개를 개방하고 나머지 실 댐퍼는 폐쇄 후 배출한다.

10 다음 그림과 같은 제연구역의 소요 배출량을 계산하여 보니 A(5000CMH), B(7000CMH), C(5000CMH), D(10000CMH), E(15000CMH)이었다. 아래 조건을 참고하여 다음 각 물음에 답하시오.

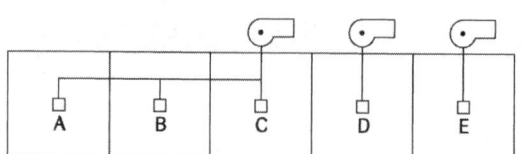

조건
1. 배출방식은 다음과 같다. ⓐ A, B, C는 공동 제연방식
　　　　　　　　　　　　　ⓑ D, E는 각각 독립 제연방식
2. 공동제연구역을 담당하는 배출기의소요전압이 30mmHg, 효율은 60%이고, 누연량은 3CMM이다.

1) 각 배출기의 배출풍량을 구하시오.
2) ABC 공동제연구역에 대한 다음 물음에 답하시오.
　① 배출기 흡입측 풍도의 단면적은 몇 m^2인가?
　② 배출기의 동력은 몇 kW인가?
3) D실에 급기해야 할 풍량은 몇 m^3/sec인가?
4) 위 제연설비의 방식은 무엇인가?

◀풀이및정답 1) A, B, C실의 경우 공동제연방식이므로 합한 풍량 선정.
$Q_1 = 5000\text{CMH} + 7000\text{CMH} + 5000\text{CMH} = 17000\text{CMH}$
$Q_2 = 10000\text{CMH}$
$Q_3 = 15000\text{CMH}$

2) ① 흡입측 단면적(m^2) $= \dfrac{배출풍량(m^3/\sec)}{15m/\sec} = \dfrac{17000m^3/3600\sec}{15m/\sec}$
$\qquad = 0.314m^2 \fallingdotseq 0.31m^2$

② 배출기동력(kW) $= \dfrac{P \times Q}{102 \times \eta}$

$P = 30mmHg \times \dfrac{10332 kgf/m^2}{760mmHg} = 407.84 kgf/m^2$

$Q = \dfrac{17000m^3}{3600\sec} + \dfrac{3m^3}{60\sec} = 4.772 m^3/\sec \fallingdotseq 4.77 m^3/\sec \qquad \eta = 0.6$

$\therefore P(kW) = \dfrac{407.84 \times 4.77}{102 \times 0.6} = 31.787 \fallingdotseq 31.79 kW$

3) $\dfrac{10000m^3}{3600\sec} = 2.777 \fallingdotseq 2.78 m^3/\sec$

4) 3종 기계제연방식

11

실의 크기가 20m(가로)×15m(세로)×5m(높이) 인 공간에서 큰 화염의 화재가 발생하여 t초 지난후의 청결층 높이 y(m)의 값이 1.8m 가 되었다면, 다음의 식을 이용하여 물음에 답하시오.

> **조건**
>
> 1. $Q = \dfrac{A(H-y)}{t}$
>   [Q = 연기의 발생량(m^3/sec), A = 바닥면적(m^2), H = 층 높이(m), y = 청결층높이(m)]
> 2. 위 식에서 시간 t(초)는 다음의 Hinkley 식을 만족한다.
>   공식 : $t = \dfrac{20A}{Pf \times \sqrt{g}} \times \left(\dfrac{1}{\sqrt{y}} - \dfrac{1}{\sqrt{H}}\right)$
>   단, g는 중력가속도는 $9.81 m/s^2$이고 Pf는 화재경계의 길이(m)로서 큰 화염의 경우 12m, 중간화염의 경우 6m 작은 화염의 경우 4m를 적용한다.
> 3. 연기 생성률(M, kg/s)에 관련한 식은 다음과 같다.
> $M = 0.188 \times Pf \times y^{\frac{3}{2}}$

1) 상부의 배연구로부터 몇 m^3/min의 연기를 배출해야 이 청결층의 높이가 유지되는지 구하시오.
2) 연기의 생성률(kg/s)을 구하시오.

▲ 풀이및정답

1) $t = \dfrac{20A}{Pf \times \sqrt{g}} \times \left(\dfrac{1}{\sqrt{y}} - \dfrac{1}{\sqrt{H}}\right) = \dfrac{20 \times 300 \,\mathrm{m}^2}{12\,\mathrm{m} \times \sqrt{9.81}\,\mathrm{m/s}^2} \times \left(\dfrac{1}{\sqrt{1.8\,\mathrm{m}}} - \dfrac{1}{\sqrt{5\,\mathrm{m}}}\right)$
   $= 47.59\,\text{초}$

   $Q = \dfrac{A(H-y)}{t} = \dfrac{300\,\mathrm{m}^2 \times (5\,\mathrm{m} - 1.8\,\mathrm{m})}{47.59\,\mathrm{sec}} = 20.17\,\mathrm{m}^3/\mathrm{sec}$

   $\dfrac{20.17\,\mathrm{m}^3}{\mathrm{sec}} \times \dfrac{60\,\mathrm{sec}}{1\,\mathrm{min}} = 1210.2\,\mathrm{m}^3/\mathrm{min}$

2) $M = 0.188 \times Pf \times y^{\frac{3}{2}} = 0.188 \times 12 \times 1.8^{\frac{3}{2}} = 5.448 = 5.45\,\mathrm{kg/s}$

12 평상시에는 공조설비의 급기로 사용하고 화재시에는 제연에 이용하는 배출기가 답안지의 도면과 같이 설치되어 있다. 화재시 유효하게 배연할 수 있도록 도면에 필요한 곳에 절환댐퍼를 표시하고, 평상시와 화재시를 구분하여, 절환댐퍼 상태를 기술하시오. (단, 절환댐퍼는 4개소 설치하고 댐퍼 심벌은 ⊘D₁, ⊘D₂ … 등으로 표시하며 또한 절환댐퍼상태는 D1 개방, D2 폐쇄 등으로 표현한다.)

① 평상시 :   ② 화재시 :

▲ 풀이및정답 1)

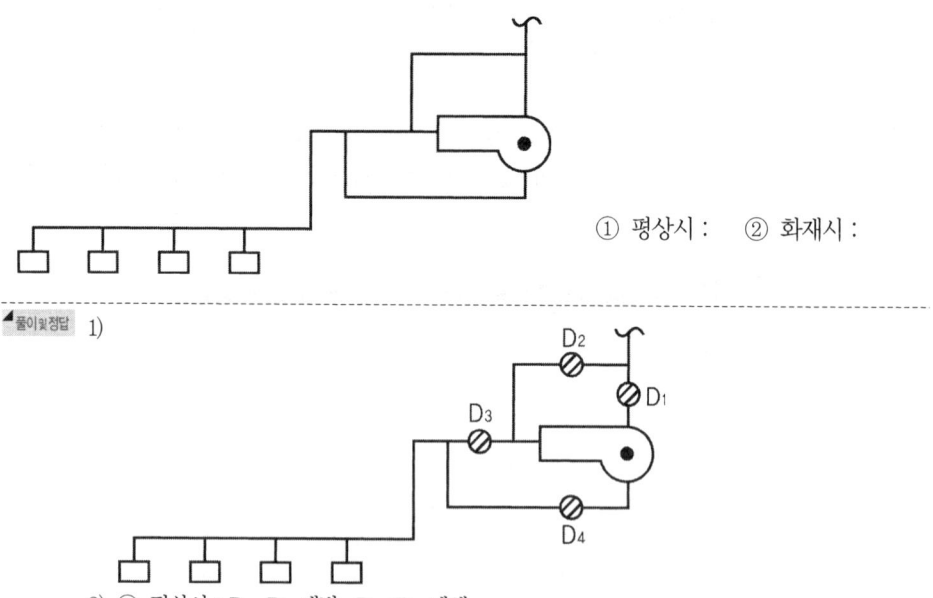

2) ① 평상시 : D_1, D_3 개방, D_2, D_4 폐쇄
   ② 화재시 : D_2, D_4 개방, D_1, D_3 폐쇄

13

아래 그림과 같이 제연설비를 설계하고자 한다. 설계 [조건]을 참조하여 각 물음에 답하시오.

1) 아래 표는 제연설비에 관한 것이다. 빈칸을 채우시오.

제연 Duct 부분	통과풍량(m³/min)	담당 제연구역	덕트의 관경(cm)
I~㉠	I_Q(100)	I	⑬
J~㉠	①	J K L	⑭
J~K	2×K_Q(340)	K L	⑮
K~L	②	L	65
㉠~㉡	2×J_Q(350)	⑧	⑯
F~㉡	F_Q(80)	F	⑰
G~㉡	③	⑨	125
G~H	H_Q(180)	H	65
㉡~㉢	④	F G H I J K L	⑱
D~㉢	2×E_Q(500)	⑩	⑲
D~E	E_Q(250)	E	⑳
㉢~㉣	⑤	D E F G H I J K L	100
A~㉣	⑥	⑪	100
A~B	2×B_Q(380)	B C	㉑
B~C	C_Q(145)	C	65
㉣~㉤	⑦	⑫	㉒

2) 이 Duct의 소요 전압이 25mmHg이며 효율은 65%, 전압력 손실과 제연량의 누설도 고려한 여유율을 10%로 할 때 설비의 풍량을 송풍할 수 있는 배출기의 동력은 몇 kW인가?

3) 위 제연설비의 방식은 무엇인가?

> **조건**
> 1. ㉠~㉤은 주 Duct와 분기 Duct의 교차지점이다.
> 2. A~L은 구획된 제연구역이다.
> 3. 각 제연구역의 바닥면적 크기의 순서는 아래와 같다.
>   E > G > A > B > H > J > K > D > L > C > I > F
> 4. 각 제연구역의 배풍량은 아래와 같다.

예상문제

제연구역명	배풍량(m³/min)	제연구역명	배풍량(m³/min)
A	200	G	240
B	190	H	180
C	145	I	100
D	165	J	175
E	250	K	170
F	80	L	150

5. 주 Duct 풍도 안의 풍속은 15m/sec, 분기 Duct 풍도 안의 풍속은 10m/sec로 한다.
6. 제연배관의 계통 중 한 부분을 통과하는 풍량은 같은 분기 Duct에 연결된 말단 배출구의 해당 최대풍량의 2배가 통과할 수 있도록 한다.
7. Duct의 관경(cm)은 32, 40, 50, 65, 80, 100, 125, 150으로 한다.

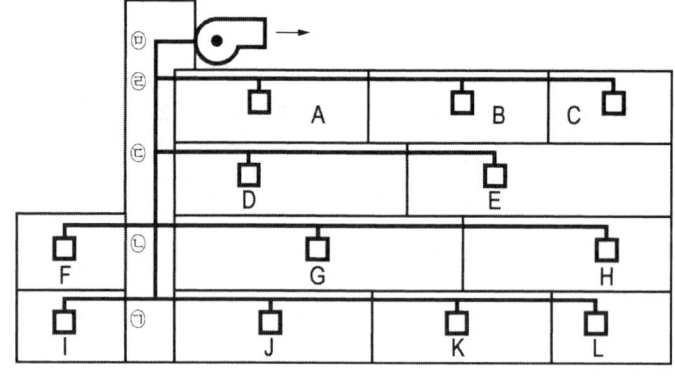

―――――――――――――――――――
▶풀이및정답 1) ① $2 \times J_Q(350)$ ② $L_Q(150)$ ③ $2 \times G_Q(480)$ ④ $2 \times G_Q(480)$
⑤ $2 \times E_Q(500)$ ⑥ $2 \times A_Q(400)$ ⑦ $2 \times E_Q(500)$ ⑧ I, J, K, L
⑨ G, H ⑩ D, E ⑪ A, B, C
⑫ A, B, C, D, E, F, G, H, I, J, K, L
⑬ 50cm ⑭ 100cm ⑮ 100cm ⑯ 80cm
⑰ 50cm ⑱ 100cm ⑲ 125cm ⑳ 80cm
㉑ 100cm ㉒ 100cm

2) 배출기의 동력 계산식

$$kW = \frac{P \times Q}{\eta \times 102} \times K$$

 P : 배출풍압(kg/m²) = 25mmHg = 340kgf/m²

 Q : 배출풍량 = $\frac{500}{60}$ = 8.33m³/sec

 η : 효율 = 0.6, K : 전달계수 = 1.1

$$kW = \frac{340 \times 8.33}{0.65 \times 102} \times 1.1 = 51.69kW$$

3) 급기는 자연급기, 배기는 배출기를 이용한 강제배기이므로 제3종 기계제연 방식이다.

14 다음 조건을 보고 각 물음에 답하시오.

> **조건**
> 1. 예상제연구역인 거실의 바닥면적 : A=40[m]×22.5[m]=900[m²]
> 2. 제연경계하단까지의 수직거리 3.2[m]
> 3. 거실 대각선거리 : 45.9[m]
> 4. 휀의 효율 : 50[%]
> 5. 전압 : 65[mmAq]
> 6. 배출기 흡입측의 풍도높이 : 600[mm]

1) 배출량(m³/min)을 구하시오.
2) 전동기용량(kW)을 구하시오. 다만, 전달계수는 1.2이다.
3) 흡입측 풍도의 최소폭(mm)을 구하시오.
4) 흡입측 풍도 강판두께(mm)를 구하시오.

◀풀이및정답

1) 바닥면적 400[m²] 이상, 직경 40[m] 이상 60[m] 이하 원내
수직거리 3[m] 초과
∴ 65,000[m³/hr] 선정
Q = 65,000[m³/hr]×1[hr/60min] = 1083.333 ≒ 1083.33[m³/min]

2) $P(kW) = \frac{P \cdot Q}{102\eta} \cdot K = \frac{65 \times \left(\frac{1083.33}{60}\right)}{102 \times 0.5} \times 1.2 = 27.614 ≒ 27.61 kW$

3) 폭 = $\frac{면적}{높이}$

$A = \frac{Q}{U} = \frac{\left(\frac{65000}{3600}\right) m^3/s}{15 m/s} = 1.203 ≒ 1.2 m^2$

폭 = $\frac{1.2 m^2}{0.6 m}$ = 2m ≒ 2000mm

4) 풍도단면 중 긴변의 길이가 2,000[mm]이므로 두께 1[mm] 선정

긴변 or 직경	450mm 이하	450~750	750~1500	1500~2250	2250mm 초과
두께	0.5mm	0.6mm	0.8mm	1.0mm	1.2mm

예상문제

15 정압이 150[mmH₂O]이고 풍량이 50[m³/min]인 송풍기를 운전하기 위해서 필요한 축동력 (kW)와 모터의 동력(PS)을 구하시오.

조건
1. 덕트내의 풍속은 20[m/sec], 공기밀도는 1.2[kg/m³], 송풍기 효율은 60[%], 모터전달효율= 95[%], 전달계수=1.2
2. 풍압=정압+동압
3. 계산과정 및 정답시 소수점 셋째자리에서 반올림하여 둘째자리까지 구할 것

◆ 풀이및정답 풍압 = 정압+동압

① 정압 = 150mmH₂O = 150kgf/m²

② 동압

$$20\text{m/sec} = \sqrt{2 \times g \times h}$$

  h ≒ 20.41m 공기

$$h = \frac{P}{r}$$

  ∴ P = r · h = 1.2kgf/m³ × 20.41m ≒ 24.49kgf/m²

∴ 풍압 = 150 + 24.49 = 174.49kgf/m²

1) 축동력(kW) = $\dfrac{P \cdot Q}{102\eta} = \dfrac{174.49 \times \left(\dfrac{50}{60}\right)}{102 \times 0.6} = 2.375 ≒ 2.38\text{kW}$

2) 모터동력(PS) = $\dfrac{P \cdot Q}{75\eta} K = \dfrac{174.49 \times \left(\dfrac{50}{60}\right)}{75 \times 0.6} \times \dfrac{1}{0.95} \times 1.2 = 4.081 ≒ 4.08\text{PS}$

특별피난계단의 계단실 제연설비(NFTC501A) 예상문제

01 다음 그림은 어느 예상제연구역을 나타낸 평면도이다. 이 실들 중 A실을 급기·가압하고자 할 때 주어진 [조건]을 참조하여 A실에 유입시켜야 할 풍량은 몇 m³/sec인지를 산출하시오. (풀이과정 및 정답은 소수점 다섯째자리까지 구할 것)

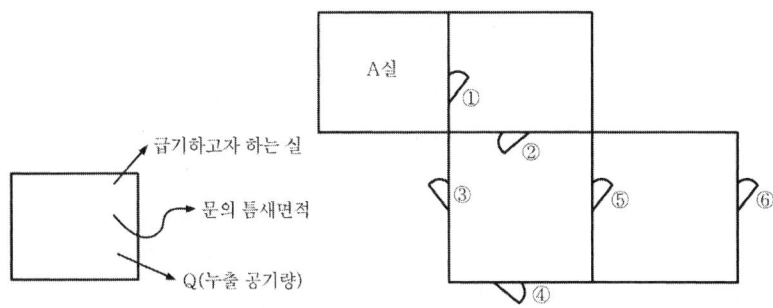

조건

1. 실외부의 대기압력은 절대압력으로 101,300Pa로서 일정하다.
2. A실에 유지하고자 하는 압력은 절대압력으로 101,400Pa이다.
3. 각 실의 문(Door)들의 틈새면적은 0.01m^2이다.
4. 어느 실을 급기가압할 때 그 실의 문 틈새를 통하여 누출되는 공기의 양은 다음의 식을 따른다.
   $Q = 0.827 A \sqrt{P}$
   Q : 누출되는 공기의 양(m³/sec), A : 문의 틈새면적(m²), P : 실내외의 기압차(Pa)

◀풀이및정답

출입문 ⑤⑥은 직렬연결이므로 $A = \left(\dfrac{1}{0.01^2} + \dfrac{1}{0.01^2}\right)^{-\frac{1}{2}} = 0.00707\text{m}^2(⑤')$

출입문 ③④⑤'는 병렬연결이므로 $A = 0.01\text{m}^2 + 0.01\text{m}^2 + 0.00707\text{m}^2 = 0.02707\text{m}^2(③')$

출입문 ①②③'는 직렬연결이므로 $A = \left(\dfrac{1}{0.01^2} + \dfrac{1}{0.01^2} + \dfrac{1}{0.02707^2}\right)^{-\frac{1}{2}} = 0.00684\text{m}^2$

∴ 문의 틈새면적(A) = 0.00684m²
차압(P) = 101,400Pa − 101,300Pa = 100Pa
$Q = 0.827 \times 0.00684 \sqrt{100} = 0.056566 ≒ 0.05657\text{m}^3/\text{sec}$

예상문제

02 그림은 서로 직렬연결된 2개의 실 Ⅰ·Ⅱ의 평면도로서 A1, A2는 출입문이며, 각 실은 출입문 이외의 틈새가 없다고 한다. 출입문이 닫혀진 상태에서 실Ⅰ을 급기·가압하여 실Ⅰ과 외부 간의 50파스칼의 기압차를 얻기 위하여 실Ⅰ에 급기시켜야 할 풍량은 몇 m³/sec 인가?(단, 닫힌 문 A₁, A₂에 의해 공기가 유통될 수 있는 면적은 각각 0.02m²이며, 임의의 어느 실에 대한 급기량 Q[m³/sec]와 얻고자 하는 기압차 P(파스칼)의 관계식은 $Q = 0.827 \times A \times \sqrt{P}$ 이다.)

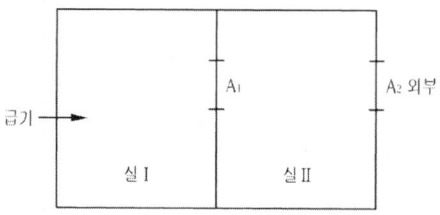

▎풀이 및 정답

직렬연결 이므로 총 누설틈새면적 $A = \left(\dfrac{1}{0.02^2} + \dfrac{1}{0.02^2}\right)^{-\frac{1}{2}} = 0.01414 \mathrm{m}^2$

$Q = 0.827 \times A \times \sqrt{P} = 0.827 \times 0.01414 \times \sqrt{50} = 0.08269 \mathrm{m}^3/\mathrm{sec}$

03 다음 그림은 어느 한 층의 평면도이며 이 실 중 A실을 급기·가압하고자 할 때 주어진 [조건]을 참조하여 문의 총 틈새면적(m²)을 계산하시오.

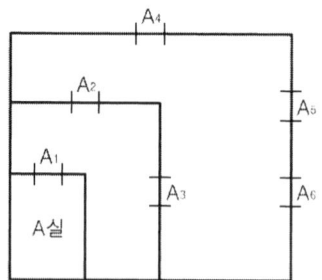

> **조건**
> 1. A₁~A₃까지의 문 틈새 면적은 0.02m²이다.
> 2. A₄~A₆까지의 문 틈새 면적은 0.01m²이다.

▎풀이 및 정답

A_4, A_5, A_6는 병렬연결이므로 $A = 0.01 \mathrm{m}^2 + 0.01 \mathrm{m}^2 + 0.01 \mathrm{m}^2 = 0.03 \mathrm{m}^2 (A_4{'})$

A_2, A_3 병렬연결이므로 $A = 0.02 \mathrm{m}^2 + 0.02 \mathrm{m}^2 = 0.04 \mathrm{m}^2 (A_2{'})$

A_1, A', A''는 직렬연결이므로 $A = \left(\dfrac{1}{0.02^2} + \dfrac{1}{0.04^2} + \dfrac{1}{0.03^3}\right)^{-\frac{1}{2}} = 0.015364 ≒ 0.01536 \mathrm{m}^2$

04 다음 그림은 어느 소방대상물의 평면도이다. 출입문이 닫힌 상태에서 계단실과 부속실을 급기가압하고자 할 때 거실과 부속실 사이에 가압공기가 누설되는 문의 틈새면적은 몇 m² 인지 산출하시오.

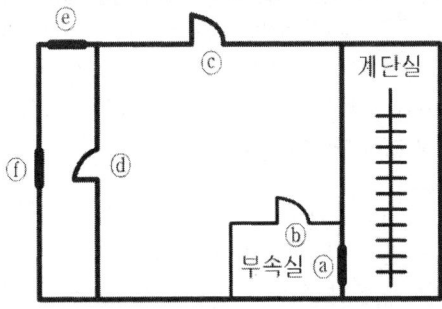

조건
1. ⓐ~ⓕ는 출입문이며 각 문의 틈새면적은 0.02m²이다.
2. 계단실에는 외부와 직접 연결되는 창문은 없다.

풀이 및 정답 Aⓔ, Aⓕ는 병렬연결이므로 $= 0.02 + 0.02 = 0.04\text{m}^2 (A\text{ⓔ}')$

Aⓓ, Aⓔ'는 직렬연결이므로 $= \left(\dfrac{1}{0.02^2} + \dfrac{1}{0.04^2}\right)^{-\frac{1}{2}} = 0.0179\text{m}^2 (A\text{ⓓ}')$

Aⓒ, Aⓓ'는 병렬연결이므로 $= 0.02 + 0.0179 = 0.0379\text{m}^2 (A\text{ⓒ}')$

Aⓑ, Aⓒ'는 직렬연결이므로 $= \left(\dfrac{1}{0.02^2} + \dfrac{1}{0.0379^2}\right)^{-\frac{1}{2}} = 0.0177\text{m}^2$ ∴ 0.0177m^2

05 출입문을 밀어서 개방할 경우 필요한 힘은 110[N]이다. 도어체크 및 힌지 등의 마찰 손실이 30[N]이고, 문손잡이에서 문 끝까지 거리가 0.1[m]인 경우 실내외의 압력차(Pa)는? (문의 크기는 폭 1[m]×높이 2[m]이다)

풀이 및 정답 문을 여는데 필요한 힘

$F = F_{dc} + K \cdot \dfrac{W \cdot A \cdot \Delta P}{2(W-d)}$ [W : 문의 폭(m), d : 0.1m]

$110\text{N} = 30\text{N} + 1 \times \dfrac{1 \times 2 \times \Delta P}{2(1-0.1)}$

$\Delta P = 72\text{Pa}$

예상문제

06 어느 특별피난계단 부속실의 제연설비에서 소요되는 급기량이 3,000[CMH]일 때 다음 물음에 답하시오.

> **조건**
> ① 차압=50Pa ② 댐퍼하중=2[kgf/m²] ③ 추의 무게=3[kgf]

1) 플랩댐퍼의 최소 날개면적(m²)과 높이 H(m)를 구하시오. (폭은 0.8[m]이다)
2) 균형추의 위치 h(m)를 구하시오.

▶ 풀이및정답

1) ① $A = \dfrac{q}{5.85} = \dfrac{\left(\dfrac{3000}{3600}\right)}{5.85} = 0.142 ≒ 0.14 m^2$

② 높이 $= \dfrac{0.14 m^2}{0.8 m} = 0.175 ≒ 0.18 m$

2) 차압에 의한 힘성분의 토크=댐퍼자체하중의 토크+추하중에 의한 토크
  ① 차압에 의한 힘성분의 토크(kgf·m)
  $50 N/m^2 \times \dfrac{1 kgf}{9.8 N} \times 0.14 (m^2) \times 0.18 (m) \times \dfrac{1}{2} = 0.064 ≒ 0.06 kgf·m$
  ② 댐퍼자체하중의 토크
  $2 kgf/m^2 \times 0.14 m^2 \times 0.18 m \times \dfrac{1}{2} = 0.025 ≒ 0.03 kgf·m$
  ③ 추하중에 의한 토크
  $3 kgf \times h(m)$
  ④ h(m)
  $0.06 = 0.03 + 3 \times h$
  ∴ $h = 0.01 m$

07 각 출입문, 창문의 틈새면적 등에 대한 것이다. 다음 표의 빈칸을 채우시오. (다만, 계산과정을 쓰고 소수점 발생 시 여섯째자리에서 반올림하여 다섯째자리까지 구할 것)

1) 출입문의 틈새길이(m)와 틈새면적(m²)

열린 방향	문 종류	문의 크기 [가로×세로]	틈새길이(m)	틈새면적(m²)
실내 → 제연구역	외여닫이	1m×2.2m	①	⑤
제연구역 → 계단실	외여닫이	1m×2.2m	②	⑥
실내 → 제연구역	쌍여닫이	2m×2.4m	③	⑦
승강기문	쌍여닫이	1m×2.1m	④	⑧

2) 창문의 틈새길이(m)와 틈새면적(m^2)

창문의 종류	방수팩킹 유무	창문의 크기 [가로×세로]	틈새길이(m)	틈새면적(m^2)
여닫이식	없음	0.5m×1m	①	④
여닫이식	있음	0.5m×1m	②	⑤
미닫이식	/	0.6m×1m	③	⑥

◆ 풀이 및 정답

1) ① $L = 1m \times 2 + 2.2m \times 2 = 6.4m$
   ② $L = 1m \times 2 + 2.2m \times 2 = 6.4m$
   ③ $L = 2m \times 2 + 2.4m \times 3 = 11.2m$
   ④ $L = 1m \times 2 + 2.1m \times 3 = 8.3m$
   ⑤ $A = \dfrac{6.4m}{5.6m} \times 0.01m^2 = 0.011429 ≒ 0.01143m^2$
   ⑥ $A = \dfrac{6.4m}{5.6m} \times 0.02m^2 = 0.022857 ≒ 0.02286m^2$
   ⑦ $A = \dfrac{11.2m}{9.2m} \times 0.03m^2 = 0.036522 ≒ 0.03652m^2$
   ⑧ $A = \dfrac{8.3m}{8.0m} \times 0.06m^2 = 0.06225m^2$

2) ① $L = 0.5m \times 2 + 1m \times 2 = 3m$
   ② $L = 0.5m \times 2 + 1m \times 2 = 3m$
   ③ $L = 0.6m \times 2 + 1m \times 3 = 4.2m$
   ④ $A = 2.55 \times 10^{-4} \times 틈새길이 = 2.55 \times 10^{-4} \times 3 = 0.000765 ≒ 0.00077m^2$
   ⑤ $A = 3.61 \times 10^{-5} \times 틈새길이 = 3.61 \times 10^{-5} \times 3 = 0.000108 ≒ 0.00011m^2$
   ⑥ $A = 1 \times 10^{-4} \times 틈새길이 = 1 \times 10^{-4} \times 4.2 = 0.00042m^2$

예상문제

08 지하5층, 지상25층의 업무시설에서 특별피난계단의 계단실 및 부속실 제연설비의 화재안전 기준과 아래 조건에 따라 특별피난계단용 부속실에 급기 가압용 제연설비를 할 경우 다음 물음에 답하시오.

[조건]
1. 부속실에서 거실쪽, 계단쪽, 옥상쪽 등 모든 출입문의 크기는 높이 2.1[m]×폭 1.8[m]의 쌍여닫이 문으로 부속실만을 단독으로 제연하는 것이다.
2. 방연풍속은 0.5[m/sec]로 적용한다.
3. 수직풍도의 길이는 120[m]이다.
4. 배출용송풍기의 풍량은 보충량에서 10[%]의 여유를 둔다.
5. 보충량을 구하는 식은 다음과 같다.
  보충량 $q(m^3/sec) = K \times S \times V$
   K : 부속실수가 20 이하인 경우 1, 21 이상인 경우 2
   S : 출입문의 면적[m^2]
   V : 방연풍속[m/sec]

1) 부속실의 보충량(m^3/sec)을 구하시오.
2) 기계식 배출에 따라 배출하는 경우 배출용송풍기의 풍량(m^3/sec)을 구하시오.
3) 유입공기의 배출을 위한 자연배출식에서 수직풍도의 내부단면적(m^2)을 구하시오.
4) 유입공기의 배출을 위한 기계배출식에서 수직풍도의 내부단면적(m^2)을 구하시오.
5) 유입공기의 배출을 위한 배출구에 따른 배출에서 개폐기의 개구면적(m^2)을 구하시오.

◀풀이 및 정답

1) $q(m^3/s) = 2 \times (2.1m \times 0.9m) \times 0.5 m/s = 1.89 m^3/s$

2) $1.89 m^3/s \times 1.1 = 2.079 ≒ 2.08 m^3/s$

3) $A = \dfrac{Q_N}{2} \times 1.2 = \dfrac{0.945}{2} \times 1.2 = 0.567 m^2 ≒ 0.567 m^2$

4) $A = \dfrac{Q}{15} = \dfrac{2.08}{15} = 0.138 ≒ 0.14 m^2$

5) $A = \dfrac{Q_N}{2.5} = \dfrac{0.945}{2.5} = 0.378 m^2 ≒ 0.38 m^2$

연결송수관설비(NFTC502) 예상문제

01 습식과 건식의 경우 송수구, 자동배수밸브, 체크밸브 설치기준을 쓰시오.

▶풀이및정답
① 습식의 경우에는 송수구·자동배수밸브·체크밸브의 순으로 설치할 것
② 건식의 경우에는 송수구·자동배수밸브·체크밸브·자동배수밸브의 순으로 설치할 것

02 다음 괄호안을 채우시오.

1) 방수구는 그 대상물의 층마다 설치할 것
2) 방수구는 아파트 또는 바닥면적이 1,000[m^2] 미만인 층에 있어서는 계단으로부터 (　)[m] 이내에　바닥면적이 1,000[m^2] 이상인 층에 있어서는 각 계단으로부터 (　)[m] 이내에 설치할 것
3) 각 부분으로부터 방수구까지의 수평거리
   ① 지하가 또는 지하층의 바닥면적의 합계가 3,000[m^2] 이상인것 : (　)[m] 이하
   ② 그 밖의 특정소방대상물의 경우 : (　)[m] 이하

▶풀이및정답
2) 5[m], 5[m]
3) 25[m], 50[m]

03 연결송수관 설비에 대한 다음 물음에 답하시오.

1) 습식으로 설치하여야 하는 경우에 대해 설명하시오.
2) 11층 이상의 경우에는 쌍구형 방수구를 설치하여야 하지만 단구형으로 설치할 수 있는 경우를 설명하시오.
3) 연결송수관 방수구를 설치하지 않을 수 있는 경우를 설명하시오.

▶풀이및정답
1) 지면으로부터 높이가 31[m] 이상인 소방대상물 또는 지상 11층 이상인 소방대상물
2) ① 아파트의 용도로 사용되는 층
　　② 스프링클러설비가 유효하게 설치되어 있고 방수구가 2개소 이상 설치된 층
3) ① 아파트의 1층 및 2층
　　② 소방차의 접근이 가능하고 소방대원이 소방차로부터 각 부분에 쉽게 도달할 수 있는 피난층
　　③ 송수구가 부설된 옥내소화전을 설치한 소방대상물로서 다음에 해당하는 층
　　　㉠ 지하층을 제외한 층수가 4층 이하이고 연면적이 6,000[m^2] 미만인 소방대상물의 지상층
　　　㉡ 지하층의 층수가 2 이하인 소방대상물의 지하층

예상문제

04 가압송수장치를 설치하여야 하는 경우를 쓰시오.

▶풀이및정답 지표면으로부터 최상층 방수구의 높이가 70[m] 이상의 소방대상물

05 가압송수장치 설치시 토출량과 방수압 기준을 설명하시오.

▶풀이및정답 ① 펌프의 토출량

층당 방수구 수	1~3개	4개	5개 이상
일반 대상물	2,400[L/min] 이상	3,200[L/min] 이상	4,000[L/min] 이상
계단식 APT	1,200[L/min] 이상	1,600[L/min] 이상	2,000[L/min] 이상

② 펌프의 양정은 최상층에 설치된 노즐선단의 압력이 0.35[MPa] 이상의 압력이 되도록 할 것

06 다음 조건을 보고 물음에 답하시오.

조건
1. 지표면(송수구)에서 최상층 방수구 까지의 높이는 100[m]이다.
2. 층별로 연결송수관설비 방수구가 4개씩 설치되었다.
3. 각 부분에 유효하게 물이 뿌려질 수 있는 호스의 연결개수는 2개이다.
4. 호스는 65[mm] 마호스를 사용한다.(호스길이 : 15m)
5. 가압송수장치의 흡입구는 송수구 설치높이와 동일하다.
6. 송수구에서 최고위 말단 방수구까지의 배관 및 관 부속물 마찰손실수두는 실양정의 20[%]이다.
7. 호스 마찰손실은 유량의 제곱에 비례하여 상승한다.
8. 아파트가 아닌 일반대상물이다.

[호스의 마찰손실수두(100m당)]

구분 유량 (L/min)	호스의 호칭경					
	40mm		50mm		65mm	
	마호스	고무내장호스	마호스	고무내장호스	마호스	고무내장호스
130	26m	12m	7m	3m	–	–
350	–	–	–	–	10m	4m

1) 가압송수장치의 최소 토출량(L/min)을 구하시오.
2) 가압송수장치의 최소 전양정(m)을 구하시오.
3) 송수구 부근에 설치하는 수동스위치의 설치기준 3가지를 기술하시오.

1) 3,200[L/min]
2) $H = h_1 + h_2 + h_3 + 35[m] - 70m$
   h_1(실양정) $= 100[m]$
   h_2(배관·부속물 마찰손실수두) $= 100[m] \times 0.2 = 20[m]$
   h_3(호스마찰손실수두) $= 30[m] \times \dfrac{10[m]}{100[m]} \times \dfrac{800^2}{350^2} = 15.673 ≒ 15.67[m]$
   ∴ $H = 100[m] + 20[m] + 15.67[m] + 35[m] - 70[m] = 100.67[m]$
3) 가압송수장치의 수동스위치는 2개 이상을 설치하되, 그 중 한개는 다음 기준에 따라 송수구 부근에 설치할 것
   ① 송수구로부터 5[m] 이내의 보기 쉬운 장소에 바닥으로부터 0.8[m] 이상 1.5[m] 이하로 설치할 것
   ② 1.5[mm] 이상의 강판함에 수납하여 설치할 것
   ③ 접지하고 빗물이 들어가지 아니하는 구조로 할 것

예상문제

연결살수설비(NFTC503) 예상문제

01 송수구설치기준에 대한 다음 괄호 안을 채우시오.

1) 폐쇄형헤드를 사용하는 경우 (　　) (　　) (　　)의 순으로 설치할 것
2) 개방형헤드를 사용하는 경우 (　　) (　　)의 순으로 설치할 것
3) 연결살수설비 전용헤드를 사용하는 경우

하나의 배관에 부착하는 살수헤드의 수	1개	2개	3개	4개 또는 5개	6개 이상 10개 이하
배관의 구경(mm)					

풀이및정답
1) 송수구, 자동배수밸브, 체크밸브
2) 송수구, 자동배수밸브
3)

하나의 배관에 부착하는 살수헤드의 수	1개	2개	3개	4개 또는 5개	6개 이상 10개 이하
배관의 구경(mm)	32	40	50	65	80

02 연결살수설비 헤드의 설치기준을 쓰시오.

풀이및정답
① 헤드는 연결살수설비 전용헤드 또는 스프링클러헤드로 설치할 것
② 연결살수설비 헤드의 설치기준
　㉠ 천장 또는 반자의 실내에 면하는 부분에 설치할 것
　㉡ 천장 또는 반자의 각 부분으로부터 하나의 살수헤드까지의 수평거리가 연결살수설비 전용헤드의 경우는 3.7[m] 이하, 스프링클러헤드의 경우는 2.3[m] 이하로 할 것. 다만, 살수헤드의 부착면과 바닥과의 높이가 2.1[m] 이하인 부분에 있어서는 살수헤드의 살수분포에 따른 거리로 할 수 있다.

03 수평주행배관의 배수를 위한 기울기를 쓰시오.

풀이및정답 개방형 헤드를 사용하는 경우 수평주행배관은 헤드를 향하여 상향으로 100분의 1 이상의 기울기로 설치하고 주배관 중 낮은 부분에는 자동배수밸브를 설치할 것

04 가연성가스의 저장, 취급시설에 설치하는 연결살수설비의 헤드 설치기준 3가지를 기술하시오.

① 연결살수설비 전용의 개방형 헤드를 설치할 것
② 가스저장탱크・가스홀더 및 가스발생기의 주위에 설치하되, 헤드상호 간의 거리는 3.7[m] 이하로 할 것
③ 헤드의 살수범위는 가스저장탱크・가스홀더 및 가스발생기의 몸체의 중간 윗부분의 모든 부분이 포함되도록 하여야 하고 살수된 물이 흘러내리면서 살수범위에 포함되지 아니한 부분에도 모두 적셔질 수 있도록 할 것

05 아파트의 지하층 주민공동시설(가로 40[m], 세로 20[m])에 연결살수설비를 설치하였다. 동결우려가 있어 개방형헤드(연결살수전용헤드)로 설치 시 다음 물음에 답하시오.

1) 연결살수헤드의 설치수를 구하시오. [정방형 설치]
2) 송수구역마다 송수구 설치 시 송수구의 수를 구하시오.
3) 송수구의 가까운 부분에 설치하는 자동배수밸브와 체크밸브의 순서를 설명하시오.

1) ① 가로열 설치수 = $\dfrac{\text{가로열 길이}}{\text{설치 간격}} = \dfrac{40[m]}{2 \times 3.7[m] \times \cos 45°} = 7.64$

∴ 8개

② 세로열 설치수 = $\dfrac{\text{세로열 길이}}{\text{설치 간격}} = \dfrac{20[m]}{2 \times 3.7[m] \times \cos 45°} = 3.82$

∴ 4개

③ 설치수 = 8 × 4 = 32개

2) $\dfrac{32}{10} = 3.2$ ∴ 4개

3) 송수구, 자동배수밸브 순서로 설치함.

예상문제

지하구소방시설(NFTC605) 예상문제

01 지하구 화재안전기준 중 통합감시시설의 설치기준 3가지를 쓰시오.

▶ 풀이및정답
① 소방관서와 지하구의 통제실 간에 화재 등 소방활동과 관련된 정보를 상시 교환할 수 있는 정보통신망을 구축할 것
② 정보통신망(무선통신망을 포함한다)은 광케이블 또는 이와 유사한 성능을 가진 선로일 것
③ 수신기는 지하구의 통제실에 설치하되 화재신호, 경보, 발화지점 등 수신기에 표시되는 정보가 [별표1]에 적합한 방식으로 119상황실이 있는 관할 소방관서의 정보통신장치에 표시되도록 할 것

02 지하구에 설치하는 소화기구의 설치기준을 기술하시오.

▶ 풀이및정답
① 소화기의 능력단위(「소화기구 및 자동소화장치의 화재안전기준(NFTC 101)」 제3조제6호에 따른 수치를 말한다. 이하 같다)는 A급 화재는 개당 3단위 이상, B급 화재는 개당 5단위 이상 및 C급 화재에 적응성이 있는 것으로 할 것
② 소화기 한대의 총중량은 사용 및 운반의 편리성을 고려하여 7[kg] 이하로 할 것
③ 소화기는 사람이 출입할 수 있는 출입구(환기구, 작업구를 포함한다) 부근에 5개 이상 설치할 것
④ 소화기는 바닥면으로부터 1.5[m] 이하의 높이에 설치할 것
⑤ 소화기의 상부에 "소화기"라고 표시한 조명식 또는 반사식의 표지판을 부착하여 사용자가 쉽게 인지할 수 있도록 할 것

03 지하구에 설치하는 연소방지설비 방지헤드의 설치기준을 기술하시오.

▶ 풀이및정답
① 천장 또는 벽면에 설치할 것
② 헤드간의 수평거리는 연소방지설비 전용헤드의 경우에는 2[m] 이하, 스프링클러헤드의 경우에는 1.5[m] 이하로 할 것
③ 소방대원의 출입이 가능한 환기구·작업구마다 지하구의 양쪽방향으로 살수헤드를 설정하되, 한쪽 방향의 살수구역의 길이는 3[m] 이상으로 할 것. 다만, 환기구 사이의 간격이 700[m]를 초과할 경우에는 700[m] 이내마다 살수구역을 설정하되, 지하구의 구조를 고려하여 방화벽을 설치한 경우에는 그러하지 아니하다.
④ 연소방지설비 전용헤드를 설치할 경우에는 「소화설비용헤드의 성능인증 및 제품검사 기술기준」에 적합한 '살수헤드'를 설치할 것

04 지하구에 설치하는 방화벽설비의 설치기준을 기술하시오.

▲풀이 및 정답
① 내화구조로서 홀로 설 수 있는 구조일 것
② 방화벽의 출입문은 갑종방화문으로 설치할 것
③ 방화벽을 관통하는 케이블·전선 등에는 국토교통부 고시(내화구조의 인정 및 관리기준)에 따라 내화충전 구조로 마감할 것
④ 방화벽은 분기구 및 국사·변전소 등의 건축물과 지하구가 연결되는 부위(건축물로부터 20[m] 이내)에 설치할 것
⑤ 자동폐쇄장치를 사용하는 경우에는 「자동폐쇄장치의 성능인증 및 제품검사의 기술기준」에 적합한 것으로 설치할 것

05 지하구에 연소방지재가 설치되어야 하는 부분을 기술하시오.

▲풀이 및 정답
① 분기구
② 지하구의 인입부 또는 인출부
③ 절연유 순환펌프 등이 설치된 부분
④ 기타 화재발생 위험이 우려되는 부분

추가 예상문제 및 답안

소방설비(산업)기사 [기계분야]

예상문제

01 배관 내의 유체온도 및 외부온도의 변화에 따라 배관이 팽창 또는 수축을 하므로 배관, 기구의 파손이나 굽힘을 방지하기 위하여 배관 도중에 신축이음을 한다. 이때 사용되는 신축이음의 종류 5가지를 쓰시오.

▲풀이및정답 ① 루프이음 ② 슬리브이음 ③ 벨로우즈이음 ④ 스위블이음
　　　　　　⑤ 볼 조인트이음 ⑥ 상온스프링형이음

02 다음은 소화배관에 관한 내용이다. (　) 속에 알맞은 말을 써 넣으시오.

1) 소화배관에 사용되는 탄소강관 이음쇠 중에서 배관의 분해, 수리, 교체를 편리하게 하기 위하여 사용하는 것으로 일반적으로 호칭경 65A 이상의 용접이음에는 (　①　)이(가) 사용되고 호칭경 50A 이하의 나사이음에는 (　②　)이(가) 주로 이용된다.
2) 수계소화배관에 사용하는 탄소강관은 한국산업규격의 기준에 따라 일반적으로 사용압력이 (　③　)MPa을 기준으로 이보다 사용압력이 낮은 경우에는 (　④　)을(를) 이보다 사용압력이 높은 경우에는 (　⑤　)을(를) 사용한다.

▲풀이및정답 ① 플랜지 ② 유니온 ③ 1.2 ④ 배관용탄소강관 ⑤ 압력배관용 탄소강관

03 소화설비의 급수배관에 사용하는 개폐표시형 밸브 중 버터플라이밸브 외의 밸브를 꼭 사용하여야 하는 배관의 부분과 그 이유를 개술하시오.

▲풀이및정답 ① 펌프의 흡입측 배관
　　　　　　② 이유 : 마찰손실이 크므로 공동현상 방지

04 소방펌프가 가져야 할 성능기준 중 유량과 양정과의 관계 3가지를 쓰시오.

▲풀이및정답 ① 체절운전시 토출압력은 정격토출압력의 140% 이하일 것
　　　　　　② 정격운전시 토출압력은 정격토출압력 이상일 것
　　　　　　③ 정격토출량의 150% 운전시 토출압력은 정격토출압력의 65% 이상일 것

05 아래 그림과 같이 해발 1,000m 위치에 펌프를 설치하였다. [조건]을 참조하여 펌프의 유효 흡입양정(NPSH)을 구하시오.

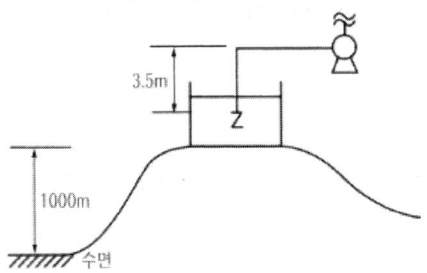

조건
1. 표준대기압은 1.0332kgf/cm^{2}이다.
2. 해발 1,000m에서의 대기압은 0.95kgf/cm^{2}이다.
3. 물의 포화증기압은 0.23kgf/cm^{2}이다.
4. 흡입측 배관의 마찰손실수두는 0.5m이다.
5. 물의 밀도는 998kg/m^{3}이다.

▲풀이및정답

$$NPSH_{av} = \frac{P_o}{\gamma} - \frac{P_v}{\gamma} - \frac{P_h}{\gamma} - h$$

$$= \frac{9,500\text{kgf/m}^2}{998\text{kgf/m}^3} - \frac{2,300\text{kgf/m}^2}{998\text{kgf/m}^3} - 0.5\text{m} - 3.5\text{m}$$

$$= 3.214 \fallingdotseq 3.21\text{m}$$

06 소화펌프는 상사법칙에 의하면 펌프의 임펠러(Impeller) 회전속도에 따라 유량, 양정, 축동력이 변한다. 어느 소화펌프의 전양정이 150m이고, 토출량 30m^3/min으로 운전하다가 소화펌프의 회전수를 증가시켜 토출량이 40m^3/min으로 변환되었을 때 전양정은 몇 m인지를 계산하시오.

▲풀이및정답

$$H_2 = \left(\frac{N_2}{N_1}\right)^2 \times H_1, \quad \frac{N_2}{N_1} = \frac{Q_2}{Q_1} = \frac{40}{30} = \frac{4}{3}$$

$$\therefore H_2 = \left(\frac{4}{3}\right)^2 \times 150 = 266.67\text{m}$$

예상문제

07 내경 150mm인 배관에 소화용수가 4,000L/min으로 흐르고 있을 때 원심펌프의 회전속도가 1,770rpm, 양정은 50m이었다. 이때 배관 내경은 200mm, 펌프의 회전속도를 1,170rpm으로 변경하였다면 유량(L/min)과 양정(m)은 어떻게 변화되는지 계산하시오.

▲풀이및정답

$$Q_2 = \left(\frac{N_2}{N_1}\right) \times Q_1 = \frac{1,170}{1,770} \times 4,000 \text{L/min} \fallingdotseq 2,644.07 \text{L/min}$$

$$H_2 = \left(\frac{N_2}{N_1}\right)^2 \times H_1 = \left(\frac{1,170}{1,770}\right)^2 \times 50\text{m} \fallingdotseq 21.85\text{m}$$

08 다음은 각 가스의 연소상한계, 하한계 및 혼합가스의 조성농도를 나타낸 것이다. 다음 물음에 답하시오.

가스의 종류	연소범위		조성농도(%)
	LFL(%)	UFL(%)	
수소	4	75	10
메탄	5	15	5
에탄	3	12.4	10
프로판	21	9.5	5
공기			70

1) 혼합가스의 연소상한계를 구하시오.
2) 혼합가스의 연소하한계를 구하시오.
3) 혼합가스의 연소 가능 여부를 설명하시오.

▲풀이및정답

1) $\dfrac{30}{\text{연소상한계}} = \dfrac{10}{75} + \dfrac{5}{15} + \dfrac{10}{12.4} + \dfrac{5}{9.5}$

∴ 연소상한계≒16.67%

2) $\dfrac{30}{\text{연소하한계}} = \dfrac{10}{4} + \dfrac{5}{5} + \dfrac{10}{3} + \dfrac{5}{2.1}$

∴ 연소하한계≒3.26%

3) 연소범위는 3.26%~16.67%
그러나, 현재 조성농도는 30%로서 연소범위 밖이므로 연소불가능

09 반지름 25cm인 원관으로 수평거리 1500m의 위치에 10,000m³/24hr 의 물을 송수하려고 한다. 몇 bar의 압력을 가하여야 하는가? (f = 0.03)

▸ 풀이및정답

$$h_L = f \cdot \frac{L}{D} \cdot \frac{U^2}{2g}$$

$$U = \frac{Q}{A} = \frac{\left(\frac{10,000}{24 \times 3,600}\right)}{\frac{\pi}{4}(0.5)^2} ≒ 0.59$$

$$\therefore h_L = 0.03 \times \frac{1,500}{0.5} \times \frac{0.59^2}{2 \times 9.8} ≒ 1.598\text{m} ≒ 1.6\text{m}$$

$$\therefore 1.6\text{m} \times \frac{1.013\text{bar}}{10.332\text{m}} = 0.156 ≒ 0.16\text{bar}$$

10 안전밸브는 고압유체를 취급하는 배관등에 설치하여 고압용기나 배관등이 이상고압에 의해 파열되는 것을 방지하는 역할을 하며 그 작동방법에 따라 분류하였을 때 ( ) 안에 알맞은 말을 쓰시오

가) (   ) : 주철재 원반을 밸브시트에 직접 작용시켜 분출압력에 대응시킨다.
나) (   ) : 밸브에 작용하는 고압을 레바에 부착된 추로 조정한다.
다) (   ) : 동작이 확실하고 나사의 조임으로 분출압력을 조절할 수 있으며 가장 많이 쓰인다.

▸ 풀이및정답 가) 추식
　　　　　나) 지렛대식
　　　　　다) 스프링식

11 옥내소화전 호스로 화재 진압시 플랜지볼트에 작용하는 힘(N)을 구하시오. (단, 소방호스의 내경은 40mm, 노즐은 13mm, 방수량은 150L/min라고 가정한다.

▸ 풀이및정답

$$F = \frac{\gamma \cdot Q^2 \cdot A_1}{2g}\left(\frac{A_1 - A_2}{A_1 \cdot A_2}\right)^2$$

$\gamma : 9,800\text{N/m}^3$

$Q = \frac{0.15}{60} = 0.0025\text{m}^3/\text{s}$

$g : 9.8\text{m/s}^2$

$A_1 : \frac{\pi}{4}(0.04m)^2 ≒ 0.001257\text{m}^2$

예상문제

$$A_2 = \frac{\pi}{4}(0.013\mathrm{m})^2 ≒ 0.000133\mathrm{m}^2$$

$$F = \frac{9{,}800 \times 0.0025^2 \times 0.001257}{2 \times 9.8} \times \left(\frac{0.001257 - 0.000133}{0.001257 \times 0.000133}\right)^2 = 177.56\mathrm{N}$$

12 옥내소화전의 시험을 위하여 피토 게이지로 압력을 측정하니 0.2MPa이었다. 노즐에서의 토출 유속(m/s)을 구하시오.

▶풀이 및 정답

$$U = \sqrt{2gh}$$

$$h = 0.2\mathrm{MPa} \times \frac{10.332\mathrm{m}}{0.101325\mathrm{MPa}} = 20.39\mathrm{m}$$

$$\therefore U = \sqrt{2 \times 9.8 \times 20.39} ≒ 19.99\mathrm{m/s}$$

13 어떤 제연설비에서 풍량이 800m³/min이고, 소요전압 2mmHg일 때 배출기는 사일런트팬을 사용하려고 한다. 이때 배출기의 이론 소요동력(kW)을 구하시오. (단, 효율은 60%이고, 여유율은 없는 것으로 한다.)

▶풀이 및 정답

$$P(\mathrm{kW}) = \frac{P \cdot Q}{102 \cdot \eta}$$

$$P = 2\mathrm{mmHg} \times \frac{10332\mathrm{kgf/m}^2}{760\mathrm{mmHg}} ≒ 27.19\mathrm{kgf/m}^2$$

$$Q = \left(\frac{800}{60}\right)\mathrm{m}^3/\mathrm{s}$$

$$\therefore P(\mathrm{kW}) = \frac{27.19 \times \left(\frac{800}{60}\right)}{102 \times 0.6} ≒ 5.92\mathrm{kW}$$

14 그림과 같이 직사각형 주철 관로망에서 A지점에서 0.6m³/s 유량으로 물이 들어와서 B와 C 지점에서 각각 0.2m³/s와 0.4m³/s의 유량으로 물이 나갈 때 관내에서 흐르는 물의 유량 Q_1, Q_2, Q_3는 각각 몇 m³/s인가? (단, 관로가 길기 때문에 관 마찰손실 이외의 손실은 무시하고 d_1, d_2관의 관 마찰계수는 $\lambda = 0.025$, d_3, d_4의 관에 대한 마찰계수는 $\lambda = 0.028$이다. 그리고 각각의 관의 내경은 $d_1 = 0.4\mathrm{m}$, $d_2 = 0.4\mathrm{m}$, $d_3 = 0.322\mathrm{m}$, $d_4 = 0.322\mathrm{m}$이며, 또한 본 문제는 Darcy-Weibach의 방정식을 이용하여 유량을 구한다.)

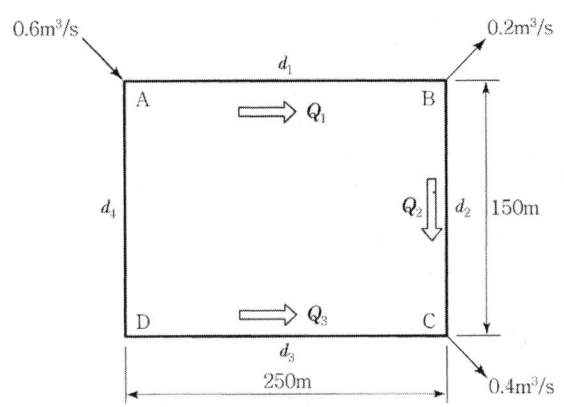

풀이및정답

$0.6\text{m}^3/\text{s} = Q_1 + Q_3$, $Q_1 - 0.2\text{m}^3/\text{s} = Q_2$, $Q_2 + Q_3 = 0.4\text{m}^3/\text{s}$

$Q_3 = 0.6\text{m}^3/\text{s} - Q_1$, $Q_2 = Q_1 - 0.2\text{m}^3/\text{s}$

$h_{LQ_1} + h_{LQ_2} = h_{LQ_3}$

$f_1 \cdot \dfrac{L_1}{D_1} \cdot \dfrac{U_1^2}{2g} + f_2 \cdot \dfrac{L_2}{D_2} \cdot \dfrac{U_2^2}{2g} = f_3 \cdot \dfrac{L_3}{D_3} \cdot \dfrac{U_3^2}{2g}$

$f_1 \cdot \dfrac{L_1}{D_1} \cdot \dfrac{\left(\dfrac{Q_1}{\dfrac{\pi}{4}D_1^2}\right)^2}{2g} + f_2 \cdot \dfrac{L_2}{D_2} \cdot \dfrac{\left(\dfrac{Q_2}{\dfrac{\pi}{4}D_2^2}\right)^2}{2g} = f_3 \cdot \dfrac{L_3}{D_3} \cdot \dfrac{\left(\dfrac{Q_3}{\dfrac{\pi}{4}D_3^2}\right)^2}{2g}$

$f_1 \cdot \dfrac{L_1}{D_1^5} \cdot Q_1^2 + f_2 \cdot \dfrac{L_2}{D_2^5} \cdot Q_2^2 = f_3 \cdot \dfrac{L_3}{D_3^5} \cdot Q_3^2$

$0.025 \times \dfrac{250}{0.4^5} \times Q_1^2 + 0.025 \times \dfrac{150}{0.4^5} \times (Q_1 - 0.2)^2 = 0.028 \times \dfrac{400}{0.322^5} \times (0.6 - Q_1)^2$

$Q_1 = 0.408 \fallingdotseq 0.41\text{m}^3/\text{s}$

$Q_2 = 0.21\text{m}^3/\text{s}$

$Q_3 = 0.19\text{m}^3/\text{s}$

15 그림과 같이 관에 유량이 980N/s로 40℃의 물이 흐르고 있다. ②점에서 공동현상이 일어나지 않을 ①점에서의 최소 압력은 몇 kPa인지 계산하시오. (단, 관의 손실은 무시하고 40℃ 물의 증기압은 55.324mmHg abs이다.)

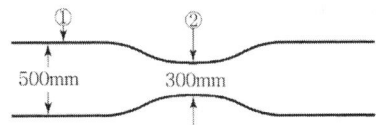

예상문제

▲풀이및정답

$$U_1 = \frac{980\,\text{N/s}}{\frac{\pi}{4}(0.5\text{m})^2 \times 9{,}800\,\text{N/m}^3} ≒ 0.51\,\text{m/s}$$

$$U_2 = \frac{980\,\text{N}}{\frac{\pi}{4}(0.3\text{m})^2 \times 9{,}800\,\text{N/m}^3} ≒ 1.41\,\text{m/s}$$

$$\frac{P_1}{\gamma} + \frac{U_1^{\,2}}{2g} = \frac{P_2}{\gamma} + \frac{U_2^{\,2}}{2g}$$

$$\frac{P_1}{\gamma} = \frac{P_2}{\gamma} + \frac{U_2^{\,2}}{2g} - \frac{U_1^{\,2}}{2g}$$

$$P_2 = 55.324\,\text{mmHg} \times \frac{101.325\,\text{kPa}}{760\,\text{mmHg}} = 7.38\,\text{kPa}$$

$$\therefore \frac{P_1}{9.8\,\text{kN/m}^3} = \frac{7.38\,\text{kN/m}^2}{9.8\,\text{kN/m}^3} + \frac{(1.41\,\text{m/s})^2}{2 \times 9.8\,\text{m/s}^2} - \frac{(0.51\,\text{m/s})^2}{2 \times 9.8\,\text{m/s}^2}$$

$$\frac{P_1}{9.8\,\text{kN/m}^3} = 0.84\,\text{m}$$

$$\therefore P_1 = 8.23\,\text{kPa}$$

16 분사헤드의 방사압력이 0.4MPa일 때 방수량인 140L/min라고 하면, 방사압력을 0.3MPa로 하였을 때 방수량(L/min)을 구하시오.

▲풀이및정답

$Q = K\sqrt{10P}$ 에서

$140 = K\sqrt{10 \times 0.4}$ ∴ $K = 70$

∴ $Q = 70\sqrt{10 \times 0.3} ≒ 121.24\,\text{L/min}$

17 소화설비에 사용하는 펌프의 운전 중 발생하는 공동현상(Cavitation)을 방지하는 대책을 다음 표로 정리하였다. ( ) 안에 크게, 작게, 빠르게 또는 느리게로 구분하여 답하시오.

유효흡입수두($NPSH_{av}$)를	(① :)
펌프 흡입압력을 유체압력보다	(② :)
펌프의 회전수를	(③ :)

▲풀이및정답 ① 크게 ② 크게 ③ 작게

18 관 부속류 또는 배관방식 등에 관한 다음 소방시설 도시기호 명칭을 쓰시오.

가) 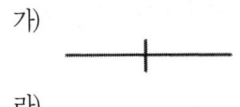 나) 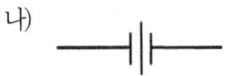 다)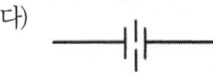

라) 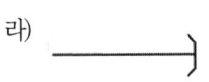 마) 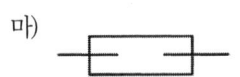 바)

▶풀이및정답 가) 나사 이음   나) 유니온   다) 오리피스
              라) 캡   마) 슬리브 이음 바) Y형 스트레이나

19 펌프의 흡입이론에서 표준대기압 상태에서 흡입할 수 있는 이론 최대높이는 몇 m인가?

▶풀이및정답 10.332m

20 습실설비 배관의 동파를 방지하기 위하여 보온재를 피복할 때 보온재의 구비조건 4가지를 쓰시오.

▶풀이및정답
① 보온능력이 우수할 것
② 시공이 용이하고 가격이 저렴할 것
③ 가볍고 흡수성이 적을 것
④ 장시간 사용하여도 변질 등이 없을 것

21 이산화탄소 100kg이 완전 기화하여 100℃, 101.325kPa일 때 기체의 부피는 몇 m³인지 구하시오. (단, 약제의 순도는 99.5%이다.)

▶풀이및정답

$PV = \dfrac{W}{M}RT$에서

$W = 100\text{kg} \times 0.995 = 99.5\text{kg}$

$\therefore V = \dfrac{WRT}{PM} = \dfrac{99.5\text{kg} \times 8.314\text{kPa} \cdot \text{m}^3/\text{kmol} \cdot \text{K} \times (373)\text{K}}{101.325\text{kPa} \times 44\text{kg/kmol}} = 69.21\,\text{m}^3$

예상문제

22 안지름이 각각 300mm와 350mm인 원관이 직접 연결되어 있다. 안지름이 작은 관에서 큰관 방향으로 매초 230L의 물이 흐르고 있을 때 돌연확대부분에서의 손실수두는 몇 m인가?

▶풀이및정답

$$h_L = \frac{(U_1 - U_2)^2}{2g}$$

$$U_1 = \frac{0.23\text{m}^3/\text{s}}{\frac{\pi}{4}(0.3\text{m})^2} ≒ 3.25\text{m/s}$$

$$U_2 = \frac{0.23\text{m}^3/\text{s}}{\frac{\pi}{4}(0.35\text{m})^2} ≒ 2.39\text{m/s}$$

$$h_L = \frac{(3.25 - 2.39)^2}{2 \times 9.8} = 0.037\text{m} ≒ 0.04\text{m}$$

23 수계소화설비에서 연성계, 압력계, 진공계의 설치위치와 측정범위를 쓰시오.

▶풀이및정답
① 연성계
  • 설치위치 : 펌프의 흡입측 배관
  • 측정범위 : 부압 0~76cmHg
             정압 0~정격토출압력의 150% 이상
② 압력계
  • 설치위치 : 펌프의 토출측 배관
  • 측정범위 : 정압 0~정격토출압력의 150% 이상
③ 진공계
  • 설치위치 : 펌프의 흡입측 배관
  • 측정범위 : 부압 0~76cmHg

24 다음에 표시된 소방시설의 도시기호의 명칭을 쓰시오.

① 　② 　③ 　④ 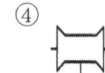　⑤

▶풀이및정답
① 유니온
② 가스체크밸브
③ 피뢰부(평면도)
④ 라인푸로포셔너
⑤ 옥외소화전

25 45kg의 액화 이산화탄소가 20℃의 대기 중(표준대기압)으로 방출되었을 때 다음을 구하시오.

가) 이산화탄소의 부피는 몇 m^3가 되겠는가?

나) 체적 $90m^3$인 공간에 약제가 방출되었다면 이산화탄소의 농도는 몇 %인가?

▶풀이 및 정답

가) $PV = \dfrac{W}{M}RT$, $V = \dfrac{WRT}{PM}$

$V = \dfrac{45\text{kg} \times 0.082\text{atm} \cdot m^3/\text{kmol} \cdot K \times 293K}{1\text{atm} \times 44\text{kg/kmol}} ≒ 24.57m^3$

나) $CO_2\% = \dfrac{24.57m^3}{90m^3 + 24.57m^3} \times 100 ≒ 21.45\%$

26 방사압력이 0.5MPa인 소화용수가 노즐을 통해 방사되고 있다. 유속(m/sec)은 얼마인가? (단, 속도계수는 0.95, 중력가속도는 $9.8m/sec^2$이다.)

▶풀이 및 정답

$U = C \cdot \sqrt{2gh}$

$h = 0.5\text{MPa} \times \dfrac{10.332m}{0.101325\text{MPa}} = 50.98m$

∴ $U = 0.95 \times \sqrt{2 \times 9.8 \times 50.98} ≒ 30.03 m/s$

27 물이 흐르고 있는 소화설비배관(일정한 관경)의 두 지점에서 압력계로 물의 수압을 측정하였더니 각각 0.2MPa과 0.18MPa이었다. 만약 이때의 유량보다 1.5배의 많은 유량을 흘려보냈다면 두 지점 간의 수압차는 얼마나 되는가? (하젠-윌리암스 공식을 따른다고 한다.)

▶풀이 및 정답

$\Delta P_2 = (0.2 - 0.18) \times 1.5^{1.85} ≒ 0.042\text{MPa}$

유량의 1.85승에 비례

예상문제

28 다음 그림과 같이 옥내소화전설비가 설치되어 있다. 다음 물음에 답하시오. (단, 배관 마찰 관부속물의 마찰손실양정은 15m, 호스의 마찰손실양정은 5m이다.) (k=1.1)

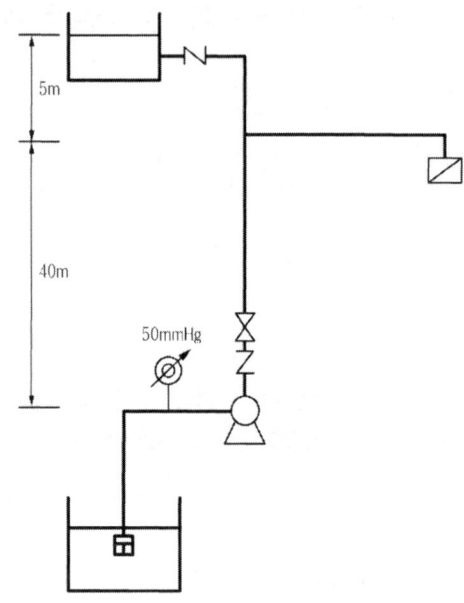

가) 펌프의 최소 토출량(L/min)은 얼마인가?
나) 펌프의 최소 전양정(m)은 몇 m인가?
다) 펌프의 체적효율 85%, 기계효율 75%, 수력효율이 80%일 때 펌프 전효율은 얼마인가?
라) 수동력(PS)은 얼마인가?
마) 축동력(PS)은 얼마인가?
바) 전달동력(PS)은 얼마인가?

◀풀이및정답

가) $Q = 1 \times 130 \text{L/min} = 130 \text{L/min}$

나) $H = h_1 + h_2 + h_3 + 17m$

실양정 $h_{12} = 40\text{m} + 50\text{mmHg} \times \dfrac{10.332\text{m}}{760\text{mmHg}} ≒ 40.68\text{m}$

∴ $H = 40.68\text{m} + 15\text{m} + 5\text{m} + 17\text{m} = 77.68\text{m}$

다) $\eta = 0.85 \times 0.75 \times 0.8 = 0.51$ ∴ 51%

라) $P(\text{PS}) = \dfrac{\gamma QH}{75} = \dfrac{1,000 \times \left(\dfrac{0.13}{60}\right) \times 77.68}{75} ≒ 2.24\text{PS}$

마) $P(\text{PS}) = 2.24\text{PS} \div 0.51 ≒ 4.39\text{PS}$

바) $P(\text{PS}) = 4.39\text{PS} \times 1.1$
    $= 4.83\text{PS}$

29 옥내소화전 주배관 내의 유량이 650L/min, 유속이 4m/sec일 때 배관의 구경을 호칭경으로 산정하시오.

▶풀이및정답

$$D = \sqrt{\frac{4Q}{\pi U}} = \sqrt{\frac{4 \times \left(\frac{0.65}{60}\right)}{\pi \times 4}} = 0.058\text{m}$$

∴ 65A(65mm)

30 소화설비의 가압송수장치에 사용되는 물올림장치(Priming Tank System)의 구성요소를 5가지만 쓰시오.

▶풀이및정답
① 호수조(물올림탱크)
② 배수배관
③ 오버플로우관
④ 감수경보장치
⑤ 급수배관

31 지상 6층 건물의 각 층에 옥내소화전을 3개씩 설치하려 한다. 이때 실양정은 22m, 배관의 손실압력수두는 실양정의 25%이며, 호스의 마찰손실수두가 3.5m이다. 다음 물음에 답하시오. (단, 펌프효율이 65%, 전달계수가 1.1이다.)

1) 전양정(m)을 산출하시오.
2) 송수펌프의 최소토출량(L/min)을 산출하시오.
3) 수원의 최소저수량(m^3)을 산출하시오.
4) 펌프의 동력(kW)을 산출하시오.

▶풀이및정답
1) $H = h_1 + h_2 + h_3 + 17\text{m} = 22\text{m} + 22\text{m} \times 0.25 + 3.5\text{m} + 17\text{m} = 48\text{m}$
2) $Q = N \times 130\text{L/min} = 2 \times 130\text{L/min} = 260\text{L/min}$
3) $Q = N \times 2.6\text{m}^3 = 2 \times 2.6\text{m}^3 = 5.2\text{m}^3$
4) $P(\text{kW}) = \frac{\gamma QH}{102\eta} \times K = \frac{1{,}000 \times \left(\frac{0.26}{60}\right) \times 48}{102 \times 0.65} \times 1.1 = 3.450 ≒ 3.45\text{kW}$

예상문제

32 소방법과 화재안전기준으로 옥내소화전설비 대상건축물에 소화전 설치수가 지하 1층 2개소, 2~3층 4개소씩, 5~6층에 각 3개소, 옥상층에는 시험용 소화전을 설치하였다. 본 건축물의 높이는 28m(지하층은 제외), 가압펌프의 흡입고 1.5m, 직관의 마찰손실 6m, 호스의 마찰손실 6.5m, 이음쇠 밸브류 등의 마찰손실 8m일 때 다음 물음에 답하시오. (단, 지하층의 층고는 3.5m로 하고 기타 사항은 무시한다.)

가) 본 소화설비 전용 수원의 확보용량(m^3)은 얼마 이상이어야 하는가? (단, 전용 수원 확보량은 법적 수원 확보량의 15%를 가산한 양으로 한다.)

나) 옥내소화전용 가압송수장치의 Pump 토출량(m^3/min)은 얼마 이상이어야 하는가? (단, Pump 토출량은 안전율 15%를 가산한 양으로 한다.)

다) 가압송수장치를 지하층에 설치할 경우의 전양정(m)은 얼마로 해야 하는가? (단, Pump는 지하층의 바닥에 설치되어 있다.)

라) 가압송수장치의 전동기의 용량(kW)은 얼마 이상으로 설치해야 하는가? ($\eta = 0.65$, k=1.1)

풀이및정답

가) $Q(m^3) = N \times 2.6 m^3 \times 1.15 = 2 \times 2.6 m^3 \times 1.15 = 5.98 m^3$

나) $Q = 2 \times 130 L/min \times 1.15 = 299 L/min ≒ 0.299 m^3/min ≒ 0.3 m^3/min$

다) $H = h_1 + h_2 + h_3 + 17m$
h_1(실양정) $= 1.5m + 3.5m + 28m = 33m$
∴ $H = 33m + (6m + 8m) + 6.5m + 17m = 70.5m$

라) $P(kW) = \dfrac{1,000 \times \left(\dfrac{0.3}{60}\right) \times 70.5}{102 \times 0.65} \times 1.1 = 5.848 ≒ 5.85 kW$

33 옥외소화전설비에서 펌프의 소요양정이 45m이고 말단 방수노즐의 방수압력이 0.15MPa이었다. 관련법에 맞게 펌프를 교체하려고 하면 펌프의 소요양정을 몇 m로 하여야 하는가? (단, 옥외 소화전은 1개를 기준으로 하고 펌프의 토출압력과 방수압력과의 차이는 마찰손실에 기인한다고 가정하며, 방수구 방출계수는 K값은 222, 배관마찰손실은 Hazen-Williams 식을 이용한다.)

풀이및정답

$Q = K\sqrt{10P}$
$Q = 222\sqrt{10 \times 0.15} = 271.893 ≒ 271.89 L/min$
$Q = 222\sqrt{10 \times 0.25} = 351.012 ≒ 351.01 L/min$
$\Delta P_1 = 45m - 15m = 30m$
$\Delta P_2 = 30m \times \dfrac{351.01^{1.85}}{271.89^{1.85}} = 48.121 ≒ 48.12m$
∴ $H = 48.12m + 25m = 73.12m$

34 옥내소화전설비 유효수량의 1/3은 옥상에 설치하여야 한다. 옥상수조를 설치하지 않아도 되는 경우를 4가지만 쓰시오.

▶풀이및정답
① 지하층만 있는 건축물
② 고가수조를 가압송수장치로 사용하는 경우
③ 가압수조를 사용하는 경우
④ 건축물 높이가 10m 이하인 건축물

35 그림은 어느 옥내소화전설비의 계통을 나타내는 Isometric Diagram이다. 이 설비에서 펌프의 소요정격 토출량은 200L/min이다. 주어진 조건을 이용하여 물음에 답하시오.

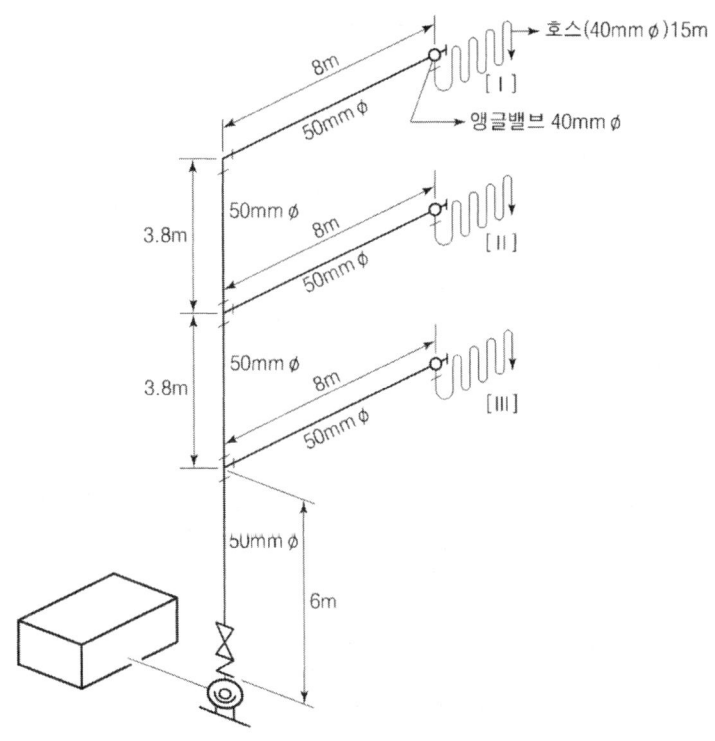

조건

1. 옥내소화전[I]에서 호스 관창 선단의 방수압과 방수량은 각각 0.17MPa, 130L/min이다.
2. 호스길이 100m당 130L/min의 유량에서 마찰손실수두는 15m이고, 마찰손실의 크기는 유량의 제곱에 정비례한다.
3. 각 밸브와 배관부속의 등가길이는 다음과 같다.
   • 앵글밸브(40mm ϕ) : 10m

예상문제

- 게이트밸브(50mm ϕ) : 1m
- 체크밸브(50mm ϕ) : 5m
- 측류(분류)티(50mm ϕ) : 4m
- 엘보(50mm ϕ) : 1m

4. 배관의 마찰손실은 다음의 공식을 따른다고 가정한다.

$$\Delta P = \frac{6 \times 10^4 \times Q^2}{120^2 \times d^5}$$

ΔP : 배관길이 1m당 마찰손실압력(MPa), Q : 유량(L/min)
d : 관의 내경(mm) (50mm ϕ : 53mm, 40mm ϕ : 42mm)

5. 펌프의 양정력은 토출량의 대소에 관계없이 일정하다고 가정한다.
6. 물음에 정답을 산출할 때 펌프 흡입 측의 마찰손실수두, 정압, 동압 등은 일체 계산에 포함시키지 않는다.
7. 본 조건에 자료가 제시되지 아니한 것은 계산에 포함되지 아니한다.

가) 소방호스의 마찰손실수두(m)는 얼마인가?
나) 최고위 앵글밸브에서의 마찰손실압력(MPa)은 얼마인가?
다) 최고위 앵글밸브의 인입구로부터 펌프 토출구까지의 전길이(m)는 얼마인가?
라) 최고위 앵글밸브의 인입구로부터 펌프 토출구까지의 마찰손실압력(MPa)은 얼마인가?
마) 펌프 전동기의 소요동력은 몇 [kW]인가? (단, 펌프의 효율은 0.6, 축동력계수는 1.1이다.)
바) 옥내소화전(Ⅲ)을 조작하여 방수하였을 때의 방수량은 Q L/min라고 할 때
  1) 이 소화전호스를 통하여 일어나는 마찰손실압력(MPa)은? (단, Q는 기호 그대로 사용한다.)
  2) 당해 앵글밸브 인입구로부터 펌프 토출구까지의 마찰손실압력(MPa)은? (단, Q는 기호 그대로 사용한다.)
  3) 당해 앵글밸브의 마찰손실압력(MPa)은? (단, Q는 기호 그대로 사용한다.)
  4) 호스 관창선단의 방수량(L/min)과 방수압력(MPa)은 각각 얼마인가?

◀풀이및정답

가) $h_L = 15\text{m} \times \dfrac{15\text{m}}{100\text{m}} = 2.25\text{m}$

나) $\Delta P = \dfrac{6 \times 10^4 \times 130^2}{120^2 \times 42^5} \times 10\text{m} = 0.00538 ≒ 0.0054\text{MPa}$

다) 전길이 L = 직관길이 + 상당길이
  $= 8\text{m} + (3.8\text{m} \times 2) + 6\text{m} + $ 엘보(1m) + 게이트밸브(1m) + 체크밸브(5m)
  $= 28.6\text{m}$

라) $\Delta P = \dfrac{6 \times 10^4 \times 130^2}{120^2 \times 53^5} \times 28.6 = 0.00481 ≒ 0.0048\text{MPa}$

마) $H = h_1 + h_2 + h_3 + 17\text{m}$
  $= (0.48\text{m} + 0.54\text{m}) + 2.25\text{m} + (6\text{m} + 3.8\text{m} \times 2) + 17\text{m} = 33.87\text{m}$

바) 1) $\Delta P = 15\text{m} \times \dfrac{15\text{m}}{100\text{m}} \times \dfrac{Q^2}{130^2} \times \dfrac{0.1\text{MPa}}{10\text{m}} = 1.33 \times 10^{-6} Q^2 \text{MPa}$

2) $\Delta P = \dfrac{6 \times 10^4 \times Q^2}{120^2 \times 5^5} \times (14\text{m} + \text{체크밸브 } 5\text{m} + \text{게이트밸브 } 1\text{m} + \text{분류티 } 4\text{m})$

   $= 2.39 \times 10^{-7} Q^2 \text{MPa}$

3) $\Delta P = \dfrac{6 \times 10^4 \times Q^2}{120^2 \times 4^5} \times 10\text{m} = 3.19 \times 10^{-7} Q^2 \text{MPa}$

4) $130 = K\sqrt{10 \times 0.17}$

   $K = 99.705 ≒ 99.71$

   $Q = 99.71\sqrt{10P}$

   $Q = 99.71\sqrt{10 \times (\text{펌프토출압} - \text{마찰손실압} - \text{낙차})}$

   $Q = 99.71\sqrt{10 \times \{0.3387 - (1.89 \times 10^{-6} Q^2) - 0.06\}}$

   $Q = 99.71\sqrt{10 \times (0.2787 - 1.89 \times 10^{-6} Q^2)}$

   $Q = 99.71\sqrt{2.787 - 1.89 \times 10^{-5} Q^2}$

   $Q^2 = (99.71)^2 \times (2.787 - 1.89 \times 10^5 Q^2)$

   $Q_2 = 27708.59 - 0.19 Q^2$

   $1.19 Q^2 = 27708.59$

   $Q = \sqrt{\dfrac{27708.59}{1.19}} = 152.592 ≒ 152.59 \text{L/min}$

36 다음은 옥내소화전설비에 관한 사항이다. ( ) 안에 알맞은 답을 쓰시오.

1) 옥내소화전의 방수구는 소방대상물의 (①)마다 설치하되 당해 (②)의 각 부분으로부터 하나의 (③)까지의 (④) 거리가 (⑤) 이내이고, 바닥으로부터의 높이가 (⑥) 이하가 되도록 하여야 한다.

2) 호스는 옥내소화전함 내의 (⑦)와 항상 연결되어 있어야 하고, 옥내소화전 수원의 양은 그 저수량이 옥내소화전의 설치개수가 가장 많은 층의 설치개수, [옥내소화전이 (⑧)개 이상 설치된 경우는 (⑨)개]에 (⑩)㎥를 곱한 양 이상이 되도록 하여야 한다.

풀이및정답 1) ① 층 ② 소방대상물 ③ 방수구 ④ 수평 ⑤ 25m ⑥ 1.5m
2) ⑦ 방수구 ⑧ 5 ⑨ 5 ⑩ 2.6

37 옥내소화전설비의 방수구의 설치제외장소를 5가지 쓰시오.

풀이및정답 ① 냉장창고 중 온도가 영하인 냉장실 또는 냉동창고의 냉동실
② 고온의 노가 설치된 장소 또는 물과 급격하게 반응하는 물질 저장취급하는 장소
③ 발전소·변전소·전기실·기타 유사한 장소
④ 야외음악당, 야외공연장, 기타 유사한 장소
⑤ 식물원, 수영장, 수족관, 기타 유사한 장소

예상문제

38 스프링클러설비의 반응시간지수(Response Time Index)에 대하여 설명하시오.

▶풀이및정답 $RTI = \tau\sqrt{u}$ τ : 반응시간(sec), u : 기류의 속도(m/s)
$RTI = \sqrt{(\sec)^2} \cdot \sqrt{m/\sec} = \sqrt{m \cdot \sec}$
정의 : 헤드의 열에 대한 민감도 즉, 화재시 얼마나 빠른 시간에 열을 감지하여 개방되는지에 대한 감열시간지수

39 반응시간지수(RTI)에 따른 분류

▶풀이및정답
① 표준반응형(Standard Response) 헤드
　RTI가 80 초과 350 이하인 헤드로 가장 일반적인 헤드
② 특수반응형(Special Response) 헤드
　RTI가 50 초과 80 이하인 헤드
③ 조기반응형(Fast Response) 헤드
　RTI가 50 이하인 헤드로 속동형 헤드 또는 조기반응형 헤드라 한다.

40 다음 그림을 보고 각 물음에 답하시오.

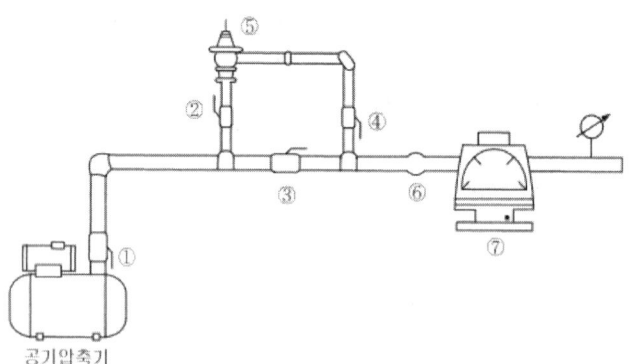

1) 항상 폐지되어 있는 밸브의 번호를 쓰시오.
2) ①~⑦의 명칭을 쓰시오.

▶풀이및정답
1) ③, ⑦
2) ①, ②, ④ : 개폐밸브
　⑤ : 에어레귤레이터
　⑥ : 체크밸브
　③ : 공기주입밸브(바이패스밸브)
　⑦ : 건식밸브

41 일제개방밸브를 사용하는 스프링클러설비에 있어서 펌프의 기동방법 2가지를 쓰시오.

▲풀이및정답 ① 감지기 동작시
② 기동용 수압개폐장치 동작시
③ 위 ①, ②의 혼용

42 습식 스프링클러설비의 말단시험장치의 구성부품을 쓰시오.

▲풀이및정답 ① 개폐밸브
② 반사판 및 후레임이 제거된 개방형헤드 또는 오리피스
③ 압력계

43 스프링클러설비의 말단시험장치의 구성부품을 쓰시오.

설치장소의 최고 주위온도	표시온도
39℃ 미만	79℃ 미만
39℃ 이상 64℃ 미만	①
64℃ 이상 106℃ 미만	②
106℃ 이상	162℃ 이상

▲풀이및정답 ① 79℃ 이상 121℃ 미만
② 121℃ 이상 162℃ 미만

44 건식 스프링클러설비에 하향식 헤드를 설치할 수 있는 경우 2가지를 쓰시오.

▲풀이및정답 ① 동결우려가 없는 장소인 경우
② 드라이펜던트헤드를 사용하는 경우
③ 개방형헤드를 사용하는 경우

예상문제

45 폐쇄형 스프링클러설비에서 유수검지장치 등의 종류를 3가지 쓰시오.

▸풀이및정답
① 습식유수검지장치(알람체크밸브)
② 건식유수검지장치(드라이밸브)
③ 준비작동식 유수검지장치(프리액션밸브)

46 아래 도면은 준비작동식 스프링클러설비의 계통을 나타낸 도면이다. 화재가 발생하였을 때 화재감지기, 소화설비 표시부, 전자밸브, 준지작동식밸브 및 압력스위치들 간의 작동연계성(Operation Sequence)을 설명하시오.

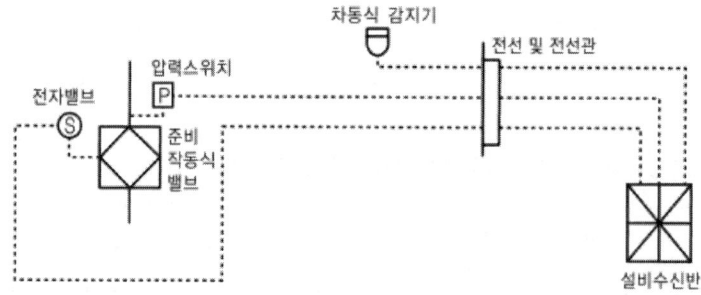

▸풀이및정답 화재발생 → A감지기 작동 → 제어반 확인 → 경보발령 → B감지기 작동 → 제어반 확인 → 전자밸브 작동 → 준비작동식밸브 개방 → 1차측 가압수 2차측으로이동(유수) → 압력스위치 작동 → 제어반 확인(밸브 개방) → 펌프 작동 및 소화(헤드 개방)

47 스프링클러헤드를 내화구조의 건축물에 정방형으로 설치하고자 할 때 헤드 간의 최대거리는 몇 m 이내로 하여야 하는가?

▸풀이및정답
$S = 2R \cdot \cos 45°$
$= 2 \times 2.3\text{m} \times \cos 45° = 3.253 ≒ 3.25\text{m}$

48

가로 20m, 세로 10m인 직사각형의 실이 있다. 이 실의 내부에는 기둥이 없고 실내상부는 반자로 고르게 마감되어 있다. 이 실내에 방호반경 2.3m로 스프링클러헤드를 직사각형 형태로 설치하고자 할 때 배열할 수 있는 헤드의 최소개수를 답안지의 산출과정 순으로 작성하시오. (단, 반자 속에는 헤드를 설치하지 아니하며 전등 또는 공조용 디퓨저 등의 Module은 무시하는 것으로 한다.)

조건

가로변의 개수 : 8~11, 세로변의 개수 : 7~9일 때

세로열의 개수 \ 가로열의 개수	8	9	10	11
7	56	63	70	77
8	64	72	80	88
9	72	81	90	99

▶ 풀이 및 정답

① 가로열 최소수 = $\dfrac{\text{가로열길이}}{\text{최대간격}} = \dfrac{20\text{m}}{2R\sin 60°} = \dfrac{20\text{m}}{2 \times 2.3\text{m} \times \sin 60°} = 5.02$ ∴ 6개

② 가로열 최대수 = $\dfrac{\text{가로열길이}}{\text{최소간격}} = \dfrac{20\text{m}}{2R\sin 30°} = \dfrac{20\text{m}}{2 \times 2.3\text{m} \times \sin 30°} = 8.69$ ∴ 9개

③ 세로열 최소수 = $\dfrac{\text{세로열길이}}{\text{최대간격}} = \dfrac{10\text{m}}{2R\sin 60°} = \dfrac{10\text{m}}{2 \times 2.3\text{m} \times \sin 60°} = 2.51$ ∴ 3개

④ 세로열 최대수 = $\dfrac{\text{세로열길이}}{\text{최소간격}} = \dfrac{10\text{m}}{2R\sin 30°} = \dfrac{10\text{m}}{2 \times 2.3\text{m} \times \sin 30°} = 4.34$ ∴ 5개

세로 \ 가로	6	7	8	9
3	18	21	24	27
4	24	28	32	36
5	30	35	40	45

49

지상 18층 아파트에 스프링클러설비를 화재안전기준과 다음 [조건]에 따라 설계하려고 한다. 다음 물음에 답하시오.

조건

1. 전양정은 76m이다.
2. 펌프의 효율은 65%이다.
3. 모든 규격치는 최소량을 적용한다.

예상문제

1) 펌프의 최소 유량(L/min)을 산정하시오.
2) 수원의 최소 유효저수량(m^3)은 얼마인가?
3) 펌프의 축동력(kW)을 계산하시오.
4) 옥상수조를 설치하지 않기 위해 추가로 설치하여야 할 설비는 무엇인가?

▶풀이및정답
1) $Q = N \times 80\text{L/min} = 10 \times \text{L/min} = 800\text{L/min}$
2) $Q = N \times 1.6\text{m}^3 = 10 \times 1.6\text{m}^3 = 16\text{m}^3$
3) $P(\text{kW}) = \dfrac{1000 \times \left(\dfrac{0.8}{60}\right) \times 76}{102 \times 0.65} = 15.284 ≒ 15.28\text{kW}$
4) 비상전원이 연결되거나 내연기관기동에 따른 주펌프와 동등 이상의 성능을 가지는 예비펌프 설치시

50 헤드의 방수압력이 0.1MPa일 때 방수량이 80(L/min)인 폐쇄형스프링클러설비에서 수리계산으로 배관의 관경을 결정하는 경우 다음 [조건]을 보고 물음에 알맞은 답을 쓰시오.
(단, 풀이과정을 쓰고 최종 답을 반올림하여 소수점 둘째자리까지 구할 것)

조건
1. 스프링클러헤드 H-1에서 H-5까지의 각 헤드마다 방수압력의 차이는 0.02MPa이다. (단, 계산 시 스프링클러헤드와 가지배관사이의 배관마찰손실은 무시한다.)
2. A~B구간은 마찰손실은 0.03MPa이다.
3. H-1에서의 방수량은 80(L/min)이다.

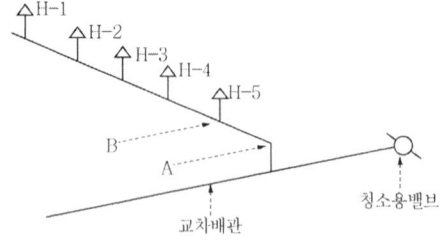

1) A지점에서의 필요 최소 압력은 몇 MPa인가?
2) 각 헤드 (H-1, H-5)에서의 방수량은 몇 L/min인가?
3) A~B 구간에서의 유량은 몇 L/min인가?
4) A~B구간 배관의 최소 내경은 몇 (m)인가?

▶풀이및정답
1) $0.1\text{MPa} + (0.02\text{MPa} \times 4) + 0.03\text{MPa} = 0.21\text{MPa}$
2) ① H-1 : 80L/min
   ② H-2 : $Q = K\sqrt{10P} = 80\sqrt{10 \times 0.12} = 87.625 ≒ 87.64\text{L/min}$
   ③ H-3 : $Q = 80\sqrt{10 \times 0.14} = 94.657 ≒ 94.66\text{L/min}$

④ H-4 : $Q = 80\sqrt{10 \times 0.16} = 101.192 ≒ 101.19$L/min
⑤ H-5 : $Q = 80\sqrt{10 \times 0.18} = 107.331 ≒ 107.33$L/min

3) $Q = 80 + 87.64 + 94.66 + 101.19 + 107.33 = 470.82$

4) $D = \sqrt{\dfrac{4Q}{\pi U}} = \sqrt{\dfrac{4 \times \left(\dfrac{0.47}{60}\right)}{\pi \times 6}} = 0.0407 ≒ 0.04$m

51

지하 2층 및 지상 12층 구조인 계단식형 아파트에 다음과 같은 조건으로 옥내소화전 및 스프링클러설비를 설치하였다. 다음 물음에 답하시오

조건

1. 각 층에 옥내소화전 및 스프링클러설치
2. 각 세대마다 헤드를 12개씩 설치하고 각 층당 2세대이다.
3. 지하층에 옥내소화전 방수구를 3조 설치하였다.
4. 저수조, 펌프, 입상배관을 겸용으로 설치하였다.
5. 옥내소화전 설비의 경우 실양정은 48m이고 배관 및 배관부속의 마찰손실수두는 실양정의 15%, 호스의 마찰손실수두는 실양정의 30%이다.
6. 스프링클러설비의 경우 실양정은 50m이고 배관 및 배관부속의 마찰손실수두는 실양정의 35%이다.
7. 펌프의 효율은 수력효율 90%, 체적효율 80%, 기계효율 75%이다.
8. 펌프의 전달계수는 1.1이다.

1) 주펌프의 전양정, 저수조량을 구하시오.
2) 펌프 토출량, 동력을 구하시오.
3) 옥상수조에 설치하는 부속장치에 대하여 쓰시오.

풀이 및 정답

1) ① 전양정
　　㉠ 옥내소화전 $H = h_1 + h_2 + h_3 + 17$m
　　　　　　　　　　$= (48\text{m} \times 0.3) + (48\text{m} \times 0.15) + 48\text{m} + 17\text{m} = 86.6$m
　　㉡ 스프링클러 $H = h_1 + h_2 + 10$m
　　　　　　　　　　$= (50\text{m} \times 0.35) + 50\text{m} + 10\text{m} = 77.5$m
　∴ 전양정 = 86.6m

② 수원량
　㉠ 옥내소화전 $Q = N \times 26\text{m}^3 = 2 \times 2.6\text{m}^3 = 5.2\text{m}^3$
　㉡ 스프링클러 $Q = N \times 1.6\text{m}^3 = 10 \times 1.6\text{m}^3 = 16\text{m}^3$
　∴ 수원량 = $5.2\text{m}^3 + 16\text{m}^3 = 21.2\text{m}^3$

2) ① 토출량
　㉠ 옥내소화전 $Q = N \times 130$L/min $= 2 \times 130$L/min $= 260$L/min
　㉡ 스프링클러 $Q = N \times 80$L/min $= 10 \times 80$L/min $= 800$L/min
　∴ 토출량 = 260L/min + 800L/min = 1060L/min

② 동력

$$P(kW) = \frac{\gamma \cdot Q \cdot H}{102\eta}K = \frac{1000 \times \left(\frac{1.06}{60}\right) \times 86.6}{102 \times (0.9 \times 0.8 \times 0.75)} \times 1.1 = 30.554 ≒ 30.55 kW$$

3) 수위계, 배수관, 급수관, 오버플로우관, 맨홀

52 다음 그림은 어느 스프링클러설비의 배관계통도이다. 이 도면과 주어진 [조건]에 따라 각 물음에 답하시오.

[도면]

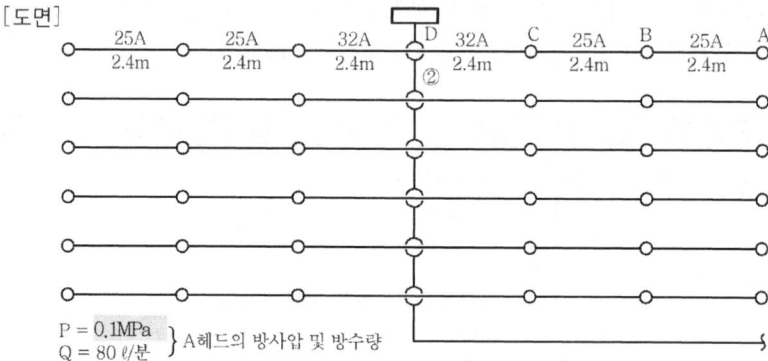

P = 0.1MPa
Q = 80 ℓ/분 } A헤드의 방사압 및 방수량

조건

1. 배관 마찰손실압력은 하젠-윌리암스 공식을 따르되 계산의 편의상 다음 식과 같다고 가정한다.
   $$\Delta P = 6 \times 10^4 \times \frac{Q^2}{C^2 \times D^5} \times L(\text{배관길이})$$
2. 배관 호칭구경과 내경은 같다고 한다.
3. 관부속 마찰손실은 무시한다.
4. 헤드는 개방형이고 조도 C는 100으로 한다.
5. 배관의 구경은 15, 20, 25, 32, 40, 50, 65, 80, 100으로 한다.

1) B~A 사이의 마찰손실압력(MPa)을 구하시오.
2) B헤드에서의 방사량(L/min)을 계산하시오.
3) C~B 사이의 마찰손실압력(MPa)을 구하시오.
4) C지점에서의 방사량(L/min)을 계산하시오.
5) D지점에서의 압력(MPa)을 구하시오.
6) ②지점의 배관 내 유량(L/min)을 계산하시오.
7) ②지점의 배관 최소관경을 화재안전기준에 따른 배관 내 유속에 따라 관경을 계산하시오.

▲ 풀이및정답

1) $\Delta P_{B \sim A} = 6 \times 10^4 \times \dfrac{80^2}{100^2 \times 25^5} \times 2.4 = 0.009 ≒ 0.01 \, MPa$

2) $Q_B = K\sqrt{10P_B}$

$P_B = P_A + \Delta P_{B \sim A} = 0.1 + 0.01 = 0.11 \text{MPa}$

$\therefore Q_B = 80\sqrt{10 \times 0.11} = 83.904 ≒ 83.9 \text{L/min}$

3) $\Delta P_{C \sim B} = 6 \times 10^4 \times \dfrac{(80+83.9)^2}{100^2 \times 25^5} \times 2.4 = 0.039 ≒ 0.04 \text{MPa}$

4) $Q_C = 80\sqrt{10 P_C}$

   $P_C = P_B + \Delta P_{C \sim B} = 0.11 + 0.04 = 0.15 \text{MPa}$

   $Q_C = 80\sqrt{10 \times 0.15} = 97.979 ≒ 97.98 \text{L/min}$

5) $P_D = P_C + \Delta P_{D \sim C}$

   $\Delta P_{D \sim C} = 6 \times 10^4 \times \dfrac{(80+83.9+97.88)^2}{100^2 \times 32^5} \times 2.4 = 0.029 ≒ 0.03 \text{MPa}$

   $\therefore P_D = 0.15 + 0.03 = 0.18 \text{MPa}$

6) $Q_② = (80 + 83.9 + 97.98) \times 2 = 523.76 \text{L/min}$

7) $D = \sqrt{\dfrac{4Q}{\pi U}} = \sqrt{\dfrac{4 \times \left(\dfrac{0.52}{60}\right)}{\pi \times 10}} = 0.033 ≒ 33 \text{mm}$

   $\therefore 40 \text{mm}$

53

다음 빈 칸을 채우시오.

화재조기진압용 스프링클러설비의 설치장소의 구조는 다음과 같다.

1) 당해 층의 높이가 (①)m 이하일 것
2) 천장의 기울기가 (②)을 초과하지 않아야 하고 이를 초과하는 경우에는 반자를 지면과 (③)으로 설치할 것
3) 천장은 평평하여야 하며 철재나 목재 트러스 구조인 경우 돌출부분이 (④)mm를 초과하지 아니할 것
4) 보로 사용되는 목재·콘크리트 및 철재 사이의 간격이 (⑤)mm 이상 (⑥)m 이하일 것
5) 창고 내의 선반의 형태는 하부로 물이 침투되는 구조일 것

▲풀이및정답 ① 13.7m ② $\dfrac{168}{1000}$ ③ 수평 ④ 102

⑤ 0.9 ⑥ 2.3

54

포소화약제 6g의 원액과 물 100g을 섞었을 때 농도를 계산하시오.

▲풀이및정답 $\dfrac{6g}{100g + 6g} \times 100 = 5.66\%$

예상문제

55 다음은 포소화약제에 대한 설명이다. ( ) 안을 알맞게 채우시오.

> 포약제의 (①)을 시험하는 간단한 방법으로 발포된 (②)의 (③)%가 수용액으로 되는데 걸리는 시간을 나타낸다. 이것을 (④)시험이라 하며 규정에는 단백포와 수성막포는 (⑤)초 이상, 합성계면활성제포는 (⑥)분 이상이다.

▲풀이및정답
① 25% 환원시간   ② 포중량   ③ 25
④ 25% 환원시간   ⑤ 60   ⑥ 3

56 경유를 저장하는 위험물 옥외탱크저장소에 다음 조건에 따라 포소하설비를 설치하려고 한다. 다음 물음에 답하시오.

> **조건**
> 1. 탱크는 직경 10m, 높이 12m의 콘루프탱크이다.
> 2. 방출구는 Ⅱ형이며, 옥외 보조포소화전은 2개가 설치되어 있다.(단구형)
> 3. 배관의 낙차수두와 마찰손실수두의 합은 50m이다.
> 4. 폼챔버에서의 방사압력은 3kgf/cm²이다.
> 5. 펌프효율은 65%, 전달계수는 1.1이다.
> 6. 송액배관의 내용적은 제외한다.
> 7. 사용약제는 3%형 수성막포이다.
> 8. 고정포방출구의 방출량 및 방사시간은 다음 표에 따른다.
>
> 【 고정포방출구의 종류별 방출률 】
>
> | 포방출구의 종류
위험물의 구분 | Ⅰ형 | | Ⅱ형 | | 특형 | | Ⅲ형 | | Ⅳ형 | |
> |---|---|---|---|---|---|---|---|---|---|---|
> | | 포수용액량 (L/m²) | 방출량 (L/m²·min) | 포수용액량 (L/m²) | 방출량 (L/m²·min) | 포수용액량 (L/m²) | 방출량 (L/m²·min) | 포수용액량 (L/m²) | 방출량 (L/m²·min) | 포수용액량 (L/m²) | 방출량 (L/m²·min) |
> | 제4류 위험물 중 인화점이 21℃ 미만인 것 | 120 | 4 | 220 | 4 | 240 | 8 | 220 | 4 | 220 | 4 |
> | 제4류 위험물 중 인화점이 21℃ 이상 70℃ 미만인 것 | 80 | 4 | 120 | 4 | 160 | 8 | 120 | 4 | 120 | 4 |
> | 제4류 위험물 중 인화점이 70℃ 이상인 것 | 60 | 4 | 100 | 4 | 120 | 8 | 100 | 4 | 100 | 4 |

1) 고정포방출구에 필요한 포소화약제의 저장량(L)을 산출하시오.
2) 보조포소화전에 필요한 포소화약제의 저장량(L)을 산출하시오.
3) 펌프의 동력(kW)을 산출하시오.

풀이및정답

1) $Q(L) = A\text{m}^2 \times Q\text{L/m}^2 \times S$

$= \dfrac{\pi}{4}(10\text{m})^2 \times 120\text{L/m}^2 \times 0.03 = 282.743 ≒ 282.74\text{L}$

2) $Q(L) = N \times 8,000\text{L} \times S = 2 \times 8,000\text{L} \times 0.03 = 480\text{L}$

3) $P(\text{kW}) = \dfrac{\gamma \cdot Q \cdot H}{102\eta} K$

$\gamma = 1,000, \ H = 50 + 30 = 80\text{m}, \ K = 1.1$

$Q = \left\{ \dfrac{\pi}{4}(10\text{m})^2 \times 4\text{L/m}^2 \cdot \min \right\} + 2 \times 400\text{L/min} = 1114.16\text{L/min}$

$P(\text{kW}) = \dfrac{1000 \times \dfrac{1.114}{60} \times 80}{102 \times 0.65} \times 1.1 = 24.64$

57

다음은 위험물 옥외저장탱크에 포소화설비를 설치한 도면이다. 도면 및 주어진 [조건]을 참조하여 각 물음에 답하시오.

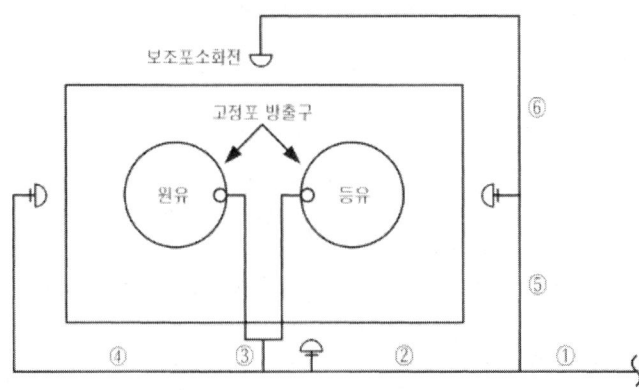

조건

1. 원유저장탱크는 플로팅루프탱크이며 탱크직경은 16m, 탱크 내 측면과 굽도리판(Foam Dam) 사이의 거리는 0.5m, 특형방출구의 수는 2개이다.
2. 등유저장탱크는 콘루프탱크이며 탱크직경은 10m, Ⅱ형 방출구수는 2개이다.
3. 포약제는 3%형 단백포이다.
4. 각 탱크별 포수용액의 방수량 및 방사시간은 아래와 같다.

구 분	원유저장탱크	등유저장탱크
방수량	$8\text{L/m}^2 \cdot$ 분	$4\text{L/m}^2 \cdot$ 분
방사시간	30분	30분

5) 보조포소화전은 4개이다.
6) 구간별 배관의 길이는 다음과 같다.

예상문제

번 호	①	②	③	④	⑤	⑥
배관길이(m)	20	10	50	100	20	150

7) 송액배관의 내경 산출식 $D = 2.66\sqrt{Q}$ 공식을 이용한다.
8) 송액배관 내의 유속은 3m/sec로 한다.
9) 화재는 저장탱크 2개에서 동시에 발생하는 경우는 없는 것으로 간주한다.
10) 위험물안전관리법의 기준에 의거한다.

1) 각 옥외저장탱크에 필요한 포수용액의 양은 몇 L/min인지 산출하시오.
2) 각 옥외저장탱크에 필요한 포원액의 양은 몇 L인지 산출하시오.
3) 보조포소화전에 필요한 포수용액의 양은 몇 L/min인가?
4) 보조포소화전에 필요한 포원액의 양은 몇 L인가?
5) 번호별로 각 송액배관의 구경(mm)을 산출하시오.
6) 송액배관에 필요한 포약제의 양은 몇 L인가?
7) 포소화설비에 필요한 포약제의 양은 몇 L인가?

◀풀이및정답

1) ① 원유 $Q(\text{L/min}) = A\text{m}^2 \times Q_1(\text{L/m}^2 \cdot \text{min})$
$= \left\{\dfrac{\pi}{4}(16\text{m})^2 - \dfrac{\pi}{4}(15\text{m})^2\right\} \times 8\text{L/m}^2 \cdot \text{min} = 194.78\text{L/min}$

② 등유 $Q(\text{L/min}) = A\text{m}^2 \times Q_1(\text{L/m}^2 \cdot \text{min}) = \dfrac{\pi}{4}(10\text{m})^2 \times 4\text{L/m}^2 \cdot \text{min} = 314.16\text{L/min}$

2) ① 원유 $Q(\text{L}) = A\text{m}^2 \times Q_1(\text{L/m}^2 \cdot \text{min}) \times T\min \times S$
$= 194.78\text{L/min} \times 30\text{min} \times 0.03 = 175.3\text{L}$

② 등유 $Q(\text{L}) = 314.16\text{L/min} \times 30\text{min} \times 0.03 = 282.74\text{L}$

3) $Q(\text{L/min}) = N \times 400\text{L/min} = 3 \times 400\text{L/min} = 1{,}200\text{L/min}$

4) $Q(\text{L}) = 3 \times 8{,}000\text{L} \times 0.03 = 720\text{L}$

5) $D_① = 2.66\sqrt{1514.16} = 103.5$ ∴ 125mm
$D_② = 2.66\sqrt{1114.16} = 88.79$ ∴ 100mm
$D_③ = 2.66\sqrt{314.16} = 47.15$ ∴ 50mm
$D_④ = 2.66\sqrt{400} = 53.2$ ∴ 65mm
$D_⑤ = 2.66\sqrt{800} = 75.24$ ∴ 80mm
$D_⑥ = 2.66\sqrt{400} = 53.2$ ∴ 65mm

6) $Q(\text{L}) = A\text{m}^2 \times L\text{m} \times 1{,}000\text{L/m}^3 \times S$
$= \left\{\left(\dfrac{\pi}{4}(0.125\text{m})^2 \times 20\text{m}\right) + \left(\dfrac{\pi}{4}(0.1\text{m})^2 \times 10\text{m}\right) + \left(\dfrac{\pi}{4}(0.05\text{m})^2 \times 50\text{m}\right)\right.$
$\left. + \left(\dfrac{\pi}{4}(0.065\text{m})^2 \times 100\text{m}\right) + \left(\dfrac{\pi}{4}(0.08\text{m})^2 \times 20\text{m}\right) + \left(\dfrac{\pi}{4}(0.065\text{m})^2 \times 150\text{m}\right)\right\}$
$\times 1000\text{L/m}^3 \times 0.03$
$= 40.57\text{L}$

7) $282.74\text{L} + 720\text{L} + 40.57\text{L} = 1043.31\text{L}$

58 다음 그림은 어느 작은 주차장에 설치하고자 하는 포소화설비의 평면도이다. 주어진 [조건]을 참고하여 다음 물음에 답하시오.

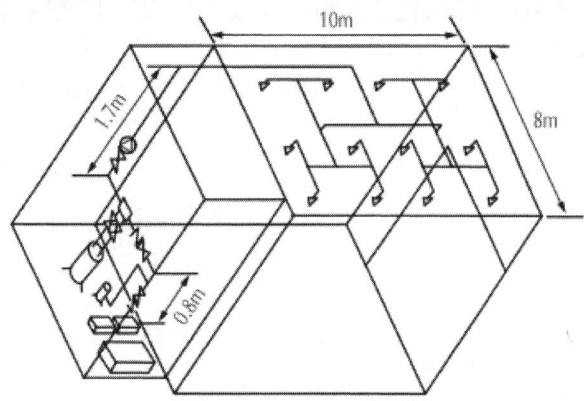

> **조건**
> 1. 포약제는 3%형 단백포를 사용한다.
> 2. 포헤드를 사용하며 헤드에서의 방사압력은 2.5kgf/cm^2이다.
> 3. 펌프 토출구로부터 포헤드까지의 마찰손실압력은 1.4kgf/cm^2이다.
> 4. 포수용액의 비중은 물의 비중과 같다고 가정한다.
> 5. 펌프의 효율은 0.65, 축동력 전달계수는 1.1이다.

1) 포원액의 최소 소요량은 얼마인가?
2) 펌프의 최소 소요양정, 최소 소요토출량, 최소 소요동력을 계산하시오.
3) 수면이 펌프보다 낮은 경우 흡입측 배관에 편심 레듀샤를 사용하는 이유는 무엇인가?

풀이 및 정답

1) $Q(\text{L}) = A\text{m}^2 \times \beta \text{L/m}^2 \cdot \text{min} \times 10\text{min} \times S$
   $= 80\text{m}^2 \times 6.5\text{L/m}^2 \cdot \text{min} \times 10\text{min} \times 0.03$
   $= 156\text{L}$

2) $H = h_1 + h_2 + h_3 = 14\text{m} + 2.5\text{m} + 25\text{m} = 41.5\text{m}$
   $Q = A\text{m}^2 \times \beta \text{L/m}^2 \cdot \text{min} = 80\text{m}^2 \times 6.5\text{L/m}^2 \cdot \text{min} = 520\text{L/min}$
   $P(\text{kW}) = \dfrac{1000 \times \left(\dfrac{0.52}{60}\right) \times 41.5}{102 \times 0.65} \times 1.1 = 5.967 ≒ 5.97\text{kW}$

3) 마찰손실이 작으므로, 공기고임 방지

예상문제

59 다음 [조건]을 기준으로 이산화탄소 소화설비에 대한 물음에 답하시오.

조건

1. 소방대상물의 천장까지의 높이는 3m이고 방호구역의 크기와 용도는 다음과 같다.

통신기기실	전자제품창고
가로 12m×세로 10m	가로 20m×세로 10m
자동폐쇄장치 설치	개구부 2m×2m

위험물저장창고
가로 32m×세로 10m
자동폐쇄장치 설치

2. 소화약제는 고압저장방식으로 하고 충전량은 45kg이다.
3. 통신기기실과 전자제품창고는 전역방출방식으로 설치하고 위험물 저장창고에는 국소방출방식을 적용한다.
4. 개구부 가산량은 10kg/m², 사용하는 CO_2는 순도 99.5%, 헤드의 방사율은 1.3kg/mm²·분이다.
5. 위험물 저장창고에는 가로, 세로가 각각 5m, 높이가 2m인 개방된 용기에 제4류 위험물을 저장한다.
6. 주어진 조건 외에는 소방관련법규 및 국가화재안전기준에 따른다.

1) 각 방호구역에 대한 약제저장량은 몇 kg인가?
   ① 통신기기실
   ② 전자제품창고
   ③ 위험물저장창고
2) 각 방호구역별 약제저장용기는 몇 병인가?
   ① 통신기기실
   ② 전자제품창고
   ③ 위험물저장창고
3) 통신기기실 헤드의 방사압력은 몇 MPa이어야 하는가?
4) 통신기기실에서 설계농도가 30%에 도달하는 시간은 몇 분 이내이어야 하는가?
5) 전자제품창고의 헤드 수를 14개로 할 때 헤드의 분구면적(mm²)을 구하시오.
6) 약제저장용기의 저장온도가 15℃일 때 압력은 얼마인가?
7) 전자제품 창고에 저장된 약제가 모두 분사되었을 때 CO_2의 체적은 몇 m³가 되는가? (단, 대기의 온도는 25℃로 한다.)
8) 소화설비용으로 강관을 사용할 때의 배관기준을 설명하시오.

풀이 및 정답 1) ① 통신기기실 $W = V \times \alpha = (12 \times 10 \times 3)\text{m}^3 \times 1.3 \text{kg/m}^3 = 468 \text{kg}$

$$\therefore \frac{468 \text{kg}}{0.995} = 470.351 ≒ 470.35 \text{kg}$$

② 전자제품창고 $W = V \times \alpha + A \times \beta = (20 \times 10 \times 3)\text{m}^3 \times 2\text{kg/m}^3 + (2 \times 2)\text{m}^2 \times 10\text{kg/m}^2$
$= 1240\text{kg}$

$\therefore \dfrac{1240\text{kg}}{0.995} = 1246.232 ≒ 1246.23\text{kg}$

③ 위험물 저장창고 $W = A \times \alpha \times \beta = (5 \times 5)\text{m}^2 \times 13\text{kg/m}^2 \times 1.4$
$= 455\text{kg}$

$\therefore \dfrac{455\text{kg}}{0.995} = 457.286 ≒ 457.29\text{kg}$

2) ① 통신기기실 : $\dfrac{457.29\text{kg}}{45\text{kg/병}} = 10.45$ $\therefore$ 11병

② 전자제품창고 : $\dfrac{1246.23\text{kg}}{45\text{kg/병}} = 27.694$ $\therefore$ 28병

③ 위험물저장창고 : $\dfrac{457.29\text{kg}}{45\text{kg/병}} = 10.162$ $\therefore$ 11병

3) 2.1MPa

4) 2분

5) 분구면적 = $\dfrac{\text{헤드 1개 방사량}}{\text{방출률} \times \text{방사시간}} = \dfrac{28 \times 45\text{kg} \div 14}{1.3\text{kg/mm}^2 \cdot 분 \times 7분} = 9.89\text{mm}^2$

6) 5.3MPa

7) $V = \dfrac{WRT}{PM} = \dfrac{(28 \times 45) \times 0.082 \times (273 + 25)}{1 \times 44} = 699.758 ≒ 699.76\text{m}^3$

8) 압력배관용 탄소강관 중 스케줄 80 이상의 것 또는 이와 동등 이상의 강도를 가진 것으로서 아연도금 등으로 방식처리된 것

60 이산화탄소소화설비에서 CO_2를 방출하였다. CO_2 저장용기 내의 액화 CO_2의 온도는 -40℃, 배관의 중량은 10kg, CO_2 방출 전 배관의 평균온도는 20℃이며, CO_2가 방출될 때의 배관온도는 -20℃이고, 배관의 비열은 0.11kcal/kg·℃이며, 액화 CO_2의 증발잠열은 10kcal/kg이다. 액화 CO_2의 증발량(kg)은?

◢풀이및정답
$CO_2(\text{kg}) = \dfrac{m \cdot c \cdot \Delta T}{r}$
$= \dfrac{10\text{kg} \times 0.11\text{kcal/kg} \cdot ℃ \times 40℃}{10\text{kcal/kg}} = 4.4\text{kg}$

61 방호대상물 규격이 가로 3m, 세로 7m, 높이 2m인 특수가연물이 있다. 화재시 비산할 우려가 있어 밀폐된 용기에 저장하였다. 이산화탄소소화설비의 국소방출식으로 설계할 때, 고압식과 저압식의 경우 각각의 약제 저장량은 몇 kg인지 구하시오. (단, 소방대상물 주위에 있는 가로 3.2m, 세로 7.2m, 높이 2.2m의 벽을 설치하였다.)

예상문제

◀풀이및정답

$W(\text{kg}) = V(\text{m}^3) \times \left(8 - 6 \cdot \dfrac{a}{A}\right) \text{kg/m}^3 \times \beta$

$V(\text{m}^3) = 3.2\text{m} \times 7.2\text{m} \times 2.2\text{m} = 50.688 ≒ 50.69\text{m}^3$

$A = a$

∴ ① 고압식 : $W = 50.69\text{m}^3 \times 2\text{kg/m}^3 \times 1.4 = 141.932 ≒ 141.93\text{kg}$
  ② 저압식 : $W = 50.69\text{m}^3 \times 2\text{kg/m}^3 \times 1.1 = 111.518 ≒ 111.52\text{kg}$

62 특수가연물(목재가공품류)을 저장하는 창고에 할론 1301 소화설비를 전역방출방식으로 설치하고자 할 때 필요한 약제량은 몇 kg인가? (단, 창고의 체적은 600m³이며, 개구부의 면적은 6m²이고 자동폐쇄장치가 설치되어 있다.)

◀풀이및정답

$W = V \times \alpha$

① 최소약제량 $= 600\text{m}^3 \times 0.52\text{kg/m}^3 = 312\text{kg}$
② 최대약제량 $= 600\text{m}^3 \times 0.64\text{kg/m}^3 = 384\text{kg}$

63 다음은 할론소화설비의 배치도이다. 아래 그림의 조건에 적합하도록 체크밸브를 도시하시오. (단, 체크밸브는 5개를 사용하며 도시기호는 ▷ ◁를 사용한다.)

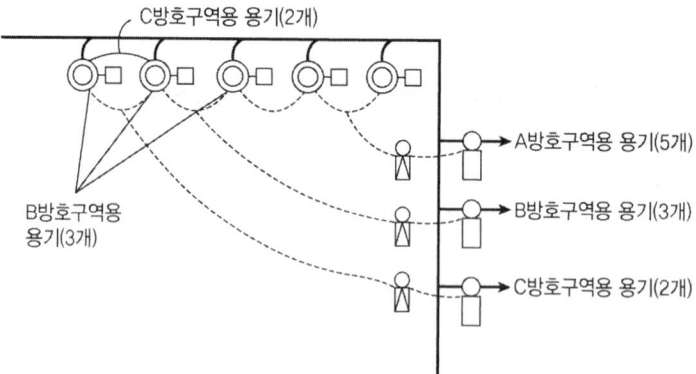

조건
◎ 할론 저장용기   □ 해정장치
♀ 선택밸브   ♀ 기동용가스용기

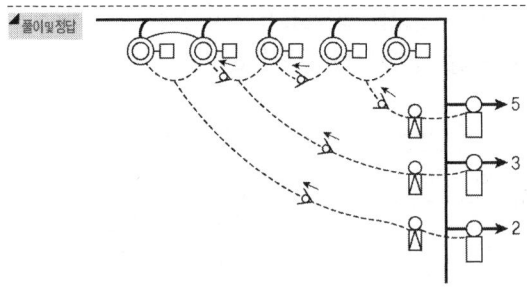

64 내용적이 68L인 고압용기에 충전비 0.8로 할론 1301이 충전되어 있다. 이 용기에 충전된 충전질량은 몇 kg인가?

▶풀이및정답 $G = \dfrac{V}{C} = \dfrac{68}{0.8} = 85 \text{kg}$

65 할론 1301 고압식 전역방출방식 소화설비의 출발압력은 다음 식에 의하여 산출한다.

출발압력(kgf/cm²) = $42 - \dfrac{(\text{저장용기의 저장압력} - \text{할론 1301의 증기압}) \times (\text{배관의 내용적})}{\text{저장용기의 기체부용적} + \text{배관의 내용적}}$

68L 내용적을 가지는 고압식 저장용기 1개의 할론 1301 소화약제의 용적을 43L라 하고 배관 내용적을 50L라고 할 때 출발압력을 구하시오. (단, 할론 1301의 증기압은 14kgf/cm²이고 할론 1301 저장용기 수는 2병이다.)

▶풀이및정답 출발압력 = $42 - \dfrac{(42-14) \times 50}{(25 \times 2) + 50} = 28 \text{kgf/cm}^2$

66 체적이 600m³인 통신기기실에 최소 설계농도의 할론 1301 소화설비를 전역방출방식으로 적용하였다. 68L의 내용적을 가진 축압식 저장용기 수를 3병으로 할 경우 저장용기의 충전비는 얼마인가?

▶풀이및정답 $W = 600\text{m}^3 \times 0.32 \text{kg/m}^2 = 192 \text{kg}$

$\dfrac{192 \text{kg}}{3\text{병}} = 64 \text{kg/병}$

$C = \dfrac{V}{G} = \dfrac{68}{64} = 1.0625 ≒ 1.06$

예상문제

67 다음 도면은 4개의 실로 구성된 전기 시설물을 방호하기 위한 할론 1301 설비이다. 도면과 주어진 [조건]을 참고하여 물음에 알맞은 답을 산출하여 답하시오.

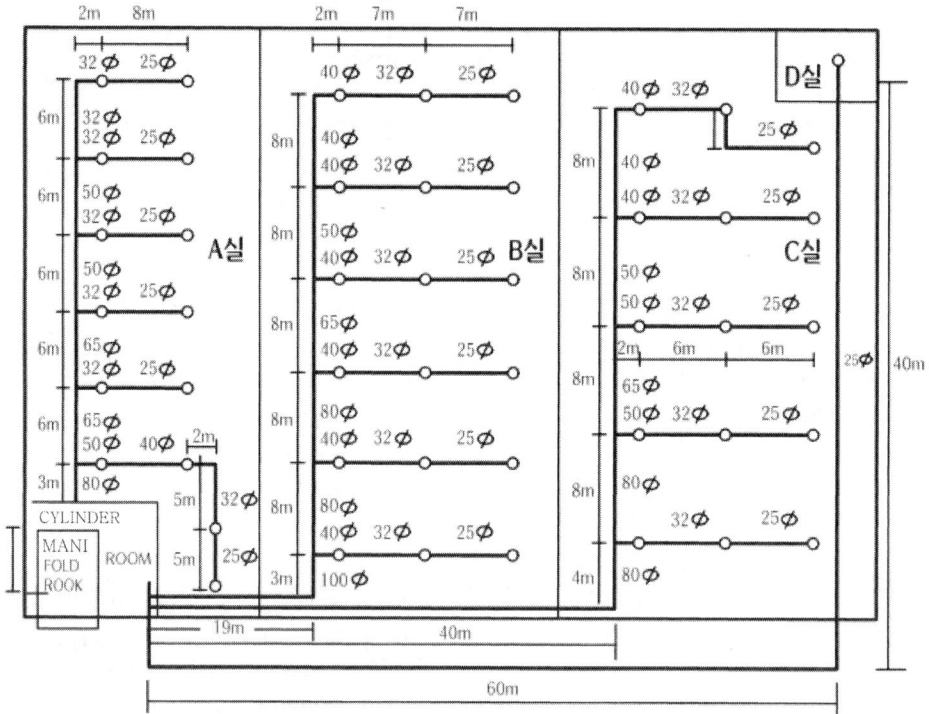

조건

1. 할론약제의 방출방식은 전역방출방식이다.
2. 할론약제 용기의 내용적은 68L이며 충전비는 1.7이다.
3. 21℃에서 할론 1301의 액체비중은 1.57이다.
4. 할론용기의 개방방식은 뉴메틱식(가스압력식)이다.
5. 각 실의 바닥에서 천장까지의 높이는 4.2m이다.
6. 배관의 호칭구경별 안지름(mm)은 다음과 같다.

호칭경	25A	32A	40A	50A	65A	80A	100A	125A
내경(mm)	27	35	43	53	67	82	103	128

7. B실과 C실의 소요량 및 배관의 내용적은 다음과 같다.

구분 적요	산출의 구분	산출량	
		B실	C실
소요량	실의 체적	3,696m³	3,224m³
	가스의 양	1,182.7kg	1,031.6kg
	소요 병 수	30병	26병
	소요약제량의 체적	1,147L	994L
배관의 내용적	25	24.02L	18.88L
	32	40.4L	28.86L
	40	29.02L	26.12L
	50	17.64L	17.64L
	65	28.19L	28.19L
	80	84.45L	274.46L
	100	183.22L	–
	집합관 80	79.17L	79.17L
	내용적의 합계	486.11L	473.32L

1) 배관의 호칭구경별 배관 1m당 배관의 내용적을 계산하시오.

배관의 호칭구경	배관의 내용적(L)
25	①
32	②
40	③
50	④
65	⑤
80	⑥
100	⑦
125	⑧

2) A실과 D실의 소요량 및 배관의 내용적을 구하시오.

구분 적요	산출의 구분	산출량	
		A실	D실
소요량	실의 체적	3,436m³	144m³
	가스의 양	⑨ kg	⑫ kg
	소요 병 수	⑩ 병	⑬ 병
	소요약제량의 체적	⑪ L	⑭ L

예상문제

	25	④ L	⑮ L
	32	⑤ L	–
	40	⑥ L	–
배관의 내용적	50	⑦ L	–
	65	⑧ L	–
	80	⑨ L	–
	100		–
	집합관 80	⑩ L	⑯ L
내용적의 합계		⑪ L	⑰ L

3) 4개의 실을 방호하기 위한 약제의 병 수는 최소 몇 병인가?
4) 기동용기의 설치개수는 최소 몇 병인가?
5) 안전밸브는 최소 몇 개 필요한가?
6) 압력스위치의 필요개수는 최소 몇 개인가?
7) 선택밸브의 필요개수는 최소 몇 개인가?
8) 솔레노이드밸브 기동장치의 수는 몇 개인가?

◀풀이및정답

1) $25A : \dfrac{\pi}{4}(0.027m)^2 \times 1m \times 1000L/m^3 = 0.572 ≒ 0.57L$

   $32A : \dfrac{\pi}{4}(0.035m)^2 \times 1m \times 1000L/m^3 = 0.962 ≒ 0.96L$

   $40A : \dfrac{\pi}{4}(0.043m)^2 \times 1m \times 1000L/m^3 = 1.452 ≒ 1.45L$

   $50A : \dfrac{\pi}{4}(0.053m)^2 \times 1m \times 1000L/m^3 = 2.206 ≒ 2.21L$

   $65A : \dfrac{\pi}{4}(0.067m)^2 \times 1m \times 1000L/m^3 = 3.525 ≒ 3.53L$

   $80A : \dfrac{\pi}{4}(0.082m)^2 \times 1m \times 1000L/m^3 = 5.281 ≒ 5.28L$

   $100A : \dfrac{\pi}{4}(0.103m)^2 \times 1m \times 1000L/m^3 = 8.332 ≒ 8.33L$

   $125A : \dfrac{\pi}{4}(0.128m)^2 \times 1m \times 1000L/m^3 = 12.867 ≒ 12.87L$

2) ① $W = V \times \alpha = 3436m^3 \times 0.32kg/m^3 = 1099.52kg$

   ② $G = \dfrac{V}{C} = \dfrac{68}{1.7} = 40kg/병$

   ∴ $\dfrac{1099.52kg}{40kg/병} = 27.48$ ∴ 28병

   ③ $28 \times 38.23L = 1070.44L$
   　cf) B실의 경우 30병 → 1147L
   　　　∴1병당 38.23L   "C실도 동일"

④ 0.57L/m×45m=25.65L
⑤ 0.96L/m×23m=22.08L
⑥ 1.45L/m×8m=11.6L
⑦ 2.21L/m×14m=30.94L
⑧ 3.53L/m×12m=42.36L
⑨ 5.28L/m×3m=15.84L
⑩ 79.17L (B, C실 참조)
⑪ 227.64L
⑫ $W = V \times \alpha = 144m^3 \times 0.32 = 46.08kg$
⑬ $\dfrac{46.08kg}{40kg/병} = 1.15$ ∴ 2병
⑭ 2×38.23L=76.46L
⑮ 0.57L/m×100m=53L
⑯ 79.17L
⑰ 136.17L

3) 방호구역별 약제량 중 최대량을 저장한다.   ∴ 30병
4) 방호구역 또는 방호대상물마다 설치한다.   ∴ 4병
5) 집합관에 설치한다.   ∴ 1개
6) 방호구역 또는 방호대상물마다 설치한다.   ∴ 4개
7) 방호구역 또는 방호대상물마다 설치한다.   ∴ 4개
8) 가스압력식의 경우 기동용기마다 설치 3개 + D구역저장용기에 설치 1개
   ∴ 4개

68 다음과 같은 [조건]이 주어질 때 할론 1301 소화설비를 설계하는 데 필요한 각 물음에 답하시오.

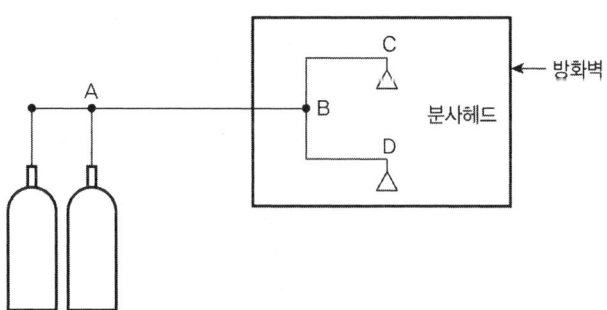

조건
1. 약제소요량은 130kg이다. (출입구에 자동폐쇄장치가 설치되어 있다.)
2. 초기 압력강하는 15kgf/cm²이다.
3. 고저에 의한 압력손실은 0.6kgf/cm²이다.
4. A-B 간의 마찰저항에 의한 압력손실은 0.6kgf/cm²이다.

> 5. B-C, B-D 간의 압력손실은 0.3kgf/cm²이다.
> 6. 저장용기 내 소화약제 저장압력은 42kgf/cm²이다.
> 7. 작동 10초 이내에 약제 전량이 방출된다.

1) 설비가 작동하였을 때 A-B 간의 배관 내를 흐르는 유량은 몇 kg/sec인가?
2) B-C 간의 소화약제의 유량은 몇 kg/sec인가?
3) C점 노즐에서 방출되는 소화약제의 방사압력은 몇 kgt/cm²인가?
4) C점에 설치된 분사헤드에서 방출률이 2.5kg/cm² · sec이면 분사헤드의 등가분구면적은 몇 cm²인가?

풀이 및 정답

1) $\dfrac{130\text{kg}}{10\text{sec}} = 13\text{kg/s}$

2) $\dfrac{13}{2} = 6.5\text{kg/s}$

3) $42 - 15 - 0.6 - 0.6 - 0.3 = 25.5\text{kgf/cm}^2$

4) 분구면적 = $\dfrac{\text{헤드 1개 방사량}}{\text{방출률} \times \text{방사시간}} = \dfrac{130\text{kg} \div 2}{2.5\text{kg/cm}^2 \cdot \text{sec} \times 10\text{sec}} = 2.6\text{cm}^2$

69 답안지의 미완성 도면은 할론 1301을 이용한 할로겐화합물소화설비의 계통도이다. 이 계통도를 완성하시오.

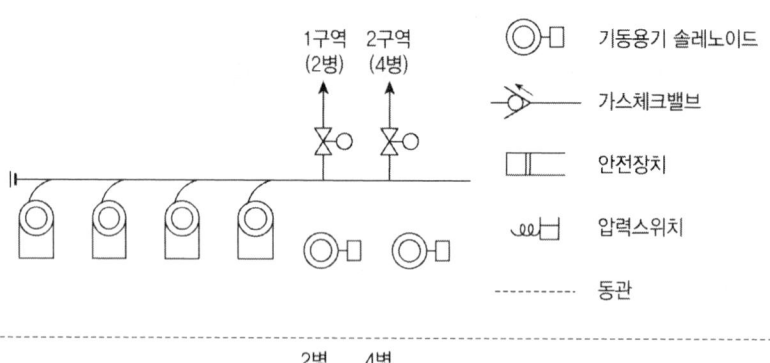

풀이 및 정답

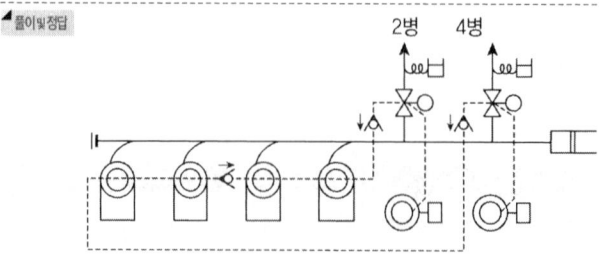

70 옥외소화전 방수시의 그림에서 안지름이 65mm인 옥외소화전 방수구의 높이(y)가 800mm, 방수된 물이 지면에 도달하는 거리(x)가 16m일 때 방수량은 몇 m³/sec이고 동일 안지름의 방수구를 개방하였을 때 화재안전기준에 따른 방수량을 만족하려면 방출된 물이 지면에 도달하는 거리(x)가 최소 몇 m이상이어야 하는지 구하시오. (단, 그림에서 y는 지면에서 방수구 중심간 거리이고, x는 방수구에서 물이 도달하는 부분의 중심간 거리이다.)

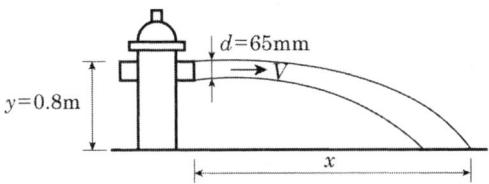

◀풀이및정답

가) $y = \dfrac{1}{2}gt^2$

$0.8\text{m} = \dfrac{1}{2} \times 9.8\text{m/s}^2 \times t^2$

$\therefore t^2 = \dfrac{0.8 \times 2}{9.8}$

$t = \sqrt{\dfrac{0.8 \times 2}{9.8}} = 0.404\text{sec}$

$V(\text{m/s}) \times t(\text{sec}) \times \cos 0° = 16\text{m}$

$\therefore V(\text{m/s}) = \dfrac{16\text{m}}{1 \times 0.404\text{sec}} ≒ 39.604\text{m/s}$

$\therefore Q = \dfrac{\pi}{4}(0.065\text{m})^2 \times 39.604\text{m/s} = 0.131 ≒ 0.13\text{m}^3/\text{s}$

나) $Q = A \cdot U$

$\therefore \left(\dfrac{0.35}{60}\right)\text{m}^3/\text{s} = \dfrac{\pi}{4}(0.065\text{m})^2 \times V(\text{m/s})$

$\therefore V(\text{m/s}) = \dfrac{\left(\dfrac{0.35}{60}\right)}{\dfrac{\pi}{4}(0.065)^2} = 1.757 ≒ 1.76\text{m/s}$

거리 x m = 1.76m/s × cos0° × 0.404sec = 0.711 ≒ 0.71m

71 그림의 개방된 고가수조에서 배관을 통하여 물을 방수할 때 ②지점에서의 방출압력은 몇 kPa인지 구하시오. (단, 대기는 표준대기압상태이고 배관 안지름은 100mm, 배관 길이는 250m, 방출유량은 2500L/min, 총 마찰손실수두는 7m이며, 방출압력은 계기압력으로 구한다.)

예상문제

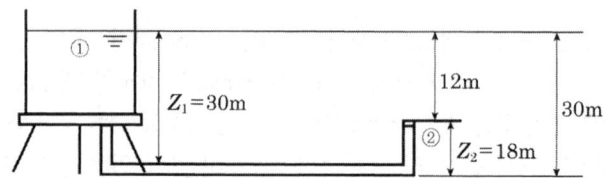

▶풀이및정답
$Q = A \cdot U$

$\left(\dfrac{2.5}{60}\right) \text{m}^3/\text{s} = \dfrac{\pi}{4}(0.1\text{m})^2 \times U(\text{m/s})$

$U(\text{m/s}) = 5.305 ≒ 5.31 \text{m/s}$

$\dfrac{P_1}{\gamma} + \dfrac{U_1^2}{2g} + Z_1 = \dfrac{P_2}{\gamma} + \dfrac{U_2^2}{2g} + Z_2 + h_L$

$P_1 = 0(\text{대기압}),\ U_1 = 0(\text{수면하강속도}=0)$

$\therefore 30\text{m} = \dfrac{P_2(\text{kN/m}^2)}{9.8\text{kN/m}^3} + \dfrac{(5.31\text{m/s})^2}{2 \times 9.8\text{m/s}^2} + 18\text{m} + 7\text{m}$

$\therefore P_2 = 34.901 ≒ 34.9 \text{kPa}$

72 어떤 건축물에 제연설비를 하려고 한다. 주어진 [조건]을 참조하여 다음 물음에 답하시오.

> **조건**
> 1. 배출구의 유효면적은 2.0m^2이며 배출구에서의 평균 풍속은 200cm/sec이다.
> 2. 전압은 30mmAq이며 전동기 효율은 60%이다.
> 3. 전압력 손실과 제연량 및 누설을 고려한 여유율은 10%로 한다.

1) 배출 풍량은 몇 m^3/sec인가?
2) 배출기의 동력은 몇 kW인가?

▶풀이및정답
1) $Q = A \cdot U = 2\text{m}^2 \times 2\text{m/s} = 4\text{m}^3/\text{s}$

2) $P(\text{kW}) = \dfrac{P \cdot Q}{102\eta} K = \dfrac{30 \times 4}{102 \times 0.6} \times 1.1 = 2.156 ≒ 2.16 \text{kW}$

73 다음 ( ) 안에 해당되는 사항은 답안지에 쓰시오.

1) 제연설비의 배출기 및 배출풍도에 관한 사항
   - 배출기의 흡입측 풍속은 (①) 이하로 하고, 배출측 풍속은 (②) 이하이다.
   - 배출기와 배출풍도의 접속부분에 사용하는 캔버스 성질은 (③)이 있는 것으로 한다.
   - 배출기는 (④) 부분과 배풍기 부분을 분리하여 설치한다.
   - 배출풍도는 아연도금강판 또는 이와 동등 이상의 내식성과 (⑤)이 있는 것으로 하며 (⑥)의 단열재로 단열처리한다.

2) 제연설비에 관한 사항
   - 하나의 제연구역의 면적은 (①)m^2 이내로 하고 제연구역은 직경 (②)m의 원내에 들어갈 수 있어야 한다.
   - 제연경계는 제연경계의 폭이 (③)m 이상이고, 수직거리는 (④)m 이내이어야 한다.

3) 옥내소화전설비의 가압송수장치에 관한 사항
   - 소방대상물의 어느 층에 있어서도 당해 층의 옥내소화전을 동시에 사용할 경우 각 소화전의 노즐선단에서의 (①)이 0.17MPa 이상이고, (②)이 130L/min 이상이 되는 성능의 것으로 한다.
   - 옥내소화전을 사용하는 노즐선단에서의 (③)이 0.7MPa을 초과할 경우에는 호스접결구의 인입측에 (④)를 설치하여야 한다.

▲풀이및정답 1) ① 15m/s ② 20m/s ③ 내열성 ④ 전동기 ⑤ 내열성 ⑥ 내열성
2) ① 1,000 ② 60 ③ 0.6 ④ 2
3) ① 방수압 ② 방수량 ③ 방수압 ④ 감압장치

예상문제

74 자연 제연방식에서 주어진 조건을 참조하여 아래 각 물음에 답하시오.

> **조건**
> - 연기층과 공기층과의 높이 차 : 3
> - 화재실 온도 : 707℃
> - 연기 평균 분자량 : 29
> - 옥외기압 : 1기압
> - 외부온도 : 27℃
> - 공기 평균 분자량 : 28
> - 화재실 기압 : 1기압
> - 동력의 여유율 : 10%

1) 연기의 외출속도(m/s)
2) 외부풍속(m/s)

풀이 및 정답

1) $U_{\text{smoke}} = \sqrt{2gh\left(\dfrac{\gamma_o}{\gamma}-1\right)} = \sqrt{2\times 9.8 \times 3 \times \left(\dfrac{\gamma_{\text{air}}}{\gamma_{\text{smoke}}}-1\right)}$

$\rho_{\text{smoke}} = \dfrac{PM}{RT} = \dfrac{1\times 29}{0.082\times(273+707)} = 0.36\,\text{kg/m}^3$

$\therefore \gamma_{\text{smoke}} = 0.36\,\text{kgf/m}^3$

$\rho_{\text{air}} = \dfrac{PM}{RT} = \dfrac{1\times 28}{0.082\times(273+27)} = 1.138 \fallingdotseq 1.14\,\text{kg/m}^3$

$\therefore \gamma_{\text{air}} = 1.14\,\text{kgf/m}^3$

$\therefore U_{\text{smoke}} = \sqrt{2\times 9.8 \times \left(\dfrac{1.14}{0.36}-1\right)} = 11.287 \fallingdotseq 11.29\,\text{m/s}$

2) 외부풍속(m/s)

$\dfrac{U_{\text{air}}}{U_{\text{smoke}}} = \sqrt{\dfrac{\rho_{\text{smoke}}}{\rho_{\text{air}}}}$

$\therefore U_{\text{air}} = 11.29\,\text{m/s} \times \sqrt{\dfrac{0.36}{1.14}} = 6.344 \fallingdotseq 6.34\,\text{m/s}$

75 지하층 용도가 판매시설로서 본 용도로 사용하는 바닥면적이 3000m²인 경우 이 장소에 A급 3단위 소화기를 설치할 경우 필요한 분말소화기의 개수는 최소 몇 개인지 답하시오. [단, 내화구조이면서 불연재 마감]

풀이 및 정답

$\dfrac{3000m^2}{2\times 100m^2} = 15단위 \quad \therefore \dfrac{15단위}{3단위/개} = 5개$

76 펌프성능시험을 하기 위하여 오리피스를 이용한 결과 수은주의 높이가 47cm이다. 이 오리피스를 통과하는 유량(L/sec)을 구하시오. (단 속도계수는 0.9이고 수은의 비중은 13.6, 중력가속도는 9.81m/s²이다)

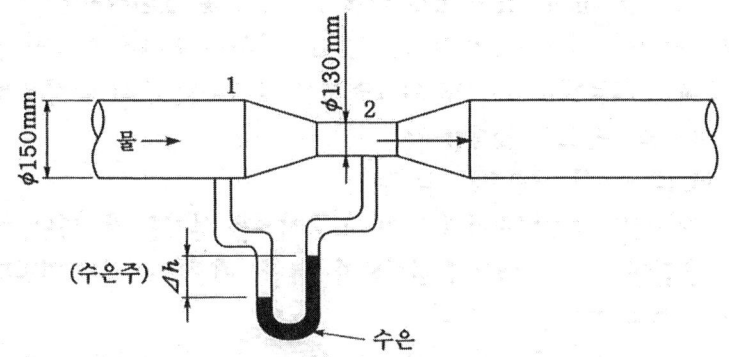

▶풀이 및 정답

$$Q = C \times A \times U \times 1000 L/m^3$$

$$= 0.9 \times \frac{\pi}{4}(0.13m)^2 \times \frac{1}{\sqrt{1-(\frac{0.13^2}{0.15^2})^2}} \times \sqrt{2 \times 9.81 \times 0.47 \times \left(\frac{13.6}{1}-1\right)} \times 1000 L/m^3$$

$$= 195.048 \fallingdotseq 195.05 L/\sec$$

77 소방시설에서 앵글밸브가 사용되는 장소 3가지를 쓰시오.

▶풀이 및 정답
① 옥내소화전설비 방수구
② 연결송수관설비 방수구
③ 스프링클러 교차배관 끝 청소구
④ 유수검지장치 배수밸브

예상문제

78 다음 도시기호 명칭을 답하고 또는 그리시오.

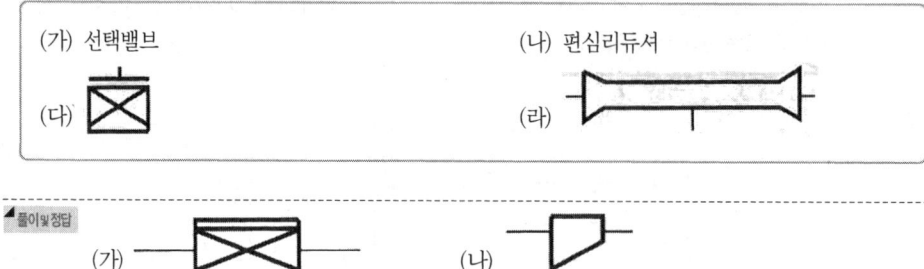

(가) 선택밸브   (나) 편심리듀셔
(다)   (라)

▣ 풀이및정답

(가) ⟨그림⟩   (나) ⟨그림⟩
(다) 후트밸브   (라) 라인 프로포셔너

---

79 다음 조건을 이용하여 할로겐 화합물 청정소화설비의 10초 동안 방사된 약제량(kg)을 구하시오.

> **조건**
> 1. 10초 동안 약제가 방사될때 설계농도의 95%에 해당하는 약제가 방출된다.
> 2. 실의 구조는 가로 4m, 세로 5m, 높이 4m이다.
> 3. $K_1=0.2413$, $K_2=0.00088$, 온도는 20℃이다
> 4. A, C급 화재발생 가능 장소로서 소화농도는 8.5%이다.

▣ 풀이및정답

$$W(kg) = \frac{V}{S} \times \left(\frac{C \times 0.95}{100 - C \times 0.95} \right)$$

$S = k_1 + k_2 \times t = 0.2413 + 0.00088 \times 20 = 0.2589 \, m^3/kg$

$$\therefore W(kg) = \frac{(4 \times 5 \times 4)m^3}{0.2589 m^3/kg} \times \left(\frac{8.5 \times 1.2 \times 0.95}{100 - 8.5 \times 1.2 \times 0.95} \right) = 33.154 ≒ 33.15kg$$

80 전기실의 크기가 가로 35m, 세로 30m, 높이 7m인 방호공간에 설치해야 할 IG-541의 최소 약제용기수는 몇 병인가?

> **조건**
> IG-541 용기는 80L용 12m³/병, 설계농도는 37%, 실내온도 20℃ 기준

▲ 풀이 및 정답

$$Q(m^3) = V(m^3) \times 2.303 \times \frac{V_S}{S} \times \log\left(\frac{100}{100-C}\right)$$

20℃ 기준이므로 $V_S = S$, C=37%이므로

$$Q(m^3) = (35 \times 30 \times 7)m^3 \times 2.303 \times 1 \times \log\left(\frac{100}{100-37}\right) = 3396.572 ≒ 3396.57m^3$$

병수 = $\frac{3396.57m^3}{12m^{3}/병} = 283.05$ ∴ 284병

81 지하7층 전기실의 크기가 가로 30m, 세로 20m, 높이 7m인 방호공간에 할로겐화합물 및 불활성기체소화설비를 다음과 같이 설치할 경우 물음에 답하시오

> **조건**
> 1. HFC-227ea의 소화농도는 5.83%
> 2. HFC-227ea의 용기는 68L, 45kg용
> 3. HFC-227ea의 K_1=0.1269, K_2=0.0005
> 4. 방호구역예상온도 20℃
> 5. 소수점발생시 셋째자리에서 반올림
> 6. 내화구조이며 그밖의 조건은 무시한다.

1) HFC-227ea의 최소산출량(kg)
2) 최소약제저장용기병수
3) 배관구경산정시 기준이 되는 약제량 방사시 최소유량(kg/s)

▲ 풀이 및 정답

1) $W = \frac{V}{S} \times \left(\frac{C}{100-C}\right)$

① $S = k_1 + k_2 \times t = 0.1269 + 0.0005 \times 20 = 0.136 ≒ 0.14 m^3/kg$

② $C = 5.83\% \times 1.2 = 6.996 ≒ 7\%$

③ $W = \frac{(30 \times 20 \times 7)m^3}{0.14 m^3/kg} \times \left(\frac{7}{100-7}\right) = 2258.064 ≒ 2258.06 kg$

2) 용기수 = $\frac{2258.06kg}{45kg/병} = 50.179$ ∴ 51병

3) 유량(kg/s) = $\frac{V}{S} \times \left(\frac{C \times 0.95}{100 - C \times 0.95}\right) \div 10sec$

$= \frac{4200 m^3}{0.14 m^3/kg} \times \left(\frac{7 \times 0.95}{100 - 7 \times 0.95}\right) \div 10sec$

$= 213.711 ≒ 213.71 kg/s$

예상문제

82 최대허용압력이 3MPa이고 배관의 외경이 114.3mm이며 배관재료의 최대허용응력이 210MPa, 나사이음으로 나사의 높이가 1mm일때 청정소화약제 배관의 두께는?

◆풀이 및 정답

$$t(mm) = \frac{PD}{2SE} + A = \frac{3 \times 114.3}{2 \times 210} + 1 = 1.816 ≒ 1.82mm$$

cf) $t(mm) = \dfrac{PD}{2SE} + A$

SE : 허용응력[인장강도의 $\dfrac{1}{4}$ 값과 항복점의 $\dfrac{2}{3}$ 값 중 작은 값×배관이음효율×1.2]

P : 최대사용압력
D : 배관바깥지름(mm)
A : 나사이음, 홈이음 등의 허용값(mm)
　　나사이음 : 나사이음의 높이, 절단홈이음 : 홈의 길이, 용접이음 : 0

83 가로 15m 세로 14m 높이 3.5m인 전산실에 청정소화약제 중 HFC-23과 IG-541을 사용할 시 아래 조건에 맞게 설계하시오.

조건
1. HFC-23의 소화농도는 A, C급 화재는 38%, B급 화재는 35%
2. HFC-23의 저장용기는 68L이며 충전밀도는 720.8 kg/m³
3. IG-541의 소화농도는 33%
4. IG-541의 저장용기는 80L용을 적용하며, 충전압력은 19.996Mpa이다.
5. 소화약제량 산정 시 선형 상수를 이용하도록 하며 방사 시 기준온도는 30℃

소화약제	K_1	K_2
HFC-23	0.3164	0.0012
IG-541	0.65799	0.00239

1) HFC-23의 약제량은 최소 몇 [kg]인가?
2) HFC-23의 저장용기 수는 최소 몇[병]인가?
3) 배관 구경 산정 조건에 따라 HFC-23의 약제량 방사시 방사 유량[주배관]은 몇 [kg/s] 이상이어야 하는가?
4) IG-541의 약제량은 [m³]인가?
5) IG-541의 저장용기 수는 최소 몇 [병]인가?
6) 배관 구경 산정 조건에 따라 IG-541의 약제량 방사시 유량[주배관]은 몇 [kg/s]인가?

풀이및정답

1) $W = \dfrac{V}{S} \times \dfrac{C}{100-C}$

   $V = 15 \times 14 \times 3.5 = 735 \text{m}^3$

   $S = k_1 + k_2 \times t = 0.3164 + 0.0012 \times 30 = 0.3524 \text{m}^3/\text{kg}$

   $C = 38 \times 1.2 = 45.6\%$

   $\therefore W = \dfrac{735}{0.3524} \times \left(\dfrac{45.6}{100-45.6}\right) = 1748.305 \fallingdotseq 1748.31 \text{kg}$

2) 용기수 $= \dfrac{\text{약제량}}{\text{1병당 저장량}}$

   1병당 저장량(kg) $= 68\text{L} \times 0.7208 \text{kg/L} = 49.014 \fallingdotseq 49.01 \text{kg/병}$

   용기수 $= \dfrac{1748.31}{49.01} = 35.67$ $\therefore$ 36병

3) 유량(kg/s) $= \dfrac{V}{S} \times \left(\dfrac{C \times 0.95}{100 - C \times 0.95}\right) \div 10\text{sec}$

   $= \dfrac{735\text{m}^3}{0.3524\text{m}^3/\text{kg}} \times \left(\dfrac{45.6 \times 0.95}{100 - 45.6 \times 0.95}\right) \div 10\text{sec}$

   $= 159.407 \fallingdotseq 159.41 \text{kg/s}$

4) $Q(\text{m}^3) = V(\text{m}^3) \times 2.303 \times \dfrac{V_S}{S} \times \log\left(\dfrac{100}{100-C}\right)$

   $V = 735\text{m}^3$

   $V_S = k_1 + k_2 \times 20 = 0.65799 + 0.00239 \times 20 = 0.70579 \fallingdotseq 0.7058 \text{m}^3/\text{kg}$

   $S = k_1 + k_2 \times 30 = 0.65799 + 0.00239 \times 30 = 0.72969 \fallingdotseq 0.7297 \text{m}^3/\text{kg}$

   $C = 33\% \times 1.2 = 39.6\%$

   $Q(\text{m}^3) = 735\text{m}^3 \times 2.303 \times \dfrac{0.7058}{0.7297} \times \log\left(\dfrac{100}{100-39.6}\right) = 358.5\text{m}^3$

5) 용기수 $= \dfrac{\text{약제량}}{\text{1병당 체적}}$

   $P_1 V_1 = P_2 V_2$ 에서

   $V_2 = V_1 \times \dfrac{P_1}{P_2} = 0.08\text{m}^3 \times \dfrac{(19.996 + 0.101325)\text{MPa}}{0.101325\text{MPa}} = 15.867 \fallingdotseq 15.87\text{m}^3/\text{병}$

   용기수 $= \dfrac{358.5\text{m}^3}{15.87\text{m}^3/\text{병}} = 22.58$ $\therefore$ 23병

6) $Q(\text{m}^3) = V(\text{m}^3) \times 2.303 \times \dfrac{V_S}{S} \times \log\left(\dfrac{100}{100-C \times 0.95}\right)$

   $Q(\text{m}^3) = 735\text{m}^3 \times 2.303 \times \dfrac{0.7058}{0.7297} \times \log\left(\dfrac{100}{100-39.6 \times 0.95}\right) = 335.564 \fallingdotseq 335.56\text{m}^3$

   유량(kg/s) $= \dfrac{335.56\text{m}^3 \times \dfrac{1}{0.7297\text{m}^3/\text{kg}}}{120\text{sec}} = 3.832 \fallingdotseq 3.83 \text{kg/s}$

예상문제

84 할로겐화합물 및 불활성기체소화설비(IG-541)에 대한 다음 각 물음에 답하시오.

> **조건**
> 1. 실면적 : 300m², 층고 : 3.5m, 소화농도 : 35.84%
> 2. 전기실로서 예상온도는 10~20℃이다.
> 3. 1병당 80L, 충전압력 : 19,965kPa[게이지압], 저장용기실 온도 : 20℃
> 4. 대기압은 101kPa이다
> 5. K_1, K_2의 값은 소수점 5자리에서 반올림하여 구할 것

1) 소화약제량[m³] 산출식을 쓰고, 각 기호를 설명하시오.
2) IG-541의 선형상수 K_1과 K_2를 구하시오.
3) IG-541의 소화약제량(m³)을 구하시오.
4) IG-541의 최소 저장 용기수를 구하시오.
5) 선택밸브 통과시 최소유량(m³/s)을 구하시오.

풀이및정답

1) $Q(m^3) = V(m^3) \times 2.303 \times \dfrac{V_S}{S} \times \log\left(\dfrac{100}{100-C}\right)$

   $Q(m^3)$: 약제체적(m³)
   $V(m^3)$: 실의 체적(m³)
   $V_S(m^3/kg)$: 1기압 20℃에서의 약제 비체적(m³/kg)
   $S(m^3/kg)$: 선형상수, $(k_1 + k_2 \times t)$
   $C(\%)$: 설계농도(%)
   $t(℃)$: 방호구역의 최소예상온도(℃)

2) $k_1 = \dfrac{22.4}{M}$

   $M = 28 \times 0.52 + 40 \times 0.4 + 44 \times 0.08 = 34.08 \text{kg/kmol}$

   ∴ $k_1 = \dfrac{22.4}{34.08} = 0.65727 ≒ 0.6573 \text{m}^3/\text{kg}$

   $k_2 = \dfrac{k_1}{273} = 0.00240 ≒ 0.0024 \text{m}^3/\text{kg}$

3) $Q(m^3) = V(m^3) \times 2.303 \times \dfrac{V_S}{S} \times \log\left(\dfrac{100}{100-C}\right)$

   $V = 300 \times 3.5 = 1050 \text{m}^3$
   $V_S = k_1 + k_2 \times 20 = 0.6573 + 0.0024 \times 20 = 0.7053 \text{m}^3/\text{kg}$
   $S = k_1 + k_2 \times 10 = 0.6573 + 0.0024 \times 10 = 0.6813 \text{m}^3/\text{kg}$
   $C = 35.84\% \times 1.2 = 43.008 ≒ 43.01\%$

   ∴ $Q(m^3) = 1050 \times 2.303 \times \dfrac{0.7053}{0.6813} \times \log\left(\dfrac{100}{100-43.01}\right)$
   $= 611.317 ≒ 611.32 \text{m}^3$

4) $\dfrac{P_1 V_1}{T_1} = \dfrac{P_2 V_2}{T_2}$

$V_2 = V_1 \times \dfrac{T_2}{T_1} \times \dfrac{P_1}{P_2} = 611.32 \text{m}^3 \times \dfrac{293}{283} \times \dfrac{101}{(19965 + 101)} = 3.185 ≒ 3.19 \text{m}^3 ≒ 3190 \text{L}$

∴ $\dfrac{3190 \text{L}}{80 \text{L/병}} = 39.875$ ∴ 40병

5) 2분 이내에 설계농도 95% 해당하는 약제량

유량(m³/s) = $\left[1050 \times 2.303 \times \dfrac{0.7053}{0.6813} \times \log\left(\dfrac{100}{100 - 43.01 \times 0.95} \right) \right] \div 120 \sec$

 = $4.758 ≒ 4.76 \text{m}^3/\text{s}$

85

다음은 압력배관용 탄소 강관인 KS D 3562의 규격을 나타낸 것이다. 다음 표를 참조하여 물음에 알맞게 답하시오.

호칭경	외경	내경	인장강도	항복점	배관이음효율	용접이음 허용값
65mm	76.4mm	66.0mm	412N/mm²	245N/mm²	0.85	0

1) 배관의 두께[mm]를 계산하시오.
2) 최대허용응력[kPa]을 계산하시오.
3) 최대허용압력[kPa]을 계산하시오.

풀이 및 정답

1) 두께 t = (외경 − 내경) ÷ 2 = (76.4 − 66) ÷ 2 = 5.2mm

2) 인장강도의 $\dfrac{1}{4}$ 값과 항복점의 $\dfrac{2}{3}$ 값 중 적은 값 × 배관이음효율 × 1.2

① 인장강도의 $\dfrac{1}{4}$ = 412N/mm² × $\dfrac{1}{4}$ = 103N/mm²

② 항복점의 $\dfrac{2}{3}$ = 245N/mm² × $\dfrac{2}{3}$ = 163.32N/mm²

③ 103N/mm² × 0.85 × 1.2 = 105.06N/mm²

∴ $\dfrac{105.06 \text{N}}{\text{mm}^2} \times \dfrac{(1000 \text{mm})^2}{1 \text{m}^2} \times \dfrac{1 \text{kN/m}^2}{1000 \text{N/m}^2} = 105060 \text{kN/m}^2 = 105060 \text{kPa}$

3) $t = \dfrac{PD}{2SE} + A$

$P = \dfrac{(t - A) \cdot 2SE}{D} = \dfrac{(5.2 - 0) \times 2 \times 105060}{76.4} = 14301.36 \text{kPa}$

예상문제

86 아래의 [표]를 참조하여 화재안전기준에 따라 할로겐화합물 및 불활성기체소화설비를 설치하려고 할 때 다음을 구하시오.

[압력배관용 탄소강관(Sch40)의 규격]

호칭지름	25A	32A	40A	50A	65A	100A
바깥지름(mm)	34.0	42.7	48.6	60.5	76.3	114.3
관 두께(mm)	3.4	3.6	3.7	3.9	5.2	6.0

1) 호칭지름이 32A인 압력배관용탄소강관(Sch40)에 분사헤드가 접속되어 있다. 이때 분사헤드 오리피스의 최대구경[mm]을 구하시오.
2) 호칭구경이 65A인 압력배관용탄소강관을 사용하여 용접이음으로 배관을 접합할 경우 배관에 적용할 수 있는 최대 허용압력[MPa]을 구하시오. [단, 인장강도는 380MPa, 항복점은 220MPa이며, 이 배관에 전기저항 용접배관을 함에 따라 배관이음효율은 0.85이다.]
3) 할로겐화합물 및 불활성기체소화약제의 구비조건을 5가지 쓰시오.

▲ 풀이 및 정답

1) 오리피스면적 $= \dfrac{\pi}{4}(42.7 - 3.6 \times 2)^2 \times 0.7 = 692.858 ≒ 692.86\,\text{mm}^2$

$692.86\,\text{mm}^2 = \dfrac{\pi}{4}(\text{Dmm})^2$

∴ $D = 29.701 ≒ 29.7\,\text{mm}$

2) $t(\text{mm}) = \dfrac{PD}{2SE} + A$

$SE = 380\,\text{MPa} \times \dfrac{1}{4} \times 0.85 \times 1.2 = 96.9\,\text{MPa}$

$t(\text{mm}) = 5.2\,\text{mm}$
$A(\text{mm}) = 0\,\text{mm}$
$D(\text{mm}) = 76.3\,\text{mm}$

∴ $P = \dfrac{t \times 2SE}{D} = \dfrac{5.2 \times 2 \times 96.9}{76.3} = 13.207 ≒ 13.21\,\text{MPa}$

3) ① ODP 지수가 낮을 것
② GWP 지수가 낮을 것
③ 소화능력이 우수할 것
④ 독성이 낮을 것
⑤ 경제적일 것

87 방호구역의 체적이 1500m³인 실에 전역방출방식의 분말소화설비를 설치하려고 할 때 다음 물음에 답하시오.

> **조건**
> 1. 분말약제는 인산암모늄염을 사용한다.
> 2. 개구부의 면적은 3.25m²이며, 자동폐쇄장치가 없다.
> 3. 설비방식은 가압식이며, 추진가스로는 질소를 사용한다.
> 4. 질소용기의 내용적은 68L이다.
> 5. 질소용기의 내부압력은 최대 150kgf/cm²이다. (대기압은 1.0332kgf/cm²)
> 6. 저장용기실의 온도는 20℃이다.

1) 분말소화약제의 저장량은 몇 kg인가?
2) 분말소화약제 저장용기의 내용적은 최소 몇 L인가?
3) 질소용기의 필요병수는 최소 몇 병인가?
4) 개폐밸브 직후의 유량(kg/sec)은?

◆풀이및정답
1) $W(kg) = V \times \alpha + A \times \beta = 1500m^3 \times 0.36kg/m^3 + 3.25m^2 \times 2.7kg/m^2$
    $= 548.775 ≒ 548.78kg$
2) 3종 분말의 경우 약제 1kg당 용기체적 1L 필요
    ∴ 548.78L
3) 가압식, 질소이용   ∴ $548.78kg \times 40L/kg = 21851.2L$

    $\dfrac{P_1V_1}{T_1} = \dfrac{P_2V_2}{T_2}$ 에서 $V_2 = V_1 \times \dfrac{T_2}{T_1} \times \dfrac{P_1}{P_2}$

    ∴ $V_2 = 21951.2L \times \dfrac{293K}{308K} \times \dfrac{1.0332kgf/cm^2}{(150+1.0332)kgf/cm^2} = 142.852 ≒ 142.85L$

    병수 $= \dfrac{142.85L}{68L/병} = 2.1$ ∴ 3병

4) 유량(kg/s) $= \dfrac{548.78kg}{30sec} = 18.292 ≒ 18.29kg/s$

예상문제

88 제3종 분말을 사용하여 전역방출방식을 사용하는 분말소화설비에 있어서 방호구역의 체적이 1,000m³일 때 다음을 구하시오. (단, 2.5m²의 면적을 가진 개구부가 3개 있으며 모두 자동폐쇄장치가 설치되어있다. 또한 방호구역에 설치된 분사헤드의 1분당 방사량은 27kg이다.)

1) 필요약제 저장량[kg]을 구하시오.
2) 필요분사헤드수를 구하시오.
3) 가압용가스로 질소가스를 사용할 경우 필요한 질소가스의 소요량(35℃, 1기압)은 몇 L인지 구하시오. [단, 약제용기와 가압용가스용기는 각각 분리되어 설치되어 있다.]

◆풀이및정답

1) $W = V \times \alpha = 1000\text{m}^3 \times 0.36\text{kg/m}^3 = 360\text{kg}$

2) $\dfrac{360kg \div 30\text{sec}}{27\text{kg} \div 60\text{sec}} = 26.67$ ∴ 27개

3) $360\text{kg} \times 40\text{L/kg} = 14400\text{L}$

89 전기실에 제1종 분말소화약제를 사용한 분말소화설비를 전역방출방식의 가압식으로 방호구역의 체적이 500m³인 곳에 설치하였다. 다음 각 물음에 알맞게 답하시오.

1) 제1종 분말소화약제의 저장량[kg]을 계산하시오. (단, 방호구역의 개구부 면적은 10m²이다.)
2) 가압용가스로 질소를 사용할 경우 필요한 질소의 양[*l*]을 계산하시오.
3) 가압용 가스용기의 수량을 계산하시오.(단, 가압용 가스용기는 내용적 68L, 충전압력은 게이지압 150atm, 충전 시 온도 20℃이다.)
4) 저장 용기에 설치하는 안전밸브의 작동압력기준을 답하시오.
5) 방호구역에 설치하여야 하는 분사헤드 수량을 계산하시오. (단, 분사헤드 1개당 표준방사량은 11.5kg/min이다.)

◆풀이및정답

1) $W = V \times \alpha + A \times \beta = 500\text{m}^3 \times 0.6\text{kg/m}^3 + 10\text{m}^2 \times 4.5\text{kg/m}^2 = 345\text{kg}$

2) $345\text{kg} \times 40\text{L/kg} = 13800\text{L}$

3) $\dfrac{P_1 V_1}{T_1} = \dfrac{P_2 V_2}{T_2}$

$V_2 = V_1 \times \dfrac{T_2}{T_1} \times \dfrac{P_1}{P_2} = 13800\text{L} \times \dfrac{273+20}{273+35} \times \dfrac{1}{150+1} = 86.939 ≒ 86.94\text{L}$

∴ $\dfrac{86.94\text{L}}{68\text{L/병}} = 1.28$ ∴ 2병

4) 최고사용압력의 1.8배 이하
   cf) 축압식의 경우 내압시험압력의 0.8배 이하

5) 헤드수 = $\dfrac{\text{총 방사유량(kg/s)}}{\text{헤드1개 방사량(kg)}} = \dfrac{345\text{kg} \div 30\text{sec}}{11.5\text{kg} \div 60\text{sec}} = 60$개

90 분말소화설비의 저장용기 및 배관에 설치하는 청소장치에 대한 다음 물음에 답하시오.

1) 청소장치(클리닝장치) 설치목적
2) 다음 그림을 참조하여 클리닝시 밸브의 개폐상태 및 클리닝 방법을 설명하시오. (단, Ⓐ : 가스도입 및 클리닝 전환밸브, Ⓑ : 방출밸브, Ⓒ : 배기밸브 Ⓓ : 선택밸브이다.)

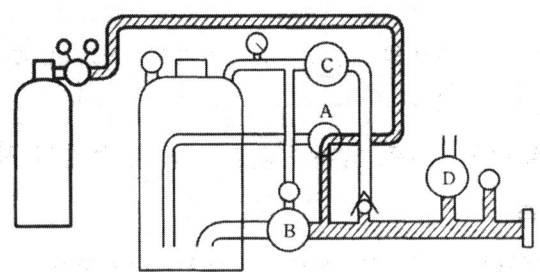

◀풀이및정답 1) 설치목적 : 분말가루가 배관 내에 잔류시 습기 등으로 인한 고화현상이 발생하여 배관내 부식 및 배관막힘현상이 발생할 수 있으므로 잔류분말을 제거하는 것이 목적이다.
2) ① 선택밸브(D) 개방
② 가스도입밸브(A)를 클리닝으로 전환
③ 방출밸브(B) 폐쇄
④ 배기밸브(C) 개방, 저장용기내 잔류가스 제거후 폐쇄
⑤ 청소용기 연결 및 개방
⑥ 청소용기내의 가스가 배관내 잔류 분말가루를 방호구역으로 청소

91 감지기 오작동으로 인하여 준비작동식밸브가 개방되어 1차측의 가압수가 2차측으로 이동하였으나 스프링클러헤드는 개방되지 않았다. 밸브 2차측 배관은 평상시 대기압 상태로서의 배관 내의 체적은 3.2㎥이고, 밸브 1차측 압력은 5.8kgf/㎠이며, 물의 비중량은 9,800N/㎥, 공기의 분자운동은 이상기체로서 온도 변화는 없다고 할 때 다음 물음에 답하시오. (단, 계산과정을 쓰고, 계산값은 소수점 셋째자리에서 반올림하여 둘째자리까지 구하시오)

① 오작동으로 인하여 밸브 2차측으로 넘어간 소화수의 양(㎥)을 구하시오.
② 밸브 2차측 배관 내에 충수되는 유체의 무게(kN)를 구하시오. (3점)

◀풀이및정답 ① $P_1 V_1 = P_2 V_2$
P_1 = 개방 전 배관 내의 압력($1.0332 kgf/cm^2$)
V_1 = 개방 전 배관 내의 공기체적($3.2 m^3$)
P_2 = 개방 후 배관 내의 압력($1.0332 + 5.8 = 6.8332 kgf/cm^2$)
V_2 = 개방 후 배관 내의 공기체적(미지수)
따라서 $V_2 = 0.483 ≒ 0.48 m^3$
따라서 2차측 소화수의 체적 = $3.2 m^3 - 0.48 m^3 = 2.72 m^3$
② $F = \gamma V = 9.8 kN/m^3 \times 2.72 m^3 = 26.656 ≒ 26.66 kN$

예상문제

92 준비작동식스프링클러설비의 동작순서 block diagram을 완성하시오. (7점)

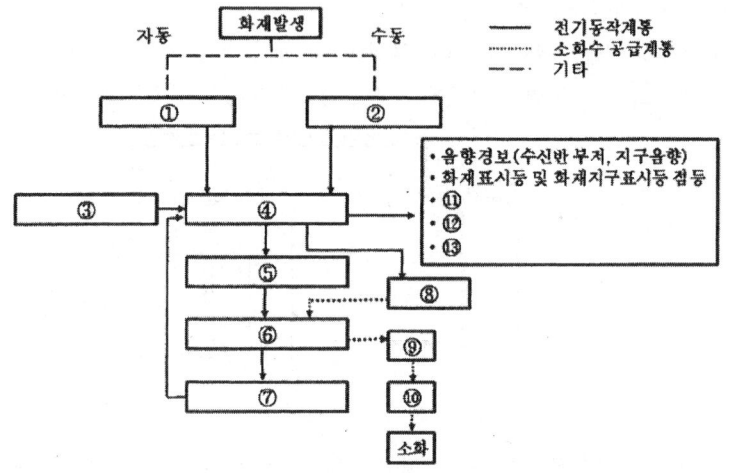

▶풀이및정답 ① 감지기 작동   ② 수동조작함 작동   ③ 템퍼스위치   ④ 제어반
　　　　　　 ⑤ 솔레노이드밸브   ⑥ 유수검지장치(준비작동식밸브)   ⑦ 압력스위치
　　　　　　 ⑧ 소화펌프   ⑨ 배관   ⑩ 헤드   ⑪ 밸브개방확인   ⑫ 펌프기동확인
　　　　　　 ⑬ 밸브주의확인

93 할로겐화합물 및 불활성기체소화설비의 화재안전기준(NFSC 107A)에 관한 다음 물음에 답하시오. (단, 계산과정을 쓰고, 계산값은 소수점 셋째자리에서 반올림하여 둘째자리까지 구하시오)

> **조건**
> ○ 최대허용압력 : 16,000kPa
> ○ 배관의 바깥지름 : 8.5cm
> ○ 배관 재질 인장 강도 : 410N/mm²
> ○ 항복점 : 250N/mm²
> ○ 전기 저항 용접 배관 방식이며, 용접이음을 한다.

① 배관의 최대허용응력(kPa)를 구하시오.

② 관의 두께(mm)를 구하시오.

▶풀이및정답 ① 허용응력은 인장강도의 1/4 값과 항복점의 2/3값 중 작은 값×배관이음효율×1.2
따라서
$$SE = 410 N/mm^2 \times \frac{1}{4} \times 0.85 \times 1.2 = 104.55 N/mm^2 = 104.55 \times 10^6 N/m^2 = 104{,}550 kPa$$

② 관의 두께(t) $\dfrac{PD}{2SE} + A = \dfrac{16{,}000 \times 85}{2 \times 104{,}550} + 0 = 6.504 ≒ 6.5 mm$

94 가로 2m, 세로 1.8m, 높이 1.4m인 가연물에 국소방출방식의 고압식이산화탄소 소화설비를 설치하고자 한다. 다음 물음에 답하시오. (단, 저장용기는 68L/45kg을 사용하며, 입면에 고정된 벽체는 없다)

① 방호공간의 체적(m^3)를 구하시오.
② 방호공간 벽면적의 합계(m^2)를 구하시오.
③ 방호대상물 주위에 설치된 벽면적의 합계(m^2)를 구하시오.
④ 이산화탄소소화설비의 최소 약제량 및 용기수를 구하시오.

▶ 풀이및정답
① $V = (2m + 0.6m \times 2) \times (1.8m + 0.6m \times 2) \times (1.4m + 0.6m) = 19.2 m^3$
② $A = 3.2m \times 2m \times 2면 + 3m \times 2m \times 2면 = 24.8 m^2$
③ 주변 설치된 벽이 없으므로 $0 m^2$
④ ㉠ 최소약제량 $W = 19.2 m^3 \times \left(8 - 6\dfrac{0}{24.8}\right) kg/m^3 \times 1.4 = 215.04 kg$

㉡ 용기수 $\dfrac{215.04 kg}{45 kg/병} = 4.78$ ∴ 5병

95 아래 그림은 펌프를 이용하여 옥내소화전으로 물을 배출하는 개략도이다. 열교환이 없으며, 모든 손실을 무시할 때, 펌프의 축동력[kW]을 계산하시오. (단, P_1은 게이지압이고, 물의 밀도는 $\rho = 998.2 kg/m^3$, $g = 9.8 m/s^2$, 대기압은 0.1MPa, 전달계수 k=1.1, 효율 $\eta = 75\%$이다. 계산은 소수점 셋째자리에서 반올림하여 둘째자리까지 구하시오)

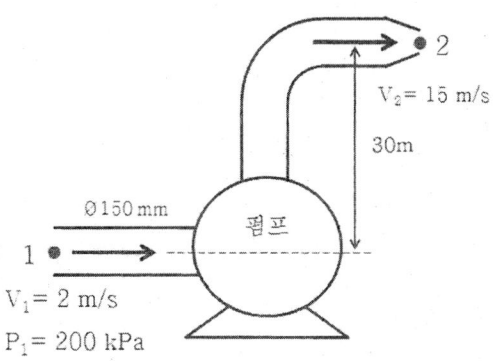

▶ 풀이및정답
$\dfrac{P_1}{\gamma} + \dfrac{U_1^2}{2g} + Z_1 + H = \dfrac{P_2}{\gamma} + \dfrac{U_2^2}{2g} + Z_2 + h_L$

h_L : 무시, $Z_1 = 0m$, $Z_2 = 30m$, $P_2 =$ 대기압 $= 0$

$\gamma = \rho \cdot g = 998.2 kg/m^3 \times 9.8 m/s^2 = 9782.36 N/m^3 (= 998.2 kgf/m^3)$

예상문제

$$\therefore \frac{200 \times 10^3 N/m^2}{9,782.36 N/m^3} + \frac{(2m/s)^2}{2 \times 9.8 m/s^2} + 0m + H = \frac{0 N/m^2}{9,782.36 N/m^3} + \frac{(15m/s)^2}{2 \times 9.8 m/s^2} + 30m$$

$$H = \frac{0 N/m^2}{9,782.36 N/m^3} + \frac{(15m/s)^2}{2 \times 9.8 m/s^2} + 30m - \frac{200 \times 10^3 N/m^2}{9,782.36 N/m^3} - \frac{(2m/s)^2}{2 \times 9.8 m/s^2} - 0m$$

$$H = 20.83m$$

$$P(kW) = \frac{\gamma QH}{102\eta} = \frac{998.2 \times (2 \times \frac{\pi}{4}(0.15)^2) \times 20.83}{102 \times 0.75} = 9.606 \fallingdotseq 9.61 kW$$

96 항공기 격납고에 포소화설비를 설치하고자 한다. 아래 조건을 참고하여 물음에 답하시오.

조건
○ 격납고의 바닥면적 1,800m², 높이 12m
○ 격납고의 주요 구조부가 내화구조이고, 벽 및 천장의 실내에 면하는 부분은 난연재료임
○ 격납고 주변에 호스릴포소화설비 6개 설치
○ 항공기의 높이 : 5.5m
○ 전역방출방식의 고발포용 고정포방출구 설비 설치
○ 팽창비가 220인 수성막포 사용 [관포체적 1m³당 방사량은 2L/min으로 한다]

① 격납고의 소화기구의 총 능력단위를 구하시오.
② 고정포방출구 최소 설치개수를 구하시오.
③ 고정포방출구 1개당 최소 방출량(L/min)을 구하시오.
④ 전체 포소화설비에 필요한 포수용액량(m³)을 구하시오.

▲풀이및정답

① $\dfrac{1,800 m^2}{200 m^2} = 9$ 단위

② $\dfrac{1,800 m^2}{500 m^2} = 3.6 \quad \therefore \ 4$개

③ $Q(L/min) = V(m^3) \times 2L/m^3 \cdot min \div 4$
$= [(5.5m + 0.5m) \times 1,800m^2] \times 2L/m^3 \cdot min \div 4 = 5,400 L/min$

④ $Q(m^3) = 5,400 L/min \times 4 \times 10 min + 5 \times 6,000 L = 246,000 L = 246 m^3$

97 매초당 3000N의 물이 내경 300mm인 소화배관을 통하여 흐르고 있는 경우 다음 각 물음에 답하시오.

1) 소화배관내 물의 평균 유속(m/sec)을 구하시오.
2) 소화배관 내 물의 평균 유속을 9.74m/sec로 할 경우 소화배관의 관경(m)을 구하시오.

▲풀이및정답

1) $\dfrac{3000}{\dfrac{\pi \times 0.3^2}{4} \times 9800} = 4.33 \text{m/s}$

2) $\sqrt{\dfrac{3000}{\dfrac{\pi}{4} \times 9.74 \times 9800}} = 0.2 \text{m}$

98 토너먼트 배관방식으로 배관 및 헤드 설치관계를 완성하시오.

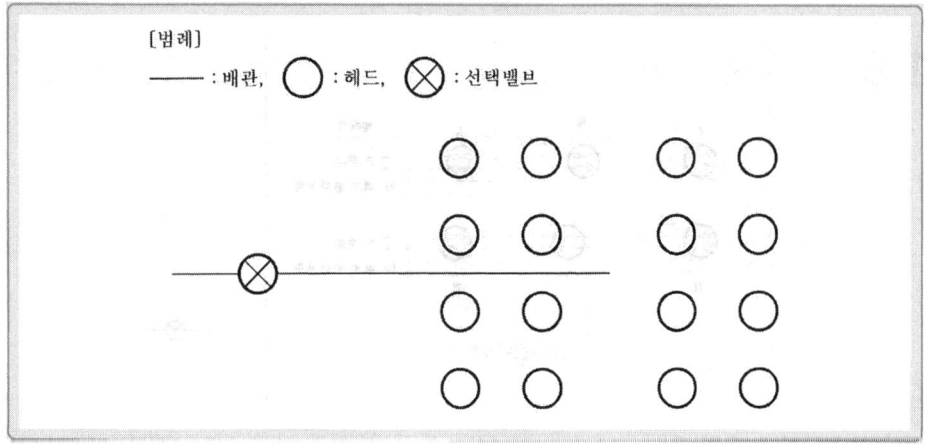

▲풀이및정답

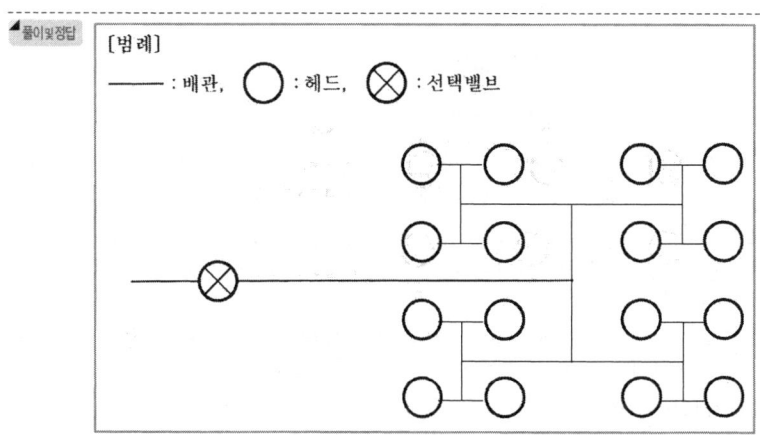

예상문제

99 특정소방대상물에 옥내소화전을 3층에 5개, 4층에 3개 설치하였다. 펌프의 실양정이 30m일 때 펌프의 성능시험배관의 관경(mm)를 구하시오. [단, 펌프의 정격토출압력은 0.4MPa이다]

조건
① 배관구경 산정기준은 정격토출량의 150%운전시 토출압력이 정격토출압력의 65%를 기준한다.
② 배관은 25mm/32mm/40mm/50mm/65mm/80mm/90mm/100mm 중 선택한다.

▲풀이및정답

$1.5Q = 0.653 D^2 \sqrt{0.65 \times 10P}$
$Q = 130\text{L/min} \times 2 = 260\text{L/min}$
$P = 0.4$

$\therefore D = \sqrt{\dfrac{1.5Q}{0.653 \times \sqrt{0.65 \times 10P}}} = \sqrt{\dfrac{1.5 \times 260}{0.653 \times \sqrt{0.65 \times 10 \times 0.4}}} = 19.245 ≒ 19.25\text{mm}$

∴ 25mm 선정

100 기동용수압개폐장치의 계통도를 그리고 압력챔버의 공기주입(세팅)방법을 설명하시오.

▲풀이및정답

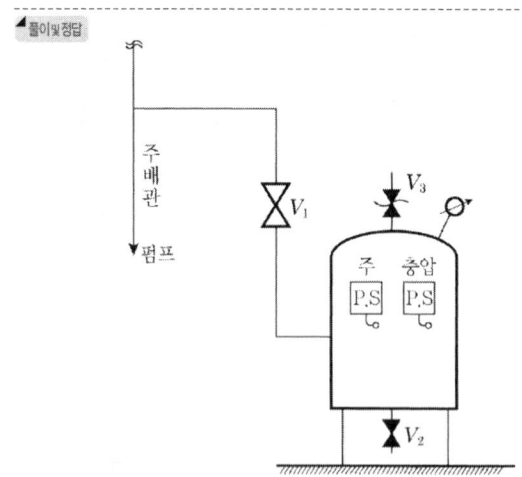

① 동력제어반(MCC)에서 주펌프 및 충압펌프를 "수동" 또는 "정지" 위치로 한다.
② 압력챔버와 주배관의 연결밸브(V_1)를 잠근다.
③ 챔버하부의 배수밸브(V_2)를 개방한다.(배수가 잘 안될 경우 챔버 상부의 안전밸브(V_3)를 개방하고, 안전밸브의 개방이 어려운 경우는 압력계를 풀거나 압력스위치 연결용 동관을 푼다.)
④ 급수밸브(V_1)를 개방과 폐쇄를 반복하면서 챔버내부를 세척한 후 완전 배수한다.
⑤ 챔버 하부의 배수밸브(V_2)를 잠근다.(안전밸브 폐쇄 확인)
⑥ 급수밸브(V_1)를 개방하여 챔버내부에 가압수를 채운다.
⑦ 제어반에서 충압펌프의 기동스위치를 "자동" 위치로 한다.

⑧ 충압펌프가 기동되어 설정압력이 되면 정지한다.
⑨ 주펌프의 기동스위치를 "자동" 위치로 한다.

101 간이스프링클러설비의 화재안전기준(NFSC 103A)에 따라 다음 각 물음에 답하시오.

① 상수도직결방식의 배관과 밸브의 설치순서를 쓰시오.
② 펌프를 이용한 배관과 밸브의 설치순서를 쓰시오.

▶풀이 및 정답
① 수도용계량기, 급수차단장치, 개폐표시형밸브, 체크밸브, 압력계, 유수검지장치(압력스위치 등 유수검지장치와 동등 이상의 기능과 성능이 있는 것을 포함), 2개의 시험밸브의 순으로 설치할 것
② 수원, 연성계 또는 진공계(수원이 펌프보다 높은 경우를 제외), 펌프 또는 압력수조, 압력계, 체크밸브, 성능시험배관, 개폐표시형밸브, 유수검지장치, 시험밸브의 순으로 설치할 것

102 아래 그림과 같이 휘발유저장탱크 1기와 원유저장탱크1기를 하나의 방유제에 설치하는 옥외탱크저장소에 관하여 다음 각 물음에 답하시오. (단, 포소화약제량 계산에는 포송액관의 부피는 고려하지 않으며 방유제 용적계산에는 칸막이둑 및 방유제 내의 배관체적은 무시한다. 계산은 소수점 셋째자리에서 반올림하여 둘째자리까지 구하시오)

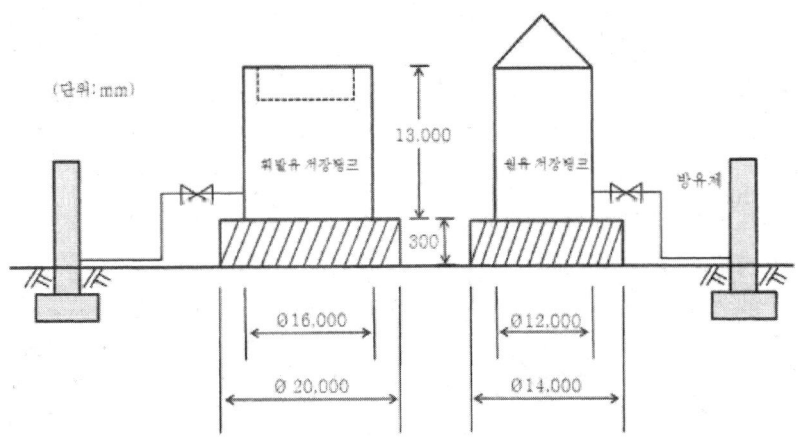

예상문제

> **조건**
> 1. 휘발유 저장탱크 : 최대저장용량 1,900m³, 플루팅루프탱크(탱크 내측면과 굽도리판 사이의 거리는 0.6m), 특형
> 2. 원유 저장탱크 : 최대저장용량 1,000m³, 콘루프탱크, Ⅱ형(인화점 70℃ 이상)
> 3. 포소화약제의 종류 : 수성막포 3%
> 4. 보조포소화전 : 3개 설치
> 5. 방유제 면적 : 1,500m²

① 최소 포소화약제의 저장량(L)을 계산하시오.
② 방유제 높이(m)를 계산하시오.

풀이 및 정답 ① 포소화약제량(L) = 최대저장탱크약제량(L) + 보조포소화전약제량(L)
  Ⓐ 휘발유탱크약제량
  $$Q(L) = A(m^2) \times Q(L/m^2) \times S$$
  $$= \left(\frac{\pi}{4}(16m)^2 - \frac{\pi}{4}(14.8m)^2\right) \times 240 L/m^2 \times 0.03 = 209.003 ≒ 209L$$
  Ⓑ 원유탱크약제량
  $$Q(L) = A(m^2) \times Q(L/m^2) \times S$$
  $$= \frac{\pi}{4}(12m)^2 \times 100 L/m^2 \times 0.03 = 339.292 ≒ 339.29L$$
  Ⓒ 보조포소화전 약제량
  $$Q(L) = N \times 8,000L \times S = 3 \times 8,000L \times 0.03 = 720L$$
  ∴ 포소화약제의 양(L) = 339.29L + 720L = 1,059.29L

② 방유제 용량 = 최대탱크용량의 110% + 각 탱크 기초부분의 체적 + 최대탱크이외의 방유제 높이까지의 체적
  방유제 면적 × 방유제 높이 = 최대탱크용량의 110% + 각 탱크 기초부분의 체적
                      + 최대탱크 이외의 방유제높이까지의 체적

$$1,500m^2 \times H(m) =$$
$$1,900m^3 \times 1.1 + \left(\frac{\pi}{4}(20m)^2 \times 0.3m + \frac{\pi}{4}(14m)^2 \times 0.3m\right) + \frac{\pi}{4}(12m)^2 \times (H-0.3)m$$

$$1,500m^2 \times H(m) = 2,090 + 140.43 + 113.1H - 33.93$$
$$1,386.9H = 2,196.5$$
∴ $H = 1.583 ≒ 1.58m$

103 아래 조건과 평면도를 참고하여 다음 각 물음에 답하시오.

조건

가. 예상제연구역의 A구역과 B구역은 2개의 거실이 인접된 구조이다.
나. 제연경계로 구획할 경우에는 인접구역 상호제연방식을 적용한다.
다. 최소 배출량 산출시 송풍기 용량산정은 고려하지 않는다.

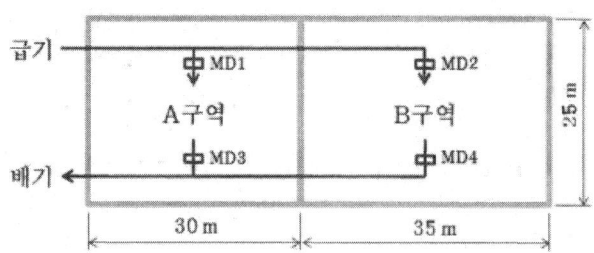

① A구역과 B구역을 자동방화셔터로 구획할 경우 A구역의 최소배출량[m^3/hr]을 구하시오.
② A구역과 B구역을 자동방화셔터로 구획할 경우 B구역의 최소배출량[m^3/hr]을 구하시오.
③ A구역과 B구역을 제연경계로 구획할 경우 예상제연구역의 급배기 댐퍼별 동작상태(개방 또는 폐쇄)를 표기하시오.

제연구역	급기댐퍼	배기댐퍼
A구역화재 시		
B구역화재 시		

풀이 및 정답

① 바닥면적 = $30m \times 25m = 750m^2$
   대각선의 길이 = $\sqrt{30^2 + 25^2} = 39.05m$, 40m 미만
   따라서 40,000m^3/hr 선정

② 바닥면적 = $35m \times 25m = 875m^2$
   대각선의 길이 = $\sqrt{35^2 + 25^2} = 43.01m$, 40m 이상
   따라서 45,000m^3/hr 선정

③

제연구역	급기댐퍼	배기댐퍼
A구역화재 시	MD1: 폐쇄	MD3: 개방
	MD2: 개방	MD4: 폐쇄
B구역화재 시	MD1: 개방	MD3: 폐쇄
	MD2: 폐쇄	MD4: 개방

예상문제

104 제연구역인 부속실과 옥내와의 사이의 차압을 50Pa로 유지할 경우 부속실의 최소누설량 (m^3/s)은?

> **조건**
> 1. 여유율 25%, 소수점 셋째자리에서 반올림
> 2. 옥내에서 부속실로 향하는 출입문은 외여닫이문으로서 크기는 1m×2.1m
> 3. 부속실에서 계단실로 향하는 출입문은 외여닫이문으로서 크기는 1m×2.1m

▲풀이및정답

누설량 $Q = 0.827A \cdot P^{\frac{1}{n}} \times 1.25$

틈새면적 A

① 옥내~부속실 : 틈새길이=1m×2+2.1m×2=6.2m

틈새면적 $= \frac{6.2m}{5.6m} \times 0.01m^2 = 0.011 ≒ 0.01m^2$

② 부속실~계단실 : 틈새길이=1m×2+2.1m×2=6.2m

틈새면적 $= \frac{6.2m}{5.6m} \times 0.02m^2 = 0.021 ≒ 0.02m^2$

③ 틈새면적=0.03m^2

∴ $Q = 0.827 \times 0.03 \times 50^{\frac{1}{2}} \times 1.25 = 0.219 ≒ 0.22 m^3/s$

105 어느 특별피난계단 부속실의 제연설비에서 소요되는 급기량이 3,000CMH일 때 다음 물음에 답하시오.

> **조건**
> ① 차압=50Pa ② 댐퍼하중=2kgf/m^2 ③ 추의 무게=3kgf

1) 플랩댐퍼의 최소 날개면적(m^2)과 높이 H(m)를 구하시오. [폭은 0.8m이다]
2) 균형추의 위치 h(m)를 구하시오.

▲풀이및정답

1) ① $A = \frac{q}{5.85} = \frac{\left(\frac{3000}{3600}\right)}{5.85} = 0.142 ≒ 0.14 m^2$

② 높이 $= \frac{0.14 m^2}{0.8 m} = 0.175 ≒ 0.18 m$

2) 차압에 의한 힘성분의 토크=댐퍼자체하중의 토크+추하중에 의한 토크

① 차압에 의한 힘성분의 토크(kgf · m)

$50 N/m^2 \times \frac{1 kgf}{9.8 N} \times 0.14(m^2) \times 0.18(m) \times \frac{1}{2} = 0.064 ≒ 0.06 kgf \cdot m$

② 댐퍼자체하중의 토크
$2\text{kgf}/m^2 \times 0.14m^2 \times 0.18m \times \dfrac{1}{2} = 0.025 ≒ 0.03\text{kgf} \cdot m$

③ 추하중에 의한 토크
$3\text{kgf} \times h(m)$

④ h(m)
$0.06 = 0.03 + 3 \times h$
∴ $h = 0.01m$

106 연결송수관설비에서 습식과 건식의 경우 송수구, 자동배수밸브, 체크밸브 설치기준을 쓰시오.

풀이및정답
㉮ 습식의 경우에는 송수구·자동배수밸브·체크밸브의 순으로 설치할 것
㉯ 건식의 경우에는 송수구·자동배수밸브·체크밸브·자동배수밸브의 순으로 설치할 것

107 연결송수관설비에서 다음 괄호안을 채우시오.

1) 방수구는 그 대상물의 층마다 설치할 것
2) 방수구는 아파트 또는 바닥면적이 1000m² 미만인 층에 있어서는 계단으로부터 ( )m 이내에 바닥면적이 1000m² 이상인 층에 있어서는 각 계단으로부터 ( )m 이내에 설치할 것
3) 각 부분으로부터 방수구까지의 수평거리
   ① 지하가 또는 지하층의 바닥면적의 합계가 3000m² 이상인것 : ( )m 이하
   ② 그밖의 특정소방대상물의 경우 : ( )m 이하

풀이및정답
2) 5m, 5m
3) 25m, 50m

108 연결송수관 설비에 대한 다음 물음에 답하시오.

1) 습식으로 설치하여야 하는 경우에 대해 설명하시오.
2) 11층 이상의 경우에는 쌍구형 방수구를 설치하여야 하지만 단구형으로 설치할 수 있는 경우를 설명하시오.
3) 연결송수관 방수구를 설치하지 않을 수 있는 경우를 설명하시오.

풀이및정답
1) 지면으로부터 높이가 31m 이상인 소방대상물 또는 지상 11층 이상인 소방대상물
2) ① 아파트의 용도로 사용되는 층
   ② 스프링클러설비가 유효하게 설치되어 있고 방수구가 2개소 이상 설치된 층

예상문제

3) ① 아파트의 1층 및 2층
② 소방차의 접근이 가능하고 소방대원이 소방차로부터 각 부분에 쉽게 도달할 수 있는 피난층
③ 송수구가 부설된 옥내소화전을 설치한 소방대상물로서 다음에 해당하는 층
  ㉠ 지하층을 제외한 층수가 4층 이하이고 연면적이 6,000m² 미만인 소방대상물의 지상층
  ㉡ 지하층의 층수가 2 이하인 소방대상물의 지하층

109 연결송수관설비에서 가압송수장치를 설치하여야 하는 경우를 쓰시오.

▶풀이및정답 지표면으로부터 최상층 방수구의 높이가 70m 이상의 소방대상물

110 연결송수관설비에서 가압송수장치 설치시 토출량과 방수압 기준을 설명하시오.

▶풀이및정답 ① 펌프의 토출량

층당 방수구 수	1~3개	4개	5개 이상
일반 대상물	2,400L/min 이상	3,200L/min 이상	4,000L/min 이상
계단식 APT	1,200L/min 이상	1,600L/min 이상	2,000L/min 이상

② 펌프의 양정은 최상층에 설치된 노즐선단의 압력이 0.35MPa 이상의 압력이 되도록 할 것

111 연결살수설비에 대한 다음 괄호 안을 채우시오.

1) 폐쇄형헤드를 사용하는 경우 (   ) (   ) (   ) 의 순으로 설치할 것
2) 개방형헤드를 사용하는 경우 (   ) (   ) 의 순으로 설치할 것
3) 연결살수설비 전용헤드를 사용하는 경우

하나의 배관에 부착하는 살수헤드의수	1개	2개	3개	4개 또는 5개	6개 이상 10개 이하
배관의 구경(mm)					

▶풀이및정답
1) 송수구, 자동배수밸브, 체크밸브
2) 송수구, 자동배수밸브
3)

하나의 배관에 부착하는 살수헤드의 수	1개	2개	3개	4개 또는 5개	6개 이상 10개 이하
배관의 구경(mm)	32	40	50	65	80

112
아파트의 지하1층 주민공동시설[가로 40m, 세로 20m]에 연결살수설비를 설치하였다. 동결 우려가 있어 개방형헤드(연결살수전용헤드)로 설치시 다음 물음에 답하시오.

1) 연결살수헤드의 설치수를 구하시오. [정방형 설치]
2) 송수구역마다 송수구 설치시 송수구의 수를 구하시오.
3) 송수구의 가까운 부분에 설치하는 자동배수밸브와 체크밸브의 순서를 설명하시오.

▶풀이및정답

1) ① 가로열 설치수 = $\dfrac{\text{가로열 길이}}{\text{설치 간격}} = \dfrac{40m}{2 \times 3.7m \times \cos 45°} = 7.64$

∴ 8개

② 세로열 설치수 = $\dfrac{\text{세로열 길이}}{\text{설치 간격}} = \dfrac{20m}{2 \times 3.7m \times \cos 45°} = 3.82$

∴ 4개

③ 설치수 = 8 × 4 = 32개

2) $\dfrac{32}{10} = 3.2$ ∴ 4개

3) 송수구, 자동배수밸브 순서로 설치함.

113
호텔거실(4m × 6m × 2.5m)에 화재가 발생하였다. 화원의 크기가 0.5m × 0.5m(바닥면적)이고, 침대 높이가 0.7m인 경우 침대까지 연기가 도달한 시간을 계산하시오. (단, Hinkley 공식 적용)

▶풀이및정답

$$t = \dfrac{20A}{P_f \sqrt{g}} \left(\dfrac{1}{\sqrt{y}} - \dfrac{1}{\sqrt{H}} \right)$$

P_f = 0.5m × 4 = 2m
A = 4m × 6m = 24m²
g = 9.8m/s²
y = 0.7m
H = 2.5m

∴ $t = \dfrac{20 \times 24}{2 \times \sqrt{9.8}} \times \left(\dfrac{1}{\sqrt{0.7}} - \dfrac{1}{\sqrt{2.5}} \right) = 43.145 ≒ 43.15\text{sec}$

예상문제

114 A실(40m×25m), B실(20m×25m) 두 실이 있다. 다음 조건에 따른 물음에 답하시오.

> **조건**
> 1. 거실의 천장높이는 3m이며 제연경계의 폭은 0.6m이다.
> 2. 급기용 송풍기와 배출용 송풍기는 각각 1대씩이 있다.(독립배출방식)
> 3. 이 실 내부에는 기둥이 없고 실내상부는 반자로 고르게 마감되어 있다.
> 4. 계산결과 소수점 셋째짜리에서 반올림할 것.

1) 배출기의 최소 배출량(CMH)
2) A실과 B실의 배출구의 최소개수
3) A실과 B실의 공기유입구의 크기(cm^2)

◀풀이및정답

1) A실 : A = 40×25 = 1000m^2
   대각선 길이 = $\sqrt{40^2 + 25^2}$ = 47.169 ≒ 47.17m
   제연경계구역, 수직거리 = 3m − 0.6m = 2.4m
   ∴ 50,000m^3/hr 선정
   B실 : A = 20×25 = 500m^2
   대각선 길이 = $\sqrt{20^2 + 25^2}$ = 32.015 ≒ 32.02m
   제연경계구역, 수직거리 = 3m − 0.6m = 2.4m
   ∴ 45,000m^3/hr 선정

2) 배출구 수평거리 = 10m 이하

   ① A실 ㉠ 가로열설치수 = $\dfrac{40m}{2 \times 10m \times \cos 45°}$ = 2.82 ∴ 3개

   ㉡ 세로열설치수 = $\dfrac{25m}{2 \times 10m \times \cos 45°}$ = 1.76 ∴ 2개

   ㉢ 설치수 = 3×2 = 6개

   ② B실 ㉠ 가로열설치수 = $\dfrac{20m}{2 \times 10m \times \cos 45°}$ = 1.41 ∴ 2개

   ㉡ 세로열설치수 = $\dfrac{25m}{2 \times 10m \times \cos 45°}$ = 1.76 ∴ 2개

   ㉢ 설치수 = 2×2 = 4개

3) 배출량 1m^3/min당 35cm^2 이상 필요

   ① A실 : $\left(\dfrac{50000m^3}{60min}\right) \times 35cm^2/(1m^3/min)$ = 29166.666 ≒ 29166.67cm^2

   ② B실 : $\left(\dfrac{45000m^3}{60min}\right) \times 35cm^2/(1m^3/min)$ = 26250cm^2

115 교육연구시설에 스프링클러설비를 설치하고자 한다. 조건을 참고하여 각 물음에 답하시오.

조건

1. 건물의 층별높이는 다음과 같으며 지상층은 모두 창문이 있는 건물이다.

	지하 2층	지하 1층	지상 1층	지상 2층	지상 3층	지상 4층	지상 5층
층높이	5.5	4.5	4.5	4.5	4	4	4
반자높이[m] (헤드설치시)	5	4	4	4	3.5	3.5	3.5
바닥면적[m^2]	2500	2500	2000	2000	2000	1800	900

2. 저수조와 펌프는 지하2층에 설치되며 정압흡입방식으로 설치되어 있다.
3. 저수조는 가로 8m, 세로 5m, 높이 4m이다.
4. 저수조는 일반급수펌프와 겸용하여 설치되어 있으며 급수펌프의 흡입구는 수조바닥으로부터 2.5m 높이에 설치되어 있다.
5. 스프링클러의 수원은 최소 수원량에 20%의 여유를 두어 저장한다.
6. 펌프의 정격토출량은 최소 토출량에 20%의 여유를 둔다.
6. 스프링클러헤드 설치시 반자높이는 위표에 따른다.
7. 펌프중심부의 높이는 바닥으로부터 높이 0.5m이다.
8. 배관 및 관부속품의 마찰손실수두는 실양정의 30%이다.
9. 펌프의 효율은 60%, 전달계수는 1.1이다.

1) 이 건물에서 스프링클러설비를 설치하여야 하는 층을 모두 쓰시오.
2) 필요한 수원의 량은 얼마인가[m^3]?
3) 옥상수원에 보유하여야 하는 량은 얼마인가[m^3]?
4) 스프링클러 펌프의 흡수구는 바닥으로부터 몇 m 높이에 설치되는가?
5) 실양정[m]을 구하시오.
6) 전양정[m]을 구하시오.
7) 정격토출량[L/min]을 구하시오.
8) 전동기의 동력[HP]을 구하시오.

풀이및정답

1) 지하2층, 지하1층, 지상4층

2) $Q(m^3) = N \times 1.6m^3 \times 1.2 = 10 \times 1.6m^3 \times 1.2 = 19.2m^3$

3) $Q(m^3) = 19.2m^3 \times \dfrac{1}{3} = 6.4m^3$

4) $19.2m^3 = 8m \times 5m \times h(m)$
   ∴ $h(m) = 0.48m$
   ∴ $2.5m - 0.48m = 2.02m$

5) $(5.5m - 2.02m) + 4.5m \times 3 + 3.5m = 24.48m$

6) $H = h_1 + h_2 + 10m = 24.48m + (24.48m \times 0.3) + 10m = 41.824 ≒ 41.82m$

7) $Q = N \times 80L/min \times 1.2 = 10 \times 80L/min \times 1.2 = 960L/min$

8) $P(HP) = \dfrac{\gamma \cdot Q \cdot H}{76 \cdot \eta} K = \dfrac{1000 \times \dfrac{0.96}{60} \times 41.82}{76 \times 0.6} \times 1.1 = 16.14 HP$

예상문제

116 다음 그림은 어느 일제개방형 스프링클러설비 계통도이다. 주어진 조건을 참조하여 이 설비가 작동되었을 경우 표의 답안을 채우시오.

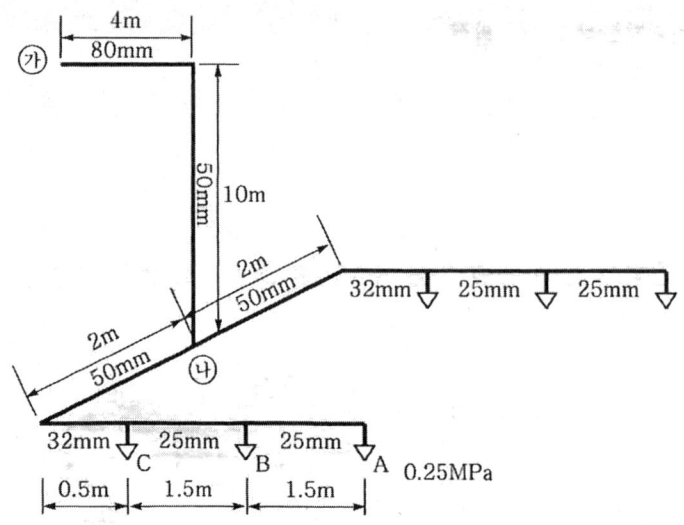

구 간	유량[LPM]	길이[m]	1m당 마찰손실 [MPa]	구간손실 [MPa]	낙차[m]	손실계[MPa]
헤드 A	100	–	–	–	–	0.25
A~B	100	1.5	0.02	0.03	0	①
헤드 B	②	–	–	–	–	–
B~C	③	1.5	0.04	④	0	⑤
헤드 C	⑥	–	–	–	–	–
C~㉯	⑦	2.5	0.06	⑧	–	⑨
㉯~㉮	⑩	14	0.01	⑪	-10	⑫

조건
1. 설치된 개방형 헤드 A의 유량은 100LPM, 방수압은 0.25MPa이다.
2. 배관부속 및 밸브류의 마찰손실은 무시한다.
3. 수리계산시 속도수두는 무시한다.
4. 필요압은 노즐에서의 방사압과 배관 끝에서의 압력을 별도로 구한다.

구 간	유 량 [LPM]	길이 [m]	1m당 마찰손실 [MPa]	구간손실 [MPa]	낙차 [m]	손실계 [MPa]
헤드 A	100	–	–	–	–	0.25
A~B	100	1.5	0.02	0.03	0	0.25 + 0.03 = 0.28
헤드 B	$\dfrac{100}{\sqrt{10 \times 0.25}} = 63.245$ $63.245\sqrt{10 \times 0.28}$ $= 105.829 ≒ 105.83$	–	–	–	–	–
B~C	105.83 + 100 = 205.83	1.5	0.04	1.5 × 0.04 = 0.06	0	0.28 + 0.06 = 0.34
헤드 C	$63.245\sqrt{10 \times 0.34}$ $= 116.618 ≒ 116.62$	–	–	–	–	–
C~㉯	116.62 + 205.83 = 322.45	2.5	0.06	2.5 × 0.06 = 0.15	–	0.34 + 0.15 = 0.49
㉯~㉮	322.45 × 2 = 644.9	14	0.01	14 × 0.01 = 0.14	-10	0.49 + 0.14 - 0.1 = 0.53

117 미분무소화설비에 대한 다음 ( )안을 채우시오.

> "미분무"란 물만을 사용하여 소화하는 방식으로 최소설계압력에서 헤드로부터 방출되는 물입자 중 99%의 누적체적분포가 (㉮)μm 이하로 분무되고 (㉯)급 화재에 적응성을 갖는 것을 말한다.

- ㉮ :
- ㉯ :

㉮) 400
㉯) A, B, C

118 다음 조건에 따른 위험물 옥내저장소에 1종 분말소화설비를 전역방출방식으로 설치하고자 할 때 다음 물음에 답하시오.

> **조건**
> ① 건물크기의 길이 20m, 폭 10m, 높이 3m이고 개구부는 없는 기준이다.
> ② 분말 분사헤드의 사양은 1.5kg/초(1/2″), 방사시간은 30초 기준이다.
> ③ 헤드 배치는 정방향으로 하고 헤드와 벽과의 간격은 헤드간격의 1/2 이하로 한다.
> ④ 배관은 최단거리 토너먼트배관으로 구성한다.

예상문제

(가) 필요한 분말소화약제 최소 소요량(kg)을 구하시오.
(나) 가압용 가스(질소)의 최소 필요량(35℃/1기압 환산 리터)을 구하시오.
(다) 분말 분사헤드의 최소 소요수량(개)을 구하시오.
(라) 헤드배치도 및 개략적인 배관도를 작성하시오. (단, 눈금 1개의 간격은 1m이고, 헤드 간의 간격 및 벽과의 간격을 표시해야 하며, 분말소화배관 연결지점은 상부 중간에서 분기하며, 토너먼트 방식으로 한다.)

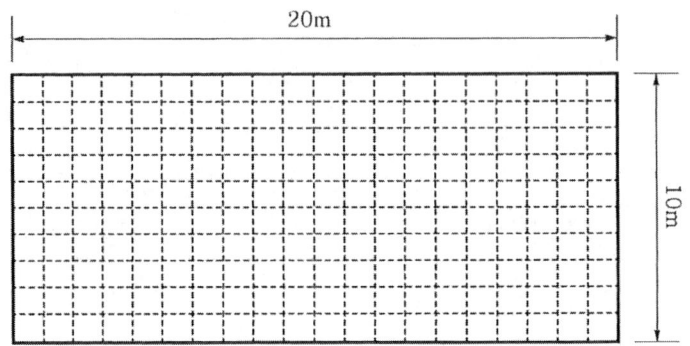

풀이및정답
(가) 계산과정 : $(20 \times 10 \times 3) \times 0.6 = 360 \text{kg}$

(나) 계산과정 : $360 \times 40 = 14400 \text{L}$

(다) 계산과정 : $\dfrac{360}{1.5 \times 30} = 8$개

(라)

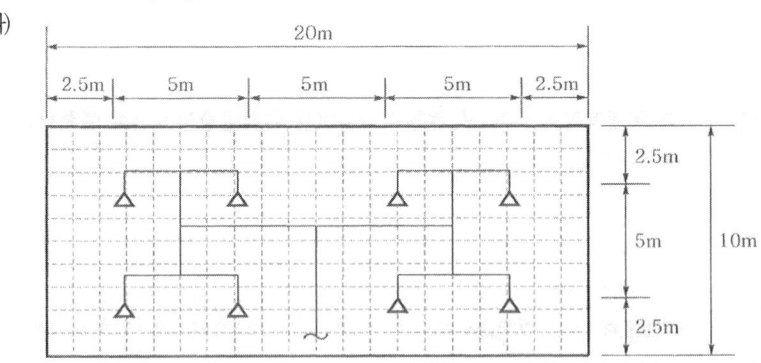

119 특별피난계단의 부속실에 설치하는 제연설비에 관한 다음 물음에 답하시오.
  1) 옥내의 압력이 750mmHg일 때 화재시 부속실에 유지하여야 할 최소 압력은 절대압력으로 몇 kPa인지를 구하시오.
  2) 부속실 단독 제연하는 방식이며 부속실이 면하는 옥내가 복도로서 그 구조가 방화구조이다. 제연구역에는 옥내와 면하는 2개의 출입문이 있으며 각 출입문의 크기는 가로 1m, 세로 2m이다. 이때 유입공기의 배출을 배출구에 따른 배출방식으로 할 경우 개폐기의 개구면적은 최소 몇 m²인지를 구하시오.

▲풀이및정답
  1) 계산과정 : $750\mathrm{mmHg} \times \dfrac{101325\mathrm{Pa}}{760\mathrm{mmHg}} + 40\mathrm{Pa} = 100031.78\mathrm{Pa} \fallingdotseq 100.03\mathrm{kPa}$
  2) 계산과정 : $Q_N = 1\mathrm{m} \times 2\mathrm{m} \times 0.5\mathrm{m/sec} = 1m^3/\mathrm{sec}$

  $$A_O = \dfrac{Q_N}{2.5} = \dfrac{1}{2.5} = 0.4 m^2$$

120 옥외소화전설비의 소화전함 설치기준에 대한 다음 물음에 답하시오.
  (가) 옥외소화전이 7개 설치되었을 때 5m 이내의 장소에 설치하여야 할 소화전함은 몇 개 이상이어야 하는가?
  (나) 옥외소화전이 17개 설치되었을 때 소화전함은 몇 개 이상 설치하여야 하는가?
  (다) 옥외소화전이 37개 설치되었을 때 소화전함은 몇 개 이상 설치하여야 하는가?

▲풀이및정답
  가) 7개
  나) 11개
  다) 13개

121 길이 800m인 관로 속을 2.5m/s의 속도로 물이 흐르고 있을 때 출구의 밸브를 1.3초 사이에 잠그면 압력상승은 몇 Pa인지 구하시오. (단, 수관속의 음속=1000m/s)

▲풀이및정답
  $\Delta P = \dfrac{9.81 a V}{g}$
  여기서, ΔP : 상승압력(kPa), a : 압력파의 속도(음속)(m/s)
  V : 유속(m/s), g : 중력가속도(9.8m/s²)
  상승압력 ΔP는
  $\Delta P = \dfrac{9.81 a V}{g} = \dfrac{9.81 \times 1000\mathrm{m/s} \times 2.5\mathrm{m/s}}{9.8\mathrm{m/s^2}} = 2502.55102\mathrm{kPa} = 2502551.02\mathrm{Pa}$

예상문제

122 최상층의 옥내소화전 방수구까지의 수직높이가 85m인 24층 건축물의 1층에 설치된 소화펌프의 정격 토출압력은 1.2MPa이고, 옥내소화전설비의 말단 방수구 요구압력이 0.27MPa이며, 펌프의 기동설정 압력은 0.8MPa이다. 마찰손실을 무시할 경우 다음 물음에 답하시오.

가) 펌프사양(양정)의 적합성 여부
나) 펌프의 자동기동여부

▲풀이및정답
가) 85m+27m=112m, 펌프정격토출압력은 120m이므로 펌프는 적합
나) 자동기동불가 [자동기동점이 실제로는 1.12MPa은 되어야 한다]

123 분말소화설비에 대한 다음 물음에 답하시오.

> **조건**
> ① 소방대상물의 크기는 가로 11m, 세로 9m, 높이 4.5m인 내화구조로 되어 있다.
> ② 소방대상물의 중앙에 가로 1m, 세로 1m의 기둥이 있고, 기둥을 중심으로 가로, 세로 보가 교차되어 있으며, 보는 천장으로부터 0.6m, 너비 0.4m의 크기이고, 보와 기둥은 내열성 재료이다.
> ③ 전기실에는 0.7m×1.0m, 1.2m×0.8m인 개구부 각각 1개씩 설치되어 있으며, 1.2m×0.8m인 개구부에는 자동폐쇄장치가 설치되어 있다.
> ④ 방호공간에 내화구조 또는 내열성 밀폐재료가 설치된 경우에는 방호공간에서 제외할 수 있다.
> ⑤ 방사헤드는 방출률은 $7.82kg/mm^2 \cdot min \cdot$개이다.
> ⑥ 약제저장용기 1개의 내용적은 50L이다.
> ⑦ 소화약제 산정 기준 및 기타 필요한 사항은 국가화재안전기준에 준한다.
> ⑧ 헤드의 분구면적은 $45mm^2$이다.

(가) 저장에 필요한 제1종 분말소화약제의 최소 양(kg)
(나) 저장에 필요한 약제저장용기의 수(병)
(다) 설치에 필요한 방사헤드의 최소 개수(개) (단, 소화약제의 양은 문항 "(나)"항에서 구한 저장용기수의 소화약제 양으로 한다.)
(라) 설치에 필요한 전체 방사헤드의 오리피스 면적(mm^2)
(마) 방사헤드 1개의 방사량(kg/min)
(바) 문항 "(나)"에서 산출한 저장용기수의 소화약제가 방출되어 모두 열분해시 발생한 CO_2의 양은 몇 kg이며, 이때 CO_2의 부피는 몇 m^3인가? (단, 방호구역 내의 압력은 120kPa, 주위온도는 500℃이고, 제1종 분말소화약제 주성분에 대한 각 원소의 원자량은 다음과 같으며, 이상기체상태 방정식을 따른다고 한다.)

원소기호	Na	H	C	O
원자량	23	1	12	16

풀이및정답

(가) $[(11 \times 9 \times 4.5) - (1 \times 1 \times 4.5 + 2.4 + 1.92)] \times 0.6 + (0.7 \times 1.0) \times 4.5 = 265.158 ≒ 265.16 kg$

(나) $G = \dfrac{50}{0.8} = 62.5 kg$

약제저장용기 $= \dfrac{265.16}{62.5} = 4.24 ≒ 5$ 병

(다) $45mm^2 = \dfrac{62.5kg \times 5병 \div 헤드수}{7.82kg/mm^2 \cdot min \times 0.5min}$

∴ 헤드수 $= \dfrac{62.5 \times 5}{45 \times 7.82 \times 0.5} = 1.776 ≒ 2$ 개

(라) $2 \times 45 = 90mm^2$

(마) $\dfrac{62.5kg \times 5병}{2개 \times 0.5min} = 312.5 kg/min$

(바) CO_2의 양 : $\dfrac{312.48 \times 44}{168} = 81.84 kg$

CO_2의 부피 : $\dfrac{81.84 \times 0.082 \times 773}{\left(\dfrac{120}{101.325}\right) \times 1 \times 44} ≒ 99.55 m^3$

124

특별피난계단의 계단실 및 부속실 제연설비에 대하여 주어진 조건을 참고하여 다음 각 물음에 답하시오.

> **조건**
> ① 거실과 부속실의 출입문 개방에 필요한 힘 $F_1 = 60N$이다.
> ② 화재시 거실과 부속실의 출입문 개방에 필요한 힘 $F_2 = 110N$이다.
> ③ 출입문 폭(W) = 1m, 높이(h) = 2.1m
> ④ 손잡이는 출입문 끝에 있다고 가정한다.
> ⑤ 스프링클러설비는 설치되어 있지 않다.

(가) 제연구역 선정기준 4가지를 쓰시오.

(나) 제시된 조건을 이용하여 부속실과 거실 사이의 차압(Pa)을 구하고 국가화재안전기준에 따른 최소 차압기준과 비교하여 적합 여부를 설명하시오.

풀이및정답 (가) ① 부속실만을 단독으로 제연하는 것
② 계단실을 단독제연하는 것
③ 비상용 승강기의 승강장을 단독제연하는 것
④ 계단실 및 부속실 동시제연하는 것

(나) $F_2 = F_1 + K \cdot \dfrac{WA \cdot \Delta P}{2(W-d)}$

$110 = 60 + 1 \times \dfrac{1 \times (1 \times 2.1) \times \Delta P}{2(1-0)}$

$\Delta P = 47.62 Pa$ ∴ 40Pa 이상이므로 적합

예상문제

125 11층의 연면적 15000m² 업무용 건축물에 옥내소화전설비를 설치하려고 한다. 다음 조건을 참고하여 각 물음에 답하시오.

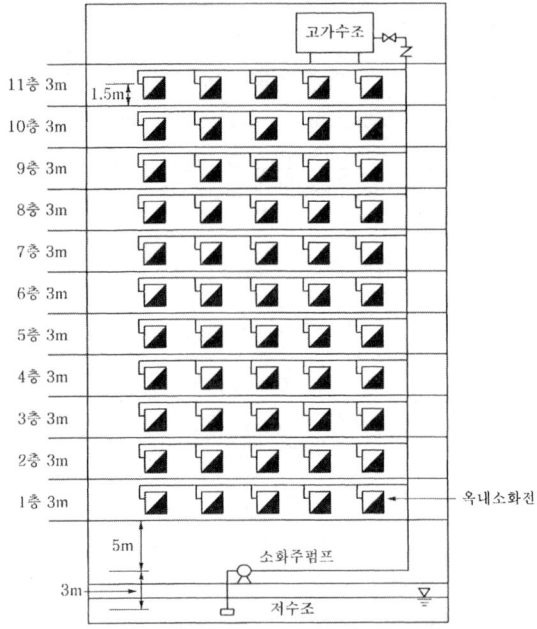

조건
① 펌프의 후드밸브로부터 11층 옥내소화전함 호스접결구까지의 마찰손실수두는 실양정의 25%로 한다.
② 펌프의 전달계수 K값은 1.1로 한다.
③ 각 층당 소화전은 5개씩이다.
④ 펌프의 체적효율(E_1) 0.95, 기계효율(E_2) 0.92, 수력효율(E_3) 0.83이다.
⑤ 소방호스의 마찰손실수두는 7.8m이다.

(가) 펌프의 최소유량(L/min)을 구하시오.
(나) 수원의 최소유효저수량(m³)을 구하시오.
(다) 옥상에 설치할 고가수조의 용량(m³)을 구하시오.
(라) 펌프의 총양정(m)을 구하시오.
(마) 펌프의 축동력(kW)을 구하시오.
(바) 펌프의 모터동력(kW)을 구하시오.

풀이 및 정답 (가) $2 \times 130 = 260$ L/min
(나) $2.6 \times 2 = 5.2$ m³
(다) $2.6 \times 2 \times \dfrac{1}{3} = 1.733 ≒ 1.73$ m³

(라) 실양정＝3+5+(3×10)+1.5＝39.5m
H＝39.5m+39.5m×0.25+7.8m+17m
＝74.175m≒74.18m

(마) $P(kW) = \dfrac{\gamma QH}{1027}$

$= \dfrac{1000 \times \left(\dfrac{0.26}{60}\right) \times 74.18}{102 \times (0.95 \times 0.92 \times 0.83)} = 4.344 ≒ 4.34kW$

(바) 4.34kW × 1.1 ＝ 4.774kW ≒ 4.77kW kW

126 수리계산으로 배관의 유량과 압력을 해석할 때 동일한 지점에서 서로 다른 2개의 유량과 압력이 산출될 수 있으며 이런 경우 유량과 압력을 보정해주어야 한다. 그림과 같이 6개의 물분무헤드에서 소화수가 방사되고 있을 때 조건을 참고하여 다음 각 물음에 답하시오.

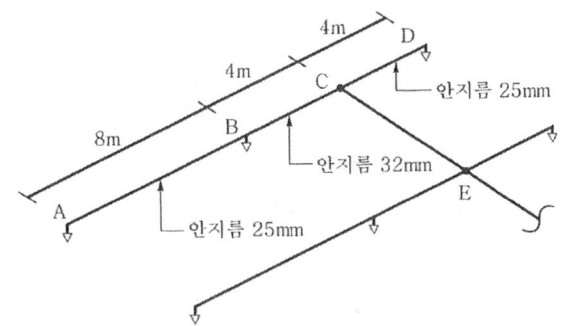

조건
① 각 헤드의 방출계수는 동일하다.
② A지점 헤드의 유량은 60L/min, 방수압은 350kPa이다.
③ 각 구간별 배관의 길이와 배관의 안지름은 다음과 같다.

구 간	A~B	B~C	D~C
배관길이	8m	4m	4m
배관 안지름(내경)	25mm	32mm	25mm

④ 수리계산시 동압은 무시한다.
⑤ 직관 이외의 관로상 마찰손실은 무시한다.
⑥ 직관에서의 마찰손실은 다음의 Hazen-Williams공식을 적용, 조도계수 C는 100으로 한다.

$$\Delta P = 6.053 \times 10^7 \times \dfrac{Q^{1.85}}{C^{1.85} \times d^{4.87}} \times L$$

여기서, ΔP : 마찰손실압력(kPa), Q : 유량(L/min), C : 관의 조도계수(무차원), d : 관의 내경(mm), L : 배관의 길이(m)

(가) A지점 헤드에서 시작하여 C지점까지의 경로로 계산하였을 때

예상문제

① A~B구간의 유량(L/min)과 마찰손실압력(kPa)을 구하시오.
② B지점 헤드의 압력(kPa)과 유량(L/min)을 구하시오.
③ B~C구간의 유량(L/min)과 마찰손실압력(kPa)을 구하시오.
④ C지점의 압력(kPa)과 유량(L/min)을 구하시오.

(나) D지점 헤드의 유량과 압력이 A지점 헤드의 유량 및 압력과 동일다고 가정하고, D지점 헤드에서 시작하여 C지점까지의 경로로 계산하였을 때,

① D~C구간의 유량(L/min)과 마찰손실압력(kPa)을 구하시오.
② C지점의 압력(kPa)과 유량(L/min)을 구하시오.

(다) A~C경로에서의 C지점과 D~C경로에서의 C지점에서는 유량과 압력이 서로 다르게 계산되므로 유량과 압력을 보정하여야 한다. 이 경우 D지점 헤드의 유량(L/min)을 얼마로 보정하여야 하는지를 구하시오.

(라) D지점 헤드의 유량을 (다)항에서 구한 유량으로 보정하였을 때 C지점의 유량(L/min)과 압력(kPa)을 구하시오.

풀이및정답 (가) ① 유량 : $Q_{A\sim B} = 60\text{L/min}$

마찰손실압력 : $P_{A\sim B} = 6.053 \times 10^7 \times \dfrac{60^{1.85}}{100^{1.85} \times 25^{4.87}} \times 8 = 29.286 \fallingdotseq 29.29\text{kPa}$

② 압력 : $P_B = 350 + 29.29 = 379.29\text{kPa}$

$K = \dfrac{60}{\sqrt{10 \times 0.35}} = 32.071 \fallingdotseq 32.07$

유량 : $Q_B = 32.07\sqrt{10 \times 0.37929} = 62.457 \fallingdotseq 62.46\text{L/min}$

③ 유량 : $Q_{B\sim C} = 60 + 62.46 = 122.46\text{L/min}$

마찰손실압력 : $P_{B\sim C} = 6.053 \times 10^7 \times \dfrac{122.46^{1.85}}{100^{1.85} \times 32^{4.87}} \times 4 = 16.471 \fallingdotseq 16.47\text{kPa}$

④ 압력 : $P_C = 379.29 + 16.47 = 395.76\text{kPa}$

유량 : $Q_C = 32.07\sqrt{10 \times 0.39576} = 63.799 \fallingdotseq 63.8\text{L/min}$

(나) ① 유량 : $Q_{D\sim C} = 60\text{L/min}$

마찰손실압력 : $P_{D\sim C} = 6.053 \times 10^7 \times \dfrac{60^{1.85}}{100^{1.85} \times 25^{4.87}} \times 4 = 14.643 \fallingdotseq 14.64\text{kPa}$

② 압력 : $P_C = 350 + 14.64 = 364.64\text{kPa}$

유량 : $Q_C = 32.07\sqrt{10 \times 0.36464} = 61.239 \fallingdotseq 61.24\text{L/min}$

(다) $P_D{}' = 395.76 - 14.64 = 381.12\text{kPa}$

$Q_D{}' = 32.07\sqrt{10 \times 0.38112} = 62.607 \fallingdotseq 62.61\text{L/min}$

(라) $P_{D\sim C} = 6.053 \times 10^7 \times \dfrac{62.61^{1.85}}{100^{1.85} \times 25^{4.87}} \times 4 = 15.843 \fallingdotseq 15.84\text{kPa}$

압력 : $P_C{}' = 381.12 + 15.84 = 396.96\text{kPa}$

유량 : $Q_C{}' = 32.07\sqrt{10 \times 0.39696} = 63.895 \fallingdotseq 63.9\text{L/min}$

127 포소화설비의 배관에 설치하는 배액밸브와 완충장치에 대한 다음 각 물음에 답하시오.

(가) 배액밸브의 설치목적
(나) 배액밸브의 설치위치
(다) 완충장치의 설치목적
(라) 완충장치의 설치위치

▸풀이및정답
(가) 포의 방출종료 후 배관 안의 액을 방출하기 위하여
(나) 송액관의 가장 낮은 부분
(다) 송액관과 탱크접합부분의 충격 또는 진동 방지
(라) 송액관과 탱크접합부분

128 온도 60[℃], 압력 100[kPa]인 산소가 지름 10[mm]인 관 속을 흐르고 있다. 임계 레이놀즈 수가 2,100일 때 층류로 흐를 수 있는 최대 평균속도[m/s]를 계산하시오. (단, 점성계수 $\mu = 23 \times 10^{-6}$[kg/m·s], 산소의 기체상수 R = 260[N·m/kg·K]이다.)

▸풀이및정답
$$2100 = \frac{DU\rho}{\mu}, \quad U = \frac{2100 \times \mu}{D \times \rho}$$

$$\rho = \frac{P}{RT} = \frac{100 \times 10^3 \text{N/m}^2}{260 \text{Nm/kgK} \times 333\text{K}} = 1.155 \text{kg/m}^3$$

$$U = \frac{2100 \times 23 \times 10^{-6} \text{kg/m s}}{0.01\text{m} \times 1.155 \text{kg/m}^3} = 4.181 \fallingdotseq 4.18 \text{m/sec}$$

129 출입문을 밀어서 개방할 경우 필요한 힘은 110N이다. 도어체크 및 힌지 등의 마찰 손실이 30N이고, 문손잡이에서 문 끝까지 거리가 0.1m인 경우 실내외의 압력차(Pa)는? (문의 크기는 폭 1m×높이 2m이다.)

▸풀이및정답 문을 여는데 필요한 힘

$$F = F_{dc} + K \cdot \frac{W \cdot A \cdot \Delta P}{2(W-d)} \quad [W : \text{문의 폭(m), d : 0.1m}]$$

$$110\text{N} = 30\text{N} + 1 \times \frac{1 \times 2 \times \Delta P}{2(1-0.1)}$$

$$\Delta P = 72\text{Pa}$$

예상문제

130 소화수가 입상배관을 통해 "a" 지점에서 13m위에 있는 "b" 지점으로 송수된다 "a" 지점의 배관 구경은 80mm, 설치된 압력계의 압력은 5kgf/cm²이며 "b" 지점에서 배관 내경은 65mm로 줄어들고, "a" 지점에서 "b" 지점으로 흐를 때 배관 및 관부속품의 마찰손실은 13m이다. 유량이 5,200L/min인 경우 "b"지점에서의 압력[Pa]을 구하시오.

풀이 및 정답

$$\frac{P_a}{\gamma} + \frac{U_a^2}{2g} + Z_a = \frac{P_b}{\gamma} + \frac{U_b^2}{2g} + Z_b + h_{La-b}$$

$$U_a = \frac{Q}{A_a} = \frac{\left(\frac{5.2}{60}\right)m^3/s}{\frac{\pi}{4}(0.08m)^2} = 17.241 ≒ 17.24 m/s$$

$$U_b = \frac{Q}{A_b} = \frac{\left(\frac{5.2}{60}\right)m^3/s}{\frac{\pi}{4}(0.065m)^2} = 26.117 ≒ 26.12 m/s$$

$Z_a = 0m$, $Z_b = 13m$, $h_{La-b} = 13m$

$$\frac{P_a}{\gamma} = 50m$$

$$\therefore 50m + \frac{(17.24 m/s)^2}{2 \times 9.8 m/s^2} + 0m = \frac{P_b}{\gamma} + \frac{(26.12 m/s)^2}{2 \times 9.8 m/s^2} + 13m + 13m$$

$$\therefore \frac{P_b}{\gamma} = 4.355 ≒ 4.36m$$

$$\therefore P_b = 4.36m \times 9800 N/m^3 = 42728 N/m^2$$

131 설계도면상 옥내소화전 소화펌프의 유량은 650L/min, 전양정은 80m이다. 그러나 시운전했을 때의 양정이 70m이었으며 회전수는 1650rpm, 축동력은 15HP이었다. 설계도면상 전양정 80m를 얻기 위한 회전수와 축동력을 답하시오.

풀이 및 정답

$$H_2 = \left(\frac{N_2}{N_1}\right)^2 \times H_1$$

$$80m = \left(\frac{N_2}{1650rpm}\right)^2 \times 70m$$

$$\therefore N_2 = 1763.92 rpm$$

$$L_2 = \left(\frac{N_2}{N_1}\right)^3 \times L_1 = \left(\frac{1763.92rpm}{1650rpm}\right)^3 \times 15HP = 18.326 ≒ 18.33HP$$

132 전기실에 할론소화설비(할론 1301)을 설치하려고 한다. 다음 조건을 참조하여 물음에 알맞게 답하시오.

> **조건**
> ① 방호구역 내 필요한 약제량은 500kg이다.
> ② 분사헤드는 12개를 설치하며, 헤드 당 방사압력은 0.9MPa, 헤드 방사율은 1.3kg/s·cm²이다.
> ③ 헤드의 분구면적합은 오리피스면적과 동일하다.

1) 헤드 1개당 약제 방사량[kg/s]을 계산하시오.
2) 헤드의 분구면적[mm²]을 계산하시오.
3) 헤드의 오리피스 구경[mm]을 계산하시오.
4) 헤드를 접속하는 배관의 최소 호칭경[mm]을 계산하시오.

◀ 풀이및정답

1) $\dfrac{500\text{kg}}{12} = 41.666 ≒ 41.67\text{kg}$

∴ $\dfrac{41.67\text{kg}}{10\text{sec}} = 4.167 ≒ 4.17\text{kg/s}$

2) 분구면적
$= \dfrac{\text{헤드1개 방사량}}{\text{방출률} \times \text{방사시간}} = \dfrac{41.67\text{kg}}{1.3\text{kg/sec}\cdot\text{cm}^2 \times 10\text{sec}} = 3.2054\text{cm}^2 = 320.54\text{mm}^2$

3) $D = \sqrt{\dfrac{4 \times A}{\pi}} = \sqrt{\dfrac{4 \times 320.54}{\pi}} = 20.2\text{mm}$

4) 분사헤드의 오리피스면적은 헤드가 연결되는 배관구경면적의 70%를 초과하지 아니할 것

∴ 배관구경면적 $= \dfrac{320.54\text{mm}^2}{0.7} = 457.91\text{mm}^2$

∴ $D = \sqrt{\dfrac{4 \times A}{\pi}} = \sqrt{\dfrac{4 \times 457.91}{\pi}} ≒ 24.15\text{mm}$

∴ 25mm 선정

---

133 방호구역에 할론 1301 소화설비를 고압식의 전역방출방식으로 설치할 경우 출발압력을 다음 조건을 참조하여 계산하시오.

> **조건**
> ① 저장용기의 내용적 : 68l, 할론 1301 소화약제의 내용적 : 43l, 배관의 내용적 : 50l
> ② 저장용기의 저장압력 : 42kgf/cm², 할론 1301 소화약제의 증기압 : 14kgf/cm²
> ③ 할론 1301 소화약제 저장용기 수 : 2병

풀이 및 정답

출발압력 = 저장압력 − $\dfrac{(저장압력 - 증기압) \times 배관내용적}{저장용기의\ 기체부용적 + 배관내용적}$

$= 42 - \dfrac{(42-14) \times 50}{(68-43) \times 2 + 50} = 28\,\text{kgf/cm}^2$

cf) 문제 조건에서 소화약제 내용적 43L 없이 액화 1301의 비중이 1.5이고 용기 1병 충전량이 50kg이라고 주어지는 경우

$50\text{kg} \times \dfrac{1}{1.5\text{kg/L}} = 33.33\text{L}$

∴ 이 경우 기체부용적 = 68L − 33.33L = 34.67L

---

134 다음 물음에 알맞게 답하시오.

1) 다음 조건을 참고하여 연돌효과에 의해 발생하는 압력차[Pa]를 계산하시오.

> • 건물 외부온도는 0[℃], 내부온도는 30[℃]이다.
> • 건물 높이는 100[m]이며, 중성대는 건물의 중앙에 위치한다.
> • 중성대 상부와 하부의 개구부 면적은 동일하다고 가정한다.

2) 화재실 출입문 상부와 하부의 누설틈새가 같을 경우, 출입문 상부의 압력을 계산하시오. (단, 화재실 온도는 600[℃]이며, 대기온도는 25[℃]이고, 출입문 높이는 2[m]이다.)

풀이 및 정답

1. 연돌효과에 의한 압력차

$\triangle P = 3{,}460\left(\dfrac{1}{T_o} - \dfrac{1}{T_i}\right)h = 3{,}460 \times \left(\dfrac{1}{273} - \dfrac{1}{303}\right) \times 50 = 62.742\,[\text{Pa}]$

① T_o(건물 외부온도) = 0 + 273 = 273[℃]
② T_i(건물 내부온도) = 30 + 273 = 303[℃]
③ h(중성대에서 건물 상부까지의 높이) = 50[m]

∴ $\triangle P = 62.74\,[\text{Pa}]$

2. 출입문 상부 압력

$\triangle P = 3{,}460\left(\dfrac{1}{T_o} - \dfrac{1}{T_i}\right)h = 3{,}460 \times \left(\dfrac{1}{298} - \dfrac{1}{873}\right) \times 1.49 = 11.394\,[\text{Pa}]$

① T_o(건물 외부온도) = 25 + 273 = 298[℃]
② T_i(건물 내부온도) = 600 + 273 = 873[℃]
③ h(중성대에서 출입문 상부까지의 높이) = $H - h_1 = 2 - 0.51 = 1.49$
④ h_1(중성대의 위치) = $H \times \dfrac{1}{1 + \dfrac{T_i}{T_o}} = 2 \times \dfrac{1}{1 + \dfrac{873}{298}} = 0.508$ ∴ 0.51[m]

∴ $\triangle P = 11.39\,[\text{Pa}]$

135 소화기에는 호스를 부착하여야 한다. 호스를 부착하지 아니할수 있는 소화기의 종류를 답하시오.

풀이및정답
① 소화약제의 중량이 4kg 이하인 할로겐화물소화기
② 소화약제의 중량이 3kg 이하인 이산화탄소소화기
③ 소화약제의 중량이 2kg 이하의 분말소화기
④ 소화약제의 용량이 3L 이하의 액체계 소화약제 소화기

136 다음 그림과 같은 직육면체의 물탱크에서 밸브를 완전히 개방할 경우 최저유효수면까지 물이 배수되는 소요시간(sec)을 계산하시오. (단, 밸브 및 배수관의 마찰손실은 무시한다.)

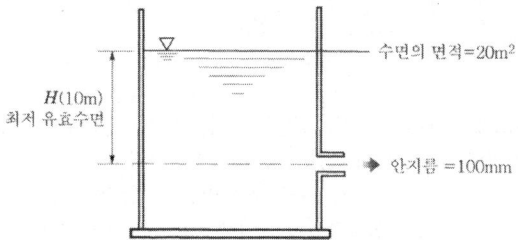

풀이및정답 NFPA 공식

$$t = \frac{2A_1(\sqrt{H_1} - \sqrt{H_2})}{C \cdot A_2 \cdot \sqrt{2g}} = \frac{2 \times 20 \times (\sqrt{10} - \sqrt{0})}{\frac{\pi \times 0.1^2}{4} \times \sqrt{2 \times 9.8}} = 3,637.83[\text{s}]$$

1. $Q_1 = Q_2$ 에서, $A_1 V_1 = A_2 V_2$
   ① $A_1 = 20\,m^2$ (수면의 면적)
   ② $V_1 = \dfrac{dh}{dt}$ (이동한 거리를 시간으로 미분)
   ③ $A_2 = \dfrac{\pi D_2^2}{4}$ (출구면적)
   ④ $V_2 = \sqrt{2gh}$ (출구에서의 유체속도)

2. $A_1 V_1 = A_2 V_2$ 에서, $A_1 \cdot \dfrac{dh}{dt} = A_2 \cdot \sqrt{2gh}$, $dt = \dfrac{A_1}{A_2} \cdot \dfrac{1}{\sqrt{2gh}} dh$

   $$\int dt = \int_0^{10} \frac{A_1}{A_2} \times \frac{1}{\sqrt{2g}} \times \frac{1}{\sqrt{h}} dh = \frac{A_1}{A_2} \times \frac{1}{\sqrt{2g}} \times \int_0^{10} h^{-\frac{1}{2}} dh$$

   $$t = \frac{A_1}{A_2} \times \frac{1}{\sqrt{2g}} \times [2h^{\frac{1}{2}}]_0^{10} = \frac{20}{\frac{\pi \times 0.1^2}{4}} \times \frac{1}{\sqrt{2 \times 9.8}} \times [2 \times 10^{\frac{1}{2}}]$$

   $= 3,637.83[\text{s}]$

예상문제

137 다음 그림과 같이 양정 50[m]의 성능을 갖는 펌프가 운전 중일 때 노즐에서의 방수압이 0.15[MPa]이었다. 만약 노즐의 방수압을 0.25[MPa]로 증가하고자 할 때 펌프가 요구하는 양정 H[m]은 얼마인지를 계산하시오. (단, $1[\text{atm}] = 0.1[\text{MPa}] = 10[\text{m}]$이다.)

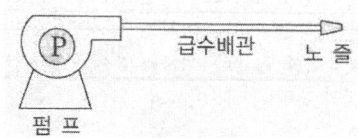

조건
① 배관의 마찰손실은 하겐-윌리암스 공식을 이용한다.
② 노즐의 방출계수 K=100으로 한다.
③ 펌프의 특성곡선은 토출 유량과 무관하다.
④ 펌프와 노즐은 수평으로 설치되어 있다.

◀풀이 및 정답

1. 펌프가 요구하는 양정 = 실양정 + 배관 마찰손실수두 + 방사압력 환산수두
   ① 방수압 0.25[MPa]인 경우 마찰손실압력 계산
      ㉠ 방수압 0.15[MPa]인 경우 마찰손실압력과 방수량
         • 마찰손실압력 $\Delta P_1 = 0.5 - 0.15 = 0.35$ [MPa]
         • 방수량 $Q_1 = k\sqrt{10P_1} = 100\sqrt{10 \times 0.15} = 122.47$ [L/min]
      ㉡ 방수압 0.25[MPa]인 경우 방수량과 마찰손실압력
         • 방수량 $Q_2 = k\sqrt{10P_2} = 100\sqrt{10 \times 0.25} = 158.11$ [L/min]
         • 마찰손실압력 ΔP_2
           $\Delta P_1 : Q_1^{1.85} = \Delta P_2 : Q_2^{1.85}$
           $\Delta P_2 = \left(\dfrac{Q_2}{Q_1}\right)^{1.85} \times \Delta P_1 = \left(\dfrac{158.11}{122.47}\right)^{1.85} \times 0.35 = 0.56$ [MPa]
   ② 펌프 토출압력 = 마찰손실압력 + 방사압력 = 0.56 + 0.25 = 0.81[MPa]
2. 펌프가 요구하는 양정 $H = \dfrac{0.81[\text{MPa}]}{0.1[\text{MPa}]} \times 10[\text{m}] = 81[\text{m}]$

∴ 양정 $H = 81$ [m]

138. 다음 그림과 같은 배관에 직접 연결된 살수헤드에서 200[L/min]의 유량으로 물이 방수되고 있다. 화살표 방향으로 흐르는 Q_1 및 Q_2의 유량[L/min]을 계산하시오.

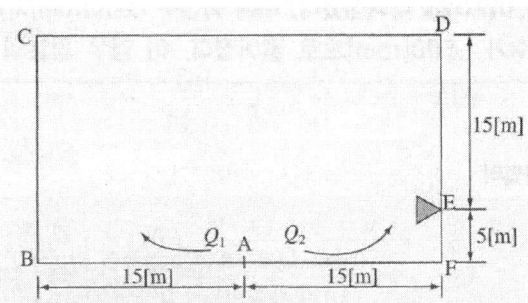

조건
① 배관 마찰손실은 하겐-윌리암스 공식을 사용하되 편의상 다음과 같다고 가정한다.
$$\Delta P = \frac{6 \times 10^4 \times Q^2}{100^2 \times d^5} \text{ [MPa/m]}$$
② 배관의 안지름은 40[mm]이다.
③ 배관 부속품의 등가길이는 무시한다.

풀이및정답

1. $\Delta P_1 = \Delta P_2$ 에서

$$\frac{6 \times 10^4 \times Q_1^2}{100^2 \times d_1^5} \times L_1 = \frac{6 \times 10^4 \times Q_2^2}{100^2 \times d_2^5} \times L_2 \, (d_1 = d_2)$$

$Q_1^2 \times L_1 = Q_2^2 \times L_2$

$Q_1^2 = \dfrac{L_2}{L_1} \times Q_2^2$

$L_1 = 15 + 20 + 30 + 15 = 80\text{[m]}$
$L_2 = 15 + 5 = 20\text{[m]}$

$Q_1 = \sqrt{\dfrac{L_2}{L_1}} \times Q_2 = \sqrt{\dfrac{20}{80}} \times Q_2 = \dfrac{1}{2} Q_2$

2. $Q = Q_1 + Q_2 = \dfrac{1}{2} Q_2 + Q_2 = \dfrac{3}{2} Q_2$

$Q_2 = \dfrac{2}{3} \times Q = \dfrac{2}{3} \times 200 = 133.33\text{[L/min]}$

3. $Q_1 = Q - Q_2 = 200 - 133.33 = 66.67\text{[L/min]}$

∴ $Q_1 = 66.67\text{[L/min]}$, $Q_2 = 133.33\text{[L/min]}$

예상문제

139 배관의 길이가 20[m], 내경이 80[mm]인 배관에 물이 0.1[m³/s]로 흐를 경우 배관의 마찰손실압력이 1[MPa]이라면 관마찰손실계수는 얼마인가? (단, 중력가속도 $g = 9.8[m/s^2]$이고, 소수 둘째자리까지 계산할 것)

▶풀이및정답

$H_L = f \cdot \dfrac{L}{D} \cdot \dfrac{V^2}{2g}$ 에서, $f = \dfrac{H_L \cdot D \cdot 2g}{L \cdot V^2}$

① $H_L = \dfrac{1}{0.101325} \times 10.332 = 101.97[m]$

② $V = \dfrac{Q}{A} = \dfrac{0.1}{\dfrac{\pi \times 0.08^2}{4}} = \dfrac{4 \times 0.1}{\pi \times 0.08^2}$

$H_L = f \cdot \dfrac{L}{D} \cdot \dfrac{V^2}{2g}$ 에서, $f = \dfrac{H_L \cdot D \cdot 2g}{L \cdot V^2} = \dfrac{101.97 \times 0.08 \times 2 \times 9.8}{20 \times \left(\dfrac{4 \times 0.1}{\pi \times 0.08^2}\right)^2} = 0.02$

∴ 관마찰손실 계수 $f = 0.02$

140 그림과 같이 화살표 방향으로 1250L/min의 소화수가 흐르고 있다. "가", "나" 사이의 분기관의 내경은 65mm라고 할 때, 각 분기관에 흐르는 유량[L/min]을 계산하시오. (배관은 스테인레스 강관이며 엘보 1개의 상당 길이는 2.5m로 하고 분기되는 두 지점의 마찰손실은 무시한다.)

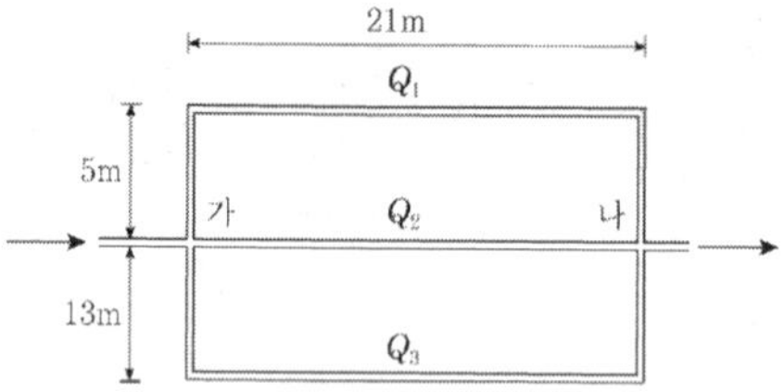

▶풀이및정답

$Q_1 + Q_2 + Q_3 = 1250 L/\min$

$\Delta P_{Q_1} = \Delta P_{Q_2} = \Delta P_{Q_3}$

① $6.05 \times 10^4 \times \dfrac{Q_1^{1.85}}{C^{1.85} \times D^{4.87}} \times (21 + 5 + 5 + 2.5 \times 2) = 6.05 \times 10^4 \times \dfrac{Q_2^{1.85}}{C^{1.85} \times D^{4.87}} \times 21$

∴ $36 \times Q_1^{1.85} = 21 \times Q_2^{1.85}$

$Q_1^{1.85} = \dfrac{21}{36} \times Q_2^{1.85}$

$Q_1 ≒ 0.75 Q_2$

② $6.05 \times 10^4 \times \dfrac{Q_2^{1.85}}{C^{1.85} \times D^{4.87}} \times 21$

$= 6.05 \times 10^4 \times \dfrac{Q_3^{1.85}}{C^{1.85} \times D^{4.87}} \times (21 + 13 \times 2 + 2.5 \times 2)$

∴ $21 \times Q_2^{1.85} = 52 \times Q_3^{1.85}$

$\dfrac{21}{52} Q_2^{1.85} = Q_3^{1.85}$

$Q_3 ≒ 0.61 Q_2$

∴ $0.75 Q_2 + Q_2 + 0.61 Q_2 = 1250 L/min$

$2.36 Q_2 = 1250 L/min$

$Q_2 = 529.66 L/min$

∴ $Q_1 = 529.66 \times 0.75 = 397.25 L/min$

∴ $Q_3 = 529.66 \times 0.61 = 323.09 L/min$

답 $Q_1 = 397.25 L/min$, $Q_2 = 529.66 L/min$, $Q_3 = 323.09 L/min$

141 릴리프밸브의 개방압력을 관리자가 원하는 압력으로 설정하는 방법을 설명하시오.

정답
① 주밸브(V_1)를 잠근다.
② 동력제어반(MCC)에서 주펌프 및 충압펌프의 운전 선택스위치를 "수동" 위치로 한다.
③ 릴리프밸브 상부 캡을 열고 스패너로 조정나사를 시계방향으로 돌려 개방압력을 최대치로 만든다.
④ 성능시험배관의 (V_2), (V_3) 밸브를 개방한다.
⑤ 동력제어반에서 주펌프를 수동으로 기동시킨다.
⑥ 성능시험배관상의 유량조절밸브(V_3)를 서서히 잠그면서 펌프 토출측의 압력계 지침이 릴리프밸브를 개방시키고자 하는 압력이 되도록 한다.
⑦ 릴리프밸브 상부의 조정나사를 스패너를 이용하여 반시계방향으로 (개방압력을 낮춤) 돌려서 릴리프밸브를 개방(작동)되게 한다. (순환배관으로 물이 흐르는 것으로 확인)
⑧ 주펌프를 "수동-OFF"로 하여 주펌프를 수동으로 정지시킨다.
⑨ V_2, V_3를 폐쇄하고 주밸브(V_1)를 연다.
⑩ 동력제어반에서 충압펌프의 운전선택스위치를 "자동" 위치로 한다.
⑪ 주펌프의 운전선택 스위치를 "자동" 위치로 한다.

예상문제

142 다음 조건을 보고 표를 완성하시오.

> **조건**
> - 펌프 2대를 병렬연결하여 설치하였다.
> - 각 펌프의 명판에 기재된 양정은 50m이고, 토출량은 1,000LPM이다.

성능시험 후 아래표 (   ) 안에 들어갈 수치를 답하시오. (10m = 0.1MPa)

구 분	체절운전	정격운전(100%)	정격유량의 150% 운전
토출량(L/min)	0	(①)L/min	(②)L/min
토출압(MPa)	(③)MPa 이하	(④)MPa 이하	(⑤)MPa 이상

◀풀이및정답   ① 2000   ② 3000   ③ 0.7   ④ 0.5   ⑤ 0.325

---

143 포소화약제 혼합장치의 종류와 그 정의를 쓰시오.

◀풀이및정답
① "펌프 프로포셔너방식"이란 펌프의 토출관과 흡입관 사이의 배관 도중에 설치한 흡입기에 펌프에서 토출된 물의 일부를 보내고, 농도조정밸브에서 조정된 포소화약제의 필요량을 포소화약제 탱크에서 펌프 흡입측으로 보내어 이를 혼합하는 방식을 말한다.
② "프레져 프로포셔너방식"이란 펌프와 발포기의 중간에 설치된 벤추리관의 벤추리작용과 펌프가압수의 포소화약제 저장탱크에 대한 압력에 따라 포소화약제를 흡입·혼합하는 방식을 말한다.
③ "라인 프로포셔너방식"이란 펌프와 발포기의 중간에 설치된 벤추리관의 벤추리 작용에 따라 포소화약제를 흡입·혼합하는 방식을 말한다.
④ "프레져사이드 프로포셔너방식"이란 펌프의 토출관에 압입기를 설치하여 포소화약제 압입용펌프로 포소화약제를 압입시켜 혼합하는 방식을 말한다.
⑤ "압축공기포혼합장치"란 포수용액에 압축공기 또는 질소를 연속적으로 혼합하여 공기포를 토출하는 장치를 말한다.
⑥ "압축공기포혼합방식"이란 포수용액에 가압원으로 압축된 공기 또는 질소를 일정비율로 혼합하는 방식을 말한다.

[기출단답문제]

소방설비(산업)기사
[기계분야]

예상문제

01 스플링클러 시스템 유지관리를 위한 기능점검 2가지

▶정답
① 수원의 밸브류 : 개폐조작이 쉬운지의 여부 확인
② 수원의 수위계 및 압력계 : 정상적인 작동여부확인

02 소화설비에 많이 사용되는 배관용 탄소강관은 관의 호칭경이 300A 이하인 것은 양 끝에 나사를 내거나 (①)앤드로 제조되고, 호칭경 350A 이상인 것은 용접이음에 적합하게 관 끝을 (②)가공한 것이 많다. 나사를 내는 관에는 그 양 끝에 KSB-0222에 규정한 (③)나사로 가공한다.

▶정답 ① 플레인 ② 베벨 ③ 관용테이퍼

03 준비작동식 스프링클러설비의 작동원리를 간단히 설명하시오.

▶정답 준비작동밸브의 1차측에는 가압수, 2차측에는 대기압상태로 있다가 화재발생시 감지기에 의하여 준비작동밸브(pre-action valve)를 개방하여 헤드까지 가압수를 송수시켜 놓고 있다가 열에 의해 헤드가 개방되면 소화하는 방식

04 제연설비 및 배출기, 배출풍도에 관한 사항이다. ( )를 채우시오.

(1) 제연설비의 배출기 및 배출풍도에 관한 사항
① 배출기의 흡입 측 풍속은 ( ) 이하로 하고, 배출측 풍속은 ( ) 이하이다
② 배출기와 배출풍도의 접속부분에 사용하는 캔버스 재료의 성질은 ( )이 있는 것으로 한다.
③ 배출기는 ( ) 부분과 배풍기 부분을 분리하여 설치한다.
④ 배출풍도는 아연도금강관 또는 이와 동등 이상의 내식성과 ( )이 있는 것으로 하며 ( )의 단열재로 단열 처리한다.

(2) 제연설비의 설치기준
① 하나의 제연구역의 면적은 ( ) 이내로 한다.
② 거실과 통로는 상호 제연구역 한다.
③ 통로상의 제연구역은 보행중심선의 길이가 60m를 초과하지 않아야 한다.
④ 하나의 제연구역은 직경 ( )m 원안에 들어갈 수 있도록 한다.

⑤ 하나의 제연구역은 2개 이상의 층에 미치지 않도록 한다. (단, 층의 구분이 불분명 한 부분은 다른 부분과 별도로 제연구획 할 것.)
⑥ 제연경계는 제연경계의 폭이 (   )m 이상이고, 수직거리는 (   )m 이내이어야 한다.

▲정답
(1) ① 15m/sec, 20m/sec ② 내열성 ③ 전동기 ④ 내열성
(2) ① 1000m^2 ④ 60m ⑥ 0.6m, 2m

05
동관의 접합 시 끝 부분을 정확한 원형으로 교정하기 위해 사용하는 공구로 (   )을 쓰는데 이것은 플러그, 해머, 칼라로 이루어져 있다.

▲정답
사이징

06
운동량의 시간변화율이란 무엇이며 국제표준단위(SI단위)로는 어떻게 표시되는지 설명하시오.

▲정답
운동량의 시간변화율 : 물체에 작용하는 힘
국제표준단위 : N

07
강관은 사용용도와 사용목적에 따라 여러 가지 종류로 KS규격에 규정되어 있다. 온도, 압력 등에 따라 다른 종류의 규격이 정해져 있는데 배관용 강관의 종류를 4가지만 쓰시오.

▲정답
① SPP(배관용 탄소강관)
② SPPS(입력배관용 탄소강관)
③ SPPH(고압배관용 탄소강관)
④ SPPW(수도용 아연도금 강관)

08
안전밸브는 고압유체를 취급하는 배관 등에 설치하여 고압용기나 배관 등이 이상고압에 의해 파열되는 것을 방지하는 역할을 하며, 그 작동방법에 따른 종류를 답하시오.

▲정답
① 추식(weight type) : 주철재 원판을 밸브시트에 직접 작용시켜 분출압력에 대응시킨다.
② 지렛대식(lever type) : 밸브에 작용하는 고압을 레바와 여기에 부착된 추로 조정할 수 있다.

③ 스프링식(spring type) : 동작이 확실하고 나사의 조임으로 분출압력을 조절할 수 있으며 가장 많이 쓰인다.

09 다음은 옥외소화전 설비에 관한 사항이다. (　)에 알맞은 답을 쓰시오.

- 옥외소화전설비의 수원은 그 저수량이 옥외소화전 설치 개수[옥외소화전이 (　) 이상 설치된 경우에는 (　)]에 (　)m³를 곱한 양 이상이 되도록 하여야 한다.
- 옥외소화전의 가압송수장치는 설치된 옥외소화전을 동시에 사용할 경우[(　)개 이상 설치된 경우에는 (　)개의 옥외소화전] 각 소화전이 노즐선단에서의 방수압력은 (　)MPa 이상이고 방수 량은 1분당 (　)L이 되는 성능의 것으로 하여야 한다.
  옥외소화전함에는 (　)을 수납하고 옥외소화전으로 부터 (　)m 이내의 장소에 설치하여야 하며, 소화전함 표면에는 (　)이라고 표시한 표지를 하여야 한다.

▲정답
- 옥외소화전설비의 수원은 그 저수량이 옥외소화전 설치 개수[옥외소화전이 (**2개**) 이상 설치된 경우에는 (**2개**)]에 (**7**)m³를 곱한 양 이상이 되도록 하여야 한다.
- 옥외소화전의 가압송수장치는 설치된 옥외소화전을 동시에 사용할 경우[(**2**)개 이상 설치된 경우에는 (**2**)개의 옥외소화전] 각 소화전이 노즐선단에서의 방수압력은 (**0.25**)MPa 이상이고 방수 량은 1분당 (**350**)L이 되는 성능의 것으로 하여야 한다. 옥외소화전함에는 (**호스 및 노즐**)을 수납하고 옥외소화전으로 부터 (**5**)m 이내의 장소에 설치하여야 하며, 소화전함 표면에는 (**옥외소화전**)이라고 표시한 표지를 하여야 한다.

10 연결송수관설비에서 11층 이상의 소방대상물에 대해서는 방수구를 쌍구형으로 설치하여야 한다. 그 이유를 설명하시오.

▲정답   11층 이상은 소화활동에 대한 외부의 지원 및 피난에 여러 가지 제약이 따르므로 2개의 관창을 사용하여 신속하게 화재를 진압하기 위하여

11 패킹설치 시 펌프케이싱과 샤프트 중앙부분에 물이 한방울도 새지 않도록 섬세한 다듬질이 필요하며 일반적으로 공업용, 산업용 펌프에 사용되는 Seal의 종류는?

▲정답   메카니컬실

12 두개의 직관을 이을 때 또는 배관을 증설하거나 분기 또는 수리할 경우 파이프 전체를 회전시키지 않고 너트를 회전하는 것으로 주로 구경 50mm 이하의 배관에 사용하며 너트의 회전으로 접속, 분리가 가능한 관부속품의 명칭은?

▲정답   유니온

13 다음은 옥내소화전 설비에 관한 사항이다. ( )에 알맞은 답을 쓰시오.

　　옥내소화전의 방수구는 소방대상물의 (　)마다 설치하되 당해 (　　)의 각 부분으로 부터 하나의 (　　　)까지의 (　)거리가 (　) 이내이고, 바닥으로부터 높이가 (　) 이하가 되도록 하여야 한다.

　　호스는 옥내소화전함내의 (방수구)와 항상 연결되어 있어야 하고, 옥내소화전의 수원의 양은 그 저수량이 옥내소화전의 설치개수가 가장 많은 층의 설치개수 [옥내소화전이 (　) 이상 설치된 경우는 (　)]에 (　)m³를 곱한 양 이상이 되도록 하여야 한다.

▲정답   옥내소화전의 방수구는 소방대상물의 (**층**)마다 설치하되 당해 (**소방대상물**)의 각 부분으로 부터 하나의 (**옥내소화전 방수구**)까지의 (**수평**)거리가 (**25m**) 이내이고, 바닥으로부터 높이가 (**1.5m**) 이하가 되도록 하여야 한다.
　　호스는 옥내소화전함내의 (**방수구**)와 항상 연결되어 있어야 하고, 옥내소화전의 수원의 양은 그 저수량이 옥내소화전의 설치개수가 가장 많은 층의 설치개수 [옥내소화전이 (**2개**) 이상 설치된 경우는 (**2개**)]에 (**2.6**)m³를 곱한 양 이상이 되도록 하여야 한다.

14 다음의 그림은 폐쇄형 습식 스프링클러설비에 사용되는 습식 유수검지장치이다. 습식 유수검지장치를 구성하는 구성품 6가지를 쓰고, 각 구성품의 기능을 말하시오.

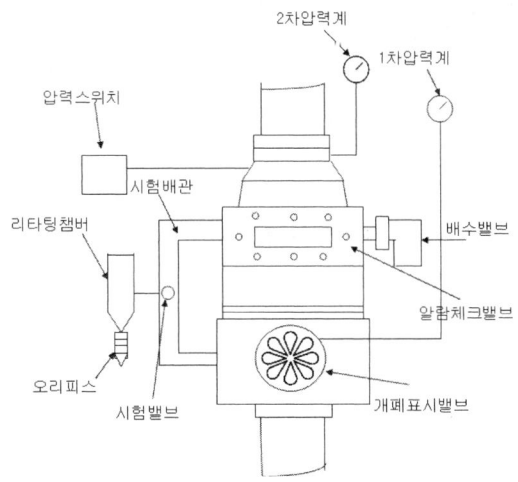

▲정답
① 명칭 : 1차 압력계
   기능 : 유수검지장치의 1차측 압력을 측정한다.
② 명칭 : 2차 압력계
   기능 : 유수검지장치의 2차측 압력을 측정한다.
③ 명칭 : 배수밸브
   기능 : 유수검지장치로 부터 흘러나온 물을 배수시키고, 유수검지장치의 작동시험 시 사용한다.
④ 명칭 : 압력스위치
   기능 : 유수검지장치가 개방되면 작동하여 사이렌 경보를 울림과 동시에 감시제어반에 신호를 보낸다.
⑤ 명칭 : 오리피스
   기능 : 리타팅챔버내로 유입되는 적은 양의 물을 자동 배수시킨다.
⑥ 명칭 : 시험배관
   기능 : 유수검지장치의 기능시험을 하기 위한 배관이다.
⑦ 명칭 : 시험밸브
   기능 : 유수검지장치의 기능시험을 하기 위한 밸브이다.
⑧ 명칭 : 개폐표시형 밸브(게이트밸브)
   기능 : 2차측 배관의 물의 흐름을 제어하기 위한 배관이다.
⑨ 명칭 : 알람체크밸브
   기능 : 헤드의 개방에 의해 개방되어 1차측의 가압수를 2차측으로 송수시킨다.
⑩ 명칭 : 리타팅챔버
   기능 : 알람체크밸브의 오동작을 방지한다.

15 후트밸브의 점검요령을 간단히 설명하시오.

▲정답
① 흡수관을 끌어올리거나 와이어, 로프 등으로 후트밸브를 작동시켜 이물질의 부착, 막힘 등을 확인한다.
② 물올림장치의 밸브를 닫아 후트밸브를 통해 흡입측 배관의 누수여부를 확인한다.

16 소화설비에서 충압펌프의 설치목적은?

▲정답 배관내 잔압보충, 주펌프의 오동작 방지

17 폐쇄형 스프링클러헤드에 표시되어야 할 사항을 5가지만 쓰시오.

▶정답
① 종별
② 형식
③ 제조년도
④ 형식승인번호
⑤ 제조번호 또는 로트번호

18 알람체크밸브의 리타팅챔버에 관하여 다음 각 물음에 답하시오.

1) 기능은 무엇인가?
2) 작동원리를 설명하시오

▶정답
1) 알람체크밸브의 오동작을 방지한다.
2) 경보체크밸브 2차측 압력의 누수 등으로 인해 유입된 물을 자동배수시킴으로서 오동작으로 인한 압력스위치의 작동을 방지한다.

19 소화설비 중 물을 사용하는 소화설비에 있어서 수원의 검사착안사항 5가지를 설명하시오.

▶정답
① 수위계 및 압력계 : 변형, 손상 등이 없고 지시치의 적정여부 확인
② 물탱크 : 파손, 누수, 동결 등의 우려는 없는가
③ 수량 : 수원은 정량 확보되어 있는가
④ 수질 : 토사, 쓰레기 등의 이물질은 없는가
⑤ 급수장치 : 급수장치는 사용에 지장이 없는가

20 기동용 수압개폐장치의 구성요소 중 압력챔버의 역할을 2가지로 요약하여 설명하시오.

▶정답
① 충압펌프 또는 주 펌프의 자동 기동 및 정지
② 수격작용방지
cf) 안전밸브 작동범위 : 호칭압력~호칭압력의 1.3배

예상문제

21 CO₂와 할론1301

할론1301은 대기압 및 상온에서 (　　) 상태로만 존재하는 물질로써 무색, 무취이며 21℃에서 공기보다 (　　)배 무겁다. 또한 할론1301은 21℃ 상온에서 (　　)의 압력으로 가압하면 액화된다. 할론1301은 (　　) 이상의 온도에서 CO₂는 (　　)에서 아무리 압력을 가해도 액화하지 않는데 이때 온도를 임계온도라고 부른다. CO₂는 불에 대해 산소의 농도를 낮추어 주는 이른바 (　　)에 의하여 소화하지만, 할론 1301은 불꽃의 연쇄반응에 대한 (　　)로써 소화의 기능을 보여준다.

▶정답 기체, 약 5.13배, 약 14kg/cm^2, 약 67℃, 약 31.35℃, 질식효과, 부촉매효과
cf) CO₂와 할론1301

	이산화탄소	할론1301
분자량	44	148.95
증기밀도	29/44=1.52	148.95/29=5.13
임계온도	31.35℃	67℃
임계압력	72.75 atm	39.1 atm
비점		−57.8℃
빙점		−168℃
상온	기체	기체
주된소화효과	질식효과	부촉매효과

• 임계온도 : 아무리 큰 압력을 가해도 액화하지 않는 최저온도
• 임계압력 : 임계온도에서 액화하는데 필요한 압력
• CO₂의 삼중점 : 압력 4.2kg/cm², −56.6℃

22 알람체크밸브가 설치된 습식 스프링클러설비에서 비화재 시에도 수시로 오보가 울릴 경우 그 원인을 찾기위하여 점검하여야 할 사항 3가지를 쓰시오. (단 알람체크밸브에는 리타팅챔버가 설치되어 있는 것으로 한다.)

▶정답 ① 리타팅챔버 상단의 압력스위치 점검
② 리타팅챔버 상단의 압력스위치 배선의 누전상태 점검
③ 리타팅챔버 하단의 오리피스 점검

23 포소화설비의 수동식 기동 장치의 설치기준을 5가지 서술하시오.

▶정답
① 직접조작 또는 원격조작에 의하여 가압송수장치, 수동개방밸브 및 소화약제 혼합장치를 기동 할 수 있는 것으로 할 것
② 2 이상의 방사구역을 가진 포소화설비에는 방사구역을 선택할 수 있는 구조로 할 것
③ 기동장치의 조작부는 화재 시 쉽게 접근할 수 있는 곳에 설치하되, 바닥으로부터 0.8~1.5m 이하의 위치에 설치하고, 유효한 보호 장치를 설치할 것
④ 기동장치의 조작부 및 호스접결구에는 가까운 곳의 보기 쉬운 곳에 각각 "기동장치의 조작부" 및 "접결구"라고 표시한 표지를 설치할 것
⑤ 차고 또는 주차장에 설치하는 포소화설비의 수동식기동장치는 방사구역마다 1개 이상 설치할 것

24 할론 1301 설비의 전역방출방식과 국소방출방식의 개념 차이를 설명하시오.

▶정답
① 전역방출방식 : 고정식 할로겐 화합물 공급장치에 배관 및 분사헤드를 고정 설치하여 밀폐 방호구역내에 할로겐화합물을 방출하는 설비
② 국소방출방식 : 고정식 할로겐화합물 공급장치에 배관 및 분사헤드를 설치하여 직접 화점에 할로겐화합물을 방출하는 설비로 화재발생부분에만 집중적으로 소화 약제를 방출하도록 설치하는 방식

25 어느 스프링클러 습식 설비에서 임의의 헤드를 개방시켜 보았더니 처음에는 약간의 물이 새어 나오다가 그것마저도 중지 되었다. 그 원인으로 우선 다음 두가지의 가능성을 조사해 보았으나 아무런 이상이 없었다.

① 선풍기의 고장유무
② 전동기에 동력을 공급하는 설비의 고장유무

그러므로 위의 두 가지 경우가 아닌 경우로서 반드시 그 원인이 있을 것인바, 조사해 볼 수 있는 가능성들중 5가지만 열거하고 그 이유를 설명하시오. (단 이 설비는 고가수조와는 연결되어 있지 않고 전동기식 송수펌프에 의해 물이 공급되는 구조이며 모든 배관의 연결부분이 끊어지거나 외부로 물이 새는 곳은 없다.)

▶정답
① 원인 : 후트밸브의 막힘
  이유 : 펌프흡입 측 배관에 물이 유입되지 못하므로
② 원인 : 펌프흡입 측 게이트밸브 폐쇄
  이유 : 펌프흡입 측 게이트밸브 2차측에 물이 공급되지 못하므로
③ 원인 : 펌프 토출 측 게이트밸브 폐쇄
  이유 : 펌프 토출 측의 게이트밸브 2차 측에 물이 공급 되지 못하므로

예상문제

④ 원인 : 알람체크밸브 개방 불가
   이유 : 알람체크밸브 2차 측에 물이 공급되지 못하므로
⑤ 원인 : 압력챔버 내의 압력스위치 고장
   이유 : 펌프가 기동되지 않으므로

26 습식 스프링클러시스템과 준비작동식 시스템의 차이점을 2가지만 쓰시오.

▲정답
1) 습식
   ① 습식밸브의 1,2차측 배관 내에 가압수가 상시 충수되어 있다.
   ② 습식밸브(자동경보밸브, 알람체크밸브)를 사용한다.
2) 준비작동식
   ① 준비작동밸브의 1차 측에는 가압수, 2차측에는 대기압상태로 되어 있다.
   ② 준비작동밸브를 사용한다.

27 습식 스프링클러에서 알람체크밸브의 1차측에 개폐밸브를 설치하는 이유를 2가지만 설명하시오.

▲정답
① 헤드교환 시 물이 방출되지 않게 하기 위해서
② 알람체크밸브 및 알람체크밸브 2차 측 배관의 유지 보수를 위하여

28 이산화탄소 소화설비의 방호구역 내에 경보장치를 사이렌으로 사용할 경우 이산화탄소 소화설비를 설치하였다는 표지를 그 구역 내에 설치하는데 가장 적합하다고 생각되는 문안내용을 80자 이내로 기술하시오.

▲정답
당해 구역에는 이산화탄소 소화설비를 설치하였습니다. 소화약제 방출 전에 사이렌이 울리므로 이때에는 즉시 안전한 장소로 대피하여 주십시오.

29 분말소화설비에서 분말약제 저장용기와 연결 설치되는 정압작동장치의 기능은 무엇인가?

▲정답
저장용기의 내부압력이 설정압력이 되었을 때 주 밸브를 개방한다.

30 피난기구의 설치위치 검사 착안사항 7가지를 기술하시오.

▲정답
① 피난하기 위하여 쉽게 접근할 수 있는가의 여부 확인
② 부근에는 당해기구를 조작하는데 지장이 되는 것이 없고 필요한 면적의 확보여부 확인
③ 기구가 부착되는 개구부는 안전하게 개방될 수 있고 필요한 면적의 확보여부 확인
④ 강하하는데 장해물이 없고 필요한 넓이의 확보여부 확인
⑤ 피난하는데 장해물이 없고 필요한 넓이의 확보여부 확인
⑥ 쉽게 잘 보이는 위치에 있는가의 여부 확인
⑦ 피난기구를 설치하는 개구부는 서로 동일 직선상이 아닌 위치에 있는가의 여부 확인

31 옥내소화전설비의 제어반 중 감시제어반의 기능을 5가지만 쓰시오.

▲정답
① 각 펌프의 작동여부를 확인할 수 있는 표시등 및 음향경보기능이 있을 것
② 각 펌프를 자동 및 수동으로 작동시키거나 작동을 중단 시킬 수 있을 것
③ 수조 또는 물올림탱크가 저수위로 될 때 표시등 및 음향으로 경보될 것
④ 각 확인 회로마다 도통시험 및 작동시험을 할 수 있을 것
⑤ 예비전원이 확보되고 예비전원의 적합여부를 시험 할 수 있을 것

32 스프링클러헤드의 시험방법을 4가지만 쓰시오.

▲정답
① 강도시험
② 진동시험
③ 수격시험
④ 장기누수시험
⑤ 내열시험
⑥ 부식시험
⑦ 작동시험
⑧ 디플렉터 강도시험

33 소화용수설비에 대한 다음 각 물음에 답하시오.

1) 소화수조 또는 저수조가 지표면으로 부터 깊이가 (   ) 이상인 지하에 있는 경우에는 가압송수장치를 설치하여야 한다.
2) 가압송수장치의 설치이유는?

예상문제

▲정답
1) 4.5m
2) 소화수조 또는 저수조가 지표면으로 부터 깊이가 4.5m 이상인 경우 소방차가 소화용수를 흡입하지 못하므로

34 포소화설비에서 공기포 소화설비의 경우 포수용액을 기계적인 방법으로 혼합하여 공기의 흡입, 발포의 기능을 동시에 갖춘 발포기의 종류를 3가지만 쓰시오.

▲정답
① 고정포방출구
② 포헤드
③ 이동식 포노즐

35 자동차에 설치할 수 있는 소화기의 종류를 5가지 쓰시오.

▲정답
① 포소화기
② 강화액소화기(안개모양으로 방사 되는 것)
③ 분말소화기
④ 할로겐화합물소화기
⑤ 이산화탄소소화기

36 물분무소화설비의 소화효과를 4가지만 쓰시오.

▲정답
① 질식효과
② 냉각효과
③ 유화효과
④ 희석효과

37 석유난로 화재에 이산화탄소를 방사하면 즉각적인 소화외에도 재발화도 효과 있게 방지될 수 있다. 그 이유는 무엇인가?

▲정답 비중이 공기의 1.52배 정도로 무거워 가연물의 구석구석까지 침투, 피복하여 소화하므로

38 옥내소화전 방수구의 설치 제외 장소

▸정답
① 온도가 영하인 냉장창고의 냉장실 및 냉동실
② 고온의 노가 설치된 장소 또는 물과 격렬하게 반응하는 물품의 저장 또는 취급 장소
③ 발전소·변전소 등으로서 전기시설이 설치된 장소
④ 야외음악당·야외극장 또는 그 밖의 이와 비슷한 장소
⑤ 식물원·수족관·목욕실·수영장(관람석 제외) 또는 그 밖의 이와 비슷한 장소

39 스프링클러설비의 송수구의 설치기준

▸정답
① 송수구는 화재 층으로부터 지면으로 떨어지는 유리창 등이 송수 및 소화 작업에 지장을 주지 아니하는 장소에 설치 할 것
② 송수구에서 스프링클러설비의 주 배관의 연결배관에 개폐밸브를 설치 한 때에는 개폐상태를 쉽게 조작, 확인하기위해서 옥외 또는 기계실 등에 설치할 것
③ 구경 65mm의 쌍구 형으로 설치할 것
④ 송수구에는 그 가까운 곳의 보기 쉬운 곳에 송수압력범위를 표시한 표지를 할 것
⑤ 폐쇄형 스프링클러헤드를 사용하는 송수구는 하나의 층의 바닥 면적이 3,000㎡를 넘을 때 마다 1개 이상 설치한다. (최대5개)

40 할로겐화합물 및 불활성기체 소화약제의 종류를 6가지만 기술하시오.

▸정답
① 퍼플루오로부탄(FC-3-1-10)
② 트리플루오로메탄(HFC-23)
③ 펜타플루오로에탄(HFC-125)
④ 헵타플루오로프로판(HFC-227ea)
⑤ 클로로테트라플루오로에탄(HCFC-124)
⑥ 불연성·불활성기체혼합가스(IG-541)

41 소화기는 소화약제를 방출시키는 방법에 따라 화학반응식, 가스가압식, 축압식이 있다. 이 중 축압식 소화기의 내부압력 점검방법에 대하여 기술하시오.

▸정답 소화기 상부에 부착되어 있는 압력계의 지침이 녹색부분을 가리키고 있으면 정상, 그 외의 부분을 가리키고 있으면 비정상이다.

예상문제

42 소화기의 밸브, 밸브부품 및 용기에 사용되는 합성수지는 3가지 시험을 실시하여 변형 또는 균열 등이 없어야 한다. 3가지 시험 종류를 쓰시오. (단 검정기술 기준에 한 함)

▲정답
① 공기가열노화시험
② 소화약제노출시험
③ 내후성시험

43 준비작동식 스프링클러설비는 준비작동밸브의 작동방식에 따라 전기식, 기계식, 뉴메틱식이 있다. 이중 전기식에 대하여 간단히 설명하시오.

▲정답 준비작동밸브의 1차측에는 가압수, 2차측에는 대기압 상태로 있다가 감지기가 화재를 감지하면 감시제어반에 신호를 보내 솔레노이드밸브를 동작시켜 준비작동밸브를 개방하여 소화하는 방식

44 스프링클러설비에서 습식설비와 건식설비의 차이점을 5가지만 쓰시오.

▲정답
1) 습식
 ① 습식밸브의 1,2차 측 배관 내에 가압수가 상시 충수되어 있다.
 ② 구조가 간단하다.
 ③ 설치비가 저가이다.
 ④ 보온이 필요하다.
 ⑤ 소화활동시간이 빠르다.
2) 건식
 ① 건식밸브의 1차측에는 가압수, 2차측에는 압축공기 또는 질소로 충전되어 있다.
 ② 구조가 복잡하다.
 ③ 설치비가 고가이다.
 ④ 보온이 불필요하다.
 ⑤ 소활활동시간이 느리다.

45 기름화재 시 물을 봉상으로 방사 시에는 소화효과가 없으나 물분무로서는 소화가 가능하다. 이때 기대되는 소화효과를 2가지만 설명하시오.

▲정답
• 질식소화 : 다량의 수증기 발생으로 공기 중의 산소농도를 15% 이하로 희박하게 하여 소화하는 방법
• 유화소화 : 유류표면에 유화 층의 막을 형성시켜 공기와의 접촉을 막아 소화하는 방법

46 할로겐화합물 소화설비의 저장용기에 저장되어 있는 할론소화약제의 양을 측정하는 방법을 3가지만 쓰시오.

◀정답
① 액위측정법
② 비파괴검사법
③ 중량측정법

47 완강기의 구성부분을 4가지만 쓰시오.

◀정답 조속기, 로프, 벨트, 후크

48 관이음쇠의 등가길이란?

◀정답 관이음쇠와 같은 크기의 마찰손실수두를 갖는 동일직경의 직관으로서의 길이

49 분말소화설비에서 사용되는 약제가 갖추어야 할 일반적인 성질(물리적인 성질)을 4가지만 쓰시오.

◀정답
① 겉보기 비중이 0.82 이상일 것
② 분말의 미세도는 20~25μm 이하일 것
③ 유동성이 좋을 것
④ 흡습률이 낮을 것

50 소화설비에 사용하는 안전밸브의 구비조건을 3가지만 쓰시오.

◀정답
① 설정압력에서 즉시 개방될 것
② 개방 후 설정압력 이하가 되면 즉시 폐쇄될 것
③ 평상시 누설되지 않을 것

예상문제

51 포소화약제의 25% 환원시간 측정방법에 대해 설명하시오.

▶정답
① 25% 환원시간 : 발포된 포의 25%에 해당되는 체적이 포수용액으로 되어 감소되는데 소요되는 시간 즉 발포된 포의 25%가 터지는데 걸리는 시간
② 측정방법 : 콘테이너에 발포시킨 포시료의 정확한 무게를 측정한 후 측정된 포시료 무게의 1/4(25%)이 배액되는 시간을 측정하여 기준에 적합한지를 확인한다.

52 포소화약제 중 수성막포의 특징 3가지를 쓰시오.

▶정답
① 금속에 대한 부식성이 작다.
② 분말약제와 병용 소화 작업을 할 수 있다.
③ 유동성이 우수하여 신속히 유류표면에 확산되어 소화력이 우수하다.
④ 약제의 분해가 없어 반영구적이지만 가격이 비싸다.

53 수원이 펌프보다 높은 위치에 있을 경우 어떠한 설비가 필요 없게 되는데 이때 필요 없는 것 3가지만 쓰시오.

▶정답
① 흡입 측 배관의 진공계(연성계)
② 물올림장치
③ 후트밸브

54 저압식 CO_2 소화설비 계통도

▶정답

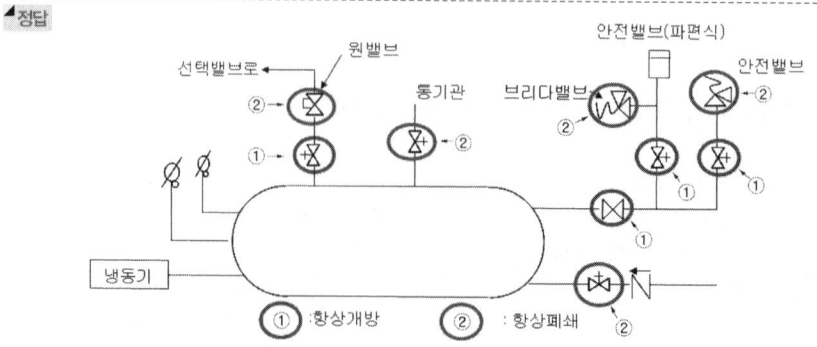

55 제연설비에서 많이 사용되는 솔레노이드댐퍼, 모터댐퍼 및 퓨즈댐퍼의 기능을 비교 설명하시오.

정답
① **솔레노이드 댐퍼** : 화재감지기의 작동과 함께 솔레노이드에 의해 잠금장치가 해제되어 스프링의 힘에 의해 작동되며 **개구부의 면적이 작은 곳**에 설치한다.
② **모터댐퍼** : 화재감지기의 작동에 의해 모터를 회전시킴으로서 작동되며 **개구부의 면적이 넓은 곳**에 설치한다.
③ **퓨즈댐퍼** : 화재 시 온도가 상승하여 70℃ 이상이 되면 퓨즈가 녹아 덕트가 폐쇄되는 댐퍼이다.

56 신축이음의 종류 5가지?

정답 슬리브형, 루프형, 스위블형, 벨로우즈형, 볼조인트이음

57 교차회로 방식이란?

정답 하나의 방호구역 내에 2개 이상의 화재감지기회로를 설치하고 1개회로가 화재를 감지하면 경보만 발령하고 인접한 2개 이상의 회로가 동시에 감지되는 때에는 해당설비가 동작되도록 하는 방식

58 smoke hatch에 대하여 설명하시오.

정답 공장 또는 창고 등 대형건물의 지붕에 설치하는 배연구로서 화재 시 드래프트(draft) 커텐을 이용하여 연기의 확산을 막고 지붕에 설치된 뚜껑(hatch)을 개방하여 발생된 연기를 제연시킬 수 있는 배연구이다.
※ hatch : 창구의 덮개, (배, 비행기, E/L 등) 비상탈출구

59 일제개방밸브의 구조원리상 개방방식의 종류를 쓰고 간단히 설명하시오.

정답
① 가압개방방식 : 화재감지기가 화재를 감지해서 전자개방밸브를 개방시키거나 수동개방 밸브를 개방하면 가압수가 실린더실을 가압하여 일제개방밸브가 열리는 방식
② 감압개방방식 : 화재감지기가 화재를 감지해서 전자개방밸브를 개방시키거나 수동개방 밸브를 개방하면 가압수가 실린더실을 감압하여 일제개방밸브가 열리는 방식

예상문제

60 스프링클러설비의 반응시간지수(Response Time Index)에 대하여 설명하시오.

▲정답 폐쇄형 스프링클러헤드에서 가장 중요한 것은 헤드의 개방에 필요한 열을 주위로부터 얼마나 빠른 시간 내에 흡수할 수 있는지를 나타내는 특성 치이며 열에 대한 헤드의 민감도를 "반응시간 지수(RTI)"라 한다.

61 배관 내 유체흐름에서 정상류란?

▲정답 유체가 배관 내를 유동할 때 임의의 한 점에서 유체의 흐름특성(압력, 속도, 밀도, 온도 등)이 시간의 경과에 따라 변하지 않는 흐름

62 스프링클러 소화설비에 설치하는 유수검지장치의 작동시험방법을 순서대로 설명하시오.

▲정답
① 유수검지장치 2차 측의 드레인밸브(테스트배수밸브)를 연다.
② 2차 측의 감압에 의해 클래퍼가 개방된다.
③ 압력상승에 의한 압력스위치 동작으로 화재경보가 발령되고
④ 수신반에 해당 방호구역의 화재표시등의 점등을 확인하며
⑤ 가압송수장치의 자동기동을 확인한다.
⑥ 드레인밸브를 잠그고 가압송수장치의 정지를 확인하고 수신반을 복구한다.

63 가스계 소화설비에서 피스톤릴리져의 기능을 간단히 설명하시오.

▲정답 전역방출방식 가스계 소화설비의 약제 방출 시 개구부, 덕트, 댐퍼 등을 폐쇄하고 환기장치를 정지시켜 소화효과를 극대화 시키는데 이용되는 장치이다.

64 운무현상이란?

▲정답 고압의 액화탄산가스가 대기 중으로 방사 시 줄-톰슨 효과와 급팽창에 따른 급격한 온도강하로 -78℃의 미세한 고체탄산(드라이아이스)이 되어 안개모양으로 되는 현상
※ **줄-톰슨효과** : 일의 생산이나 열의 전달이 없는 기체가 팽창할 때 온도가 변화하는 현상으로서 관경이 작은 배관내를 고압의 가스가 이동시 배관의 온도가 급강하는 현상

65 물분무소화설비에서 배수설비 설치기준 4가지를 쓰시오.

▲정답
① 차량이 주차하는 장소의 적당한 곳에 높이 10cm 이상의 경계턱으로 배수구를 설치할 것
② 배수구에서 새어나온 기름을 모아 소화할 수 있도록 길이 40m 이하마다 집수관, 소화 핏트 등 기름분리장치를 설치할 것
③ 차량이 주차하는 바닥은 배수구를 향하여 100분의 2이상의 기울기를 유지할 것
④ 배수설비는 가압송수장치의 최대 송수능력의 수량을 유효하게 배수할 수 있는 크기 및 기울기로 할 것

66 배관설비에서 발생되는 마찰손실은 주손실과 부차적 손실로 구분된다. 이중 부차적 손실이 발생되는 부분 4가지만 기술하시오.

▲정답
① 밸브, 티 등 관 부속품이 설치된 부분
② 배관의 급격한 축소부분
③ 배관의 급격한 확대부분
④ 유체의 흐름경로가 변경되는 부분

67 스모크타워 제연방식에 사용되는 루프모니터를 간단히 설명하시오.

▲정답 창살이나 넓은 유리창이 달린 지붕위의 원형구조물

68 포소화설비의 배관방식에서 배액밸브의 설치목적과 설치장소를 쓰시오.

▲정답
① 설치목적 : 포의 방출종료 후 배관안의 액을 방출하기 위하여
② 설치장소 : 송액관의 가장 낮은 부분

69 CO_2에 대한 다음 설명 중 괄호안을 채우시오.

이산화탄소는 대기압 및 실온의 조건하에서는 무색, 무취의 부식성이 없는 (　　) 의 상태로 존재하며, 전기전도성이 없고 21℃에서 공기보다 약 (　　) 정도 무겁다. 또한 (　　) 및 (　　) 의 과정에 의해 쉽게 액화될 수 있고 이 과정을 적절히 반복함으로써 고체상태로 변화시킬 수도 있는데 이 상태의 것을 (　　) 라고 부른다.

▲정답 기체, 1.52배, 냉각, 압축, 드라이아이스

예상문제

70 백 드래프트(Back draft) 현상을 설명하시오.

▶정답 화재실 내에 연소가 계속되어 산소가 심히 부족한 상태에서 개구부를 통하여 산소가 공급되면 화염이 산소의 공급통로로 분출되는 현상

71 소화설비의 배관에 사용하는 개폐표시형 밸브중 버터플라이밸브 외의 밸브를 꼭 사용하여야 하는 배관의 이름과 그 이유를 쓰시오.

▶정답 펌프 흡입측 배관
버터플라이 밸브는 마찰손실이 크고 와류를 형성하여 공동현상이 발생될 우려가 크기 때문이다.

72 옥내소화전 설비의 호스노즐에서 방수량을 측정하려 할 때 사용되는 측정기구의 명칭과 측정방법을 설명하시오.

▶정답 ① 측정기구 : 피토게이지(pitot gauge)
② 측정방법 : 노즐선단에서 노즐구경의 1/2만큼 떨어뜨린 다음 수류의 중심선에 피토관 입구의 중심을 맞추고 게이지상의 눈금을 읽으면 방사압력이 되고 다음 식을 이용하여 방수량을 계산한다.
$Q = 0.653 D^2 \sqrt{10P}$
Q : 토출량(L/min), D : 구경(mm), P : 방사압력(MPa)

73 포소화설비의 종류 6가지를 쓰시오.

▶정답 ① 포소화전설비
② 포헤드 설비
③ 포워터 스프링클러 설비
④ 고정포방출구설비
⑤ 호스릴포소화전설비
⑥ 압축공기포소화설비

74 유효흡입양정에 대한 물음에 답하시오.

▲정답
① **유효흡입양정**은 펌프의 공동현상발생 가능여부를 가늠하기 위한 것으로 펌프자체의 성능 등과는 무관하게 흡입배관 설치방법 및 설치높이 등에 의해 결정되는 것으로 펌프중심으로 유입되는 유체의 절대압력을 나타낸다.
② 공동현상의 발생여부는 유효흡입양정과 필요흡입양정과의 관계에 의해 결정되며 공동현상이 발생될 수 있는 **한계조건은** NPSHav = NPSHre이다

75 건식밸브에 설치된 클래퍼 상부에 일정수면을 유지하는 이유를 간단히 설명하시오.

▲정답
건식밸브 2차측에 물을 채워둠으로서 상대적으로 1차측에 비해 압력을 작게 유지할 수 있어 헤드개방 시 신속한 클래퍼 개방이 가능하도록 하기 위함이다.

76 건식 스프링클러설비에 설치하는 건식밸브의 기능을 2가지만 설명하시오.

▲정답
① 경보기능 : 폐쇄형헤드의 개방으로 클래퍼가 개방되어 유수가 있을 때 경보를 발령하는 기능
② 역류방지기능 : 클래퍼 2차측의 압력이 1차측보다 더 크더라도 2차측의 공기가 1차측으로 역류하는 것을 방지하는 기능

77 스프링클러설비의 개방형헤드와 폐쇄형헤드의 대표적인 차이점과 설치대상이 되는 곳을 쓰시오.

▲정답
1) 차이점
① 개방형헤드 : 방수구에 **감열부가 없어** 상시 개방되어 있는 헤드
② 폐쇄형헤드 : 방수구에 **감열부가 있어** 화재 시 발생되는 열에 의해 방수구가 개방되어 살수되는 헤드
2) 설치대상
① 개방형헤드 : 무대부, 연소할 우려가 있는 개구부
② 폐쇄형헤드 : 급격한 연소우려가 없는 곳으로서 화재 시 열을 쉽게 감지할 있는 장소

예상문제

78 물계통의 소화설비에서 펌프의 성능시험배관의 설치기준을 2가지 기술하시오.

▲정답
① 펌프토출측에 설치된 개폐밸브 이전에서 분기할 것
② 유량측정장치는 성능시험배관의 직관부에 설치하되 펌프의 정격토출량의 175% 이상 측정할 수 있는 성능이 있을 것

79 소화설비의 가압송수장치에 사용되는 물올림장치(priming tank system)의 구성요소를 5가지만 쓰시오.

▲정답
① 호수조(=물올림탱크=priming tank)
② 감수경보장치
③ 오버플로우관
④ 급수배관
⑤ 배수배관

80 할로겐화합물 및 불활성기체 소화약제 소화설비에 대한 다음 물음에 답하시오.
1) 청정소화약제에 비해 할로겐화합물이 지구에 끼치는 영향 2가지를 쓰시오.
2) 청정소화약제의 방출시간이 10초 이내에 95%이상을 방사해야 하는 이유는?

▲정답
1) ① 오존층 파괴
② 지구온난화
2) 소화 시 발생하는 원치 않는 유독가스의 발생량을 줄이기 위하여

81 물올림장치의 기능점검 사항 중 외관점검을 제외한 점검항목을 3가지만 쓰시오.

▲정답
① 자동급수장치의 정상작동여부 점검(유효수량의 2/3로 감수 시 자동급수 되는지 확인)
② 저수위경보장치의 정상작동여부 점검(유효수량의 1/2로 감수 시 경보가 발령되는지 확인)
③ 밸브류의 개폐조작이 쉬운지의 여부확인

82
옥내주차장 부분에 설치할 수 있는 고정식 소화설비 5가지를 쓰시오. (단 주차장은 상시 난방이 되지 않는다)

정답
① 포소화설비
② 물분무 소화설비
③ 분말 소화설비
④ 스프링클러 소화설비(습식제외)
⑤ 이산화탄소 소화설비
⑥ 할론 1301 소화설비

83
수계스프링클러설비에서 배관의 보온방법 3가지를 기술하시오.

정답
① 보온재를 이용한 배관보온법
② 히팅코일을 이용한 가열법
③ 순환펌프를 이용한 물의 유동법
④ 부동액 주입법

84
제연설비에 설치된 배출기의 점검, 유지관리사항을 5가지만 쓰시오.

정답
① 배출기 주위에 가연물은 없는가
② 배출풍도는 파손, 변형된 부분이 있는가
③ 배출풍도와의 접속부에 누설은 없는가
④ 배출기의 전동기부분과 배풍기 부분은 분리 설치되었는가
⑤ 배출기 부분은 유효한 내열처리가 되어 있는가
⑥ 배출된 연기는 안전한 실외의 위치로 배출되고 있는가
⑦ 배출된 연기가 공기유입구로 순환 유입되지 않도록 되어 있는가

85
일제개방밸브를 사용하는 스프링클러설비에 있어서 펌프의 기동방법 2가지를 쓰시오.

정답
① 화재감지기의 화재감지에 의하여 작동하는 방식
② 기동용 수압개폐장치를 이용하는 방식
③ 화재감지기와 기동용 수압개폐장치를 겸용하는 방식

예상문제

86 피난대책에 있어서 fool-proof와 fail-safe를 간단하게 비교 설명하시오.

▶정답
① fool-proof : 화재 시 피난자는 심한 긴장상태에 있어 정상적인 판단이 어려워 본능적으로 행동하는 경향이 있으므로 원시적이고 간단명료한 구조로 하여 누구나 쉽게 이해하고 사용할 수 있도록 하여야 한다.
② fail-safe : 피난자가 하나의 피난수단으로 피난을 시도하다 실패하더라도 다른 방법의 피난을 할 수 있도록 양방향 피난로 확보 및 피난기구를 중복 설치하여야 한다.

87 소화설비의 순환배관 상에 설치되는 릴리프밸브의 작동압력은 얼마인가?

▶정답 체절압력 미만

88 포 소화설비중 고정포방출구의 밀봉장치(봉판)의 역할과 사용하는 재질 4가지를 쓰시오.

▶정답
① 역할 : 흘러넘친 위험물이 방출구 및 송액관 내부로 유입되는 것을 방지하기 위해 설치
② 재질 : 납, 주석, 유리, 석면

89 스프링클러설비의 가지배관 시공 시 배관방식을 토너먼트방식으로 하지 않아야 하는 이유는?

▶정답 토너먼트 배관방식의 경우 분기점에서 수격작용의 발생으로 배관 및 관부속의 파손우려가 있고 저항의 증대로 인하여 규정방수압력 및 방수량의 유지가 어려울 수 있다.

90 스프링클러 소화설비의 자동경보밸브를 구성하는 부품을 6가지만 쓰시오.

▶정답
① 1, 2차측 압력계
② 압력스위치
③ 리타팅챔버
④ 클래퍼
⑤ 게이트밸브
⑥ 드레인밸브

91
옥내소화전 소방용호스 노즐의 방수압력의 허용범위는 0.17MPa~0.7MPa이다. 만약 0.7MPa를 초과시 설비의 감압장치 종류를 5가지 쓰시오.

▲정답
① 중계펌프에 의한 방법
② 고층용 펌프와 저층용 펌프를 따로 설치하는 방법
③ 고층용 수조와 저층용 수조를 따로 설치하는 방법
④ 감압밸브 또는 오리피스에 의한 방법
⑤ 가압송수장치에 압력조절기를 설치하는 방법

92
최상층의 말단에 설치하는 시험장치(Test Connection)의 기능 2가지를 쓰시오.

▲정답
① 말단시험밸브를 개방하여 규정 방수압 및 규정 방수량의 적합여부 확인
② 말단시험밸브를 개방하여 유수검지장치의 작동확인

93
옥내소화전설비에서 유효수량의 1/3이상을 옥상에 설치하지 않아도 되는 경우를 기술하시오.

▲정답
① 지하층만 있는 건축물
② 고가수조를 가압송수장치로 설치한 옥내소화전설비
③ 수원이 최고위 방수구보다 높은 위치에 설치된 경우
④ 지표면으로 부터 당해 건축물의 상단까지의 높이가 10m 이하인 경우
⑤ 내연기관의 기동에 따른 펌프 또는 주 펌프와 동등 이상의 성능이 있는 별도의 펌프에 비상전원을 연결하여 설치한 경우

94
다음은 수계소화설비 배관에 대한 설명이다 ( ) 안을 채우시오.

1) 수계소화설비에 사용하는 탄소강관은 ( )MPa을 기준으로 이보다 큰 압력에는 ( ) 탄소강관을 이보다 작은 압력에는 ( )탄소강관을 사용한다.
2) 탄소강관 중 물, 증기, 기름, 공기 등의 배관으로 50A 이하의 배관에는 ( )이음을 65A 이상의 배관중 증설, 이설의 필요성이 있는 배관에는 ( )이음을 그렇지 않은 부분은 ( )이음을 한다.

▲정답
1) 1.2, 압력배관용, 배관용
2) 나사, 플랜지, 용접

예상문제

95 습식 스프링클러설비의 말단시험장치의 구성부품을 쓰시오.

▲정답
① 개폐밸브
② 반사판을 제거한 개방형 헤드 또는 오리피스
③ 압력계

96 간이 스프링클러설비의 가압송수방식중 상수도 설비와 직접 연결하는 경우 배관 및 밸브 등의 설치순서를 쓰시오.

▲정답
〈계급개체압유2시〉
수도용계량기-급수차단장치-개폐표시형개폐밸브-체크밸브-압력계-유수검지장치-2개의 시험밸브

97 이산화탄소의 설계농도와 이론농도에 대하여 설명하시오.

▲정답
① 이론농도 : 방호구역내의 **산소농도를** 15%로 만들기 위한 CO_2의 농도로 28.57%이며 보통 소화농도라고도 한다.
② 설계농도 : CO_2소화설비를 설계할 때 확실한 소화를 위하여 소화농도에 안전율 20%을 가산한 농도로 **보통 34%**이다.

98 스프링클러 설비의 배관방식 중 격자배관방식(grid system)과 가지배관방식(tree system)의 특징과 문제점에 대하여 간단히 설명하시오.

▲정답
1. 특징
 1) 격자배관방식(grid system)

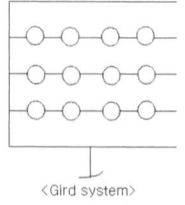
〈Gird system〉

컴퓨터 설계프로그램만으로 설계가 가능한 배관방식으로 급수배관이 분산되어 마찰손실이 적고 균일한 방사량 및 방사압력이 가능하며, 하나의 급수배관이 막히더라도 다른 급수배관이 있어 방사가 가능하다.

2) 가지배관방식(Tree system)
    수계산을 이용한 설계가 가능한 배관방식으로 가압송수장치에서 멀어질수록 방사압력이 작아지는 단점이 있는 현재 가장 많이 사용되고 있는 방식이다.
2. 문제점
   1) 격자배관방식(grid system)
      ① 습식스프링클러설비에만 사용할 수 있다.
      ② 컴퓨터 설계프로그램만으로 설계가 가능하다.
      ③ 문제 발생 시 문제의 파악이 어렵고 설비의 검증이 어렵다.
   2) 가지배관방식(Tree system)
      ① 가지배관에 설치되는 헤드갯수에 제한이 있다.
      ② 각 헤드의 방수압과 방수량이 서로 다르다.
      ③ 급수배관이 막히면 급수가 불가능하다.
   3) 루프방식(Loop system)

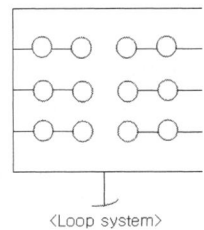
〈Loop system〉

스프링클러헤드에 둘 이상의 배관에서 물이 공급되도록 여러 개의 교차배관으로 서로 연결하는 방식으로 가지배관은 서로 연결되지 않는다.

99 분말소화설비에 사용되는 정압작동장치의 설치목적과 종류 3가지를 쓰고 설명하시오.

정답
1) 설치목적 : 가압용 가스가 분말용기 내부로 유입되어 분말 약제용기 내부압력이 분출에 알맞은 압력이 되었을 때 주 밸브를 개방하는 장치로 **가압식 설비에 필요한 장치**이다.
2) 종류
   ① **압력스위치방식** : 분말용기의 내부압력이 분출에 알맞은 압력이 될 때 압력스위치의 동작으로 솔레노이드 밸브를 개방시키는 방식
   ② **기계적(스프링)방식** : 분말용기 내부압력에 의해 주밸브의 스프링을 밀어 이를 개방하는 방식
   ③ **타이머방식** : 분출에 알맞은 압력이 되는 시간을 미리 예측하여 일정시간 경과 후 솔레노이드 밸브를 개방시키는 방식

예상문제

100 다음은 펌프의 기동용 수압개폐장치(압력챔버)와 그 주변과의 연관성을 나타낸 그림이다. 압력챔버에 공기를 재충전하려고 할 때의 조작순서를 요약하여 답란의 빈칸을 채우시오.

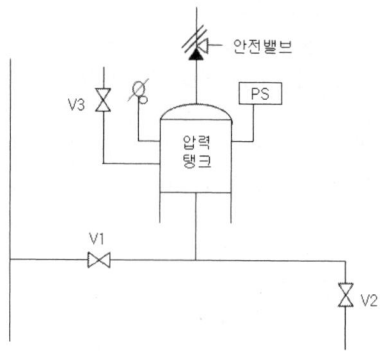

정답
① V1 밸브를 폐쇄시킨다.
② V2, V3 밸브를 개방하여 압력챔버 내의 물을 배수시킨다.
③ V3 밸브를 통해 신선한 공기가 유입되면 V2, V3 밸브를 폐쇄시킨다.
④ 제어반에서 수동으로 펌프를 가동시킨다.
⑤ V1 밸브를 개방하면 압력챔버가 가압된다.
⑥ 압력챔버의 압력스위치에 의해 펌프가 정지되도록 한다.

101 소화펌프의 성능은 체절운전 시 정격토출압력의 140%를 초과하지 아니하고, 정격토출량의 150%로 운전 시 정격토출압력의 65% 이상이 되어야 한다. 기술적인 의미를 설명하시오.

정답
① 펌프 토출 측 밸브가 폐쇄된 상태에서 펌프가 운전되는 경우 펌프 토출측압력이 상승하여 펌프내의 수온이 상승, 펌프고장 및 부식의 우려가 있으므로 체절압력으로 운전하면 안된다는 의미이다.
② 원심펌프는 토출 량의 증가에 따라 토출압력이 감소되므로 펌프 정격 토출량의 150%가 되어도 토출압력은 정격토출압력의 65%이하가 되어서는 안 된다는 의미이다.

102 수계소화설비의 구성부분인 성능시험배관에 대한 다음 물음에 답하시오.

1) 성능시험배관의 설치목적을 간단히 쓰시오.
2) 펌프의 어떠한 성능을 시험하기 위한 것인지 2가지를 쓰시오.
3) 펌프의 성능시험방법을 쓰시오.

정답
1) 소화펌프의 성능시험을 하기 위한 시험용 전용 배관으로 방수 구를 통한 방수를 하지 않고도 펌프의 성능이 규정에 의한 기준을 만족하는지의 여부를 시험하기 위한 **고정식 배관설비**이다.
2) ① 체절운전시(토출량 0) 토출압력이 정격토출압력의 140% 이하인지를 확인
   ② 정격 토출량의 150%로 운전 시 토출압력이 정격토출압력의 65% 이상인지를 확인
3) ① 주 배관 개폐밸브(V1)를 잠근다.
   ② 충압펌프의 운전선택스위치를 "수동" 또는 "정지"위치로 한다.
   ③ 주 펌프를 자동 또는 수동으로 기동시킨다.
   ④ 성능시험배관 상에 있는 개폐밸브(V2)개방
   ⑤ 성능시험배관의 개폐밸브를 완전개방하고 유량조절 밸브로 유량을 조절하여 정격토출량의 150%가 되도록 하여 펌프 토출측 압력계의 눈금을 읽어 적합 여부를 판단한다.
   ⑥ 주밸브(V1)를 개방하고 성능시험배관상의 밸브를 모두(V2, V3) 잠근다.
   ⑦ 제어반에서 충압 펌프, 주펌프의 운전 선택스위치를 자동으로 복구한다.

103 이산화탄소 소화설비 저장용기실의 설치기준을 쓰시오.

정답
① 저장용기와 집합관을 연결하는 연결배관에는 체크 밸브를 설치할 것
② 방호구역외의 장소에 설치할 것
③ 온도가 40℃ 이하이고 온도변화가 적은 곳에 설치할 것 (참고 할로겐화합물 및 불활성기체 소화설비는 55℃ 이하이다)
④ 용기의 설치장소에는 당해 용기가 설치된 곳임을 표시하는 표지를 할 것
⑤ 용기간의 간격은 점검에 지장이 없도록 3cm 이상의 간격을 유지할 것
⑥ 직사광선 및 빗물이 침투할 우려가 없는 곳에 설치할 것
⑦ 방화문으로 구획된 실에 설치할 것

예상문제

104 수계소화설비의 물올림장치에 대하여 다음 물음에 답하시오.

▶정답
1) 설치기준
   ① 물올림장치에는 **전용의 탱크**를 설치할 것
   ② 탱크의 유효수량은 100L **이상**으로 할 것
   ③ 구경 15mm **이상의** 급수배관으로 물올림탱크에 계속물이 보급될 수 있도록 할 것
2) 설치하지 않아도 되는 경우
   ① 수원의 수위가 펌프보다 높을 때
   ② 수직 회전축펌프를 사용할 때

105 다음은 포소화약제에 대한 설명이다. ( )을 채우시오.

포약제의 (　)을 시험하는 간단한 방법으로 발포된 (　)의 (　)가 수용액으로 되는데 걸리는 시간을 나타낸다. 이것을 (　　) 시험이라 하며 규정에는 단백포와 수성막포는 (　) 이상 합성계면활성제포는 (　) 이상이다.

▶정답 성능, 포시료, 25%, 25% 환원시간, 60초, 3분

106 건식스프링클러소화설비에 하향식헤드를 설치할 수 있는 경우 2가지를 쓰시오.

▶정답
① 드라이팬던트 형 헤드를 사용하는 경우
② 겨울에 동파의 우려가 없는 경우

107 건식스프링클러설비의 헤드개방 시 2차 측의 압축 공기를 빠른 시간 내 배출하기 위해서 필요한 장치 2가지가 무엇인지 쓰시오.

▶정답
① 엑셀레이터(Accelerator)
② 이그져스터(Exhauster)

108 이산화탄소 소화설비의 수동기동장치 설치기준이다. (   )을 알맞게 채우시오.

① 전역방출방식은 (   )마다, 국소방출방식은 (   )마다 설치할 것
② 당해 방호구역의 출입구 부분 등 조작자가 쉽게 (   ) 할 수 있는 장소에 설치할 것
③ 기동장치의 조작부는 바닥으로부터 높이(   )m 이상, (   )m 이하의 위치에 설치하고 보호 장치를 할 것
④ 기동장치에는 가까운 곳의 보기 쉬운 곳에 (   )라고 표시한 표지를 할 것
⑤ 전기를 사용하는 기동장치에는 (   )을 설치할 것
⑥ 기동장치의 방출용 스위치는 (   )와 연동하여 조작될 수 있는 것으로 할 것

▲정답
① 방호구역, 방호대상물
② 피난
③ 0.8, 1.5
④ 이산화탄소 기동장치
⑤ 전원표시등
⑥ 음향경보장치

109 할로겐화합물 및 불활성기체 소화약제 소화설비의 배관과 배관, 배관과 배관부속 및 밸브류의 접속방법 3가지만 쓰시오.

▲정답
① 용접접합
② 압축접합
③ 나사접합
④ 플랜지접합

110 펌프운전 시 발생하는 에어바인딩(Air Binding)에 대하여 간단히 쓰시오.

▲정답 펌프운전 시 펌프내의 공기로 인하여 수두가 감소하여 물이 액송되지 못하는 현상

예상문제

111 이산화탄소 소화설비의 설치금지장소를 3가지 쓰시오.

▶정답 [방 니 나 전]
① 니트로셀룰로스 · 셀룰로이드제품 등 **자기연소성물질**을 저장 · 취급하는 장소
② 나트륨 · 칼륨 · 칼슘 등 **활성금속물질**을 저장 · 취급하는 장소
③ 전시장 등의 관람을 위하여 **다수인이 출입 · 통행하는 통로 및 전시실**
④ 방재실 · 제어실 등 **사람이 상시 근무하는 장소**

112 아파트의 세대별 주방에 설치하는 주거용주방자동소화장치의 설치기준이다. 다음 각 물음에 답하시오.

① 소화약제 방출구는 (   )의 (   )과 분리되어 있어야 하며 형식승인받은 유효한 설치높이 및 방호면적에 따라 설치할 것
② 주방용자동소화장치의 탐지부는 수신부와 분리하여 설치 하되 공기보다 가벼운 가스는 천장 면으로부터 (   )의 위치에 설치하고, 공기보다 무거운 가스를 사용하는 장소에는 바닥으로부터 (   )의 위치에 설치하여야 한다.

▶정답
① 환기구, 청소부분
② 30cm 이하, 30cm 이하

113 준비작동식 스프링클러설비에 사용되는 헤드의 종류와 준비작동밸브 1, 2차측 배관내의 상태에 대해 각각 쓰시오.

▶정답
① 사용헤드 : 폐쇄형 헤드
② 1차 측 : 가압수
③ 2차 측 : 저압 또는 무압 상태유지

114 스프링클러설비에는 소방대가 사용하는 연결 송수구를 함께 갖추도록 되어 있다. 그 이유는?

▶정답
① 자체수원의 부족 시 외부에서 소화수를 공급할 수 있도록 하기 위하여
② 펌프의 고장 또는 전원 등의 차단 등으로 가압송수가불가능할 때 소화활동을 원할하게 하기 위하여

115 연결송수관 설비에 관한 다음 물음에 답하시오.

① 가압송수장치를 설치하여야 되는 경우는?
② 가압송수장치를 설치하는 목적은?
③ 가압송수장치의 최소 토출량(L/min)은?
④ 최상층 노즐선단에서의 방수압은 최소 얼마인가?

정답
① 지면에서 최상층 방수구까지의 높이가 70m 이상인 소방대상물
② 소방대상물의 높이가 높은 경우 소방자동차에 의한 급수압력만으로는 소화활동에 필요한 압력에 도달할 수 없으므로 가압송수장치를 직렬로 연결하여 원활한 소화활동을 하기 위함이다.
③ 2400L/min (단, 계단식 아파트의 경우 1200L/min)
④ 0.35MPa

116 분말소화설비 약제의 종류 및 주성분을 4가지를 기술하시오.

정답
① 1종분말 : 탄산수소나트륨($NaHCO_3$)
② 2종분말 : 탄산수소칼륨($KHCO_3$)
③ 3종분말 : 인산암모늄($NH_4H_2PO_4$)
④ 4종분말 : 탄산수소칼륨+요소($KHCO_3+(NH_2)_2CO$)

117 연소방지설비에 관한 설명이다 ( )에 적합한 단어는?

① 수평주행배관의 구경은 (   )mm 이상으로 하며, 전용헤드 및 (   )를 사용하되, 헤드를 향하여 상향으로 (   ) 이상 기울기를 유지해야 한다.
② 헤드간의 수평거리는 전용헤드의 경우 (   )m 이하 스프링클러헤드 사용 시는 (   )m 이하로 해야 한다.
③ 살수구역은 지하구의 길이방향으로 (   )m 이하마다 또는 환기구 등을 기준으로 (   )개 이상 설치하되, 하나의 살수구역의 길이는 (   )m 이상으로 하여야 한다.

정답
① 100, 스프링클러헤드, 1/1000
② 2, 1.5
③ 350, 1, 3

예상문제

118 원심식 송풍기는 깃의 경사에 따라 팬(Fan)이 분류되는데 팬(Fan)의 종류 5가지를 쓰시오.

▣ 정답
① 후곡형(Turbo Fan)
② 방사형(Plate Fan)
③ 관류형(Tubular Fan)
④ 다익형(Sirocco Fan)
⑤ 익형(Air Foil, Limit Load Fan)

119 수계소화설비에서 연성계, 압력계, 진공계의 설치 위치와 측정범위를 쓰시오.

▣ 정답
① 압력계
　설치위치 : 펌프의 토출측배관
　측정범위 : 정압 0~정격토출압력의 150%이상
② 진공계
　설치위치 : 펌프의 흡입측배관
　측정범위 : 부압 0~76mmHg
③ 연성계
　설치위치 : 펌프의 흡입측배관
　측정범위 : 부압 0~76mmHg
　　　　　 : 정압 0~정격토출압력의 150% 이상

120 지하구에 설치하는 연소방지설비에 대한 다음 괄호안을 채우시오.

1) 연소방지설비에 있어서의 수평주행배관의 구경은 (　　)mm 이상의 것으로 하고 교차배관은 (　)mm 이상일 것
2) 방수헤드간의 수평거리는 연소방지설비 전용헤드의 경우 (　) 이하, 스프링클러헤드의 경우 (　) 이하로 할 것.
3) 살수구역은 환기구작업구마다 양쪽방향으로 살수헤드를 설정하되 한쪽방향의 살수구역의 길이는 (　) 이상으로 할 것. 다만 환기구사이의 간격이 (　)를 초과할 경우 (　) 이내마다 설정할 것

▣ 정답
1) 100, 40
2) 2m, 1.5m
3) 3m, 700m, 700m

121 소화약제에 의한 간이소화용구의 종류 4가지를 쓰시오.

▲정답
1) 투척용소화용구
2) 자동확산 소화용구
3) 수동펌프식 소화용구
4) 에어졸식 소화용구

122 다음 밸브의 정확한 명칭 및 바이패스밸브의 용도를 쓰시오.

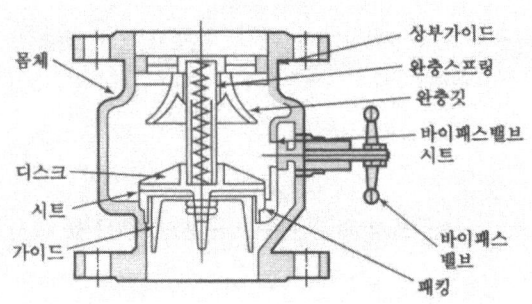

▲정답
1) 명칭 : 스모렌스키체크밸브
2) 용도 : 밸브 2차측의 물을 1차측으로 배수

123 할로겐화합물소화약제의 재충전 및 교체시기와 불활성기체소화약제의 재충전 및 교체시기에 대해 설명하시오.

▲정답
① 할로겐화합물소화약제 : 약제량 손실이 5%를 초과하거나 압력손실이 10%를 초과하는 경우
② 불활성기체소화약제 : 압력손실이 5%를 초과하는 경우

124 가스계소화설비에서 소킹타임(soaking time)에 대해 간단히 설명하시오.

▲정답
심부화재의 경우 고농도로 장시간 방사하면 화재의 심부에 침투하여 소화가 가능한데, 이때의 시간 즉, 소화가능한 농도로 유지하여야 하는 시간을 말한다.

예상문제

125 분말소화설비의 넉다운 효과와 분말소화약제의 비누화현상에 대해 간단히 설명하시오.

▶정답
① 넉다운 효과 : 연소하는 불꽃의 규모보다 방출률을 크게하여 불꽃전체를 포위하여 일시에 부촉매작용등을 이용하여 불꽃이 사그러지게 하는 효과
② 비누화현상 : 지방질유나 식용유 화재시 분말을 사용하면 나트륨, 칼륨 등이 기름의 지방산과 결합하여 비누거품을 형성하게 된다. 이 비누거품이 가연물을 덮어 질식효과를 갖는 현상

126 토너먼트 방식이 적용되는 소화설비 5가지를 쓰시오.

▶정답 분말소화설비, 이산화탄소소화설비, 할론소화설비, 할로겐화합물 및 불활성기체 소화설비, 압축공기포소화설비

127 말단시험밸브의 시험작동시 확인될 수 있는 사항 5가지를 쓰시오.

▶정답
① 규정방수량 확인
② 규정방수압 확인
③ 펌프의 작동유무확인
④ 압력챔버의 감지유무
⑤ 습식밸브의 작동유무

128 관부속품에 대한 다음 각 물음에 답하시오.

가) 설비된 배관내의 이물질 제거기능을 하는 것을 쓰시오.
나) 관 내 유체의 흐름방향을 변경시킬 때 사용되는 밸브를 쓰시오.
다) 물올림장치의 순환배관에 설치하는 안전밸브를 쓰시오.
라) 관경이 서로 다른 두 관을 연결하는 경우에 사용되는 관 부속품을 쓰시오.
마) 유량이 흐름 반대로 흐를 수 있는 것을 방지하기 위해서 설치하는 밸브를 쓰시오.

▶정답
가) 스트레이너
나) 앵글밸브
다) 릴리프밸브
라) 리듀셔
마) 체크밸브

129 포소화설비의 배관에 설치하는 배액밸브와 완충장치에 대한 다음 각 물음에 답하시오.

가) 배액밸브의 설치목적
나) 배액밸브의 설치위치
다) 완충장치의 설치목적
라) 완충장치의 설치위치

▶정답
가) 포의 방출종료 후 배관안의 액을 방출하기 위하여
나) 송액관의 가장 낮은 부분
다) 펌프의 진동흡수
라) 펌프의 흡입측 및 토출측 부근

130 스프링클러설비의 급수배관의 개폐밸브에 설치하는 탬퍼스위치의 설치목적과 설치위치 4개소를 쓰시오.

▶정답
1) 설치목적 : 밸브의 개폐상태 감시
2) 설치위치 : 주펌프의 흡입측 개폐밸브
　　　　　　주펌프의 토출측 개폐밸브
　　　　　　유수검지장치의 1차측 개폐밸브
　　　　　　유수검지장치의 2차측 개폐밸브
　　　　　　저수조 흡입측 개폐밸브

131 소방용배관을 소방용합성수지배관으로 설치할 수 있는 경우 3가지를 쓰시오.

▶정답
① 배관을 지하에 매설하는 경우
② 다른 부분과 내화구조로 구획된 덕트 또는 피트의 내부에 설치하는 경우
③ 천장과 반자를 불연재료 또는 준불연재료로 설치하고 그 내부에 습식으로 배관을 설치하는 경우

예상문제

132 개방형헤드와 폐쇄형헤드의 차이점과 설치장소를 각각 2가지씩 쓰시오.

▶정답
- 차이점
  개방형헤드 = 감열부가 없다. = 가압수방출기능만 있다.
  폐쇄형헤드 = 감열부가 있다. = 화재감지 및 가압수
  　　　　　　　　　　　　　　방출기능이 있다
- 설치장소
  개방형헤드 = 무대부, 연소우려가 있는 개구부
  폐쇄형헤드 = 근린생활시설, 판매시설, 문화집회시설 등